JN254884

GHz時代の実用アナログ回路設計

【原題】ANALOG Circuit Design Volume 2
–Immersion in the Black Art of Analog Design–
Part 2 Data Conversion, Signal Conditioning and High Frequency/RF Design

ns応答の超高速ドライバから超広帯域RFアンプまで

▶ ANALOG DEVICES　Bob Dobkin/Jim Williams 編著

アナログ・デバイセズ 監訳

細田梨恵/枝 一実/松下宏治/黒木 翔 訳

CQ出版社

Newnes is an imprint of Elsevier
The Boulevard, Langford Lane, Kidlington, Oxford OX5 1GB, UK
225 Wyman Street, Waltham, MA 02451, USA

First edition 2013

British Library Cataloguing in Publication Data
A catalogue record for this book is available from the British Library

Library of Congress Cataloging-in-Publication Data
A catalog record for this book is availabe from the Library of Congress

This edition of Analog Circuit Design, Volume 2 : Immersion in the Black Art of Analog Design.
Part1 (pp.1-pp.336) by Bob Dobkin and Jim Williams
is published by arrangement with Elsevier Inc., a Delaware corporation having its principal
place of business at 360 Park Avenue South, New York, NY 10010, USA
through Japan UNI Agency, Inc., Tokyo

太陽，月，そして星々を与えてくれた Jerrold R. Zacharias にささげる．
太陽，月，そして星々である Siu にささげる．

エレクトロニクスの詩人，Jim Williams を偲んで

謝　辞

1年前に出版した第1巻に続いて，担当チームの努力により，ここにAnalog Circuit Design 第2巻をご覧いただけるようになりました．弊社の，今は亡き Jim Williams と多くの同僚が手がけた不朽のアプリケーション・ノート群に，新たな命を吹き込んだと言うべきこの仕事には，我々の多くが大きな愛着を感じてきました．何にも増して，膨大な実験と，また洞察に満ちた執筆を通して，困難な大仕事を成し遂げた執筆陣に感謝するしだいです．また，これらアプリケーション・ノートが持っている明瞭さと一貫性は，図版および編集チームの Gary Alexander と Susan Dale の努力の賜物です．Elsevier/Newnes 社，出版人の Jonathan Simpson と同社の方々，それに Pauline Wilkinson と Fiona Geraghty の尽力にも感謝いたします．最後になりますが，このプロジェクト推進の原動力となった，Bob Dobkin の慧眼と献身，信念にも改めて敬意を表したいと思います．

John Hamburger
Linear Technology Corporation

日本語版発行に向けて

　Analog Circuit Designは，旧リニアテクノロジー社の創設者の一人で，同社でCTOを務めた後，現在はアナログ・デバイセズ社でアナログ・グルとして活躍しているロバート・ドブキン氏と，30年以上にわたるリニアテクノロジー社在籍中に多くの寄稿を発表し，伝説のアナログ・グルと呼ばれた故ジム・ウィリアムズ氏が執筆した，アナログ・デザインのアプリケーション・ノート集です．

　2011年9月に出版された第一弾，"Analog Circuit Design : A Tutorial Guide to Applications and Solutions"は，出版後最初の6ヵ月で5,000部以上を販売し，世界中のアナログ・エンジニアから多大な支持をもって迎えられました．そして，2013年1月にはその第二弾として"Analog Circuit Design, Volume 2 : Immersion in the Black Art of Analog Design"が出版されました．第二弾は3つのパートに分かれており，パート1は電源マネージメント，パート2はシグナル・チェーン，そしてパート3は回路集です．パート1については，2015年11月に日本語版が発行されています．本書はパート2の完全日本語版です．パート3の日本語版も出版が計画されています．

　デジタル技術の高度化にともないアナログ技術も高度化していますが，デジタル・エンジニアの数が増加し，相対的にアナログ・エンジニアの数が減少している，というのが世界的な傾向であり，課題です．デジタル技術だけではシステムの差別化が難しく，優れたアナログ技術を使うことによってこそ，システムを差別化することができるのです．高性能アナログ技術業界のリーダーとして，アナログ技術の啓蒙を続けることも，私どもに課せられた使命だと考えています．

　日本のアナログ・エンジニアにとって，アナログ回路に関する最高レベルの技術情報を日本語で入手するのは，インターネット全盛の現代においても容易ではないと思います．一人でも多くの皆さまに本書をお役立ていただけましたら幸いです．

　最後に，本書の日本語版出版をご決断くださったCQ出版社に厚く御礼申し上げます．

2017年10月
アナログ・デバイセズ株式会社
代表取締役社長　　馬渡　修
代表取締役　　　　望月 靖志

私が書く理由

1980年代始めの頃，我々は，新たな挑戦に挑んでいる顧客の皆さんに我が社の名前と，その目指すものを知っていただくことを願っていました．そこに現実の問題として立ちはだかっていたのは，どのようにすれば，新製品が入手できるまでにかかる時間を有効に活用していただけるかという難問でした．読者が求めていたものは，実際に動作する回路図を適切な言葉で解説した，信頼できる，省略や簡略化されていない技術文献シリーズなのでした．

この問題への回答を見つけるまでの間，私は数週間にわたり思い煩いました．つまり，製品が登場するのをただ待つのではなく，実験室に赴いて，そのアプリケーション回路を開発して解説を書き上げればよかったのです．この取り組みの鍵となるのは，入手できるICと個別部品を使用して，待ち望まれている新製品をほぼ体現した小型プラグイン基板を開発することだったのです．我々は，アプリケーション回路を開発しながら，参考となる文献をほぼ書き上げることができるのです．そして，その原稿とブレッドボードは暫しの間，手元に置いておきます．ひとたび製品が登場すれば，それをブレッドボードに落とし込み，最終的な手直しを加えます．これをやってしまえば，出番を待っていた原稿に，オシロスコープでの観測波形の写真と仕様項目を追加し，文章に手を加えて，出版に回せます．このやりかたにより，出版までの期間はざっと1年は短縮できて，製品の市場投入タイミングと同時に文献を公開することが可能になりました．

しかし初めの頃，出来た回路図は箸にも棒にもかからない，動くはずもない代物で，技術的にも著作的にも問題だらけでした．いざ実際に手がけてみると，その作業は想像していたよりずっと困難だったのです．まだ生まれていないICのためにハードウェアを作り出すことは，通常とは違う，一風変わった試みになることがわかりました．私のやりかたは手際が悪く，途方にくれるばかりでした．登場するICの性能をどれだけ正確に模擬できているのか，確信が持てないことが大きな理由となり，ブレッドボードの組み立ては困難で時間がかかりました．

執筆も同様に大変でした．実際の製品が登場するまでに時間があり，間が空くせいで文章の流れが損なわれ，ちぐはぐになってしまいました．それに，実際の製品のICをブレッドボードに取り付けた時点で，まだ未完成の記述がどの部分なのか見つかるように，自分のためにメモ書きを別途，残しておく必要もありました．

最初の記事を脱稿するまでには，ほとんど2ヵ月かかったのですが，だんだんと手際が良くなっていきました．実験室での作業を進めるためのいろいろなコツが掴めるようなると，予定している追加や変更に柔軟に対応できるように原稿を用意しておき，効率的に執筆する方法がつかめていきました．まもなく，一人でうなり声をあげながら，アドレナリンと半田ごて，紙とペン，それとピザからエネルギーを補給しつつ，およそ2週間に1本の割合で，記事をほぼ完成できるようになっていたのでした．

その後の1年間といえば，ひたすら職場と自宅の実験室のあいだを往復して，土日もなくブレッドボード開発と記事の執筆に明け暮れた，目が回るような日々のぼんやりとした記憶だけです．その間の私の食生活は，医者が目を剥くような状態になりました．どうも家で食

事をとった記憶がないのです．冷蔵庫に食べ物はなくとも，オシロの波形を記録するポラロイド・カメラのフィルムはたっぷり冷やしてありました．このような大車輪の日々の前に，まっとうな社会生活の彩りは吹き飛んでしまいました．サンフランシスコでの女友達との食事のおりも，彼女の仕事上でのこまごまとした話をおざなりに聞きながら，私は相槌を打つのも忘れて，複合アンプのチョッパ段のゲインの最適交差周波数を計算していたのでした．このような狂気じみた生活が1年余り続いたのち，1983年6月から1987年11月の間に発表した35本もの，細部まで網羅した画期的なアプリケーション・ノート群として実を結んだのです．

　以前よりだいぶペースは下がりましたが，執筆は今でも続けています．実験室で技術文書を書いていると若いエンジニアが煙たがるので，（なりかけているのは事実にしても）頑固者みたいに思われないように行儀良くしているわけです．私が他人への気配りに欠けているのは，25年ほど前に経験した煩忙が原因なのでしょうか．出来あいのさまざまな製品に取り囲まれている彼らは，自分達が何を手に入れたかを理解していないのです．

Jim Williams
Staff Scientist
Linear Technology Corporation

注：このエッセイはEDNマガジンのために書かれ
　たものである．

前書き

　先に上梓いたしました"Analog Circuit Design : A Tutorial Guide to Applications and Solutions"について，読者の皆様から多くの反響をお寄せいただき，深く感謝を申し上げる次第です．このように受け入れていただけたということは，良質な回路設計アプリケーションを自由に参照できる形で提供する必要性がある，という考えを裏付けるものに他なりません．一般的なアプリケーション・ノートや雑誌記事の多くは，アナログ設計について十分に伝えられるほどには奥深くまで説明していなかったわけですが，ここでご覧いただける一連のアプリケーション回路情報こそ，手付かずであったその空白地帯を埋めるものだと言えます．

　私がアナログ設計を学んだ時代は，まだアナログICは世に現れていませんでした．回路はどれもトランジスタを使って組み立てられ（おそらく，真空管も多少使われていたでしょうが），雑誌や書籍での回路の説明は，今日見られる多くのものよりずっと各部を網羅して説明を尽くしたものでした．当時の電気製品のマニュアルと言えば，修理が行えるように回路図が添付されていたものです．幸運なことに，私は規模の大きな会社で働いていた時期があり，そこは社内の計測器を校正するための大きな実験室を備えていました．ですので，昼休み時間の多くを使って，それらアナログ装置の校正や修理マニュアルをむさぼるように読んでいました．測定校正室で見つけたアナログ回路設計についてのチュートリアルの数々に関しては，ヒューレット・パッカード社，テクトロニクス社，その他多くの会社に感謝するばかりです．面白いことに，ジム・ウィリアムズもまた若い頃に，MITで動作しない試験装置の修理に明け暮れていたのです．現代のマニュアルはとても簡素化されてしまいました．

　今日，勉強しようと思っても，申し分なく完成されたアナログ回路設計例を見つけるのはかなり困難になっています．無論，アナログ回路設計の書籍はありますが，そこにある回路は必ずしも完全なものではなく，実際の動作結果が一緒に提供されているわけでもありません．同様に，アプリケーション・ノートの多くは，宣伝したいデバイスに非常に特化した内容となっていて，アナログ回路世界で役立つ一般的な情報の広がりが得られるものではありません．

　本書のシリーズが，アプリケーション回路設計について学ぶためのハンドブックとして受け入れられようとしていることを，私はとても喜ばしく思っています．アプリケーションというものは有用であり，長い寿命を持ち，そして派生して広がっていけるものであるべきなのです．良いアプリケーション・ノートなら，アプリケーションの説明と，それがどこで使われるべきかについての議論を含むべきです．また，動作温度範囲や，電源系，寿命やその他の重要データといった付随的な情報は，教科書では原理に注目するあまりに通常は省かれてしまうところなので，アプリケーション・ノートではそれもカバーするべきなのです．アプリケーションのブロック図は，問題解決への取り組み方を十分に理解できるように解説されている必要があります．行き先がわからなくては，そこへたどり着く方法を理解することも困難なはずですから．

　特定のアプリケーションに即した回路は，十分に開発されていて，その使用部品の情報と組み立てのための情報も示される必要があります．問題の解決のためには，読者が機能と特別な特性を理解する必要があるような，特殊部品を用いるかもしれません．詳細な回路を公開して，その各部の特性や機能は，読者が情報を抽出して再利用できるように，十分な細部まで説明する必要があります．

　ブレッドボードの名前の起源は，実際にパンを切る板の上にテスト回路を組み立てていた時代にさかのぼります．当時，板にネジ止めされた部品を，図にあるようなファーンスタック・クリップでつないでいたのです．

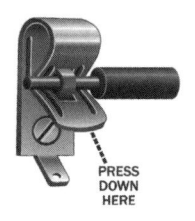

アナログ回路の多くは部品配置による影響を受けやすく，配置に問題があると回路がうまく動作しない可能性があります．私の経験でも，この問題により回路が制約を受けた例を何度も見てきました．

最後に付け加えると，設計者にとって回路の詳細な試験結果のデータ一式はなくてはならないものです．それにより，ある回路が正常に動作した場合にどのようにふるまうのかがわかり，また回路を自分で再利用してみる際の比較検討を行うための手引きにもなります．これが欠けていては，技術教育の一環として，そのアプリケーションは失格であると言えます．

アナログ設計は，手強い相手です．入力信号から出力を得るには多くの手法があり，間に入る回路によって違う結果を導き出してしまうかもしれません．アナログ設計は，外国語の学習に似た側面があると思います．初めて学ぶときは，まず単語集を手にして，それから目に止まる一語一語を辞書にあたりながら，文章を解きほぐすことから始めるでしょう．同様に，アナログ設計では，回路の基礎理論およびさまざまな素子の機能について学びます．節点方程式を書いて回路の部分部分について調べて，その回路がどのように動作するのかを決定できます．

アナログ回路の設計とは，それまで学んできた回路，たとえば差動アンプ，トランジスタ，FET，抵抗器，その他といった基本的な回路構成を使いこなして最終目標となる回路を作り上げることに帰着します．新しく言語を習う場合，詩を書けるようになるまでには多くの年月が必要ですが，それはアナログ回路設計でも同じなのです．

現代の装置のマニュアルに，回路設計情報が含まれていることはめったにありません．そこにあるのは，ブロック・ダイアグラムとブロック間の非常に複雑な結線図だけです．どこにアナログ回路設計を見出す余地があるでしょうか？アナログ回路設計を学び始めたばかりだったり，過去の経験が助けにならないような難問に突き当たったりしたときに，適切な参考情報を見つけることは容易ではありません．

お手に取っていただいている本シリーズが，回路を設計して自分で使いこなすうえでの回答の一端となり，またその設計と試験，実験のテクニックなどを読者にお伝えできることを念願いたします．

今日，アナログ設計に対する要求は以前に増して大きくなっています．現代のアナログ設計は，アナログ信号処理において高い機能を実現するために，トランジスタとICを組み合わせた構成になっています．この巻では，回路設計，レイアウト，そして試験の基本的な側面にスポットを当てています．収録したアプリケーション・ノートを書き上げた我が社の有能な執筆者達が，黒魔術のようにも見えるアナログ設計の世界に多少なりとも光を当てることに成功していることを願うものです．

Bob Dobkin
Co-Founder, Vice President, Engineering,
and Chief Technical Officer
Linear Technology Corporation

目　次

第**1**部　データ・コンバージョン

第13章　A→Dコンバータの忠実度の試験
純正さの証明　　　　　　　　　　　　　　　　　　　　83

第2部　シグナル・コンディショニング

第14章　新しい電力バッファ IC のアプリケーション　　　95

第15章　計測および制御回路における熱テクニック　　　105

第16章　オペアンプのセトリング時間の測定法　　　115

第17章　高速コンパレータのテクニック　　　125

第18章　高性能な電圧-周波数コンバータの設計　　161

第19章　ユニークなICバッファがオペアンプ設計を強化し、高速アンプを手懐ける　　183

●帯域幅　●位相遅延　●ステップ応答　●出力インピーダンス　●容量性負荷　●スルー応答　●入力オフセット電圧　●入力バイアス電流　●電圧ゲイン　●出力抵抗　●出力ノイズ電圧　●飽和電圧　●電源電流　●全高調波歪み　●最大パワー　●短絡特性

第20章 モノリシック・アンプのための電力増幅ステージ　　　211

第21章 複合アンプ　　　227

第22章 2次フィルタのカスケード接続による 高次全極型バンドパス・フィルタのシンプルな設計法　　　239

第 23 章 FilterCADユーザーズ・マニュアル，バージョン1.10　　**257**

第27章　音響温度測定入門
空気の詰まったオリーブ瓶が教えるシグナル・コンディショニング　　**377**

第3部　高周波／RF デザイン

第28章　スイッチング・レギュレータを使った低ノイズな
バラクタ（バリキャップ）・バイアシング
バラクタ制御（バリキャップ制御）の性能低下を防ぐ　　**395**

第29章 安価な結合方法でRFパワー検出器が方向性結合器を置き換える　　421

第30章 RMSパワー検出器の出力精度の温度特性を向上させる　　429

## 第 1 部

データ・コンバージョン

第 11 章　電池1本で動作する回路

　複雑な線形関数のための1.5 V動作の回路が詳解されています．設計はV/Fコンバータ，10ビットA/D，サンプル-ホールド・アンプ，スイッチング・レギュレータ，およびその他の回路を含みます．さらに，1.5 V電源の線形回路のための部品についての考察も含まれています．

第 12 章　部品性能と測定技術の向上が 16ビットDACの セトリング・タイムを確定する

　DACのDC仕様は比較的簡単に検証できます．AC仕様について信頼に足る結果を得るにはより複雑な手法が必要となります．特に，DACとその出力アンプのセトリング時間の測定において16ビットの分解能を極めることは非常に困難です．この章では，16ビットDACのセトリング時間を測定する方法を提示して，結果を比較していきます．章末のAppendixでは，オシロスコープのオーバードライブ，周波数補償，回路の最適化技術，レイアウト，電力段，そして高精度DACに関する歴史的考察などについて述べられています．

第 13 章　A→Dコンバータの忠実度の試験

　正弦波を忠実にデジタル化する能力は，高分解能A→Dコンバータの忠実度を感度良く試験することです．この試験では，残留歪み成分が1 ppmに近い正弦波発生器が必要です．さらに，コンバータ出力のスペクトラム成分を読み込んで表示するため，コンピュータを使用したA→D出力モニタも必要です．妥当な費用と難易度でこの試験を行うには，使用前に要素の構築と性能の検証が必要になります．

Jim Williams, 訳：細田 梨恵

第11章

電池1本で動作する回路

　持ち運び可能なバッテリ駆動の電子機器への期待は高まるばかりです．医療，遠隔データ収集，電力モニタ装置などのアプリケーションは，バッテリ駆動にうってつけの用途です．状況によっては，スペース，電力，または信頼性の観点から，1.5Vの電池1本で動作する回路が望まれます．しかし残念ながら，1.5Vの供給電圧では，ほとんどすべてのリニアICが設計候補から除外されます．実際に，基準電圧源を内蔵したオペアンプLM10とコンパレータLT1017/LT1018くらいしか，1.5V動作を完全に規定したICのゲインブロックは見当たりません．さらなる問題は，シリコン・トランジ

スタやダイオードの600mVの電圧降下で生じます．これにより，有効な電源電圧範囲の相当な部分が浪費されてしまい，回路設計が難しくなります．加えて，1.5V動作用に設計されたどの回路も，一般的に1.3Vのバッテリ下限動作電圧でも動作しなくてはなりません（囲み記事"1.5V動作用の部品"を参照）．

　これらの制約は，とくにデータ・コンバータやサンプル・ホールドのように複雑なリニア回路機能が必要な場合には厄介です．このような問題にもかかわらず，部品の特性に十分に注意すれば，一般的な回路手法を用いてそのような回路設計が可能になります．

図11.1 　10kHz V-Fコンバータ

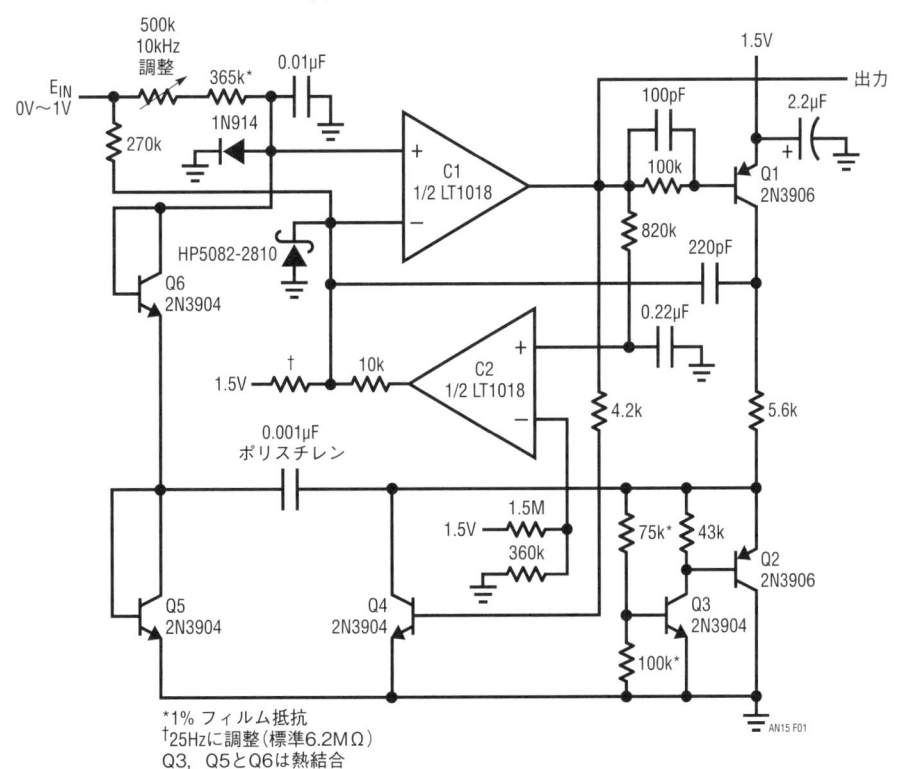

10kHz V-F コンバータ

図11.1は，この方針にそった設計例で，1.5V電源だけで動作する10kHzのV-Fコンバータです．0Vから1Vの入力電圧に対し，0.35%の伝達特性の直線性で25Hzから10kHzを出力します．ゲインのドリフト特性は250ppm/℃で，電流消費はおよそ205μAです．

この回路の動作を理解するには，まずコンパレータC_1の正入力が負入力よりわずかに低い状態を考えます（C_2の出力はLow状態）．入力電圧により，C_1の正入力に正方向のランプ波形が発生します（図11.2の波形A）．C_1の出力（波形B）はLowですので，PNPトランジスタQ_1をオンするようにバイアスします．Q_1のコレクタ電流がQ_2とQ_3のペアを駆動して，Q_2のエミッタ（波形C）を1Vにクランプします．0.001μFのコンデンサは，Q_5を経由してグランドに対して充電されます（波形Dは0.001μFの電流波形）．C_1の正入力のランプ波形が

十分に高くなると，C_1の出力はHighになり，Q_1, Q_2, およびQ_3をオフします．Q_4が導通し，C_1の正入力のコンデンサからQ_6を経由して電流を引きます．この電流の引き抜きにより，C_1の正入力のランプ波形はグランドよりやや低い電位までリセットされ，C_1の出力をLowにします．Q_1のコレクタにある220pFのコンデンサでAC的な正帰還がかかり，0.001μFのコンデンサを完全に放電するまでC_1の出力を十分に長く正に保ちます．

ショットキ・ダイオードは，C_1の入力が負のコモン・モード制限を超えて駆動されないようにします．この動作によりQ_4をオフして，Q_1-Q_3をオンし，全体の動作が繰り返されます．発振周波数は，入力電圧に起因する電流に直接依存します．Q_2-Q_3の1Vクランプの温度係数は，Q_5とQ_6のジャンクション温度係数によって大きく補正され，全体の温度ドリフトを最小にします．270kΩ抵抗の経路が入力電圧に起因するトリップ点をC_1に提供し，回路の直線性の性能を向上しています．この抵抗値は，前述の直線性が得られるように選ぶ必要があります．

回路の起動時やオーバードライブ時には，回路のAC結合した帰還ループでラッチアップを生じる可能性があります．これが起こると，C_1の出力がHighになります．C_2は820kΩの抵抗と0.22μFのコンデンサを介してこれを検出してHighになり，C_1の負入力を1.5Vに持ち上げます．C_1の正入力はダイオードにより600mVにクランプされているので，その出力はLow

図11.2　V-Fコンバータの動作波形

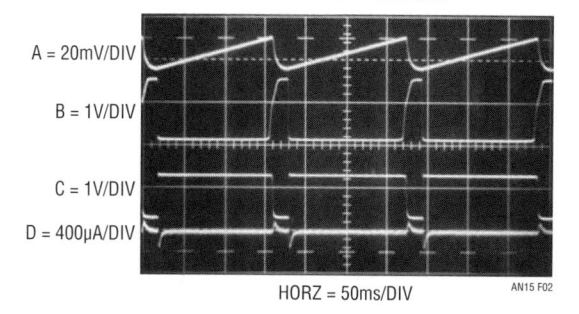

A = 20mV/DIV

B = 1V/DIV

C = 1V/DIV

D = 400μA/DIV

HORZ = 50ms/DIV　　AN15 F02

図11.3　10ビットA/Dコンバータ

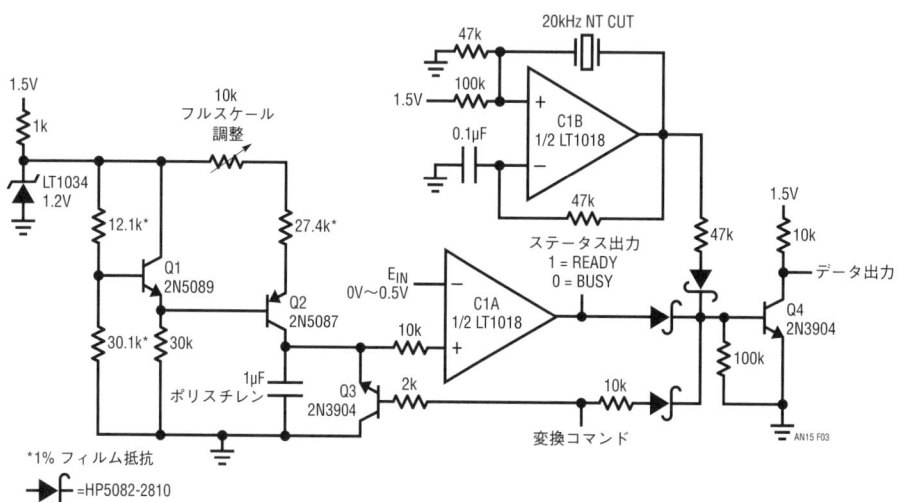

となり，回路は正常な動作を開始するようになります．

　この回路を校正するには，$V_{CLAMP} = 1\,\mathrm{V}$となるように100k値を選択します．次に，入力に2.5 mVを加え，出力が25 HzになるようにC_1の入力にある抵抗値を選びます．さらに，正確に1 Vを印加して，出力が10 kHzとなるように500 kΩの半固定抵抗を調整します．

10ビットA/Dコンバータ

　図11.3は別のデータ・コンバータ回路です．この積分型A/Dコンバータは，変換時間が60 ms，消費電流が1.5 V電源で460 μA，15℃から35℃の温度範囲で10ビット精度を保ちます．

　変換コマンドのラインに印加したパルス（**図11.4**の波形A）がトランジスタQ_3を反転モードで動作させ，1 μFのコンデンサを放電させます（波形B）．同時に，10 kの抵抗とダイオード経由でバイアスされたQ_4が，そのコレクタを強制的にLowにします（波形D）．Q_3の

反転モードのスイッチングにより，コンデンサをグランドに対して1 mV以内まで放電します．変換コマンドがLowになるとQ_3はオフし，Q_4のコレクタ電圧が高くなって，LT1034により安定化されているQ_1とQ_2の電流源が直線的なランプ波形で1 μFのコンデンサを充電します．ランプ波形の値が入力電圧以下である期間，C_{1A}の出力はLowのままです（波形C）．これにより，水晶発振器C_{1B}からのパルスがQ_4を駆動します．出力データはQ_4のコレクタに現れます（波形D）．ランプ波形が入力電圧を横切るとC_{1A}の出力はHighとなり，Q_4をバイアスして出力データが停止します．出力に現れるパルス数は，入力電圧に直接的に比例します．この回路を校正するには，入力に0.5000 Vを加え，変換コマンドのラインにパルスが印加されるごとに正しく1000パルスが出力されるように10 kΩの可変抵抗器を調整します．Q_3の飽和電圧が1 mV残ることでゼロの精度は2LSBに制限されますが，ゼロ調整は不要です．

図11.4　A/Dコンバータの波形

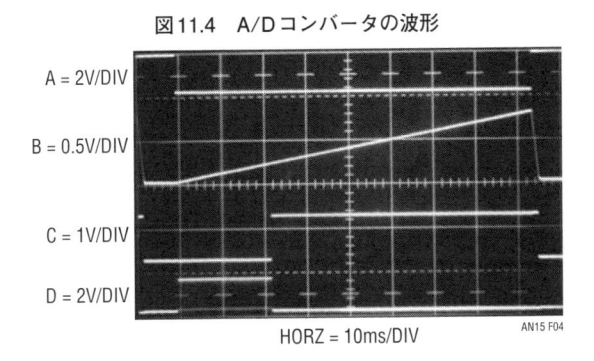

A = 2V/DIV
B = 0.5V/DIV
C = 1V/DIV
D = 2V/DIV
HORZ = 10ms/DIV
AN15 F04

図11.5　サンプル-ホールド波形

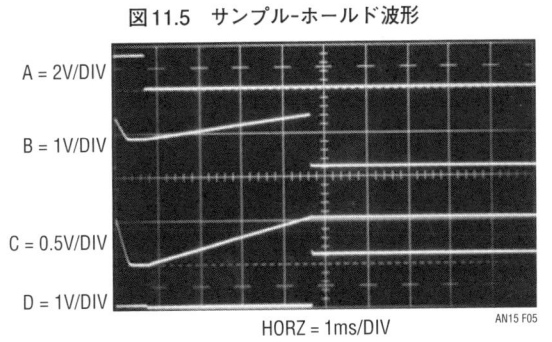

A = 2V/DIV
B = 1V/DIV
C = 0.5V/DIV
D = 1V/DIV
HORZ = 1ms/DIV
AN15 F05

図11.6　サンプル-ホールド回路

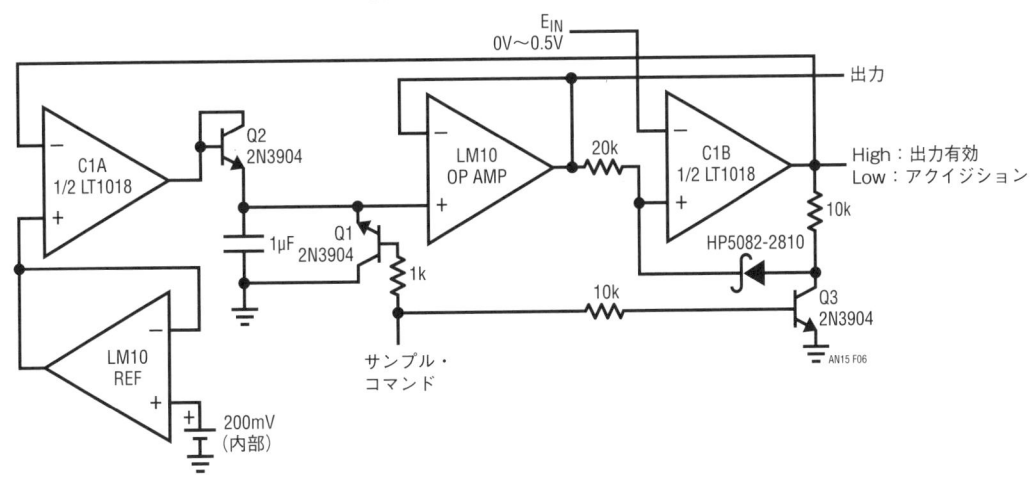

サンプル-ホールド・アンプ

　前述したA/Dコンバータと合わせて必要になるのがサンプル-ホールド・アンプです．十分に低いピンチオフ電圧のFETスイッチが手に入らないため，1.5Vで動作するサンプル-ホールド回路はもっとも設計が難しいものの一つです．ここでは二つの方法を示します．最初の回路では，スイッチを取り除く方法でスイッチ問題を回避しています．サンプル-ホールドの実現には一般的ではない手法ですが，特別な部品や調整を必要とせず，簡単に組み立てられ，0.1%精度で4msのアクイジション時間です．2番目の回路はもっと一般的な設計で，特別に選別した整合部品が必要で複雑ですが，前の回路を30倍も改善した125μsのアクイジション時間（0.1%精度）を達成できます．

　図11.6の回路にサンプル・コマンド（**図11.5**の波形A）が印加されると，反転モードで動作するトランジスタQ_1が1μFのコンデンサを放電します（波形C）．サンプル・コマンドが下がるとQ_1がオフし，コンパレータC_{1A}内部の電流源（波形B）が低リーク・ダイオード構成のQ_2を経由してコンデンサを充電します．コンデンサの充電によるランプ波形はLM10に入力され，コンパレータC_{1B}の正入力をバイアスします．C_{1B}の負入力に印加される回路の入力電圧をランプ電圧が超えると，C_{1B}の出力はHighになります（波形D）．

　これによってコンパレータC_{1A}の出力がLowとなり，1μFのコンデンサは充電を停止します．この条件下で，回路は"ホールド"モードです．コンデンサの充電電圧は入力電圧と一致しており，回路の出力はLM10から得られます．C_{1B}の10kΩとダイオードの経路がラッチ動作を提供し，入力電圧の変動やノイズが1μFのコンデンサに蓄えられた値に影響しないようにします．次のサンプル・コマンドを受け取ると，Q_3がラッチを解除して回路動作を繰り返します．

　アクイジション時間は入力電圧に直接的に比例し，フルスケール（0.5V）に対しては4msが必要です．さらに高速化も可能ですが，C_{1A}の出力を遮断する遅延が精度を下げます．この回路の第一の利点はFETスイッチの要件がなくなることと比較的にシンプルなことです．精度は0.1%，ドループ率は10μV/ms，および電流消費は350μAです．

高速サンプル-ホールド・アンプ

　図11.7は，ずっと高速な従来からのサンプル-ホールド回路ですが，もっと複雑で特殊な構造も必要になります．Q_1はサンプル-ホールド用のスイッチとして動作し，Q_6とQ_7がゲート駆動用のレベル・シフトを行います．低電力化に向け，Q_6とQ_7の動作電流を増やさずに高速なゲート・スイッチングを行うため，

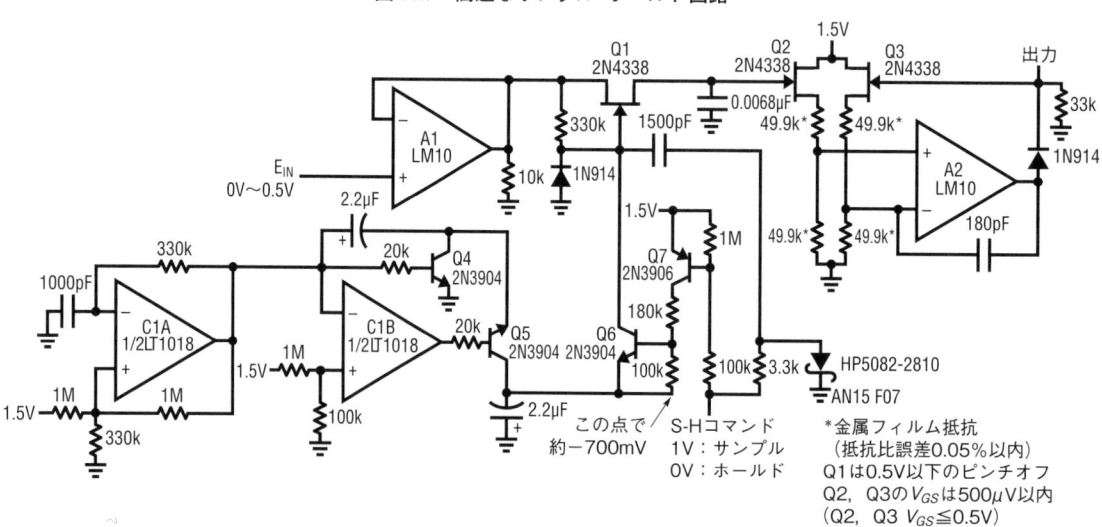

図11.7　高速なサンプル-ホールド回路

1500 pFで位相進み経路を構成しています．簡単な方形波発振器であるC$_{1A}$がQ$_4$を駆動します．C$_{1B}$がC$_{1A}$の出力を反転してQ$_5$をバイアスします．これらのトランジスタは同期スイッチとして動作し，Q$_5$のコレクタにある2.2 μFのコンデンサをチャージポンプすることで，そこに負の電位を発生します．

Q$_1$の低いピンチオフ電圧は，オン抵抗の代償のもとに得られます．R_{ON}が標準1.5 kΩから2 kΩということは，高速なアクイジションが望まれる場合には回路のホールド・コンデンサ値を小さくしなくてはならないことを意味します．これには低バイアス電流の出力アンプが必須であり，さもないとドループ率が悪化します．Q$_2$, Q$_3$, およびA$_2$がこの要求に当てはまります．Q$_2$とQ$_3$はソース・フォロワとして構成され，レベル・シフタとして使用される抵抗とともに，A$_2$の入力電圧がLM10のコモンモード範囲に収まるようにします．A$_2$出力のダイオードは，LM10の出力バイアス点をグランドよりも十分に高く設定することによって，ゼロ付近の電圧に対してもきれいな動特性を保証します．180 pFのコンデンサが複合アンプの補償をします．

この回路を使うためには，いくつかの特別な注意が必要になります．ピンチオフ電圧が非常に低いQ$_1$を適正にオフさせるためには，さらにピンチオフが500 mV以下のものを選別しなくてなりません．また，Q$_2$とQ$_3$のV_{GS}の不整合はオフセット誤差の原因となるので，V_{GS}が500 μV以内に整合するようにペアを選別しなくてはなりません．さらに，Q$_2$とQ$_3$のV_{GS}の絶対値も500 mV以内である必要があり，さもないとフルスケール近い回路の入力に対してA$_2$がコモンモードの制限にかかる可能性があります．

最後に，レベル・シフト抵抗の不整合はゲイン誤差につながります．回路の精度を0.1 %に保つには，抵抗比は0.05 %以内に整合してください．

これらの要求事項が満たされれば，この回路は1.5 V動作のサンプル-ホールドとして優れた性能を発揮します．精度0.1 %でのアクイジション時間は125 μs, ドループ率は10 μV/msです．消費電流は700 μA以下です．

図11.8はフルスケール入力に対する回路動作を示します．波形Aはサンプル-ホールド・コマンド入力で，波形Bが回路の出力です．波形Cは，波形Bの信号を増幅したもので，アクイジションの詳細を示します．入力は125 μs以内に取り込まれていて，サンプルからホールドへのオフセットは1 mV以内です．

図11.8　高速なサンプル-ホールド回路の波形

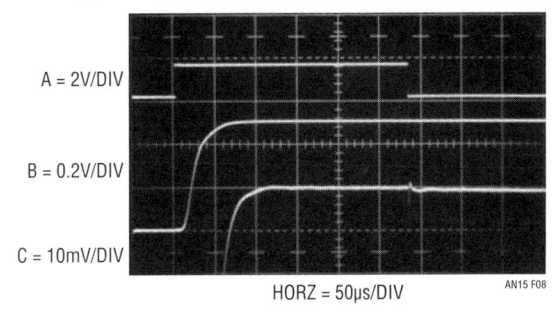

A = 2V/DIV

B = 0.2V/DIV

C = 10mV/DIV

HORZ = 50μs/DIV　　AN15 F08

温度補償を施した水晶発振器

多くのシステムで安定なクロック源が必要とされますが，1.5 V動作の水晶発振回路は比較的に容易に構成できます．しかし，温度に対して良好な安定度が必要になると，物事は難しくなってきます．水晶をオーブンに入れるのは一つの方法ですが，消費電力が大きくなりすぎます．別の方法として，発振器にオープン・ループの周波数補正バイアスを加えます．このバイアスの大きさは絶対温度によって決まります．この方法では，再現性のある発振器の温度ドリフトが補正されます．これをもっとも簡単に行う方法は，可変シャントまたは直列インピーダンスで水晶の共振周波数をわずかにずらすことです．この目的によく用いられるのは，逆電圧で容量が変化するバラクタ・ダイオードです．あいにく，これらのダイオードは大きな容量変化を起こすために数ボルトの逆バイアスを必要とし，直接1.5 V電源で動作させるのは不可能です．

図11.9の回路は温度補償機能を実現しています．トランジスタと周辺部品でコルピッツ発振器を構成し，直接1.5 V電源で動作します．水晶と直列のバラクタ・ダイオードが，そのDCバイアス電圧の変化で発振周波数を調整します．周辺回路により，周囲温度に応じたDCバイアスが発生します．

サーミスタ回路とLM10オペアンプが，指定された種類の水晶の温度ドリフトを補正する温度依存の信号を生成するように構成されています．通常，1.5 V動作のLM10でバラクタをバイアスするために必要な出力レベルは生成できません．しかし，ここでは，自励式のスイッチング昇圧回路（T$_1$と周辺部品）がLM10の帰還ループに組み込まれています．LM10は，帰還ループを閉じるために必要な出力電圧を生成するようにス

イッチング電源の入力を駆動します．サーミスタ・ブリッジ回路とアンプの帰還抵抗の値は，適切な温度依存のバラクタのバイアスを発生するように設定してあります．LM10の基準電圧部が，1.5 V電源の変動に対して温度制御系を安定化しています．100 pFコンデンサによる正帰還がLM10の出力をスイッチング・モードで動作させ，消費電力を抑えています．

図11.10は，発振器のドリフト特性を補償ありと補償なしでプロットしたものです．補償ありの場合，10倍以上，ドリフト性能が改善されています．補償後の残存ドリフトは，1次線形補償が使われたためです．消費電流は850 μA以下です．

図11.9 温度補償された水晶発振回路

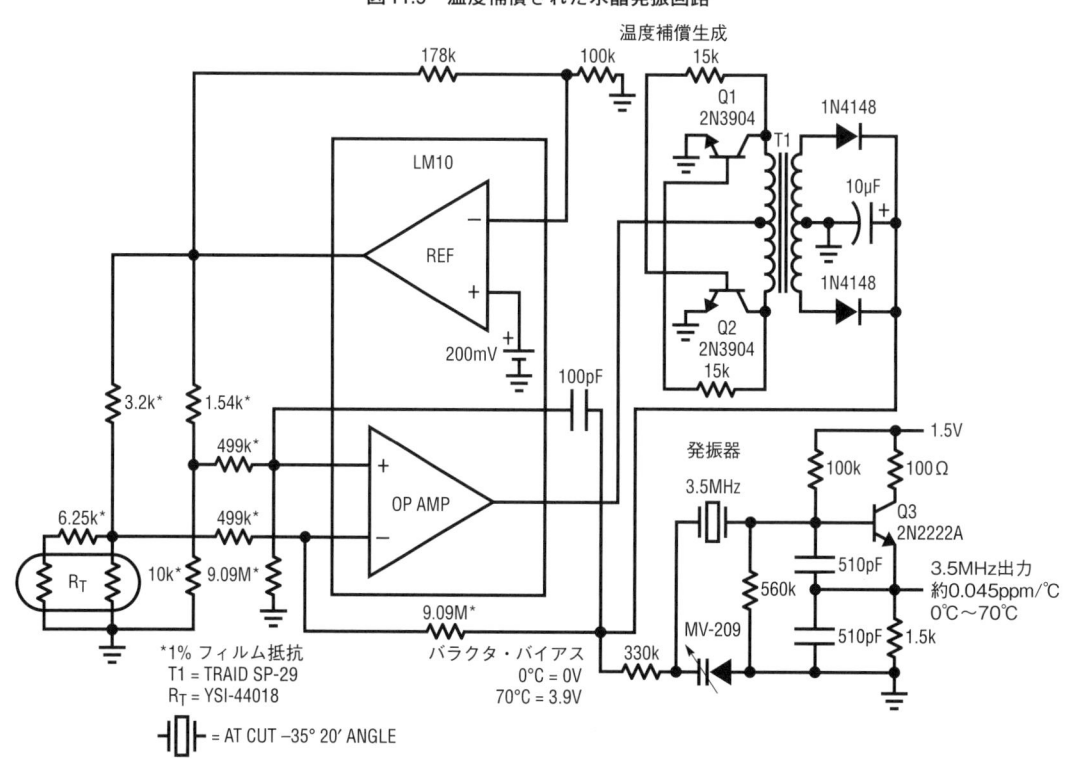

図11.10 補償ありと補償なしの発振器の結果

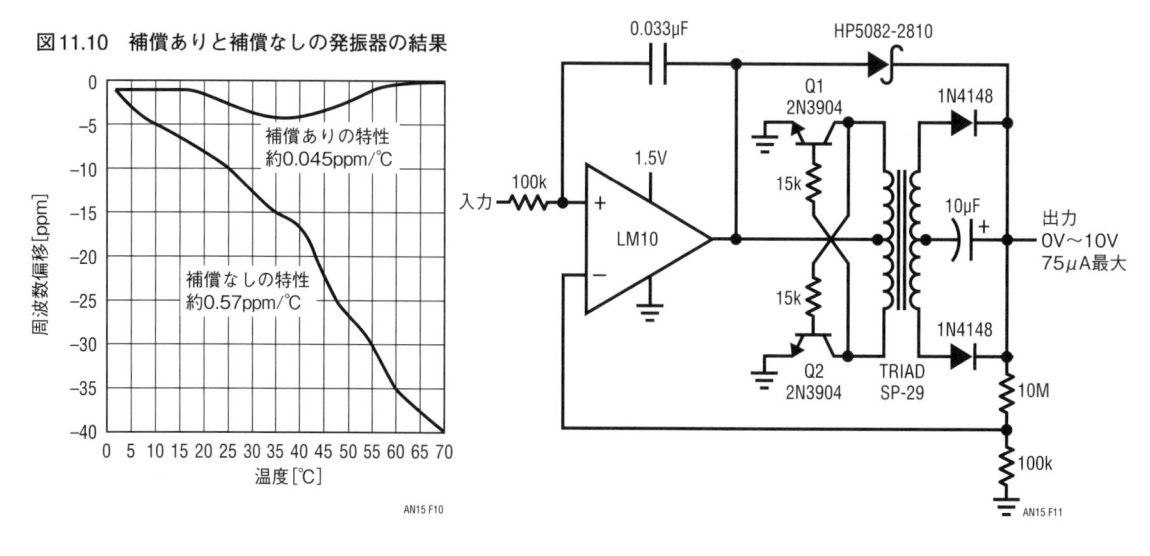

図11.11 電圧を昇圧出力するオペアンプ

昇圧出力アンプ

多くの状況で，1.5 V動作の回路がより高い電圧のシステムとインターフェースすることが望まれます．その典型的な例は，商用電源で動作するデータ記録装置につなぐ1.5 V駆動の遠隔データ・アクイジション装置です．電池で動作する部分は局所的に1.5 Vの回路で信号処理しますが，高電圧での高レベル測定の監視に対処しておくと便利です．

図11.11の設計例は，高電圧出力を発生するために図11.9で使用した方法を流用したものです．この1.5 V電源のアンプは，最大75 μAの能力で0 V〜10 Vを出力できます．LM10は，フィードバック・ループを閉じるためにエネルギーが必要なときに自励式の昇圧回路を駆動します．この例では，アンプのゲインは101に設定されていますが，ゲインの変更は容易です．唯一の制約は，1.5 V動作するLM10のコモンモード入力範囲を超えないようにすることです．低い出力電圧ではショットキー・ダイオードが昇圧回路をバイパスし，出力のノイズ性能が改善されます．昇圧回路のオン閾値とダイオードの順方向ブレークダウンの重なりが，遷移点でのきれいな動的振る舞いを実現しています．効率を向上させるために0.033 μFのコンデンサでAC的な正帰還をかけており，LM10の出力が昇圧回路をPWM駆動するようにしています．

図11.12に詳しい動作を示します．回路の出力（波形A）はLM10が切り換わるまで減衰し（波形B），昇圧回

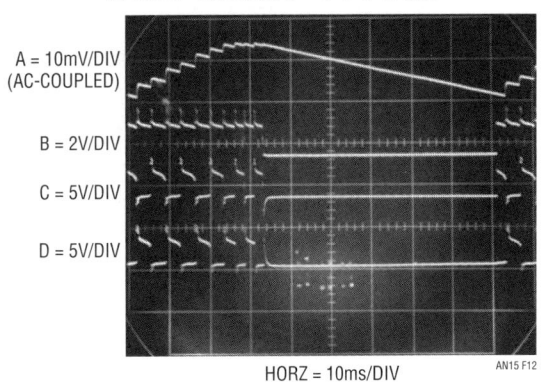

図11.12　昇圧出力オペアンプの波形

A = 10mV/DIV
(AC-COUPLED)

B = 2V/DIV

C = 5V/DIV

D = 5V/DIV

HORZ = 10ms/DIV　　AN15 F12

路を起動します．出力電圧がLM10の出力をオフするのに十分に高くなるまで，二つのトランジスタが交互にトランスを駆動します（トランジスタのコレクタは波形CとD）．この動作が繰り返され，繰り返し間隔は出力電圧と負荷状態に依存します．

５Ｖ出力スイッチング・レギュレータ

1.5 Vから動作できるロジック，プロセッサ，およびメモリ製品は市販では入手できません．これまでに紹介した回路の多くは，一般にロジック駆動のシステムで動作します．このため，1.5 V電池で標準ロジック機能を使用する方法が必要です．そのもっとも簡単な方法は，1.5 V入力で動作するスイッチング・レギュレー

図11.13　フライバック・レギュレータ

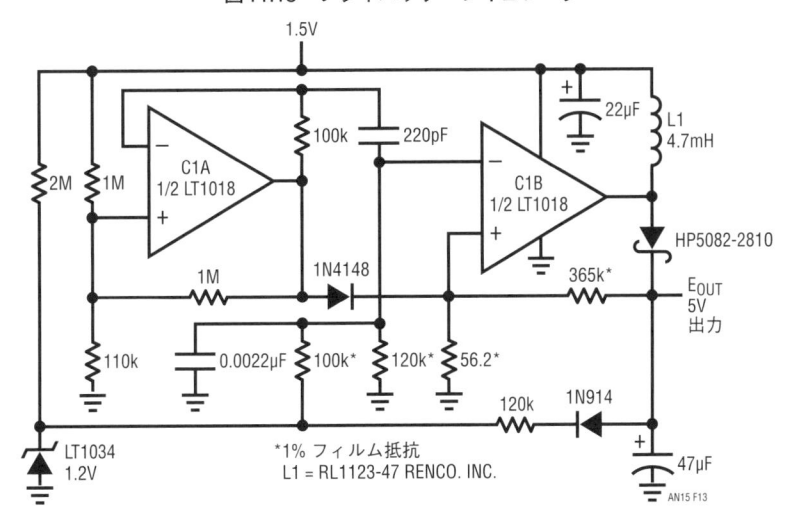

図11.14 フライバック・レギュレータの波形

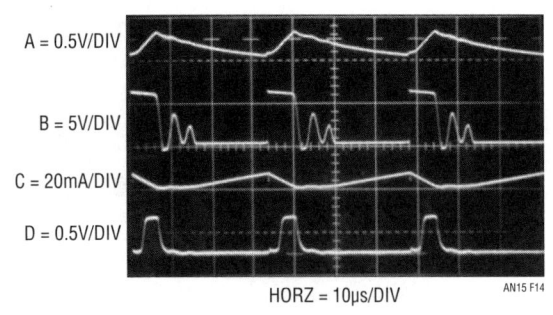

A = 0.5V/DIV

B = 5V/DIV

C = 20mA/DIV

D = 0.5V/DIV

HORZ = 10μs/DIV   AN15 F14

タを特別に設計することです．**図11.13**のフライバック構成はR. J. Widlarによる設計を基にしたもので，5Vを出力します．C_{1A}は発振器として働き，DCバイアスしたC_{1B}の負入力にランプ波形（**図11.14**の波形A）を加えます．C_{1B}は，分圧した出力とLT1034から与えられる基準電圧を比較します．基準電圧に加算されたランプ信号は，C_{1B}の出力を幅変調します（波形B）．C_{1B}がLowの間，電流は出力インダクタに蓄えられます（波形C）．C_{1B}でのランプ波形が十分にLowになると，

1.5 V 動作用の部品

市販されているほとんどすべてのリニアICは1.5V動作ができません．それが可能な二つがLM10とLT1017/1018です．基準電圧源内蔵のオペアンプLM10は1.1Vまでの低電圧で動作し，コンパレータLT1017/1018は1.2Vまで動作可能です．LM10の速度は0.1V/μsに制限されますが，DC入力特性は良好です．LT1017/1018コンパレータ・シリーズは，μsオーダの応答時間，高ゲイン，および良好なDC特性をもっています．どちらのICも低消費電力です．基準電圧源LT1004とLT1034は，動作電流が20μAで1.2V動作です．

標準的なPN接合ダイオードには約600mVの電圧降下があり，使用可能な電源電圧のかなりの割合を占めます．10μAから20μA以下の電流では，この降下は約450mVに下がります．ショットキー・ダイオードの電圧降下は一般に300mVほどですが，逆リーク電流は一般的なダイオードより大きくなります．ゲルマニウム・ダイオードの電圧降下は，比較的大きな電流に対しても150mVから200mVと最小です．しかし，往々にして，ゲルマニウムの大きな逆リーク電流がその使用を制限します．

標準的なシリコン・トランジスタのV_{BE}は600mVほどで，ベース電流が非常に低いとその程度は少し下がります．シリコン・トランジスタのV_{CE}飽和電圧は，適当な電流レベルでは100mVより十分に低く，注意深く選別して使用すれば，それは25mV以下に下げることができます．反転モード動作では1mV以下のV_{CE}飽和損失も可能ですが，直流増幅率が0.1

以下であることも多く，相当なベース駆動が必要です．ゲルマニウム・トランジスタのV_{BE}とV_{CE}損失は2～3倍ほど低くなりますが，一般に速度，リーク電流，および直流増幅率はシリコン・トランジスタほど良くありません．

おそらく，最も重要な部品は電池でしょう．多くの種類の電池が市販されており，アプリケーションによって最良の選択が異なります．一般的な2種類はマンガン乾電池と水銀電池です．

マンガン乾電池の初期電圧は高めですが，水銀電池は放電電流を制御することでより平坦な放電特性（例えば，良好な電源レギュレーション）を示します（**図11.16**を参照）．

図11.16 AAサイズの水銀電池とマンガン乾電池の代表的な放電特性（1mA負荷）

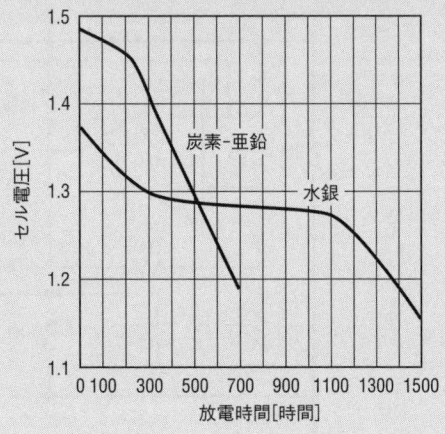

C_{1B} の出力は High になり，インダクタは 47 μF のコンデンサに放電します．C_{1A} 出力から C_{1B} の正入力へのダイオードが発振周期ごとにパルスを供給し（波形 D），ループが起動することを保証します．出力からの 120 kΩ とダイオードの経路は，LT1034 のバイアスをブートストラップして，全体のレギュレーションを向上しています．

　図 11.15 はレギュレータの効率プロットです．レギュレータの一定の損失のため，軽負荷では効率が低下しますが，150 μA 以上では 80％の効率を達成します．

図 11.15　フライバック・レギュレータの効率

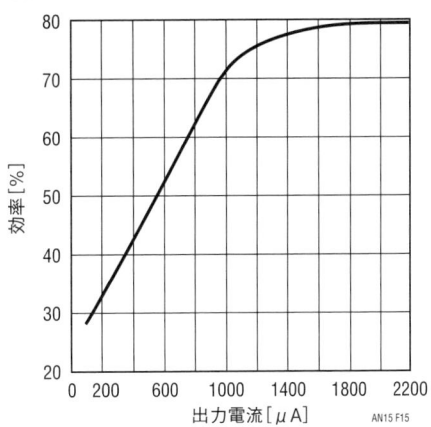

第12章

部品性能と測定技術の向上が16ビット DACのセトリング・タイムを確定する
時間精度を追求する技術

Jim Williams, 訳：細田 梨恵

はじめに

　計測，波形生成，データ・アクイジション，フィードバック制御システムおよびその他の応用分野において16ビット・データ・コンバータの採用が始まっています．より明確に言えば，16ビットのディジタル-アナログ・コンバータ(DAC)が使われる事例が増えています．新しい部品の登場により（次ページの「16ビットD/A変換のための部品」を参照），16ビットDACは現実的な設計検討の対象になりました[注1]．これらの製品が従来のモジュール製品やハイブリッド製品と比較して妥当なコストで16ビットの性能を得ることを可能にしました．モノリシックDACのDCおよびAC仕様は従来のコンバータに近いか同等で非常に低コストです．

DACのセトリング時間

　DACのDC仕様の確認は比較的容易です．しばしば多くの手間はかかりますが，その測定技術は十分に理解されています．AC仕様について信頼に足る結果を得るにはより複雑な手法が必要となります．特に，DACとその出力アンプのセトリング時間の測定において16ビットの分解能を極めることはこのうえなく大変な作業になります．DACのセトリング時間とは入力コードが加わってから出力が現れて最終到達値の規定誤差範囲内に収まるまでの経過時間です．一般的には10Vフルスケールの遷移に対して規定されます．図12.1はDACのセトリング時間が三つの異なる部分から構成されることを示しています．遅延時間は非常に小さく，ほとんどすべてはDACから出力アンプへの伝搬遅延が占めています．この期間においては出力に変化はありません．スルー時間の期間では出力アンプは最終出力

図12.1　DACのセトリング時間は，遅延時間，スルー時間およびリング時間に分けられる．高速アンプではスルー時間が短くなるが，一般的により長いリング時間を伴う．通常，遅延時間の占める割合は小さい

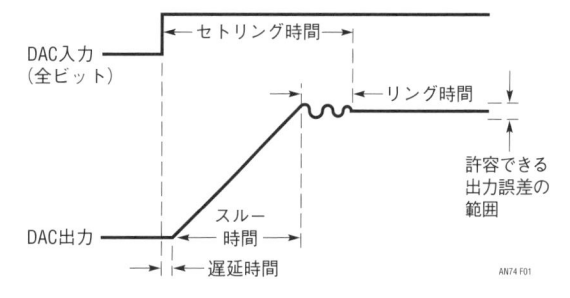

を目指して最大限の速度で出力しようとします．リング時間はアンプがスルー動作から回復して出力が規定の誤差範囲内に入って安定になるまでの時間で定義されます．一般的にスルー時間とリング時間の間にはトレードオフの関係があります．高スルーレートのアンプは一般にリング時間が長くなるので，アンプの選択と周波数補償は難しくなります．さらに，非常に高速なアンプのアーキテクチャではDC誤差性能とのトレードオフをとることが強いられます[注2]．

　何をどのような速度で測定するにしても16ビット精度（約0.0015％）は困難です．16ビット分解能での動特性の測定は特に大変です．16ビット精度でのセトリング時間を高い信頼性で測定することは，その手法と測定技術に最大限の注意が必要になる高度な難問なのです．

注1：Appendix Aの「高精度D/A変換の歴史」を参照．
注2：この問題については，本文の後半で詳しく述べる．また，Appendix Dの「DAC用アンプの補償についての具体的考察」を参照．

16ビットD/A変換のための部品

　16ビットD/A変換用に適した部品は高精度な部類になります．2進16ビットは65536分の1―わずか0.0015%であり15ppmです．ここで誤差として許容されるのは極めて微小であり，部品への要求水準も高度なものになります．下表に挙げたDACはどれも温度変化に対して高い安定度と直線性を得るためにシリコン-クロム薄膜抵抗を使っています．そのゲインドリフトは一般に1ppm/℃で，0℃～70℃の範囲でおよそ2LSBに過ぎません．表中のアンプは0℃～70℃の温度範囲にわたり誤差1LSB以下であり，16ビットDACと組み合わせたセトリング時間は1.7 μsが得られます．基準電源については，初期精度を0.05%に調節した状態で0℃～70℃の範囲で1LSBの小さい変動にとどまります．

16ビットD/A変換に適した部品の概要

型番・機能	0℃～70℃での誤差	備考
LTC1597 DAC	ゲイン・ドリフト≒2LSB， 直線性1LSB	完全パラレル入力． 電流出力
LTC1595 DAC	ゲイン・ドリフト≒2LSB， 直線性1LSB	シリアル入力． 8ピン・パッケージ． 電流出力
LTC1650 DAC	ゲイン・ドリフト≒3.5LSB， オフセット6LSB， 直線性4LSB	完全電圧出力DAC
LT1001 アンプ	< 1LSB	低速度用に適している． 10mA出力が可能
LT1012 アンプ	< 1LSB	低速度用に適している． 低消費電力
LT1468 アンプ	< 2LSB	16ビット・セトリング時間 1.7 μs．入手できる最速品
LM199A 基準電圧6.95V	≒1LSB	これらのなかで最も ドリフトが小さい
LT1021 基準電圧10V	≒4LSB	一般用途に適している
LT1027 基準電圧5V	≒4LSB	一般用途に適している
LT1236 基準電圧10V	≒10LSB	絶対精度0.05%への トリム品
LT1461 基準電圧4.096V	≒10LSB	LTC1650 DACへの推奨品 （上記参照）

DACのセトリング時間測定についての考察

　歴史的に，DACのセトリング時間の測定は図12.2に示すような回路を使って測定されてきました．この回路では"仮のサム・ノード"と呼ばれるテクニックを使っています．抵抗とDAC-アンプはブリッジ・ネットワークを構成しています．抵抗が理想的だとすると，アンプの出力はDACの入力がすべて1になったときに V_{IN} の電圧に向けてステップ応答しようとします．出力が変化している間，セトル・ノードの電位はダイオードにより固定されているので，加わる電圧が制限されます．セトリングが終了すると，オシロスコープのプローブ電圧はゼロになります．抵抗による分圧器で減衰を受けるので，プローブ出力は実際のセトリング電圧の2分の1になっている点に注意してください．

　理屈のうえでは，この回路を用いてセトリングを小さい振幅で観測することができます．実際には，有効

図12.2　一般的なDACのセトリング時間測定用のサミング・ノード構成では，正しい結果は得られない．16ビットの測定では，オシロスコープは200倍以上のオーバードライブを受ける．表示結果は意味のないものになる

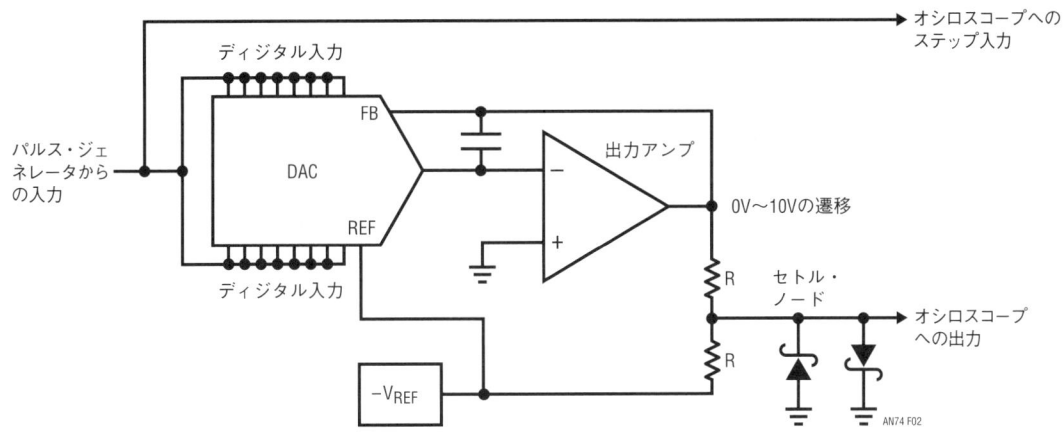

な測定結果を得るにはまだ不十分なのです．オシロスコープを接続していることに問題があります．プローブの容量が大きくなると，抵抗の接続点へ加わる交流的な負荷効果により観測されるセトリング波形が影響を受けます．入力容量10 pFのプローブを使えばこの問題は緩和されますが，その10：1の減衰率によりオシロスコープのゲインが犠牲になります．1：1のFETプローブも使えますが，別の問題が残ります．

セトル・ノードに付けたクランプ・ダイオードはアンプの出力が変化する間の振幅を小さくして，オシロスコープが過剰にオーバードライブされるのを防ぐよう意図したものです．あいにくなことに，オシロスコープのオーバードライブからの回復特性は機種により大きく異なり，また通常は規定がありません．ショットキー・ダイオードによる電圧降下は400 mVですが，オシロスコープ側で許容できないオーバーロードが発生する可能性があり，管面での波形表示は怪しいものになります[注3]．

10ビット分解能（DACの出力で10 mV──オシロスコープの入力で5 mV）では，一般的にオシロスコープは50 mV/DIVの感度で2倍のオーバードライブにさらされ，要求される5 mVの基準線はぎりぎり確認可能です．12ビットあるいはそれ以上の分解能では，このようなやりかたではお手上げになります．オシロスコープのゲインを高くするとオーバードライブに起因する誤差分に比例して脆弱性が増します．16ビットとなると，正しい測定には程遠いことは明らかです．

ここまでの議論により，16ビット精度のセトリング時間の測定には何らかの方法でオーバードライブを起

こさないようにした高ゲインのオシロスコープが必要になることがわかります．このゲインの問題は，ダイオードでクランプされたセトリング・ノードの電圧を正確に増幅するような広帯域プリアンプを外付けすれば対応できます．一方，オーバードライブ問題に対処するのはずっと難しくなります．

本質的にオーバードライブを起こさないオシロスコープの技術とは，古典的なサンプリング・スコープ以外にはありません[注4]．残念なことに，それらの機器はすでに生産されていません（中古品としてはまだ入手可能ではあるが）．しかし，古典的なサンプリング・スコープ技術のもつオーバードライブに対する利点を借用した回路を組むことはできます．さらに，その回路に16ビットDACのセトリング時間を測定するうえで最適となる特性をもたせることができます．

注3：オシロスコープのオーバードライブに関する議論については，Appendix Bの「オシロスコープのオーバードライブ特性の評価について」を参照．

注4：古典的なサンプリング・オシロスコープと，オーバードライブの制約をもつ現在のディジタル・サンプリング・スコープを混同しないように．Appendix B「オシロスコープのオーバードライブ特性の評価について」では，オーバードライブの観点で各タイプのスコープを比較しているので参照のこと．古典的なサンプリング・スコープの詳細な動作については，参考文献(14)から(17)，および(20)から(22)を参照．特に参考文献(15)は重要である．著者の知る限りにおいて，古典的なサンプリング計測器に関して，もっとも明確にまた理解しやすく説明している．12ページからなる珠玉の文献と言ってよい．

DACのセトリング時間測定の実際

図12.3は，16ビットDACのセトリング時間測定回路の概念図です．この図は図12.2に似ていますが，いくつかの新しい機能が見受けられます．ここでは，プリアンプをつないだオシロスコープがスイッチを経由してセトリング点に接続されています．測定対象のDACを制御するパルスを利用してトリガされる遅延パルス発生器によって，スイッチの状態が決められます．この遅延パルス発生器のタイミングはセトリング状態がほとんど終わるまでスイッチが閉じないように調整されます．この方法により入力波形は振幅だけでなく，時間と双方でサンプリングされることになります．オシロスコープは決してオーバードライブされず，画面から輝線が飛び出す事態は起こりません．

図12.4はより詳細なDACのセトリング時間測定法です．図12.3のブロックで表した部分の詳細に加えて，新たに工夫した点が加わっています．DAC-アンプ出力のサミング部分に変更はありません．図12.3の遅延パルス発生器は二つのブロックに分けました．遅延発生部とパルス発生部で，それぞれは独立に可変できます．オシロスコープへ入力されるステップ入力は，セトリング時間の測定経路で発生する伝播遅延の補正回路を経由して供給されます．この構成で最も特筆すべき斬新な点はダイオード・ブリッジによるスイッチです．これは古典的なサンプリング・オシロスコープから拝借した回路で，この測定における鍵となります．ダイオード・ブリッジの本質的な対称性により，出力側にはチャージ・インジェクションによる誤差要素が現れません．この特性において，このスイッチは他のどのような電子スイッチよりも遥かに優れています．他の高速スイッチでは，チャージの通り抜けによる過剰なスパイクが出力に発生してしまいます．FETスイッチも，ゲートとチャネル間の容量によりそのような通り抜けが発生するので不適当です．この容量はゲート・ドライブを乱してしまうためオシロスコープの表示を台無しにし，オーバーロードを引き起こしてスイッチの目的も果たされなくなります．

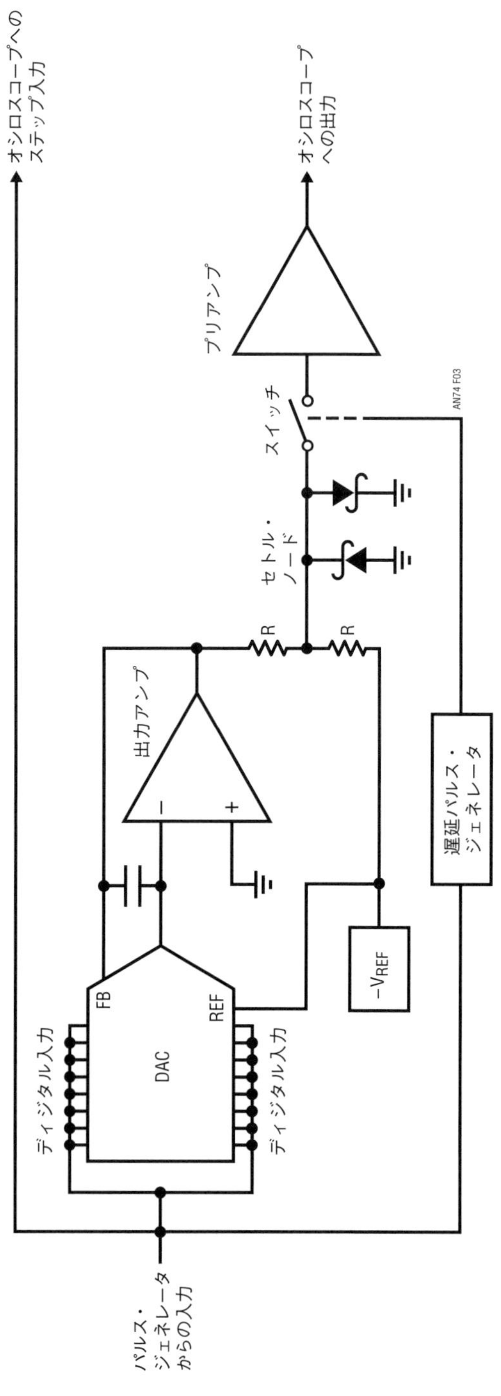

マッチングした低容量モノリシック・ダイオード，および高速な相補的スイッチングに合わせて，このダイオード・ブリッジの対称性によりクリーンなスイッチ出力が得られます．また，モノリシック・ダイオード・ブリッジは温度制御されているので，オフセット

図12.3　オシロスコープのオーバードライブを防止するための構成の概念図．遅延パルス発生器によりスイッチを制御して，セトリングがほぼ終了するまで，オシロスコープがセトリング・ノードの波形をモニタしないようにする

誤差は$10\,\mu V$以下になり，測定の基準は安定に保たれます．この温度制御は，同一サブストレート上に構成した別のダイオードをヒータおよび温度センサとして使うことで実現しています．

図12.5はダイオード・ブリッジによるスイッチ部分

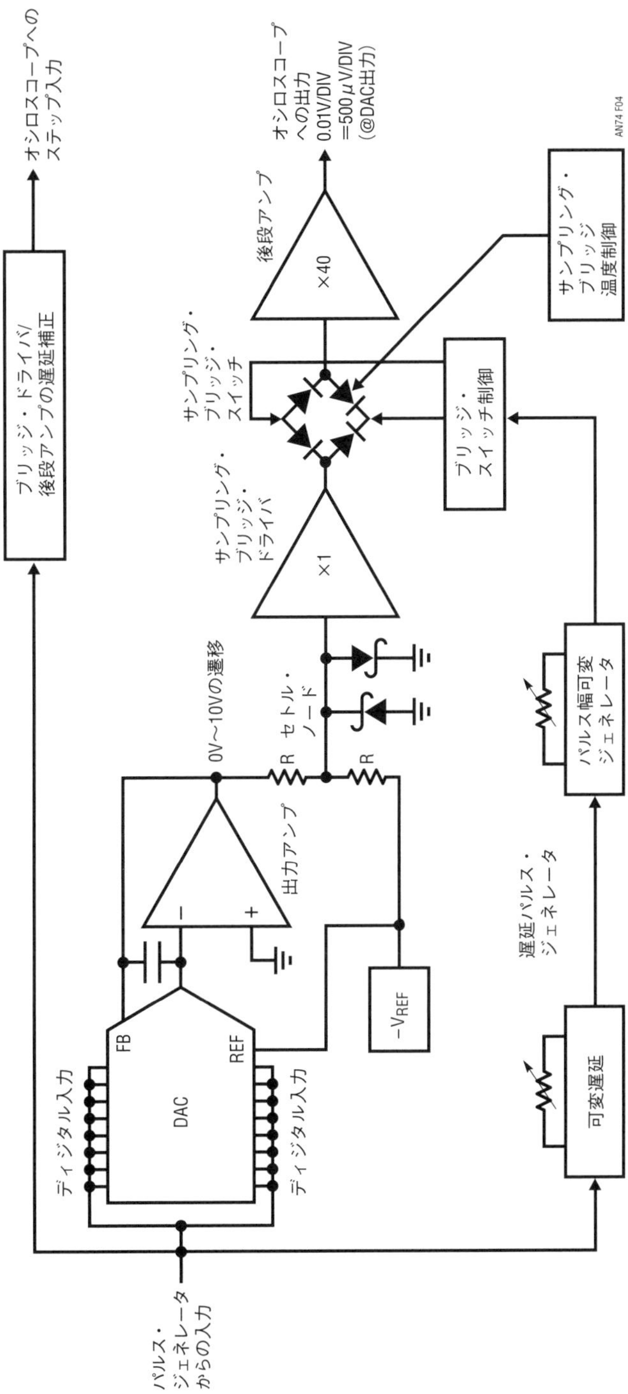

図12.4　DACセトリング時間測定用の回路構成のブロック図. ダイオード・ブリッジ型のスイッチにより通り抜けを最小にして, アンプとオシロがオーバードライブされるのを防ぐ. 温度制御によりスイッチのオフセットは10μVに維持される. ステップ入力の時間測定用参照信号は, 1倍と40倍の各アンプによる遅延分を補正している

を詳しく示したものです. ダイオード・ブリッジは互いに温度係数をキャンセルする傾向があり —— 安定化されていないブリッジでもドリフトはおよそ100μV/℃に過ぎず, 温度制御によりさらに数μV/℃まで小さくなります.

ブリッジの温度制御は一つのダイオードを温度センサとして使って行われます. もう一つのダイオードは, 逆バイアスでブレークダウン ($V_Z \fallingdotseq 7\,\mathrm{V}$) させて使い, ヒータとして働きます. 制御アンプは, センサとなっているダイオードの端子電圧を反転入力の電圧と比較

図12.5　ダイオード・ブリッジの調整は，ACおよびDCバランスとドライブ波形スキューの調整がある．モノリシック・ダイオード・アレイの使われていないダイオードは温度制御に使用する

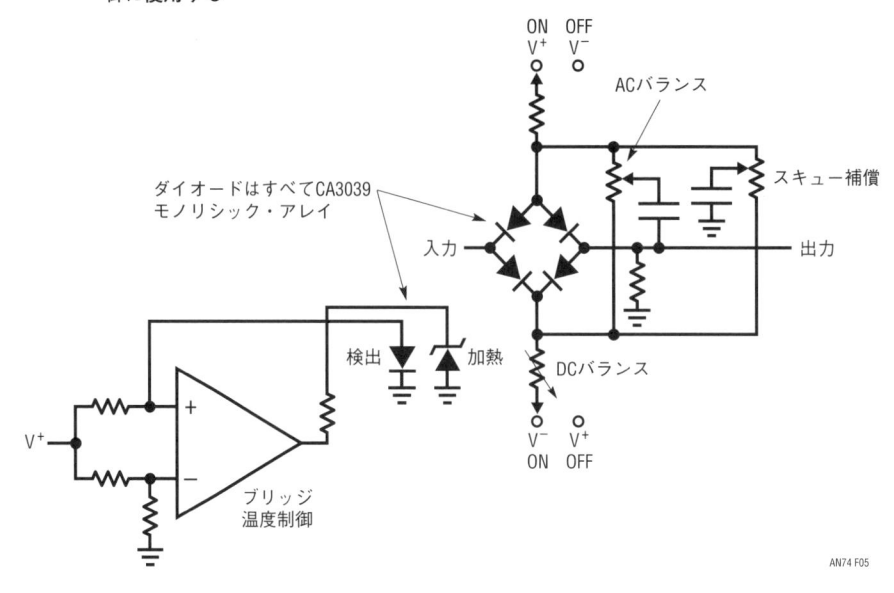

AN74 F05

して，ダイオード・アレイの温度が安定化するようにヒータ役のダイオードを駆動します．

　入力-出力間のオフセット電圧がゼロになるようにブリッジのオン電流を調整して直流バランスをとります．交流的調整は2ヵ所で必要です．図の"ACバランス"となっている箇所ではダイオードとレイアウトの容量的なアンバランスを補正し，"スキュー補償"の箇所は相補的なブリッジ駆動波形に残るタイミングの非対称性を補正します．これらの交流的な調整により，寄生的なブリッジ出力の原因となる僅かな動的アンバランスを補正します．

セトリング時間測定回路の詳細

　図12.6は16ビットDACのセトリング時間測定回路の詳細です．入力パルスがDACの全ビットを同時に変化させますが，それと同時に遅延補正回路を経由してオシロスコープにも伝えられます．遅延回路はCMOSインバータと調整用 RC で構成されていて，計測経路が原因で入力のステップ波形に加わる12 nsの遅延時間を補正します[注5]．DACのアンプ出力は精密な3 kΩの

加算用抵抗器を介してLT1236 10 V基準電圧源と比較されます．LT1236はDACの基準電圧源にもなっていて，測定をレシオメトリックにしています．A1のバッファによりクランプされているセトリング・ノードには負荷が加わらず，A1の出力はサンプリング用ブリッジを駆動します．A1の出力にさらにクランプ・ダイオードが付けられている点に注目してください．これらは（電源が落ちたり，電源の立ち上がりに問題がある場合に）A1が異常値を出力し，ダイオード・アレイの損傷を防ぎます[注6]．A3と周辺の部品ですが，−5 Vレギュレータから作った安定な電圧とダイオードの順方向電圧を比較してサンプリング用ブリッジの温度制御をしています．別のダイオードは逆方向（ $V_Z ≒ 7$ V）でバイアスされていて，ヒータとして働きます．この図での各ピンの接続は，温度制御の性能が最も良くなるように選んであります．

　入力パルスは74HC123にワンショットトリガを掛け

注5：Appendix Cの「アンプの残留遅延の測定と補正」を参照．

注6：これは発生する可能性があり，現実に起きたことでもある．このような災難に見舞われた際，冷静にふるまうのは難しい．サンプリング・ブリッジの交換には時間がかかり，非常に緊張を強いられる仕事となる．理由を知りたい向きは，Appendix Gの「ブレッドボードの組み立て，レイアウトそして配線テクニックについて」を参照．

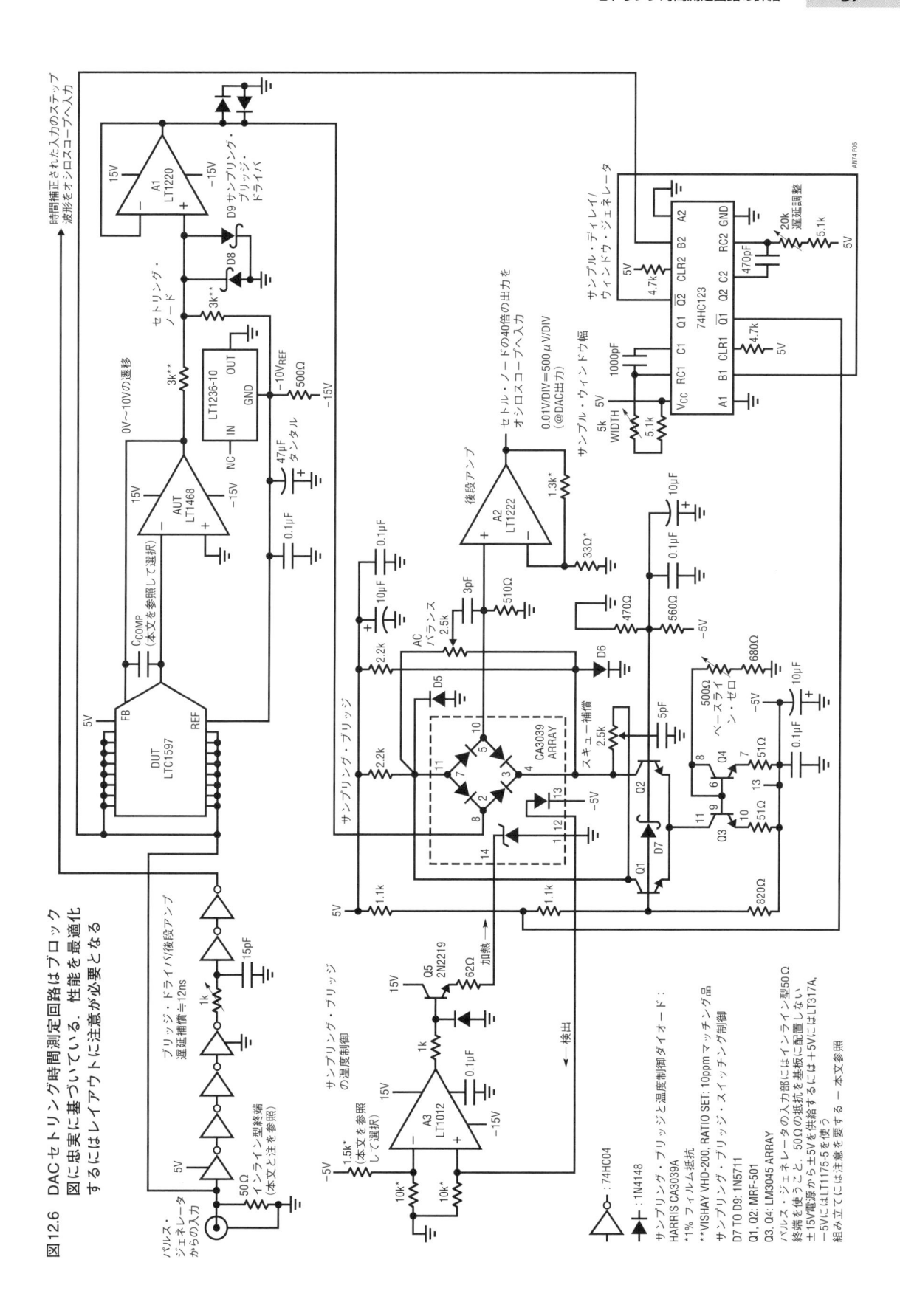

図12.6　DACセトリング時間測定回路はブロック図に忠実に基づいている。性能を最適化するにはレイアウトに注意が必要となる

ます．このワンショット・パルスは次に遅延パルス（遅延量が20 kΩの半固定抵抗で調整可能）を発生し，そのパルス幅（5 kΩの半固定抵抗で調整可能）によってダイオード・ブリッジのオン時間が決まります．遅延が適切にセットされると，セトリングがほぼ終了するまでオシロスコープに入力が入ることはなく，オーバードライブもありません．サンプル・ウィンドウの幅は調整されて，その他すべてのセトリング動作が観測できます．このようにして，オシロスコープの表示は信頼できるものになり，意味のあるデータが得られるようになります．ワンショット・タイマの出力はQ_1-Q_4のトランジスタによりレベル・シフトされて，ブリッジに加わる相補的なスイッチ駆動信号になります．実際のスイッチング・トランジスタQ_1-Q_2はUHF用途の部品であり，スキューが僅か1 ns以下の真の差動スイッチングを達成しています[注7]．

A_2はブリッジの出力をモニタしていて，ここでゲインを稼いでオシロスコープを駆動します．**図12.7**はこの回路の波形です．波形Aが入力パルス，波形BはDACアンプの出力，波形Cはサンプリング用ゲート信号，波形Dは後段のアンプの出力です．サンプル信号がLowになると，ブリッジ・スイッチがきれいに導通して，出力変化の最後の1.5 mVの部分が問題なく観察できています．リンギング時間も明瞭に見えていて，アンプの出力は最終到達値に申しぶんなくセトリング

注7：このブリッジのスイッチング手法はリニアテクノロジー社のGeorge Felizの開発による．

していています．サンプル用ゲート信号がHighになると，ブリッジはオフになり，600 μV程度の通り抜けが見られます．ブリッジがスイッチする直前（時間軸区間で3.5目盛り以降）での100 μVのピークはA_1の出力からの通り抜けですが，同様に十分に小さく抑え込まれています．輝線はどこも管面から飛び出すことなく，オシロスコープはオーバードライブにさらされていません．

この回路でこのような性能を得るには調整が必要です．電源を加えるまえにQ_5のベースを接地状態にしてブリッジの温度制御点を設定します．次に，電源を加えて，A_3の正入力の電圧を−5 Vの電源ラインを参照電位にして測定します．図で指示してあるA_3の負入力のところの抵抗（とりあえず1.5 kΩ）を調整して，（やはり−5 V電源を基準電位として）正入力側の測定値より57 mV低くなるようにします．Q_5のベースをグラウンドから切り離すと，回路はサンプリング・ブリッジを約55℃に温度制御するようになります．

$$25℃_{room} + \frac{57 \text{ mV}}{1.9 \text{ mV/℃}_{diode\ drop}} = 30℃_{rise}$$
$$= 55℃$$

温度のコントロールができたら，ブリッジを直流および交流的に調整します．そのためには，DACとアンプをオフにして（DACへの入力パルスを止めて，全ビットをLowにする），セトリング・ノードを直接接地します．**図12.8**は調整前の測定結果の例です．波形Aは

図12.7　セトリング時間回路の波形として，時間補正した入力パルス（波形A），DACのアンプ出力（波形B），サンプル・ゲート波形（波形C），そしてセトリング時間出力（波形D）を示す．サンプル・ゲートの時間ウィンドウの遅延量と時間幅は調整できる

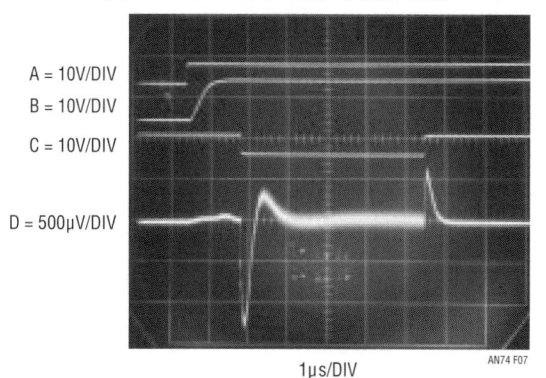

A = 10V/DIV
B = 10V/DIV
C = 10V/DIV

D = 500μV/DIV

1μs/DIV　　　AN74 F07

図12.8　ACおよびDCの調整をしていないサンプリング・ブリッジによるセトリング時間回路の出力（波形C）．DACはディセーブルし，セトリング・ノードは接地してある．スイッチドライブ波形の過大な通り抜けとベースラインのオフセットが見られる．波形AとBはそれぞれ入力パルス，およびサンプル・ウィンドウである

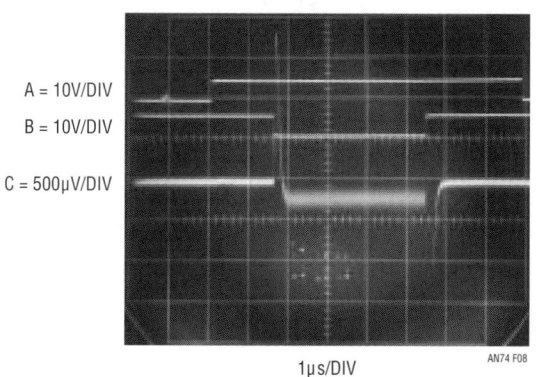

A = 10V/DIV
B = 10V/DIV

C = 500μV/DIV

1μs/DIV　　　AN74 F08

入力パルス，波形Bはサンプリング・ゲート信号，波形Cは後段のアンプの出力です．DACとアンプを殺して，セトリング・ノードを接地した状態で，後段のアンプの出力は（理論的には）常にゼロになるはずです．写真で見られるように，調整前のブリッジではそうなりません．交流および直流誤差があるのです．サンプル・ゲート信号の遷移により，管面から輝線が飛び出すような大きい出力が後段アンプの出力に発生しています（管面の時間軸区間の8.5目盛り以降に見られる，サンプル信号のターン・オフに対して後段のアンプが応答している）．さらに，後段のアンプの出力にはサンプリング期間において顕著な直流オフセットが見られます．交流バランスとスキュー補償を調整することでスイッチングに由来する過渡応答を最小にします．直流オフセットはベースライン・ゼロ調整でなくします．図12.9にこれらの調整後の結果を示します．これにより，スイッチングによる誤差分は管面に収まり，オフセット誤差は見えないレベルになります．このような性能がひとたび得られれば，この回路は使えるようになります[注8]．セトリング・ノードの接地をはずし，DACに入力パルスが加わるよう元に戻します．

図12.9　調整したブリッジによるセトリング時間回路の出力（波形C）．図12.8と同様に，DACはディセーブルし，セトリング・ノードは接地してある．スイッチのドライブ波形の通り抜けおよびベースラインのオフセットは非常に小さい．波形AとBはそれぞれ入力パルス，およびサンプル・ウィンドウである

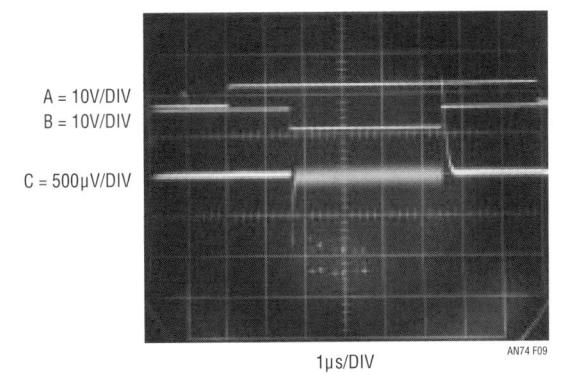

A = 10V/DIV
B = 10V/DIV
C = 500μV/DIV
1μs/DIV
AN74 F09

注8：このような性能を達成するには，レイアウトにも注意が必要である．この回路の組み立てには多くの細かい注意が絶対的に必要となる．Appendix Gの「ブレッドボードの組み立て，レイアウトそして配線テクニックについて」を参照．

サンプリングによる
セトリング時間測定回路の使用法

サンプリング・ウィンドウの時間軸上での配置がいかに重要であるかを物語るのが，図12.10から図12.12です．図12.10では，サンプリング・ゲート信号によりサンプリング・ウィンドウ（波形A）が開始するポイントが早過ぎて，サンプリングが始まった時点で後段のアンプの出力がオシロスコープをオーバードライブしています．図12.11ではこれが改善されていて，管面を飛び出す量はわずかに抑えられています．図12.12が最適状態です．アンプの全出力が表示範囲によく収まっています．

一般に，リンギング時間の始まりが観測できるまで

図12.10　サンプル・ゲートの遅延量が不適切な場合のオシロスコープの表示．サンプル・ウィンドウ（波形A）の開始が早過ぎて，セトリング出力（波形B）が管面から飛び出している．オシロスコープがオーバードライブされているため，表示波形は信用できない

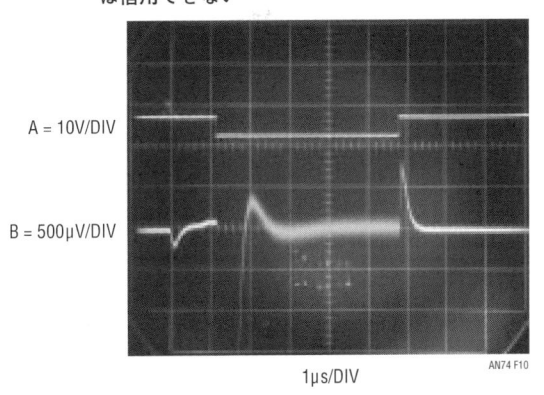

A = 10V/DIV
B = 500μV/DIV
1μs/DIV
AN74 F10

図12.11　サンプル・ゲートの遅延量を増やして，サンプル・ウィンドウ（波形A）を移動して，セトリング出力（波形B）の変化が管面に入るようにしている

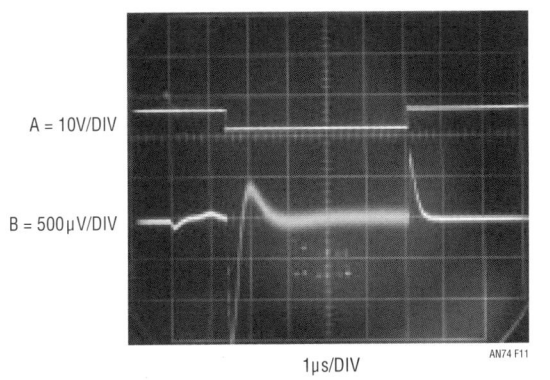

A = 10V/DIV
B = 500μV/DIV
1μs/DIV
AN74 F11

図12.12　サンプル・ゲートの遅延量を最適にしたときのサンプル・ウィンドウ（波形A）の位置であり，セトリング出力（波形B）のすべての波形情報が管面内に充分に収まっている

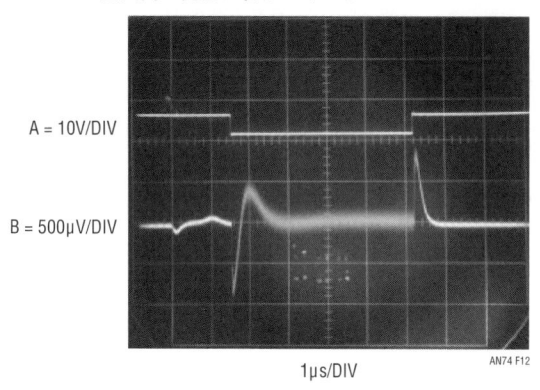

1μs/DIV

図12.14　過剰な帰還容量によるオーバーダンプ状態．セトリング時間は3.3μs

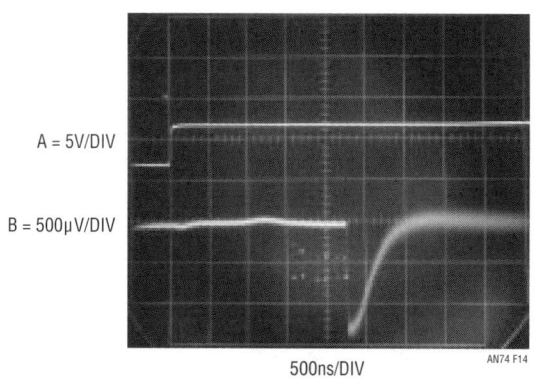

500ns/DIV

図12.13　不適切な帰還容量によるアンダーダンプ状態のセトリング応答．サンプル・ゲートがオフの期間（時間軸区分の2目盛りから6目盛り以降）に過剰なリンギングの通り抜けが見られるが，許容範囲である．セトリング時間は2.8μs

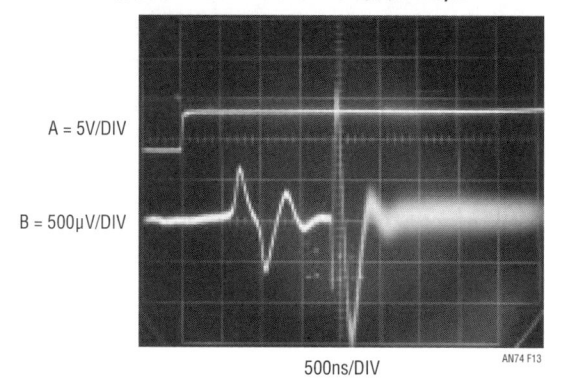

500ns/DIV

図12.15　最適な帰還容量により適切にダンピングがかかり，最良のセトリング時間が得られた．セトリング時間は1.7μs

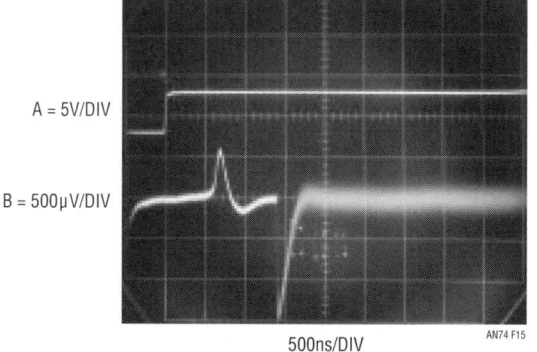

500ns/DIV

アンプの出力応答の最終値のミリボルト範囲あたりでサンプリング・ウィンドウを"移動"してみることをお勧めします．サンプリングを利用した測定法ではこれができるので，強力な測定手段になります．さらに低速なアンプでは，遅延時間やサンプリング・ウィンドウ時間を延ばさなくてはならないかもしれない点もお忘れなく．そのためには，74H123ワンショット・タイマのコンデンサ値をより大きな値にする必要があるかもしれません．

補償コンデンサによる影響

　セトリング時間を最良にするにはDACアンプの周波数補償が必要になります．DACはかなりの出力容量をもつので，アンプの応答は複雑になり，補償用のコンデンサの選択は非常に重要になります[注9]．**図12.13**

はごく軽く補償をかけた効果を示しています．波形Aは遅延時間を補正した入力パルスであり，波形Bは後段のアンプの出力です．軽い補償により非常に高速な出力応答が得られていますが，長時間にわたる過剰なリンギングが発生しています．このリンギングが激しいため，オーバードライブには至っていないものの，サンプリング・ゲートがオフの期間でも通り抜けを起こしています．サンプリングが開始されると（管面の時間軸区間の6目盛りの直前），リンギング波形はまだ大

注9：この節ではDAC用アンプの周波数補償について，サンプリングを用いたセトリング時間測定法との関連で議論をする．したがって，簡単な説明で済ませている．より詳しい内容については本文の後段で触れられており，またAppendix Dの「DAC用アンプの補償についての具体的考察」を参照のこと．

図12.16　セトリング・ノードをクランプしても，ダイオードの400mVの電圧降下によりオシロスコープはオーバードライブを受ける

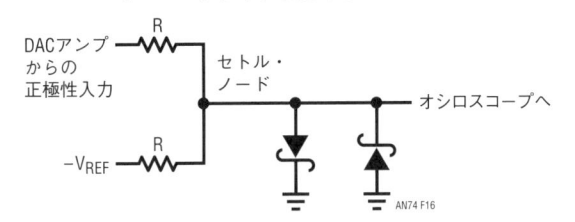

DACアンプからの正極性入力

R

セトル・ノード

オシロスコープへ

−V_REF

R

AN74 F16

図12.17　ダイオードにバイアスをかけると，理屈のうえではクランプ電圧が低くなる．現実には，V-I特性と温度の影響により性能が出ない

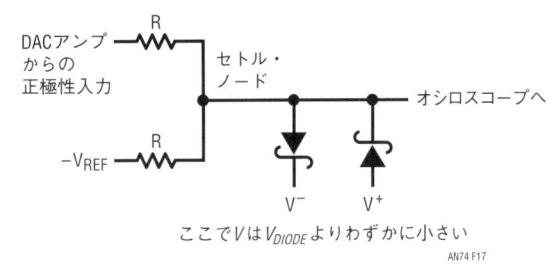

DACアンプからの正極性入力

R

セトル・ノード

オシロスコープへ

−V_REF

R

V⁻　　V⁺

ここでVはV_DIODEよりわずかに小さい

AN74 F17

きいですが，その最終段階になっているのが見えています．セトリング時間は約2.8 μsです．**図12.14**はこれと逆の極端な例です．大きな値の補償コンデンサによりリンギングはすべてなくなっていますが，アンプの応答が非常に遅くなってセトリング時間は3.3 μsに延びています．最良の状態を**図12.15**に示します．この写真は最良のセトリング時間が得られるように補償用コンデンサを注意深く選んだものです．ダンピングはしっかりと制御され，セトリング時間は1.7 μsに短縮されています．

結果の検証 —— 別の測定法

　サンプリングを用いたセトリング時間の測定回路は役に立つ測定手法と思われます．さて，この測定結果について自信をもつにはどのようにしたらよいでしょう？　その良い方法は，別の測定手法で同じ測定を行い，両方の結果が一致するかどうかを見ることです．それを試してみるために，ダイオードでクランプした基本的な測定回路について再考してみます．

　図12.16は**図12.2**の基本的なセトリング時間の測定回路を，もともとの問題点のままに再掲したものです．ショットキー・ダイオードによるクランプでは，セトリング・ノードはどうしても400 mVの電圧でオシロスコープをオーバードライブして，測定が台無しになります．ここで，**図12.17**について考えてみます．これは前と似た構成ですが，ダイオードはダイオードの電圧降下分より僅かに低いバイアス電圧に接続されています．理論的には，これはもともと順方向電圧降下が小さいダイオードをグラウンドに接続したのと同じで，オシロスコープのオーバードライブを大きく軽減します．実際には，ダイオードのV-I特性と温度の影響によりこの構成では良い結果は得られません．クランプ電圧の減少分はわずかで，セトリング・ノードが

ゼロになったときのダイオードの順方向リークにより信号の振幅に測定誤差が生じます．このやりかたは現実的ではありませんが，より有効な方法へ向けてのヒントになります．

別の方法Ⅰ —— ブートストラップ型クランプ

　図12.18に示す手法では，セトリング・ノードの入力信号につないだダイオードを，オペアンプでブートストラップした電圧源につないでいます．このようにすると，入力信号に対して最適なクランプになるように，ダイオードが能動的にバイアスされます．DACのアンプの出力が応答している期間，このセトリング・ノードの電圧は大きく，各オペアンプはそれに応じて大きなバイアスをダイオードに加えて，クランプ電圧が望ましい小さな値になるように抑え込みます．DACのアンプの出力が一定になるとセトリング・ノードの電圧はほぼゼロに近づくので，オペアンプによるダイオードへのバイアスもほぼなくなり，オシロスコープは正確なセトリング・ノードの出力波形を表示します．アンプのゲインを調整して，正側と負側のクランプ電圧を最適にできます．このように，信号波形を損なわずにオシロスコープのオーバードライブを最小にできるめどがつきました．

　ブートストラップを使ったクランプ回路の実例が**図12.19**です．このクランプ回路はA_3とA_4のアンプからなり，前の図の原理的な構成とほぼ同じになっています．A_1とA_2を付け加えることで，非飽和時のゲイン80を得ています．これにより，DACのアンプ出力に対して，オシロスコープのスケール・ファクタは500 μV/DIVになります．**図12.20**では，オペアンプからの跳

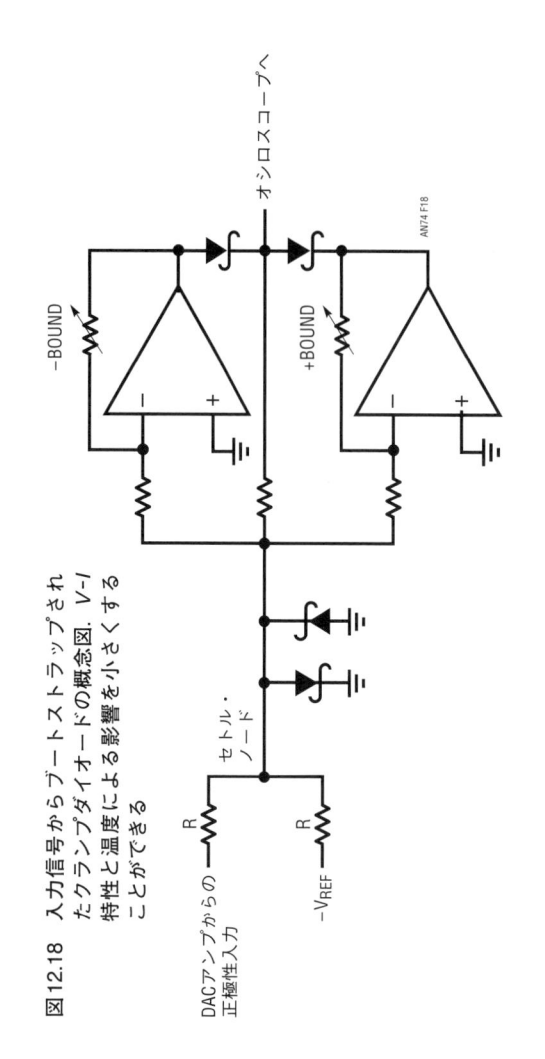

図12.18 入力信号からブートストラップされたクランプダイオードによる影響を小さくすることができる. V-I特性と温度による影響を小さくすることができる

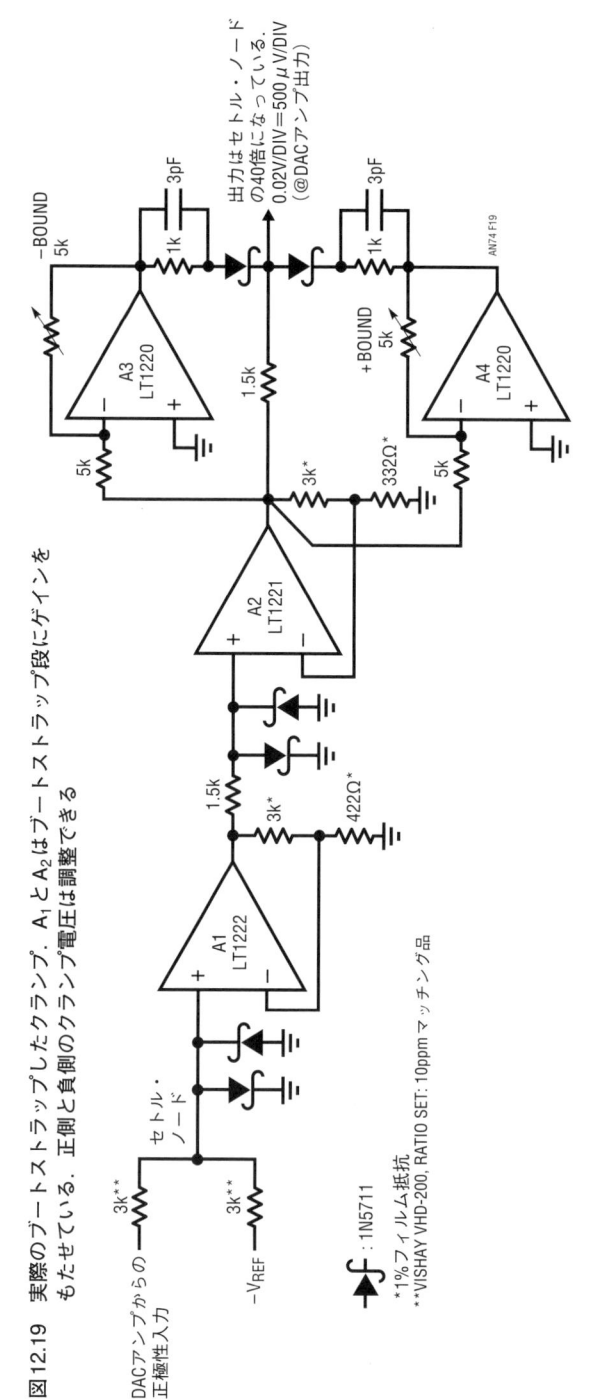

図12.19 実際のブートストラップしたクランプ. A_1 と A_2 はブートストラップ段にゲインをもたせている. 正側と負側のクランプ電圧は調整できる

ね上がりの電圧はダイオードの電圧降下と等しくなるようセットしてあり, ブートストラップにはなっていません. 回路の応答は単純なダイオード・クランプによるものと基本的に同一です. **図12.21**はアンプ A_4 のゲインを調整して, 正側クランプでの超過が少なくなるようにしています. **図12.22**では同様に A_3 のゲインを調整して, 負側クランプの制限電圧が小さくなるようにしています. どちらの場合でも, 振幅の小さい領域でセトリング波形(時間軸区間の5目盛りから始まる部分)が影響を受けていない点に注意してください. さらに正側, 負側クランプの制限値を調整して得られた結果が**図12.23**です. セトリング波形を忠実に表示させながら, ピーク・ツー・ピークの振幅が小さくなるよう最適な調整になっています. これにより, オシロスコープは20 mV/DIVの感度(DACのアンプに対しては500 μV)設定で, オーバードライブ量をわずか2.5

倍に抑えながらセトリング信号を観測しています. これは, オーバードライブとは無縁のサンプリング手法ほど理想的な状態ではありませんが, 単純なダイオードによるクランプと比べれば大きな改善になります. この観測に使用するオシロスコープですが, 2.5倍の

図12.20　電圧の固定値をダイオードの電圧降下と同じにしたときのブートストラップ型クランプの波形. ブートストラップ動作は起きていない. ダイオードによるクランプと同一の応答になる

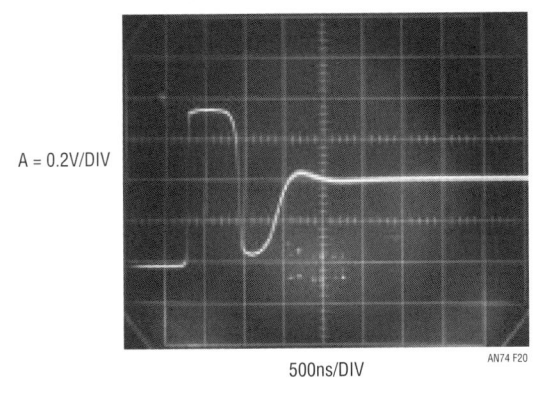

A = 0.2V/DIV

500ns/DIV

AN74 F20

図12.21　正側の固定値を調整して, 正側クランプの超過を減らした

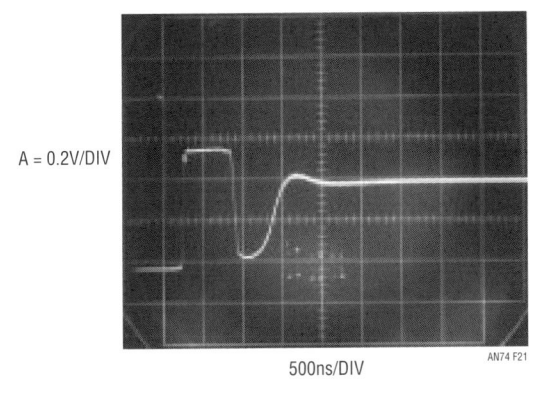

A = 0.2V/DIV

500ns/DIV

AN74 F21

図12.22　負側の固定値を調整して, 負側クランプの制限値を小さくした

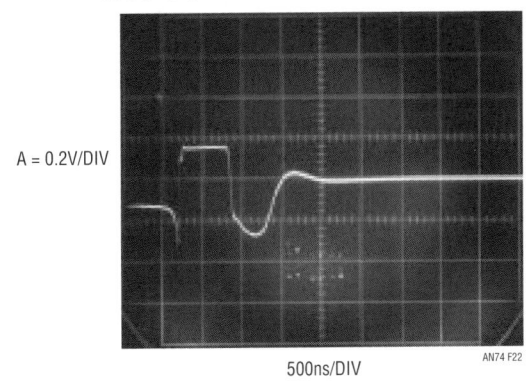

A = 0.2V/DIV

500ns/DIV

AN74 F22

図12.23　ピーク・ツー・ピークの振幅が最小になるように, 正側と負側の制限値を最適に調整した. セトリング領域の波形情報 (時間軸区間の4目盛りの右) は歪みがなく, 図12.20と同一になっている

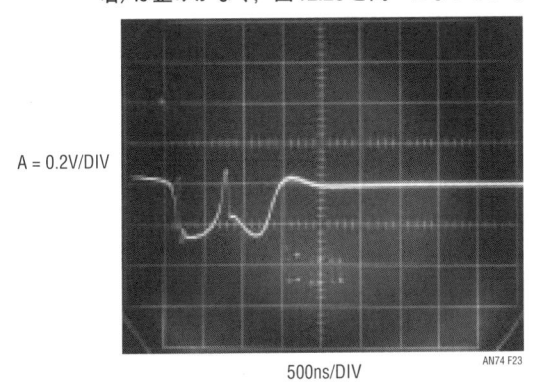

A = 0.2V/DIV

500ns/DIV

AN74 F23

オーバードライブを受けても信頼できる波形観測ができることを確認しておかなければなりません[注10].

　図12.24は図12.6のセトリング時間測定回路にブートストラップ型クランプを適用したものです. セトリング・ノードは後段のアンプに接続され, それがブートストラップ型クランプ回路を駆動しています. 前と

同様に, 入力パルスは信号系の遅延に対して補正してあります[注11]. さらに, 出力に同じ型のFETプローブをつないで, 遅延量がマッチするようにしてあります[注12]. 図12.25は得られた結果です. 波形Aは遅延補正した入力のステップ波形, 波形Bはセトリング信号です. セトリング・ノードの波形は歪みを受けていませんが, オシロスコープでは2.5倍のオーバードライブが生じています.

注10：この制約は, ブートストラップ型クランプ回路の動的動作範囲を改善することで克服できる. 今後, この方向で作業を進めることになろう. 現時点では, 本文にあるような2.5倍のオーバードライブを受けても, 信頼に足る結果を得られることを確認しているオシロスコープとして以下のものがある. テクトロニクス社547, 556 (1A1型および1A4型プラグイン・モジュール使用) および453, 454, 453A, そして454A. Appendix Bの「オシロスコープのオーバードライブ特性の評価について」を参照のこと.

注11：信号系での遅延量の測定については, Appendix Cの「アンプの残留遅延の測定と補正」で取り上げている.

注12：ブートストラップ型クランプの出力インピーダンスから, FETプローブの使用が必須になる. 2本目のFETプローブで入力ステップ信号を観測するが, こちらはチャネル間の遅延を合わせるためである.

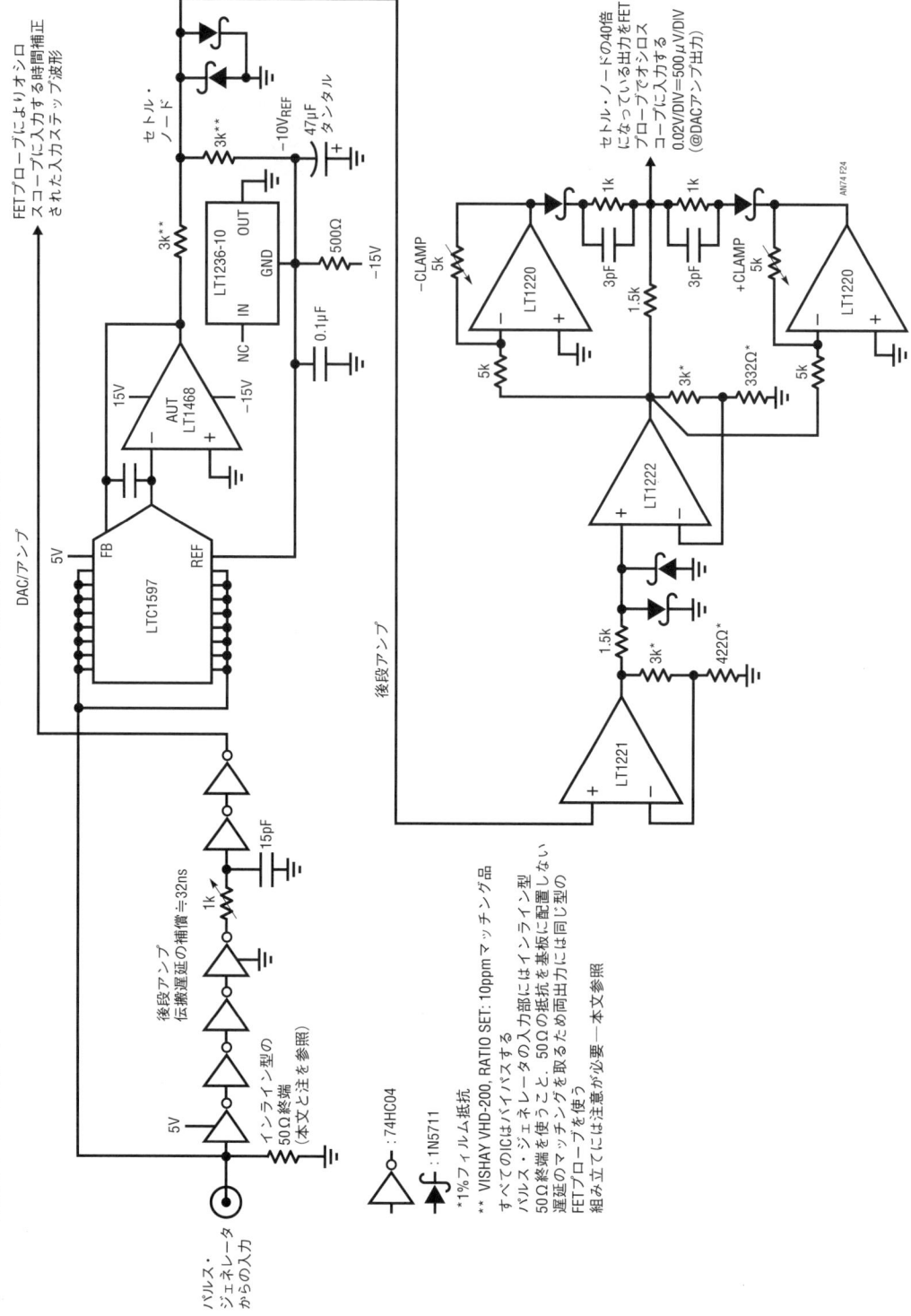

図12.24　ブートストラップしたクランプ型のDACのセトリング時間測定回路の全体．従来のダイオード・クランプ型に比べるとオーバードライブは非常に低減されているが，オシロスコープは管面の2.5倍のオーバードライブを許容できなければならない

図12.25 ブートストラップ型クランプ・アンプによるセトリング時間の測定．意味のある測定のためには，オシロスコープは管面の2.5倍のオーバードライブを許容できなければならない

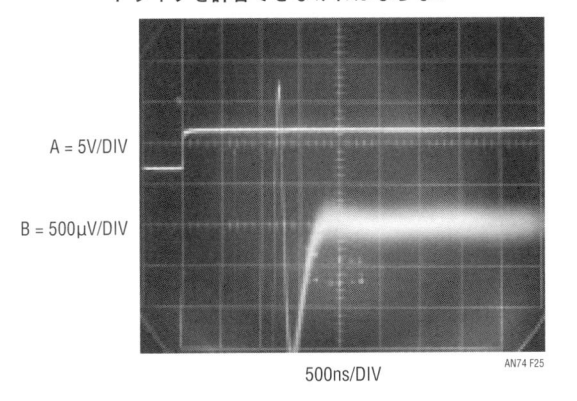

A = 5V/DIV

B = 500μV/DIV

500ns/DIV

AN74 F25

図12.27 古典的なサンプリング・スコープによるDACのセトリング時間測定．本質的にオーバーロードの影響を受けないので，ひどいオーバードライブにもかかわらず正確な測定ができる

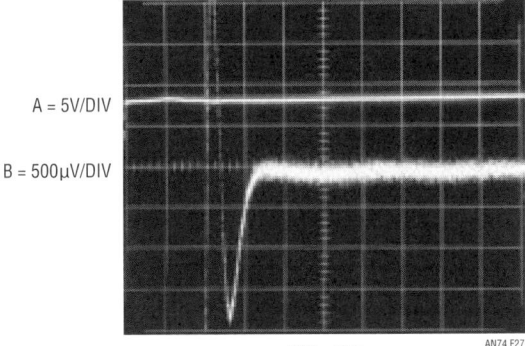

A = 5V/DIV

B = 500μV/DIV

500ns/DIV

AN74 F27

別の方法II ── サンプリング・オシロスコープ

最初の部分で，古典的なサンプリング・スコープは本質的にオーバードライブの影響を受けないと述べました[注13]．もしそうであるなら，その特徴を使って簡単なダイオード・クランプだけでセトリング時間の測定をしてみたらどうでしょう．図12.26はそれをやってみたものです．この回路は図12.24と同一ですが，ブートストラップ型クランプを単純なダイオードによるクランプに置き換えてあります．このような状態で，サンプリング・スコープ[注14]は大きなオーバードライブにさらされますが，一見してなんの不具合も見られません．図12.27はこのテストに使ったサンプリング・スコープからの波形です．波形Aは遅延を補正した入力パルスで，波形Bはセトリング・ノードの信号です．ひどいオーバードライブにもかかわらず，オシロスコープの応答はきれいで，納得できるセトリング波形を観測できています．

別の方法III ── 差動アンプ

理論的には，想定されたセトリング電圧の箇所に一方の入力がバイアスされた差動アンプを使えば16ビット分解能でセトリング時間を測ることは可能です．現実には，これは差動アンプに対して非常に厳しい要求になります．そのアンプのオーバーロードからの回復特性は完璧である必要があります．実際には，この要

求に見合うような差動アンプやオシロスコープ用の差動アンプ・プラグインなどは市販品には見当たりません．近年，この点で完全に仕様が規定されているわけではないものの，非常に卓越したオーバーロードからの回復特性をもつ計測器が登場しています．図12.28がその差動アンプ（型番と製造メーカは回路図の注記を参照）で，DAC出力のアンプの波形をモニタしています．このアンプの反転入力は，内蔵する可変基準電圧源を使って予想されるセトリング電圧にバイアスしてあります．この差動アンプはゲイン10で動作していて，そのクランプされた出力はさらに，出力にクランプがある飽和前のゲインが40であるアンプA_1とA_2に接続してあります．波形観測用のオシロスコープは0.2 V/DIV（DACのアンプ換算では500 μV/DIV）の感度で使いますが，オーバードライブされることはありません．図12.29に結果を示します．波形Aは遅延時間を補正したステップ入力で，波形Bがセトリング出力です．セトリング出力は振幅が規制された区間をスムーズに抜け出て，3目盛りと4目盛りの間のリニアに増幅されている区間に移行しています．このセトリングの様子は納得できるもので，4目盛り以降でセトリングが完了しています．

注13：より深い議論については，Appendix Bの「オシロスコープのオーバードライブ特性の評価について」を参照のこと．
注14：ここではテクトロニクス社，661に垂直軸モジュール4S1と時間軸モジュール5T3を入れて使用した．

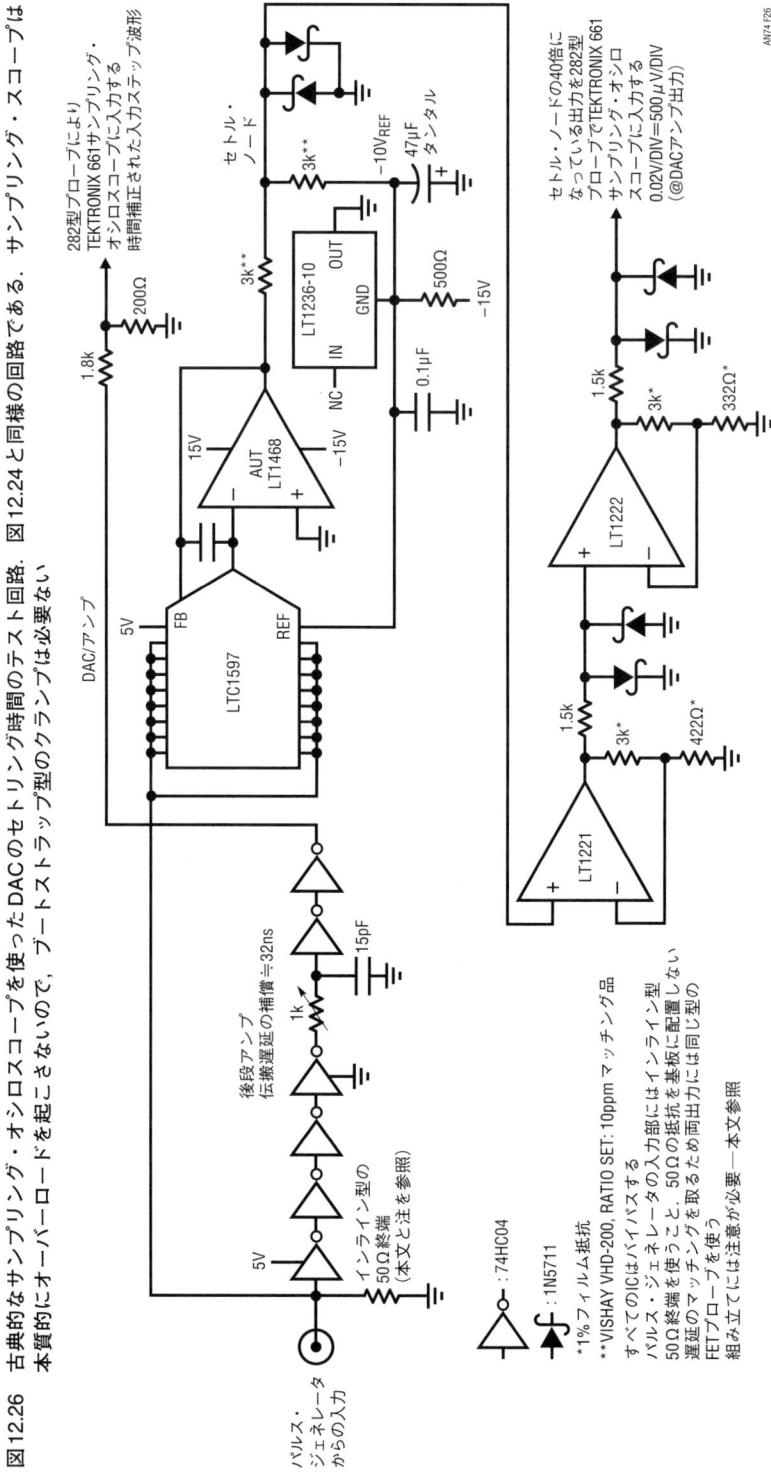

図12.26　古典的なサンプリング・オシロスコープを使ったDACのセトリング時間のテスト回路．図12.24と同様の回路である．サンプリング・スコープは本質的にオーバーロードを起こさないので，ブートストラップ型のクランプは必要ない

図12.28 差動アンプを用いたセトリング時間測定．入力のオーバーロードからの回復特性は非常に優秀でなくてはならない．クランプされたアンプの制限されたゲイン段により振幅は制限されるが，動作はリニアな範囲内に維持される．オシロスコープはオーバードライブされない

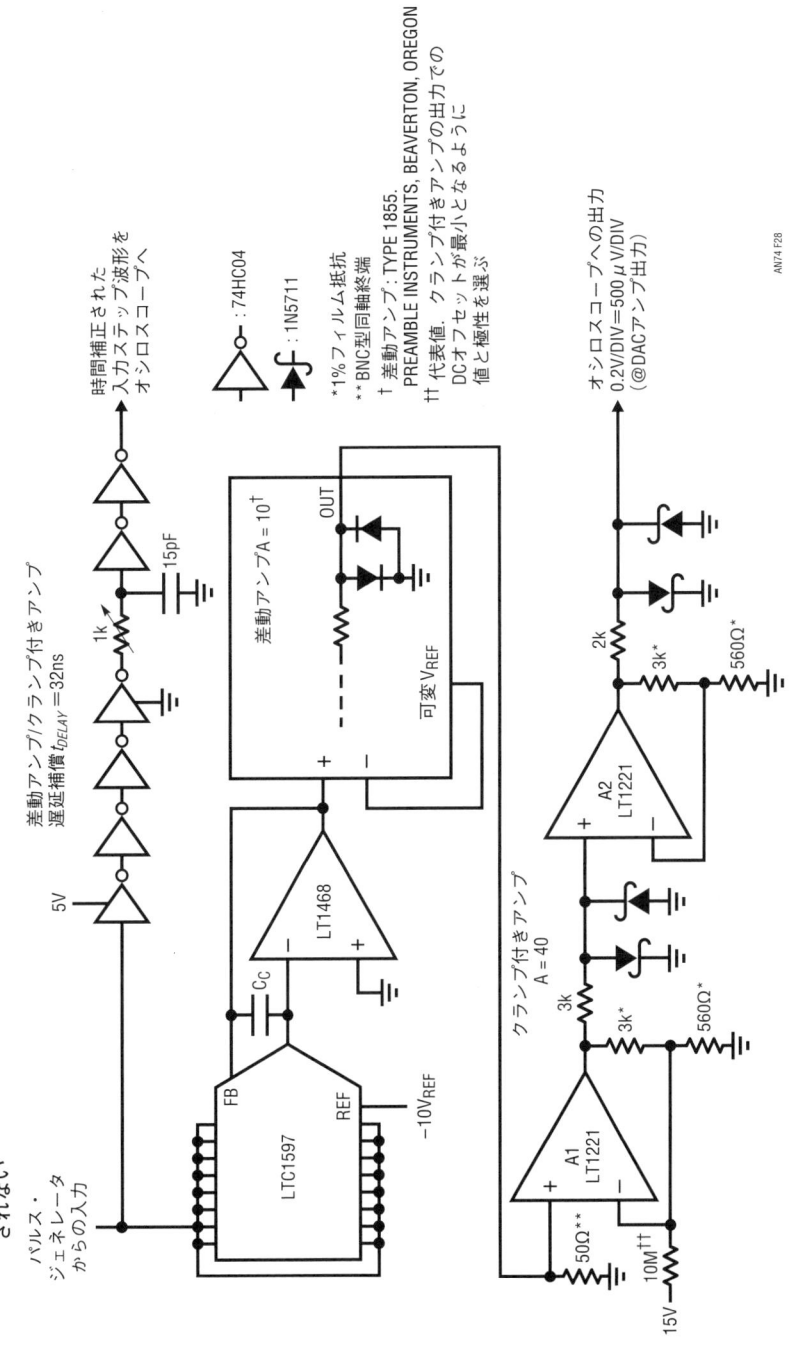

図12.29　差動／クランプ付きアンプによるDACのセトリング時間測定．すべてのオシロスコープの入力信号の変化は管面内に収まっている

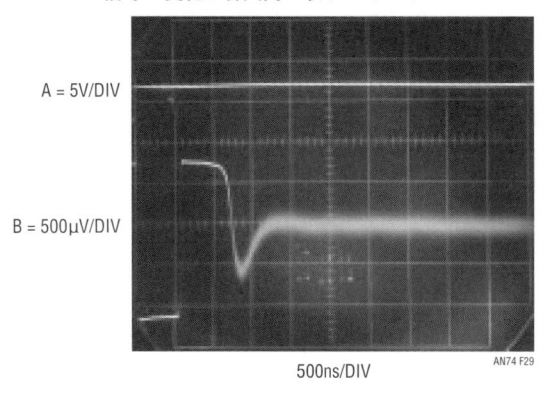

A = 5V/DIV

B = 500μV/DIV

500ns/DIV　　AN74 F29

図12.30　サンプリング・ブリッジ回路を用いたDACのセトリング時間測定．セトリング時間＝1.7μs

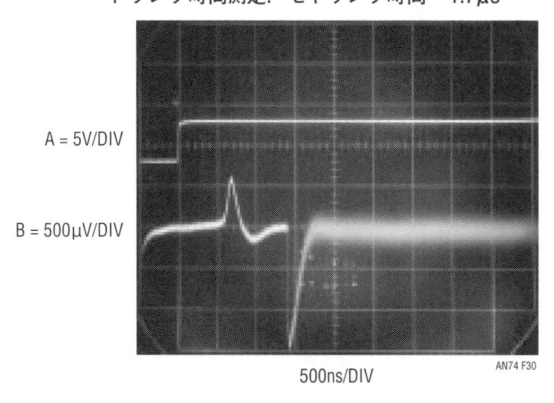

A = 5V/DIV

B = 500μV/DIV

500ns/DIV　　AN74 F30

図12.31　ブートストラップ型クランプによるDACのセトリング時間測定．セトリング時間＝1.7μs

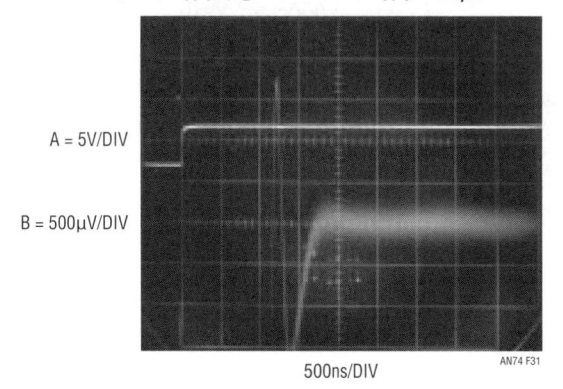

A = 5V/DIV

B = 500μV/DIV

500ns/DIV　　AN74 F31

結果のまとめ

　以上の4通りの手法による結果をまとめるには，目視による比較が手っ取り早い方法です．図12.30から

図12.32　古典的なサンプリング・スコープを用いたDACのセトリング時間測定．セトリング時間＝1.7μs

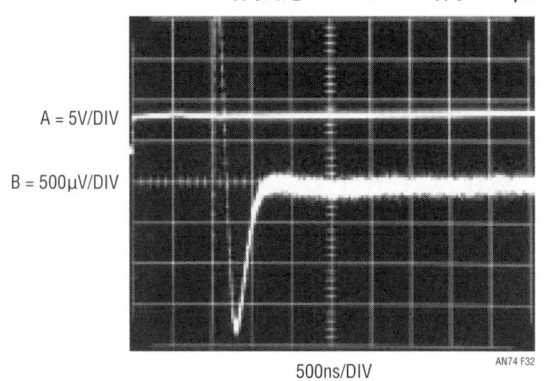

A = 5V/DIV

B = 500μV/DIV

500ns/DIV　　AN74 F32

図12.33　差動アンプを用いたDACのセトリング時間測定．セトリング時間＝1.7μs

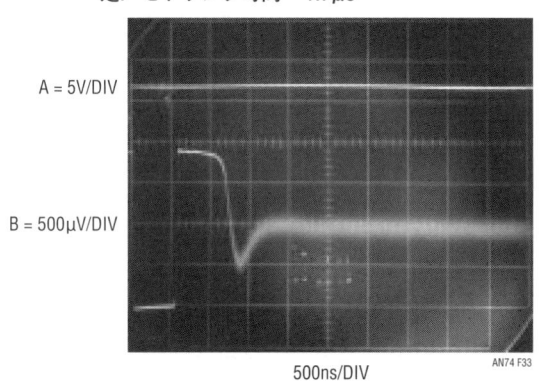

A = 5V/DIV

B = 500μV/DIV

500ns/DIV　　AN74 F33

　図12.33はその4つのセトリング時間測定の結果で，前の写真を再掲したものです．それらの手法に問題がなく，適切に組み上げてあれば，どの結果も同一になるはずです[注15]．そうなれば，その4通りの手法が示す同じ結果が正確なものである確率は高いと言えます．

　さて，この4つの写真から同じ1.7μsのセトリング時間とセトリングの様子が見て取れます．セトリングの波形の詳細についても，どの写真も一致しています．このように一致することから，観測結果には高い信頼性があると言えます．また，多くのアンプの特性を規定するうえで必要になる測定の信頼性も得られます．図12.34に挙げているのは，リニアテクノロジー社から提供されているアンプICとその16ビット精度でのセ

注15：ここで説明したセトリング時間測定冶具の組み立ての詳細は，Appendix Gの「ブレッドボード，レイアウトそして配線テクニックについて」で（一つ一つ）説明している．

図12.34　LT1597 DACで駆動されるさまざまなアンプについての16ビット・セトリング時間．最適なセトリング時間を
得るには，補償コンデンサの調整が必要であり，未調整では控えめな測定結果になる．LT1468（強調した欄）は
全温度範囲において精度を保ちながら，最速のセトリング時間が得られた

アンプ	最適化した場合のセトリング時間と補償コンデンサの代表値		控えめに見た場合のセトリング時間と補償コンデンサの値		備考
LT1001	65μs	100pF	120μs	100pF	低速用途に良い選択
LT1006	26μs	66pF	50μs	150pF	
LT1007	17μs	100pF	19μs	100pF	I_Bにより25℃で約1LSBの誤差が生じる
LT1008	64μs	100pF	115μs	100pF	
LT1012	56μs	75pF	116μs	75pF	低速用途に良い選択
LT1013	50μs	150pF	75μs	150pF	仕様温度範囲においてV_{OS}により約1LSBの誤差が生じる
LT1055	3.7μs	54pF	5μs	75pF	V_{OS}により仕様温度範囲で約2〜3LSBの誤差が生じる
LT1077	110μs	100pF	200μs	100pF	
LT1097	60μs	75pF	120μs	75pF	低速用途に良い選択
LT1122	3μs	51pF	3.5μs	68pF	V_{OS}により誤差が生じる
LTC1150	7ms	100pF	10ms	100pF	特殊なケース．Appendix E を参照．LT1010のような出力ブースタが必要
LT1178	330μs	100pF	450μs	100pF	
LT1179	330μs	100pF	450μs	100pF	
LT1211	5.5μs	73pF	6.5μs	82pF	誤差はI_BとV_{OS}による
LT1213	4.6μs	58pF	5.8μs	68pF	誤差はI_BとV_{OS}による
LT1215	3.6μs	53pF	4.7μs	68pF	誤差はI_BとV_{OS}による
LT1218	110μs	100pF	200μs	100pF	V_{OS}による誤差は約1.5LSB．I_Bによる誤差は4〜5LSB
LT1220	2.3μs	41pF	3.1μs	56pF	誤差はI_BとV_{OS}による
LT1366	64μs	100pF	100μs	150pF	誤差はI_BとV_{OS}による
LT1413	45μs	100pF	75μs	120pF	V_{OS}による誤差は約2LSB
LT1457	7.4μs	100pF	12μs	120pF	V_{OS}により仕様温度範囲で5〜6LSBの誤差が生じる
LT1462	78μs	100pF	130μs	120pF	V_{OS}により仕様温度範囲で7〜8LSBの誤差が生じる
LT1464	19μs	90pF	30μs	110pF	上のLT1462の備考を参照
LT1468	1.7μs	20pF	2.5μs	30pF	16ビット性能による最高速のセトリング時間
LT1490	175μs	100pF	300μs	100pF	V_{OS}により誤差が生じる
LT1492	7.5μs	80pF	10μs	100pF	誤差はI_BとV_{OS}による
LT1495	10ms	100pF	25ms	100pF	砂時計と差動アンプにより測定した．LT1010のような出力ブースタが必要
LT1498	5μs	60pF	7.3μs	82pF	誤差はI_BとV_{OS}による
LT1630	4.5μs	63pF	6.7μs	82pF	I_Bによる誤差が大きい
LT1632	4μs	55pF	5.2μs	68pF	I_Bによる誤差が大きい
LTC1650	6μs		6μs		DACが乗っている．±4Vステップ．V_{OS}により仕様温度範囲で約10LSBの誤差が生じる
LT2178	330μs	100pF	450μs	100pF	V_{OS}により1〜2LSBの誤差が生じる

トリング時間の測定結果です．

この図表について

　図表にまとめることは筆者の好むところではありません．権威に寄りかかると言うべきか，与えられた図表の存在が物事を単純化してしまい，そんな単純化は後々，予想外の結果に直面する事態の遠因になります．16ビット精度のDAC用アンプのセトリング時間測定のような複雑な問題においては，過剰な単純化は危険

です．チャートにより断定的に言い切るには，条件の変化や例外事項が多すぎるのです．それでもあえて図12.34を示すのは，そのような保留付きであることにご留意ください[注16]．このチャートは16ビット精度でのセトリング時間を，LTC1595-7 16ビットDACとリニアテクノロジー社のさまざまなアンプICを組み合わせて測定したものです．多くの測定条件とコメントの

注16：図12.34の図表を提示することに著者のためらいを
　　　感じたとしたら，図星である．

注記を付けましたので，このチャートの内容を解釈するうえで参照してください．

　ここで挙げたアンプのすべてが全温度範囲にわたって16ビット精度を満たしているわけではありませんし，（ものによっては）室温25℃でも下回ります．しかし，交流信号処理，サーボ制御ループ，波形発生といった多くの用途では，DCオフセットについては要求が厳しくないので，それらのアンプも候補として検討する価値があります．16ビット精度（10Vフルスケールとして）で直流精度が求められる用途では，性能上，入力換算誤差を15nAおよび152μV以下に抑えなければなりません．

　ここでのセトリング時間は，"最適化した場合"および"控えめに見た性能"で示してあります．"最適化した場合"ですが，標準性能のDACとアンプを組み合わせた場合です．つまり，アンプのスルー・レート，およびDACの出力抵抗と容量については，設計上の中央値を用いることを意味します．また，セトリング時間が最良になるように，アンプの帰還容量を調整することも許容しています．"控えめに見た性能"とあるのは，アンプのスルー・レートが最小で，DACの出力インピーダンスが最大，また帰還容量には5%の標準コンデンサを使って微調整はしない場合を想定しています．この最悪値での誤差の合計は，恐らく悲観的過ぎるでしょう．各誤差要素のRMS平均を取るほうがより現実的だと思われます．しかし厳密に見積もっておけば，いざ生産に移行してから思いがけない事態に直面するのを避けることができます．セトリング時間につ

いてですが，±15V電源とDACの基準電源として−10Vを使い，10Vの正側出力ステップで測っています．ただしオペアンプを含んだ16ビットDACであるLT1650については異なります．このICでは，±5Vの電源で，4Vの基準電圧源を使い±4Vに振って測定をしています[注17]．図中の帰還コンデンサの値は，ゼネラル・ラジオ社製の1422-CL精密可変コンデンサを使って設定しています[注18]．

　一般的に，応答時間が延びる低速アンプでは，リング時間はほとんどセトリング時間には影響しません．これは，帰還コンデンサの値は，最適化する場合でも控えめな性能で済ます場合でも同じで良いということになります．翻って，高速なアンプのリンギングは与える影響が大きく，それぞれの場合で補償用の帰還コンデンサの値は違ってきます．この点については，Appendix Dの「DAC用アンプの補償についての具体的考察」でさらに検討します．

熱に起因するセトリング誤差

　セトリング時間の誤差について，最後に残る点は発熱によるものです．脆弱な設計のアンプでは，入力ステップに応答した後に尾を引くような応答の"熱的な尻尾"が顕著に見られます．この現象はICのダイの温度上昇によるもので，出力が明らかにセトリングしたずっと後になってから出力が所望の範囲を超えて動いてしまうことになります．したがって，高速なセトリング時間を確認した後に，オシロスコープの掃引時間を長くして，このような応答がないか調べることが常に大

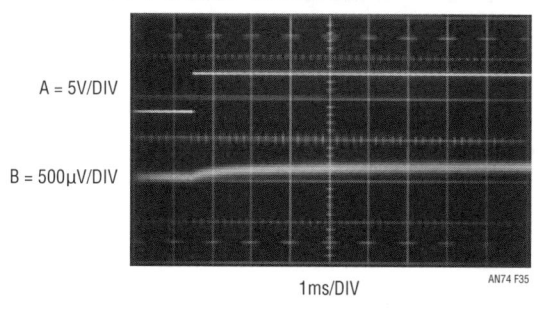

図12.35　脆弱な設計のあるアンプによる，熱的な応答変化の代表的な例．セトリング後のデバイスのドリフトは200μV（1LSB以上）

A = 5V/DIV

B = 500μV/DIV

1ms/DIV　　AN74 F35

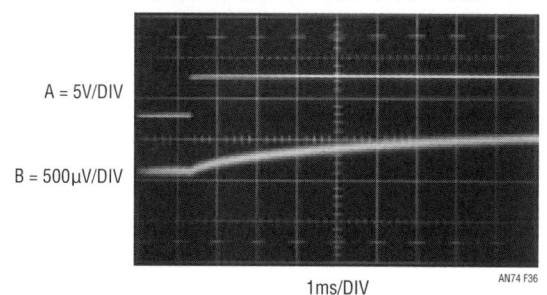

図12.36　アンプに負荷をかけることにより，熱的な影響による誤差が400μV（2.5LSB以上）に増加した

A = 5V/DIV

B = 500μV/DIV

1ms/DIV　　AN74 F36

注17：Appendix Fの「シリアル入力DACのセトリング時間の測定」を参照のこと．
注18：これは極めつけのすばらしい製品である．ただ眺めるだけでも，このセットを所有する価値がある．人間がこれほど完璧なすばらしい装置を作り上げることができるとは信じられないほどである．

事です．**図12.35**にその例を示します．このアンプは
いったんセトリングした後，ゆっくりと（時間軸の掃
引速度に注意）200 μV のドリフトを起こしています．
アンプの出力に負荷をつなぐと，この熱的な尻尾の発
生が顕著になることがしばしば見られます．**図12.36**
はアンプの負荷を重くしたことで，この誤差が倍増し
ている例です．

◆ 参考文献 ◆

(1) Williams, Jim, "Methods for Measuring Op Amp Settling Time", Linear Technology Corporation, Application Note 10, July 1985.［本書の第16章］

(2) Demerow, R., "Settling Time of Operational Amplifiers", *Analog Dialogue*, Volume 4-1, Analog Devices, Inc., 1970.

(3) Pease, R. A., "The Subtleties of Settling Time", *The New Lightning Empiricist*, Teledyne Philbrick, June 1971.

(4) Harvey, Barry, "Take the Guesswork Out of Settling Time Measurements", *EDN*, September 19, 1985.

(5) Williams, Jim, "Settling Time Measurement Demands Precise Test Circuitry", *EDN*, November 15, 1984.

(6) Schoenwetter, H. R., "High-Accuracy Settling Time Measurements", *IEEE Transactions on Instrumentation and Measurement*, Vol. IM-32. No. 1, March 1983.

(7) Sheingold, D. H., "DAC Settling Time Measurement", Analog-Digital Conversion Handbook, pg 312-317. Prentice-Hall, 1986.

(8) Williams, Jim, "Evaluating Oscilloscope Overload Performance", Box Section A, in "Methods for Measuring Op Amp Settling Time", Linear Technology Corporation, Application Note 10, July 1985.［本書の第16章］

(9) Orwiler, Bob, "Oscilloscope Vertical Amplifiers", Tektronix, Inc., Concept Series, 1969.

(10) Addis, John, "Fast Vertical Amplifiers and Good Engineering", *Analog Circuit Design; Art, Science and Personalities*, Butterworths, 1991.

(11) W. Travis, "Settling Time Measurement Using Delayed Switch", Private Communication. 1984.

(12) Hewlett-Packard, "Schottky Diodes for High-Volume, Low Cost Applications", Application Note 942, Hewlett-Packard Company, 1973.

(13) Harris Semiconductor, "CA3039 Diode Array Data Sheet", Harris Semiconductor, 1993.

(14) Carlson, R., "A Versatile New DC-500MHz Oscilloscope with High Sensitivity and Dual Channel Display", *Hewlett-Packard Journal*, Hewlett-Packard Company, January 1960.

(15) Tektronix, Inc., "Sampling Notes", Tektronix, Inc., 1964.

(16) Tektronix, Inc., "Type 1S1 Sampling Plug-In Operating and Service Manual", Tektronix, Inc., 1965.

(17) Mulvey, J., "Sampling Oscilloscope Circuits", Tektronix, Inc., Concept Series, 1970.

(18) Addis, John, "Sampling Oscilloscopes", Private Communication, February, 1991.

(19) Williams, Jim, "Bridge Circuits - Marrying Gain and Balance", Linear Technology Corporation, Application Note 43, June, 1990.

(20) Tektronix, Inc., "Type 661 Sampling Oscilloscope Operating and Service Manual", Tektronix, Inc., 1963.

(21) Tektronix, Inc., "Type 4S1 Sampling Plug-In Operating and Service Manual", Tektronix, Inc., 1963.

(22) Tektronix, Inc., "Type 5T3 Timing Unit Operating and Service Manual", Tektronix, Inc., 1965.

(23) Williams, Jim, "Applications Considerations and Circuits for a New Chopper-Stabilized Op Amp", Linear Technology Corporation, Application Note 9, March, 1985.

(24) Morrison, Ralph, "Grounding and Shielding Techniques in Instrumentation", 2nd Edition, Wiley Interscience, 1977.

(25) Ott, Henry W., "Noise Reduction Techniques in Electronic Systems", Wiley Interscience, 1976.

(26) Williams, Jim, "High Speed Amplifier Techniques", Linear Technology Corporation, Application Note 47, 1991.

(27) Williams, Jim, "Power Gain Stages for Monolithic Amplifiers", Linear Technology Corporation, Application Note 18, March 1986.［本書の第20章］

Appendix A　高精度D/A変換の歴史

デジタル量をアナログ量に変換する技術の歴史は古く，おそらく最も早くにこの技術が応用された分野の一つが，計量アプリケーションにおける校正済み分銅（**図12.A1**，左中央）の加算と思われます．

初期の電気D/A変換では，スイッチやさまざまな値の抵抗を使わざるを得なかったでしょう．それらの抵抗値は通常デケード系列に設定されていました．アプリケーションは，多くの場合，ヌル検出による校正されたブリッジの平衡動作または読み出し動作によって未知の電圧を測定するものでした．抵抗を用いたこの種のDACのうち，最も精度の高いものがケルビン卿のケルビン-バーレイ分圧器（図内の大きな筐体）です．スイッチによって切り替え可能な抵抗比によって，比率の精度は0.1 ppm（23ビット超）を達成し，研究所では現在でも標準的に広く使われています．

高速のD/A変換では，抵抗ネットワークを電子スイッチによって切り換えます．初期の電子式DACはディスクリートの高精度抵抗とゲルマニウムトランジスタを用いて，基板レベルで構築されました（写真中央の前列は，ミニットマンミサイルD-17Bの慣性航法システムに使われていた（1962年頃）12ビットDACで

す）．

標準製品として出回るようになった最初の電子スイッチ式DACは，おそらくPastoriza Electronics社が1960年代中頃に製造した製品でしょう．その他のメーカも追随し，1970年代までにはディスクリートおよびモノリシック部品によるモジュール式DAC（写真右と左）が一般化しました．ユニットは堅牢性と性能を向上するとともに，（願わくば）専有知識を保護できるように，しばしば樹脂に埋め込まれていました（写真左）．

やがて，ハイブリッド技術により，さらに小型のパッケージ（写真左前）が製造されるようになります．シリコンクロム抵抗の開発により，LTC1595（写真最前列）などの高精度モノリシックDACが可能になります．すべてをモノリシック化することに伴う，現在の高分解能IC DACのコストパフォーマンストレードオフはきわめてお買い得な状況です．

考えてもみてください．16ビットDACが8ピンのICパッケージに収まるのです．ケルビン卿にクレジットカードを渡し，LTCの電話番号を教えたら，何をおいても発注したことでしょう．

図12.A1　歴史的意義の大きいD/Aコンバータ：分銅（中央左），23＋ビットのケルビン-バーレイ分圧器（大きな筐体），ハイブリッドの基板およびモジュール式コンバータとLTC1595 IC（前列）．いったい，どこまで発展するのだろうか

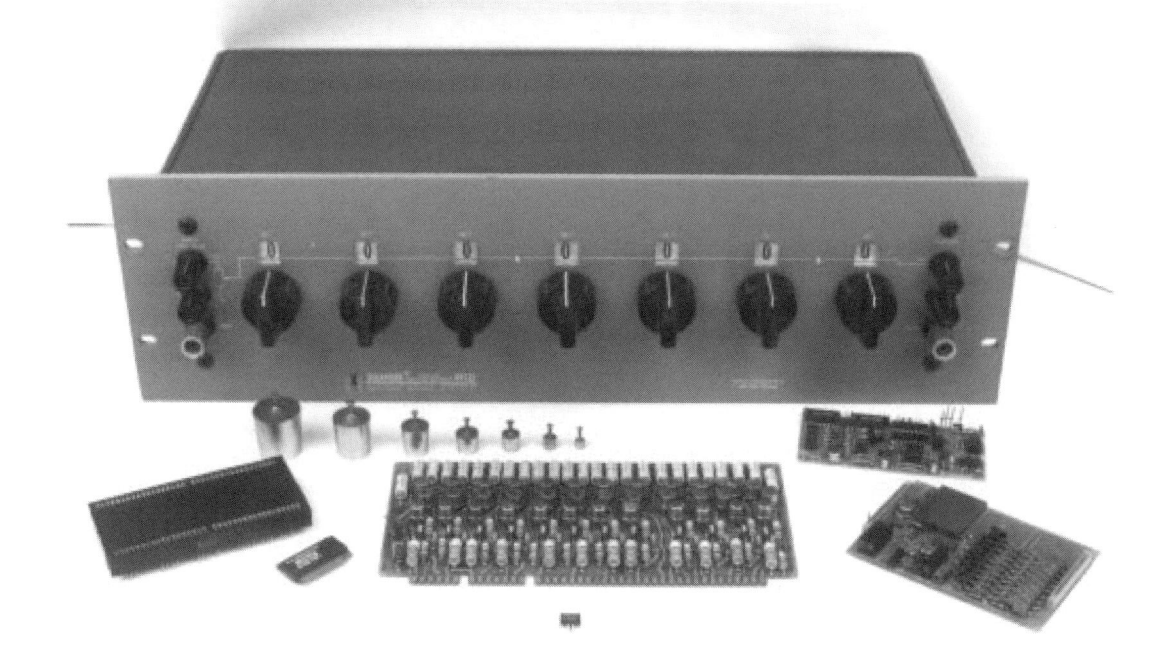

Appendix B　オシロスコープのオーバードライブ特性の評価について

　ほとんどのセトリング時間の測定回路は，波形観測をするオシロスコープのオーバードライブ防止に重点を置いています．これは，オーバードライブを避けることで達成しているわけです．オシロスコープのオーバードライブからの復帰特性はあいまいさが残る領域で，規定されていない場合がほとんどです．一方，セトリング時間の測定方法には，オシロスコープがオーバードライブされることを前提としているものがあります．その場合，オシロスコープは波形が管面から逸脱した後でも波形を正確に表示する必要があります．オーバードライブ発生の後で正確な波形を得られるようになるまで，どれくらい待つ必要があるのでしょうか？　この質問への回答は非常に複雑です．考慮すべき要素として，オーバードライブの程度，それが波形中に占める割合，時間的な長さと振幅，またそれ以外の考慮も必要です．オシロスコープのオーバードライブへの応答は機種により大きく異なり，またそれぞれが著しく異なったふるまいを示します．例をあげると，0.005 V/DIVの感度で100倍のオーバードライブを受けた後のリカバリ時間は，0.1 V/DIVのオーバードライブ時のものと比べて非常に異なります．リカバリ特性は波形の形状，直流成分，また繰り返し速度によっても違ってきます．オーバードライブされるオシロスコープを使うような計測では，そのような多くの条件について注意を払わなければならなくなることが明白です．

　ほとんどのオシロスコープでオーバードライブからの回復動作で大きな問題が生じるのはどのような理由からでしょうか？　それに答えるためには，3種類の基本的なオシロスコープの垂直軸について調べる必要があります．それはアナログ・タイプ（**図12.B1A**），ディジタル・タイプ（**図12.B1B**）そして古典的なサンプリング・タイプ（**図12.B1C**）といった区分があります．アナログ・タイプとディジタル・タイプのオシロスコープはオーバードライブの影響を受けやすいのです．古典的なサンプリング・スコープだけが本質的にオーバードライブから影響を受けないアーキテクチャです．

　アナログ・オシロスコープ（**図12.B1A**）はリアル・タイムな連続線形システムです[注1]．その入力はアッテネータに接続されますが，広帯域のバッファによって負荷効果が除かれています．垂直軸プリアンプが増幅を行い，トリガ検出回路，遅延線，そして垂直軸出力アンプを駆動します．アッテネータと遅延線はパッシブな回路で，特に言及するべき点はありません．バッファ・アンプ，プリアンプ，そして垂直軸出力アンプは複雑なリニア増幅器で，それぞれが動的な動作範囲の制約を伴っています．さらに，それぞれは固有の回路バランスや，低い周波数での安定化回路，あるいはその両方によって動作点が決まります．入力がオーバードライブされたとき，これらのブロックの一つあるいは複数が飽和して，回路内部のノードや部品の動作点や温度が異常になります．オーバーロードがなくなったときに，電気的および温度的なリカバリの時定数が思いもよらないような大きさになる可能性があるのです[注2]．

　ディジタル・サンプリング・オシロスコープ（**図12.B1B**）には，垂直軸の出力アンプは存在しませんが，A/Dコンバータに前置されるアッテネータ付きのバッファとプリアンプがあります．このことで，オーバードライブから同様な影響を受けやすくなっているのです．

　古典的なサンプリング・スコープは独特です．その動作原理により本質的にオーバードライブからの影響がありません．**図12.B1C**はその理由を示しています．この装置においては，ゲイン段より前においてサンプリングが実行されます．**図12.B1B**に示すディジタル的なサンプリングとは異なり，入力のサンプリングは完全にパッシブなのです．さらに，その出力はサンプリング・ブリッジに帰還されていて，入力の非常に広い範囲において動作点が維持されます．そのようなブリッジの出力を維持する動的な動作範囲は大きく，オシロスコープへの広範囲な入力に容易に対応することができます．これらの点により，1000倍のオーバードライブを受けても，この測定器のアンプはオーバードライブにさらされず，リカバリの問題は生じません．それに加えて，この測定器のサンプリング周波数が比

注1：それゆえに価値があるのである．アナログ・オシロ
　　　スコープ時代の終焉を惜しむしかない頑固者のエンジ
　　　ニアは，血眼になって測定器を買い集めておくしかない．
注2：アナログ・オシロスコープの回路に入力のオーバード
　　　ライブが及ぼす影響については，参考文献(10)でも
　　　触れられている．

較的に低いことから，仮にアンプが過大入力を受けても，サンプルの間にリカバリから復帰するのに十分な時間があるので問題は起こりにくくなっています[注3].

古典的なサンプリング・スコープの設計者は，フィードバック・ループへのバイアス（**図12.B1C**の右下の部分を参照）を与える可変DCオフセット発生器を装置に含めることで，オーバードライブへの耐性を確実なものにしています．これにより，ユーザは大入力に対してオフセットを与え，その信号の上にのった非常に小さい振幅の波形も正確に観測することができます．他のメリットのなかでも，この点はセトリング時間の測定にとって理想的と言えます．あいにくと，古典的なサンプリング・スコープはすでに生産されていないので，もし手元にお持ちの読者は大事に使ってく

注3：古典的なサンプリング・スコープの動作のより詳細な情報と取り扱いについて，参考文献(14)〜(17)，および(20)〜(22)に説明がある．

図12.B1　オシロスコープの各タイプの垂直軸チャネルの基本的なダイアグラム．古典的なサンプリング・スコープ(C)のみがオーバードライブに対する本質的な耐性を備えている．オフセット電圧発生器により，大きく変動する波形に乗った小さい信号を観測することができる

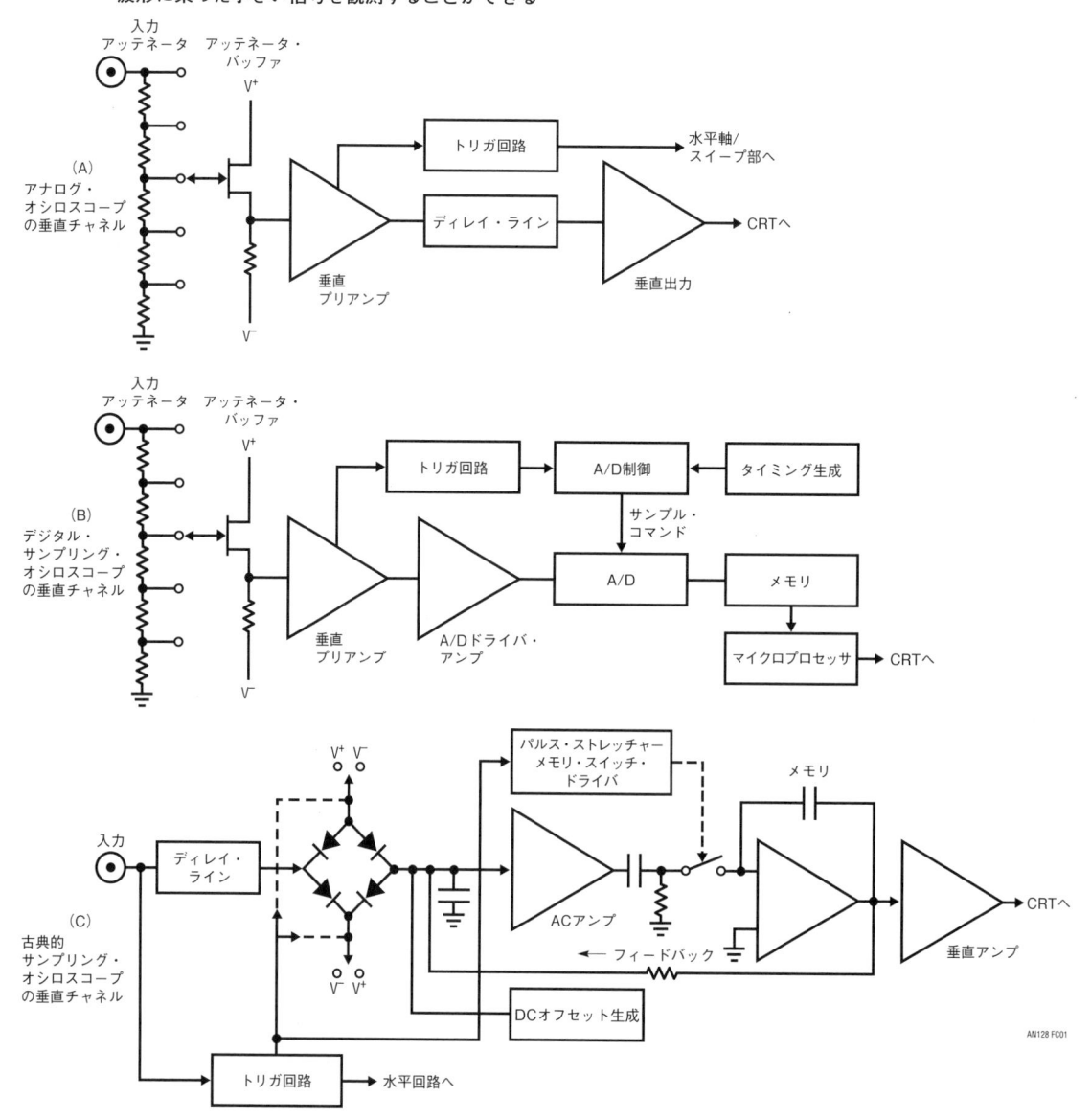

ださい.

　アナログ・オシロスコープもディジタル・オシロスコープもオーバードライブの影響を受けやすいのですが, 多くの機種はある程度のオーバードライブであれば使いものになります. この Appendix の最初の部分で, オーバードライブを受けるオシロスコープを含む測定には注意深く取り組まなければならないと強調しました. それはそれとして, オーバードライブを受けているオシロスコープが役に立たなくなっているかど

うかは簡単なテストで確認することができます.

　すべての波形が管面からはみ出さないように垂直軸の感度を設定して, 波形を拡大して観測しているとします. **図12.B2**がその状態の管面です. 右下の部分を拡大したいとします. 垂直軸の感度を2倍にすると(**図12.B3**), 波形が管面からはみ出しますが, 表示されている部分の波形は良好に見えます. 振幅は2倍になり, 元と比べても波形は保たれています. 注意深く観察すると, 3目盛りのあたりに波形のへこみが少しあるよう

図12.B2-B7　オシロスコープのゲインを徐々に大きくして, 波形の異常がないか確認することでオーバードライブを許容できる限度を決める

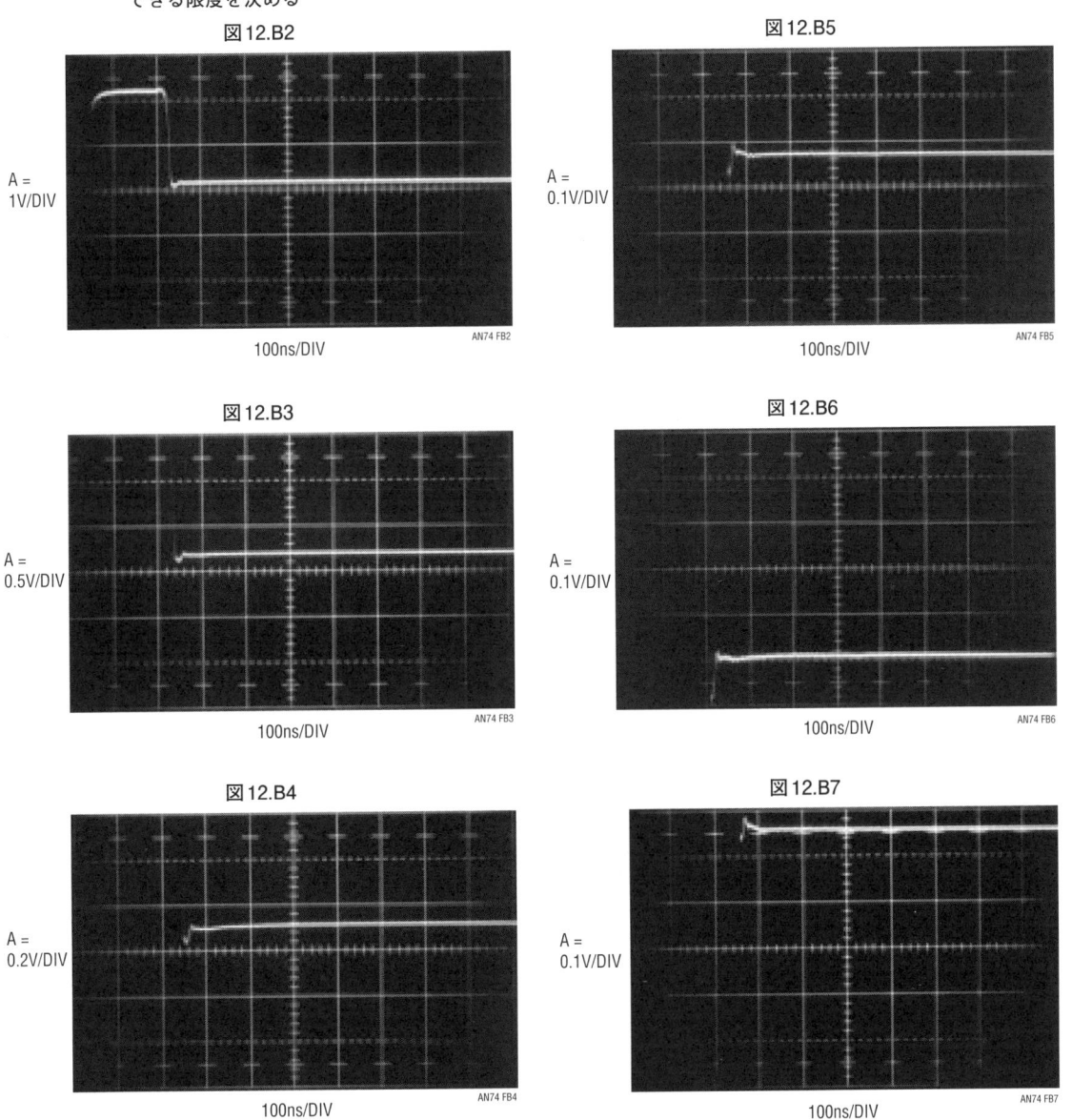

図12.B2

A = 1V/DIV

100ns/DIV

AN74 FB2

図12.B5

A = 0.1V/DIV

100ns/DIV

AN74 FB5

図12.B3

A = 0.5V/DIV

100ns/DIV

AN74 FB3

図12.B6

A = 0.1V/DIV

100ns/DIV

AN74 FB6

図12.B4

A = 0.2V/DIV

100ns/DIV

AN74 FB4

図12.B7

A = 0.1V/DIV

100ns/DIV

AN74 FB7

に表示されているのがわかります．同様に僅かながら，波形の乱れも見られます．もともとの波形を拡大して得られた測定結果は信頼できるものです．**図12.B4**では，さらにゲインを大きくしてありますが，**図12.B3**で見られた波形情報はそのまま拡大されて表示されています．基本的な波形はよりはっきりと表示されるようになり，波形のへこみも乱れもより観測しやすくなっています．何か新しい発見は観測されません．**図12.B5**では困った状態が起きています．ゲインを大きくした結果，波形表示に明らかな歪みが発生しています．最初の負側に向かう波形のピークはより大きくなっていますが，形が変わってしまっています．その最下端は**図12.B4**と比べると幅が広くありません．さらに，波形ピークの正側への戻り具合が少々異なっています．管面の中央では，波打つような波形の乱れが

新しく観測されています．このような変化はオシロスコープに問題が起きていることを示しています．さらにテストしてみると，この波形がオーバードライブによって影響を受けていることが確認できます．**図12.B6**ではゲインは同一ですが，垂直軸の位置調整ノブを使って波形を管面の下部に表示させています．これはオシロスコープの直流動作点をシフトさせているわけですが，通常の動作状態では，これによって波形の表示が影響を受けることはありません．ここでは，波形の振幅と輪郭の明白なシフトが発生しています．波形の位置を管面の上部に移動させると，異なる歪みが発生します（**図12.B7**）．この波形に関しては，このゲイン設定では正確な観測結果が得られないことは明らかです．

Appendix C　アンプの残留遅延の測定と補正

ここで示したセトリング時間の測定回路では信号経路での遅延に相当するぶんだけ入力パルスを時間補正する調整可能な遅延回路を用いています．一般的に，そのような遅延には数パーセントの誤差がありますが，第一段階の補正としては十分です．遅延の調整は遅延回路の入出力間の遅延の観測と，パルスの時間間隔の適切な調整からなります．この時間間隔を"適切に"調整するのは想像より複雑です．サンプリング・ブリッジをもつ回路の信号系の遅延を測定するには，**図12.6**の回路を**図12.C1**のように修正する必要があります．その変更によりこの回路は"サンプル"モードに固定され，通常動作と同様の信号レベルにおいて入出力間の遅延測定ができるようになります．**図12.C2**で，波形

Aは200 μV/DIVでのパルス発生器の出力です（セトリング・ノードが10 k-1 Ω分圧器から駆動されていることに注意）．波形BはA₂の回路出力であり，約12 nsの遅れがあります．この遅延は小さい誤差ですが，同じだけ遅延回路で遅れるように調整して簡単に補正できます．

図12.C3は**図12.26**のサンプリング・スコープ方式による測定と似た手法をとっています．回路の変更により小さい振幅のパルスでセトリング・ノードを駆動することで，通常の動作レベルに似せています．回路出力であるA₂で入力パルスに対する遅延を測定します．A₂の出力はインピーダンスが高いので，負荷効果が発生しないようにFETプローブを使います．このことから，入力パルスにオシロスコープを接続する場合は同様のFETプローブを使い，遅延時間が同じになるようにします．**図12.C4**に結果を示します．出力（波形B）は入力から32 ns遅れています．この値を本文の**図12.26**にある遅延回路のキャリブレーションで使いますが，それで信号が回路を伝わる時間による誤差を補正しています．

ブートストラップ型クランプの回路（本文の**図12.24**）でも，遅延時間の補正は有効で，差動アンプ・タイプ（本文の**図12.28**）でも同様にして測定しています．

図12.C2　サンプル・ブリッジ回路の入力-出力間の遅延の測定結果は約12nsであった

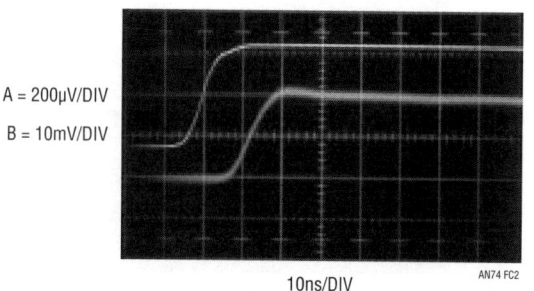

A = 200μV/DIV

B = 10mV/DIV

10ns/DIV　　　AN74 FC2

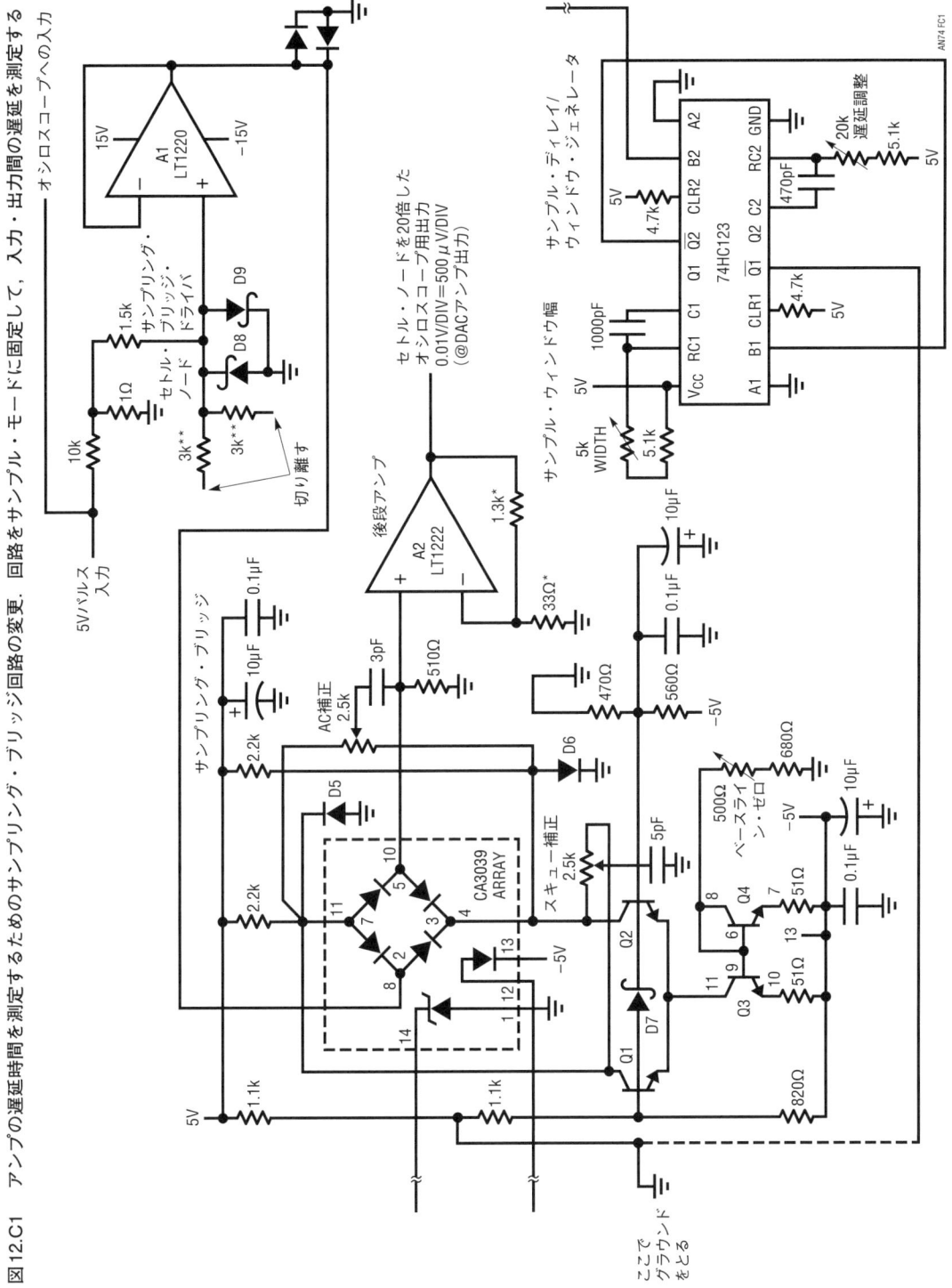

図12.C1 アンプの遅延時間を測定するためのサンプリング・ブリッジ回路の変更. 回路をサンプル・モードに固定して, 入力・出力間の遅延を測定する

図12.C3 図12.26の回路を一部抜き出したもので，変更により遅延時間の測定が行えるようにするための変更箇所を示す．FETプローブはスキューによる誤差を避けるため，同じタイプを用いる

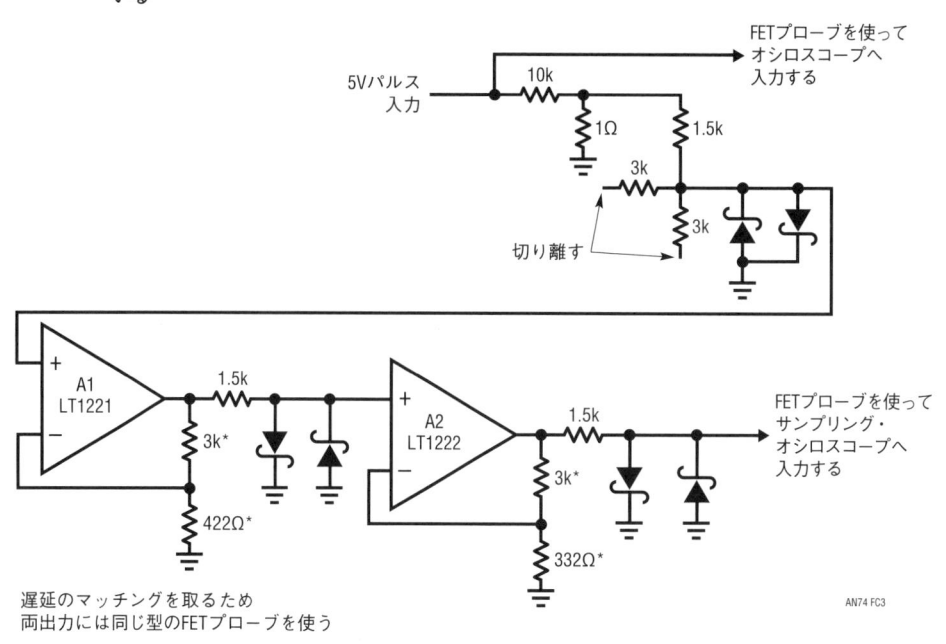

図12.C4 図12.C3での遅延時間の測定結果．入出力間の
時間の遅れは約32nsであった

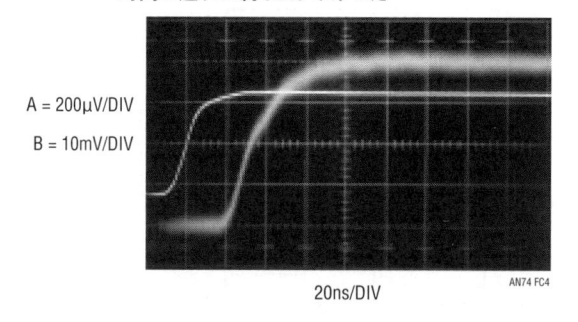

Appendix D　DAC用アンプの補償についての具体的考察

　DACとアンプの組み合わせでセトリング時間が最速になるように周波数補償を検討する場合は，多くの具体的な考察が必要になります．ここでは本文中の図12.1（図12.D1として再掲）について，もう一度検討することから始めましょう．セトリング時間に影響するものを挙げると，遅延時間，出力応答（スルー），そしてリング時間に分けられます．遅延はDACおよびアンプでの伝播時間で，非常に小さい項です．出力応答はアンプの最高速度で決まります．リング時間は，アンプの出力応答が落ち着き，規定の誤差範囲内に出力が収まるまでの期間として規定されます．DACおよびアンプを選択した後は容易に調整できる項は，このリング時間だけになります．一般的には出力応答時間によって全体の遅れが左右されるので，セトリング時間を最良にするためには，入手できる最高速のアンプを使いたくなります．しかし，出力応答が高速なアンプのリング時間は，速度のメリットを打ち消してしまうくらい長くなることが一般的です．その高速化に対するペナルティとして長く続くリンギングが発生すると，補償コンデンサの値を大きくしてダンピングさせるしか手がなくなってしまいます．そのように補償することはできますが，セトリング時間が長くなります．つまり，良好なセトリング時間を得るには，スルー・レートと回復特性のバランスのとれたアンプを選択して，適切な周波数補償をかけることがポイントになります．これは，口で言うほどたやすいことではありません．というのは，アンプのデータ・シート記載の仕様をどんなについてみても，セトリング時間を予測したり

推定したりはできず，目的とする回路構成において実測するしかないのです．DACとそのアンプの場合では，多くの要素が組み合わさってセトリング時間に影響します．それは，アンプのスルー・レートと交流的な動特性，DACの出力抵抗と容量，周波数補償用コンデンサといったものです．それらは複雑に相互に影響しあい，見込みを立てるのは困難です[注1]．もしDACの浮遊成分が除外できて，出力抵抗が純抵抗の電源源とみなせるとしても，アンプのセトリング時間の予測は容易ではありません．DACの出力インピーダンスにより，ただでさえ難しい問題が一層大変なものになってしまいます．それらに対処するうえでの唯一の手がかりが，フィードバック補償コンデンサC_Fです．その目的は，アンプの動的応答が最良になる周波数において，そのゲインをロール・オフさせることです．通常，DACの電流出力はアンプのサミング・ポイントに直接つないで負荷の影響を除き，グラウンドに対するDACの浮遊容量はアンプの入力につながります．この容量によって高域でフィードバックの位相がシフトするので，アンプを"追従"させて，出力が最終値に落ち着くまでリンギングを起こします．出力容量はDACの品種で変わります．CMOS DACの出力容量が最も大きく，typで100 pFほどあり，これは入力コードに応じて変化します．

　上記で述べた浮遊要素がすべて補償されるように補償用コンデンサを選ぶと，セトリングが最良になりま

注1：Spiceの信奉者は注意されたし．

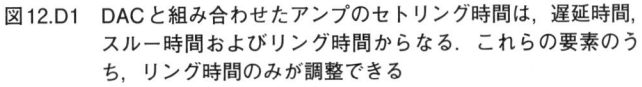
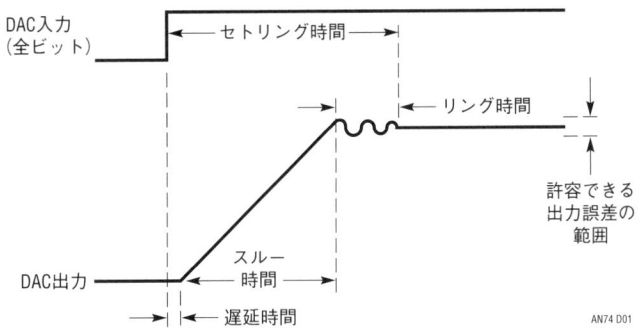

図12.D1　DACと組み合わせたアンプのセトリング時間は，遅延時間，スルー時間およびリング時間からなる．これらの要素のうち，リング時間のみが調整できる

す．**図12.D2**は最適な帰還コンデンサ選んだ場合の結果です．波形AはDACの入力パルス，波形Bはアンプのセトリングした信号です．このアンプの出力変化はきれいに終了していて（サンプリング・ゲートは時間軸区分で5目盛りの直前で開いている），非常に素早くセトリングしています．

図12.D3では，帰還コンデンサの値は大きすぎです．セトリングはスムーズですが，ダンピングが効きすぎていて，600 ns余分に時間がかかっています．**図12.D4**の帰還コンデンサは小さすぎてダンピング不足気味の応答で，過剰にリンギングが発生する結果となっています．セトリング時間は2.3 μsに増えています．

最適な応答になるように帰還コンデンサを個別に調整する場合，DAC，アンプおよび補償用コンデンサのばらつきや誤差は重要ではありません．もし個別の調整をしないとすると，生産において問題が起きないように帰還コンデンサの値は慎重に決めなくてはなりません．リング時間はDACの容量と抵抗分だけでなく，帰還コンデンサの値によって影響を受けます．それについてある程度の目安は可能ですが，その関係は非線形です．DACのインピーダンスは±50%ほどばらつく可能性があり，また帰還コンデンサは通常±5%の誤差をもちます．さらに，アンプのスルー・レートのばらつきは大きく，データ・シートに記載されています．生産向けの帰還コンデンサの値を決めるには，まず*生産用の基板レイアウト*（基板レイアウトの浮遊容量も重要！）で最適な値を調整によって求めます．ついで，DACのインピーダンス，アンプのスルー・レート，コンデンサの値の最悪のばらつきのパーセント値を洗い出します．その情報を調整に使ったコンデンサの測定値に加えて，生産向けの値を決めます．このように余裕を取ると，恐らくは過度に悲観的な容量値になってしまいますが（単純加算に対して各誤差のRMS加算は避けるべきだろう），これで後々のトラブル発生に巻き込まれることがなくなります[注2]．**図12.34**での"控えめな"セトリング時間はこの方針で得た結果です．先の本文中の図表中の低スルー・レートのアンプでは，帰還コンデンサの最適値とマージンを見込んだ値が同じになっている点に注意してください．これは，そのようなアンプでは，出力の応答時間に比べてリンギング時間が非常に短いという事実を反映したものです．

注2：誤差をRMS加算した場合に残る問題は，吹雪の中を着陸しようとしている飛行機に搭乗してみれば明白になる．

図12.D2 補償コンデンサの最適化により，ほぼダンピング応答は臨界状態になり，最速のセトリング時間1.7μsが得られた

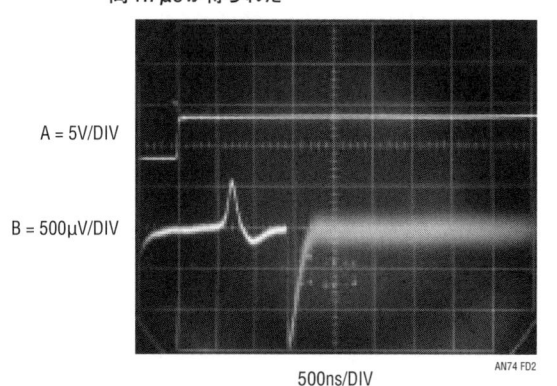

A = 5V/DIV

B = 500µV/DIV

500ns/DIV AN74 FD2

図12.D3 ダンピングを大きめにしておけば，生産での部品のばらつきがあっても，リングが問題になることがなくなる．代償はセトリング時間が増大することである．セトリング時間＝2.3μs

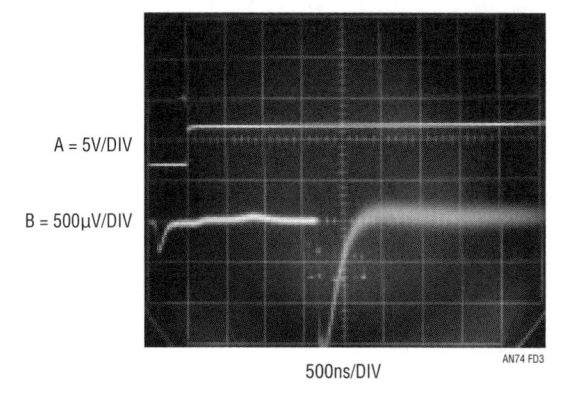

A = 5V/DIV

B = 500µV/DIV

500ns/DIV AN74 FD3

図12.D4 不適切なコンデンサにより，ダンピングが不足している場合の応答．部品の誤差を見積もることでこのような状態を防ぐことができる．セトリング時間＝2.3μs

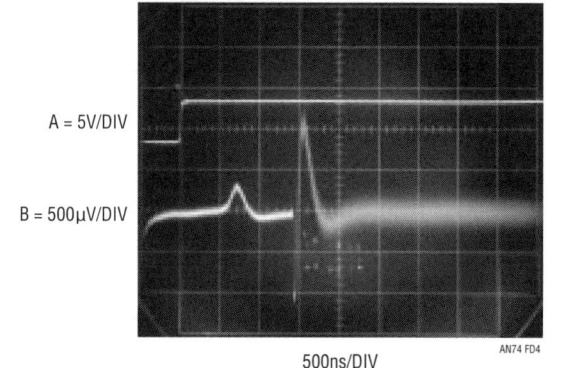

A = 5V/DIV

B = 500µV/DIV

500ns/DIV AN74 FD4

Appendix E　非常に特殊なケース ── チョッパ安定化アンプのセトリング時間の測定

図12.34の表では，LTC1150チョッパ安定化アンプも取り上げてあります．そのコメント欄には"特殊なケース"と書きました．本当に特別な例なのです！その理由を知るにはチョッパ安定化アンプの動作について多少なりとも理解しておく必要があります．図12.E1はLTC1150 CMOSチョッパ安定化アンプの簡単化したブロック図です．実際には二つのアンプで構成されています．"高速アンプ"は入力信号を処理して直接出力します．このアンプは比較的速度が速いのですが，直流特性は良くありません．2番目のクロック駆動されたアンプは，高速アンプのオフセットを周期的にサンプリングするよう設けられていて，高速アンプの出力オフセットを打ち消すような電圧を"ホールド"コンデンサに保持します．この直流的に安定化されたアンプは，IC内部としては交流アンプとして動作するようにクロックで駆動され，DC成分による誤差要素が取り除かれています[注1]．このクロックは約500Hzで安定化アンプをチョッピングして，ホールド・コンデンサが保持する電圧は2 msごとに更新されます[注2]．

注1：すべてのチョッパおよびチョッパ安定化アンプでは，このように直流信号を交流処理することを基本としている．もし本質的に安定なCMOSアンプで回路を構成できるなら，チョッパを使って安定化する必要はなくなる．

注2：この説明があまりに簡単すぎると思われる読者には，参考文献（23）を参照することをお勧めする．

この複合アンプのセトリング時間は高速系と安定化系の経路の応答の関数になります．図12.E2は短時間で見たセトリングの様子です．波形AはDACの入力パルスで，波形Bが信号のセトリングです．妥当なダンピングがかかっていて，一般的と言える10 µsのセトリング時間と変化の様子が見て取れます．図12.E3は好ましくない驚きをもたらしています．もしDACの出力応答の間隔がチョッパ・アンプのサンプリング間隔と一致してしまうと，非常に大きな誤差が発生してしまうのです．図12.E3では，波形AがDACの入力パ

図12.E2　チョッパ安定化アンプの短時間のセトリング時間の様子は，よく見られるものと変わらない．10µs以内でセトリングしている

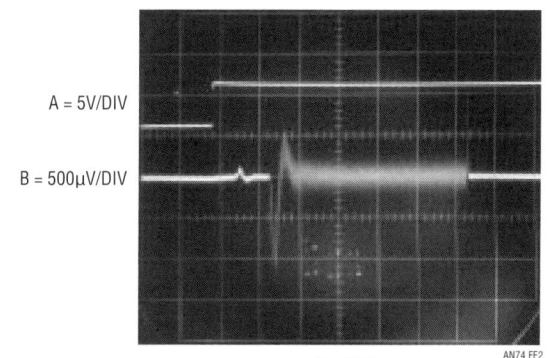

A = 5V/DIV

B = 500µV/DIV

5µs/DIV　　AN74 FE2

図12.E1　モノリシック・チョッパ安定化アンプの非常に単純化したブロック図．クロックされている安定化アンプとホールド・コンデンサによりセトリング時間の遅れが発生する

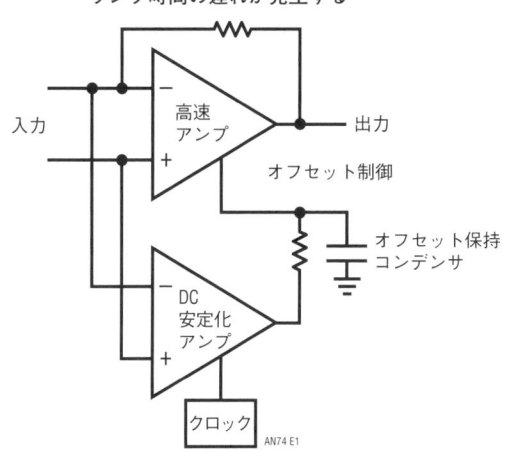

入力

高速アンプ

出力

オフセット制御

オフセット保持コンデンサ

DC安定化アンプ

クロック　　AN74 E1

図12.E3　なんと！セトリングに図12.E2の結果より700倍以上も時間がかかっている．掃引時間を遅くすることで，このアンプのクロック駆動による動作を原因とした，とんでもないテイル誤差（時間軸のスケールが変わっている点に注意）が見つかった．最終的にノイズ・レベルになるまで，安定化ループが反復的に誤差を徐々に解消している

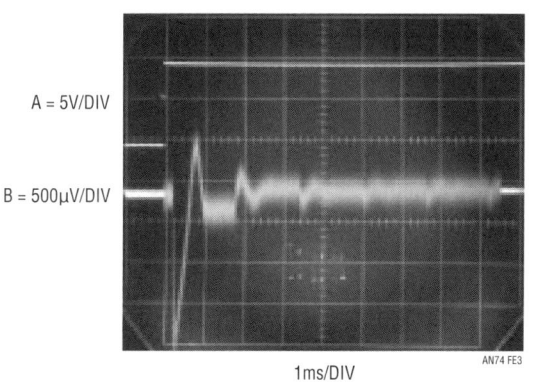

A = 5V/DIV

B = 500µV/DIV

1ms/DIV　　AN74 FE3

ルスで波形Bが信号のセトリングです. 時間軸の掃引を遅くしてあるのに注意してください. アンプはいったん速やかにセトリングしています(時間軸区間2目盛りのところでセトリングしているのが見える)が, その後, 内部クロックによるオフセット補正がかかる$200\,\mu s$たった時点で大きな誤差が発生しています. その後に続くクロックで誤差はチョップされて次第にノイズになりますが, 完全に修正されるのには7ミリ秒かかっています. この誤差の理由は, 入力が通過周波数帯域を大きくはずれて駆動された状態でアンプのオフセットがサンプリングされたということによるものです.

これにより安定化アンプが誤ったオフセットを取り込んでしまうのです. この"補正"がかかった場合, 出力に大きな誤差が発生することになります.

これがまさにワースト・ケースになります. これはDACの出力応答の間隔がチョッパ安定化アンプの内部クロックと一致した場合に限定されますが, 起きうる現象なのです[注3, 4].

注3:図12.E3の写真を得るに必要な計測方法について, じっくりと想像を巡らせていただきたい.
注4:この点についても, Appendix Dの(注2)と同様な精神状態が強いられる.

Appendix F　シリアル入力DACのセトリング時間の測定

LTC社のモデルLTC1595およびLTC1650はシリアル入力の16ビットDACです. LTC1650は出力アンプ内蔵品です. 本文で説明したやりかたでこれらのICのセトリング時間を測定するには追加の回路が必要になります. その回路は, DACにフルスケールのステップ信号がシリアルに入力された後でセトリング時間を測定するための"start"パルスを発生しなければなりません. 図12.F1の回路はそのためのもので, Jim Brubaker, Kevin Hoskins, Hassan Makikと Tuyet Pham (LTC社)が設計と製作を担当しました. "start"パルスはU_{1B}のQ出力から得ています. DACアンプは通常の方法でモニタします. これにより, 図12.F2のようにセトリングの結果を(ここまでで説明されたようなものと)お馴染みの波形で見ることができます. セトリング時間(波形B)は波形Aの立ち上がりエッジから測ります. 図12.F3はLTC1650電圧出力DAC向けの同様な回路です. このDACの出力が$\pm4\,V$であり, アーキテクチャが異なるので基準電圧とその他の変更が必要ですが, 全体としては同様の動作になります. 図12.F4はセトリング時間の結果です.

図12.F1　ロジック回路によりシリアル入力型DAC LTC1595のセトリング時間を測定する

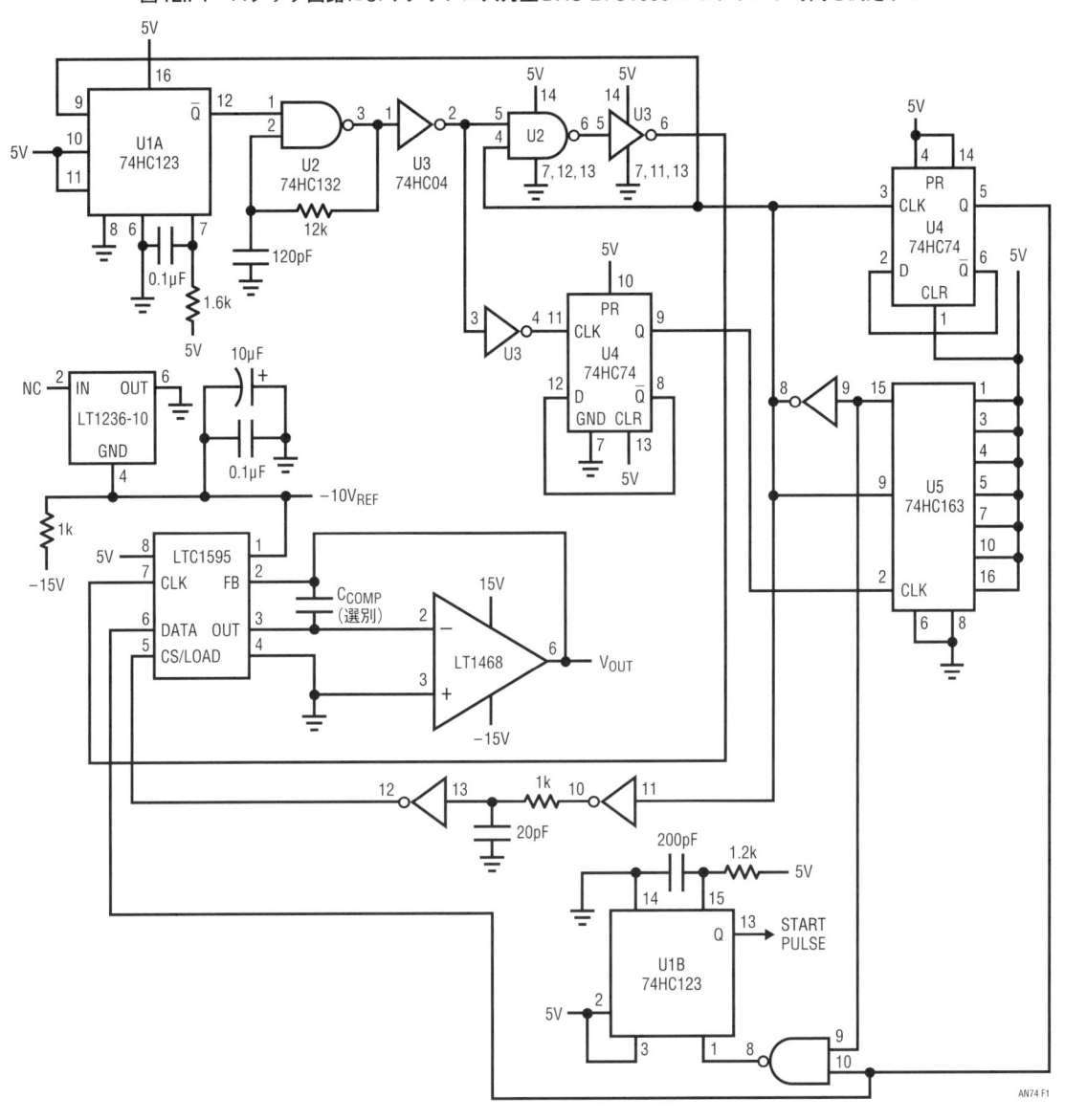

図12.F2
シリアル入力DACのセトリング時間の測定結果のオシロスコープによる波形．セトリング時間は "Start Pulse"（回路図参照）の立ち上がりエッジ（波形A）から測定する

A = 10V/DIV

B = 500μV/DIV

500ns/DIV

AN74 FF2

図12.F3　図12.F1を一部変更してLTC1650のセトリング時間測定を行う

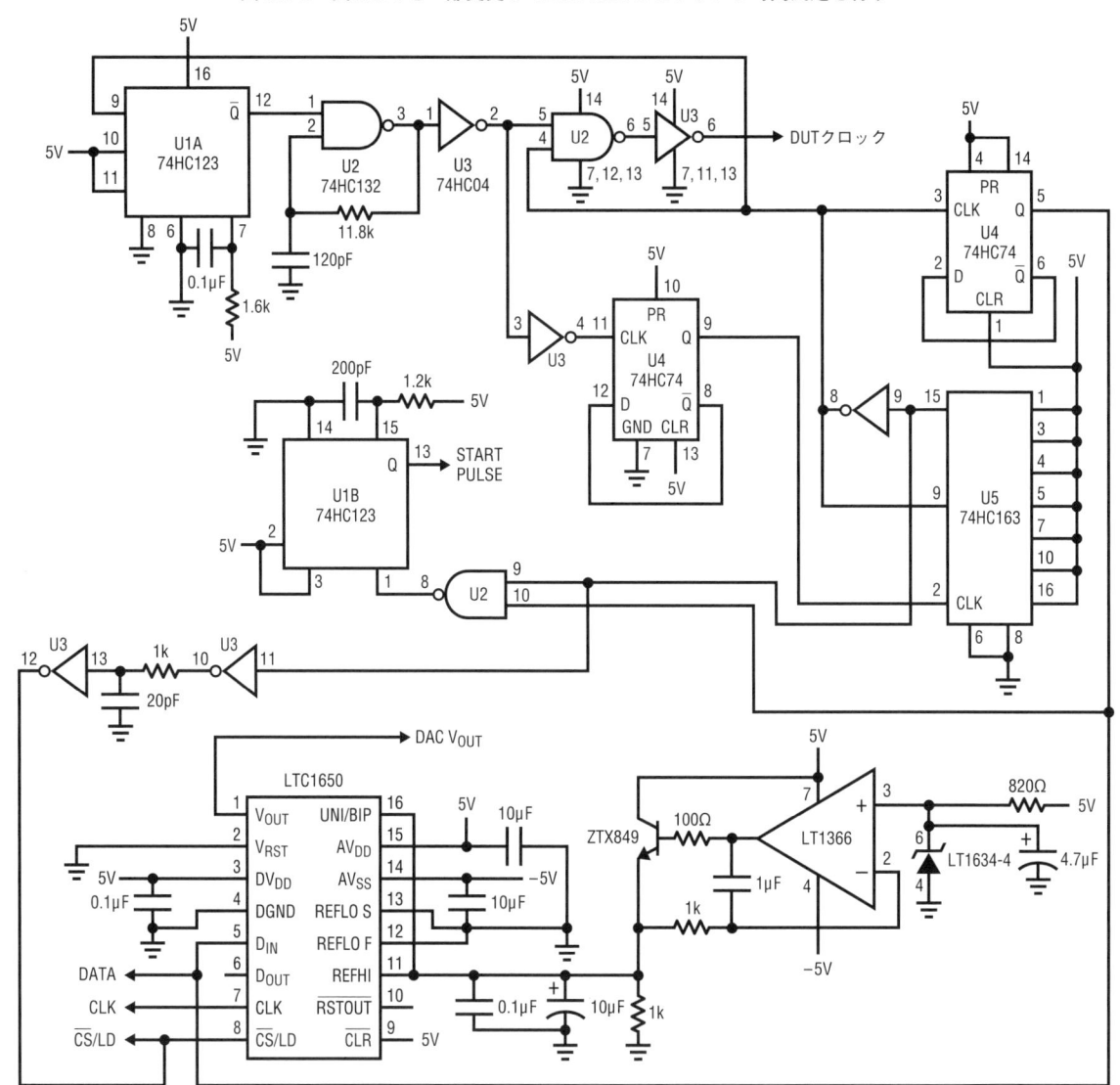

図12.F4　LTC1650電圧出力DACのセトリング時間は6μsであった．AがStart Pulse，Bがセトリング信号

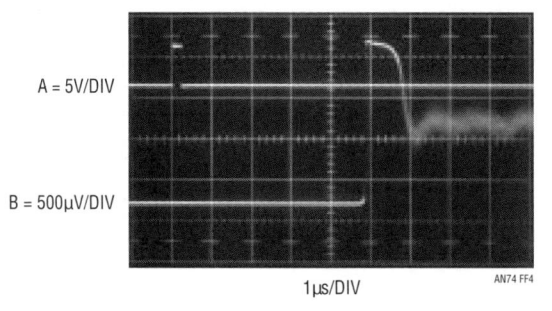

A = 5V/DIV

B = 500μV/DIV

1μs/DIV

Appendix G　ブレッドボードの組み立て，レイアウトそして配線テクニックについて

この章で示している測定結果を得るには，ブレッドボードの組み立てとレイアウト，配線テクニックに多大の努力を費やす必要がありました．無頓着に取り組んだ実験では，広帯域で$100\,\mu$Vの分解能での測定は望めません．お見せしたようなリンギング，でこぼこ，スパイクやその他の偽情報の見られないオシロスコープの各波形写真は，心血を注いだ（また我慢比べの）ブレッドボード製作の賜物なのです[注1]．サンプラを実装したブレッドボード（**図12.G1**，**図12.G2**）は6回も組み立てをやりなおし，レイアウトとシールドの実験に何日も費やして16ビット精度に見合うだけのノイズ・フロアと不確かさレベルが達成できました．

オームの法則

オームの法則がレイアウトを成功させる鍵となることを考慮することに価値があります[注2]．$0.1\,\Omega$の抵抗に$1\,$mAの電流が流れれば$100\,\mu$Vの電圧が発生することを考えてください—これは16ビットではほぼ1 LSBです！ここで，5〜10ナノ秒の立ち上がり時間（約$75\,$MHz）でミリアンペアの電流が流れるとしてみると，注意深いレイアウトの必要性がはっきりします．非常に重要なポイントは，回路グラウンドへのリターン電流の吐き出しとグラウンド・プレーンに流れる電流経路の切り分けです．グラウンド・プレーン上の2点間のインピーダンスは決してゼロではなく，特に周波数が高くなるとそれは顕著になります．これが，グラウンド系において"汚れた"リターン電流の注入位置と流れる経路を注意深く決める必要がある理由なのです．この点について，サンプリング回路のブレッドボードでは，"汚れた"電流と"信号"でグラウンド・プレーンを分離して（**図12.G1**と**図12.G7**を参照），電源の大元で相互につないでいます．

グラウンド管理が重要である格好な例として，ブレッドボードに入力パルスを供給する部分があります．パルス発生器の$50\,\Omega$の終端抵抗は必ずインライン型の同軸構造のものでなくてはならず，またそれを信号のグラウンド・プレーンに直接接続してはいけません．高速でパワーのある（5 Vパルスがかかる$50\,\Omega$終端には$100\,$mAの電流スパイクが流れる）電流はパルス発生器

に直接戻っていかなければなりません．同軸構造の終端を使うと，それを信号系グラウンドに流してしまう代わりに（グラウンド・プレーンの1ミリオームの抵抗分に$100\,$mAの終端からの電流が流れるだけで約1 LSBの誤差が発生する！），大電流を直接パルス発生器に戻してくれます．**図12.G3**は信号系グラウンドから浮かせたBNCのシールド側で，高周波用の網線を経由して"汚れた"グラウンドへ電流を戻します．さらに，**図12.G1**では$50\,\Omega$の終端抵抗自体を同軸状の延長接続を使い，ブレッドボードから物理的に離して配置してあるのがわかります．これにより，パルス発生器へのリターン電流が終端のところでコンパクトなループを作って流れ，信号系プレーンに混入しないようにしてあります．

回路全体のどのグラウンド・リターンも，上記で述べた点を心に留めてよく吟味しなくてはならないという点が重要です．まずは偏執狂的に取り組んでみることをお勧めします．

シールディング

輻射により発生する誤差に対処する一番の方法はシールドです．以下に示す多くの写真はそのシールドの様子を示しています．もちろん，シールドの必要性を最小にするレイアウトについて検討した'後に'シールドする箇所を決める必要があります．多くの場合，グラウンド系への要求を満たそうとすると，輻射により影響を受けやすい部分を互いに離すことが難しくなり[注3]，相反してしまいます．シールディング[注4]は，そのような状況で一般に効果的な妥協策です．

輻射についても，グラウンド系を良好に保つ努力と同様に突き詰めるべきです．どの箇所が輻射を起こしやすいかを考察し，影響を受けやすい回路ノードから距離を

注1："戦争"という表現のほうがふさわしいかもしれない．
注2：この点に一家言あることを隠すつもりはなく，この前提へのこだわりは譲れない．
注3：距離は輻射による影響に対抗するための物理学者の手法である．
注4：シールディングは輻射による影響に対抗するためのエンジニアの手法である．

おくようにレイアウトしてみます．予想外の影響を疑ったら，シールドを配置してみて結果を記録し，望ましい結果が得られるまで試行錯誤を繰り返します[注5]．とりわけ，原因がよくわからない不要信号を"取り除く"ためにフィルタをかけたり，測定帯域を制限することに頼ってはいけません．それは知的に不誠実であるばかりでなく，たとえオシロスコープ上できれいな表示が得られたとしても，まったく不適切な測定"結果"を生み出してしまう可能性があります．

接続

　このブレッドボードへの信号のつなぎ込みはすべて同軸でなければなりません．オシロスコープのプローブのグラウンド線を使うことは禁止です．1インチ長のプローブのグラウンド線は軽く数LSBもの"ノイズ"を発生する原因となります！　同軸構造で接続するプローブ先端アダプタを使うことです！[注6]

　図12.G1から**図12.G10**は，ここでの長談義を写真で見てわかるように，本文中で紹介した測定回路を題材に再度強調したものです．

注5：動作するようになってから，なぜかを考えることができる．

注6：この点についてさらに追究している参考文献（26）を参照のこと．

図12.G1　セトリング時間測定ブレッドボードの全体の様子．パルス発生器からの入力は上部左側に入る ─ 50 Ωの同軸型終端を拡張基板にマウントすることで，信号用グラウンド・プレーンにパルス発生器へ戻る電流が混入しないようにしている（下側の基板で読者側に向いている面）．水平に設けたストリップ（主基板の上側左）を経由して，信号用グラウンド・プレーンから分離されて"汚れた"グラウンド経路が戻るようにしている．DACとアンプおよび周辺回路は垂直に立ててある基板上にあり，一番左側に配置されている．サンプラ回路は基板の下側の中央部に設けてある．飽和しないアンプによるブートストラップ型クランプは細長い基板に設けてあり，ずっと右側に配置している．同軸で供給されている基板の信号とプローブの接続の様子に注意

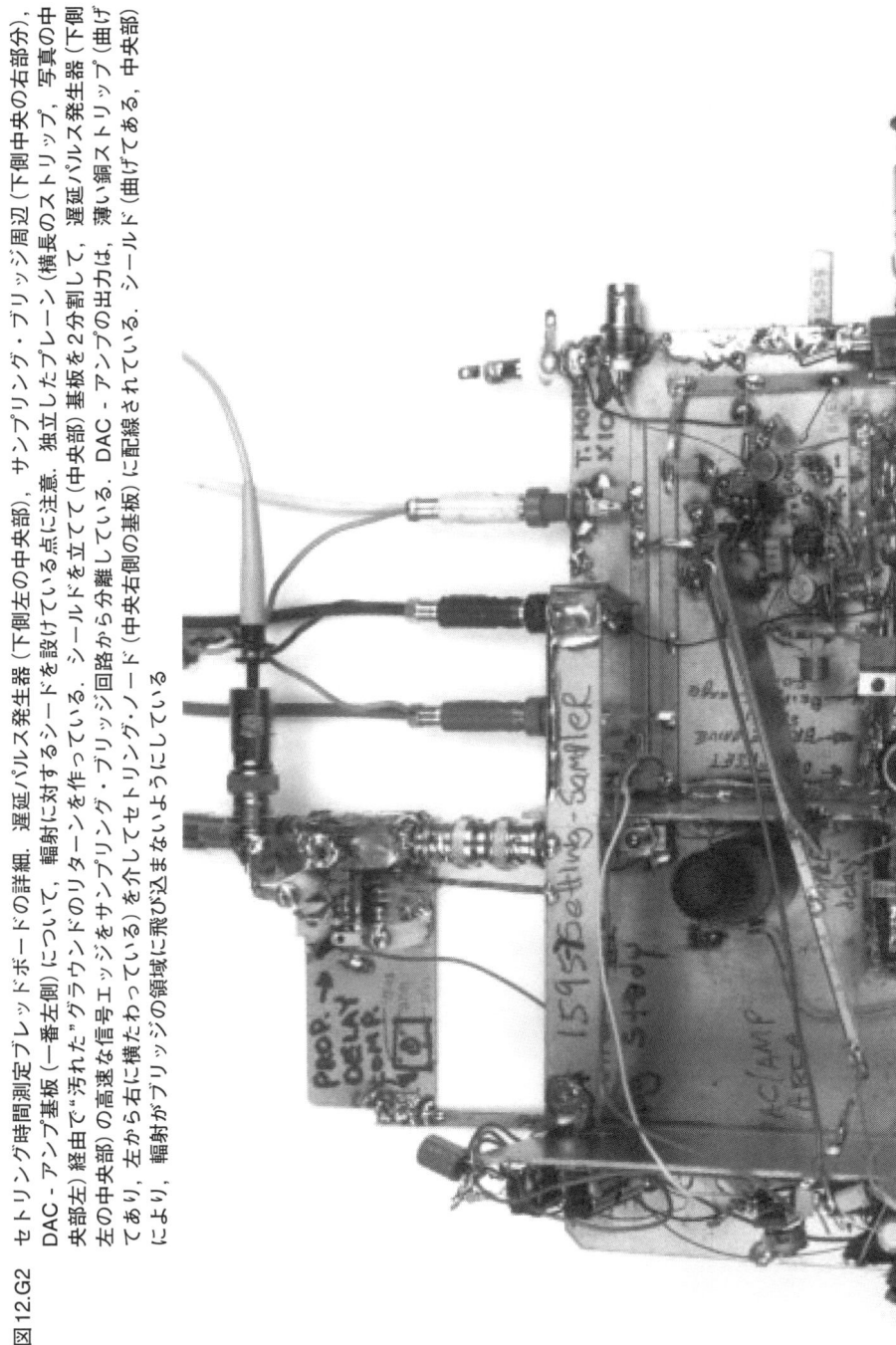

図12.G2　セトリング時間測定ブレッドボードの詳細．遅延パルス発生器（下側左の中央部），サンプリング・ブリッジ周辺（下側中央の右部分），DAC‐アンプ基板（一番左側）について，輻射に対するシールドを設けている点に注意．独立したプレーン（横長のストリップ，写真の中央部左）経由で"汚れた"グラウンドのリターンを作っている．シールドを2分割して，遅延パルス発生器（下側左の中央部）の高速なエッジをサンプリング・ブリッジ回路から分離している．DAC‐アンプの出力は，薄い銅ストリップ（曲げてあり，左から右に横たわっている）を介してセトリング・ノード（中央右側の基板）に配線されている．シールド（曲げてある，中央部）により，輻射がブリッジの領域に飛び込まないようにしている

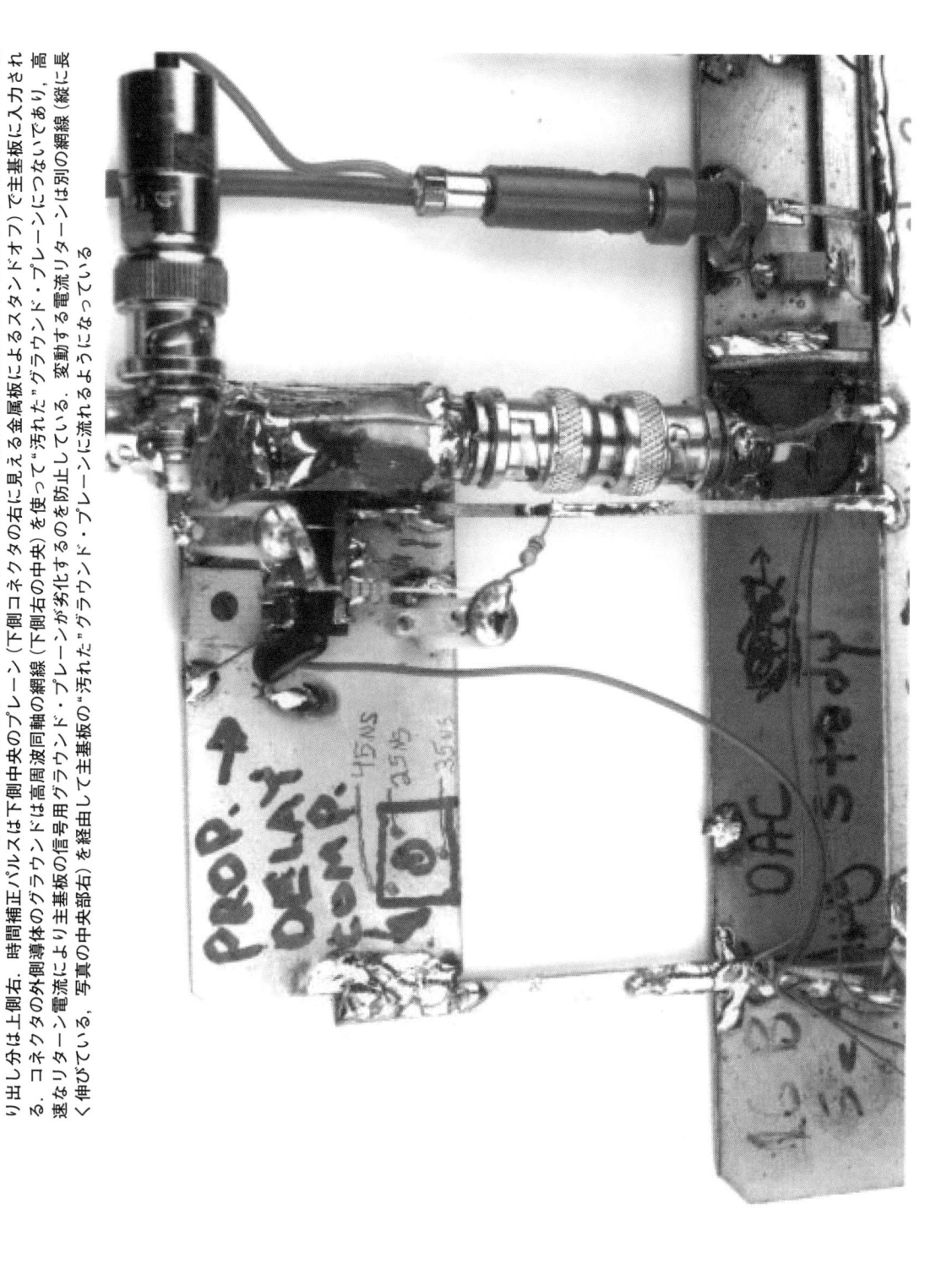

図12.G3　パルス発生器の入力の詳細 ― 遅延補正回路と主基板へのインターフェース部．時間補正遅延回路は写真の上側中央．同軸プローブの取り出し分は上側右．時間補正パルスは下側中央のプレーン（下側コネクタの右に見える金属板によるスタンドオフ）で主基板に入力される．コネクタの外側導体のグラウンド（下側右の中央）は高周波同軸のグラウンドにつないでおり，高速なリターン電流により主基板の信号用グラウンド・プレーンが劣化するのを防止している．変動する電流リターンは別の網線（縦に長く伸びている，写真の中央部右）を経由して主基板の"汚れた"グラウンド・プレーンに流れるようになっている．時間補正遅延回路は写真の上側中央．同軸プローブの取り出し分は上側右．同軸プローブは写真の上側中央．"汚れた"グラウンド・プレーンにつないでない，高

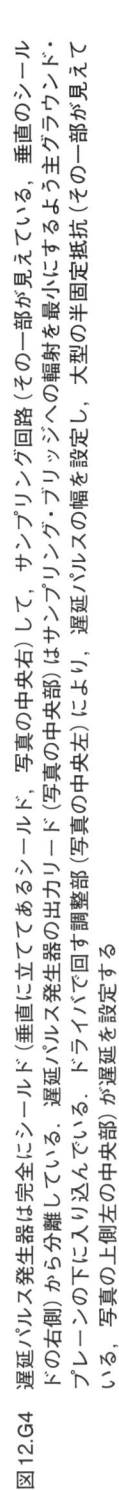

図12.G4　遅延パルス発生器は完全にシールド（垂直に立ててであるシールド，写真の中央右）して，サンプリング回路（その一部が見えている，垂直のシールドの右側）から分離している．遅延パルス発生器の出力リード（写真の中央部）はサンプリング・ブリッジへの輻射を最小にするよう主グラウンド・プレーンの下に入り込んでいる．ドライバで回す調整部（写真の中央左）により，遅延パルスの幅を設定し，大型の半固定抵抗（その一部が見えている，写真の上側左の中央部）が遅延を設定する

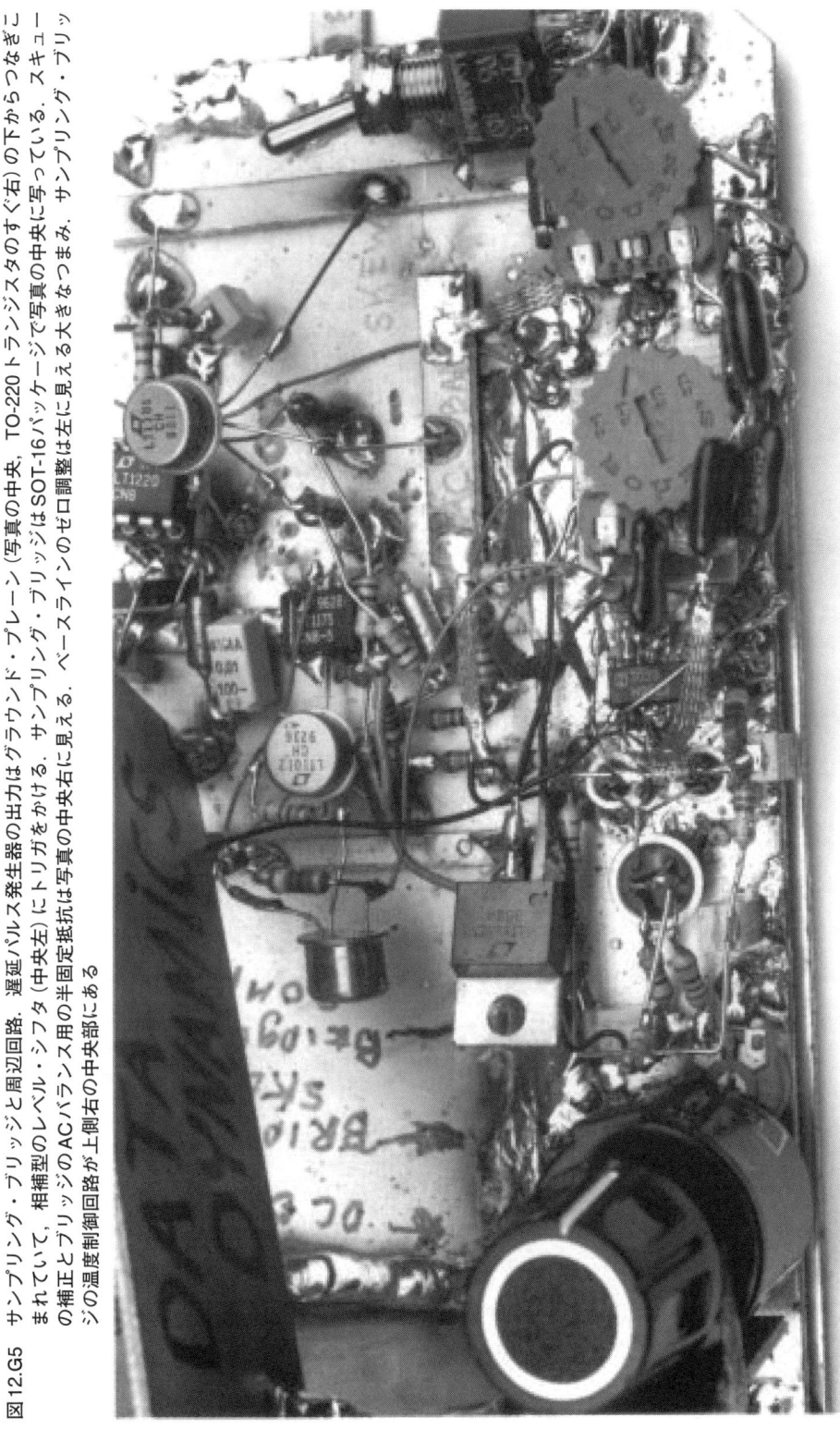

図12.G5　サンプリング・ブリッジと周辺回路．遅延パルス発生器の出力はグラウンド・プレーン（写真の中央．TO-220トランジスタのすぐ右）の下からつなぎこまれていて，相補型のレベル・シフタ（中央左）にトリガをかける．サンプリング・ブリッジはSOT-16パッケージで写真の中央に写っている．スキューの補正とブリッジのACバランス用の半固定抵抗は写真の中央右に見える．ベースラインのゼロ調整は左に見える大きなつまみ．サンプリング・ブリッジの温度制御回路が上側右の中央部にある

図12.G6　サンプリング・ブリッジ回路を横から見たところ．遅延パルス発生器の出力ラインがグラウンド・プレーン（45°以上に曲げてある，写真のずっと左で中央に向かって伸びている）下のシールドされたスペースにちょうど見えるように．SOT-16パッケージのサンプリング・ブリッジ（まさに写真の中央）は熱抵抗を大きくして温度制御を助けるように，リードで空中配線してある．上部の基板（写真右）はACブリッジの調整用半固定抵抗を機械的に固定している

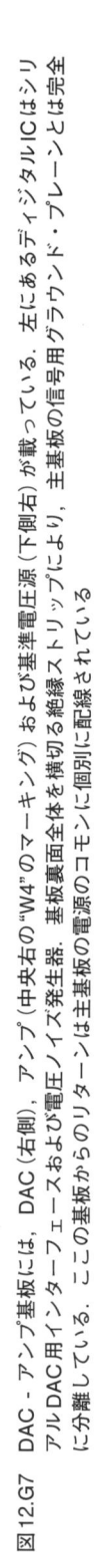

図12.G7 DAC‐アンプ基板には，DAC（右側），アンプ（中央右の"W4"のマーキング）および基準電圧源（下側右）が載っている．左にあるディジタルICはシリアルDAC用インターフェースおよび電圧ノイズ発生器．基板裏面全体を横切る絶縁ストリップにより，主基板の信号用グラウンド・プレーンとは完全に分離している．ここの基板からのリターンは主基板の電源のコモンに個別に配線されている

図12.G8　ゲイン80の非飽和アンプ（BNCアダプタの右）とブートストラップ型クランプ（BNCアダプタの左）．グラウンド・プレーンによる組み立てとタイミング・ポイントでの容量を最小にして，広帯域の応答を得ている

図12.G9　図12.28の差動アンプのための広帯域，非飽和ゲイン40倍のアンプ．レイアウトにより，通り抜け，特にアンプがゲインをもつ領域外にあるときの通り抜けを最小にしている．入力のシールド（写真右）に注意

図12.G10　非飽和ゲイン40倍のアンプの入力のシールド（写真右）．シールドにより，入力変化がアンプのゲイン領域を超えて，フィード・スルーから出力へ入り，データが汚れるのを避けている

Appendix H　重い負荷やライン終端を駆動するパワー・ゲイン段について

アプリケーションによっては重い負荷を駆動する必要があります．負荷は一定だったり，動的に変化したり，あるいはその両方になります．具体例をあげると，アクチュエータ，ケーブル，また試験装置の電力の大きい電圧や電流源などがあります．必要となる電流は16ビット性能を満たしたうえで，数十mAからアンペア級に及びます．**図12.H1**はブースタとも呼ばれる，このパワー・ゲイン段に関係するシステム上の問題をまとめたものです．

必要な周波数帯域で複雑な負荷を精密に駆動できるよう，ブースタの出力インピーダンスは十分に低くなければなりません．"複雑な"負荷には，回路を接続しているケーブルの容量，純抵抗分，容量性や誘導性のコンポーネントも含まれます．ブースタを設計する前に，負荷特性を明らかにすることに力を注ぎましょう．負荷のリアクティブ成分により大概は安定性が影響を受け，広帯域での帰還動作は複雑なものになります．この点から，ブースタの出力インピーダンスは全周波数帯域において極めて低くなくてはならないのです．

また，ブースタは応答遅れによる不安定化を避ける為，高速でなければなりません．ブースタが増幅器の帰還ループ内に置かれる場合では，アンプの動的応答特性がそのまま現れるように透過的に動作しなくてはなりません[注1]．

グラウンドと接続についての考察から，大電流を扱う16ビットDACによるシステムでは特別な注意が必要になります．1Aの負荷電流が1mΩの寄生抵抗分を経由して戻ると，ほぼ7LSBぶんの誤差が生じます．類似の誤差はフィードバックの検出点が適切に設けられていない場合でも発生します．そういうわけで，文字どおり1点アースが必須になります．特に，負荷電流の帰路になる導体は厚く，短く，フラットに，さらに導電率の高いものにすべきです．フィードバックの検出については，DACのR_{FB}端子が低インピーダンスの導体を経由して負荷に"直接"つながるようにします．

注1：この議論については紙面が足りない．より詳細については，参考文献(26)および(27)を参照のこと．

図12.H1　DAC-アンプのパワー・ゲイン段の概念図．システム・レベルの問題にはブースタの出力インピーダンス，相互接続，負荷特性，グラウンドの問題などが含まれる

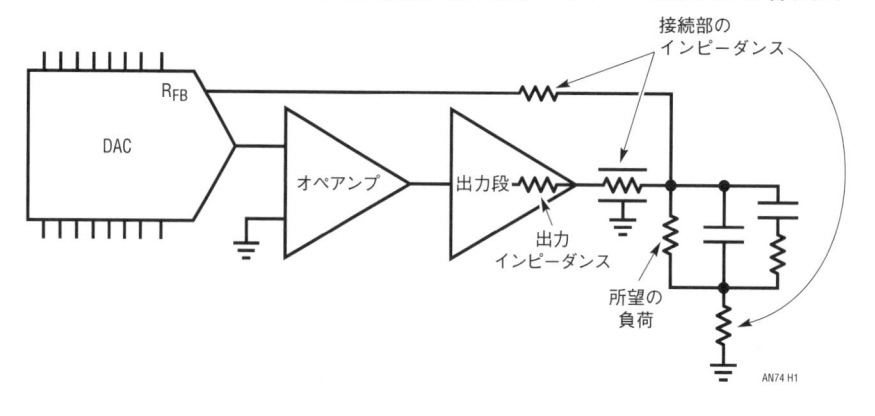

ブースタ回路

　図12.H2はLT1010 ICブースタを使った簡単な電力出力段です．125 mAまでの出力電流が実用範囲になります．図12.H3は，さらに高速で出力を大きくした回路です．LT1206オペアンプをユニティ・ゲインの

フォロワとして使い，250 mAの出力を得ています．LT1210なら出力電流を1.1 Aまで拡張できます．図にあるオプションのコンデンサを付けると，容量性負荷（データ・シート参照）に対する動的特性を改善できます．図12.H4は広帯域のディスクリート半導体を使い，出力電流を2 Aまで拡大したものです．正側の信号経

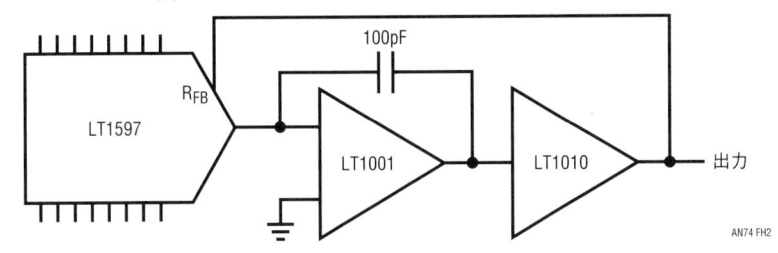

図12.H2　LT1010では125mAの出力電流が得られる

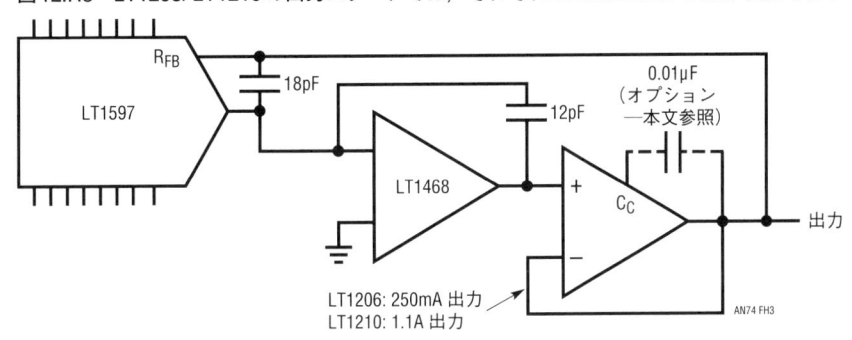

図12.H3　LT1206/LT1210の出力ステージでは，それぞれ250mAおよび1.1Aが供給できる

路の出力トランジスタQ_4はRF電力用であり，ダーリントン接続したQ_3で駆動されます．Q_1のエミッタにあるダイオードは，Q_3により追加されるV_{BE}を補正してクロスオーバー歪みを防ぎます．

　負側の信号経路の出力は，Q_5-Q_6により高速なPNP電力トランジスタに似せる事で代用しています．高速なPNPトランジスタが手に入らなので，このような構成にしています．これは高速なPNPフォロワのように

ふるまいますが，電圧ゲインをもつために発振を起こしがちです．局所的に付けた2 pFのコンデンサにより，そのような寄生発振を抑えることでこの複合トランジスタは安定になります．

　またこの回路にはAC応答を最適化するように，フィードバック経路にコンデンサを付けてあります．Q_7とQ_8で0.2 Ωのシャント抵抗の電圧を検出して，電流制御をかけています．

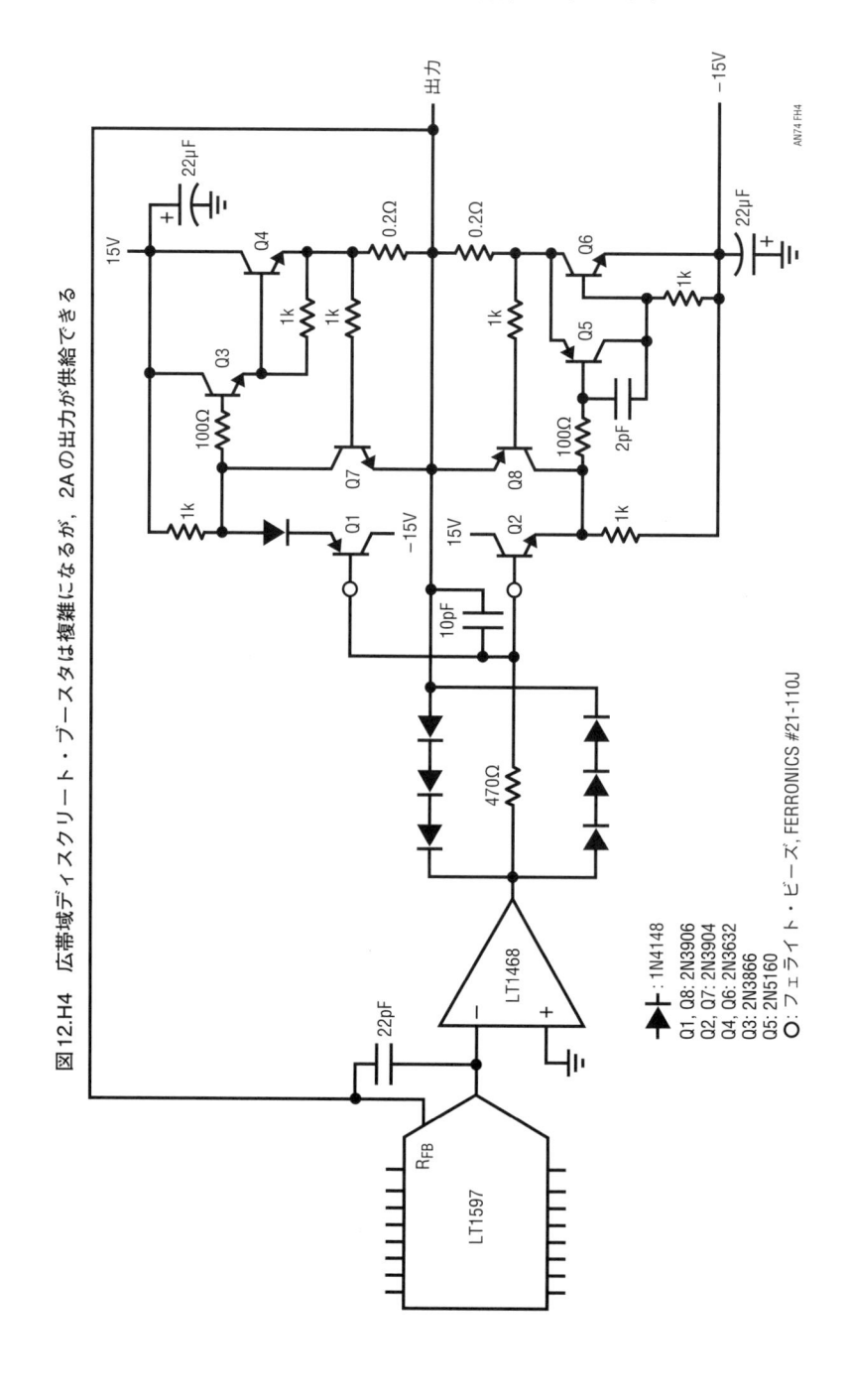

図12.H4　広帯域ディスクリート・ブースタは複雑になるが，2Aの出力が供給できる

　図12.H5は電圧増幅段です．この高電圧段はDAC-
アンプ（A_1）のループ内に含める代わりに，A_2のクロー
ズ・ループ内で駆動しています．これによりDACのモ
ノリシックな帰還抵抗を100 V出力から駆動する必要
がなくなるので，DACの温度係数のみならず，DAC
自体も保護できます．Q_1とQ_2で電圧ゲインを得ていて，

Q_3とQ_4の出力エミッタ・フォロワを駆動します．Q_5
とQ_6により27 Ωのシャント抵抗の両端の電圧が高く
なりすぎると出力のドライブが減ずるので，25 mAで
電流制限がかかるようになっています．1 Mと50 kΩ
の局所的な帰還ネットワークによりこの段のゲインは
20にセットされ，A_2が±12 Vを出力すると±120 Vで

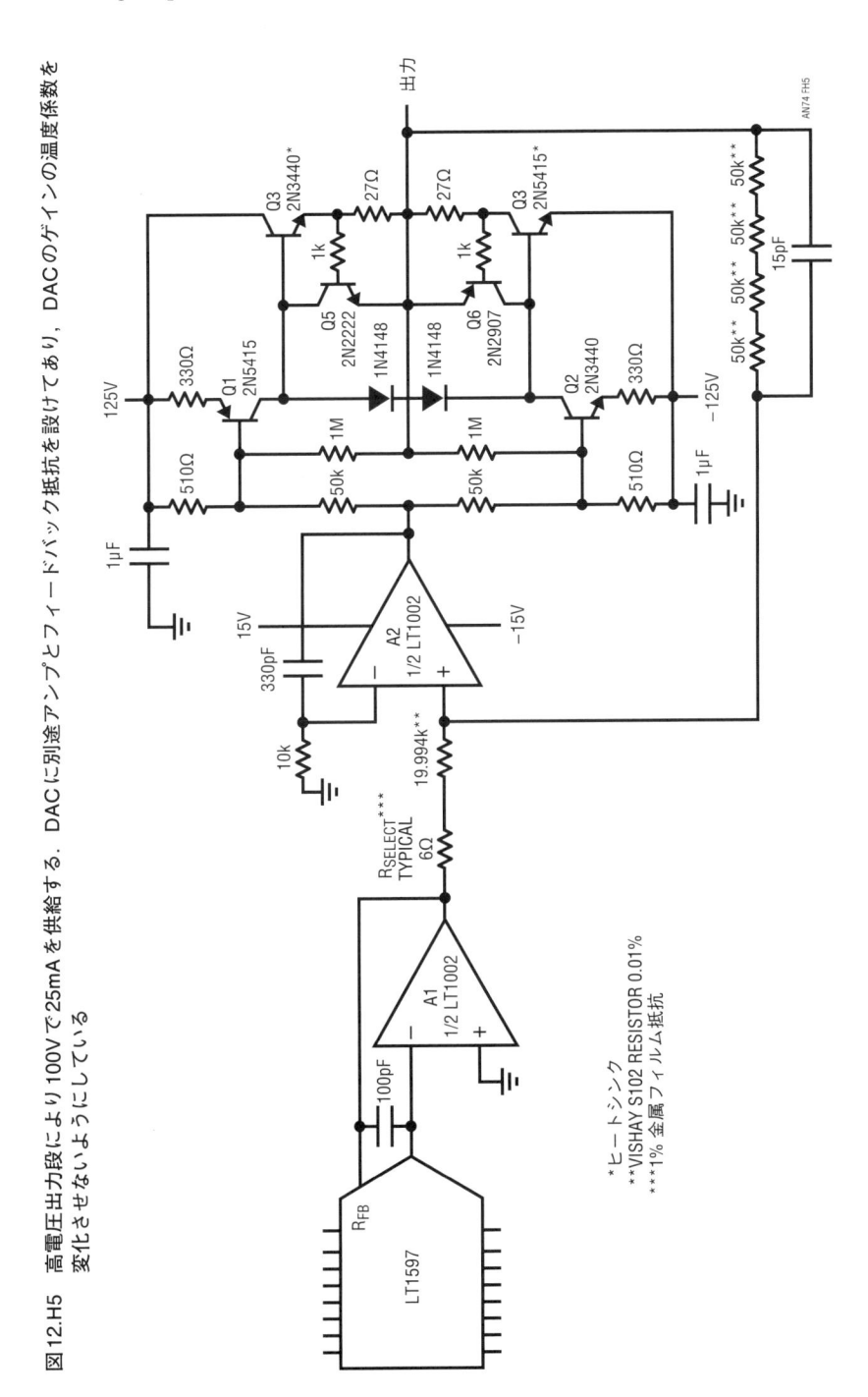

図12.H5　高電圧出力段により100Vで25mA を供給する．DACに別途アンプとフィードバック抵抗を設けてあり，DACのゲインの温度係数を変化させないようにしている

フルスイングします．ゲイン帯域幅を減らすために局所的にフィードバックをかけていて，動的な応答を助けています．この段はQ_1とQ_2だけが電圧ゲインに関係しているので，周波数補償は比較的簡単です．さらに，高電圧トランジスタの接合部は大きいので，f_Tが低くなり，特に高周波でのロールオフ特性について注意する必要がありません．この段は反転しているので，帰還はA_2の非反転入力に戻しています．周波数補償は局所的に330 pF-10 kのペアを付けてA_2をロール・オフさせる事で行っています．15 pFのコンデンサによるフィードバックで，波形エッジの応答にピークをもたせていますが，これは安定度にはかかわりません．もし過剰に補償をかける必要があれば，15 pFではなく330 pFを大きくするほうが望ましくなります．これにより出力が変化している状態で，高い電圧のエネルギーがA_2の入力に飛び込むことを防止できます．帰還容量を大きくする必要があるようでしたら，サミング・ポイントでグラウンドとの間にダイオードを入れてクランプするか，あるいは± 15 Vの電源ラインにクランプするべきです．調整として，DACのフルスケールでアンプの出力が正確に100.000 Vになるように，図で指示のある抵抗の値を選択します．

本文中での動的な応答の問題に関する議論は，上記のすべての回路に当てはまります．

図12.H6はブースタ段の特性をまとめたものです．ICを使った場合に構成が簡単になりますが，ディスクリート構成では複雑になるものの，より大きい出力が得られます．

図12.H6　ブースタ段の特性のまとめ

図番号	電圧ゲイン	電流ゲイン	備考
12.H2	なし	あり	シンプルな125mA段
12.H3	なし	あり	シンプルな250mA/1.1A段
12.H4	なし	あり	複雑な2A出力
12.H5	あり	極小	複雑な±120V出力

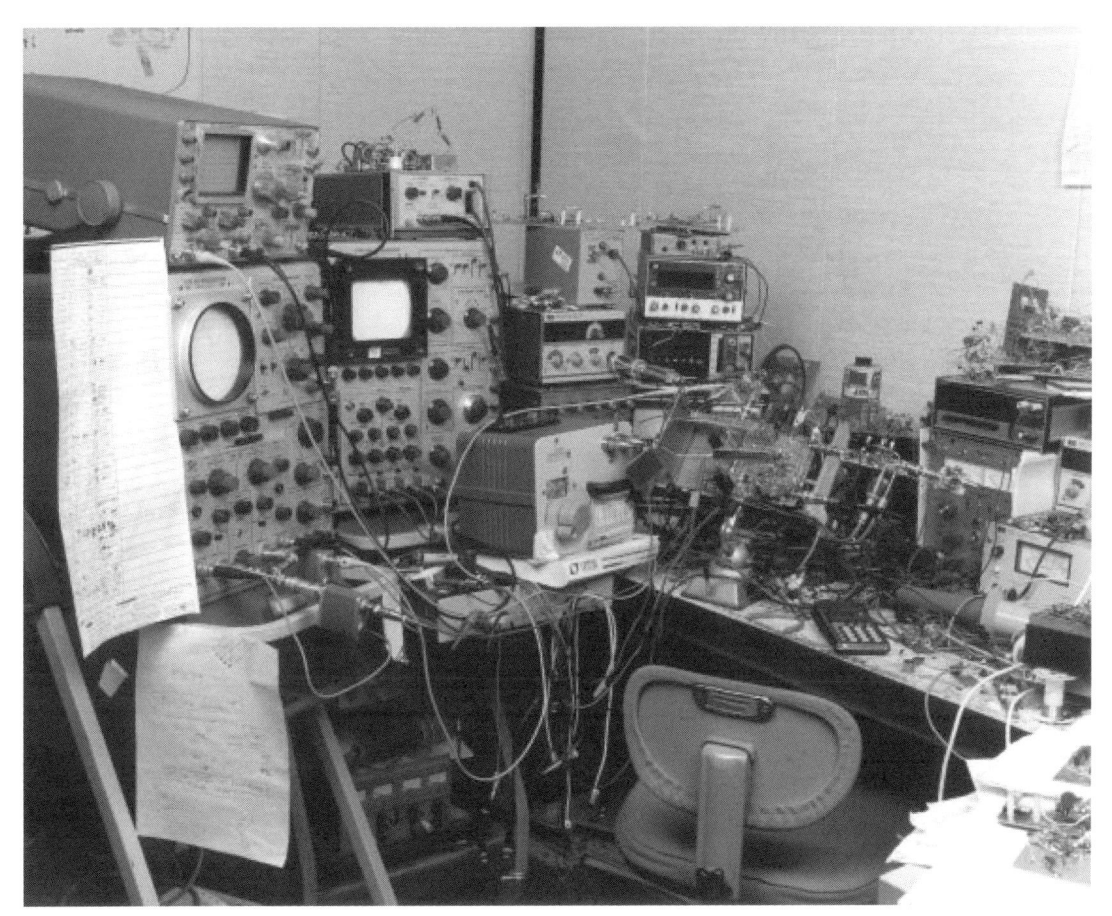

Measuring 16 Bit Settling Time is <u>NOT</u> A 1 week Project.

— uuul -98

## 第 13 章

A→Dコンバータの忠実度の試験
純正さの証明

Jim Williams and Guy Hoover, 訳：細田 梨恵

はじめに

　正弦波を忠実にデジタル化する能力とは，高分解能A→Dコンバータの忠実度を感度良く試験することです．この試験では，残留歪み成分が1 ppmに近い正弦波発生器が必要です．さらに，コンバータ出力のスペクトラム成分を読み込んで表示するため，コンピュータを使用したA→D出力モニタも必要です．妥当な費用と難易度でこの試験を行うには，使用前に要素の構築と性能の検証が必要になります．

概要

　図13.1にシステム図を示します．低歪み発振器がアンプを介してA→Dを駆動します．A→D出力インターフェースはコンバータの出力をフォーマットし，スペクトラム解析ソフトウェアを実行して結果のデータを表示するコンピュータと通信します．

発振回路

　システムでもっとも難しい回路設計の一つが発振器です．18ビットA→Dを有意に試験するためには，不純度が極めて低いレベルの発振器が必要であり，独立した方法でその性能が検証されていなければなりません．図13.2は，基本的にはハーバード大学のWinfield Hillの研究で改良された"全反転型"の2kHzウィーンブリッジ回路（A_1-A_2）です．オリジナル設計のJ-FET利得制御は，LED駆動のCdS光電セル・アイソレータで置き換えられ，J-FETの導電率が変調されることによる誤差とそれを減らすために必要な調整を不要にしています．帯域制限されたA_3はA_2の出力とDCオフセット・バイアスを受け，A→D入力アンプを駆動する2.6 kHzのフィルタを介して出力します．A_1-A_2発振器の自動利得制御（AGC）は，整流器A_5-A_6につながるA_4で回路出力（"AGC sense"）からAC結合で取得します．A_6のDC出力は，回路出力である正弦波のAC振幅を表します．この値は，AGCアンプA_7につながる電流加算抵抗によって基準電圧源LT1029とバランスされます．Q_1を駆動するA_7は，LED電流（つま

図13.1　A→Dのスペクトラム純度の試験システムのブロック図．歪みのない発振器を想定すると，コンピュータはアンプとA→Dの不純度によるフーリエ成分を表示する

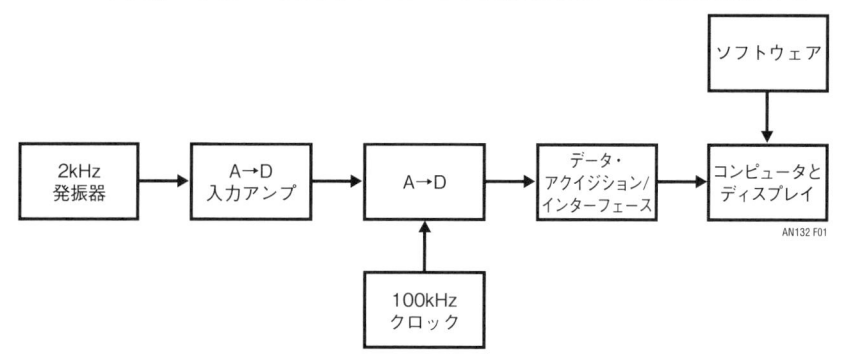

AN132 F01

図13.2　ウィーンブリッジ発振器は信号経路に反転アンプを使用して3ppmの歪みを達成する．利得制御としてLED光電セルが通常のJ-FETを置き換え，伝導率が変調されることによる歪みの発生を取り除く．A_3関連のフィルタによる減衰はAGCの帰還を回路出力からかけることで補正する．DCオフセットがA→D入力アンプの範囲に出力をバイアスする

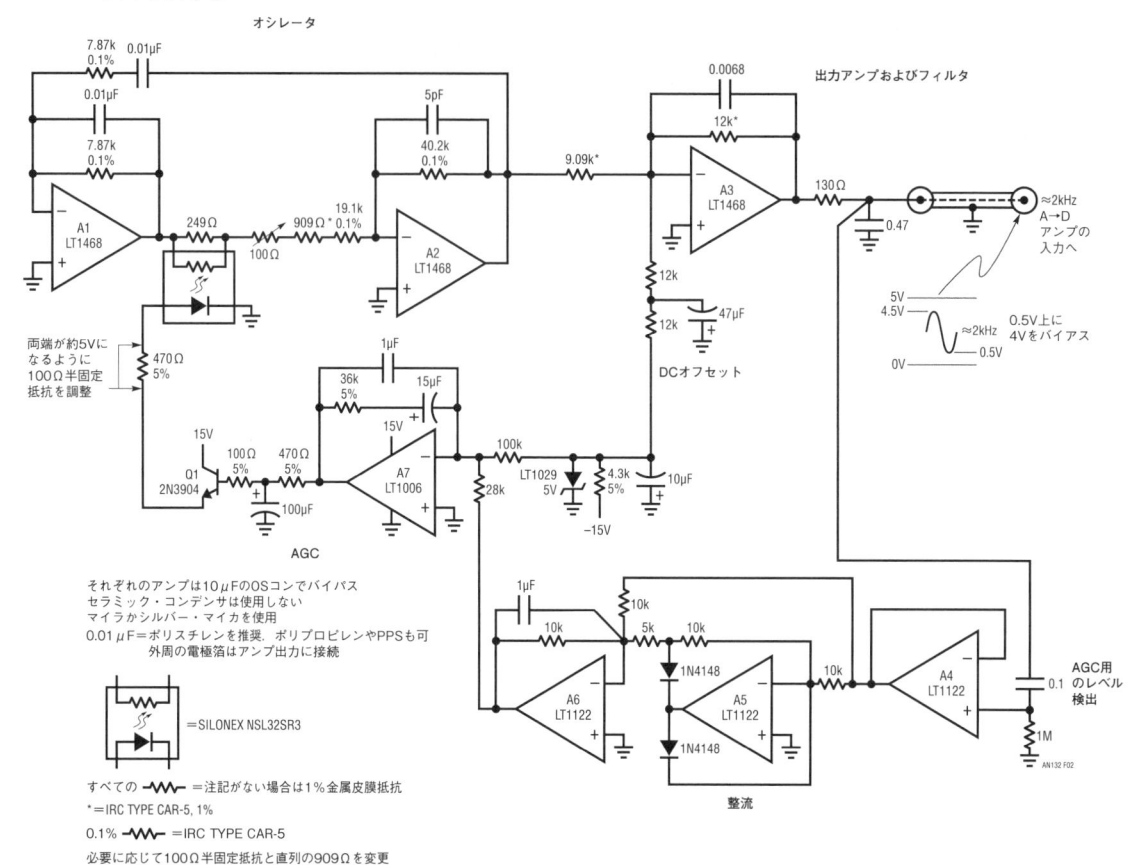

りCdS光電セルの抵抗)を設定することで利得制御ループを閉じ，発振器の出力振幅を安定化します．回路の出力から利得制御フィードバックをかけることで，A_3と出力フィルタが減衰する帯域制限応答であるにもかかわらず，出力振幅を維持します．A_7の閉ループの動特性も求められます．具体的には，A_3の帯域制限は，出力フィルタ，A_6の遅延，およびQ_1のベースにあるリプル低減部品の組み合わせであり，大きな位相遅れを生じます．A_7にある1μFの支配的ポールとRCのゼロが遅延を調整し，安定なループ補償を実現します．この手法により，綿密に調整された高次の出力フィルタを単純なRCのロールオフで置き換え，出力振幅を維持しながら歪みを小さくします(注1)．

注1：これは，ピューレをつくるために挽肉器にかけて食糧にすることに似ている．

図13.3　発振器（波形A）関連の残留成分（波形B）．LED電流の約0.1ppmである1nA程度がQ_1のエミッタ・ノイズとして認められる．AGC信号経路の十分なフィルタリングで得られる特性により変調成分が光電セルの応答に影響しないようにしている

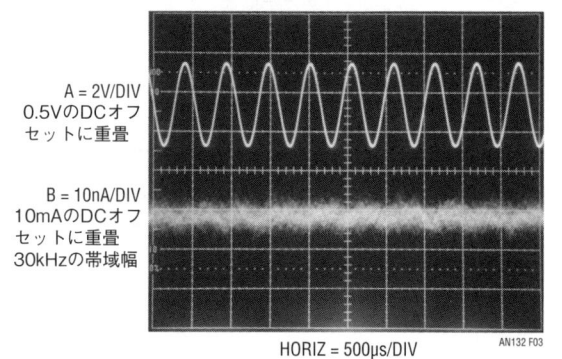

A = 2V/DIV
0.5VのDCオフセットに重畳

B = 10nA/DIV
10mAのDCオフセットに重畳
30kHzの帯域幅

HORIZ = 500μs/DIV　AN132 F03

低歪みを維持するには，発振器関連の成分をLEDバイアスから除去することが不可欠です．そのような残留分は，発振器を振幅変調して不純な成分を生じます．帯域制限されたAGC信号の順方向経路は十分にフィルタリングされ，Q_1のベースにある大きなRC時定数で最終的に急峻にロールオフします．図13.3のQ_1のエミッタ電流は，合計10 mAの0.1 ppm未満である1 nAの発振器関連のリプルを示しています．

この発振器は，1箇所の調整だけでこの性能が得られます．AGCのキャプチャ範囲を中心とするこの調整は，回路図の指示に従って設定します．

発振器の歪みを検証

発振器の歪みの検証には洗練された計測技術が必要です．従来の歪みアナライザで歪みを測定しようとすると，高級機種を使用しても限界があります．図13.4は，発振器の出力（波形A）とアナライザ出力に得られた残留歪み（波形B）を示します．発振器に起因する挙動は，アナライザのノイズと不明瞭なフロアの中でわずかに確認できます．使用したHP-339Aは測定可能な最小歪みが18 ppmの仕様ですが，この写真は9 ppmの測定器で撮られました．これは仕様を超えていて，装置の限界付近で歪みを測定するときに含まれる，明記されている不確かさのためにかなり疑わしいです[注2]．発振器の歪みを有意に測定するには，極めて不確かさが低いフロアの特別なアナライザが必要です．全高調

波歪み＋ノイズ（$THD + N$）の限界が2.5 ppm（標準で1.5 ppm）と規定されているオーディオ・プレシジョン社の2722で図13.5のデータが得られます．この図では，-110 dBのTHD，つまり約3 ppmを示しています．同測定器で取得した図13.6では，105 dBの$THD + N$，つまり約5.8 ppmを示しています．図13.7の最後の試験では，アナライザが発振器のスペクトラム成分を示しており，支配的な第3次高調波が-112 dB，つまり約2.4 ppmです．これらの測定により，この発振器をA→Dの忠実度の特性付けに自信をもって使うことができます．

A→Dの試験

A→Dの試験では，入力アンプを介して発振器の出力をA→Dにつなぎます．試験では，入力アンプとA→Dの組み合わせによって生じる歪み成分を測定します．A→Dの出力はコンピュータで演算され，図13.8の表示のようにスペクトラムの誤差成分を定量的に示します[注3]．表示には，コンバータの動作範囲の中心にバイアスされた正弦波を示す時間領域の情報，スペクトラム誤差成分を示すフーリエ変換，および詳細な表にした数値を含みます．試験した18ビットA→DのLTC2379とアンプLT6350の組み合わせでは，-111 dB（約2.8 ppm）の第2次高調波を生じており，それ以上の高調波ではそのレベルよりも十分に下がっています．これは，A→Dと入力アンプが適切に動作していて，仕様内であることを示しています．発振器とアンプ/A→D間で起こり得る高調波のキャンセルは，測定の信頼度を上げるために複数のアンプ/A→Dサンプルを試験する必要があります[注4]．

注2：測定器の限界付近での歪み測定は多くの意外な結果を招く．LTC社のアプリケーション・ノート43の"ブリッジ回路"にあるAppendix Dのオーディオ・プレシジョン社Bruce Hoferによる「歪み測定を理解する」を参照．

注3：測定に必要な入力アンプとA→Dコンバータ，コンピュータによるデータ収集とクロック基板はLTC社から入手できる．ソフトウェアのコードはwww.linear.comからダウンロードできる．詳細はAppendix Aの「A→Dの忠実度試験のツール」を参照．

注4：関連する注意については本文中の「発振器の歪みを検証」の節および脚注2を参照

図13.4　分解能の限界を超えて動作する歪みアナライザHP-399Aが紛らわしい歪み値（波形B）を示す．アナライザの出力には発振器と測定器の重なった不確かな組み合わせが含まれていて信頼できない．波形Aが発振器の出力

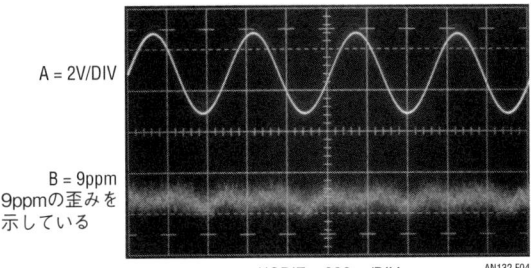

A = 2V/DIV

B = 9ppm
9ppmの歪みを
示している

HORIZ = 200µs/DIV　　　AN132 F04

図13.5　オーディオ・プレシジョン社の2722アナライザが－110dB（約3ppm）の発振器のTHDを測定

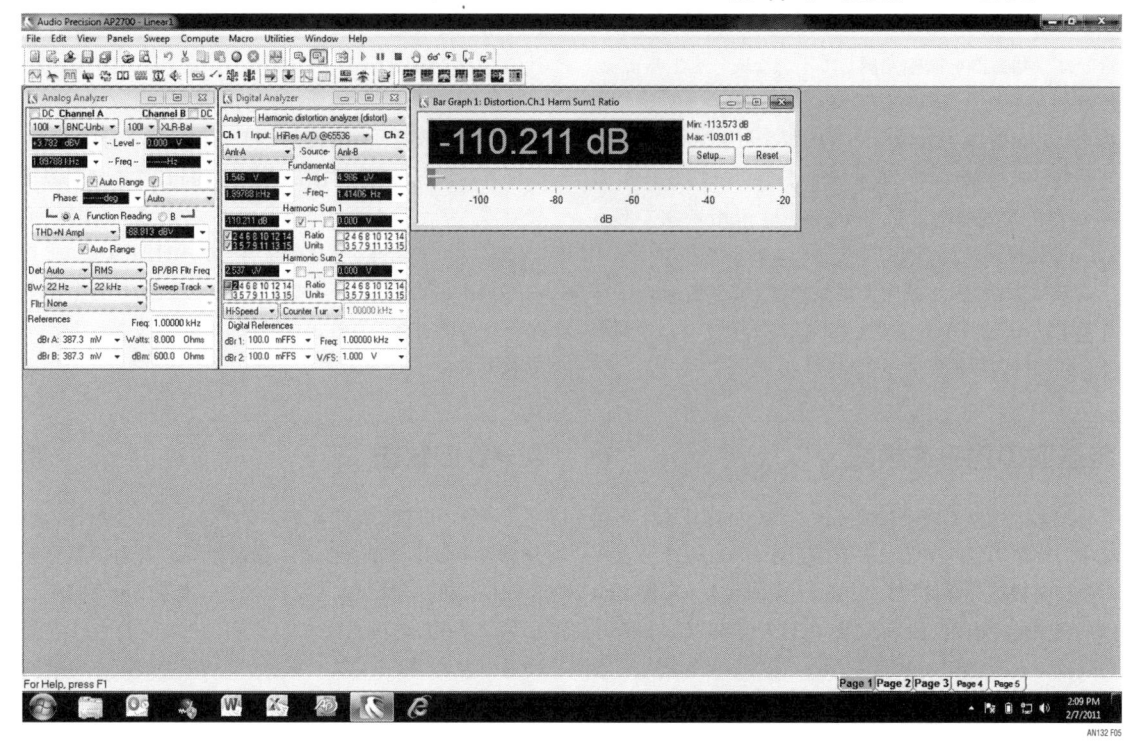

図13.6　AP-2722アナライザが約105dB（約5.8ppm）の発振器のTHD＋Nを測定

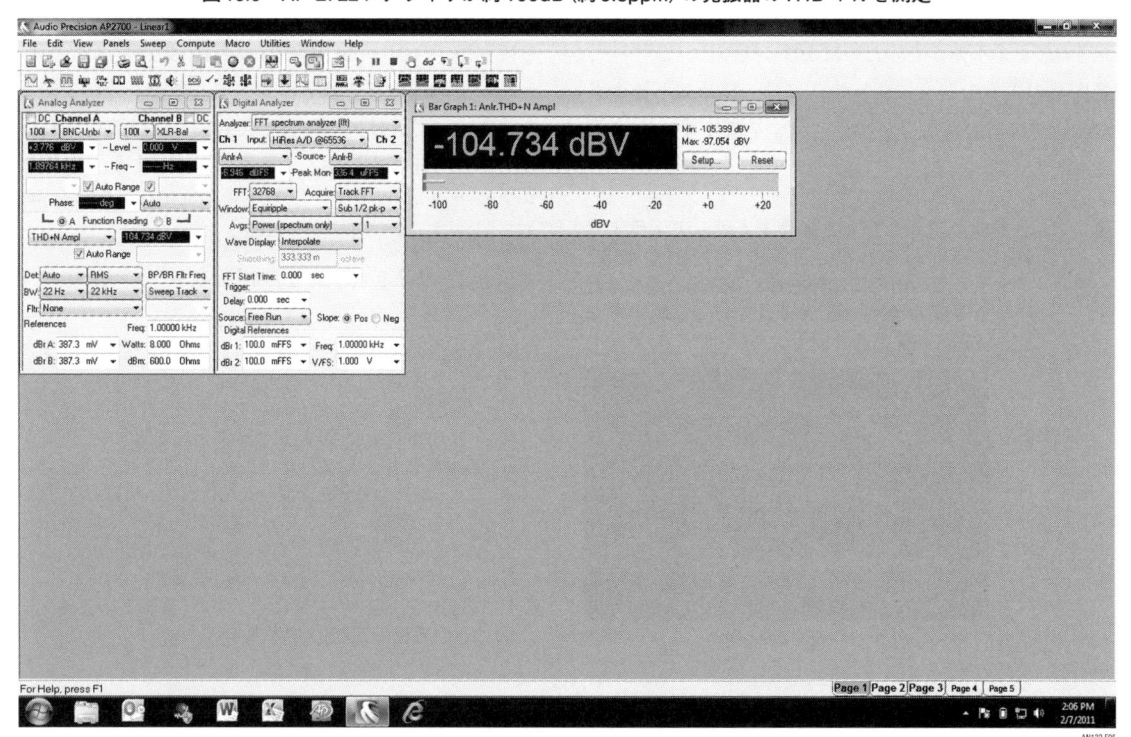

図13.7　AP-2722のスペクトラム出力が－112.5dB（約2.4ppm）の第3次高調波のピークを表示

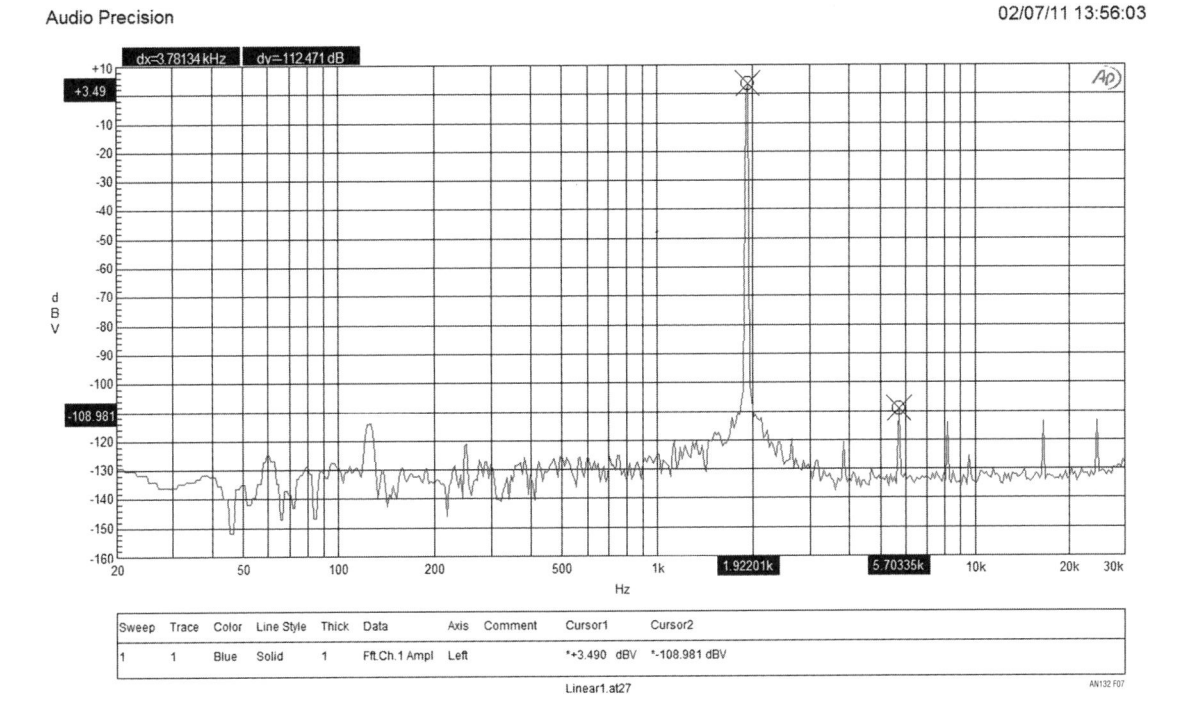

図13.8　図13.1の試験システムの各部表示には，LT6350アンプで駆動した18ビットA→DのLTC2379に対する時間領域の情報，フーリエ・スペクトラム・プロット，および詳細な表にした数値を含む

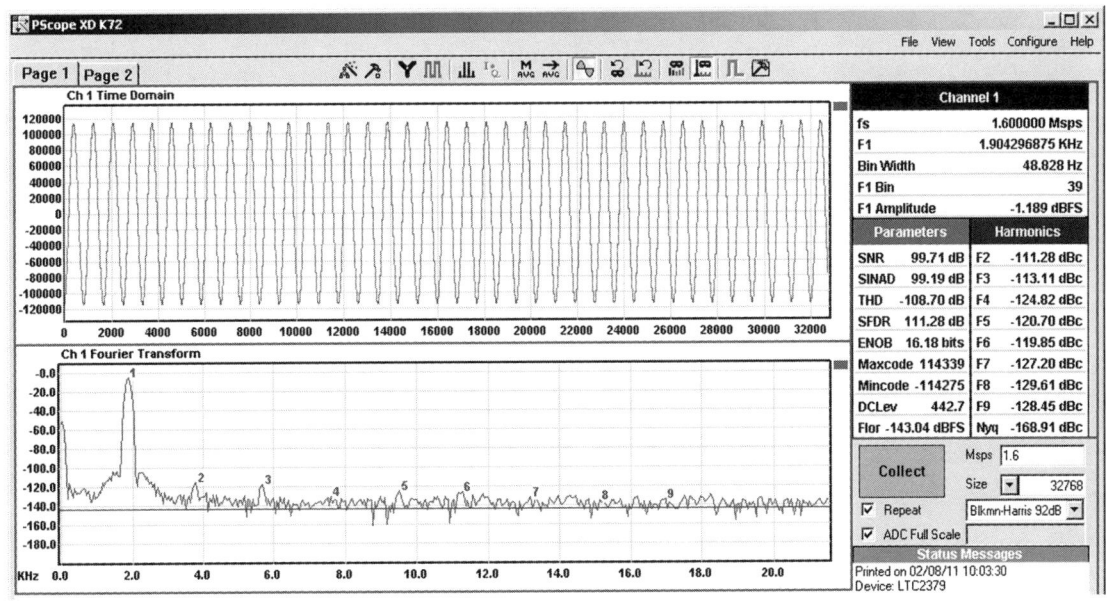

Appendix A　A→Dの忠実度試験のツール

本文中のA→D試験を行う基板を入手可能です．基板の機能と部品番号を**表13.1**に掲載します．コンピュータのソフトウェアPScopeもリニアテクノロジー社から入手でき，www.liner.conからダウンロードできます．

表13.1

基板の機能	部品番号
LT6350/LTC1279アンプ/A→D	DC-1783A-E
インターフェース	DC718
100MHzクロック*	DC1216A-A
発振器	準備中

*：50Ωを駆動可能な，安定で位相ノイズが低い3.3Vクロックを使用

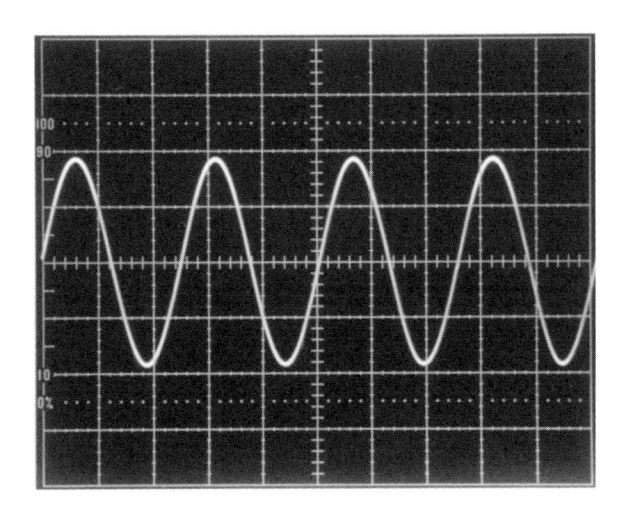

"Summon a vision and declare it pure."

–Theodore Roethke

"Four for Sir John Davies"

1953

## 第 2 部

シグナル・コンディショニング

第 14 章　新しい電力バッファ IC の アプリケーション

LT1010 150 mA パワー・バッファについて，ブースト・オペアンプ，フィードフォワード，広帯域 DC 安定化バッファ，ビデオ信号ドライバ・アンプ，ホールド・ステップ補正付き高速サンプル−ホールド・アンプ，過負荷保護付きモータ速度コントローラ，および圧電ファンのサーボ回路など，多くの有用なアプリケーションを解説しています．

第 15 章　計測および制御回路における 熱テクニック

温度を基本とした回路を利用した6つのアプリケーションが解説されています．含まれているのは，50 MHz RMS-DC コンバータ，風速計，液体流量計などです．熱力学的な配慮を回路として実現するための一般的な解説も提示されています．

第 16 章　オペアンプのセトリング時間の 測定法

この章はオペアンプのセトリング時間を測定する方法についての概観から始まります．0.0005 ％の精度でセトリング時間を測 定する回 路の開 発について解 説されています．Appendix で，オシロスコープのオーバーロード制限やアンプの周波数補償について解説しています．

第 17 章　高速コンパレータのテクニック

この章は，非常に高速なコンパレータ回路における問題の原因と対策についての広範な解説です．個別のアプリケーションごとに節を設け，0.025 ％精度の1 Hz 〜 30 MHz V/F コンバータ，200 ns 0.01 ％のサンプル-ホールド，および 10 MHz 光ファイバ受信器について解説します．5つの Appendix で関連する話題を取り上げて章を補完しています．

第 18 章　高性能な電圧-周波数コンバータの 設計

さまざまな高性能 V/F 回路が提示されています．含まれるものは1 Hz から 100 MHz までの設計で，水晶安定化タイプと直線性 0.0007 ％の回路です．その他の回路は，1.5 V 動作，サイン波出力，および非線形な伝達関数をもたせたコンバータです．コラムでは，さまざまな V/F 変換のアプローチにおけるトレードオフと利点について検証しています．

第 19 章　ユニークな IC バッファが オペアンプ設計を強化し， 高速アンプを手懐ける

この章は，高速モノリシック・パワー・バッファ LT1010 に適用されたユニークな IC 設計テクニックのいくつかについて述べています．また，容量性負荷のドライブ，高速オペアンプの出力電流ブースト，および電源回路などへの応用についてのいくつかのアイデアも述べられています．

第 20 章 モノリシック・アンプのための 電力増幅ステージ

この章では，モノリシック・アンプに電力ゲインを提供する出力回路を示します．回路は電圧ゲイン，電流ゲイン，または双方を強化します．11種の設計が提示され，性能が要約されています．一般的な周波数補償の手法について，コラムで解説されています．

第 21 章 複合アンプ

アプリケーションでは，仕様のいくつかで極めて高い性能をもつアンプがしばしば必要になります．例えば，高速で精密な直流性能をもつアンプが必要となるのはよくあることです．もし，1種類のデバイスで必要な性能すべてを同時に満たすことができないとしたら，2種類（あるいはそれ以上）のデバイスからなる複合アンプを構成して，目的を達成することが可能です．この章では，スピード，精度，低ノイズ，高出力などを組み合わせる設計を通して複合アンプの例を示していきます．

第 22 章 2次フィルタのカスケード接続による 高次全極型バンドパス・フィルタの シンプルな設計法

高品位なスイッチ・キャパシタ型バンドパス・フィルタの設計手法を2つ示します．どちらの手法も表を使用してフィルタ設計で必要な数学を非常に簡単にすることを意図しています．本文ではフィルタ設計の経験を前提としていませんが，従来の教科書には載っていないテクニックで高品位なフィルタの実現を可能としています．設計の実装はリニアテクノロジーのスイッチト・キャパシタ・フィルタ製品群であるLTC1060，LTC1061，およびLTC1064を使用した多くの実例によって示されます．バターワースおよびチェビシェフ・バンドパス・フィルタが解説されています．

第 23 章 FilterCADユーザーズ・マニュアル， バージョン1.10

この章は，リニアテクノロジーのスイッチキャパシタ・フィルタ・ファミリによるフィルタを設計するためのコンピュータ支援設計プログラムFCADのマニュアルです．FCADは，ユーザが良好なフィルタを最小限の努力で設計することを支援します．経験のあるフィルタ設計者は，さまざまな部品の値や構成によって“何が起きるか”を試すことができるため，このプログラムをより良い結果を導き出すために利用できるでしょう．

第 24 章 高精度広帯域アンプの30ナノセカンドのセトリング時間の測定

　この章は，30ナノセカンドのアンプのセトリング時間を0.1%誤差で検証することを可能とします．使用されているサンプリングによる手法が詳細に述べられ，結果が示されています．Appendixでは，オシロスコープのオーバードライブの問題，ナノセカンドを切る立ち上がり時間のパルス・ジェネレータの構造，アンプの補償，回路の組み立ておよび校正手順について解説しています．

第 25 章 2GHz差動増幅器/ADCドライバの応用と最適化

　現代の高速アナログ-ディジタル変換器（ADC）は，パイプラインまたは逐次比較レジスタ（SAR）のものも含めて，高速スイッチトキャパシタ・サンプリング入力を備えています．スイッチトキャパシタ入力は，スイッチの動きごとに大きな電荷注入をもたらすので，再びADCの入力が切り替わる時間，それはナノ秒またはそれ以下ですが，それまでにチャージを吸収し正しい電圧に落ち着かせるための前段が必要になります．この章では，LTC6400ファミリの機能と限界について述べ，実際の応用においてアンプの最適な性能を引き出す方法を解説します．

第 26 章 広帯域アンプのための2ns，0.1%分解能でのセトリング時間測定

　アンプのDC特性は比較的容易に確かめることができます．測定テクニックはしばしば退屈ではあるものの，よく理解されています．AC特性の信用できる情報を得るにはさらに洗練されたアプローチが必要になります．特に，アンプのセトリング時間は定義するのが非常に難しいものです．セトリング時間とは入力を印加してから出力が最終値を中心としたある特定の誤差範囲に到達して留まるまでに経過した時間です．信頼できるナノ秒領域でのセトリング時間の測定は高度な難問であり，アプローチと実験テクニックに特別な注意が必要となります．この章は，高速アンプのセトリング時間測定を行う手法について詳解し，そのパフォーマンスを評価します．8つのAppendixで関連するトピックを解説します．

第 27 章 音響温度測定入門

　音響温度測定は深遠で，洗練された温度測定技術です．それは，音が媒体を通過する時間に温度依存性があることを温度測定に利用するというものです．媒体としては固体，液体，気体などが考えられます．音響温度計は従来のセンサでは耐えられない環境でも機能します．例としては極端な温度条件，センサが物理的に破壊するような使用条件および原子炉などが含まれます．この章では，理論，実際の音響温度測定回路およびトランスデューサの構造の詳細が述べられています．2つのAppendixで，キャリブレーションと完全なソフトウェアのリストを示します．

第14章

新しい電力バッファICのアプリケーション

Jim Williams, 訳：細田 梨恵

　システム開発においては，アナログ信号によって非線形負荷やリアクティブ負荷を駆動する必要性がしばしば生じます．ケーブル，トランス，アクチュエータ，モータ，またサンプル・ホールド回路などがそれらの例であり，難しい負荷を駆動する能力が必要とされます．電力を取り出せるバッファ・アンプはいくつか入手できますが，そのような駆動が難しい負荷用に最適化されたものはありませんでした．LT1010は，おおむねどのようなリアクティブ負荷であれ，そこからの影響を前段に及ぼさずに駆動することができます．また，過負荷に対して電流制限と過熱保護機能を備え，負荷の短絡事故に対する保護がかかります．優れた動作速度と出力保護，そしてリアクティブ負荷を駆動する能力（囲み記事，"LT1010のあらまし"を参照）の組み合わせが，このデバイスを実際のさまざまな応用において役立つものにしています．

> アップデート：
> 新しいモノリシック・プロセスの高速バッファが入手可能

バッファ付き出力ライン・ドライバ

　図14.1に示すのは，オペレーショナル・アンプリファイアのフィードバック・ループ内に含めたLT1010です．低い周波数領域では，このバッファはフィードバック・ループ内で動作するので，オフセット電圧と

図14.2

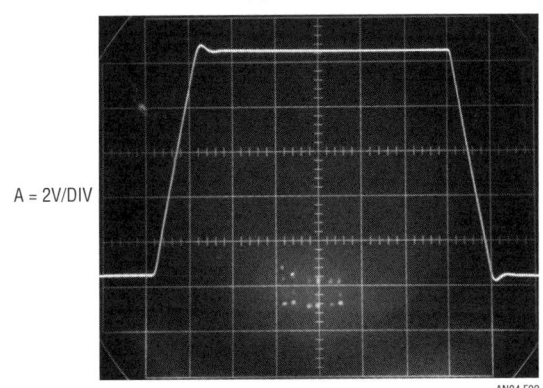

A = 2V/DIV

20μs/DIV   AN04 F02

図14.1　実用的なLT1010をブースタに使用したオペアンプ回路

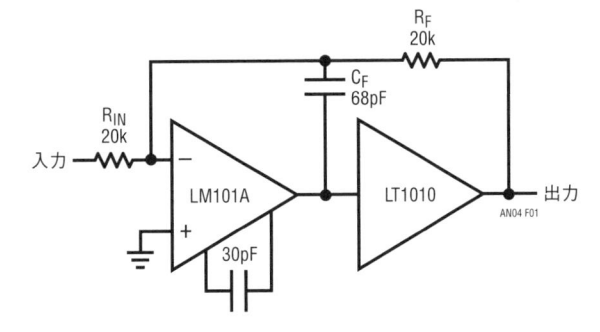

ゲインの誤差は無視できる程度になります．高い周波数領域では，負荷容量とバッファの出力抵抗による位相シフトの影響に対してC_Fを通してフィードバックがかかることで，ループが不安定性になりません．

　図14.2はこの回路構成で50Ω-0.33 μFの負荷を駆動している様子です．波形はきれいで，ダンピングも抑えられています．負荷容量を大きくして過酷と言える2μFにしても，大容量が必要とする電流の供給が顕著に大きくなりますが（波形B），回路は依然として安定に動作しています（**図14.3**，波形A）．ダンピングの改善

には，R_FとC_Fの時定数を調整します．

　この回路は有用ですが，オペアンプによって動作速度は制約を受けます．

高速で安定なバッファ・アンプ

　図14.4は良好なDC特性を保ちながら，この制約を除いた回路例です．ここでは，Q_1-Q_3による広帯域ゲイン・ステージとLT1010を組み合わせて，高速な反転アンプを構成しています．またLT1008オペアンプにより，回路のサミング・ポイントのDC電圧がゼロになるようにQ_2-Q_3のエミッタにバイアスをかけて，このステージのDCレベルを安定化しています．高速ステージとオペアンプのロールオフ特性は，回路の総合特性がスムーズな応答になるように調整してあります．

　この回路のDC安定化経路はバッファと並列に置かれているので，より高速な動作が得られます．**図14.5**はこの回路で600Ω-2500 pFの負荷を駆動している様子です．重い負荷にもかかわらず，出力（波形B）は入

図14.3

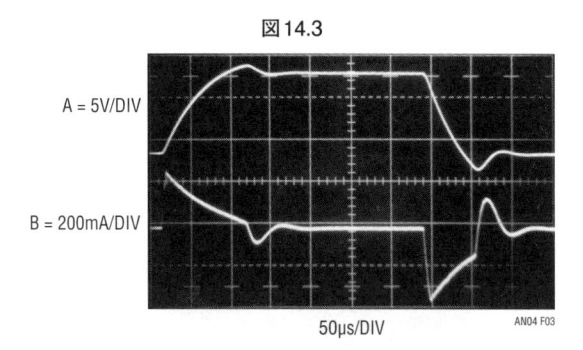

A = 5V/DIV

B = 200mA/DIV

50μs/DIV　　　AN04 F03

図14.4　フィードフォワード．広帯域DC安定化バッファ

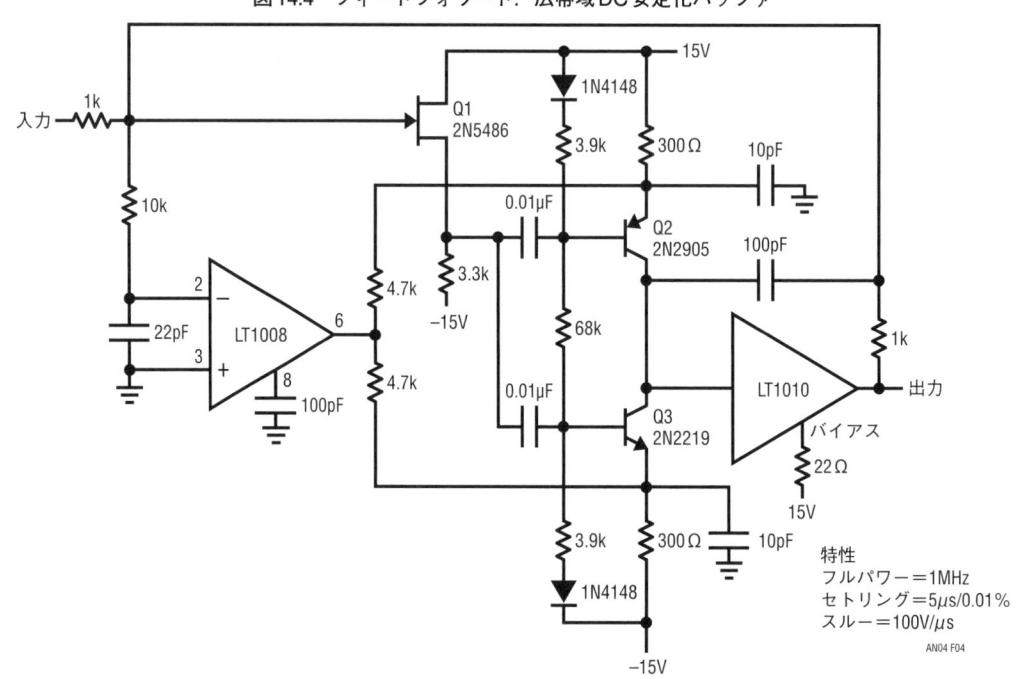

力（波形A）に対して，ゲイン-1で良好に追従しています．

ビデオ・ライン駆動アンプ

多くの用途では，DCの安定度は重要でなくACゲインが求められます．**図14.6**はLT1010の負荷駆動能力と，高速なディスクリート・ゲイン・ステージを組み合わせる方法を示します．Q_1とQ_2は差動ステージを構成していて，そのシングルエンド出力をLT1010につなげています．フィードバックの分圧器を容量経由で落としてあり回路のDCゲインは1になりますが，ACゲインは10まで上がります．20Ωのバイアス抵抗（囲み記事参照）を用いると，この回路により一般的な75Ωのビデオ負荷に対して$1 V_{P-P}$を供給できます．NTSC

の仕様を考慮する必要がある用途では，バイアス抵抗値を下げることで性能が向上します．

$A=2$では，ゲイン誤差は10 MHzまで0.5 dB内に収まり3 dB減衰ポイントは16 MHzになります．$A=10$では，ゲインは平坦で（4 MHzまで±0.5 dB）3 dB減衰ポイントは8 MHzになります．ピーキングの調整は，出力に負荷がかかった状態で行うようにします．

図14.7はビデオ信号の分配アンプです．この例では出力に抵抗を入れることで，終端されていないケーブルからの反射の影響を分離しています．ラインの特性が既知であれば，抵抗はなくすことも可能です．NTSCのゲイン-位相仕様に合わせるには，ブースト抵抗の値を小さくします．それぞれのチャネルの$1 V_{P-P}$出力は75Ω負荷に対して，6 MHzまで本質的にフラットになります．

図14.5

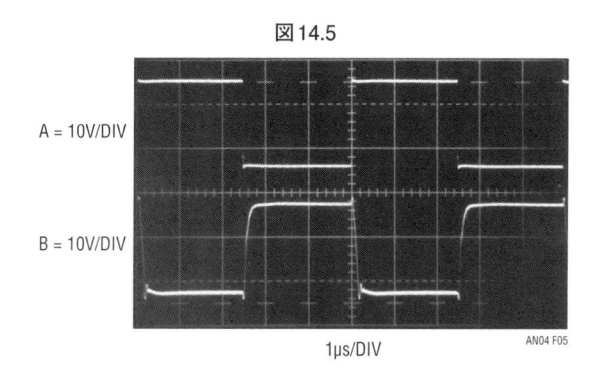

A = 10V/DIV

B = 10V/DIV

1µs/DIV

AN04 F05

図14.6　ビデオ・ラインのドライバ

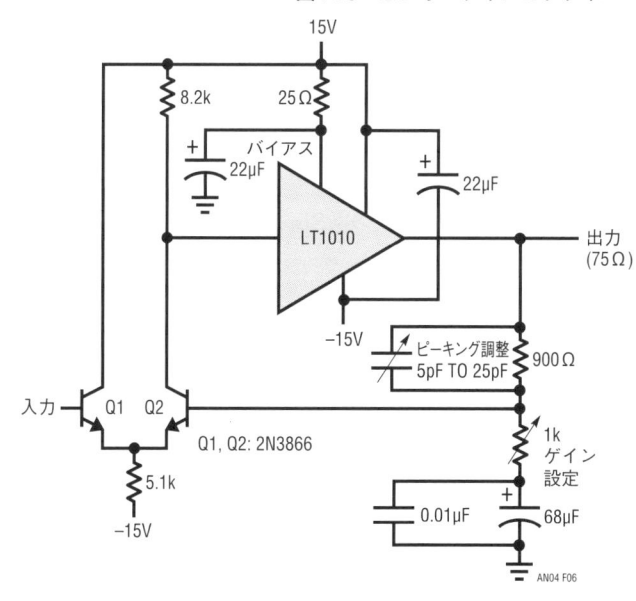

代表的仕様
75Ω負荷に対して$1V_{P-P}$
$A=2$の場合：
10MHzまで0.5dBのフラットネス
3dB低下点は16MHz
$A=10$の場合：
4MHzまで0.5dBのフラットネス
3dB低下点は8MHz

高速で高精度な
サンプル-ホールド回路

　サンプル-ホールド回路で高速なアクイジション時間を達成するには，容量性負荷に対する高い駆動能力が必要になります．加えて，良い設計のためには，さら

に他のトレードオフを検討しなくてはなりません．図14.8に示す基本回路はそれらの問題点を表したものです．高速なアクイジションのためには大きな充電電流と安定な動特性が必要で，それはLT1010により提供できます．ドループ率を満足させるには，ホールド・コンデンサを適切な大きさにしなくてはなりませんが，

図14.7　ビデオ信号用分配アンプ

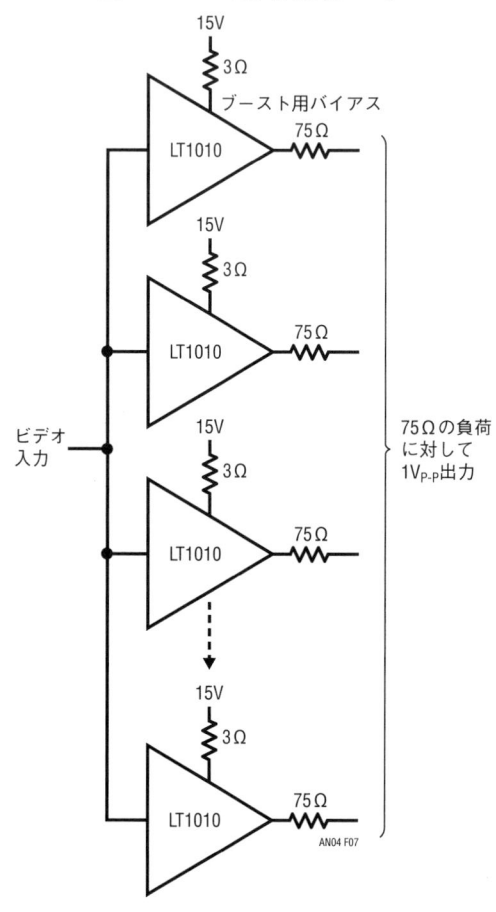

図14.8　サンプル-ホールドの概念図

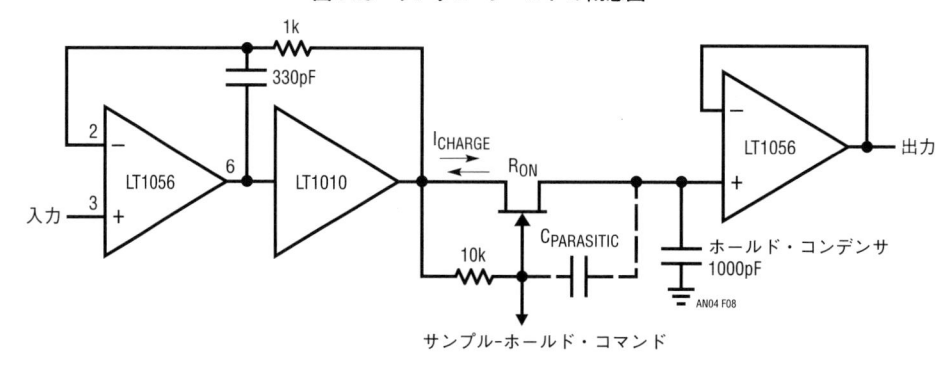

大きくしすぎると，FETスイッチのオン抵抗がアクイジション時間に影響してきます．もしオン抵抗が非常に低いFETを使うと，今度はゲート-ソース間の寄生容量が大きな影響を与えるようになり，ゲートがオフになったときに多くのチャージがホールド・コンデンサから失われてしまいます．このようにチャージが移動すると，ホールド・モードになった回路に保持された電圧が急激に変化することになります．この現象は"ホールド・ステップ"と呼ばれますが，精度に対する制約になります．ホールド・コンデンサの値を大きくすることで対処は可能ですが，今度はアクイジション時間が影響を受けます．さらに，TTL互換の制御信号が求められるので，FETにはレベル・シフトが必要になります．このレベル・シフトは，回路に入力される

信号の振幅の全範囲で適切なピンチオフ電圧を与えなくてはならず，また高速でなくてはなりません．ここでの遅延はアパーチャ誤差の原因になり，サンプリング動作の精度が損なわれます．

図14.9の回路は，高速で高精度なサンプル-ホールドを実現するように，LT1010に各テクニックを組み合わせたものです．Q_1からQ_4は非常に高速なTTL互換のレベル・シフト回路です．TTL入力信号の変化からQ_6をオフにするまでの遅延の合計は16 nsです．レベル・シフタであるQ_4がスイッチするように，ベーカー・クランプ付きのQ_1によってQ_3のエミッタをバイアスしています．Q_2は強力なフィードフォワード系を駆動しており，Q_4のスイッチングを高速化しています．この部分により，Q_6のゲートへの必要なレベル・

図14.9　ホールド・ステップを補正した高速サンプル-ホールド回路

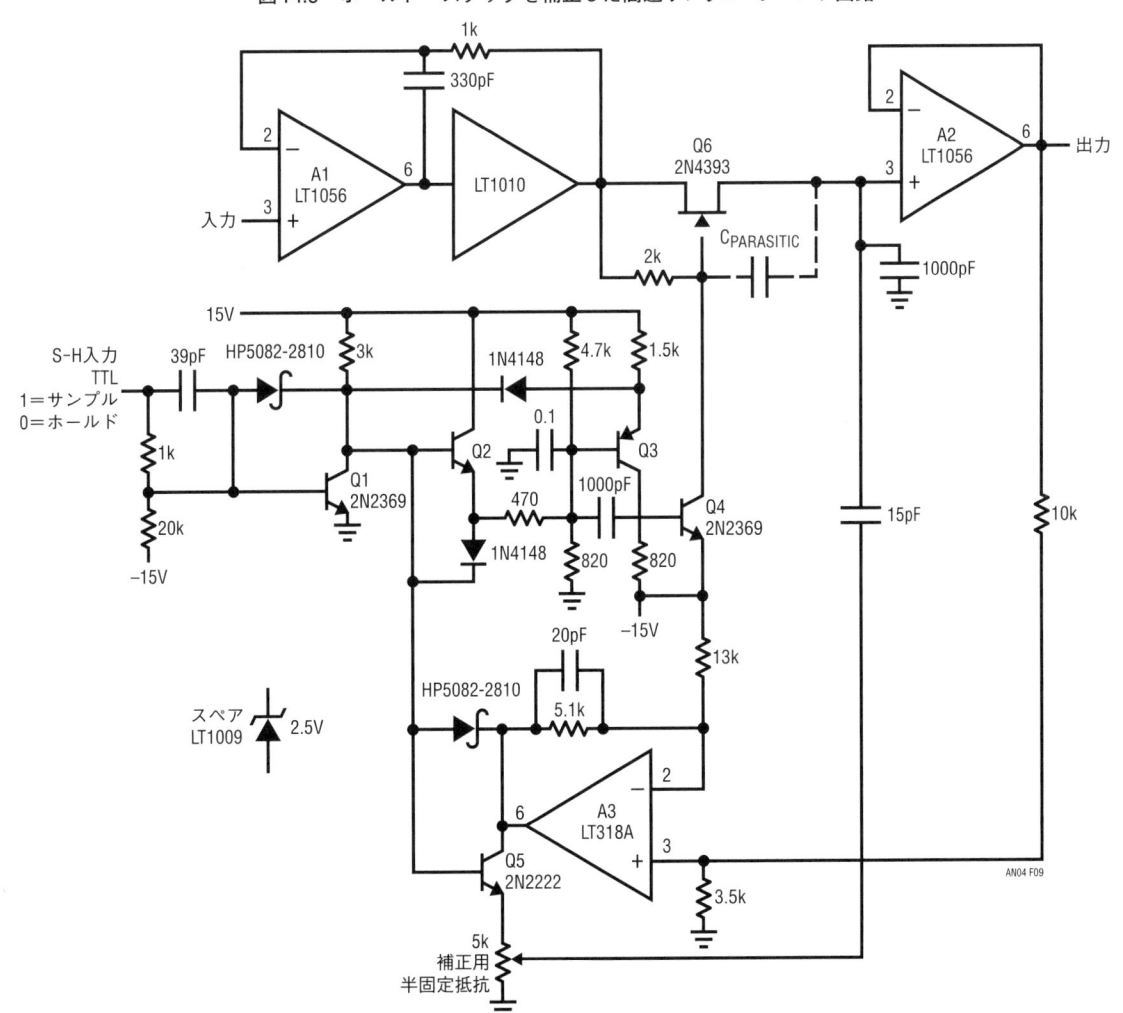

シフトを得ながら，小さいアパーチャ誤差を実現しています．Q_6のゲート-ソース間の寄生容量によるホールド・ステップ誤差は，Q_5とLT318アンプ（A_3）によって補正しています．

Q_6の寄生容量により移動するチャージの量は，信号の大きさに依存します（$Q = CV$）．この誤差を補正するために，A_2は回路の出力を検出してQ_5のスイッチを制御します．回路がホールド・モードになるたびに，Q_5のエミッタにある半固定抵抗と15 pFコンデンサを介して，適切な量のチャージが補給されます．A_3の反転入力は負電圧によりシフトされるようにバイアスされていて，寄生容量で移動するチャージ量が可変され，チャージが補正されるようになっています．補正量を決めるには，信号入力を接地してS-Hラインにクロック信号を与え，回路出力での変化が最小になるように半固定抵抗を調整します．

図14.10は回路が動作している様子です．サンプル-ホールド入力（図14.10の波形A）がホールド側になったとき，チャージの補正がかかり，出力（波形B）のようにホールド・ステップは100 ns以内で250 µV以下になっているのがわかります．補正なしでは，この誤差は50 mVにもなります（図14.11の波形B，波形A

はサンプル-ホールド入力）．

図14.12はLT1010が高速なアクイジションに寄与している様子です．この写真では，10 Vの信号をアクイジションしています．波形Aはサンプル-ホールド入力です．波形BはLT1010がホールド・コンデンサに供給する100 mAを超える電流，波形Cは出力応答と最終値へセトリングする様子です．アクイジション時間はキャパシタへの充電時間ではなく，アンプのセトリング時間で制約されていることに注目してください．得られた仕様は次のようになります．

アクイジション時間：0.01％まで2 µs
ホールド・セトリング時間：1 mVまで100 ns以下
アパーチャ時間　　　　：16 ns

モータの速度コントロール

図14.13の回路では，難しい負荷でも駆動できるLT1010の能力を活用しています．ここでは，バッファはモータ-タコメータの組み合わせを駆動しています．タコメータからの信号はフィードバックされて，基準電流と比較されることで，LM301Aアンプが制御ループを閉じています．0.47 µFのコンデンサにより安定な

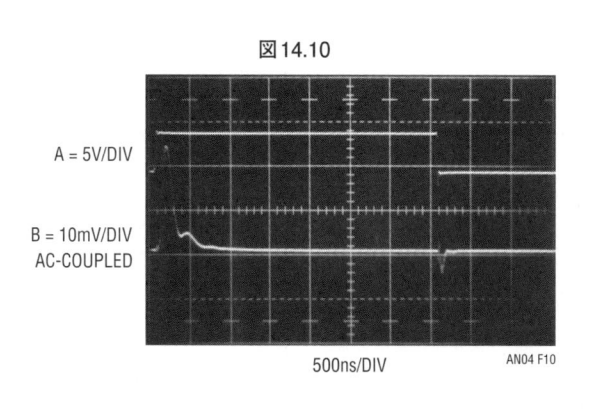

図14.10

A = 5V/DIV

B = 10mV/DIV
AC-COUPLED

500ns/DIV　　　AN04 F10

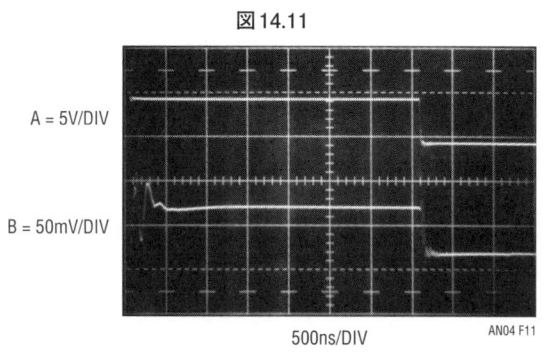

図14.11

A = 5V/DIV

B = 50mV/DIV

500ns/DIV　　　AN04 F11

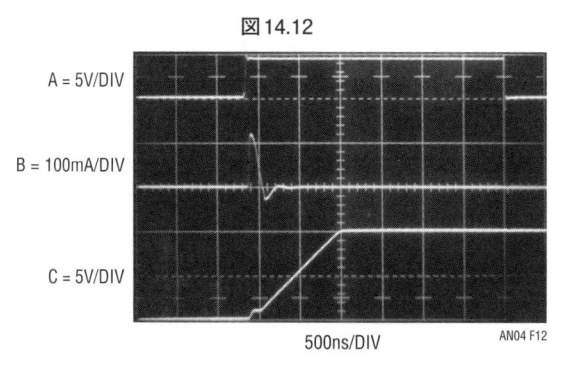

図14.12

A = 5V/DIV

B = 100mA/DIV

C = 5V/DIV

500ns/DIV　　　AN04 F12

図14.13　過負荷保護付きのモータの速度コントローラ

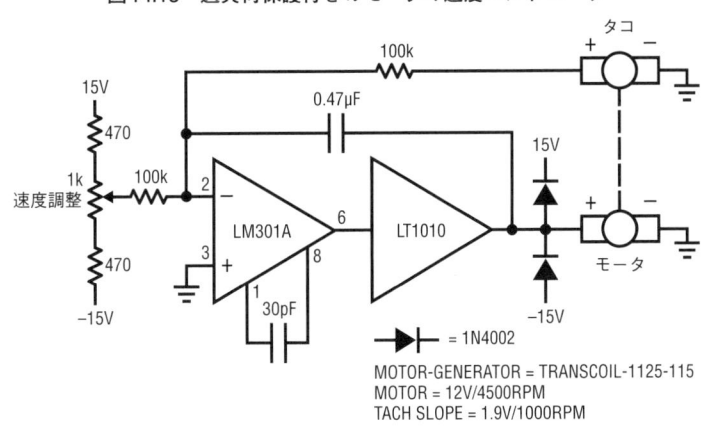

= 1N4002
MOTOR-GENERATOR = TRANSCOIL-1125-115
MOTOR = 12V/4500RPM
TACH SLOPE = 1.9V/1000RPM

補償をかけています．タコメータの出力は両極性なので，モータのスピードは両方向に制御可能で，ゼロ点付近でもスムーズに動作します．この用途において，LT1010の過熱保護は特に有効で，機械的な過負荷や不具合が起きたときにデバイスが破壊するのを防ぎます．

ファンを利用した温度コントローラ

図14.14はLT1010を使用してファンのモータの回転数を制御することで，計測器の温度を安定化した例で

す．ここで使用したファンは新しい静電駆動タイプで，磨耗する部品がないので非常に高い信頼性をもちます．この部品は高電圧で駆動する必要があります．電力が加わると，サーミスタ（ファンからの排気にさらされている）が高抵抗を示します．これによりA3のアンプが駆動するブリッジのバランスが崩れ，A1が電力を受け取れなくなり，ファンは動作しません．計測器の筐体が温まると，サーミスタの抵抗値は減少してA3の発振が始まります．A2で回路間の分離と増幅を行い，A4がファンが必要とする高電圧を発生するトランスを駆動します．このようにして，制御ループはファンによ

図14.14　ピエゾ駆動ファンのサーボ機構

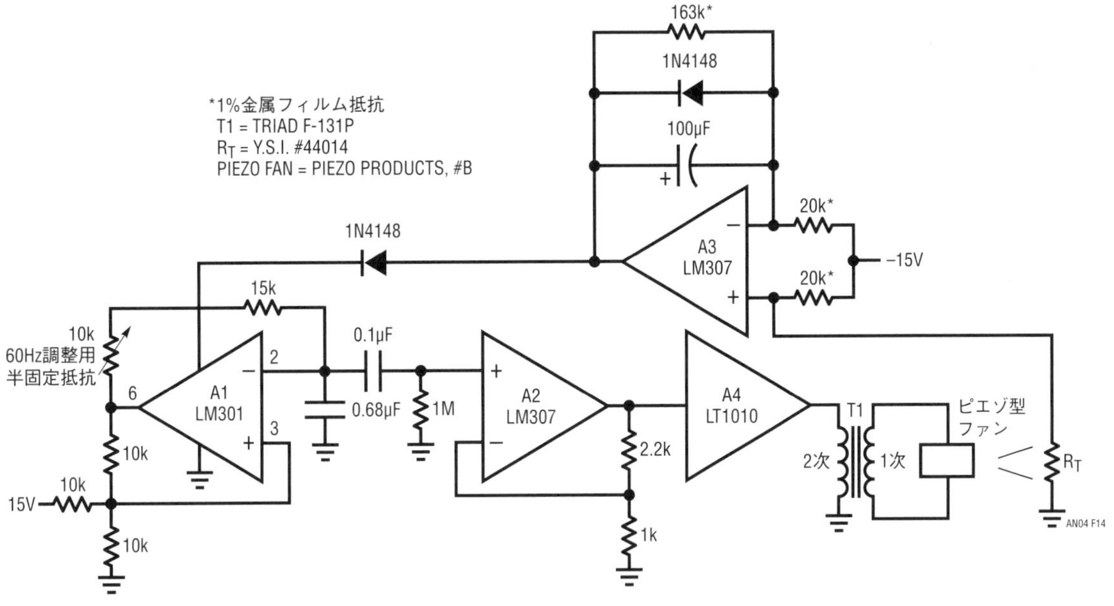

*1%金属フィルム抵抗
T1 = TRIAD F-131P
R_T = Y.S.I. #44014
PIEZO FAN = PIEZO PRODUCTS, #B

163k*
1N4148
100μF
A3
LM307
20k*
20k*
−15V
1N4148
15k
10k
60Hz調整用
半固定抵抗
A1
LM301
2
6
3
0.1μF
0.68μF
1M
A2
LM307
2.2k
A4
LT1010
T1
2次　1次
ピエゾ型
ファン
R_T
10k
10k
15V
10k
1k
AN04 F14

る排気量を制御して，計測器の温度を安定に保ちます．誤差アンプでの100μFのコンデンサによる時定数は，このような構成では一般的な大きさです．このサーボ系の時定数を小さくすると，耳障りな可聴音を発生する"ハンチング"が起きるでしょう．この時定数とゲインの最適値は，制御対象の筐体の熱およびエアフローの特性に依存します．

LT1010のあらまし

R. J. Widlar

この回路図はバッファの設計における基本的な要素を説明するものです．オペアンプは出力のシンク・トランジスタQ_3を駆動して，出力段のフォロワのコレクタ電流が静止時電流（電流I_1とD_1とD_2の面積比により決まる）以下にならないようにしています．その結果，Q_3が負荷電流をまかなう場合でも，本質的にここでの高周波応答はシンプルなフォロワそのものの特性になります．内部のフィードバック・ループは，出力端での容量性負荷の影響から切り離されています．

この回路は，シンク電流の増加速度がソース電流のそれより著しく低くなるという点で完璧とは言えません．これについては，V^+とバイアス端子間に抵抗をつないで静止電流を大きくすることで緩和できます．最終的な回路の特徴として，出力抵抗のフォロワの静止時電流，つまり出力負荷電流に対する依存性が大きく低下します．またこの出力は負電源電圧までスイングするので，単電源動作では特に有利になります．

安定度に関しては，このバッファはより低速なオペアンプなみに，電源のバイパスに影響を受けにくくなっています．低い周波数なら，一般的にオペアンプに推奨される0.1μFディスク型セラミック・コンデンサで十分です．この場合でも，コンデンサのリードは短くしてグラウンド・プレーンを用いるのが賢明で，特に高い周波数で動作させる場合はこれを守ります．

電源のバイパスが不十分な場合に，このバッファのスルー・レートが低下することがあります．出力電流の変化が$100\,$mA/μsを大きく超えるようでしたら，両電源に$10\,\mu$Fの固体タンタル・コンデンサを付けるのが定番ですが，正電源から負電源にバイパスさせても十分でしょう．

このバッファをオペアンプと（抵抗性にしろ容量性にしろ）重い負荷とともに使用する場合，このバッファがオペアンプと共用する電源ラインに影響して，全体のフィードバック・ループの安定性に問題が発生することがあります．一般的には，$10\,\mu$Fの固定タンタル・コンデンサでバイパスするのが適切です．代わりに，抵抗によるデカップリングと組み合わせて，より小さいコンデンサを使うことも可能です．電源に対して高周波までの除去性能をもつオペアンプを使う場合であれば，そのバイパスについては楽になります．

●電力消費

多くの用途では，LT1010にヒートシンクを付ける必要があります．接合部から静止空気までの温度抵抗は，TO-39パッケージ品では150℃/W，TO-3パッケージ品では60℃/Wになります．空気を対流させたり，ヒートシンクを使ったり，あるいはTO-3パッケージ品をプリント基板に使うなどによって熱抵抗が下がります．

直流回路では，バッファの電力消費の計算は容易です．交流回路においては，信号波形と負荷の性質によって消費電力が決まります．リアクティブな負荷でのピーク電力値は平均値の数倍に達する可能性があります．大きな容量性負荷を駆動する場合は，特に注意して消費電力を確認することが大事です．

●過負荷保護

LT1010は瞬間的な電流制限と，熱的な過負荷保護の双方を備えています．フの字特性の電流制限にはなっていませんので，複雑な負荷に対して動作停止することなく駆動します．これにより，連続的な電力定格以上の電力消費を扱うことができます．

通常，熱的過負荷保護は消費電力に制限をかけてICの破壊を防ぎます．しかし，導通している出力トランジスタにかかる電圧が30 Vを超える条件では，電流を制限して確実にトランジスタを保護できるほど熱的制限は高速に動作しません．ここでの熱的保護は出力電流が150 mAに制限されている限りにおいて，導通している出力トランジスタにかかる電圧で40 Vまで有効に動作します．

源インピーダンスでLT1010を駆動するようにします．この点において，低電力消費オペアンプのなかには性能的にぎりぎりのものがあります．特に温度が低い場合，発振を防ぐように注意が必要になるかもしれません．

バッファの入力を200 pF以上のコンデンサでバイパスすると，この問題を解決することができるでしょう．動作電流を大きくすることも対策になりますが，これはTO-3パッケージ品に限定されます．

●駆動インピーダンス

容量性負荷を駆動する場合，高周波では低い信号

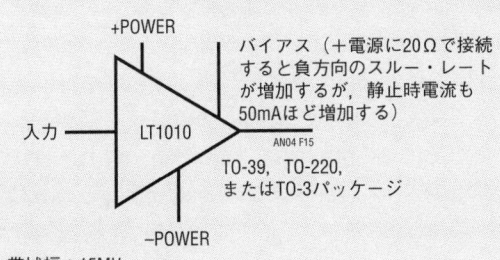

LT1010のあらまし

バイアス（＋電源に20Ωで接続すると負方向のスルー・レートが増加するが，静止時電流も50mAほど増加する）

AN04 F15

TO-39，TO-220，またはTO-3パッケージ

帯域幅：15MHz
スルー・レート：100V/μs
出力：±10V@75Ω
静止時電流：5mA
容量性負荷駆動能力：1μF以上
過電流/加熱保護
電源電圧範囲：4.5V～40V

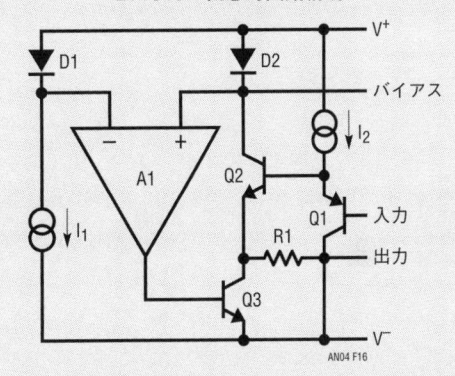

LT1010の概念的回路構成

AN04 F16

第 15 章

計測および制御回路における熱テクニック

Jim Williams, 訳：細田 梨恵

設計者は回路内の熱との戦いに多くの時間を費やしています．温度と電子デバイスの間の密接な関係が，他の何にも増して設計上の悩みの原因になっているのです．

現実問題として，回路の発熱に付随する影響を除いたり補償したりする代わりに，それを積極的に利用することもできます．とりわけ計測および制御回路にそのようなテクニックを応用することは，困難な課題に対する斬新な解決法になりえます．温度制御は，その最もわかりやすい例です．温度制御フィードバックにおける熱的な検討に慣れておくと，やや込み入りますが，非常に有効な熱的効果を利用した回路を作り上げることができるのです．

温度調節器

図15.1に示すのは小型オーブン用に設計した精密温度調節器です．電源が入った時点では，負のTC（温度係数）をもつ素子であるサーミスタは，高い抵抗値を示しています．アンプA_1は正電圧側に飽和します．これにより，LT3525Aスイッチング・レギュレータの出力はLowになり，PNPトランジスタQ_1にバイアスがかかります．これでヒータで加熱され，サーミスタの抵抗値は下がりだします．最終的にバランス状態になると，A_1は飽和状態から抜け出してLT3525Aのパルス幅変調（PWM）によりQ_1を介してヒータの電力が可変されることで，フィードバックが成立します．A_1はゲインを設定し，LT3525Aのおかげで高い効率が得られます．ヒータ電力は熱的なループの応答時定数よりもずっと速い2 kHzでパルス変調され，オーブンには

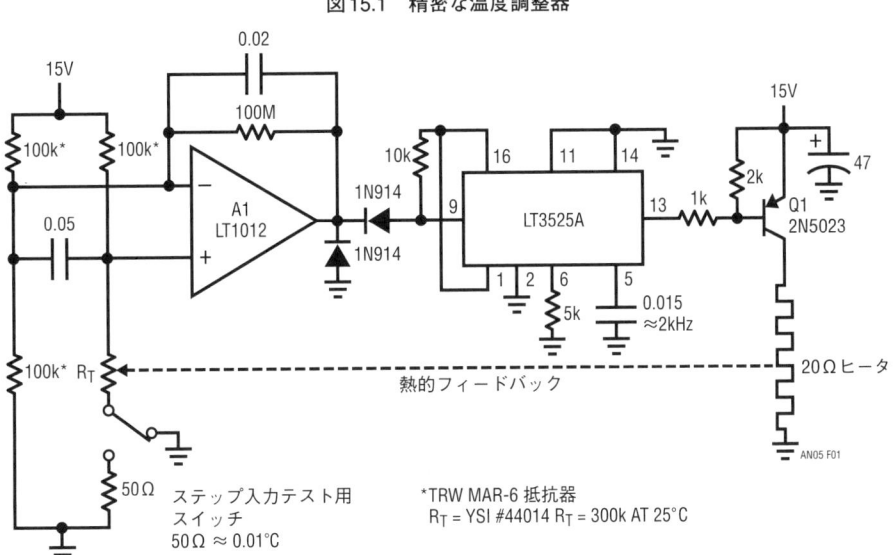

図15.1　精密な温度調整器

一様で連続的な熱流が与えられます.

　高性能な制御を行うには，A_1のゲイン帯域幅を熱的フィードバック系に合わせ込むのがポイントです. 理論的には，これを行うことは従来からのサーボ・フィードバック技術を使えば簡単なことです. 実際には，熱システムにおける長い時定数と本質的に不確定な遅れ要素により，手ごわい作業になります. 温度制御システムでは，サーボ・システムと発振器の間に横たわる悩ましい因縁を，まさに目の当たりにすることになります.

　温度制御ループは，抵抗器とコンデンサの組み合わせによって非常に簡単にモデル化できます. 抵抗器は熱抵抗に相当し，コンデンサは熱容量に相当します. **図15.2**では，ヒータ，ヒータとセンサの結合部，そして温度センサのそれぞれがRとCの要素であり，熱的システムが応答するときの総合的な遅延量に影響を与えます. 発振を防止するには，この遅延を考慮してアンプA_1のゲイン帯域幅を制限する必要があります. 良好な制御のためにはゲイン帯域幅を大きくしたいので，この遅延量は最小にしなくてはなりません. ここで選

択するヒータの物理的な大きさと電気的な抵抗値は，ヒータの時定数に対応した制御の要素の一部になります. ヒータと温度センサの結合部の時定数は，センサをヒータに密着させて最小にできます.

　環境の熱的容量に対して相対的に小さい形状のセンサを選ぶことで，センサのRC積を小さくすることができます. 例えば，オーブンの壁面の厚みが6インチのアルミでできているのなら，極小サイズのセンサを選ぶ必要はまったくありません. 逆に，厚さが1/16インチの顕微鏡用スライド・ガラスの温度を制御するのであれば，非常に小さな (つまり応答が高速な) センサがふさわしくなります.

　ヒータとセンサに関わる熱的時定数を最小にしたあとは，なんらかの手段でシステムに熱的に絶縁を施す必要があります. 熱的絶縁の役割は，熱が失われる速度を下げ，温度調整器がその損失を補填できるようにすることです. どのようなシステムであれ，ヒータと温度センサの時定数に対して熱絶縁に関する時定数の比率が大きくなるほど，制御ループの性能は高くなります.

図15.2　熱的な制御ループのモデル

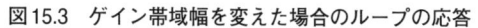

温度基準
(温度に対応する抵抗値，電圧あるいは電流)

図15.3　ゲイン帯域幅を変えた場合のループの応答

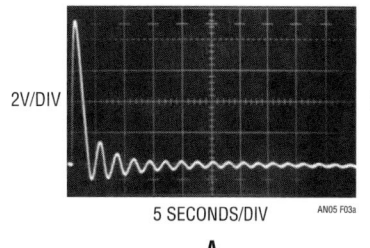

2V/DIV

5 SECONDS/DIV　AN05 F03a

A

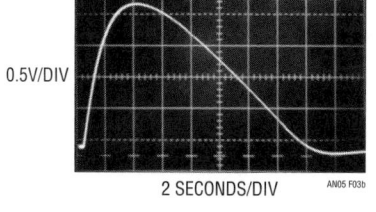

0.5V/DIV

2 SECONDS/DIV　AN05 F03b

B

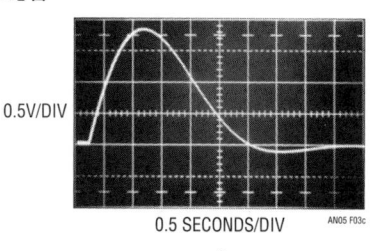

0.5V/DIV

0.5 SECONDS/DIV　AN05 F03c

C

このように熱的な考慮を払ったあとで，制御ループのゲイン帯域幅の最適化に取り掛かることができます．図15.3A，3B，3Cは，アンプA_1の補償素子の値を変更した場合の影響を示したものです．温度設定を小さいステップで変更しながら，A_1の出力応答を観測することで補償量を調整します．ブリッジのサーミスタのところに入れた$50\,\Omega$の抵抗とスイッチにより，$0.01°$のステップ変化を発生させています．図15.3Aはゲイン帯域幅が過剰な場合です．ステップ変化により50秒以上もの期間にわたり，ダンピングされたリンギングが発生しています！　制御ループはぎりぎり安定な状態であると言えます．さらにA_1のゲイン帯域幅（GBW）を大きくすると，発振に至るでしょう．図15.3BはGBWを減らした場合に何が起きるかを示しています．セトリングはずっと速くなり，より良く制御されています．波形としてはダンピングがかかりすぎていて，安定度を損なわずにGBWを大きくできる余地があることを示しています．最終的に採用した補償素子の値での応答が図15.3Cで，ほぼ理想的なダンピングによる回復応答を示しています．セトリングは4秒以内に終わります．このように最適な動作をするオーブンであれば，

オーバーシュートや大きな応答の遅れなしに，外部温度の変化を数千分の1に押さえ込むことはたやすいでしょう．

温度を安定化した PINフォトダイオードの信号処理回路

　PINフォトダイオードは広範囲の光学的測定装置に頻繁に用いられます．図15.4に示したフォトダイオードでは，$100\,\mathrm{dB}$以上の範囲にわたる光の強度に対して直線的に比例する応答が得られます．フォトダイオードの出力をリニアに増幅してディジタイズするには，17ビット級のA/Dコンバータが必要になります．一方で，信号処理回路でダイオード出力をログ特性で圧縮すると，その必要はなくなります．ログ・アンプは，トランジスタのV_{BE}とコレクタ電流の間の対数関係を利用したものです．ただし，この特性は温度に影響を受けやすく，良好な結果を得るには特別な部品と吟味された部品配置が必要になります．図15.4は，そのような部品やレイアウトの制約なしに実現したフォトダイオード出力を対数圧縮する信号処理回路です．

図15.4　100dBの入力範囲をもつログ特性フォトダイオード・アンプ

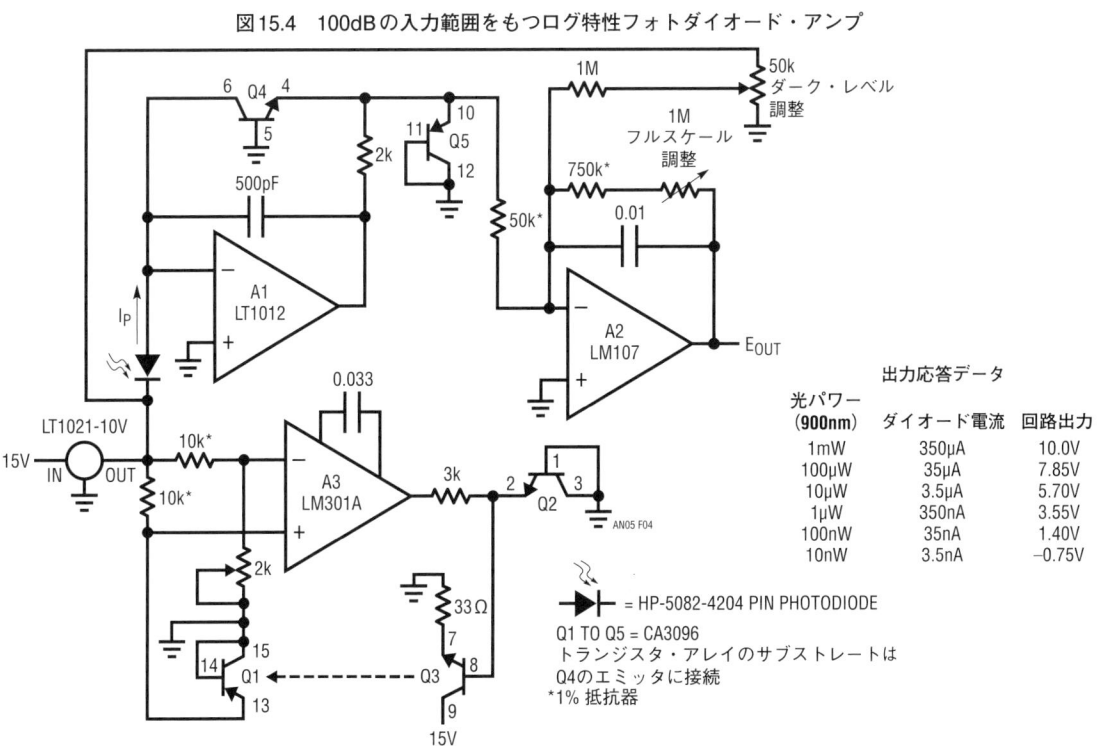

出力応答データ		
光パワー （900nm）	ダイオード電流	回路出力
1mW	350μA	10.0V
100μW	35μA	7.85V
10μW	3.5μA	5.70V
1μW	350nA	3.55V
100nW	35nA	1.40V
10nW	3.5nA	−0.75V

= HP-5082-4204 PIN PHOTODIODE
Q1 TO Q5 = CA3096
トランジスタ・アレイのサブストレートは
Q4のエミッタに接続
*1% 抵抗器

フォトダイオードからの光電流は，A_1とQ_4の対数的な伝達関数で電圧出力に変換されます．A_2はオフセットとゲインを与えます．A_3とその周辺部品は温度制御ループを構成していて，Q_4の温度を一定に保ちます（この回路のトランジスタはすべて単一のCA3096モノリシック・アレイ中の素子である）．アレイ内の各トランジスタを指定のようにつないで回路を組むことで，A_3の補償ピンにつないだ$0.033\,\mu$Fコンデンサによって良好なループ応答が得られます．このような素子の配置は，Q_4のログ・トランジスタが最適に制御されるように選んだものです．アレイ・トランジスタのシリコン・ダイは小さいので，速くてきれいな応答をします．フルスケールのステップ応答において，最終値までのセトリングには250 msしかかかりません（**図15.5**の写真）．この回路を使うには，まず熱制御ループの設定をします．それには，Q_3のベースを接地して，A_3の反転入力の電圧が非反転入力より55 mV下がるように，$2\,$kの半固定抵抗を合わせます．これにより，サーボ系の設定温度は約50℃になります（室温25℃＋2.2 mV/℃×25℃分の温度上昇＝55 mV，つまり50℃）．Q_3のベースの接地をはずすと，トランジスタ・アレイの温度が上がります．次に，フォトダイオードを完全に真っ暗な状態において，"ダーク・レベル調整"の半固定抵抗をA_2の出力が0 Vになるように調整します．最後に光出力1 mWを加えるか，電気的にそれに相当する信号を与えて（**図15.4**の表を参照），"フルスケール調整"の半固定抵抗を出力が10 Vになるように調整します．この調整が完了すると，この回路はダイオードによって制限される1％の誤差で，10 nWから1 mWの光入力に対して対数的に応答するようになります．

50 MHz帯域の熱変換型RMS→DCコンバータ

AC波形を等価なDC電力値に変換するには，一般的には整流して平均化するか，あるいはアナログ計算の手法を使います．整流平均化はサイン波形の入力のみで有効です．アナログ計算の手法は500 kHz以下の用途に限られます．これより高い周波数では，精度が悪化して計測用途には使えなくなります．加えて，クレスト・ファクタが10を超えるような波形では大きな誤差が発生します．

広帯域と高いクレスト・ファクタに対応できるようにするためには，波形の真の電力を直接測定します．**図15.6**に示す回路は，入力波形による直流的な熱電力を測定することでこれを実現しています．熱的な扱いにより入力波形を積分することで，2％の精度で50 MHzの帯域が容易に得られています．加えて，熱的な積分器の出力は低周波となるので，広帯域な回路は不必要になります．この回路で使用する部品は一般的なもので，特別な調整技術も不要です．その原理は，熱的に絶縁された二つの同特性の素子を用意して，その温度を同一に保つために必要な電力を測定することによります．入力は2素子入りのサーミスタT_1に加えられます．一つの素子（T_{1A}）での消費電力によりもう一方の素子（T_{1B}）の値が小さくなるので，もう一つの素子と90 kΩの抵抗が構成するブリッジのバランスが崩れます．このアンバランス分はA_1-A_2-A_3の各アンプで増幅されます．A_3の出力は二つ目のサーミスタT_2に加えられています．T_{2A}が加熱されることで，T_{2B}の値が小さくなります．T_{2B}の抵抗値が下がるので，ブリッジがバランス状態に戻ろうとします．T_{1B}とT_{2B}の抵抗

図15.5 図15.4の回路の熱制御ループの応答

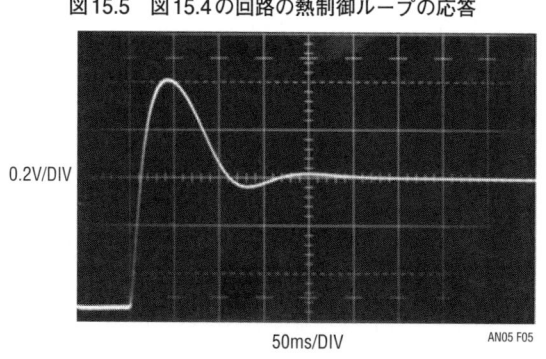

0.2V/DIV

50ms/DIV　　　AN05 F05

値が一致するまで，A₃の出力はT₂ₐへのドライブ・レベルを調整します．こういった動作により，T₂ₐ端子間に発生する電圧は回路の入力信号のRMS値と等しくなります．実際には，T₁とT₂のわずかな質量差がゲイン誤差を生じるので，A₄のところで補正します．A₁とA₂のRCフィルタと0.01 µFのコンデンサにより，T₁ₐとT₁ᵦ間の容量結合による高周波誤差を除去しています．A₃出力にあるダイオードは回路のラッチアップを防ぎます．

図15.7はこのサーミスタの熱的配置の推奨設計の詳細です．スタイロフォーム・ブロックにより外界から熱的に絶縁してあり，サーミスタのリードをコイル状にすることで外界との熱の移動量を小さくしています．

素子間を2インチ離して配置することで，相互に影響を与えずに熱的条件が同一になるようにしています．この回路を校正するには，入力に10 V_DCを加えた状態でA₄の出力が10 Vになるように，フルスケール調整の半固定抵抗を設定します．入力300 mVから10 Vの範囲で，直流から50 MHzまでが精度2%に収まります．100:1のクレスト・ファクタによる誤差増加の影響は0.1%以下であり，精度を満たすまでの応答時間は5秒です．

低流速に対応する熱型流速計

低い流速の流体を測定することは困難です．"パドル

図15.6　50MHz帯域の熱変換方RMS→DC変換器

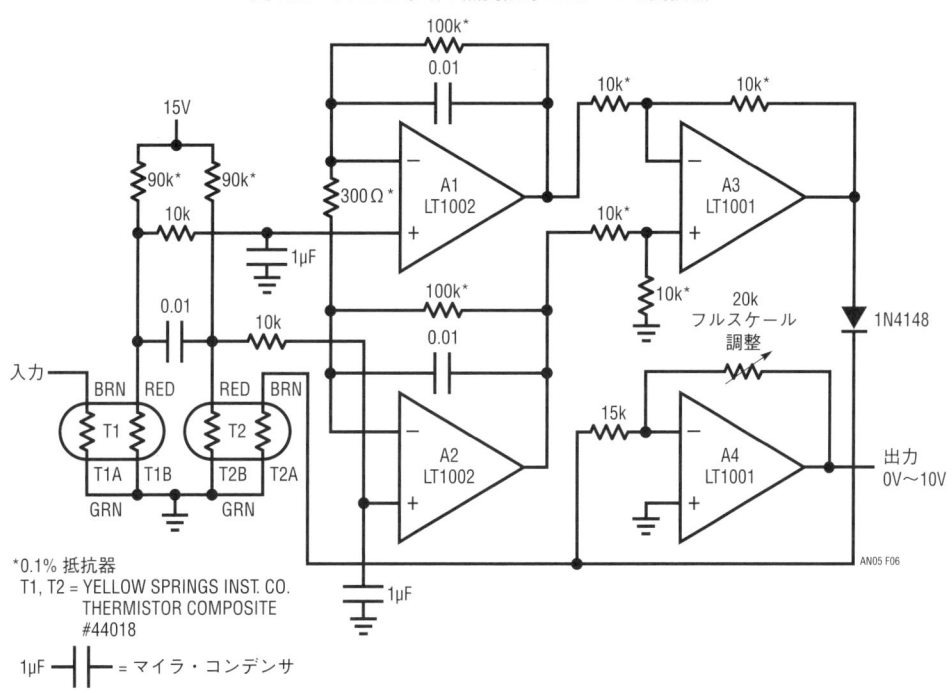

図15.7　RMS→DC変換器の熱的配置

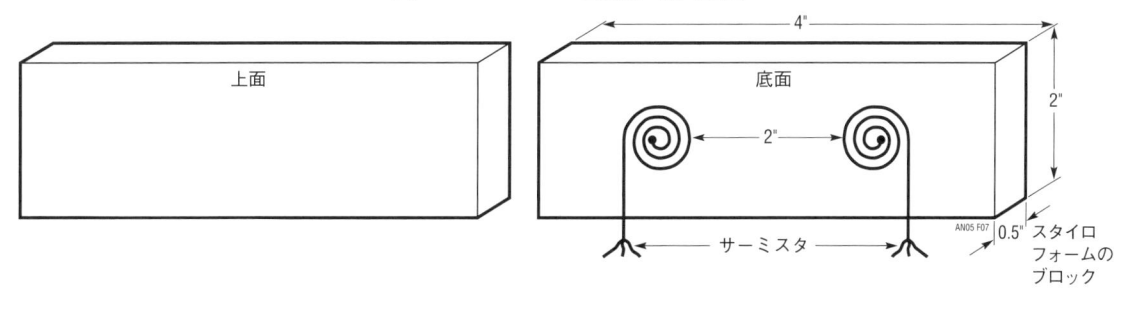

型円盤"や蝶番付き翼型のトランスデューサでは，低い流速での出力は小さく不正確になります．もし医療や生物化学用のように，小口径の管が必要になるなら，そのようなトランスデューサでは機械的にも実現可能とは言えません．図15.8に示すのは熱を利用した流速計で，毎分1mℓの低流量でも高い精度を発揮し，流速に直線的に比例する周波数を出力します．この設計では，二つのセンサ（図15.9）間の温度差を計っています．一方のセンサT_1はヒータとなる抵抗器の前に配置してあり，抵抗で加熱される前の流体の温度を求めます．二つ目のセンサT_2は抵抗器で熱せられて上昇した流体の温度を検知します．センサからの差動信号はA_1の出力に得られます．A_2はこれを10 MΩの調整抵抗で決まる時定数をもって増幅します．図15.10に示すのは流速に対するA_2の出力です．反比例の関係になります．A_3とA_4はこれをリニアライズして，同時に周波数出力を与えます（図15.10）．A_3は積分器であり，LT1004と383 kΩの入力抵抗でバイアスされています．その入力はA_4により，A_2からの出力と比較されます．A_2から大きな入力が入ると，A_4出力がHighになりQ_1がオ

ンされてA_3がリセットされるまでの長い期間，積分が継続されます．A_2からの信号が小さいと，リセットが起こるまでの時間が短くなります．このようにして，この回路はA_2の出力電圧に反比例する周波数で発振します．この電圧は流速に反比例するので，発振周波数は流速に直線的に対応するわけです．

　この回路には，熱的な配慮が重要な点がいくつかあります．流体の流れで消費される電力は，校正状態を有効に保つために一定値である必要があります．理想的には，これを実現する最良の方法はヒータとなる抵抗の電圧と電流の積を測定して，定電力消費になるように制御ループを作ることになります．しかし，指定の抵抗を使うと，温度ドリフトが十分に小さいため定電圧駆動での電力消費が一定であるとみなせます．さらに，流体の種類に応じて熱量が校正に影響します．図に示したカーブは蒸留水によるものです．この回路を校正するには，流速を毎分10 mℓにセットして，流量校正の抵抗を出力が10 Hzになるように調整します．時定数の調整は，システムでのポンプ動作の機械的制約による流速の変動分を除去するために有効です．

図15.8　流速計

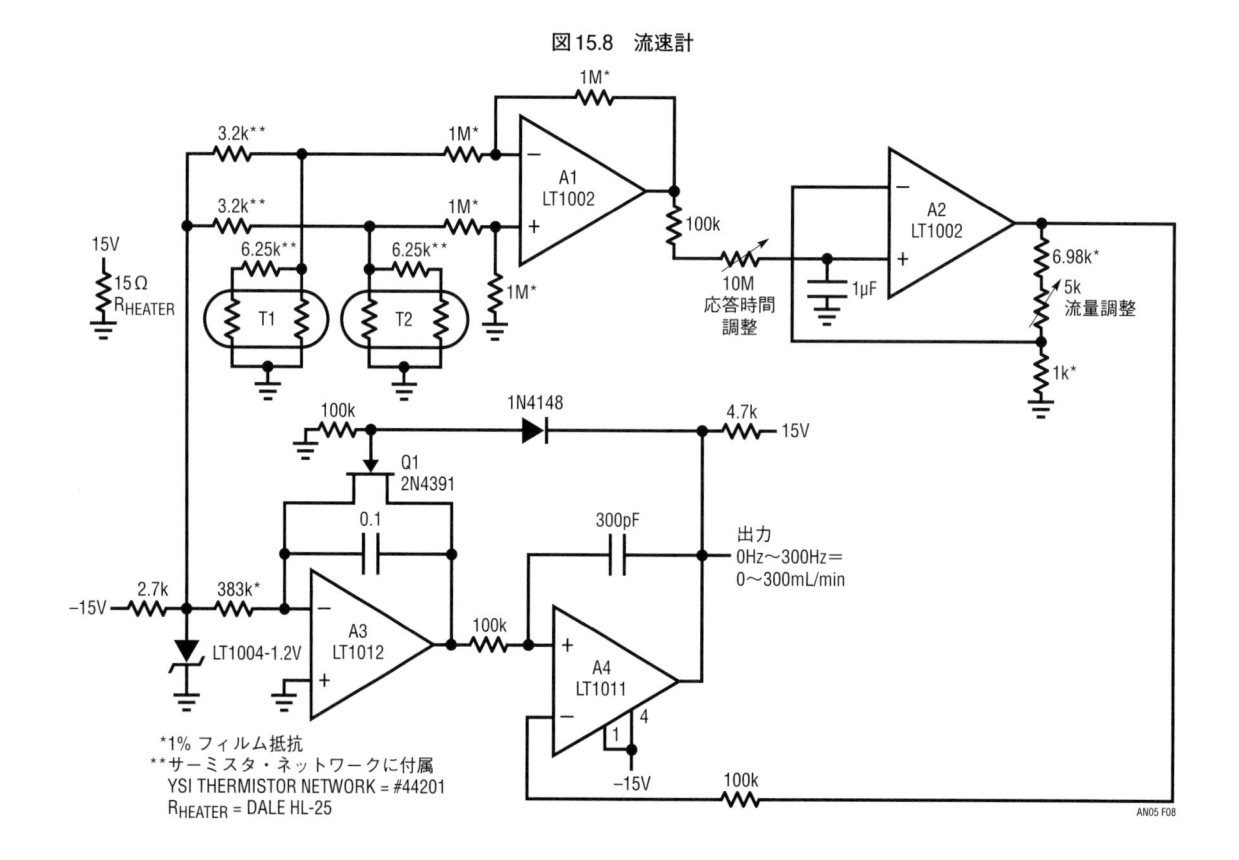

AN05 F08

図15.9　流速計のトランスデューサ部の詳細

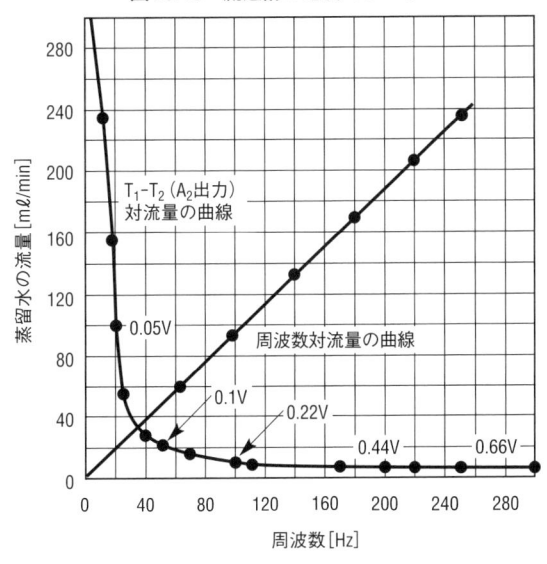

図15.10　流速計の応答のデータ

AN05 F10

熱を利用した風力計（空気の流速計）

　図15.11に示すのは，熱を利用した流速計の別の例ですが，これは空気やガスの流れを測定するものです．抵抗線を過熱して，その温度を一定に保つために必要な電力を測定するしくみです．正の温度係数をもつ小型ランプは，入手が容易であることもあり，良いセンサになります．ここでは328型ランプのガラス球を取り外しています．このランプをオペアンプA_1がモニタしているブリッジに組み込みます．A_1の出力の電流はQ_1で増幅されて，ブリッジを駆動するように帰還されています．コンデンサと$2\,k\Omega$の抵抗による補償で安定に動作します．$2\,k\Omega$の抵抗はスタートアップ動作のためのものです．電源が入ったとき，ランプの抵抗は低いのでQ_1のエミッタは完全に導通します．電流がランプを流れると，その温度が急速に高くなり，その抵抗

値を高くします．これにより，A_1の反転入力の電位が上がります．これでQ_1のエミッタ電圧が下がり，回路は安定な動作点に到達します．ブリッジがバランスするように，A_1はランプの抵抗値，つまりは温度が一定になるように制御します．ブリッジの$500\,k\Omega$と$100\,k\Omega$の抵抗値は，ランプのフィラメントが光りださないように選んであります．ランプが高温になることによって，周囲温度の影響による回路の動作点のずれは最小になります．以上により，放熱特性の変化だけが，ランプの温度に大きな影響を与える物理的パラメータになります．つまりランプ近傍の空気の流れにより，これが変わるわけです．それはランプの温度を下げるように働くので，A_1はランプの温度を保つためにQ_1の出力を増大させることになります．Q_1のエミッタ電圧の変化は非線形であるものの，ランプ近傍の空気の流れに応じた予測可能なカーブを描きます．A_2とA_3およ

図15.11　熱を利用した風力計

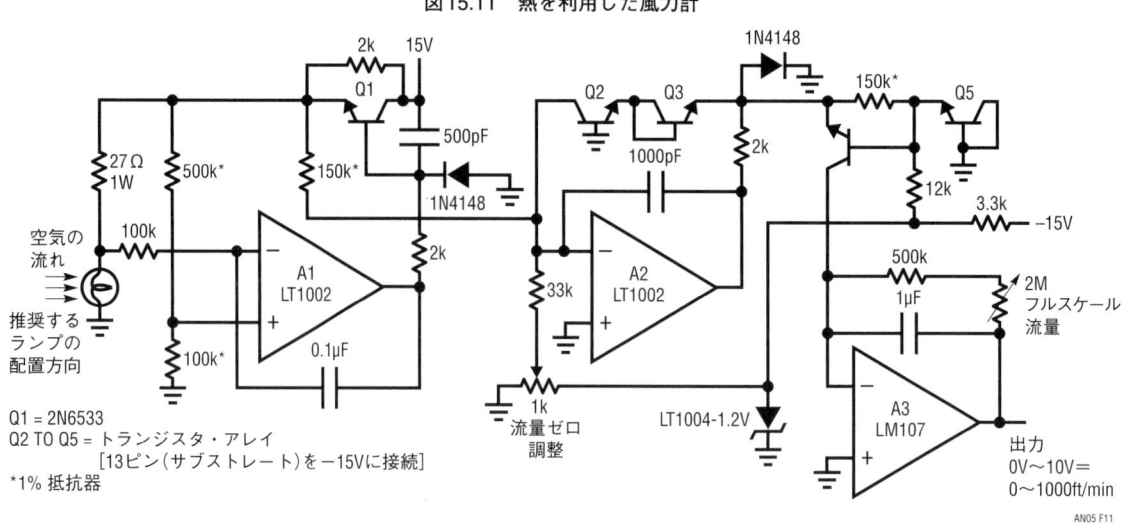

Q1 = 2N6533
Q2 TO Q5 = トランジスタ・アレイ
　　　　　［13ピン（サブストレート）を−15Vに接続］
*1% 抵抗器

びアレイ・トランジスタによって，Q_1のエミッタ電圧を2乗および増幅して，空気の流速に対して直線的に比例する，校正された出力が得られます．この回路を使用するには，フィラメントが空気の流れに直交するようにランプを配置します．次に，空気の流れを止めるか，あるいはランプを遮蔽して，回路の出力が0Vになるように流量ゼロ調整の半固定抵抗を設定します．さらに，ランプを1000feet/minの風速中に置いて，出力が10Vになるように流量ゼロ調整の半定固定抵抗を調整します．この手順を，双方の調整点がずれなくなるまで繰り返します．これが完了すれば，この流速計の精度は0から1000 foot/minの全範囲で3%以内に入ります．

熱的に安定化した
低歪みウィーン・ブリッジ発振器

　ランプのフィラメントの正の温度係数を現代風に適用した古典的回路を図15.12に示します．どのような発振器であれ，目的とする周波数においてゲインと位相をコントロールすることが必要です．ゲインが低すぎれば発振は始まりません．逆にゲインが高すぎると，波形の振幅が飽和によって制限されることになります．図15.12は可変ウィーン・ブリッジを20Hzから20kHzまでの発振を提供するために使っています．ランプの抵抗値の正の温度係数を利用してゲインの調整を行っています．電源が入ったとき，ランプの抵抗は低

いので，高いゲインにより発振波形が増大していきます．波形の振幅が大きくなるにつれてランプの電流も増え，熱が発生することでその抵抗値が高くなります．これによりアンプのゲインが下がり，回路動作は安定になります．ランプによるゲインの調整特性はフラットで，20Hz～20kHzの周波数範囲にわたり0.25dB以内です．ランプによるスムーズな振幅制限は，そのシンプルな仕組みと相まって良好な結果が得られます．図15.13の波形Aは発振周波数10kHzでの回路出力です．波形Bに示される高調波歪みは0.003%以下です．この波形から歪みの大部分は第2次高調波によるもので，若干のクロスオーバー歪みがあることが見てとれます．低い抵抗値でウィーン・ネットワークを構成したことと，LT1037オペアンプの3.8 nV/$\sqrt{\text{Hz}}$の低ノイズ特性により，アンプのノイズは誤差には寄与していません．

　低い周波数では，一般的な小型ランプの熱的時定数は0.01%以上の歪みを発生し始めます．これは発振周波数がランプの熱的時定数に近づくために"ハンチング"が起きることが原因です．この影響を取り除くには，出力振幅が小さくなり，セトリング時間が長くなることを許容できれば，回路図中のスイッチを切り替えて低周波，低歪みモードを使うようにします．その場合に選択される4個の大型ランプの熱的時定数は大きいので，波形の歪みが減少します．図15.14はこの発振器の周波数に対する歪み特性をプロットしたものです．

図15.12　低歪みサイン波発振器

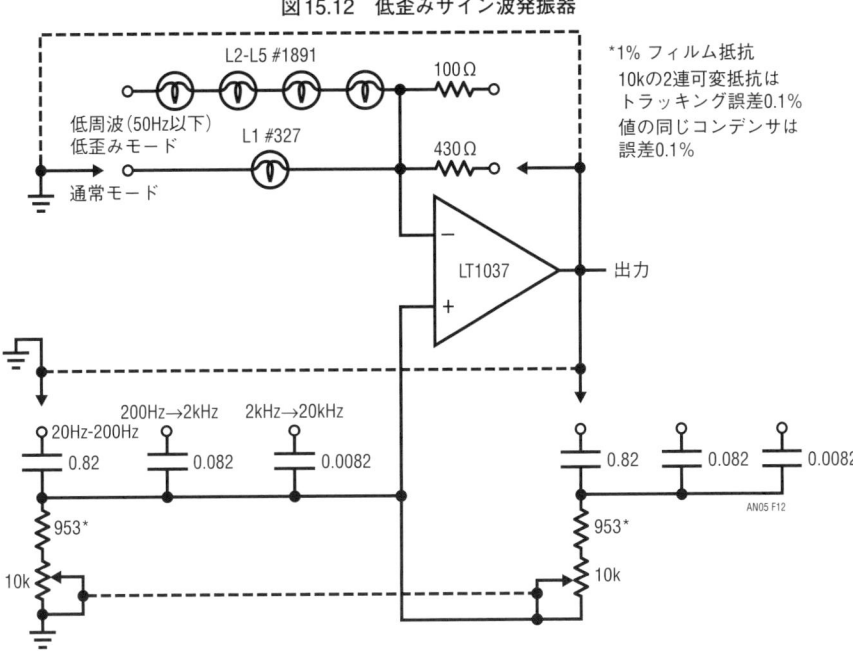

L2-L5 #1891
L1 #327
100Ω
430Ω
低周波（50Hz以下）
低歪みモード
通常モード
LT1037
出力

*1% フィルム抵抗
10kの2連可変抵抗は
トラッキング誤差0.1%
値の同じコンデンサは
誤差0.1%

20Hz-200Hz
200Hz→2kHz
2kHz→20kHz
0.82
0.082
0.0082
0.82
0.082
0.0082
953*
953*
10k
10k

AN05 F12

図15.13　発振波形

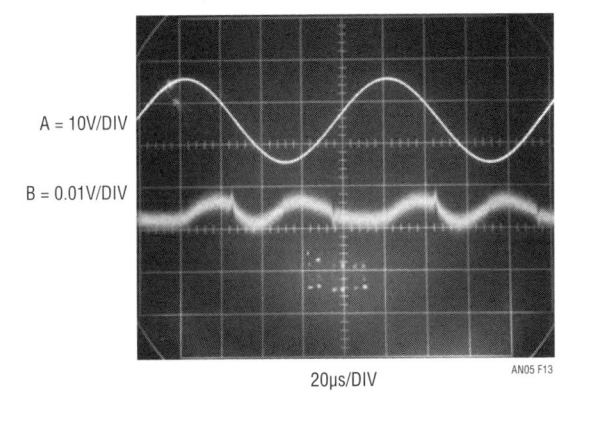

A = 10V/DIV

B = 0.01V/DIV

20μs/DIV

AN05 F13

図15.14　発振器の歪み率の周波数特性

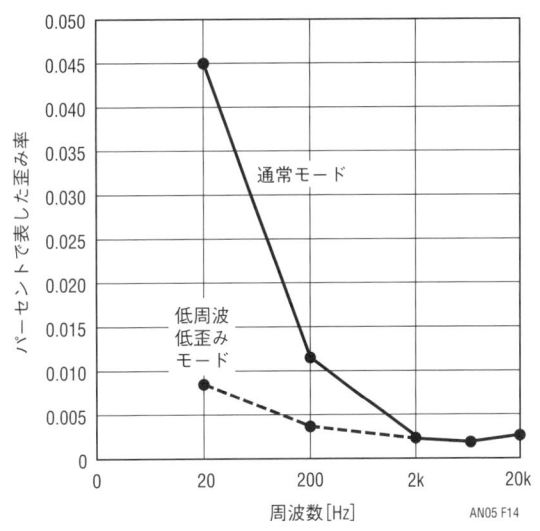

通常モード

低周波
低歪み
モード

周波数[Hz]

AN05 F14

◆ 参考文献 ◆

(1) Multiplier Application Guide, pp.7-9, "Flowmeter", Analog Devices, Inc., Norwood, Massachusetts.
(2) Olson, J.V., "A High Stability Temperature Controlled Oven", S.B. Thesis M.I.T., Cambridge, Massachusetts, 1974.
(3) PIN Photodiodes-5082-4200 Series, pp.332-335, Optoelectronics Designers' Catalog, 1981, Hewlett Packard Company, Palo Alto, California.
(4) Y.S.I. Thermilinear Thermistor, #44018 Data Sheet, Yellow Springs Instrument Company, Yellow Springs, Ohio.
(5) Hewlett, William R., "A New Type Resistance-Capacitor Oscillator", M.S. Thesis, Stanford University, Palo Alto, California, 1939.

第16章

オペアンプのセトリング時間の測定法

Jim Williams, 訳：細田 梨恵

　サーボ，DAC，データ・アクイジションなどに用いるアンプには良好な動的応答性が必要です．特に，入力がステップ状に変化したあとに，アンプの出力が最終値にセトリングするまでに要する時間がとりわけ重要になります．この仕様により，得られたデータが正確になる回路のタイミング・マージンを決めることができます．セトリング時間とは，入力にステップ応答が加わってから，アンプの出力が最終到達値の規定の誤差範囲に収まるまでの合計の時間のことです．

　図16.1に示すのは，アンプのセトリング時間を測定する一つの方法です（参考文献1，2，および3を参照）．この回路は"仮のサム・ノード"という手法を用いています．ここでの抵抗器とアンプはブリッジ回路を構成しています．抵抗器が理想的だと仮定すると，入力パルスが加わるとアンプの出力は$-V_{IN}$にステップ的に変化するでしょう．出力が変化する期間，オシロスコープのプローブの電圧はダイオードにより固定され，電圧の変化が制限されます．セトリングが発生するとき，

オシロスコープのプローブにかかる電圧はゼロであるはずです．抵抗分圧器によりプローブで観測される電圧は実際にセトリングされる電圧の半分になる点に注意が必要です．

　理屈のうえでは，この回路を使えば小振幅でセトリングを観測することができます．実際には，意味のある測定結果が得られるとは言えません．いくつかの問題があるのです．この回路では，要求される測定限界に収まる波形上部が平坦なパルス波形が入力されなければなりません．通常，観測したいセトリングは10 Vのステップに対して10 mVあるいはそれ以下になります．汎用のパルス・ジェネレータには，それに対応した出力振幅とノイズ特性を満たすものがないのです．発振器の出力に起因した誤差が発生するとオシロスコープではアンプ出力の変化と区別することができないので，信頼できない結果となります．オシロスコープの接続に関してはさらに問題が生じます．プローブの入力容量が大きくなるに従い，抵抗接続への交流的

図16.1　一般的なセトリング時間の測定回路

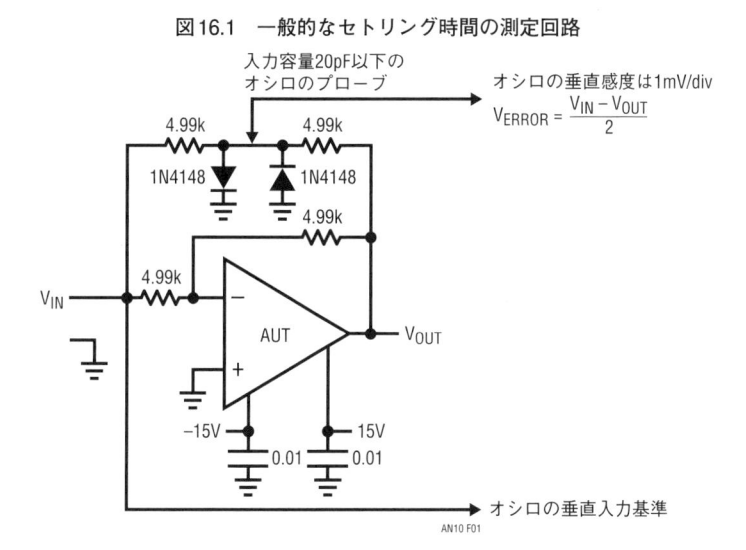

オシロの垂直感度は1mV/div
$$V_{ERROR} = \frac{V_{IN} - V_{OUT}}{2}$$

AN10 F01

な負荷効果が問題になって観測したセトリング波形が影響を受けます．ここで用いている入力容量20 pFのプローブでは問題は緩和されますが，10倍の減衰を受けるのでオシロスコープのゲインが下がってしまいます．1倍のプローブを使うのは入力容量が大きすぎて不適当です．FETによる1倍のアクティブ・プローブなら大丈夫ですが，まだ他にも問題があります．

　プローブの接続点に設けたクランプ・ダイオードはアンプの出力応答中の電圧変化を小さくするためのもので，オシロスコープが過剰にオーバードライブされるのを防止します．困ったことに，オーバードライブされたオシロスコープの回復特性は機種により非常に異なり，通常は仕様で規定されていません．ダイオードの600 mVの電圧降下はオシロスコープが許容できないオーバードライブを受けてしまうかもしれないことを意味しており，表示される測定結果に不確かさを持ち込みます（オシロスコープのオーバードライブに関する議論については，コラムAの"オシロスコープのオーバーロード性能の評価"を参照）．

　図16.2に示すのは，これらの問題に対処する具体的なセトリング時間のテスト回路です．あらかじめ慎重に評価しておいた試験用のオシロスコープと組み合わせることで，0.1％から0.01％の範囲のセトリング時間を信頼性をもって測定することができます．入力パルスはアンプを駆動するわけではなく，クランプ回路を介してショットキー・ブリッジをスイッチングします．このブリッジは低ノイズ基準電圧源LT1021-10を2個使ってバイアスされています．入力パルスの極性に応じて，それぞれの10 kΩの抵抗を通して電流が流れてアンプのサミング・ポイントにバイアスを加えます．ブリッジはクリーンかつ高速にスイッチングし，試験対象のアンプ（AUT）に上部が平坦な電流パルスを印加します．この回路に入力されるパルスの形状は測定結果には影響しません．二つ目のクランプ・ブリッジ部分は，アンプの出力に対抗してB点の電圧がゼロになるように逆極性の信号を供給します．ショットキー・ダイオードによるクランプ作用により，この点の電圧は±300 mVまでに制限されます．

　Q_1-Q_5はオシロスコープ駆動用の低入力容量の高速バッファを構成しています．Q_{1A}の1〜2 pFの入力容量のおかげで交流的な負荷効果は非常に軽くてすみ，プローブ接続による問題を解消しています．Q_{1B}は電

図16.2　改良したセトリング時間の測定回路

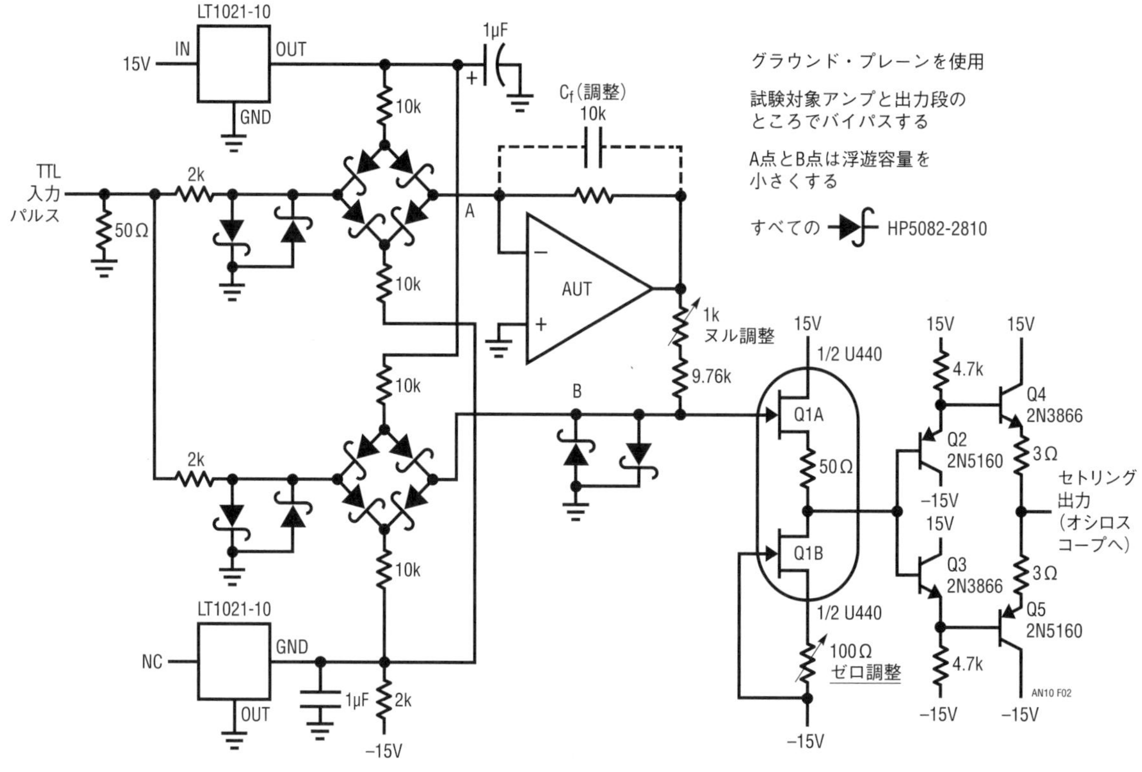

流シンクとして動作していて，Q_{1A}のV_{GS}による電圧降下を補正します．Q_2-Q_5はコンプリメンタリ・エミッタ・フォロワで，歪みを生じずに大きなケーブル容量を駆動することができます．

この回路は，A点とB点の浮遊容量が小さくなるように特に注意して，全面をグラウンド・プレーンにした基板上に組み立てるべきです．AUTのソケットにはピンの長さが短いものを選ばなければなりません．超高速のアンプ（$t_{SETTLE} < 200\,\mathrm{ns}$）の場合は基板に直接はんだ付けすべきです．

慎重に選んだオシロスコープとこの回路を組み合わせることで，$10\,\mathrm{V}$ステップに対して$1\,\mathrm{mV}$（$0.01\,\%$）のセトリング時間の観測が可能になります．この回路の動作に自信をもつための良い方法は，超高速のUHFアンプを試験してみることです．図**16.3**に示すのは，$10\,\mathrm{V}$ステップに対して$70\,\mathrm{ns}$で$1\,\mathrm{mV}$以内にセトリングするアンプ（Teledyne Philbrick 1435）の応答です．波形Aは入力パルス，波形Bはアンプの出力，そして波形Cはセトリングを観測する信号です．セトリングは$70\,\mathrm{ns}$以内に完了していて，この回路の測定結果とAUTの仕様は良く合っています．大多数のアンプはこ

こまで高速ではないので，この回路から得られる結果は常に信頼できるとみなせます．

この回路は逆極性の信号源の間でヌルをとるように動作するので，フォロワ・アンプを試験することができないように思われますが，実は可能なのです．その場合は，AUTはバッテリで動作させ，回路の電源から完全にフローティングさせます（図**16.4**）．AUTの出力には回路のグラウンドを接続し，電池の中点を出力

図16.3　高速アンプのセトリングの詳細

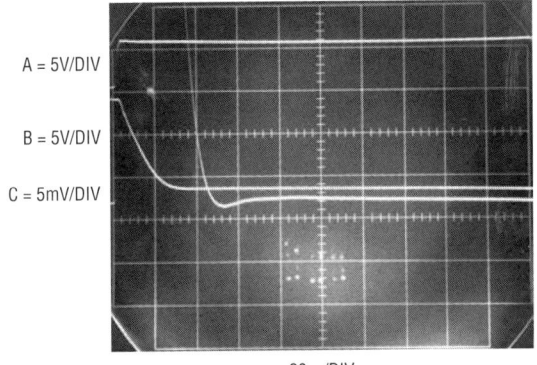

A = 5V/DIV

B = 5V/DIV

C = 5mV/DIV

20ns/DIV

図16.4　フォロワをテストする回路

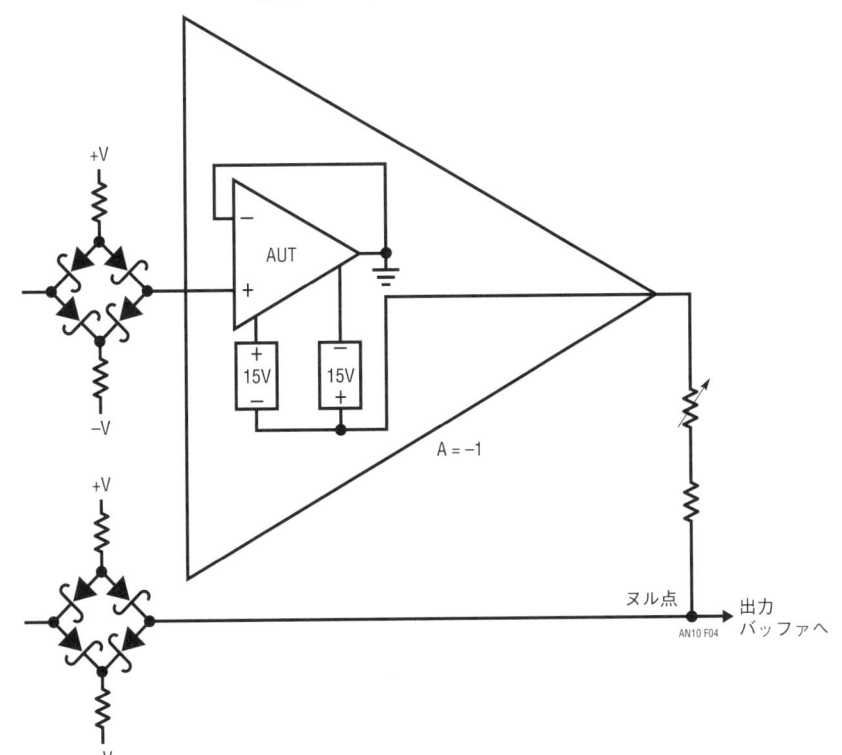

にします．非反転入力をショットキー・ブリッジで駆
動します．フローティング電源を使うことで回路を騙
して，反転アンプを試験していると思わせるわけです．
試験対象アンプの出力は反転したものになりますが，
大した問題ではありません．

この回路を校正するには，B点を接地して出力が0 V
になるように"ゼロ調整"の半固定抵抗を設定します．
次に，パルス入力を仮に680 Ωを介して+15 Vにつな
いで"ヌル調整"の半固定抵抗を出力が0 Vになるよう
に設定します．680 Ωの抵抗をはずせば回路は使用可
能です．セトリング時間を測定するときは，最良の性
能が得られるC_Fの値を使って実験することを忘れない
でください（コラムB，"アンプの補償"を参照）．

かつては，1 mV以下のセトリングを測定する必要は
ありませんでした．最近では，16ビットや18ビットの
DACがかなり一般的になり，ミリボルト以下のセトリ
ング性能の検討が必要になっています．また，現在の
世代のIC化されたアンプのオフセット仕様は十分に良
好であるので，高精度なセトリング時間の測定データ
は重要になってきています．以前なら温度によるドリ
フトに埋没してしまったので，アンプ出力のセトリン

グを50 μV以下で測定できても興味をもてませんでし
た．

新世代のアンプのドリフトはとても小さいので，非
常に精密なセトリング時間の測定が役立つことになり
ます．図16.2の回路はB点でのショットキー・クラン
プの電圧300 mVにより，分解能は0.01 %（10 Vに対し
て1 mV）に制約されていました．さらに分解能を高く
しようとして単にオシロスコープのゲインを上げても，
オーバードライブ動作の問題が悪化するのでうまくい
きません．50 μV/DIVにセットしたオシロスコープの
場合，ショットキーによる電圧制限では6000：1のオー
バードライブが起きます．これはどのような垂直軸で
も過大になります．観測される波形はオシロスコープ
のオーバードライブからの回復特性により完全に決
まってしまうので，意味のある測定結果はまったく得
られません．

より精密にセトリング時間を測定する一つの方法は，
時間軸と振幅の両方で入力波形を切り取ることです．
セトリングがほぼ完了するまで，オシロスコープに波
形が入力されないようにすれば，オーバーロードは防
げます．これを実現するには，セトリング回路の出力

図16.5　超高精度なセトリング時間測定用のサンプリング・スイッチ回路

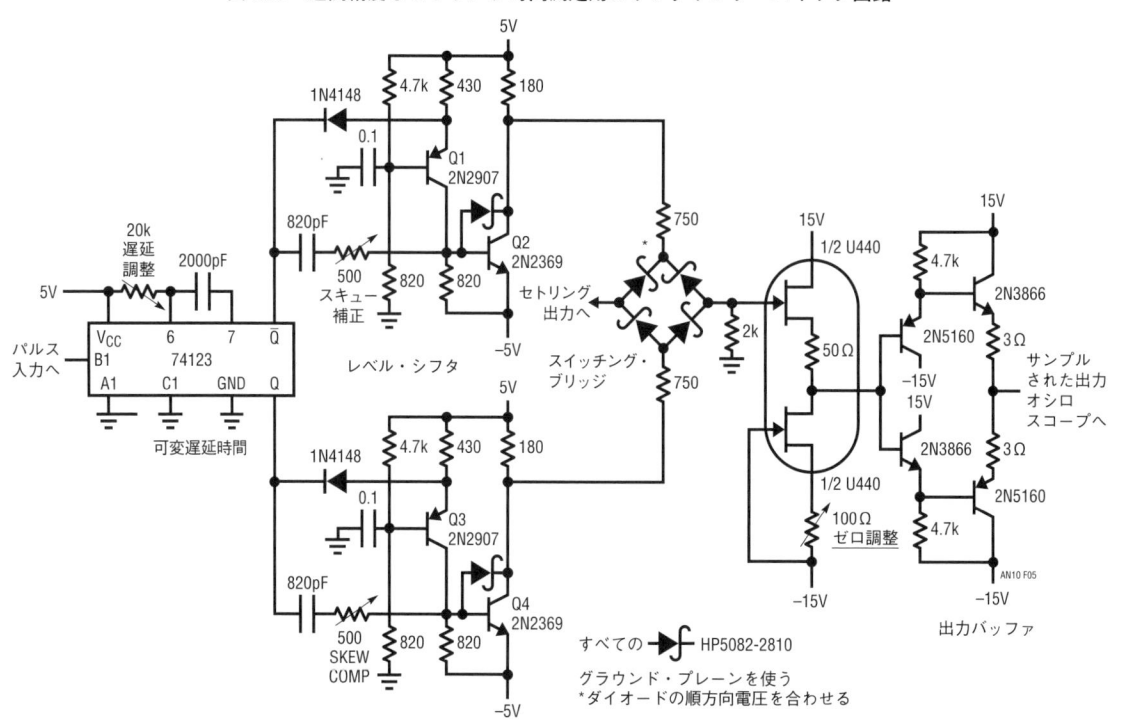

にスイッチを設けて，それを入力信号によるトリガ信号を任意に遅延させた信号で制御してやります．FETスイッチは，ゲート-ソース間に容量があるので適切ではありません．この容量により，ゲート駆動信号がノイズとなり，オシロスコープの波形を壊してしまうので判断に困る結果になります．最悪の場合，ゲート駆動信号の過渡現象がオーバーロードを発生するほど大きくなるかもしれず，スイッチを設けた意味がなくなってしまいます．

図16.5はスイッチを設ける方法を示しており，これらの問題を大きく取り除いてくれます．この回路は，図16.2の基本的なセトリング測定回路に接続されて，$10\,\mu$V以内のセトリングを測定可能にします．ショットキー・サンプリング・ブリッジが実際のスイッチになっています．このブリッジの本質的なバランスは，マッチングをとったダイオードと非常に高速なコンプリメンタリ・ブリッジ・スイッチングと相まって，クリーンなスイッチング出力を得ています．出力バッファは図16.2のものと同一ですが，ブリッジを負荷から切り離してオシロスコープを駆動します．

コンプリメンタリ・ブリッジ・スイッチングの駆動はQ_1-Q_2とQ_2-Q_4のレベル・シフタにより与えられます．それぞれの回路は遅延時間を発生させるワンショット・タイマTTLの出力を± 5Vに変換します．どちらもベーカー・クランプを付けたコモン・エミッタ出力段を，エミッタがスイッチングされる電流源で駆動した同一の回路構成になっています．出力トランジスタにフィードフォワード用コンデンサを付けて高速化していて，全体の遅延は約3nsです．このレベル・シフタは，ドライブ信号が原因となるブリッジ出力に現れる乱れを最小にするため，同一タイミングでスイッチングしなければなりません．"スキュー補正"の半固定抵抗により，それぞれのレベル・シフタでの微小な位相調整が可能で，74123出力でのスキューを補正します．この回路を調整するには，ブリッジ入力を接地して，ワンショット・タイマ74123のC1入力にパルスを加えます．ここでオシロスコープの感度を$100\,\mu$V/divにセットして，管面での波形が最小になるようにスキューを調整します．ブリッジの入力を元に戻して，セトリング測定回路につなげば準備完了です．

この回路の組み立てには注意が必要です．グラウンド・プレーンを使うのは必須で，ブリッジ部のすべての接続はできるだけ短く，対称になるようにします．ノイズを低く抑えるには，ブリッジ出力のグラウンド・リターン経路が74123のグラウンド・ピンのような大きな電流が流れるリターン経路から遠ざかるように配置します．

このスイッチ回路は，注意深く組み立てたうえで基本的なセトリング測定回路とともに使うことで，良い結果を得ています．図16.6はLT1001精密オペアンプをAUTとした結果です．波形Aは入力パルス，波形BはAUTの出力です．アンプの出力変化の期間，74123は出力を出していて（波形Cが出力Q），ブリッジをオフにしています．ブリッジの入力は波形Dです．74123の遅延時間はセトリングがほぼ完了しかけた時点で，ブリッジがスイッチングするように調整してあります．波形Eは最終的な回路出力で，$100\,\mu$V/divでのセトリングの様子を詳細に表現しています．波形の立ち上がり部に見られる短時間のピーキングはスイッチングの過渡応答の残留分によるものです．図16.7に示すのは，数種類の精密オペアンプを$50\,\mu$V（10Vステップに対して0.0005％）のレベルでセトリング時間を

図16.6　サンプリング・スイッチの波形

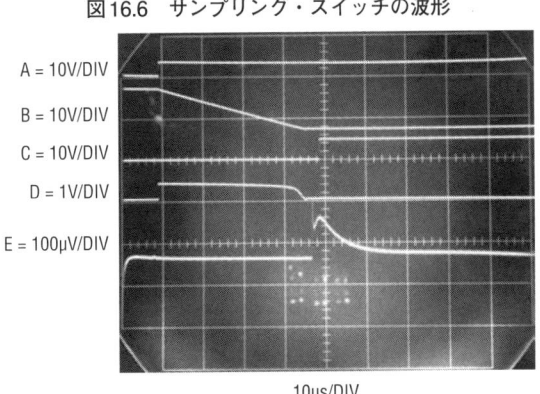

A = 10V/DIV
B = 10V/DIV
C = 10V/DIV
D = 1V/DIV
E = 100µV/DIV

10µs/DIV

コラム A
オシロスコープのオーバーロード
性能の評価

　セトリング時間の測定は，使用するオシロスコープの性能に大きく依存したものになります．オシロスコープは波形が管面から逸脱するような信号で駆動されたあとでも，波形を正確に表示しなければならない場面が多くあります．オーバーロードのあと，信頼できる波形が表示されるまで，どれくらい待たないといけないのでしょうか？　この質問への答えはとても複雑です．それに関連する要素は数多く，オーバーロードの程度，その時間的割合，継続時間，振幅，そしてまだまだ他の考慮も必要です．オーバーロードに対するオシロスコープの応答は機種によって大きく異なり，個々の測定器でも明らかに異なるふるまいをする可能性があります．例えば，0.005 V/divの感度での100倍のオーバーロードでの回復時間は，0.1 V/divでの回復時間と極めて違ったものになりえます．また，回復特性も波形やDC成分，繰り返し頻度などが影響して，違ってくる可能性があります．そのように多くの変数があるため，オーバーロードを受けるオシロスコープを含む測定には，注意深い取り組みが必須であることは明白です．ただそれでも，オシロスコープがオーバーロードによる有害な影響を受けているかどうかの判定は容易です．

　まず，波形が管面内にすべて収まるように垂直軸感度を設定して，拡大観測したい波形を表示させます．つまり図16.A1に示すようにします．ここでは，波形の右下の部分を拡大することにします．垂直軸感度を2倍にすると（図16.A2）波形が管面からはみ出しますが，他の部分の波形の表示は正常なようです．振幅が2倍になりますが，形状は元の波形と変わっていません．さらに注意深く観察すると，垂直区分のおよそ3番目あたりに波形の凹みがあり，振幅情報に影響が出ていることに気付くでしょう．小さな暴れも見られます．元の波形を拡大したこの波形は信用して大丈夫です．図16.A3はゲインをさらに大きくしたもので，図16.A2の波形の特徴が相応に大きくなっています．基本的な波形の形状はより鮮明になり，凹みや小さな暴れも目立つようになっています．何か新しい波形の特徴が現れるようにはなっていません．図16.A4では眉をひそめる結果になっています．ここでのゲイン増加により，明らかな歪みが発生しています．最初の負方向へのピークは，振幅が大きくなっていますが，形状が変わってしまっています．下がった部分の形状は図16.A3より滑らかさを欠いています．さらに，このピークの正方向への回復の様子も少々違ってきています．画面の中央付近に，それまでなかったリプルをともなった暴れが新たに見えています．このような変化が，オシロスコープで問題が発生している兆候です．さらにテストを進めると，波形がオーバーロードによって影響を受けていることが確認できます．図16.A5ではゲインは同一ですが，垂直軸の位置調整つまみを動かして波形を管面の下部に移動しています．この状態ではオシロ内部の直流動作点がずらされるわけですが，通常の動作状態では波形がそれに影響されることはありません．そのかわり，ここでは波形の振幅と形状が大きく変化しています．管面の上部に波形を移動すると，また別の歪みを伴った波形が表示されます（図16.A6）．この波形については，このゲインでは正確な観測ができないことは明白です．

図16.A1-A6　オシロスコープのオーバードライブの限界は，ゲインを連続的に増加して波形の変形の様子を観察することで見極める

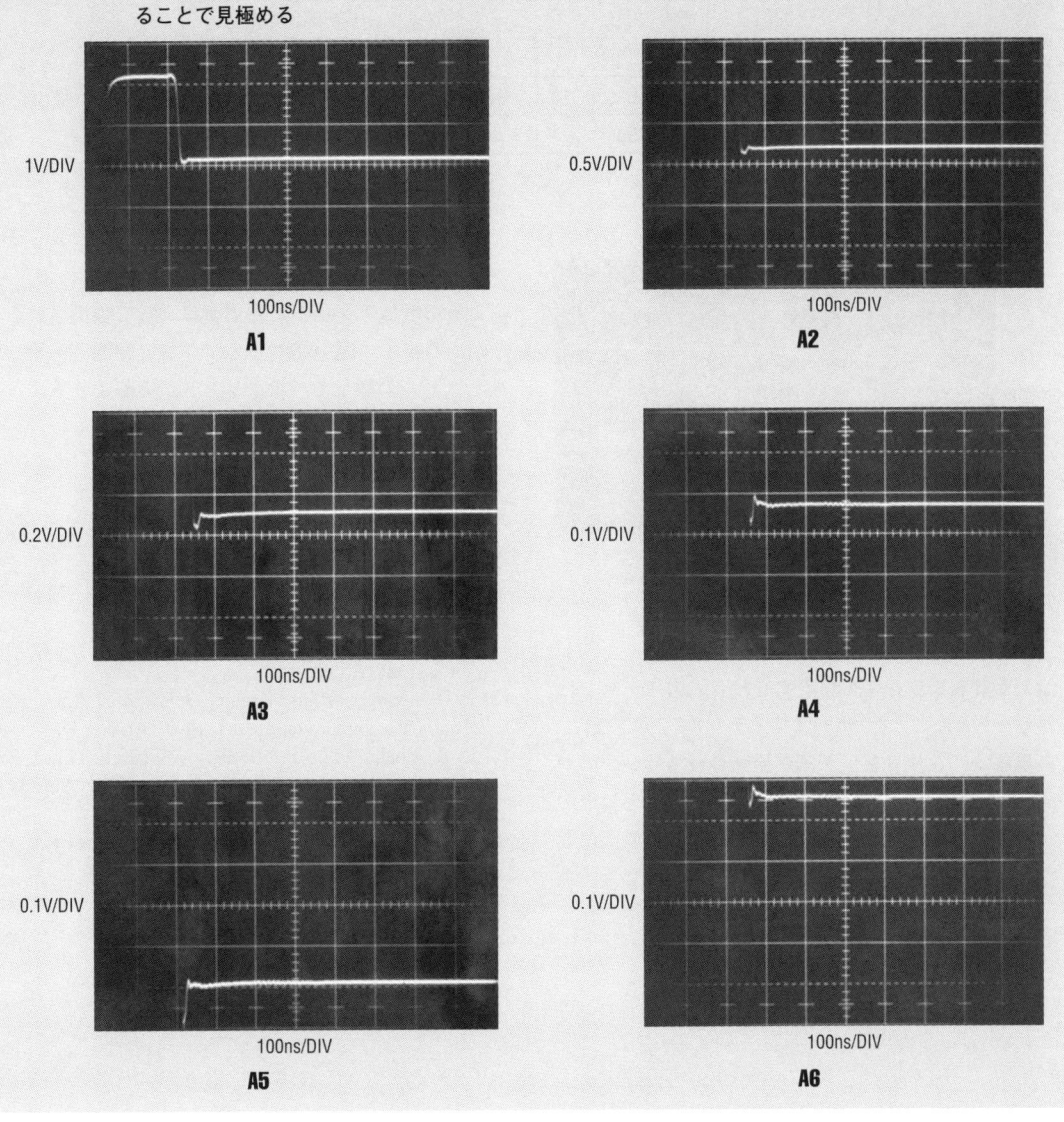

図16.7　0.0005%精度でのセトリング時間の測定結果

アンプ型番	セトリング時間	備考
LT1001	65μs	
LT1007	18μs	
LT1008	65μs	一般的な補償の場合
LT1008	35μs	フィードフォワードを掛けた場合
LT1012	70μs	
LT1055	6μs	
LT1056	5μs	

図16.8　一般的なサーマル・テール

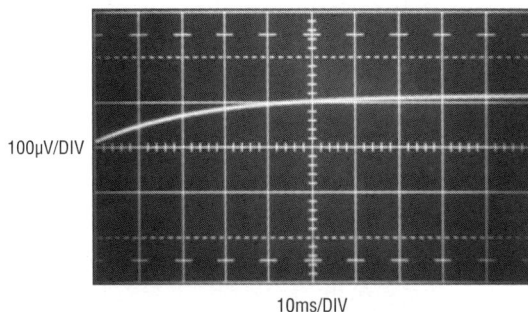

100μV/DIV

10ms/DIV

測定した結果です.

　設計が貧弱なアンプを測定すると,入力ステップに応答したあとに大きな"サーマル・テール"を示します.この現象は,シリコン・ダイが加熱されるせいなのですが,明らかにセトリングが終わったずっとあとになってから出力が規定の誤差範囲の外でふらつく原因になることがあります.高速なセトリングを試験したあとで,オシロスコープの掃引速度を下げてサーマル・テールを探すことは大変良い考えです.サーマル・テールによる影響はアンプの出力負荷によって強調されることがあります.図16.8はあるアンプで観測したサーマル・テールの様子で,セトリングが実際よりもずっと短い時間で完了しているように見えます.

◆ 参考文献 ◆

(1) Analog Devices AD544 Data Sheet, "Settling Time Test Circuit".
National Semiconductor, LF355/356/357 Data Sheet, "Settling Time Test Circuit".
(2) Precision Monolithics, Inc., OP-16 Data Sheet, "Settling Time Test Circuit".
(3) R. Demrow, "Settling Time of Operational Amplifiers", *Analog Dialogue*, volume 4-1, 1970 (Analog Devices).
(4) R. A. Pease, "The Subtleties of Settling Time", *The New Lightning Empiricist*, June 1971, Teledyne Philbrick.
(5) W. Travis, "Settling Time Measurement Using Delayed Switch", Private Communication.

コラム B
アンプの補償

アンプの最良となるセトリング時間を得るには，帰還容量C_Fを注意深く選ぶ必要があります．C_Fの目的はアンプのゲインの周波数特性にロールオフをかけ，動特性を最良にすることです．C_Fの最適値は帰還抵抗の値と信号源の特性に依存して決まります．最も一般的な信号源は，実は一番扱いにくいものであったりします．ディジタル-アナログ・コンバータからの電流出力の電圧への変換はありふれたことです．それをオペアンプで行うのは簡単ですが，良い動特性を得るためには注意が必要になります．高速なDACは200 nsで0.01％以内にセトリングできますが，その出力には浮遊容量成分があり，アンプの動作を難しいものにします．通常，DACの電流出力はアンプのサミング・ノートにつないで負荷を軽くしますが，これにより浮遊容量がアンプの入力とグラウンド間に入ります．この容量が高周波帯域でフィードバックの位相シフトを起こし，アンプをハンチングさせて最終出力値にセトリングするまえのリンギング発生の原因になります．出力容量はDACにより異なります．CMOS DACの出力容量は大きくなり，コードの値により変化します．バイポーラDACでは通常20 pFから30 pFの容量で，コードによらず安定です．そのような出力容量により，DACはアンプの周波数補償について知見を得る良い対象になります．具体的には，セトリング時間測定回路でAUT（試験対象アンプ）に信号を加えるショットキー・ブリッジのところをDACに置き換えてみます．DACの入力コードによっては，DACの入力ラインにインバータを入れて，回路のゼロ調節ができるようにする必要があるかもしれません．図16.B1に示すのは，業界標準的なDAC-80とLT1023オペアンプの応答で，反転増幅に最適化したものです．波形Aは入力で，波形BとCはアンプ出力とセトリング・ノードの出力です．これは補償用コンデンサは取り付けていない場合で，アンプはひどいリンギングを起こしたあとでセトリングしています．図16.B2では，82 pFのコンデンサによりリンギングは止まり，セトリング時間が4 μsに減っています．このオーバーダンプした応答を見ると，入力での容量

はC_Fにより補償されて，安定性が確保されているのがわかります．さらに高速な応答が必要であれば，C_Fを小さくします．図16.B3は22 pFのコンデンサに変えて得られた臨界状態のダンピングでのふるまいです．ここで得られた2 μsのセトリング時間は，このDACとアンプの組み合わせで得られる最良値になります．

図16.B1-B3 DACとオペアンプの組み合わせにおいて，フィードバック・コンデンサを変えた場合の影響

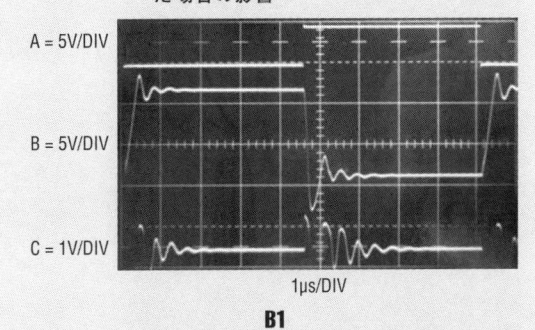

A = 5V/DIV

B = 5V/DIV

C = 1V/DIV

1μs/DIV

B1

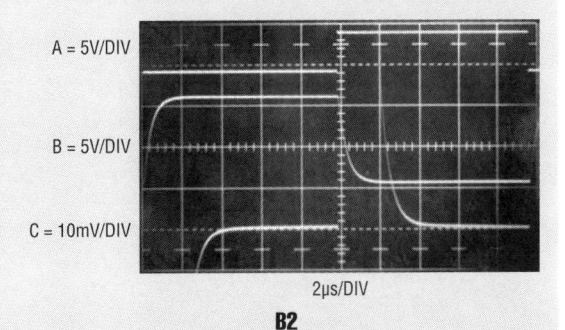

A = 5V/DIV

B = 5V/DIV

C = 10mV/DIV

2μs/DIV

B2

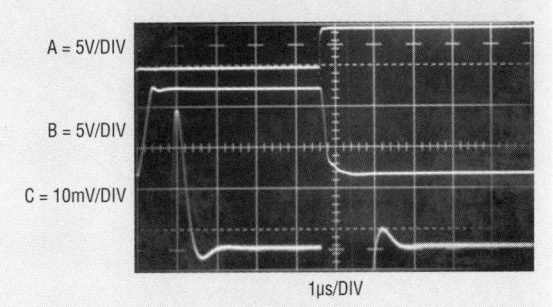

A = 5V/DIV

B = 5V/DIV

C = 10mV/DIV

1μs/DIV

B3

第 17 章

高速コンパレータのテクニック

Jim Williams, 訳：細田 梨恵

はじめに

コンパレータは，もっとも過小評価され，あまり活用されていないモノリシック・リニアICかもしれません．コンパレータは非常に柔軟性があり，広範囲に応用可能な部品である事実からすれば，これは不幸な状況と言えます．そのような認識の欠落を生んでいるおもな原因と言えば，オペアンプがその汎用性によってアナログ設計の世界に主流となっているせいでしょう．多くの場合，コンパレータはアナログ信号を大雑把にディジタルとして扱われる，つまり1ビットのA/Dコンバータとして理解されます．厳密には，この視点は正確ではあります．それはまた，そこからの展望を必要以上に狭めてしまってもいます．オペアンプが"単に増幅するだけ"ではないのと同様に，コンパレータも"単に比較するだけ"のものではありません．

コンパレータ，とりわけ高速コンパレータを使用して，オペアンプで構成した回路と同様に洗練されたリニア回路の機能を実装することができます．高速コンパレータとオペアンプを上手に組み合わせることが，高性能を達成するためのポイントになります．一般的にオペアンプによる回路は，その精密なフィードバック動作を実現できる能力を利用したものです．理想的には，そのフィードバック系は時間的に連続して維持されます．反対に，多くのコンパレータ回路はその高速性を基にしていて，時間的に不連続な信号を出力します．どちらの手法にもそれぞれの利点がありますが，双方を融合させることで最良の回路が得られるのです．

この章の最初のセクションは，読者に高速コンパレータ回路の現実と複雑さについて慣れてもらうために費やしています．直流と低周波数帯において，回路の精密な動作を実現するための仕組みと巧妙な動作について十分に解説します．高速回路を良好に動作させる方法というような，実践的な側面についてはあまり触れていません．そのような回路の開発においては，熟練した設計者であっても時には自然が何か企んでいると感じることがあるのです．それは多少なりとも真実です．どのような技術開発の道のりでもそうであるように，自然と"合意された妥協"が取れた場合にのみ，高速回路は動作できます．物理法則を無視したり軽視したりすると挫折に直結します．そのような観点から，本文や付録（Appendix）の多くは，回路の寄生成分や根本的な制限の認識と尊重を啓発することに向けられています．この姿勢は応用回路のセクションでも一貫していて，そこでは抵抗値の調整や補償テクニックとして，前述の"合意された妥協"という観点が現れています．応用回路の多くでは，LT1016コンパレータの高速性を利用して一般的な回路の性能改善を試みています．なかには，その高速性を使って一般的な機能を通常とは異なる方法で実現してメリットを得ている例もあります．また（ほんの）少しですが，回路の手法に関わらず，もっとも最新の，あるいはそれに近い動作をするものも示しました．これらの設計例を開発して，その動作を説明する過程には，非常に多くの労力を費やしました．こうして仕上がった本稿の内容は，さらに先へと進んでいただくきっかけを提供したいという意図にふさわしいものになりました．ここでの回路例は，わかりやすくLT1016の能力を提示したものですが，特定の要求を満たす斬新なアイデアを生み出してくれることでしょう．

目次

LT1016 — その概要

　超高速コンパレータの新製品であるLT1016は，TTL互換のコンプリメンタリ出力段と10 nsの応答時間を備えています．そのほかの特徴として，ラッチ端子と良好な入力DC特性も含みます（図17.1を参照）．LT1016の出力は，新しい高速なASTTLやFASTを含んだTTLファミリを直接駆動できます．加えて，TTL出力であるので，ECLのロジック・レベルでは不便なことが多いリニア回路の用途でも使いやすいICになっています．

　LT1016を使いやすいICにするために多くの設計努力が払われました．これより低速のコンパレータと比べても，遅い入力信号を印加した場合であっても，発振や異常がずっと起きにくくなっています．特に，他の高速コンパレータには見られない特徴として，LT1016はリニア動作領域においても安定に動作する点があります．加えて，出力段のスイッチングが電源からの電流消費にあまり影響を与えないので，安定性が向上しています．このように，LT1016は200 GHzの

ゲイン帯域幅をもちながら，他の高速コンパレータよりも格段に使いやすくなっています．あいにく，物理法則からは逃れられないので，LT1016が動作する回路の環境は適切に作り上げなければなりません．多くの高速回路では，浮遊容量やグラウンド・インピーダンス，レイアウトといった寄生要素によって性能限界がしばしば決まります．これらの考慮点は，設計者がビット・パターンやメモリへのアクセス時間をナノセカンドで取り扱うのが普通であるディジタル回路では，すでにおなじみのものです．そのような高速ディジタル・システムでもLT1016は使うことができますが，図17.2はその高速動作を示したものです．この簡単なテスト回路で見るパルス・ジェネレータ（波形A）に対するLT1016の応答（波形B）は，TTLインバータ（波形C）より高速です！　さらにインバータICの出力は，実際にはTTLの"0"レベルまで達していません．このような高速で動作するリニア回路に対して，多くのエンジニアは当然のことながら身構えるものです．ナノセカンド領域のリニア回路は，発振や不可思議な回路特性の変動，意図しない動作モード，そしてまったく

図17.1　LT1016の概要

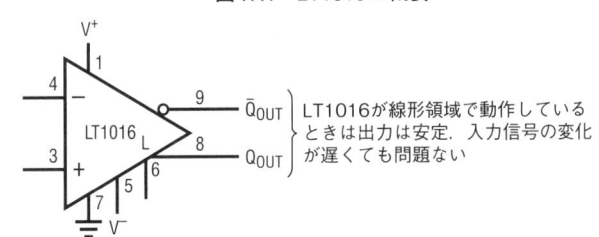

LT1016が線形領域で動作しているときは出力は安定．入力信号の変化が遅くても問題ない

伝搬遅延時間(100mVステップ入力時)
　オーバードライブ 5mV：最大12ns
　オーバードライブ20mV：最大10ns
差動伝搬遅延時間：最大2ns

入力オフセット：最大1.5mV
入力オフセット・ドリフト：最大10μV/℃
入力バイアス電流：最大10μA
コモン・モード電圧範囲：$_+V$−1V〜$_-V$+1.25V
ゲイン：最小2000
電源電圧範囲：+5V/GND〜±5V

図17.2　LT1016とTTLゲートICの比較

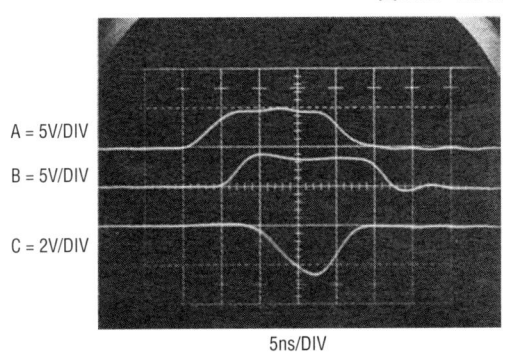

A = 5V/DIV
B = 5V/DIV
C = 2V/DIV

5ns/DIV

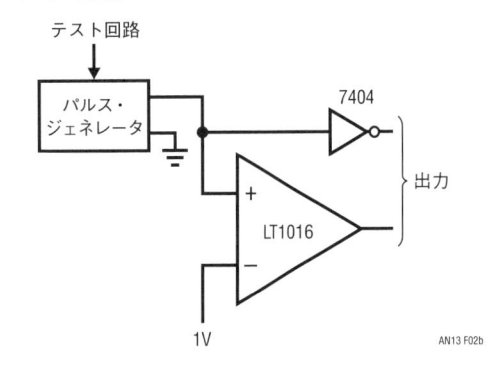

テスト回路

パルス・ジェネレータ

7404

LT1016

出力

1V

AN13 F02b

の動作不良といった問題が広範囲にかかわってくる世界です．

　これ以外によく見られる問題を挙げるなら，テスト装置を換えると結果が変わる，回路に測定器を接続すると不要な応答が生じる，"同じ"回路なのに動作が異なるといった症状があります．使用する部品が優れていて回路設計がしっかりしていれば，上述のような問題はどれも回路の"環境"の問題に原因があるのが一般的です．その対処方法を学ぶには，前述したそれぞれの問題の原因を調べる必要があります．

高速コンパレータの諸問題の一覧 ●

　非常によく見られる問題は，何といっても電源のバイパスに関係したものです．電源のインピーダンスを低く保つためにバイパスは必須です．電源の配線や基板トレースのDC抵抗およびインダクタンス成分は，簡単に許容できないレベルに達してしまいます．これによって，接続された素子の電流変化によって電源ラ

インが変動してしまいます．このような動作の乱れは至る所で発生します．加えて，バイパスされていない電源に接続されている複数の素子は有限な電源インピーダンスを介して"通信"できるので，動作が怪しくなる原因になります．バイパス・コンデンサは，素子の近傍で局所的にエネルギーを溜めることで，このような問題を容易に取り除くことができます．つまり，バイパス・コンデンサは電源のインピーダンスを高周波領域でも低く保つ，電気的なフライホイールのように動作するわけです．バイパスに使うべきコンデンサの種類の選択は大事なポイントで，注意する必要があります（Appendix Aの「バイパス・コンデンサについて」を参照）．バイパスされていないLT1016の入力パルスへの応答を**図17.3**に示しています．このLT1016の端子に現れる電源は，高周波でのインピーダンスが高くなります．このインピーダンスはLT1016と分圧器を構成するので，コンパレータ内部の動作変化によって電源が変動することになります．これが局所的なフィードバックとなって発振するわけです．LT1016は入力パルスに応答しているものの，その出力には約100 MHzの発振が重畳してぼやけています．バイパス・コンデンサは常に欠かせないものです．

　図17.4ではLT1016の電源にバイパスを付けたものの，まだ発振しています．これはバイパス・コンデンサがICからあまりに離れた場所に取り付けられたか，損失の多いコンデンサが使われた場合の症状です．*高周波特性の良好なコンデンサを使い，LT1016のできるだけ近くに配置するようにします．配線長は1インチであっても，LT1016では問題になりえます．*

　図17.5は，素子は適切にバイパスされていても別の

図17.3　バイパスのないLT1016の応答

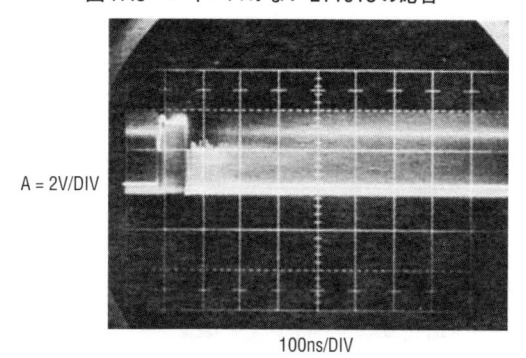

A = 2V/DIV

100ns/DIV

図17.4　不適切なバイパスでのLT1016の応答

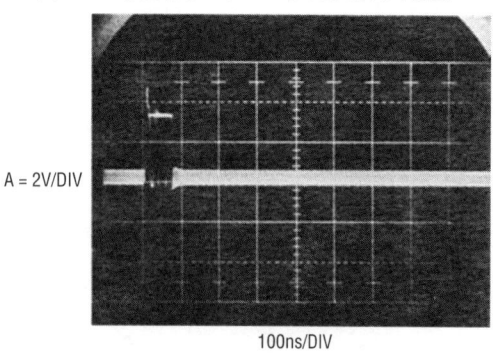

A = 2V/DIV

100ns/DIV

図17.5　不適切なプローブの周波数補償によって観測された振幅の異常

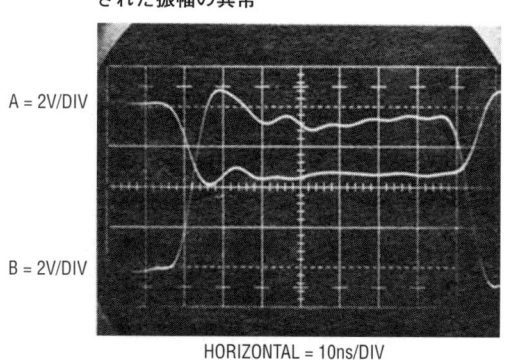

A = 2V/DIV

B = 2V/DIV

HORIZONTAL = 10ns/DIV

問題が起きている例です．この写真ではコンパレータの両方の出力を見ています．波形Aは普通に見えますが，波形Bの振幅はほぼ8Vもあり，＋5Vで動作している素子としてはまったくおかしな出力になっています．これは高速回路でしばしば見られる問題で，まったく頭を抱えたくなります．実際には，これはなにも物理法則を超越しているわけではなく，オシロスコープのプローブの周波数補償がまったくずれているか，プローブの選択を間違えていることが原因です．*使用するオシロスコープの入力特性に適合したプローブを選んで，適切に周波数補償を調整することです*（プローブについての議論は，Appendix Bの「プローブとオシロスコープについて」を参照）．**図17.6**はまた別のプローブに起因する問題です．ここでは，波形の振幅は正しいようですが，10 nsの応答時間をもつLT1016がなぜか50 nsの遅い立ち上がりを示しているように見えます！この場合は，プローブの周波数補償が過剰であるか，オシロスコープに対してプローブの応答が遅すぎるのです．1×の"直結"のプローブは使用しないでください．その場合，帯域は20 MHzかそれ以下となり，また入力容量による回路への負荷効果が過大になります．*測定に適していることを保証できるように，プローブの帯域幅を確認してください．同様に，適切な帯域幅のオシロスコープを使用してください．*

図17.7は，使用したプローブの選択は適切ですが，LT1016の出力にリンギングが現れていて，ひどく歪んでいる例です．このケースではプローブのグラウンド接続が長すぎたのです．一般的な使用に合うように，多くのプローブには6インチ程度の長さのグラウンド・リードが付属しています．低い周波数帯域ならこれで

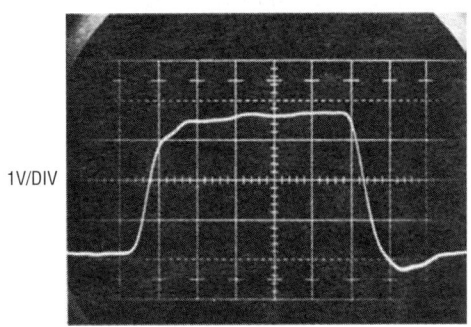

図17.6 過剰補償されたプローブや低速なプローブによる信号変化の遅れ

1V/DIV

HORIZONTAL = 50ns/DIV

よいでしょう．しかし高速信号では，長いグラウンド・リードの誘導性インピーダンスのふるまいにより，ここで見られるようなリンギングが発生する原因になります．このような問題に対応済みの高品質なプローブでは，短いグラウンド・クリップが使われています．なかには低インピーダンスでグラウンド接続ができるように，直接にプローブの先端を固定できるような，スプリング式の非常に短いクリップを備えたものもあります．確実な測定をするためには，プローブへのグラウンドの接続は1インチ以上長くならないようにすべきです．*グラウンド接続はできる限り短くしてください．*

図17.8の波形における問題は，遅延と不適切な信号振幅です（波形B）．立ち上がりでの小さい遅延のあとに，立ち下がりが始まるまで大きな遅延が発生しています．さらに，最終的にセトリングするまでに，長く引きずった応答が70 nsも続いています．振幅の立ち上

図17.7 プローブのグラウンド接続に問題がある場合に一般的に見られる症状

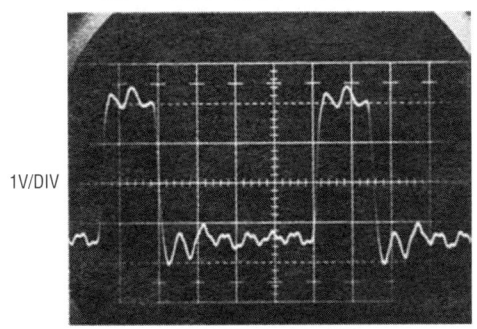

1V/DIV

HORIZONTAL = 20ns/DIV

図17.8 オーバードライブされたFETプローブにより，波形応答に遅延したテイルが発生している

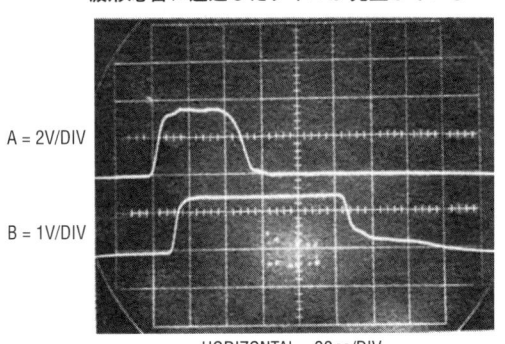

A = 2V/DIV

B = 1V/DIV

HORIZONTAL = 20ns/DIV

がりは1.5 Vしかありません．これはこのような測定にありがちな見落としが原因です．

この例では，FETプローブでLT1016の出力をモニタしています．このプローブのコモン・モード入力範囲を超えた電圧を印加したために過大入力となり，出力がクリップされてしまったのです．立ち上がり部分での小さい遅延は，アクティブ・プローブの特性で説明がつきます．出力がHighになっている期間，このプローブは深く飽和状態に入り込んでいます．出力が低くなったとき，プローブが過大入力がもたらした飽和から復帰する過程には時間がかかり，また一様でなく，このような遅延とテイルの発生をもたらします．

使用するFETプローブについて十分に理解しておきましょう．その能動的な回路による遅延を把握しておきましょう．コモン・モード入力の制限（通常は±1V）を超過して，飽和を起こさないようにしましょう．必要であれば，10×や100×の減衰器アダプタを使いましょう．

図17.9は入力パルス（波形A）に応答するLT1016の出力（波形B）が，40 MHz近くで発振している様子です．入力信号にも発振による影響が現れている点に注意してください．これはコンパレータのグラウンド接続が不適切で起きている例です．ここで，LT1016のグラウンド・ピンの接続長は1インチあります．LT1016のグラウンド接続はできるだけ短くして，インピーダンスの低い接地点に直結しなければなりません．LT1016のグラウンド接続に無視できないインピーダンスが入ると，このような影響が出てきます．電源はバイパスする必要があるので，このようなことが起きるわけです．ICの長いグラウンド・リードがもつインダクタンスによりグラウンドへ流れる電流が混ざり合い，好ましくない影響が出るのです．これを解決するのは簡単です．*LT1016のグラウンド端子の接続を最短（目安は1/4インチ以下）とし，低インピーダンスのグラウンドに直結することです．ソケットを使っては，いけません．*

図17.10は先に述べた，"低インピーダンスのグラウンド"の問題について説明するものです．この例では，波形のエッジ周辺でのばたつきを除けば出力はきれいです．この写真は，グラウンド・プレーンなしでLT1016を使って撮ったものです．グラウンド・プレーンは基板表面を連続した導体面で覆って構成します（グラウンド・プレーンの理論的裏づけについてはAppendix Cで議論している）．回路に必要な電流経路のところだけ，プレーンに切れ目を設けます．グラウンド・プレーンの役割は二つあります．まず平面（AC電流は導体の表面を流れる）であり，基板全体を覆うことで，基板上のどこからでも低インダクタンスのグラ

図17.9　LT1016のグラウンド接続の抵抗によって発振が起きている

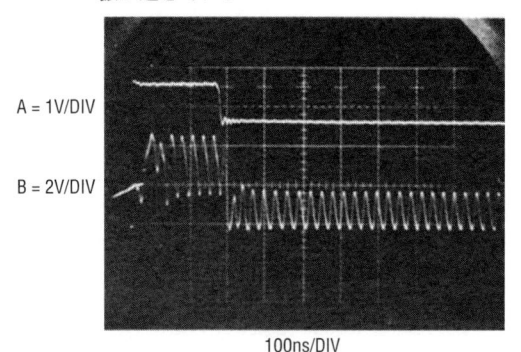

A = 1V/DIV

B = 2V/DIV

100ns/DIV

図17.10　グラウンド・プレーンを用いなかったために過渡応答が不安定になっている

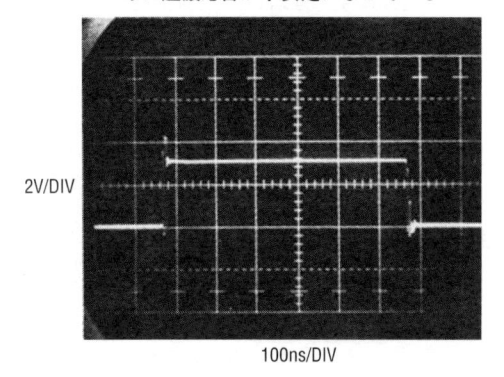

2V/DIV

100ns/DIV

図17.11　3kΩの信号源抵抗と3pFの寄生容量によるフィードバックにより生じた発振

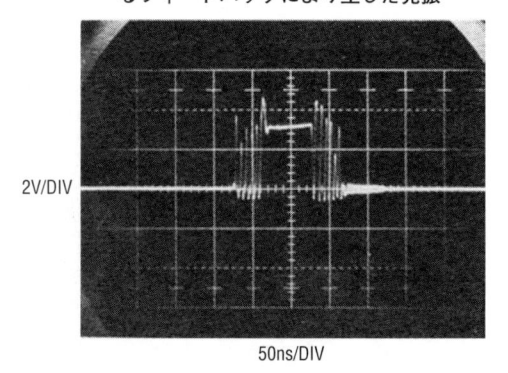

2V/DIV

50ns/DIV

ウンドに接続が取れるようになります．また，グラウンドに対する浮遊容量による影響を小さく抑えることができます．これにより，意図しない有害なフィードバック経路が形成されるリスクが解消します．*LT1016には必ずグラウンド・プレーンを使用してください．*

　図17.11の問題は，波形エッジ部の"暴れ"です．この状況は図17.10の波形を撮ったときと似ていますが，発振はさらにひどく，出力がLowに落ちたあとでも長く残っています．これは，出力から入力への浮遊容量によるフィードバックが原因となった発振です．3 kΩの入力信号源インピーダンスと3 pFの浮遊容量によってこの発振が起きています．これへの対策はさほど難しくありません．*信号源インピーダンスをできるだけ低く，例えば1 kΩ以下に抑えます．入力と出力のピン，部品の配線は互いに離してレイアウトします．*

　これとは逆の理由で，浮遊容量による発振が起きている例が図17.12です．ここで，出力応答（波形B）は入力（波形A）に対してひどく遅れています．これは信号源インピーダンスが高いこととIC入力での対グラウンド浮遊容量が組み合わさった影響です．このRCによって入力で遅延が発生し，出力が遅れています．2 kΩの信号源抵抗と10 pFの対グラウンド浮遊容量による時定数は20 nsあり —— これはLT1016の応答時間よりずっと大きくなってしまいます．*信号源インピーダンスを下げ，また入力の対グラウンド浮遊容量を最小化しましょう．*

　図17.13に示すのは容量に起因する別の問題です．ここでは出力は発振していませんが，波形の変化は連続性を欠き，また遅くなっています．この問題の犯人は出力に接続された大きな負荷容量です．これはケーブルの駆動，長すぎる出力の配線，駆動される回路の

特性によって起こりえる状態です．ほとんどの場合これは望ましいことではなく，重い負荷容量に対してはバッファを追加することで解決できます．場合によっては，これは回路全体としての動作には影響せず，許容できる範囲かもしれません．*コンパレータ出力の負荷特性と，それが回路に影響する可能性について検討しておきましょう．必要であるなら，負荷に対してバッファを設けます．*

　出力に関係する不具合をさらに示したのが図17.14です．出力変化の最初の部分は正常ですが，あとでリンギングが発生しています．ここで改善の鍵となるのはリンギングです．原因となったのは，長すぎる出力の配線です．高周波では，出力の配線は終端されていない伝送線路のように見えて，反射が発生します．これは立ち上がりエッジとリンギングで信号の流れが急激に反転することが原因です．このコンパレータがTTLを駆動する場合には，これは許容できるかもしれませんが，他の負荷では駄目かもしれません．この場

図17.12　入力とGND間の5pFの浮遊容量が引き起こす遅延

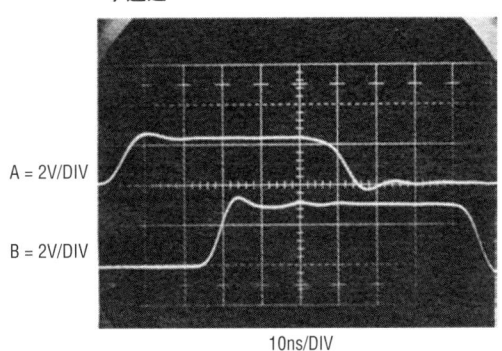

A = 2V/DIV

B = 2V/DIV

10ns/DIV

図17.13　過剰な負荷容量によるエッジ波形歪み

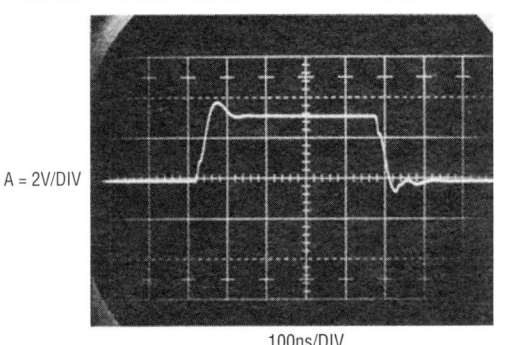

A = 2V/DIV

100ns/DIV

図17.14　長い，終端されていない出力リードの反射によるリンギング

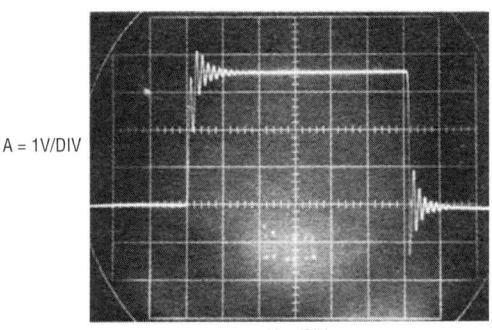

A = 1V/DIV

50ns/DIV

図17.15 入力コモン・モードを超えてオーバードラ
イブされた結果である奇妙な出力波形

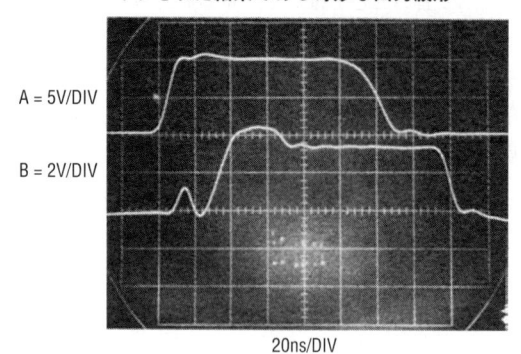

A = 5V/DIV

B = 2V/DIV

20ns/DIV

合，立ち上がりでの波形変化の反転により高速TTLで
は問題が起きそうです．出力の配線は短くしましょう．
もし数インチよりかなり長くなるようなら，抵抗（一般
的に250Ωから400Ω）で終端しておきます．

不具合例の最後として示すのは**図17.15**です．この
波形は**図17.12**で見られた入力の*RC*に起因する遅延を
思い出させます．この波形の最初の部分で入力の立ち
上がりエッジに応答していますが，振幅がHighになる
まえに一度ゼロに戻っています．またHighになるとき
の応答が遅くなっています．さらに奇妙なことに，顕
著なオーバーシュートとパルス波形の頂上部で暴れが
見られます．また入力波形よりずいぶん遅れて，振幅
が下降しています．これはTTLの出力と比べて，非常
におかしなふるまいです．何が起きているのでしょ
う？ 実は，ここでの問題はどれも入力パルスが原因と
なっているのです．その振幅は10Vありますが，これ
は+5Vで動作しているLT1016のコモン・モード入力
範囲を超えてしまっています．IC内部の入力クランプ
回路のおかげでLT1016が破損することは免れています
が，大きな信号によりオーバードライブされた結果，
その応答がひどいものになっているのです．どのよう
な場合でも，LT1016への入力信号はコモン・モード
範囲に収まるようにしてください．

オシロスコープ

ここまで，オシロスコープのプローブに原因があっ
た問題の例を示しました．言うまでもないことですが，

オシロスコープの選択が重要であるという点は，改め
て強調しておきたいと思います．使用するオシロス
コープとそのプローブの総合特性について，確実に把
握しましょう．立ち上がり時間，帯域幅，抵抗と容量
負荷，遅延，オーバードライブからの回復特性，その
他もろもろの制約事項を理解しておかなければなりま
せん．高速なリニア回路では試験装置に対する要求水
準が非常に高くなり，それらの特性をよく理解してお
くことで膨大な時間を節約することができます
（Appendix Dの「測定装置の応答の測定」を参照）．実
際のところ，測定器の限界がよく理解されていて注意
が払われるなら，一見，不適切と思われる測定器を使っ
て良い結果を得ることも可能なのです．この記事で取
り上げているどのアプリケーションも，100MHzから
200MHzの領域を越す立ち上がり時間と遅延で動作す
るものですが，開発作業の90%以上は50MHzのオシ
ロスコープを使って行いました．装置を習熟し，よく
考慮された測定テクニックを用いることで，測定装置
の見かけの仕様以上の有用な測定が可能になります．
50MHzのオシロスコープは5nsの立ち上がり時間の
パルスには追従できませんが，そのようなパルス間の
2nsの遅延は測定できるのです．多くの場合，そのよ
うにして必要な情報を導き出すことができます．もち
ろん，工夫できる余地が何もなく，正しい装置，例え
ばより高速なオシロスコープを使わなければならない
状況も存在します．

一言で言うならば，信頼している測定器と理解して
いる測定テクニックを使うことです．オシロスコープ
で観測された結果のすべてが説明できて，理屈に合う
ようになるまで納得してはいけません．

以上に述べたようなポイントに注意を払うことで，
他のやりかたでは困難だったり不可能だったりした高
速リニア回路をLT1016を使って動作させることがで
きます．本稿で解説するアプリケーションの多くは，
各回路機能において最高水準を発揮するものになって
います．なかには，LT1016の高速性を生かして，一
般的な回路機能を斬新で改良したやりかたで実現して
いるものもあります．そのすべては入念な（そして苦闘
の果ての）開発努力の賜物で，このICを使ってみよう
と思うユーザにとって良いアイデアの源泉となるはず
です．

アプリケーション編

1 Hz ～ 10 MHz V→F コンバータ

図17.16に示すのは，LT1016とLT1012低ドリフト・

アンプを組み合わせて実現した高速 V→F コンバータ
です．1 Hz から 10 MHz の周波数出力を達成するため
に，さまざまな回路テクニックを駆使しています．オー

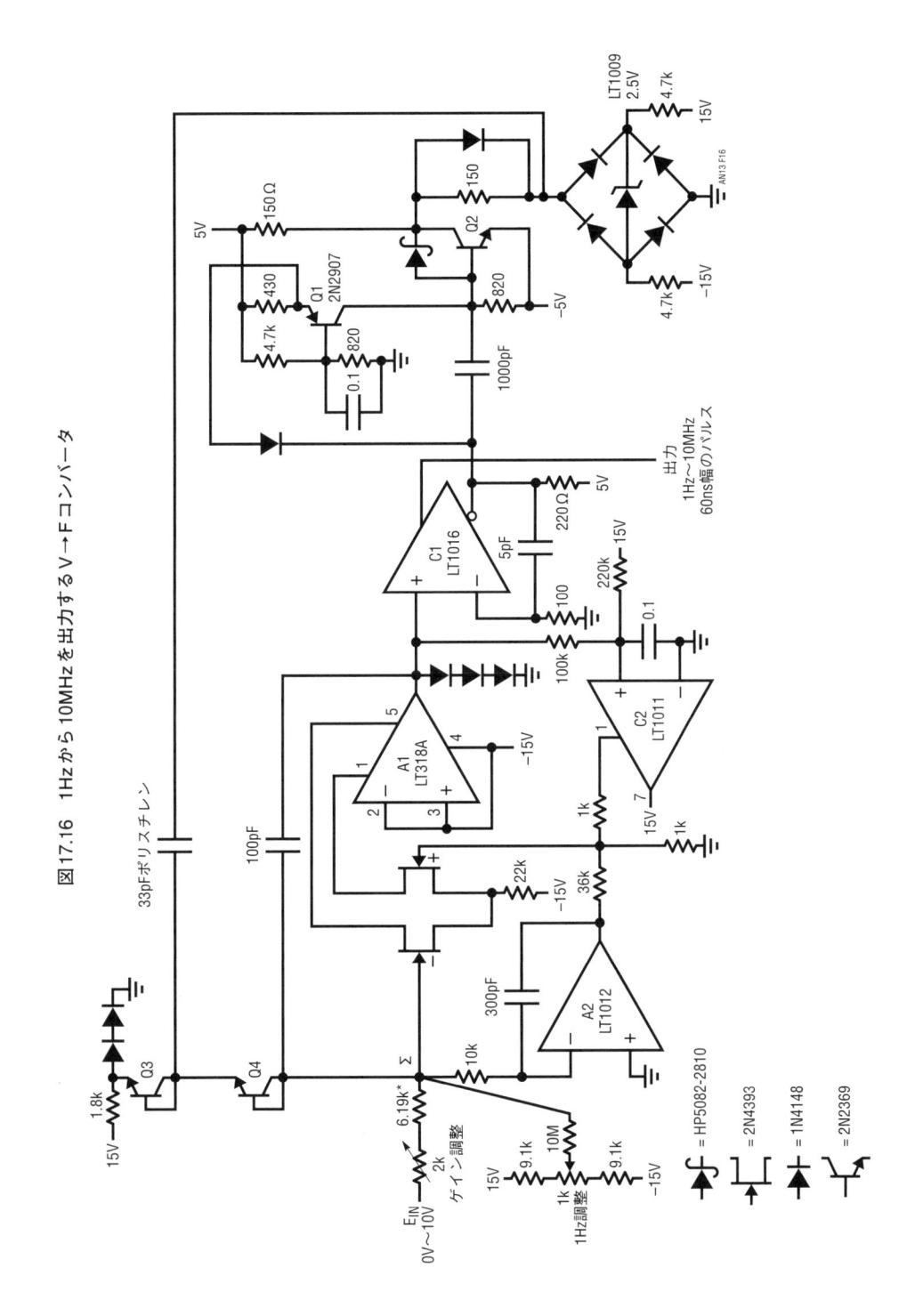

図17.16 1Hzから10MHzを出力するV→Fコンバータ

バーレンジは12 MHz（V_{IN} = 12 V）まで許容されます。この回路がもつ広いダイナミック・レンジ（140 dB, 10^7）は, 市販品では手に入らないものです。フルスケールである10 MHzの周波数は, 現在入手できるモノリシックV→Fコンバータと比べて10倍高速です。その動作原理は$Q = CV$という恒等式に基づいています。

　この回路が出力パルスを発生するたびに, サミング・ノード（Σ）に対して一定量の電荷（Q）がフィードバックされます。回路の入力では, サミング・ノードでの電流の比較が行われます。このノードでの差の信号は, モニタしているモノリシック・アンプの帰還コンデンサで積分されます。このアンプは回路の出力パルス発生器をコントロールしていて, 積分器を含んだフィードバック・ループを成立させています。サミング・ノードをゼロに維持するために, このパルス発生器は, 入力信号をちょうど打ち消すだけの電荷を出し入れできる周波数で動作します。したがって, 出力周波数は入力電圧に直線的に比例します。A_1は積分アンプとして動作します。

　低バイアス電流と高速動作を実現するため, A_1内部の入力段回路をスキップさせて, ディスクリートのペアFETでA_1の出力段を直接ドライブしています。A_1の入力ピンを−15 V電源につないで, 入力段をオフにします。それぞれのFETのゲートが, このアンプの"+"と"−"入力になるわけです。このA_1とFETの組み合わせアンプを高精度アンプA_2を使って安定化させて, 良好なオフセット・ドリフト性能0.2 μV/℃を得ています。A_2は測定したA_1とFETの組み合わせアンプの反転入力のDC成分をグラウンドと比較して, その非反転入力にバイアスを加えることでオフセットをバランスさせます。A_2は積分器なので, 高周波信号には応答

しない点に注意してください。DCおよび低い周波数だけに応答するわけです。A_1とFETの組み合わせアンプは, 100 pFの帰還コンデンサをもつ積分器の構成になっています。正の電圧が入力に印加されたとき, A_1は積分した結果を負方向に出力します（**図17.17**, 波形A）。この期間, コンパレータC_1の反転出力はLowになります。超高速レベル・シフタであるQ_1とQ_2（Appendix Eの「レベル・シフトについて」を参照）がこの出力を反転して, ツェナー・ダイオードで構成した基準電源ブリッジを駆動します。このブリッジの正出力は33 pFのコンデンサを充電するために使います。端子間電圧が1.2 Vになるダイオード対を設けることで, ブリッジを構成するダイオードによる電圧降下ぶんのキャンセルと温度補償が行われ, 33 pFのコンデンサは$V_Z + V_{BE(Q3)}$の電圧まで充電されます。

　アンプA_1の出力がゼロ・クロスしたとき, C_1の反転入力はHighになり, Q_2のコレクタ電圧（波形B）は−5 Vになります。これにより33 pFのコンデンサはQ_4のV_{BE}を介して, サミング・ノードに電荷を分配します。この電荷の量は33 pFが充電された結果である端子間電圧（$Q = CV$）の関数になります。Q_4のV_{BE}により, コンデンサの電荷の式に含まれるQ_3のV_{BE}による誤差項を補償します。この33 pFのコンデンサを流れる電流（波形C）が, このチャージ・ポンプの動作を反映します。A_1のサミング・ノードから電流が引き出されると（波形D）, ここのノードは急激に負電位になります。A_1の出力に見られる最初の負方向に向かう20 nsの過渡応答は, アンプの遅延が原因です。入力信号は直接に帰還コンデンサを経由して流れ, 出力に現れます。アンプの出力が最終的に応答したとき, アンプが再びサミング・ノードを制御できるようになるま

図17.17　10MHzを出力しているV→Fコンバータの波形

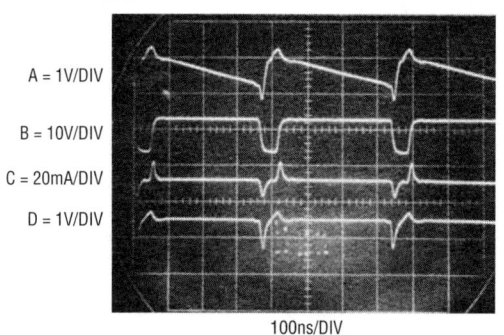

A = 1V/DIV
B = 10V/DIV
C = 20mA/DIV
D = 1V/DIV

100ns/DIV

図17.18　60nsの間に起きるリセット動作の詳細（ヒュー！）

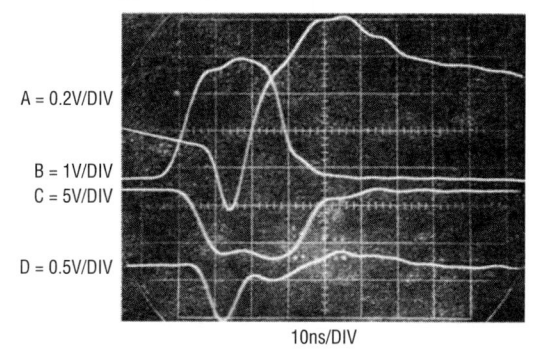

A = 0.2V/DIV
B = 1V/DIV
C = 5V/DIV
D = 0.5V/DIV

10ns/DIV

での過程は，その出力（波形A）のスルー・レートにより制約されます．Q_2のコレクタ（波形B）が-5Vにとどまる時間は，A_1の動作が復帰して，C_1での5pFのコンデンサと100Ωの抵抗によるヒステリシスに要する時間に依存します．60nsがその時間ですが，33pFのコンデンサが完全に放電するには十分な長さです．その後にC_1が反転して，Q_2のコレクタは正に変化します．これでコンデンサは再び充電されて，再びサイクルが繰り返されます．このように，電圧入力に起因した電流がサミング点に流れることに対応して，発振の周波数が決まります．どのような入力電流に対しても，サミング・ポイントの平均電圧が0Vになるような周波数で発振するわけです．

このような関係をMHz領域の周波数で維持するためには，回路のタイミングに厳しい制約がかかります．フルスケール周波数10MHzを達成するうえでの鍵となるのは，回路内でできるかぎり高速に信号を伝えることです．特に放電とリセットの一連の動作は大事で，**図17.18**にその詳細を示しました．波形Aは積分器として動作するA_1の出力です．左側の最初の時間区分のところで，出力のランプ波形がゼロ・クロスしています．その数ナノセカンド後にC_1の反転出力（波形B）は，Q_1-Q_2のレベル・シフタの出力（波形C）を負に駆動しながら上昇し始めます．Q_2のコレクタが負方向に向かって変化を始めるのは，A_1出力のゼロ・クロスから約12ns後です．さらに4nsが経過すると，サミング・ポイント（波形D）は33pFを経由して負の最大電圧に引っ張られます．25nsにて，C_1の反転出力は，完全に上昇し，C_1の反転出力は完全に立ち上がっていてQ_2のコレクタは-5Vとなります．サミング・ポイントは負に強く引っ張られます．これでA_1が制御を開始します．その出力（波形A）は高速に正方向に変化して，サミング・ポイントのバランスが取り直されます．60ns経過後，A_1はサミング・ノードを制御下において，再び積分動作が始まります．

スタートアップとオーバードライブの状況で，A_1の出力は負の電源電圧に振れて，そのままになります．電荷の分配動作をする帰還系はAC結合動作により，正常な動作に入らず回路がラッチアップする可能性がありますが，そのような状態ではC_2が"ウォッチドッグ"の役目を果たします．もしA_1の出力が0Vよりずっと下がろうとすると，C_2が反転してアンプの"＋"入力で

あるFETのゲートを強制的に正にします．これによりA_1の出力が正方向に変化して，通常動作が開始されます．C_1の入力に入れた直列のダイオードは，LT1016の入力のコモン・モード電圧が制限を超えないようにするものです．この回路の調整には，まず入力を接地して出力が1Hzになるように1kΩの半固定抵抗を合わせます．ついで10.000Vを印加して，2kΩの半固定抵抗を調整して出力を10MHzにします．この回路の伝達直線性は0.06％になります．フルスケールでのドリフトは標準で50ppm/℃，ゼロ点の誤差は約0.2μV/℃（0.2Hz/℃）になりました．

水晶発振子によって安定化した 1 Hz 〜 30 MHz V→F コンバータ

図17.16の回路の最高動作周波数は，LT1016のフィードバック回路にあるアクティブ素子の遅延によって決まります．その遅延を小さくすれば，より高速動作が可能になります．**図17.19**は，それを行った一例でドリフトおよび直線性性能を維持しています．この回路で無調整で得られる150dBものダイナミック・レンジは，モノリシック，ハイブリッド，モジュールを問わずどの市販品のV→Fコンバータよりも1000倍も広いものです．

ここで用いた手法により，市販のV→Fコンバータよりずっと高速なフルスケール出力周波数30MHzで，LT1016をフルスピードで動作させることができます．実際のV→F変換は図の破線で囲んだ部分の回路で行われます．この回路の動作は**図17.16**と似ています．レベル・シフタとツェナー・ダイオードは除いてあります．200pFのコンデンサがQ_1により充電されますが，Q_2とQ_3により負荷から切り離されています．LT1016の負入力が正入力より高い電位になると，出力はLowになり，低リーク・ダイオードとして使用しているQ_4を介してコンデンサの電荷が引き出されます．2.7pFのコンデンサにより正帰還をかけてあります．左端の100kΩの入力抵抗が電圧源により駆動されると，LT1016は1Hzから30MHzの範囲で発振します．このシンプルな回路は高速ですが，直線性が悪くドリフトは5000ppm/℃を越えてしまいます．

図17.19の他の部分の回路は，速度を犠牲にすることなく，性能を補正するために設けた水晶発振子にロックしたデータ・サンプル型の帰還ループ回路です．こ

の回路は一定時間内に発生するLT1016出力のパルスをカウントして，その値を電圧に変換します．LT1016のV→Fコンバータの回路を駆動するアンプを使って，

この電圧と回路入力を比較します．この帰還ループを用いるテクニックは，正確な時間間隔とディジタル-電圧変換動作の安定度を利用して，回路を安定化するも

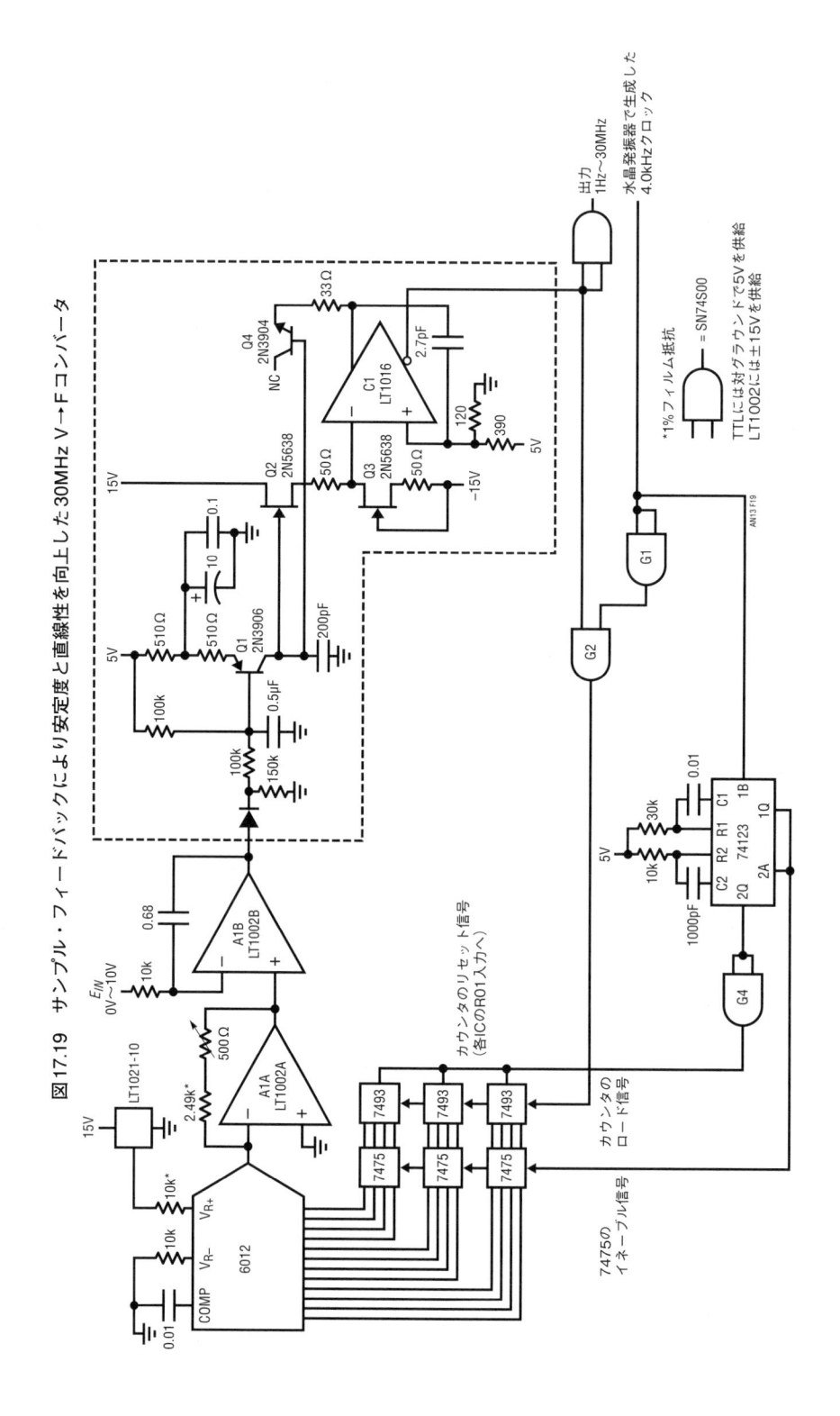

図17.19 サンプル・フィードバックにより安定度と直線性を向上した30MHz V→Fコンバータ

のです．絶え間なく周期的にループの動作を更新することで，長期的な安定性能が得られます．**図17.20**はこの回路が動作する様子を示したものです．

波形のA，B，Cは，LT1016の反転入力，出力そして非反転入力になります．二つの回路は共通の動作原理に基づいているので，**図17.17**（波形A，B，C）と似た波形になっています．波形Dは水晶発振子から生成した4kHzのクロック信号です．クロックがLowの期間，LT1016でゲーティングされた出力がQ_2の出力（波形E）に現れています．これがカウンタに入力されますが，その出力は7475のラッチを介して12ビットDACをドライブしています．クロックがHighになると，74123の一方のワンショット・タイマからパルスが発生して（波形F），カウンタのデータがラッチされます．このパルスがLowになったあと，もう一つのワンショット・タイマがパルスを出してカウンタにリセットをかけます（波形G）．クロックの次の立ち下がりエッジで，また同様の動作が繰り返されます．このように7475の出力に現れたディジタル・データは，DACとその出力アンプ（A_{1A}）によって電圧に変換されます．この電圧はA_{1B}の入力で回路への入力電圧と比較されますが，その出力がLT1016を用いたV→Fコンバータをコントロールしているわけです．この安定化ループの負帰還動作により，V→Fコンバータでのドリフトや非直線性が補正されるのです．A_{1B}のところの10kΩと0.68µFの時定数で，帰還ループの補償をかけています．

説明が必要な点ですが，この回路での周波数分解能はDACの12ビットの量子化誤差による限度よりずっと良くなります．これはDACからの出力がLSBのオーダでディザリングされていて，これがループの時定数で積分されて純粋な直流レベルになるためです．DACの出力が1LSB以内にセトリングすると，その出力は4kHzクロックでのPWMのようにふるまいます．大きな時定数によってこのPWM信号は積分されて直流になり，滑らかで連続的な周波数が得られます．実際の分解能は，LT1016による発振器の短期間ジッタによる制約を受け，読み取り値に対して約25ppmになります．

このような手法によって**図17.16**の回路よりも高速な動作が得られますが，トレードオフもあります．サンプリングによる帰還動作と，その長い時定数により，セトリング時間はおよそ100msになります．したがって出力自体は**図17.16**より高速ですが，入力の急な変

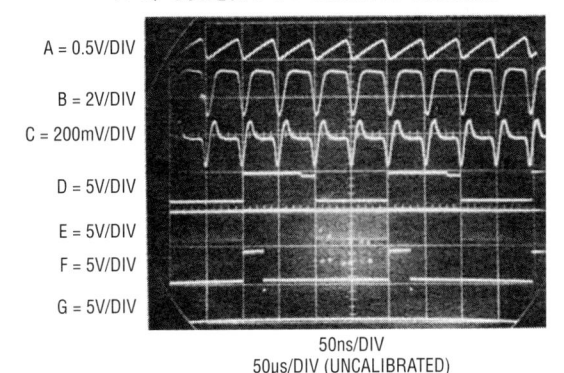

図17.20　サンプルしたデータをフィードバック（波形D-G）して，ベーシックなV→Fコンバータ（波形A-C）を安定化している図17.19の回路波形

```
A = 0.5V/DIV
B = 2V/DIV
C = 200mV/DIV
D = 5V/DIV
E = 5V/DIV
F = 5V/DIV
G = 5V/DIV
```

50ns/DIV
50µs/DIV (UNCALIBRATED)

化には追従できません．この回路の直線性はDACによる制限から0.025％，フルスケールでのドリフトは50ppm/℃です．ゼロ点のドリフトはA_{1B}の0.3µV/℃のオフセット・ドリフトにより，1Hz/℃となります．

1Hz～1MHz 電圧制御サイン波発振器

前述のV→Fコンバータはどちらもパルス出力でした．オーディオ，振動装置の駆動，自動試験装置などの多くの用途では，サイン出力の電圧制御発振器（VCO）が必要になります．**図17.21**の回路はその用途に合ったもので，0Vから10Vの入力に対して1Hzから1MHz（120dB，10^6）を出力します．0.25％の周波数直線性，0.4％の歪み特性をもちながら，これまでに発表されたどの回路より10倍以上高速です．

この回路の動作を理解するためには，まずQ_5がオンで，そのコレクタ電圧（**図17.22**の波形A）が-15VになっていてQ_1をカットオフしているとします．正の入力電圧はA_3によって反転され，3.6kΩの抵抗と自己バイアスされているFETを介して，積分器A_1のサミング・ノードのバイアスとなります．ここで電流，$-I$がサミング・ノードから引き出されます．精密オペアンプA_2がA_1を直流的に安定化しています．A_1の出力（**図17.22**の波形B）はC_1の入力（波形C）がゼロ・クロスするまで，正の電圧を積分をします．ゼロ・クロスが起きると，C_1の反転出力が負電圧になるのでQ_4-Q_5のレベル・シフタがオフになり，Q_5のコレクタ電圧は$+15$Vになります．これでQ_1がオンになります．Q_1

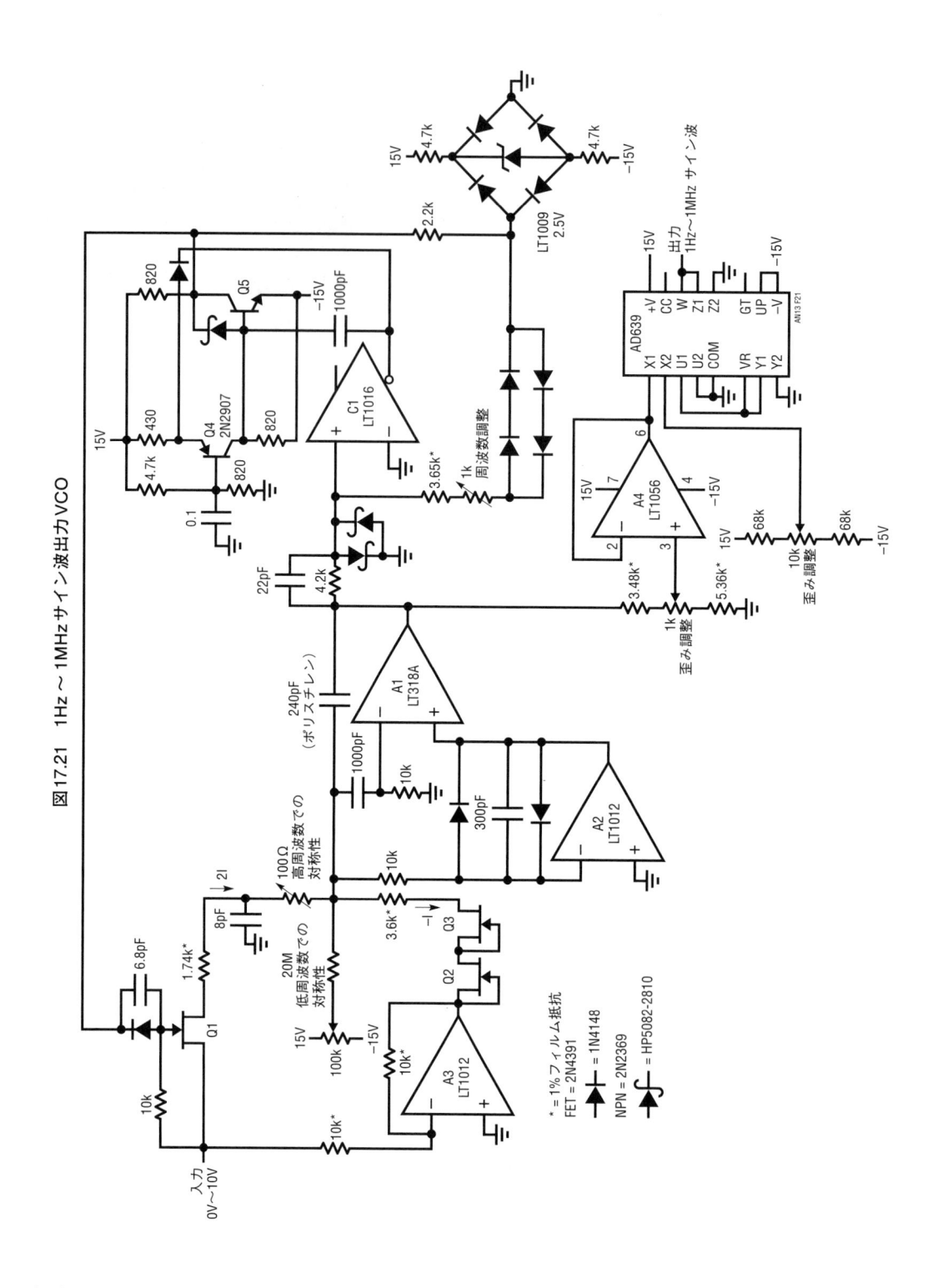

図17.21　1Hz～1MHz サイン波出力VCO

の経路に入れた抵抗によって電流がスケーリングされて，サミング・ノードから取り出されている電流 $-I$ の絶対値のちょうど2倍の大きさの電流 $+2I$ が流れます．結果として，このノードへの正味の電流値は $+I$ となる

ので，A_1 は正方向の積分と同じスロープ率で負方向の積分を行います．

A_1 が負方向に十分に積分した時点で，C_1 の"＋"入力がゼロを横切り，出力が反転します．このスイッチ

図17.22　サイン波VCOの波形

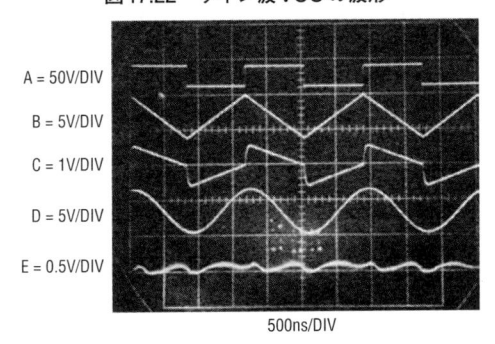

A = 50V/DIV

B = 5V/DIV

C = 1V/DIV

D = 5V/DIV

E = 0.5V/DIV

500ns/DIV

ングによりQ_4-Q_5のレベル・シフタも状態を変えて，Q_1はオフとなって再び回路の動作が繰り返されます．この結果，A_1の出力には三角波が得られます．その周波数は回路への入力電圧に依存して，入力の0Vから10Vに対して1Hzから1MHzの範囲で変化することになります．

LT1009を含むダイオード・ブリッジと直列-並列接続したダイオードによって，A_1の出力のランプ波形に対して常に極性が逆となる安定な両極性基準電圧を作っています．ショットキー・ダイオードがC_1の“+”入力を制限して，オーバードライブからきれいに復帰するようになっています．

A_4を介してAD639三角関数波形発生器により，A_1からの三角波出力はサイン波（波形D）に変換されます．

AD639には，振幅の変動しない三角波を供給しないと歪みが発生します．より高い周波数では，A_1の積分器の切り替えループの遅延時間によりQ_1のターンオン，ターンオフが遅くなります．これらの遅延が小さくならないと，周波数が高くなるに従って三角波の振幅が増加して，歪みが大きくなる原因になります．LT1016，Q_4-Q_5レベル・シフタ，およびQ_1による遅延の合計は14nsです．このように遅延が小さいので，LT1016の22pFのコンデンサによるフィードフォワードの効果もあり，全1MHzレンジにわたって歪みはわずか0.4％に保たれています．また100kHzでは，歪み率の代表値は0.2％以下になります．Q_1のソースに入れた8pFのコンデンサにより，Q_1がスイッチングする際に発生するゲートからソースへの電荷注入による影響は小さく抑えられています．このコンデンサを付けないと，三角波のピークで鋭いスパイクが現れて歪みが悪化します．Q_2-Q_3のFETは温度依存性をもつQ_1のオン抵抗を補償するもので，$+2I/-I$の電流比率が

温度に対して変化しないようにしています．

この回路を調整するには，まず10.00Vを印加してA_1の出力の三角波が対称になるよう100Ωの半固定抵抗を合わせます．ついで，100μVを加えて，同様に対称となるよう100kΩの半固定抵抗を合わせます．そして10.00Vを再び加えて，出力周波数が1MHzになるように1kΩの“周波数調整”の半固定抵抗を合わせます．最後に歪みアナライザ（波形E）で測定して，歪み率が最小になるように“歪み調整”の半固定抵抗を合わせます．歪みを最小にするには，他の半固定抵抗を多少再調整する必要があるかもしれません．

200 ns-0.01%
サンプル&ホールド回路

図17.23の回路は，LT1016の高速性を生かして標準的な回路の性能向上を図ったものです．ここでの200nsというアクイジション時間は，モノリシック・サンプル&ホールドICの能力よりずっと高速で，$200台の価格で売られているハイブリッドやモジュール製品に匹敵します．その他の性能では，最良の市販品さえ凌駕しています．またこの回路では，標準的なサンプル&ホールドの手法に関連する，FETスイッチの誤差，アンプのセトリング時間といった多くの問題について対処しています．それを実現するため，従来のサンプル&ホールド手法とはまったく異なる回路において，LT1016の高速性を利用しています．**図**17.24でサンプル&ホールド・コマンドがHighになったとき（波形A），Q_2は電流を流してQ_3にバイアスを加え，1000pFのコンデンサ（波形B）をQ_4のエミッタ電位に向かって放電させます．逆に，Q_4のエミッタはQ_3のコレクタ電位よりわずかに低い電位になります．Q_5とLT1009は，入力電圧からバイアスを得ていて，Q_4を駆動します．同時に，LT1016につないであるTTLゲートは，そのラッチ・ピン（コンパレータをイネーブルにする）を接地するので，コンパレータの反転出力がHighになります（波形C）．サンプル&ホールド・コマンドがLowになると（波形A），Q_2，Q_3はオフになり，Q_1の電流源は1000pFのコンデンサを高速でリニアなランプ波形で充電します（波形B）．このコンデンサは電流シンクが負荷になっているソース・フォロワQ_7でバッファされています．Q_7の出力が回路の入力値に達すると，LT1016の反転出力はLowにスイッチングし

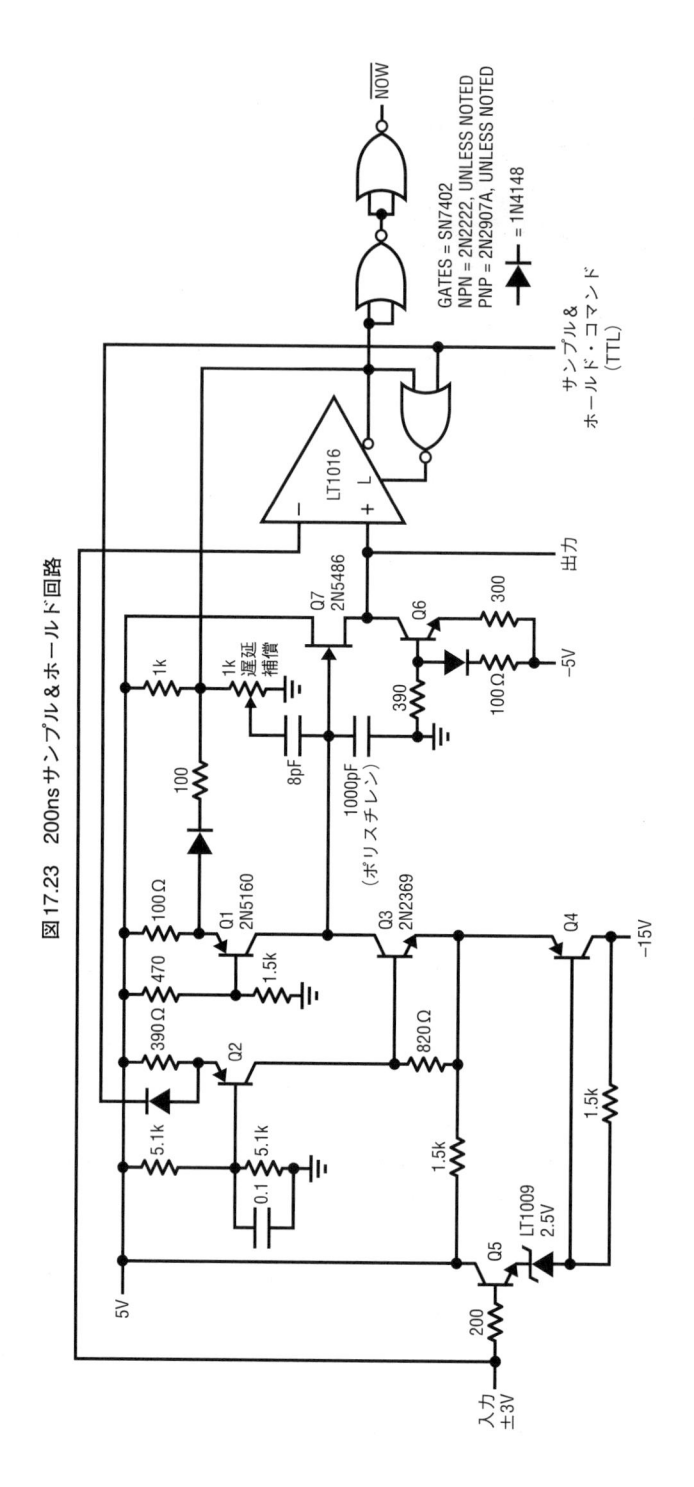

図17.23 200nsサンプル＆ホールド回路

ます（波形C）．Q_1の電流源は2nsのうちにカットオフされて，コンデンサへの充電は停止します．LT1016の出力がLowとなっているのでNORゲートの出力はHighとなり，コンパレータの出力をラッチします．これにより，1000pFのホールド・コンデンサの電圧値

が入力ノイズや信号の変化で影響を受けることを防いでいます．

理想的には，これでQ_7の出力はサンプルされた入力電圧とまったく同じ電位になるはずです．現実には，LT1016の遅延とQ_1のターンオフ時間（合計で12ns）

図17.24　高速サンプル＆ホールド回路の波形．波形A-Cはランプ波形の比較動作の様子．波形D-Gは遅延による影響の補正動作の詳細

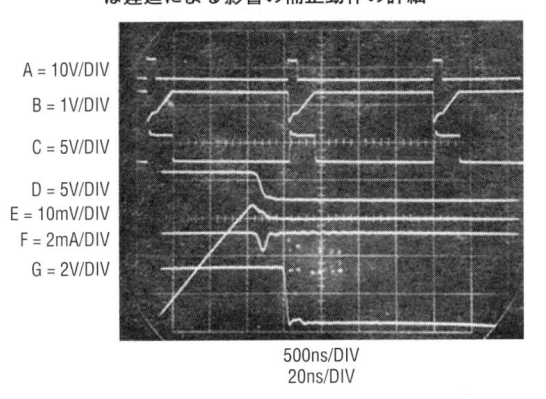

A = 10V/DIV
B = 1V/DIV
C = 5V/DIV
D = 5V/DIV
E = 10mV/DIV
F = 2mA/DIV
G = 2V/DIV

500ns/DIV
20ns/DIV

図17.25　高速サンプル＆ホールド回路による三角波のトラッキングの様子．波形Cは回路出力の増加の様子を示すために拡大した波形

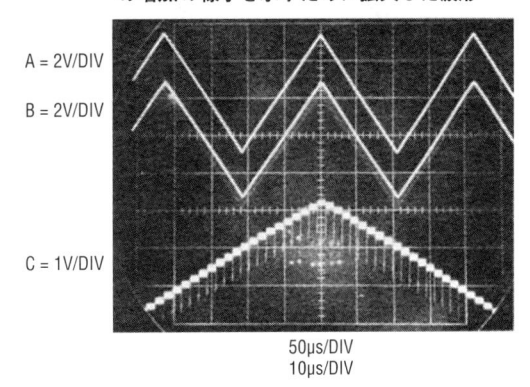

A = 2V/DIV
B = 2V/DIV
C = 1V/DIV

50μs/DIV
10μs/DIV

の影響により，わずかな誤差が生じます．コンデンサへの充電電流が止まるまでの時間遅れにより，コンデンサの充電電圧は入力電圧より高くなります．この誤差はLT1016の反転出力がLowになるときに，1000 pFのコンデンサからわずかの電荷を取り除くことで補正しています．8 pFのコンデンサと1 kΩの半固定抵抗を介して，そのぶんの電荷が除かれます．充電によるランプ波形の傾きが一定であることより，この誤差も一定で，回入力の±3 Vのコモン・モード電圧範囲で有効に補正されます．**図17.24**のオシロスコープの波形写真の下半分に表示されている四つの波形は，この補正とランプ波形がターンオフされる様子がよくわかるように拡大したものです．LT1016がオフになったとき（波形D），このランプ波形は最終値より少しオーバーシュートしています（波形E）．

　1 kΩと8 pFの組み合わせにより，1000 pFのホールド・コンデンサから正しい電圧値に戻るだけの電荷が引き出されています（波形F）．波形Gは$\overline{\text{NOW}}$信号です．その波形は，LT1016の反転出力がLowになってからゲート2個ぶんの遅延時間のあとでLowになっています．この出力がLowになるのが，この回路出力の誤差補正動作からのセトリングが終わり，有効になった時点です．サンプル＆ホールド・ラインの立ち下がりから$\overline{\text{NOW}}$出力がLowになるまでの合計時間は，常に200 ns以内に収まります．

　この回路の200 nsのアクイジション時間は，充電ランプの高速なスルー・レートとQ_4，Q_5およびLT1009の高速動作によって得られるものです．これらの部品は広帯域なトラッキング・アンプ回路を構成しています．Q_7の電流源負荷（Q_6）により，V_{GS}が変化しないよ

うになっています．したがって，Q_3は非常に小さい，比較的一定な値だけ入力電圧より低い電圧でホールド・コンデンサをリセットします．これにより，入力電圧に同じレベルになるまでランプ波形を長時間発生する必要がなくなり，入力電圧に対するアクイジション時間が一定になります．**図17.25**は，この回路が両極性の三角波をサンプリングしている様子です．波形Aは入力で波形Bは回路の出力です．波形Cは波形Bを拡大したものです（波形Cに見えるサンプリングの段差による"滲み"は三角波を非同期に繰り返しサンプリングしているため）．このトラッキング・アンプの動作は容易に理解できます．コモン・モード電圧とは無関係に，入力電圧から一定電圧だけ低い電位にランプ波形が常にリセットされています．この回路を校正するには，入力を接地した状態でサンプル＆ホールド・ラインにパルスを繰り返し印加して，出力が0 Vになるように1 kΩの半固定抵抗を調整します．

　この回路のポイントとなる仕様は下記のようになります．

　　アクイジション時間：200 ns未満
　　コモン・モード入力電圧範囲：±3 V
　　ドループ：1 μV/μs
　　ホールド・ステップ：2 mV
　　ホールド・セトリング時間：15 ns
　　通り抜けに対する減衰量：100 dB以上

高速トラック＆ホールド回路

　図17.26に示すトラック＆ホールド回路は，**図17.23**のサンプル＆ホールド回路と大枠として関連するもの

図17.26　コンパレータを利用したトラック＆ホールド回路

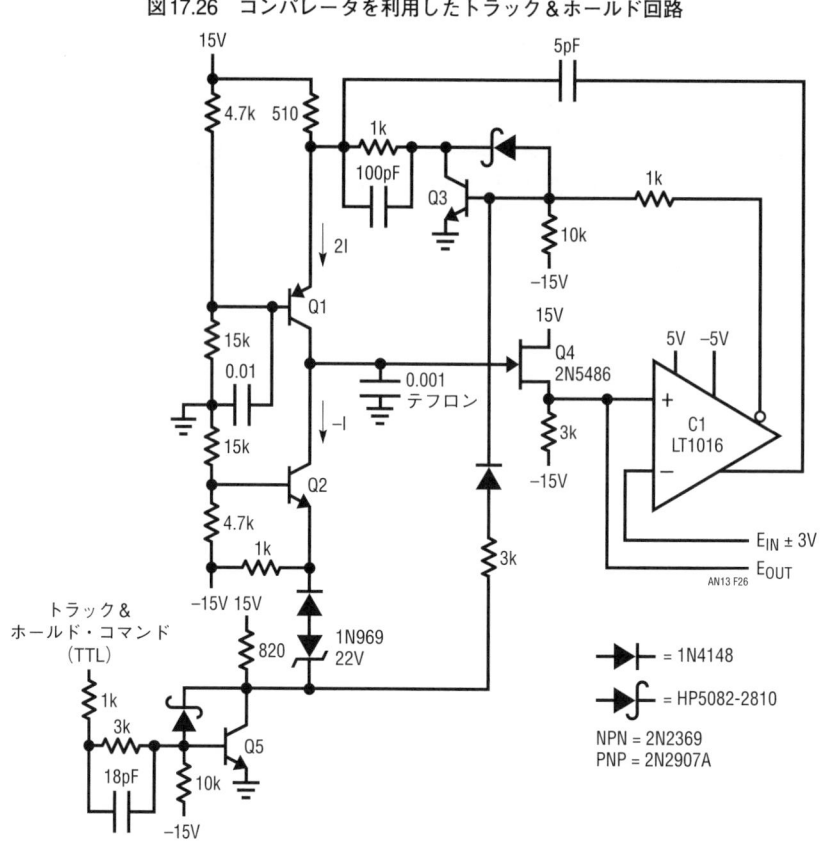

図17.27　トラック＆ホールド回路が入力に応答している様子

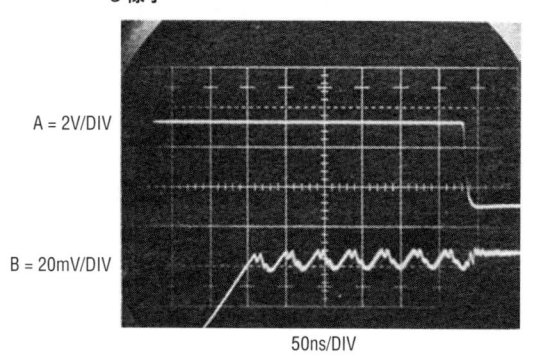

A = 2V/DIV

B = 20mV/DIV

50ns/DIV

図17.28　トラック＆ホールド回路が方形波入力に応答している様子

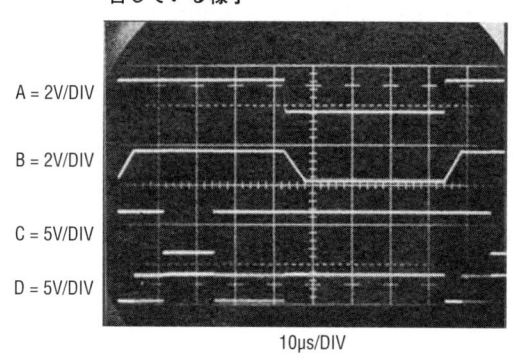

A = 2V/DIV

B = 2V/DIV

C = 5V/DIV

D = 5V/DIV

10μs/DIV

です．これも$LT1016$の高速性を利用して，標準的な手法を捨て去った設計例です．この回路の主要部分はスイッチングされる電流源（Q_1-Q_3），電流シンク（Q_2），FETフォロワ（Q_4），そして$LT1016$になります．この回路動作を理解するには，まず$0.001\,\mu$Fのホールド・コンデンサに保持された電圧が入力電圧より低く，トラック＆ホールド・ライン（**図17.27**の波形A）がTTL

の"1"（トラック・モード）になっている状態を考えます．この状態では，Q_5はオンでC_1の出力は正になります．C_1の反転出力はLowでQ_3はオフになるので，Q_1の電流源によりホールド・コンデンサが充電されます．Q_2の電流シンクも動作していますが，その電流密度はQ_1の半分になっています．ホールド・コンデンサは正方向に充電されています．Q_4のソース（**図17.27**の波

形B) からのランプ波形が入力電圧値に達すると，C_1 の出力波形が反転します．これでQ_3はオンになり，Q_1 の電流源を急速にオフにします．5 pF のフィードフォワード・コンデンサによってQ_3はバイパスされて，Q_1 のターンオフはスピードアップされます．これでQ_1がオフになると，Q_2の電流シンクがホールド・コンデンサを放電させます．これでC_1の出力の状態が変わり発振が始まります（図17.27，波形B）．このように10 mV-25 MHz の発振は制御されて，入力電圧値を中心に取ります．トラック&ホールド・ライン（波形A）がLow になると，Q_5の導通が止まるのでQ_1とQ_2は直ちにオフとなり，発振は停止して回路出力はターンオフ時の状態である入力値の±5 mV 以内に落ち着きます．この 5 mV の不確かさは，回路動作の自然なふるまいに起因するもので，精度は8ビットに制限されます．

　図17.28はこの回路に方形波を入力したときの動作を示しています．波形Aは入力，波形Bは出力，波形Cはトラック&ホールド・コマンド，そして波形DはLT1016の出力です．トラック&ホールド・コマンドがLowになると，発振が制御されてきれいに停止している点に注意してください．もし，ソース-シンク・トランジスタをより大きな電流で動作させれば入力変化に対応してもっと高速で出力が応答するでしょう．その場合，発振の誤差幅もそれに比例して大きくなります．ここでの25 MHz の更新レートの場合，比較的低速な信号を非常に正確に追従できていて，ホールドに切り替わったときのセトリング時間は10 ns 以下になります．

10 ns サンプル&ホールド

　図17.29はアクイジション時間が10 ns のサンプル&ホールド回路で，繰り返し信号のみに使用できます．ここでは，LT1016 (C_1) は差動積分器 (A_1) の入力を駆動しています．積分器からLT1016へのフィードバックにより，この回路のループが閉じられています．図 17.30の波形は1 MHz のサイン波（波形A）が入力に加えられたときの動作です．C_2はゼロ・クロス信号（波形B）を発生し，ワンショット・タイマ"A"（波形C）は可変幅のパルスを出力します．ワンショット・タイマ "B" の出力Qからは30 ns のパルス（波形D）が発生しますが，これは$\overline{Q}$信号とともにロジックICの組み合わせ回路に供給されます．Q 側の経路の2個のインバータの遅延時間により，後のゲートには$\overline{Q}$（波形E）より短

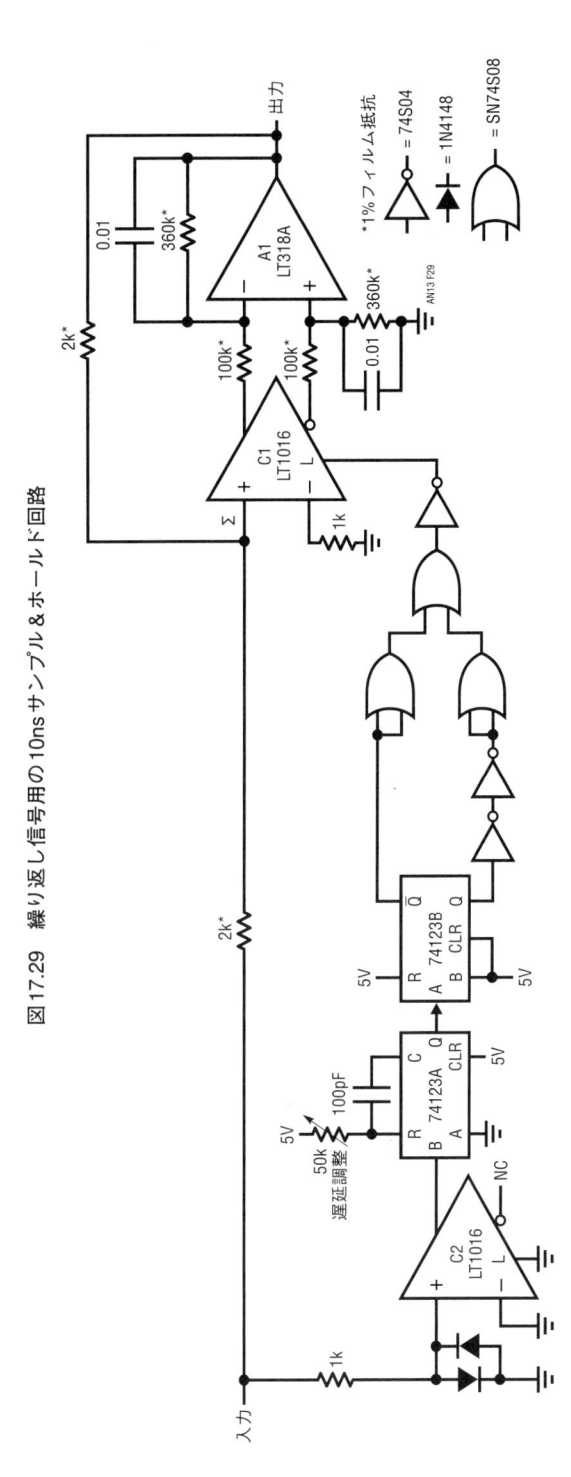

図17.29　繰り返し信号用の10nsサンプル&ホールド回路

い幅の出力パルス（波形F）が与えられます．この最後のゲートはこれらの信号の引き算を行い10 ns のスパイクを取り出しているわけです．さらに反転した信号（波形F）がC_1のラッチ・ピンに加えられます．ラッチが

図17.30　10nsサンプル＆ホールド回路の波形. 10ns
のサンプリング・ウィンドウ (波形G) は入力
波形 (波形A) の任意の位置にセットできる

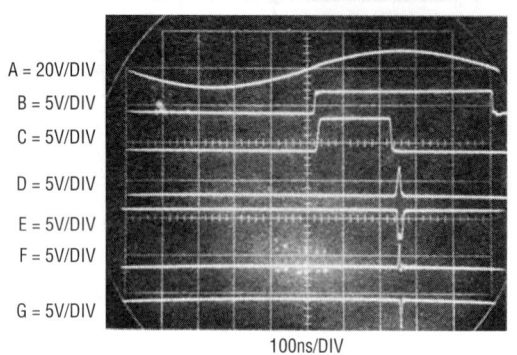

A = 20V/DIV
B = 5V/DIV
C = 5V/DIV
D = 5V/DIV
E = 5V/DIV
F = 5V/DIV
G = 5V/DIV

100ns/DIV

イネーブルにされるたびに，コンパレータは"＋"入力
ピンのサミング・ノードの状態に対して応答します.
サミングの結果が正であれば，A_1は電流を吸い込みま
す. 負であれば，A_1はジャンクションに対して電流を
流します. この入力サイクルが繰り返される結果，A_1
の出力は直流値にセトリングしますが, この電圧はラッ
チ・ピンがイネーブルになっている間にサンプリング
された信号のレベルに一致します. "遅延調整"の半固

定抵抗により，$10\,\mathrm{ns}$のサンプリング・ウィンドウを入
力サイン波形のどこにセットするかを決めます.

5 µs，12ビットA/Dコンバータ

図17.31に示すように，LT1016の高速性は高速12
ビットA/Dコンバータを実現するために利用できます.
この回路は一般的な逐次比較方式のA/Dコンバータを
改造したもので，大部分の市販されているSAR型の12
ビットA/Dコンバータより高速です. この構成では，
2504逐次比較レジスタ (SAR)，A_1とC_1がMSBから
順にビットの比較を行い, ディジタル的にビット表現
されたV_{IN}電圧のデータを生成します. より高速な変
換時間を得るために，上位から3ビット目が変換され
たあとにクロック発振器 (C_2) のスピードを上げていま
す. これは変換機構がセグメント化されているDACの
利点を利用したもので，下位9ビットのセトリング時
間を大きく高速化できます.

A_1はC_1のためのプリアンプとして働きますが, わず
か7 nsの遅延が加わるだけです. これによりA_1の入力
での0.5 LSB (1.22 mV) のオーバードライブに対して，

図17.31　5µs，12ビットSARコンバータ. 3ビットまで変換されたあと，クロックを高速化して全体としての変換時
間を短縮している

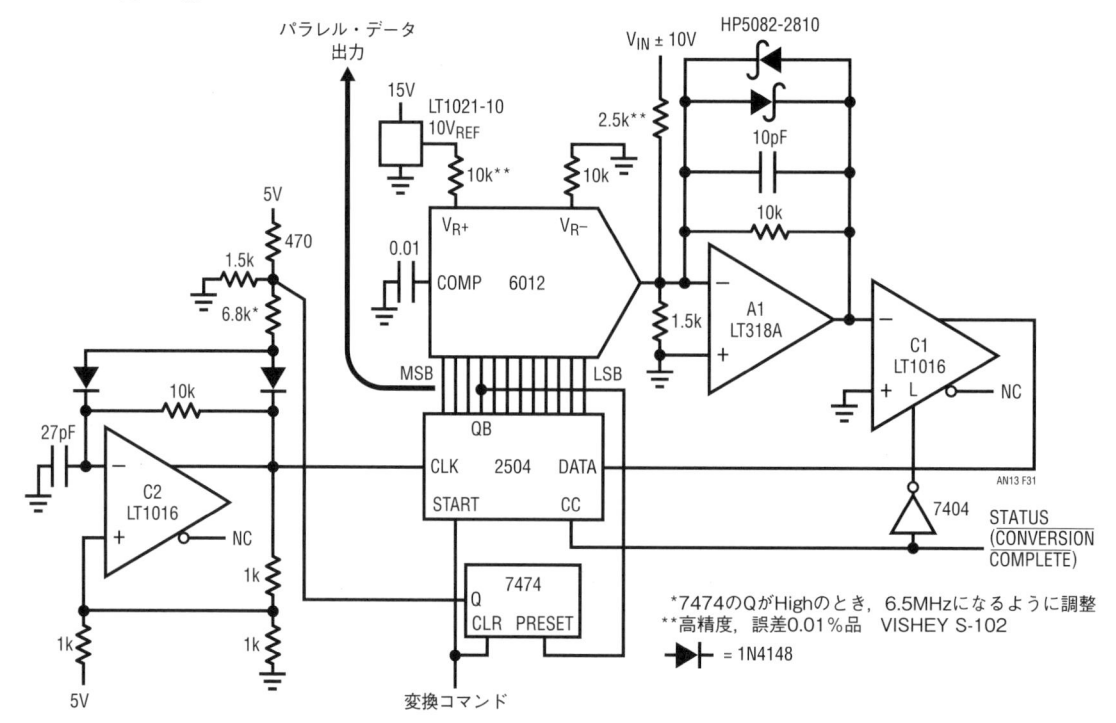

クリーンな応答が得られています．**図17.32**はこのコンバータが動作している様子です．動作を観察しやすくするためにA₁は取り除いてあり，DAC-入力ノードでLT1016の"＋"入力を直接駆動しています．通常の使用ではA₁が必要です．

"変換コマンド"(**図17.32**の波形A)がLowになると，変換動作が始まります．このとき，SARが各ビットの比較を始めます．DACの出力(波形B)はショットキー・ダイオードでクランプされたC_1の入力に加えられて，最終値を目指して徐々に収束していきます．上位から3ビット目まで確定した後に7474のQ出力はHighとなり(波形C)，2.1 MHzのクロック信号を3.2 MHz(波形D)にシフトさせます．これによって残り9ビットの変換が高速化され，全体のA/D変換時間が短縮されます．変換が終了するとSTATUSライン(波形E)はLowになり，C_1のラッチはTTLのインバータでセットされるので，コンパレータが入力のノイズや変動に応答するのを防止します．

次に"変換コマンド"がLowになると，全体のサイクルが再び初期化されます．小さい信号に対して速度を犠牲にすることなく，ディジタル値の最後の1ビットまでC_1が正確に応答しなければならない点に注意が必要です．高いゲイン帯域幅が必要とされるので，コンパレータにとって最も難しいアプリケーションの一つになります．12ビットA/Dコンバータとして，この回路の5 μsの変換時間は高速です．設計はより複雑にな

図17.32　高速SARコンバータの波形．3ビットまで変換されたあと，クロック(波形D)が速くなっている点に注意

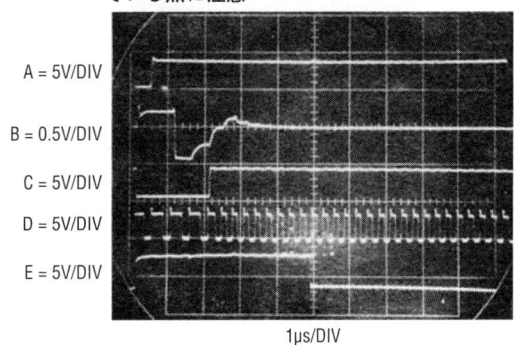

A = 5V/DIV
B = 0.5V/DIV
C = 5V/DIV
D = 5V/DIV
E = 5V/DIV

1μs/DIV

りますが，さらに高速な変換も可能です．AN17の「SAR型A/Dコンバータに関する考察」では，この回路の発展型である変換時間1.8 μsのコンバータを取り上げています．

安価で高速な10ビット・シリアル出力A/Dコンバータ

図17.33はシンプルに構成した，高速で安価な10ビットA/Dコンバータを示しています．多数のコンバータが必要になる場合にはこの回路は特に有効で，一つのクロック源ですべてをまかなうことができます．この設計では，電流源，積分コンデンサ，コンパレータと

図17.33　シンプルで高速な10ビットA/Dコンバータ

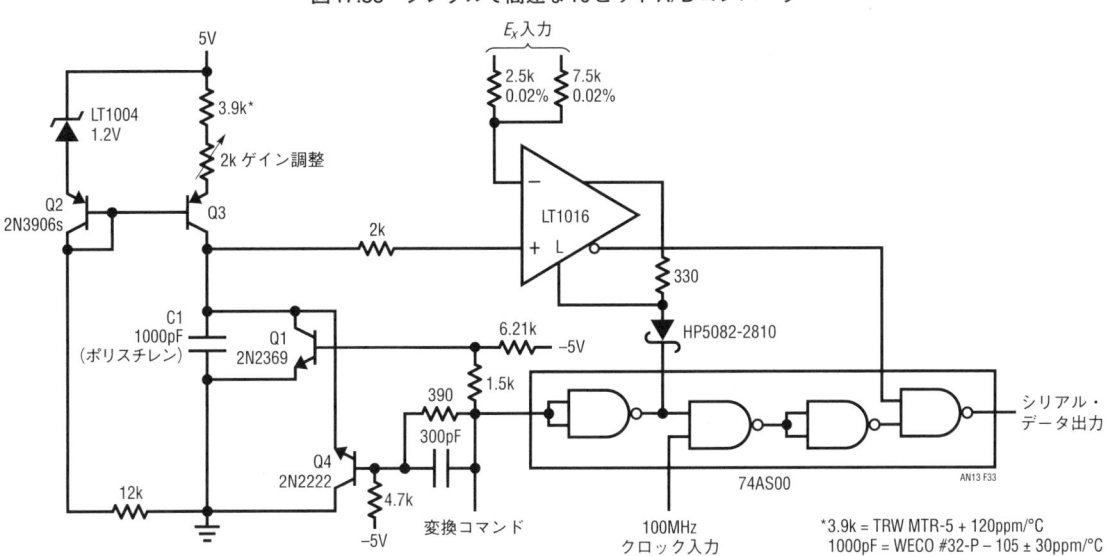

図17.34　10ビットA/Dコンバータの波形

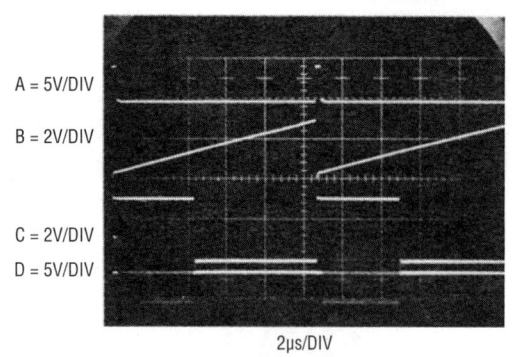

A = 5V/DIV

B = 2V/DIV

C = 2V/DIV
D = 5V/DIV

2μs/DIV

図17.35　図17.33の回路のリセット動作の様子．Q_1からQ_4の組み合わせによって高速で低オフセットな0Vへのリセットが得られる

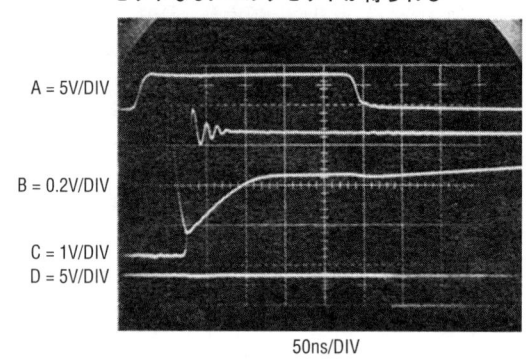

A = 5V/DIV

B = 0.2V/DIV

C = 1V/DIV
D = 5V/DIV

50ns/DIV

いくつかのゲートを用いています．

　変換コマンド入力にパルスが与えられるたびに（**図17.34**，波形A），Q_1が1000 pFのコンデンサを0Vにリセットします（波形B）．このリセット動作には200 nsかかり，これが変換コマンドに必要なパルスの最小幅です．変換コマンド・パルスの立ち下がりエッジで，このコンデンサにリニアな充電が始まります．正確に10 μsで，このコンデンサは2.5 Vまで充電されます（オーバーレンジは3.0 Vまで可能）．通常，Q_1はV_{CE}の飽和電圧の制限により，コンデンサを0Vまでリセットできません．Q_4によってこの影響は補正されます．この素子はインバーティング・モードでスイッチング動作をして，グラウンドに対して1 mV以内でリセットします．Q_1がコンデンサの電荷の大部分を消費し，Q_4が最後まで放電します．

　10 μsのランプ波形がLT1016の正入力に加わります．LT1016はこのランプ波形と反転入力に加わるE_x，つまり測定したい入力電圧を比較します．0 Vから2.5 Vの範囲で電圧E_xは2.5 kΩの抵抗に加えられます．0 Vから10 Vの範囲に対しては，2.5 kΩの抵抗を接地してE_xを7.5 kΩの抵抗に加えるようにします．非反転入力に設けた2.0 kΩの抵抗により，C_1への信号源インピーダンスのバランスをとっています．LT1016の出力はパルスで（波形C），そのパルス幅はE_xの値で直接決まります．このパルス幅により，100 MHzのクロックがゲーティングされます．74AS00のゲートでこれを行い，また変換コマンド・パルスによって生じる余分なLT1016の出力パルスをマスクします．このようにして，E_xに比例した100 MHzのクロック・パルスがバースト出力されます（波形D）．

　0 Vから10 Vの入力に対しては，フルスケールとして1024パルスが出力され，5.00 V入力には512パルス，という関係になります．LT1016のラッチ・ピンに付けた抵抗とダイオードによって変換終了後にLT1016の出力をロックすることで，コンパレータがきれいに遷移するようにしています．このラッチは次の変換コマンド・パルスで解除されます．

　電流源のスケーリング抵抗とランプ波形発生用コンデンサは，互いに逆の温度係数をもつようにしてあるので，良好な温度補正が得られます．この回路は0℃から70℃の範囲で一般的に±1 LSB精度を保ち，クロックに対して非同期な変換動作が原因となる±1 LSBの不確かさが加わります．

　図17.35はこの回路の変換動作の一番重要な部分である，リセット過程を示したものです．波形Aは変換コマンドです．波形Bはコンデンサの電圧（拡大してある）で0 Vにリセットされるところです．コンパレータの出力は波形Cで，波形Dはゲーティングされたシリアル出力です．コンデンサの電圧が上昇を始めるまで（管面中央部を少し過ぎた部分），コンパレータ出力がHighであってもパルスが出力されていないことを確認してください．

2.5 MHz高精度整流回路/AC電圧計 ◉

　精密な整流回路のほとんどは，オペアンプを利用してダイオードでの電圧降下を補正する手法を使うものです．この方式は良好に動作しますが，帯域の制限から通常は100 kHz以下での用途に限定されてしまいます．**図17.36**に示すのはLT1016をオープンループで利用して，2.5 MHzまで高精度で動作する同期整流回路

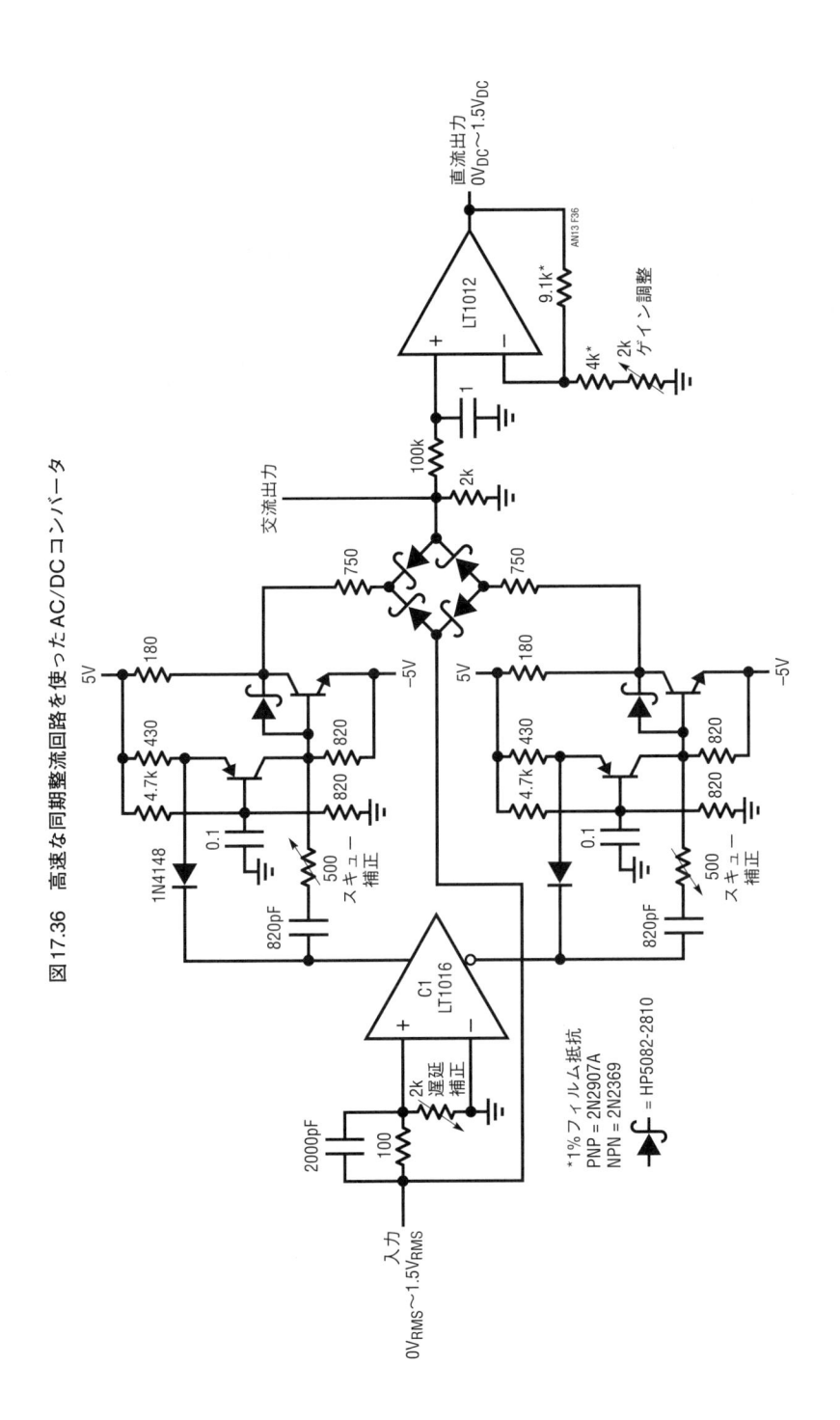

図17.36　高速な同期整流回路を使ったAC/DCコンバータ

を構成した例です．入力の1MHzのサイン波（**図17.37**の波形A）はC_1でゼロ・クロスを検出されます．C_1の二つの出力により，高速な（2nsから3nsの遅延）±5V出力をもつ同一構成のレベル・シフタ2組を駆動します．その出力はショットキー・ダイオードのスイッチング・ブリッジ（波形BとCはブリッジのスイッチング

されているノードの波形）にバイアスを加えます．入力信号はブリッジの左側の中点に加えられます．C_1はブリッジを入力信号と同期的に駆動するので，回路の交流出力（波形D）にはサインの半波整流波形が現れます．直流出力にはRMS値であるDCが現れます．ショットキー・ダイオードは高速にスイッチングし，FETス

図17.37 1MHzで動作している高速なAC/DCコンバータ. LT1016の高速性, 遅延とスイッチング・スキューの補正によってクリーンなスイッチングをしている

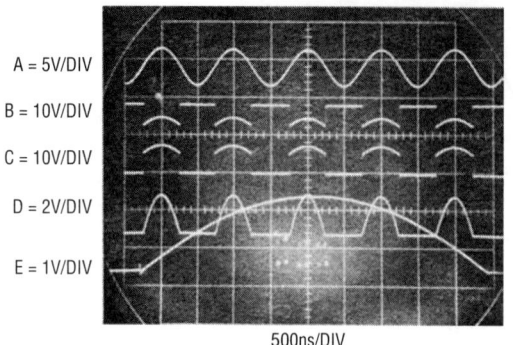

A = 5V/DIV

B = 10V/DIV

C = 10V/DIV

D = 2V/DIV

E = 1V/DIV

500ns/DIV
50ns/DIV (UNCALIBRATED)

図17.39 光ファイバ受信回路の波形

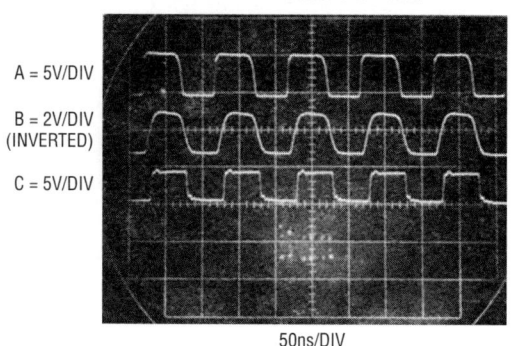

A = 5V/DIV

B = 2V/DIV
(INVERTED)

C = 5V/DIV

50ns/DIV

イッチで起きる電荷の注入が避けられます. これは波形Dを拡大した波形Eを見れば明らかです. ブリッジのスイッチングによる極めてわずかな乱れを除いて, クリーンな波形が得られています. この回路を校正するには, 入力に1MHzから2MHzの1V_{p-p}のサイン波を加え, 遅延補正を調整してサインのゼロ・クロスでダイオードのスイッチングが起きるようにします. この調整により, LT1016のレベル・シフタで生じるわずかな遅延を補正します. 次に, 交流出力が正確な波形になるようにスキュー補正の半固定抵抗を調整します. これで, それぞれのレベル・シフタ出力の立ち上がりエッジの位相がわずかに変わります. 以上によってブリッジへの相補型駆動信号のスキューは1nsから2ns以内に保たれ, スイッチング時の出力の乱れが最小になります. 100mVのサイン波入力に対して, 直流出力には0.25%より良い精度のクリーンな出力が得られます.

10MHz光ファイバ受信器

光ファイバの高速なデータ信号の受信は簡単ではありません. 受信回路が注意深く設計されていないと, 高いデータ・レートと不確定な入力レベルの光強度によって誤りが発生する結果になりかねません. 図17.38に示す光ファイバの受信回路は, 10MHzまでのデータ・レートに対して広いレンジの光入力に適合して動作します. ディジタル出力は適応型の閾値トリガ機能を備えていて, 部品の経時変化や他の原因による信号強度の変化に対応します. また, 検出器の出力をモニタできるようにアナログ出力も設けてあります. 光信号はPINフォトダイオードにより検出され, Q_1-Q_3の広帯域な帰還アンプ段により増幅されます. 同様な構成の2段目の回路でさらに増幅されます. この回路からの出力(Q_5のコレクタ)は2レベルのピーク・デテクタ(Q_6-Q_7)に加えられます. 最大ピーク値はQ_6のエミッタにあるコンデンサに保持され, 最小値はQ_7のエミッタのコンデンサに保持されます. 500pFコンデンサと22MΩの抵抗の接続点には, Q_5の出力信号の中点の直流値が現れます. この点の電圧は信号振幅の大きさにかかわらず, 常に信号変化の中点になります. この信号振幅に適応した電圧はバイアス電流の小さいLT1012でバッファされ, さらにLT1016の正入力に加えられてトリガ電圧を決めます. このLT1016の負入力はQ_5のコレクタから直接バイアスされています. 図17.39は図17.38に示した試験回路を使ったときの結果です. パルス・ジェネレータの出力が波形Aで, Q_5のコレクタ(アナログ出力モニタ)が波形Bです. LT1016の出力は波形Cです. 広帯域アンプは5ns以内で応答していて, 立ち上がり時間は25nsです. 適応型のトリガ動作を示すものとして, LT1016の出力の変化点が波形Bでの中点電圧に対応している点に注意してください.

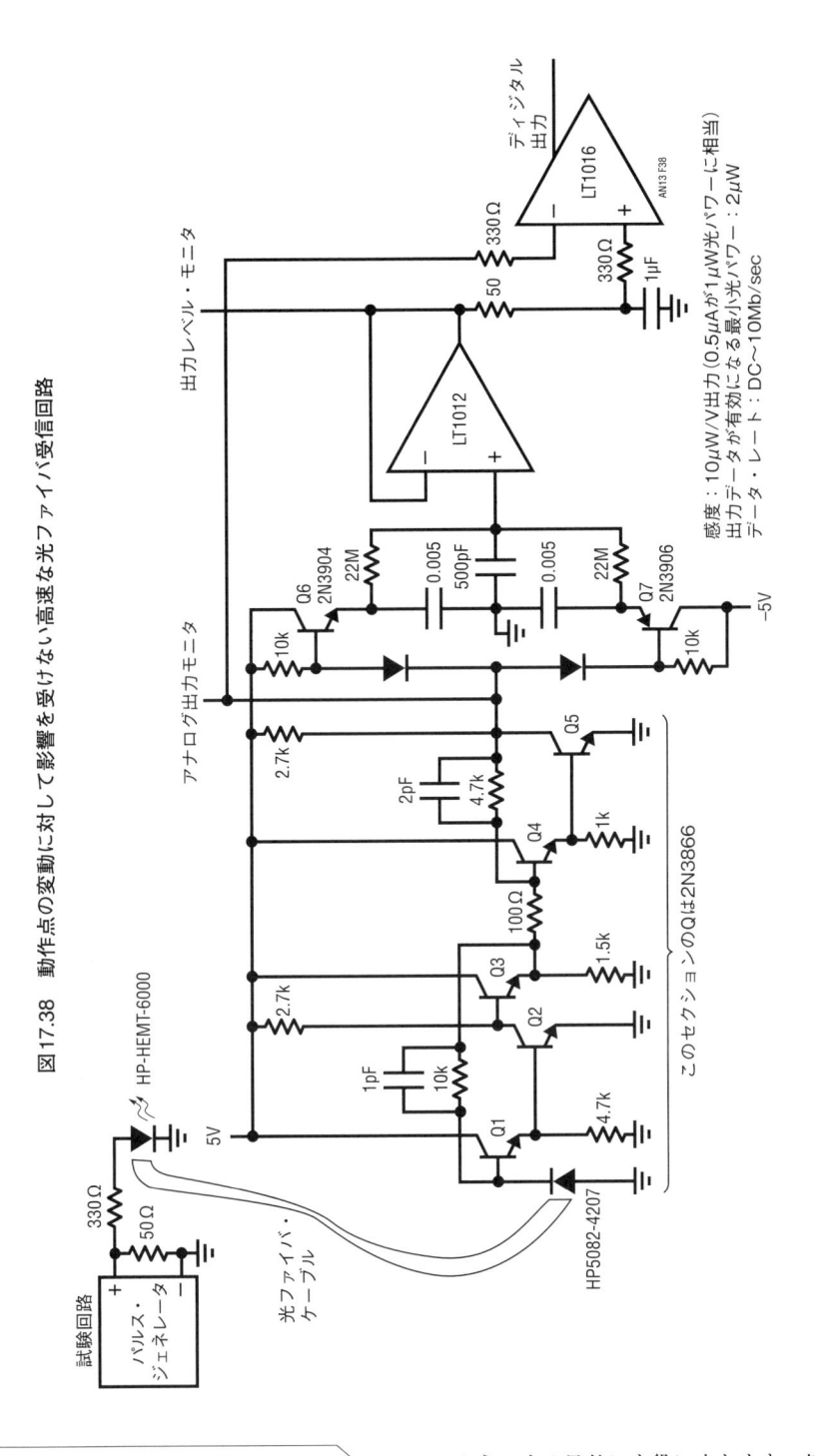

図17.38　動作点の変動に対して影響を受けない高速な光ファイバ受信回路

感度：10μW/V出力（0.5μAが1μW光パワーに相当）
出力データが有効になる最小光パワー：2μW
データ・レート：DC〜10Mb/sec

このセクションのQは2N3866

12 ns動作のサーキット・ブレーカ

　図17.40に示す回路は，設定電流値を超えた12 ns後に負荷への電流を遮断する簡単な回路です．これは開発中のICの測定作業でICを壊さないために使ってきた回路ですが，高価な負荷を調整や校正作業で壊さな

いようにする目的にも役に立ちます．以前に発表されている回路より3倍高速でより簡単になっています．通常の条件では，10 Ωのシャント抵抗の両端の電圧はLT1016の負入力の電圧より低くなっています．これによってQ₁がオフし，Q₂はバイアスされ，負荷を駆動する事を保持します．過負荷が発生すると（ここではテ

図17.40 12ns動作のサーキット・ブレーカ

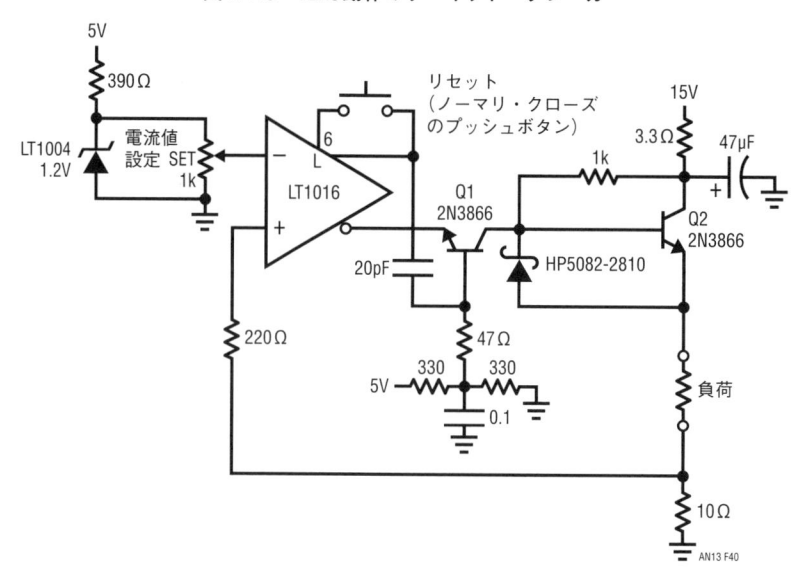

図17.41 12ns動作のサーキット・ブレーカの動作波形.
回路出力（波形D）は出力電流（波形B）が増加し
始めてから12ns後に遮断を開始する

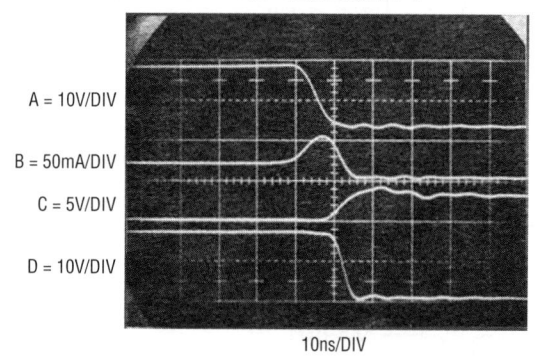

A = 10V/DIV

B = 50mA/DIV

C = 5V/DIV

D = 10V/DIV

10ns/DIV

図17.42 50MHzトリガ回路

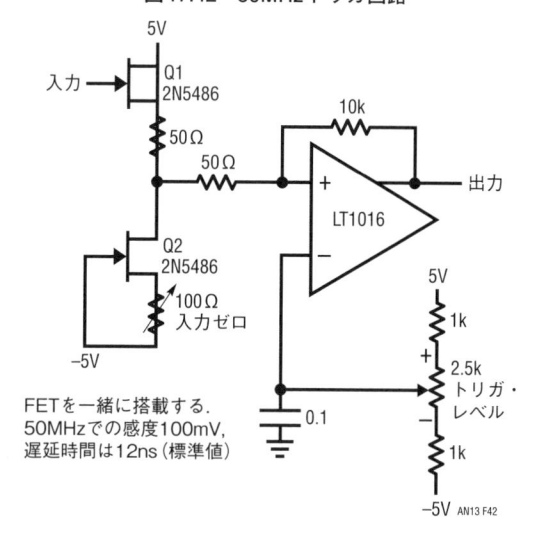

FETを一緒に搭載する.
50MHzでの感度100mV,
遅延時間は12ns（標準値）

スト回路により作った条件で，**図17.41**の波形A），10Ωの検出抵抗を流れる電流が増大し始めます（**図17.41**の波形B）．電流がプリセット値を超えると，LT1016の出力（非反転出力を波形Cに示す）が反転します．これによって5ns以内にQ_1は理想的にオンにドライブされ，Q_2がカットオフされます（波形DはQ_2のエミッタ電圧）．過剰な電流の発生から，負荷電流のシャットダウンまでに要する時間はわずか13nsです．この回路は一度トリガされると，LT1016は非反転出力からのフィードバックによってラッチ状態になります．過負荷が取り除かれたのちに回路をリセットするには押しボタンを使います．

50 MHzトリガ回路

カウンタやその他の測定器にはトリガ回路が必要です．高速で安定なトリガの設計は容易ではなく，しばしば相当の分量のディスクリート回路が必要になります．**図17.42**は簡単な回路ながら，50 MHzで100 mVの感度を実現しています．FETは簡単な高速バッファで，LT1016はこのバッファの出力と，正負どちらにも設定できる"トリガ・レベル"半固定抵抗の中点電位

を比較します．10kの抵抗によってヒステリシスをかけていて，入力信号のノイズによるチャタリングを防止しています．**図17.43**はこのトリガ回路の50MHzサイン波（波形A）に対する応答です（波形B）．この回路を校正するには，入力を接地して"入力ゼロ"をQ_2のドレインが0Vになるように調整します．

図17.43　50MHzサイン波入力に対するトリガの応答

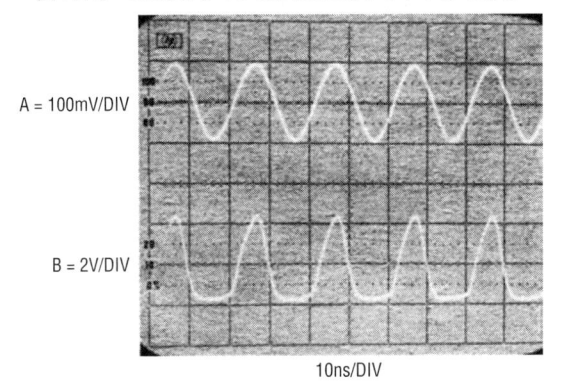

A = 100mV/DIV

B = 2V/DIV

10ns/DIV

◆ 参考文献 ◆

(1) Dendinger, S., "One IC Makes Precision Sample and Hold", *EDN*, May 20, 1977.
(2) Pease, R. A., "Amplitude to Frequency Converter", U.S. Patent #3,746,968, Filed September, 1972.
(3) Hewlett-Packard Application Note #915, "Threshold Detection of Visible and Infra-Red Radiation with PIN Photodiodes".
(4) Williams, J., "A Few Proven Techniques Ease Sine-Wave-Generator Design", *EDN*, November 20, 1980, page 143.
(5) Williams, J., "Simple Techniques Fine-Tune Sample-Hold Performance", *Electronic Design*, November 12, 1981, page 235.
(6) Baker, R. H., "Boosting Transistor Switching Speed", *Electronics*, Vol. 30, 1957, pages 190 to 193.
(7) Bunze, V., "Matching Oscilloscope and Probe for Better Measurements', *Electronics*, March 1, 1973, pages 88 to 93.

Appendix A　バイパス・コンデンサについて

　バイパス・コンデンサは，負荷点での電源インピーダンスを低く抑えるために使用されます．電源ラインに寄生の抵抗やインダクタンスがあることは，電源インピーダンスが極めて高くなるかもしれないことを意味します．周波数が高くなるにつれて，誘導性の寄生成分が面倒になってきます．このような寄生要素が存在しなかったとしても，または局部的な安定化が行われていても，やはりバイパスは必要であり，それは100MHzで出力インピーダンスがゼロの電源やレギュレータはないからです．どのようなタイプのバイパス・コンデンサを使用すべきかは，応用分野，回路の周波数領域，価格，基板サイズ，およびその他の多くの要因に基づいて決められます．いくつかの有用な一般化が可能です．

　すべてのコンデンサは寄生要素を含み，それらのいくつかを**図17.A1**に示します．バイパスの用途では，リーケージや誘電吸収は2次的要因ですが，直列のRとLはそうではありません．これら後者の項目が，変動の吸収や電源インピーダンスを低く抑えるコンデンサの能力を制限します．バイパス・コンデンサは大きな変動を吸収するためにしばしば大きな容量値にしな

図17.A1　コンデンサの寄生成分

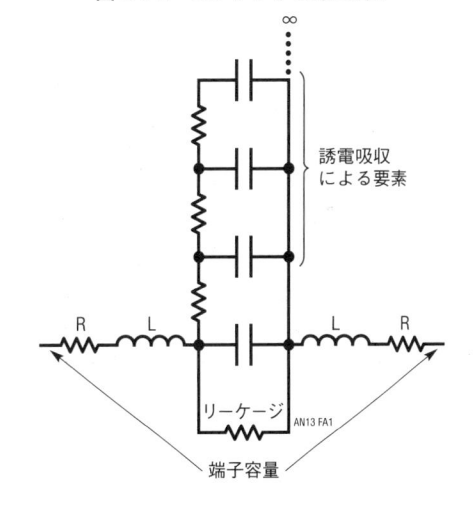

誘電吸収
による要素

リーケージ

端子容量

AN13 FA1

くてはならず，直列のRとLが大きい電解型を必要とします．

　電解型と無極性電解型での異なる種類の組み合わせは，顕著に異なる特性を示します．どの種類を使用すべきかは，いくつかの仲間の間では熱い議論のテーマですが，その試験回路（**図17.A2**）と付随する写真波形

図17.A2　バイパス・コンデンサの試験回路

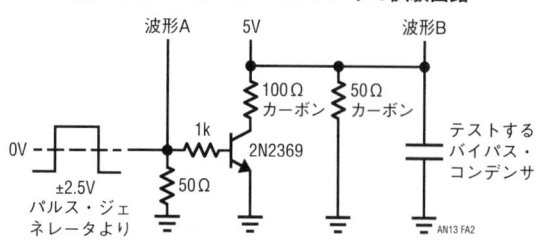

図17.A3　バイパスしていない場合の応答

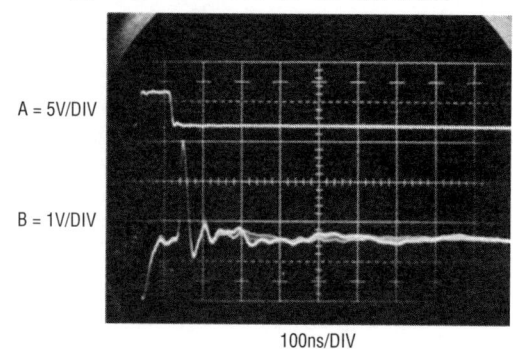

図17.A4　10μFのアルミ電解コンデンサの応答

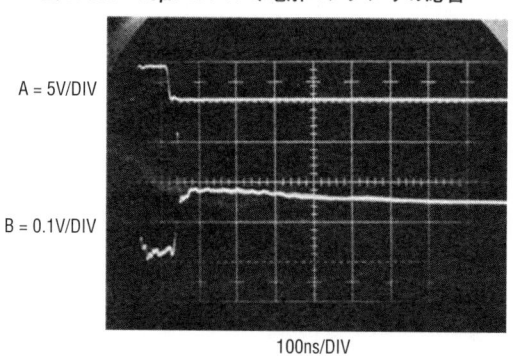

図17.A5　10μFのタンタル・コンデンサの応答

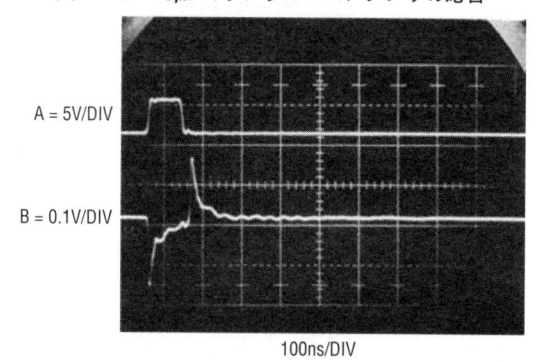

図17.A6　10μFのアルミ電解コンデンサに0.01μFのセラミック・コンデンサを並列接続した応答

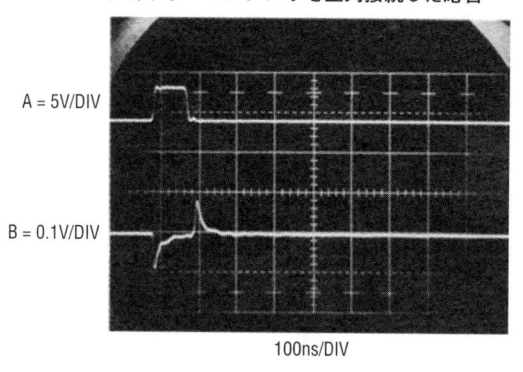

図17.A7　ある並列の組み合わせはリンギングの可能性がある．決めるまえに確認が必要

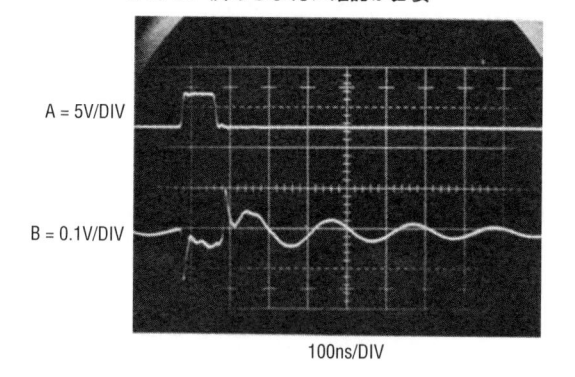

が役立ちます．これらの写真は，試験回路で生成された変動に対する5種類のバイパス方法での応答を示します．**図17.A3**はバイパスされていないラインで，大振幅のところでひどいサグやリプルがあります．**図17.A4**は乱れをかなり減らすために10μFのアルミ電解コンデンサを使用しましたが，まだ潜在的な問題がたくさんあります．**図17.A5**の10μFのタンタル・コンデンサは少しきれいな応答を示し，10μFのアルミ電

解コンデンサに0.01μFのセラミック・コンデンサを組み合わせると**図17.A6**のようにさらに良くなります．電解型と無極性コンデンサの組み合わせは良好な応答を得るために一般的な方法ですが，間違った組み合わせを採用しないように気を付けてください．電源ラインの寄生要素と並列接続した異種コンデンサの真の（誤った）組み合わせは，**図17.A7**のように共振を起こして，リンギング応答を生じます．警告です！

Appendix B　プローブとオシロスコープについて

高速信号を扱う仕事において使用するオシロスコープとプローブの組み合わせは，設計者が行うべき最も重要な決定事項となります．理想的には，LT1016を扱うのなら少なくとも150 MHzの帯域があるべきですが，制約事項について十分に理解しているのなら，より低速の測定器の使用も可能です．入力インピーダンス，ノイズ，オーバードライブからの復帰特性，スイープの非直線性，トリガ性能，チャネル間の信号の漏れ，またその他の諸々の特性について，自分のオシロスコープがどのようにふるまうのかを熟知しておきましょう．

オシロスコープでの測定ミスにおいて，最も見逃されやすい原因はプローブです．すべてのプローブが，接続した測定対象に影響を及ぼします．一番明白な影響は入力抵抗ですが，高速信号の測定において通常は入力容量の影響が大部分を占めます．種類の選択や接続法が不適切なプローブが原因となって起きた回路の問題を追いかけて，多くの時間を無駄に費やすことになりかねません．1 kΩの信号源インピーダンスに対して8 pFのプローブをつなぐと，LT1016の応答時間に近い8 nsの遅延になります！ 50 Ω入力用に設計された低インピーダンス・プローブ(500 Ωから1 kΩの抵抗)の入力容量は，通常で1 pFから2 pFです．低い抵抗で測定できるのなら，これは非常に良い選択になります．FETプローブは高い入力抵抗と1 pFレベルの容量を保ちますが，パッシブ型のプローブよりずっと大きい遅延が発生します．またFETプローブには入力コモン・モード電圧範囲に制約があり，守らないと致命的な測定誤差の原因になります．一般的な理解に反しますが，FETプローブの入力抵抗は非常に高いわけではなく，種類によっては100 kΩという低いものもあります．

電流プローブは有用で便利なものです．パッシブなトランス型のものは高速で，ホール効果素子を用いたものよりも遅延が少なくなっています．しかしながら，ホール効果素子のものは，DCおよび低周波から応答しますが，トランス型のものは通常100 kHzから1 kHzあたりにロール・オフがあります．どちらの種類も磁気飽和による制約があり，これを超えると，解釈に困るような奇妙な結果がオシロスコープの管面に現れることになります．

異なるプローブを使うときには，どれも遅延時間が異なっていて，それがオシロスコープの管面上での明らかな時間測定誤差となることを忘れないでください．それぞれのプローブの遅延時間を知り，表示される波形を解釈する際の考慮に含めるようにします．

プローブの使用で最も大きな誤差要因となるのはグラウンドへの接続です．その接続がまずいと，観測した波形にリプルや不連続な点が発生することがあります．場合によってはプローブのグラウンド線の選び方や接続点により，他のチャネルの波形が影響を受けたりします．悪くすると，グラウンドをつないだことによって測定対象回路の動作が止まることさえあります．これらの問題の原因は，プローブのグラウンド接続に含まれる寄生的なインダクタンスなのです．ほとんどのオシロスコープでの測定ではこれは問題にはなりませんが，ナノセカンドの速度を扱う場合は致命的となります．高速信号用のプローブはどれもが，グラウンド接続でのインダクタンスが最小になるように設計された，さまざまなスプリング式のクリップやアクセサリが付いてきます．これらの付属品の大部分は測定対象にグラウンド・プレーンが使われていることを想定したものですが，実際にグラウンド・プレーンを使うべきです．グラウンドへの接続は常に可能な限り最短にするように努めることです ―― 1インチより長い接続は問題を起こすでしょう．

図17.B1に示した簡単なCRの回路で，問題のあるプローブの選択や使用法が悪い影響を及ぼしてしまう様子が見られます．ここでは，9 pFの入力容量をもち，4インチ長のグラウンド線を使うプローブを使って，この回路の出力をモニタしてみます(図17.B2の波形B)．入力はきれいなのですが(波形A)，出力にはリンギングが現れています．同じプローブでもグラウンド線を1/4インチのスプリング・チップに交換すると，リンギングはきれいになくなってしまいました(図17.B3)．しかし，さらに1 pFのFETプローブに交換すると(図

図17.B1　プローブのテスト回路

```
               10pF
パルス入力 ──────┤├────── 出力
          │           │
         50Ω         1k
          │           │
         ─┴─         ─┴─
                        AN13 FB1
```

図17.B2　入力容量9pFで4インチのグラウンド接続
線をもつプローブにより測定した回路出力

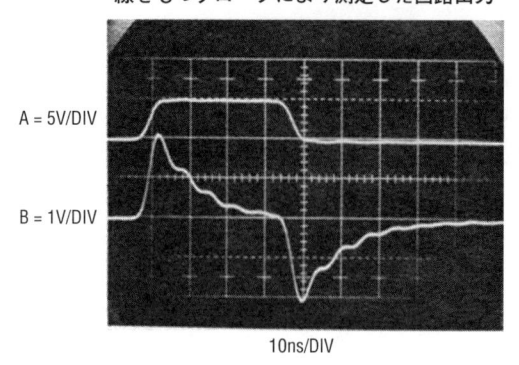

A = 5V/DIV

B = 1V/DIV

10ns/DIV

図17.B3　同じプローブでグラウンド線を0.25インチ
にしたときの回路出力

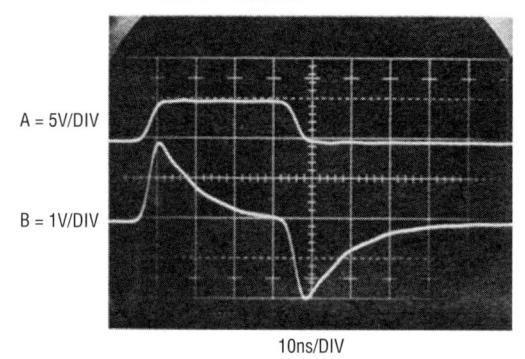

A = 5V/DIV

B = 1V/DIV

10ns/DIV

図17.B4　FETプローブによるテスト回路の出力

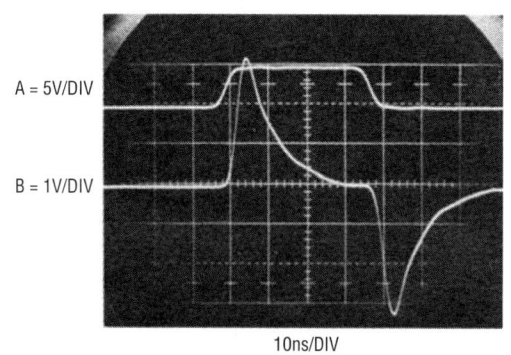

A = 5V/DIV

B = 1V/DIV

10ns/DIV

図17.B5　さまざまなプローブのグラウンド線

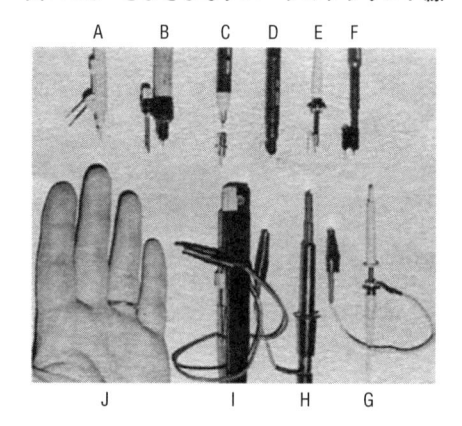

17.B4），図17.B3での測定結果には50％もの振幅誤差
があったことが判明しました！　入力容量の小さいFET
プローブを使うと，測定対象回路はより正確に動作す
ることが可能になります．しかしながら，FETプロー
ブには特有の誤差があります．内部に能動的な回路を
もつために，その遅延による5nsほどの遅れがあるの
です．したがって，出力の振幅とタイミング情報を確
認するには，それぞれのプローブによる個別の測定が
必要になります．

　最後に取り上げるプローブの形態は人間の指です．
回路に指を当てると望ましい効果または望ましくない
効果を及ぼすことができ，有用なヒントが得られる可
能性があります．指を触れることで，CRT上の結果を
観測しながら疑わしい回路のノードに浮遊容量を付け
加えられます．少し湿った2本の指を使うと，実験的
に抵抗をつないでみることができます．高速信号を扱
うエンジニアのなかにはこのテクニックに長けている
人もいて，驚くべき正確さで容量や抵抗による影響を
見極めることができます．

　ここで取り上げたプローブの例と，さまざまなグラ
ウンド接続用の付属品を図17.B5に示します．

　写真にあるプローブのタイプのA，B，E，そしてF
は一般的なもので，種々の低インピーダンス接地用ア
ダプタが取り付けられています．

　作業上はGのプローブに使われているような通常の
グラウンド線を使うほうが便利ですが，これは高周波
ではリンギングその他の悪影響の原因となり，測定結
果が役立たなくなってしまいます．Hは非常に短いグ
ラウンド線を使っています．これは改善にはなります
が，高周波ではまだ問題になります．DはFETプロー
ブです．内蔵された能動回路と非常に短いグラウンド
接続により，低い浮遊容量と寄生インダクタンスが得
られます．CはFETプローブに取り付ける付属品のアッ
テネータです．これにより，より高い電圧（例えば，
±10Vや±100Vなど）でFETプローブを使うことが
できます．写真にある小型の同軸コネクタを回路基板

側に取り付けて，プローブをそれに直結できます．このテクニックでグラウンド接続における寄生インダクタンスを可能な限り最小にできるので，特にお勧めできる方法です．

Iは電流プローブです．通常はグラウンド接続を取る必要はありません．しかし，高速信号ではグラウンド接続を取ることで，よりクリーンな観測波形が得られる場合があります．これらのプローブではグラウンドに電流が流れないので，通常はグラウンド線は長くても大丈夫です．Jは本文で述べた指プローブの典型例で

す．3番目の指がグラウンド線になります．

写真にあるような低インダクタンスのグラウンド・コネクタは，プローブのメーカから提供されていて，高品質の高周波プローブに必ず付属しています．大部分のオシロスコープでの測定では必要にならないので，もったいないことになくしてしまいがちです．それが必要になる場合には代用品がないので，大切にしておくことが賢明です．このことは特に指プローブのグラウンド線に当てはまります．

Appendix C　グラウンド・プレーンについて

高周波回路のレイアウトでは何度も"グラウンド・プレーン"という用語が，回路の誤動作に対する抽象的ではっきりとしない対応策として頻繁に使用されます．実際，グラウンド・プレーンの有用性と動作には多少の神秘性がありますが，多くの現象と同様に，根本的な動作原理は極めて単純です．

グラウンド・プレーンはおもに回路のインダクタンス成分を最小化するために有用です．グラウンド・プレーンは基本的な磁気理論を利用して実現しています．1本の電線に流れる電流により磁界を発生します．その磁界強度は電流に比例し，導体からの距離に反比例します．そこで，1本の電線に流れる電流と半径方向に取り囲む磁界が想像できます（図17.C1）．無限遠の磁界は距離とともに小さくなります．電線のインダクタンスは，電線の電流によって発生する磁界に蓄えられるエネルギーとして定義されます．電線のインダクタンスを計算するには，電線の長さと磁界の全輻射面積にわたって磁界を積分する必要があります．これは，半径で$R = R_W$から無限大までの積分で，非常に大きな数になります．しかし，空間で2本の電線が逆方向に同じ電流を流している場合を考えてみてください（図17.C2）．生じる磁界は相殺されます．

この場合，単一の電線の場合よりもインダクタンスはずっと小さくなり，2線間の距離を短くすれば任意に小さくできます．電流を流す導体間のインダクタンスを減らすことがグラウンド・プレーンの根本的な理由です．通常の回路では，信号源から導体を通ってグラウンドを帰る電流の経路は大きなループの領域を含みます．これによって導体には大きなインダクタンスが生じ，LRC効果によるリンギングを生じる可能性があります．100 MHzで10 nHが6 Ωのインピーダンスとなることを覚えておくことは有用です．10 mAで60 mVの電圧降下を生じます．

グラウンド・プレーンは信号が流れる導体の直下に，戻り電流が流れる帰路を提供します．導体の物理的な間隔が狭いということはインダクタンスが低いということを意味します．導体に関連する分岐の数に関わらず，戻り電流はグラウンドに直接の経路をもちます．電流は必ず最も低インピーダンスの帰路を通って流れます．適切に設計されたグラウンド・プレーンでは，この経路は信号の導体の直下になります．実際の回路

図17.C2　2本のワイヤの場合

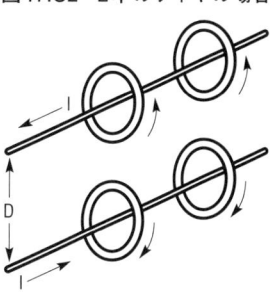

図17.C1　単一ワイヤの場合

円形の磁界

図17.C3 一般的なグラウンド接続の様子

では, 基板の片側 (通常はリフローはんだ付けの観点から部品面) すべてを "グラウンド・プレーン" にすることが望ましく, 別の面に信号の導体を走らせます. これにより, すべての戻り電流に低インピーダンスの経路を提供できます.

寄生インダクタンスを最小化するほかにも, グラウンド・プレーンには利点があります. その平坦な表面が, ACの "表皮効果" (AC電流は導体表面に沿って流れる) による抵抗性損失を抑えます. 加えて, 浮遊容量がグラウンド基準となることで, 高周波での回路の安定性を手助けします.

グラウンド・プレーンについての実際的な助言を以下に示します.

1. 基板の部品面にできるだけ広くグラウンド・プレーンを設け, 特に高周波で動作するトレースの下にはグラウンド・プレーンを設ける.

2. 高速に立ち上がる電流が流れる部品 (終端抵抗, IC, トランジスタ, デカップリング・コンデンサ) はできるかぎり基板に近づけて配置する.

3. 共通グラウンドの電位が重要な場合 (例えば, コンパレータの入力部), 電圧降下を避けるために重要な部品はグラウンドに一点で接続する.

例えば図17.C3に示す一般的なA/D回路では, 図に②, ③, ④, ⑥で示した各ポイントはできるだけ近づけて一点接地する.

DACの出力がセトリングする期間では, R_1, R_2, D_1, そしてD_2を経由して高速で大きな電流が流れる. したがってD_1, D_2, R_1とR_2はインダクタンスを減らすように, グラウンド・プレーンに近づけて配置すべきである. R_3とC_1には電流は流れないので, そのインダクタンスはあまり重要ではない. スペースを節約するために, これらの部品は立てて実装して④の点を②, ③, ⑥とともにコモンに一点接地すればよい. 注意が必要となる回路においては, インダクタンスを低減することによる有益な効果と, 一点接地による損失を天秤にかけなくてはならない場合が頻繁にある.

4. トレースの長さは短くする. 長さによってインダクタンスは変化し, グラウンド・プレーンを用いても完全にインダクタンスをなくすことはできない.

Appendix D　測定装置の応答の測定

　LT1016とそれを使用した回路の10 nsという応答時間は，最良の試験用測定器を使用することを求めます．多くの測定において，それらの機器は能力の限界近くで使用することになります．プローブやオシロスコープの立ち上がり時間や，プローブのみならずオシロスコープのチャネル間の遅延時間の差などのパラメータを，あらかじめ確認しておくことは良い考えです．それを行うには，非常に高速できれいなパルス信号が必要になります．**図17.D1**に示す回路は，立ち上がり時間1 ns以下のパルスが発生できるトンネル・ダイオードを用いています．

　図17.D2では，このパルスが非常にきれいに，リンギングやノイズを伴わずに観測されています．この写真はD_1からのパルス信号を使って，プローブとオシロスコープの組み合わせによる仕様の1.4 nsの立ち上がり時間を確認した結果です．ここで計測器が適切に使われていて，仕様を満たしていることが観測波形から読み取れます．現実問題として，トンネル・ダイオードを使った発振器によるこのような試験を行っておけば，装置の誤用や不十分な性能が原因となった"回路の問題"に，膨大な時間を取られることを避けられます．

図17.D1　トンネル・ダイオードを使用した立ち上がり時間1nsのパルス・ジェネレータ

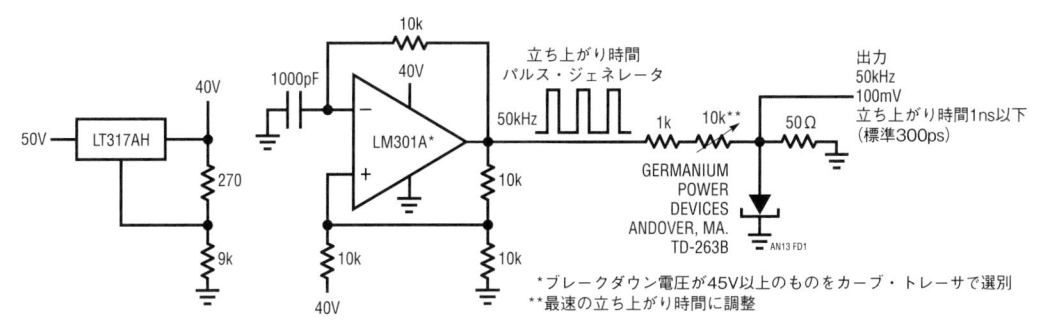

図17.D2　図17.D1の回路の出力を帯域275MHzのオシロスコープで観測した結果

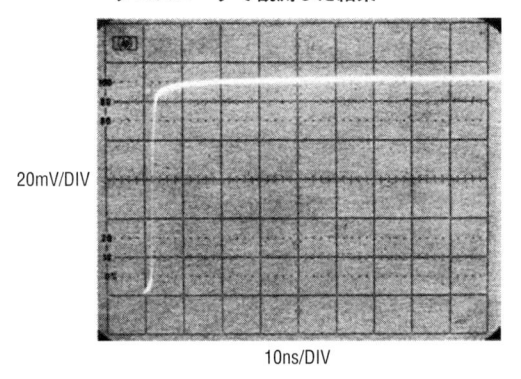

20mV/DIV

10ns/DIV

Appendix E　レベル・シフトについて

　LT1016のTTL出力は多くの回路と直接にインターフェースできます．しかし多くの用途では，出力振幅をレベル・シフトする手段が必要になります．LT1016を用いる回路では，レベル・シフト段に許容できる遅延が非常に小さくなることから，これはそう簡単ではありません．そのようなレベル・シフタを設計する場合，LT1016には電流の吸い込み-吐き出し双方の能力がある2組のTTL出力があり（**図17.E1**），容量駆動（フィードフォワード用コンデンサなど）に優れた能力を備えている点を念頭に置く必要があります．

　図17.E2は15V出力の非反転電圧増幅段です．LT1016がスイッチングすると，2N2369のベース-エミッタ電圧は反転して，非常に高速なスイッチングが起きます．2N3866のエミッタ・フォロワの出力インピーダンスは低く，ショットキー・ダイオードが電流の吸い込み能力を助けます．

　図17.E3は応用範囲の広いレベル・シフト回路の例です．この回路は出力トランジスタへ印加する電源電圧を変えることで，両極性の出力振幅を設定することができます．ここでの遅延は3nsであり，スイッチング動作のFETのゲートを駆動するには理想的です．Q1はゲーティングされた電流源であり，ベーカー・クランプされた出力トランジスタQ2をスイッチングします．LT1016からつないである大きなコンデンサによる強いフィードフォワードが遅延時間を小さくする鍵で，Q2のベースはほぼ理想的に駆動されます．このコンデンサはLT1016の出力トランジスタの負荷になりますが（**図17.E5**，波形A），Q2のスイッチング波形はきれいで（**図17.E5**，波形B）パルスの立ち上がり，立ち下がりエッジでの遅延は3nsで済んでいます．

　図17.E4はショットキー・ダイオードを電流吸い込み用のトランジスタで置き換えた点を除けば，**図17.E2**

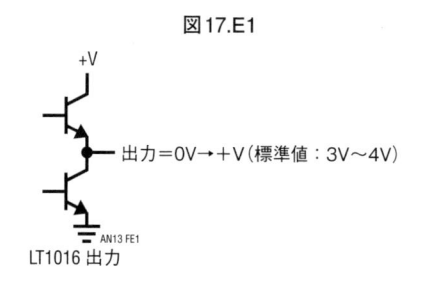

図17.E1

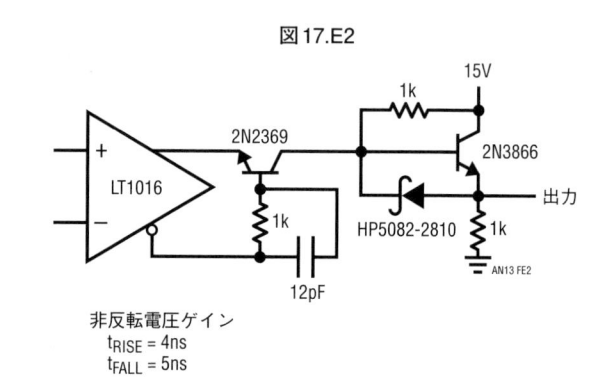

図17.E2

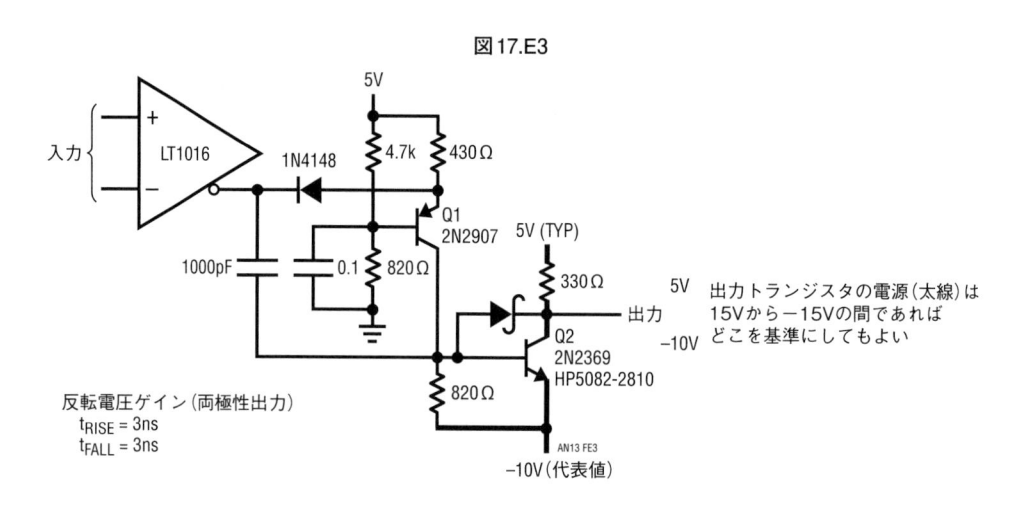

図17.E3

図17.E4

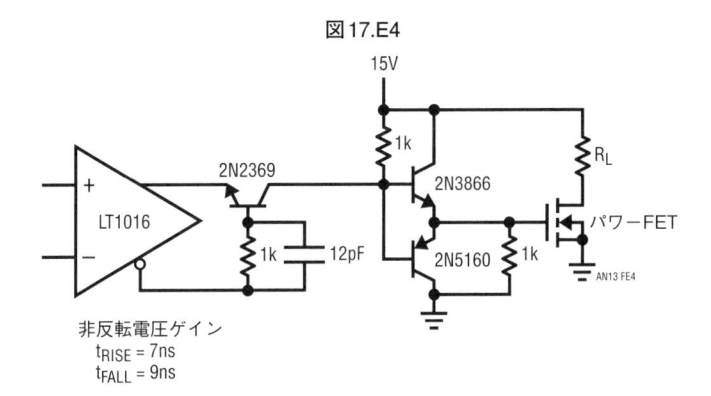

非反転電圧ゲイン
$t_{RISE} = 7ns$
$t_{FALL} = 9ns$

図17.E5　図17.E3の回路の波形

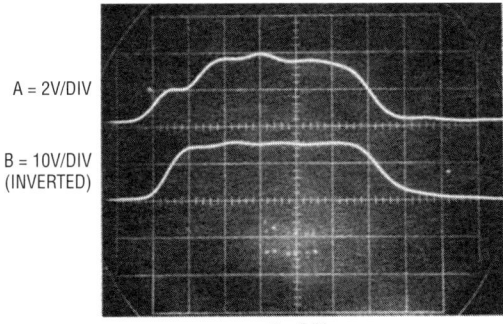

A = 2V/DIV

B = 10V/DIV
(INVERTED)

5ns/DIV

の回路と同等です．2個のエミッタ・フォロワによっ
て15Vで1AをスイッチングするパワーMOSFETを
駆動しています．このステージの7 nsecから9 nsecの
遅延の殆どは，MOSFETの2N2369にて発生していま
す．

　レベル・シフタを設計する際には，スイッチングが
高速でf_Tが高いトランジスタを使うことを忘れないで
ください．ここで示したような結果を得るには，ns範
囲のスイッチング時間と1 GHzに達するf_Tをもつトラ
ンジスタが必要になります．

第 18 章

高性能な電圧-周波数コンバータの設計

Jim Williams, 訳：細田 梨恵

電圧-周波数コンバータの実現に，モノリシック，モジュール，ハイブリッドの技術が利用されてきました．数多くの種類が市販化され，全体的な性能は多くの用途で十分なものになっています．しかしながら，より良い性能や特別な特性が必要とする用途も多く，市販化されたデバイスでは間に合わないことがあります．そのような場合，必要なパラメータに対して特別に最適化した V→F 回路が必要となります．この章では，市販の V→Fs コンバータよりも大幅に改善された性能を提供する回路の例を紹介します．さまざまな手法により（コラム「V→F のテクニック」を参照），速度，ダイナミック・レンジ，安定度，そして直線性の改善が図られています．それ以外に，低電圧動作，サイン波出力，意図的に非直線性をもたせた伝達関数などの特徴のある回路も取り上げます．

超高速 1 Hz ～ 100 MHz V→F コンバータ

図 18.1 に示すのは，市販のどの V→F コンバータよりも拡張されたダイナミック・レンジと速度を，さまざまな回路手法を使って実現した回路です．100 MHz フルスケール（10 % のオーバーレンジを見込んで 110 MHz まで出力可能）は，他のどのような V→F コンバータと比較しても遥かに突出した性能です．この回路のもつ 160 dB のダイナミック・レンジ（8 桁）により，1 Hz までの連続動作が可能です．他の性能としては，0.06 % の直線性，25 ppm/℃ のゲイン温度係数，50 nV/℃（0.5 Hz/℃）のゼロ点安定度，そして 0 V から 10 V の入力範囲があります．

この回路では，チョッパ安定化アンプである LT1052 により，精度に改善の余地がある広帯域 V→F コンバータにサーボをかけています．この V→F の出力はチャー

ジ・ポンプを駆動します．チャージ・ポンプ出力と回路への入力の差電圧を平均化したものをサーボ・アンプのバイアスとすることで，広帯域 V→F コンバータを含んだ制御ループが閉じられます．この回路の広帯域性と高速性は，基本となる V→F コンバータの特性からもたらされています．チョッパ安定化アンプとチャージ・ポンプによって回路の動作点が安定化されて，高い直線性と低ドリフトの達成に貢献しています．LT1052 のもつ 50 nV/℃ のオフセット特性により，この回路のゲイン勾配は 1 Hz 動作まで 100 nV/Hz となっています．

正の入力電圧により，サーボ・アンプ A_1 は正側の出力を出します．2N3904 による電流シンクが積分コンデンサとして働くバラクタ・ダイオードから電流を引き出します（**図 18.2**，波形 A）．A_3 はバラクタのバッファとして負荷から切り離していて，ECL ゲートと関連部品で構成されているトリガ回路に信号を加えます．この回路はオシロスコープのトリガ用に用いられるものと似ていますが，電圧閾値のヒステリシスと 1 ns の応答時間を示します．A_3 のランプ波形出力がトリガ回路の低電圧側のトリップ・レベルに達すると，出力が反転します．この反転出力は，ECL を終端なしのエミッタ・フォロワとして動作させたものですが，バラクタ・ダイオードによる積分器に高速な正極性の電流スパイク（波形 B）を積み上げます．このトリガ・ゲート IC のもう一つの相補的出力は Low になり（波形 C），ECL の 16 分周カウンタのクロックとなっています．このカウンタの出力（波形 D）は 2N5160 の差動ペアによりレベル・シフトされ，4013 フリップフロップへつながります．4013 からの方形波出力（波形 E）によって LTC1043 が駆動されて，チャージ・ポンプが動作します．方形波入力信号のエッジごとに，LTC1043 でスイッチングされるコンデンサのペアは逆相で動作して，電荷が A_1

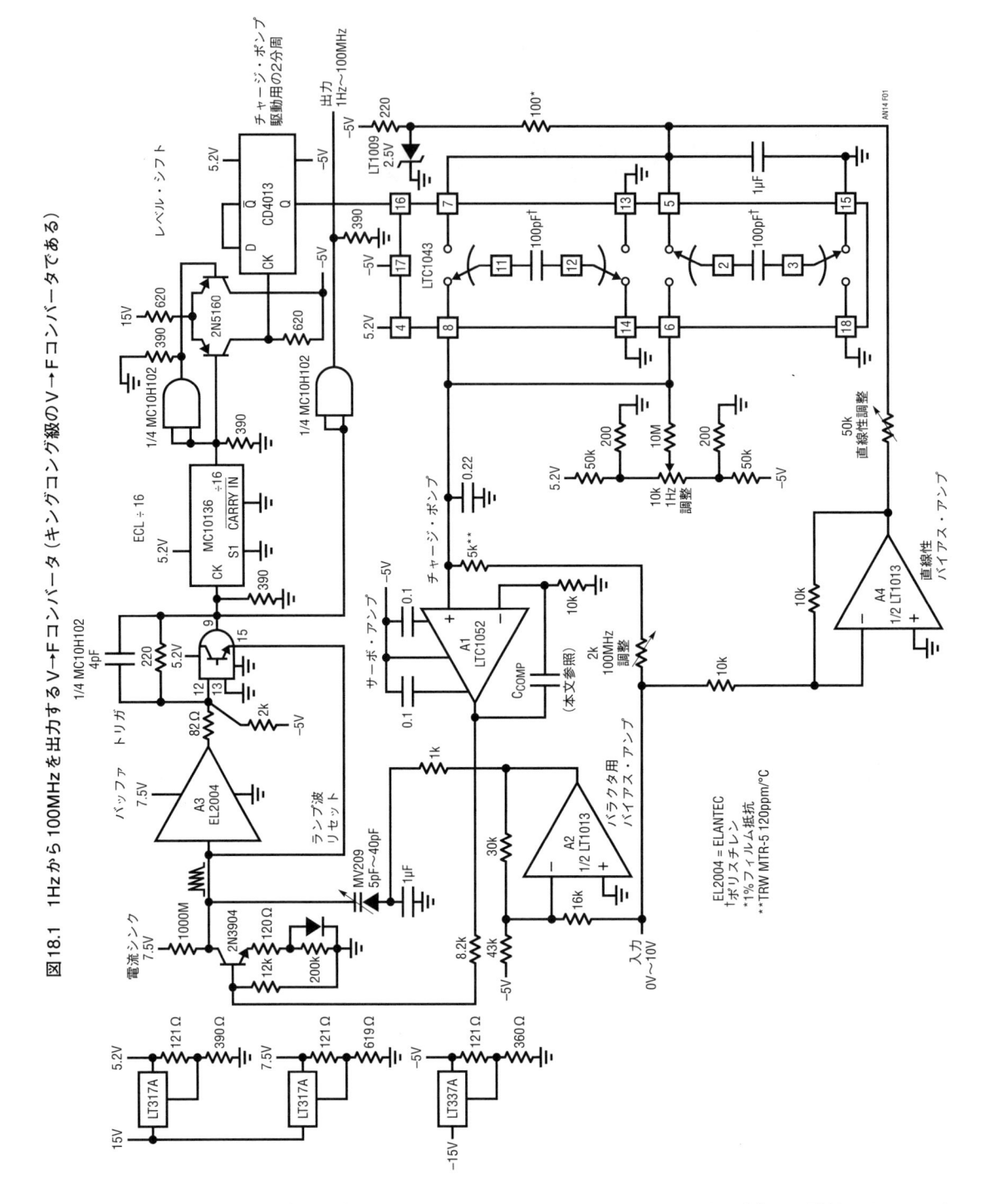

図18.1　1Hzから100MHzを出力するV→Fコンバータ（キングコング級のV→Fコンバータである）

の正入力から汲み出されます（波形F）. ここで1サイクル当たりに供給される電荷の量は，LT1009基準電圧源の電圧と100 pFの容量値によって基本的に決まります（$Q = CV$）. コンデンサの誤差により，クロックの立ち上がりと立ち下がりで供給される電荷にわずかな

違いがありますが，回路の動作には影響しません. 全体としてのチャージ・ポンプの精度は，LT1009とこのコンデンサの安定度，および影響はわずかではあるもののLT1043でのチャージ・インジェクションによって決まります. ECLのカウンタとフリップフロップは

図18.2　1Hzから100MHzを出力するV→Fコンバータ
　　　　の波形

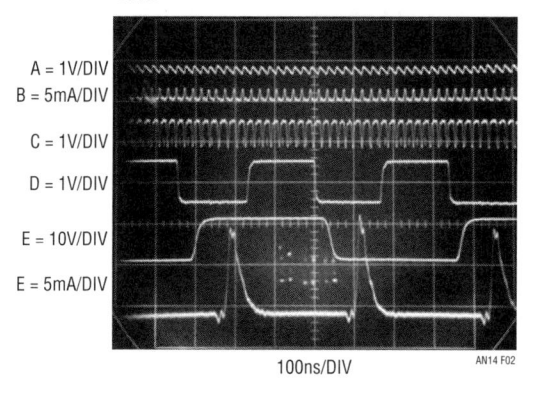

A = 1V/DIV
B = 5mA/DIV
C = 1V/DIV
D = 1V/DIV
E = 10V/DIV
E = 5mA/DIV

100ns/DIV　　　　　　AN14 F02

図18.3　50MHz動作時のランプ波形とリセット電流の
　　　　詳細

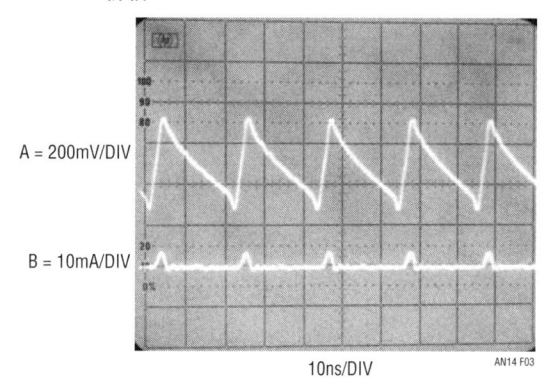

A = 200mV/DIV

B = 10mA/DIV

10ns/DIV　　　　　　AN14 F03

トリガ出力を32分周するので，LT1043の最高スイッチング周波数は仕様動作範囲内である約3MHz（100 MHz÷32）になります．0.22μFのコンデンサによりポンプ動作からの出力を積分して，DC信号を得ています．正極性の入力による電流とチャージ・ポンプからのフィードバック信号との差を平均した結果がA_1により増幅されて，これが回路の動作点をサーボ制御することになります．A_1に設けた補償コンデンサによって制御ループを安定化しています．A_1のサーボ動作が，基本となるV→Fコンバータ回路の非直線性とドリフトを補正して，前述のような高い直線性と低いドリフトが達成されています．

　この回路の仕様を達成するにはいくつか特別なテクニックが必要とされます．A_2は，入力電圧で駆動され，積分コンデンサとなるバラクタ・ダイオードにDCバイアスを加えます．このDCバイアスによりバラクタの容量は入力に反比例して変化して，8桁のダイナミック・レンジの達成を助けています．バラクタ・ダイオードと直列に入っている1μFのコンデンサは，グラウンドに対して低いインピーダンスの経路を作り，比較的大きなランプ波形電流を流します．電流シンクのところの1000MΩの抵抗により，2N3904のコレクタからのリークによる影響を抑え込むように電流を流します．これにより，非常に低い周波数の動作になっても，発振を維持するための電流はすべてバラクタ・ダイオードによる積分器から吸い込まれるようになります．

　2N3904のエミッタに入れた200kΩの抵抗とダイオードの組み合わせは，低い周波数でのジッタを減少させます．これは，低い周波数での動作時の低いベース・

バイアス電圧でエミッタの抵抗を増大させて電流シンクのノイズを減衰させることで実現しています．

　トリガ入力にある2kのプルダウン抵抗により，ランプ波形のスルー・レートが小さくてもクリーンで高速な遷移が起こるようにしてあり，低周波でのジッタ性能を向上しています．

　入力部で注記してある5kの抵抗には，チャージ・ポンプのポリエステル・コンデンサと温度係数が逆特性となるものを使います．これによってコンデンサの温度係数による影響を抑えて，回路全体として発生するドリフトを小さくしています．

　A_4は入力に応じた小さい電流をチャージ・ポンプの基準電圧源に供給して，LT1043の残留電荷のアンバランスによる非直線性を補正します．このアンバランスによる影響は周波数によって変化するので，この入力信号に応じた補正は有効に働きます．

　フルスケール周波数が100MHzであることから，発振器のサイクル時間について厳しい制約が課されます．この周波数では，ランプ波発生からリセットまでのシーケンス完了に許される時間はわずか10nsしかありません．この回路の速度面での最大の問題となるのは，バラクタ・ダイオードが構成する積分器をリセットするのに要する時間です．**図18.3**はこの高速動作の詳細です．小さい振幅のランプ波形と高速なECL素子によるスイッチングの組み合わせによって，必要とされる高速動作が得られました．波形Aはランプ波形であり，波形BはECLゲートのオープン・エミッタから流れるリセット電流です．リセットは3.5ns以内で起きていて，おかしな点やオーバーシュートはほとんど見られません．

図18.4　ジッタ対出力周波数特性

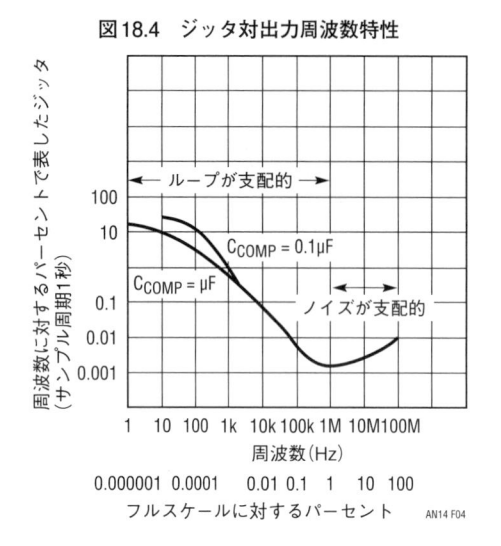

周波数に対するパーセントで表したジッタ（サンプル周期1秒）

100
10
0.1
0.01
0.001

ループが支配的
C_COMP = 0.1μF
C_COMP = μF
ノイズが支配的

1 10 100 1k 10k 100k 1M 10M100M
周波数（Hz）

0.000001 0.0001 0.01 0.1 1 10 100
フルスケールに対するパーセント

AN14 F04

図18.4は出力周波数のジッタを，周波数の関数としてプロットしたものです．100 MHzでのジッタは0.01%ですが，1 MHzでは約0.002%に低下します．この範囲では，電流シンクとECL入力部でのノイズによりジッタが決まります．これ以下に周波数が下がると，動作周波数がサーボ・アンプのロール・オフ周波数に近づくにつれて，ジッタは徐々に増加します．1 kHz（フル・スケールの10 ppm）ではジッタはまだ1%以下ですが，1 Hz（0.01 ppm）ではジッタは$C_{COMP} = 1 \mu F$の場合で約10%になります．$C_{COMP} = 0.1 \mu F$にすると，1 kHz以下でジッタは増加するようになり，10 Hz以下では制御ループの不安定化とA_1のノイズ・フロアの影響で使用不能になります．ここでトレードオフのポイントとなるのは，ループ応答のセトリング時間です．補償容量を大きくすると，ループのセトリングには600 msかかるようになります．0.1 μFの場合のセトリング時間は60 msになります．

この回路を校正するには，まず10.000 Vを印加して出力が100.00 MHzになるように"100 MHz調整"の半固定抵抗を設定します．もし十分に速いカウンタが利用できないときは，LT1043の16番ピンでの32分周後の信号を測定して3.1250 MHzが得られるようにします．次に，入力を接地してC_{COMP}に1 μFを付け，回路が1 Hzで発振するように"1 Hz調整"を設定します．最後に，"直線性調整"を調整して5.000 V入力で50.00 MHzが得られるようにします．この3点の調整点が一致するまで，この調整手順を繰り返します．

高速応答1 Hz〜2.5 MHz V→Fコンバータ

図18.5の回路は図18.1のものほど高速ではありませんが，その2.5 MHzに及ぶ出力はフルスケールのステップ入力に対してわずか3 μsでセトリングします．これはこの回路を，FMアプリケーションや入力変化に対する高速応答が必要な分野への良い選択肢としています．直線性は0.05 %であり，ゲインの温度係数は50 ppm/℃です．チョッパによる安定化の仕組みにより，ゼロ点の誤差は0.025 Hz/℃に保たれます．この回路は高速な電荷分配型（コラム参照）で，電荷量のフィードバックもかけてあります．電荷量フィードバックの仕組みは，R. A. Pease（参考文献を参照）が発表した手法を大きく改良した高速な派生型です．サーボ・アンプを使わないので，入力ステップに対して高速に応答できます．代わりに電荷が直接発振回路にフィードバックされているので，瞬時に応答するわけです．この手法によって高速応答が可能になりますが，高い直線性と低いドリフトを達成するためには回路の寄生要素に対する注意が必要になります．

入力電圧が加えられると，A_1は負方向に積分動作を行います（図18.6，波形A）．その出力がゼロ・クロスすると，A_2の出力がスイッチングして，並列接続してあるインバータの出力がLowになります（波形B）．A_2の反転入力へフィードフォワードがかかっているので，応答が改善されています．この動作によりLT1004ダイオード・ブリッジの電位は，-2.4 V $(-V_Z \text{LT1004})$ $+ (-2V_{FWD})$に固定されます．A_2の正入力への局所的な正帰還（波形C）により，この動作が確実になります．この期間において，電荷（波形D）はA_1のサミング・ポイントから50 pFと50 kΩの抵抗の組み合わせを経由して引き抜かれ，A_1の出力は急激に正極性に変わります．結果として，A_2とインバータの組み合わせは正極性にスイッチングし（波形B），LT1004のダイオード・ブリッジの電位は2.4 Vに固定されます．これで50 pFのコンデンサに電荷がたまり，またA_1は再び負方向に積分動作を開始するので，全体のサイクルが繰り返されることになります．この動作の繰り返し頻度，つまり出力周波数は入力電圧のリニアな関数になります．

D_1とD_2はブリッジに含まれるダイオードを補正します．ダイオード接続されたQ_1はステアリング・ダイ

オードQ$_2$を補正するものです（ダイオード接続したトランジスタは通常のダイオードよりサミング・ポイントからのリーク電流を低くできる）．チョッパ安定化オペアンプA$_3$はA$_1$のオフセットを安定化していて，ゼロ点の調整を不要にしています．

A$_4$の役割は，AC結合したフィードバック回路で起こり得るラッチアップの防止です．回路がラッチアップすると，A$_1$の出力は負電源電圧に向かって貼り付いてしまいます．これによってA$_4$の出力（A$_4$はエミッタ・フォロワ出力モードで使われている）はHighに向かいます．これでA$_1$の出力は正極性に向かうようになり，回路が通常動作になるよう初期化されます．A$_1$の

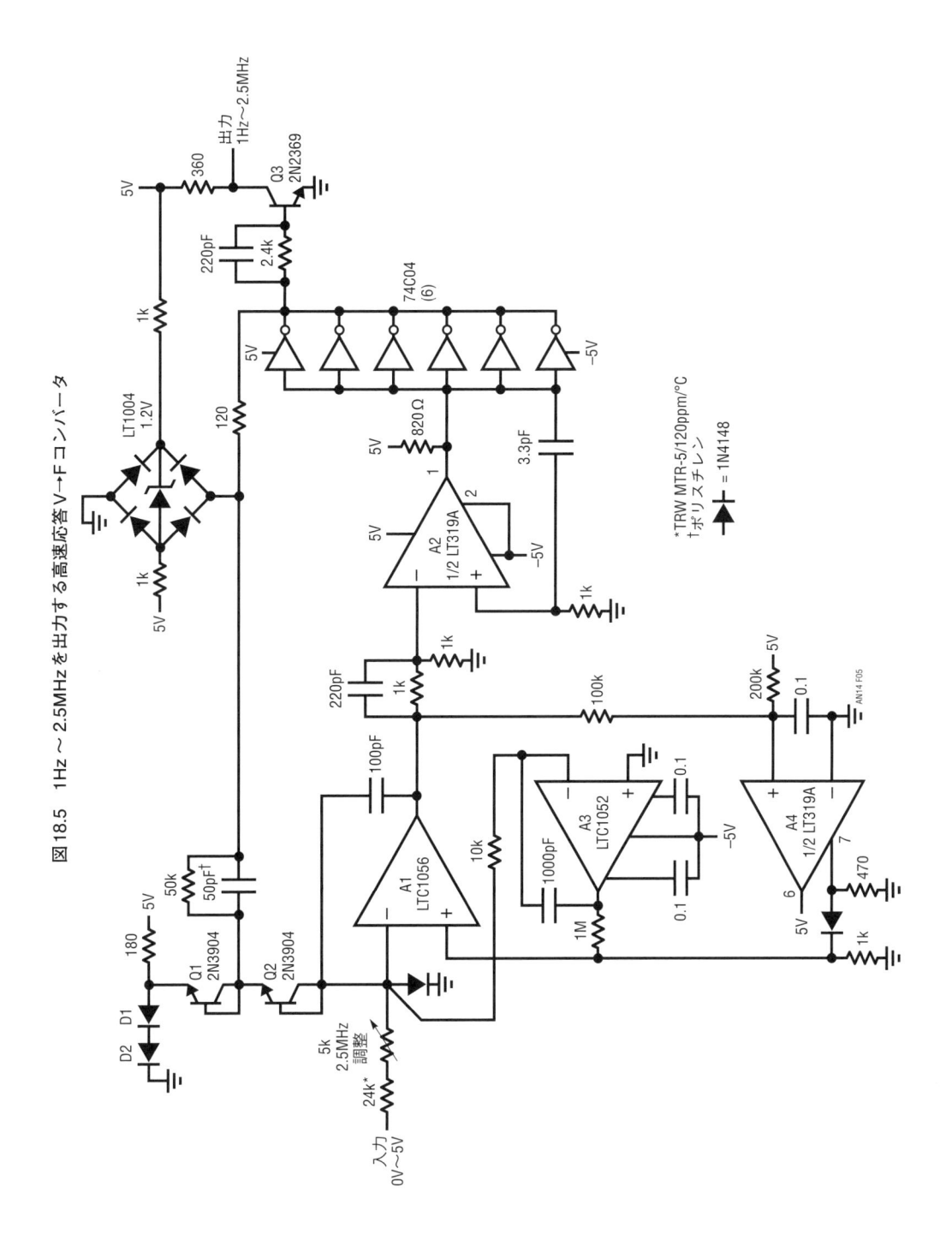

図18.5 1Hz～2.5MHzを出力する高速応答V→Fコンバータ

図18.6　V→Fコンバータの高速応答波形

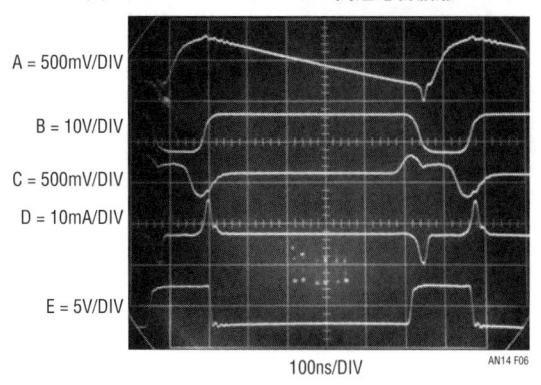

A = 500mV/DIV

B = 10V/DIV

C = 500mV/DIV

D = 10mA/DIV

E = 5V/DIV

100ns/DIV　　　　AN14 F06

図18.7　2.5MHz V→Fコンバータのステップ応答

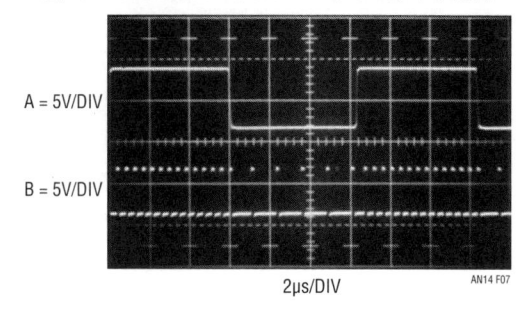

A = 5V/DIV

B = 5V/DIV

2μs/DIV　　　　AN14 F07

反転入力につないだダイオードは，どのような入力条件に対しても回路がスタートアップするように入れたものです.

電荷分配用の50pFのコンデンサと並列に付けた50kΩの抵抗は，Q_2の接合部によるテイル効果があってもサイクルごとに電荷が完全に放電するように入れたもので，直線性の改善に役立っています.

図18.7はこの回路のステップ応答を示しています. 波形Aは入力で，波形Bが出力です. 周波数の変化は高速かつクリーンで，動的応答性や応答時間の制約による問題は見られません.

この回路を調整するには，5.000Vを加えて5kΩの半固定抵抗を調整して2.5MHz出力が得られるようにします. A_3の低オフセット性能により，ゼロ点調整の必要がありません. 1Hzから2.5MHzの間で，0.05%の直線性と50ppm/℃のドリフト性能が得られます. Q_3のコレクタからはTTL互換の出力が得られます（波形E）. AN13（本書の第17章）では，このタイプの回路による10MHzフルスケール版を紹介しています.

高安定度な水晶安定化 V→Fコンバータ

ここまでに紹介した回路のゲイン温度係数は，チャージ・ポンプ用コンデンサのドリフトによる影響を受けます. どの回路にも，このドリフトによる影響を小さくするための機構を設けてありますが，ゲイン・ドリフトをさらに小さくするには別の手法を取る必要があります.

図18.8の回路では，コンデンサを水晶発振で安定化したクロックで置き換えることで，ゲインの温度係数

を5ppm/℃にまで小さくしています.

チャージ・ポンプを基本にしたコンバータ回路のフィードバックは$Q=CV$の関係に基づいています. 水晶で安定化した回路のフィードバックは$Q=IT$の関係に基づいていて，ここでIは安定な電流源であり，Tはクロックで決定される時間間隔になります.

図18.9は**図18.8**の回路の動作波形の詳細です. 正の入力電圧によりA_1は負方向に積分を行います（**図18.9**，波形A）. A_1の出力がフリップフロップQ_1のD入力の閾値を超えたあと，クロックの立ち上がりエッジでフリップフロップがスイッチングしてQ_1出力が反転します（波形B）. この50kHzのクロック（波形C）は，水晶で安定化した弛張発振回路に駆動される残りのフリップフロップから供給されます. このフリップフロップのQ_1出力により，オペアンプA_3，LM199基準電圧源，それにFETとLTC1043が構成する精密な電流シンクがゲーティングされています. A_1が負方向へ積分動作をしているとき，Q_1出力はHighでLTC1043の7ピンと11ピン経由で電流シンクの出力をグラウンドへつなぎます. A_1の出力がフリップフロップのD入力の閾値を超えると，Q_1出力はクロックの最初の立ち上がりエッジでLowになります. これでLT1043の11ピンと8ピンが閉じて，精密で高速な立ち上がりの電流がA_1のサミング・ポイントから流れ出します（波形D）.

この電流は，入力信号が最大のときの電流よりも大きくなるように設定してあり，A_1の出力を反対方向に変化させます. A_1の出力がフリップフロップのD入力の閾値を超えたあとの，最初の立ち上がりクロック・エッジで再びスイッチングが起こり，全体のサイクルが繰り返されます. この繰り返しの周波数は入力信号による電流に依存するので，発振周波数は入力電圧に直接比例することになります. この回路の出力はフ

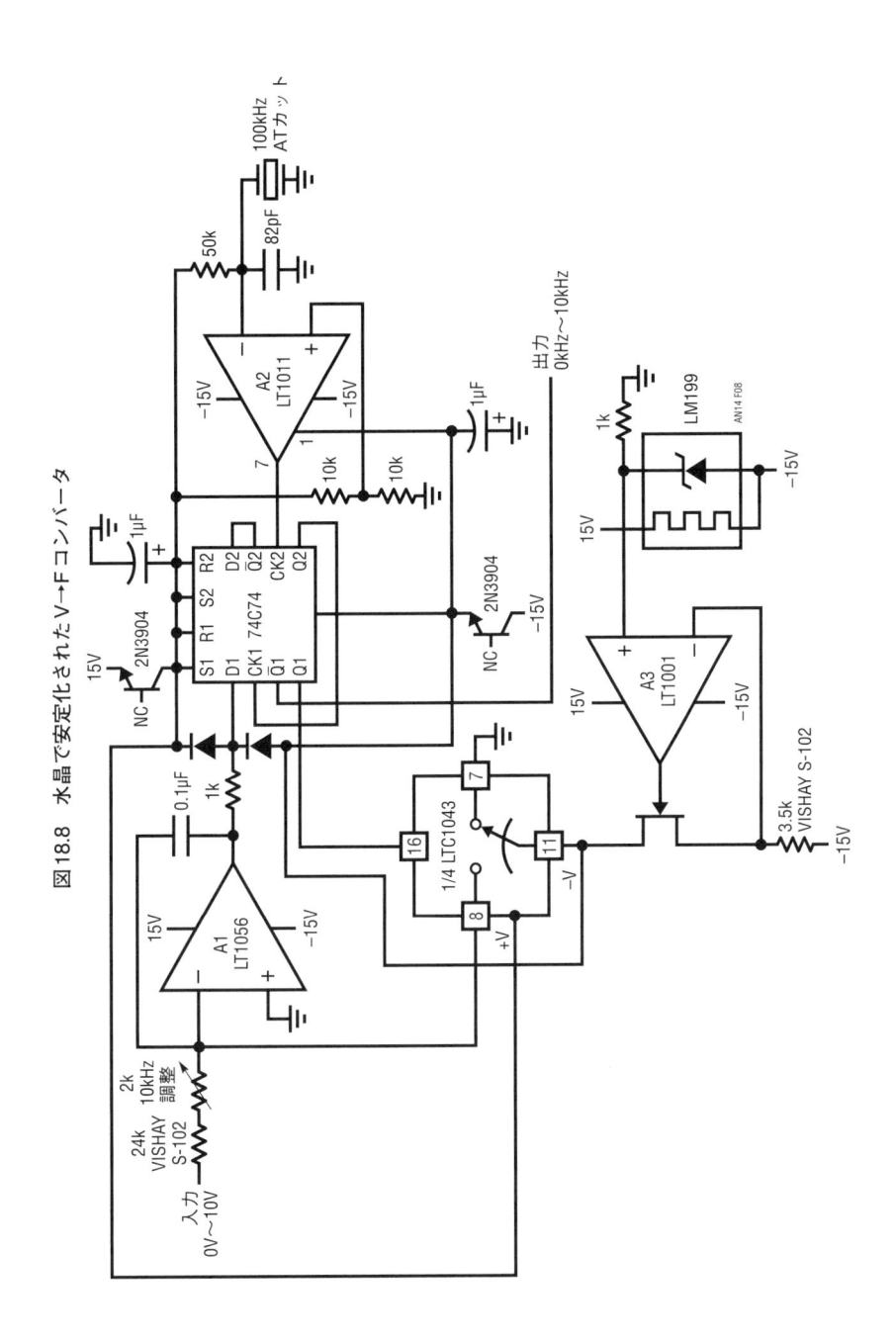

図18.8 水晶で安定化された V→F コンバータ

図18.9 水晶安定化 V→F コンバータの波形

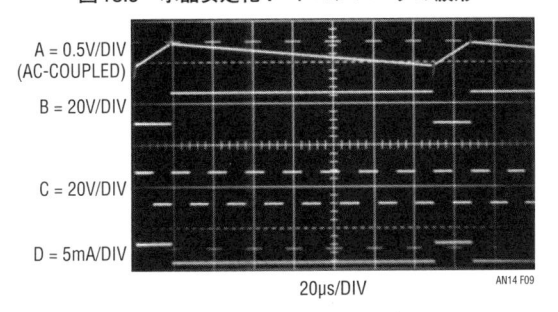

A = 0.5V/DIV
(AC-COUPLED)

B = 20V/DIV

C = 20V/DIV

D = 5mA/DIV

20μs/DIV

AN14 F09

リップフロップのQ_1，あるいは$\overline{Q_1}$出力から取り出すことができます．水晶発振によりロックしたクロックでコンデンサを置き換えたことで，温度ドリフトは小さくなり，代表値として5 ppm/℃になります．水晶発振による貢献は，それ以外の電流源の部品の動作やスイッチング時間の変動，入力抵抗などの影響と合わせて約0.5 ppm/℃になります．

ツェナー・ダイオードとして2N3904を逆バイアスで使っていて，CMOSフリップフロップに約15 Vを与えています．フリップフロップのD_1入力に付けたダイオードは，回路の立ち上がり時にA_1から過渡的な過大電圧がかからないようにするものです．

このタイプのV→Fコンバータは，電流シンクを精密にスイッチングするスピードの限界から，一般的にはフルスケール周波数が比較的低く，例えば10 kHzから100 kHz程度に制約を受けます．

また，A_1の出力がフリップフロップをスイッチングするタイミングとクロック間のタイミングに不確定性があるので，短期間の周波数ジッタが生じます．ただ，一般に出力から多くの波数が，例えば0.1から1秒のような期間にわたって読み出されるので問題にはなりません．

以上のように，この回路の直線性は0.005%，ゲインの温度係数は5 ppm/℃，そしてフルスケール周波数は10 kHzになります．LT1056の低入力オフセット性能により，ゼロ点の誤差は0.005 Hz/℃です．この回路を調整するには，正確な10 Vを加えて出力が10.000 kHzになるように2 kの半固定抵抗を調整します．

直線性が極めて良好な
V→Fコンバータ

図18.10に示すのは直線性が非常に良くなるように最適化したV→Fコンバータです．これは“スタンドアローン”で使うこともできますが，体重計のような，17ビット精度が求められるマイクロプロセッサとともに使用する用途に合わせて特別に開発したものです．このV→F変換は7 ppm以内の直線性（0.0007 %）で，1 ppmの分解能をもちます．マイクロプロセッサによるゲイン/ゼロ点補正の校正機能と組み合わせることで，ゼロ点とゲインの変動は無視できます．マイクロプロセッサ・システムと接続しやすくするために，この回路は5 V単一電源で動作するようにしてあります．

この回路は概念的に図18.1の100 MHz V→Fコンバータと似ています．A_1によって，電流源であるQ_1および74C04ゲートが構成する，性能に改善余地のあるV→Fコンバータをサーボ制御しています．ディジタルICで分周されたこのV→Fの出力がチャージ・ポンプを駆動して，A_1のところで帰還ループが閉じられます．図18.1の回路では，生のV→Fの出力はLT1043が動作できるように低い周波数に分周されましたが，それは100 MHzトグルでは動作できないからです．ここでは，分周する目的はトグル周波数を下げることで，直接フィードバックするよりもチャージ・ポンプでの精度を高めるためです．

マイクロプロセッサが制御する動作について議論するまえに，この回路の基本動作を理解しておく必要があります．そのために，A_2と抵抗R_{ZERO}を削除します．A_2に接続していた200 kの抵抗の左側端子に正の電圧が印加されたとします．これによってA_1の出力は負方向に変化することになり，Q_1をオンします．Q_1のコレクタ（図18.11，波形A）で330 pFのコンデンサに正方向のランプ波形が発生します．このランプ波の振幅が74C04インバータの閾値を越えると，その出力はグラウンド・レベルになり，つながっているゲート全体がスイッチングします．並列接続してあるゲート出力からの交流的な正帰還により，このスイッチング動作が強化されます．回路の出力であるインバータ出力（波形B）は，別途100分の1にカウンタで分周されます．その出力（波形C）がLT1043のクロックとなっています．ここでLT1043は，200 k-2 k-2 μFの接続点に対して負の電荷（波形D）をポンピングする動作をします．ポンピングされた電荷はそのつど，2 μFのコンデンサによって積分されてDCに変換され，A_1のところでループが閉じます．このように，どのような入力に対してもバランスするようA_1からQ_1にバイアスがかかります．基本となるV→Fの出力周波数は入力電圧の直接の関数として0 MHzから1 MHzの範囲で変化します．分周器によりLT1043のクロックが比較的低く抑えられていることで，0.0007 %のV→F変換の直線性が得られています．

自動的なゼロ点とゲインの補正ループ動作をプロセッサにより行うためには，どうしても入力側にマルチプレクサとR_{ZERO}が必要になります．マルチプレクサを“ゼロ”補正動作の位置にセットしたとき（真理値表を参照），A_2の入力は接地されて200 kΩの抵抗には

信号が加わらなくなります．しかしながら A_1 は R_{ZERO} からバイアスを加えられ，回路はおよそ 100 kHz で発振します．プロセッサはこの周波数を測定したあと，マルチプレクサを"信号"動作に切り替えます．これで，A_2 はバッファされた入力信号を出力します．これによ

り，回路の出力周波数は入力信号と R_{ZERO} の抵抗を流れる電流で決定されるようになります．通常の出力範囲は 100 kHz から 1 MHz です．この周波数を測定したあと，プロセッサはマルチプレクサを"基準値"動作に切り替えて，発生する周波数を求めます．基準電圧は

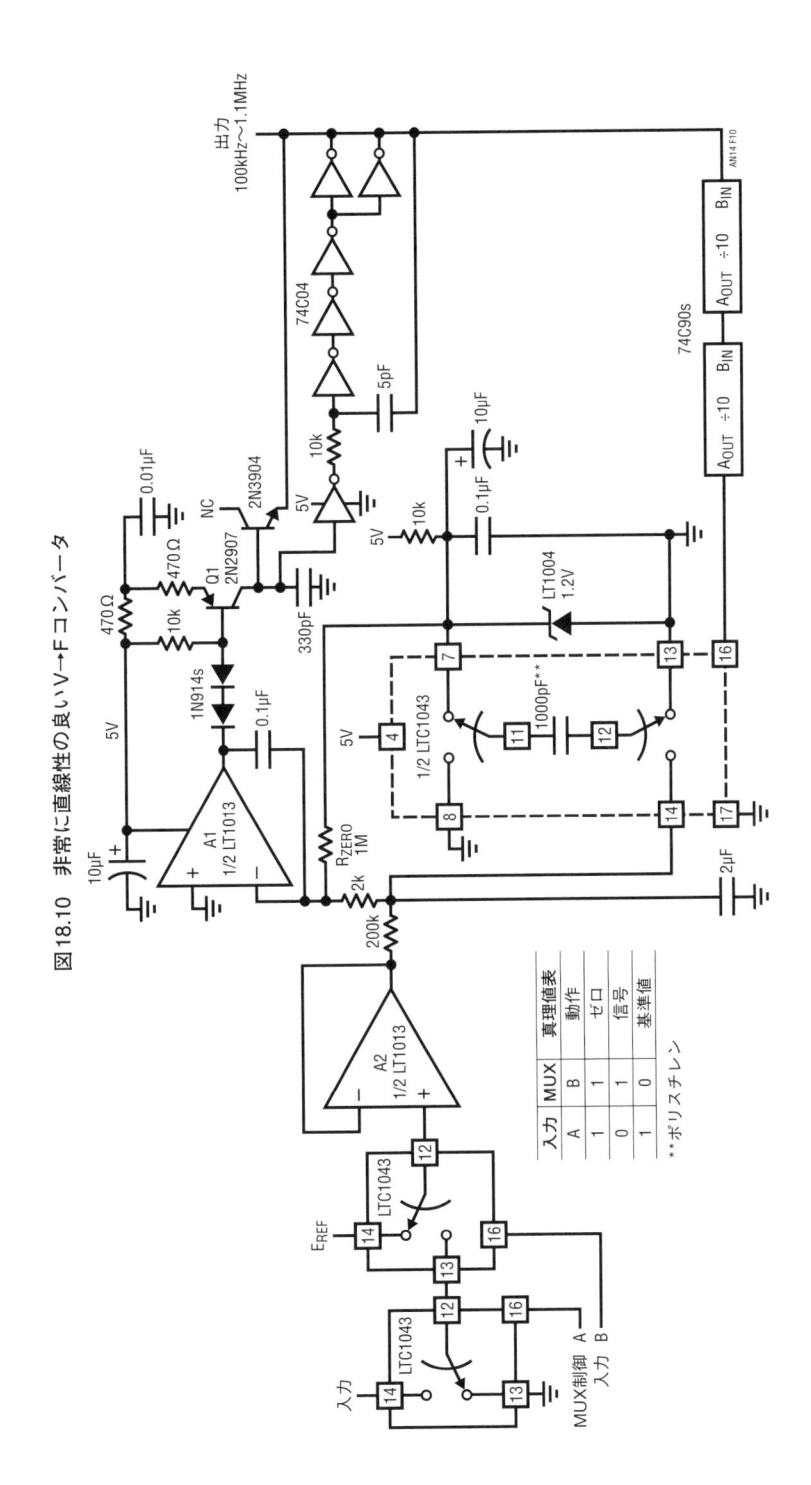

図18.10　非常に直線性の良い V→F コンバータ

入力	MUX	真理値表
A	B	動作
1	1	ゼロ
0	1	信号
1	0	基準値

** ポリスチレン

図18.11　非常に直線性の良いV→Fコンバータの波形

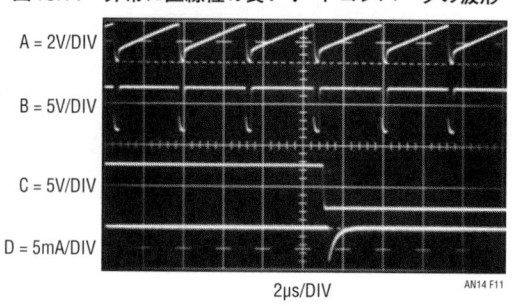

A = 2V/DIV

B = 5V/DIV

C = 5V/DIV

D = 5mA/DIV

2μs/DIV　　　　AN14 F11

入力の最大電圧よりも高くなくてはなりません．この基準電圧としては安定な電位を使うか，トランスデューサを使うシステムの多くで行われるように，入力信号に対してレシオメトリック関係をもつ電位を使います．代表値として1.1 MHzの出力とします．この測定シーケンスが終わると十分な情報が得られるので，数学的な関係を使ってプロセッサにより入力電圧を求められます．付け加えると，この切り替えシーケンスは比較的短期間のうちに実行されるので，V→F変換のドリフトはキャンセルされます．高い直線性の実現のためにはポリスチレン・コンデンサの使用が必要ですが，精密な部品は必要になりません．この回路の7 ppmの直線性と1 ppmの分解能はほとんどの用途に十分ですが，プロセッサ処理により直線性のさらなる向上も可能です．

電池1本で動作する V→Fコンバータ

特別なV→F回路が必要となるのは高速や高精度が求められる分野だけではありません．**図18.12**は電池1本から動作するコンバータ回路で，消費電流はわずか125 μAです．この回路では，LT1017デュアル・マイクロパワー・コンパレータをサーボ制御されたチャージ・ポンプに使っています．入力はC_1に加えられますが，これは10 μFと1 μFのコンデンサで補償をかけてオペアンプとして動作するようにしています．C_1の出力は110 kΩの抵抗と0.02 μFのコンデンサに加わり，コンデンサの電圧がランプ波形になります（**図18.13**，波形A）．

ランプ波形が発生している間，C_2の出力はHighでQ_1はオフに，Q_2はオンになるようにバイアスがかかります．したがってQ_3-Q_4のV_{BE}を利用した基準電圧源

の電圧（波形B）はゼロです．0.01 μFのコンデンサには電荷はたまりません．ランプ波形のレベルがC_2の非反転入力の電圧と一致すると，スイッチングが起きます．これでC_2の出力はLowとなり，0.02 μFの電荷は放電されます．C_2のランプ波形が約80 mVにリセットされるまでの十分な期間，交流的な正帰還の効果（波形C）によってC_2の動作が止まります．同時にQ_1はオンになり，Q_2はオフになります．これでQ_3-Q_4の基準電圧源が出力を出すようになるので（波形B），0.01 μFのコンデンサはQ_6を介して充電されます．

C_2の正帰還がなくなると，その出力はHighに戻るので，Q_1はオフになってQ_2にバイアスが加わります．これで0.01 μFのコンデンサは放電するので，C_1のサミング・ポイントの2.2 μFのコンデンサから（波形D），Q_5とQ_2経由で電流を流し出します．C_1のサミング・ポイントの電圧がゼロ近傍の周波数になるように，C_1はこの発振をサーボ制御するわけです．C_1の入力への電流は入力電圧にリニアな関数関係なので，発振周波数もリニアに変化します．C_1のところの1 μFのコンデンサと10 kΩの抵抗の組み合わせにより，ループの位相補償が行われます．0.01 μFのコンデンサの両端につないだ100 kΩの抵抗は，放電特性に影響を与えることで回路全体としての直線性を改善しています．

Q_3，Q_4の1.2 V基準電圧源の温度係数はQ_5とQ_6の接合部の温度係数によって強力に補償されて，回路のゲイン・ドリフトは250 ppm/℃が得られます．バッテリの放電による影響については，1000時間以上動作させても誤差は1%以下です．

サイン波出力V→Fコンバータ

V→Fコンバータのほとんどはパルスや方形波を出力するものです．オーディオ，フィルタの試験装置，自

図18.12　電池1本で動作するV→Fコンバータ

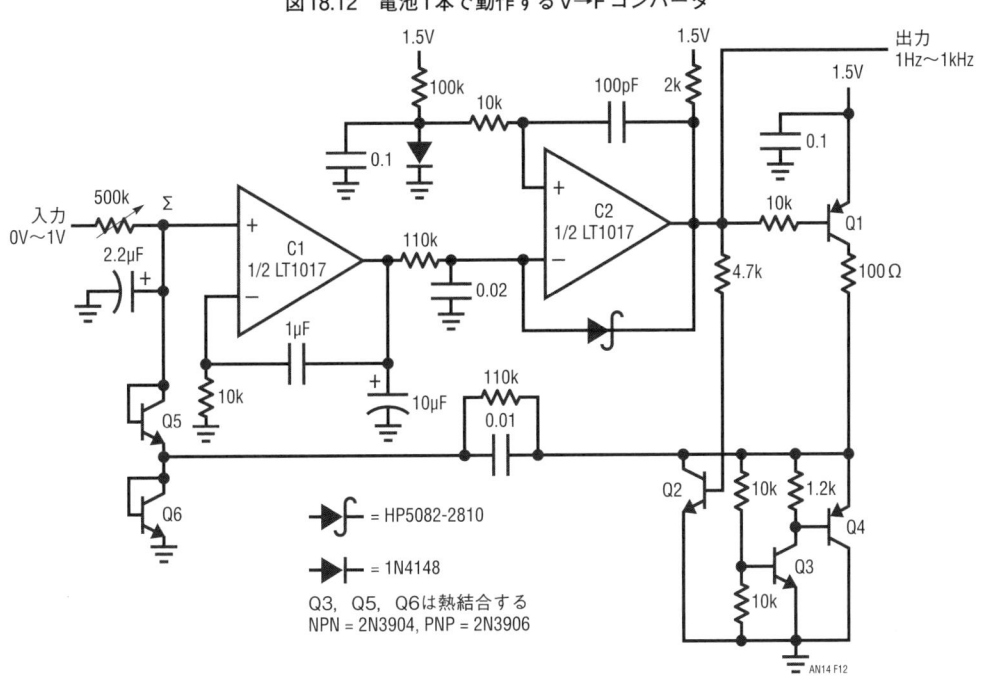

図18.13　電池1本で動作するV→Fコンバータの波形

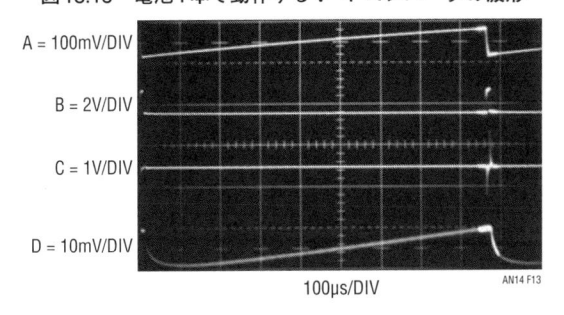

A = 100mV/DIV

B = 2V/DIV

C = 1V/DIV

D = 10mV/DIV

100μs/DIV

AN14 F13

動試験装置などの多くの用途では，サイン波出力が必要になります．**図18.14**の回路はこの要望に応えるもので，0Vから10Vの入力に対して，1Hzから100kHzの範囲のサイン波を出力します．この回路は従来発表されたものよりずっと高速であるにもかかわらず，0.1%の周波数の直線性と0.2%の歪み特性を備えています．

この回路を理解するために，C_1の出力がLowだとすると，Q_1をカットオフしています．正の入力電圧はA_3で反転され，5kΩの抵抗と自己バイアスがかかっているFETを介してA_1のサミング・ノードのバイアスとなります．ここで，サミング・ノードから引き出される電流を$-I$とします．A_1の出力（**図18.15**，波形A）はC_1の入力がゼロ・クロスするまで，正方向に積分動作をします．ゼロ・クロスが起きるとC_1の出力は正になり（波形B），Q_1はオンします．Q_1の経路の抵抗はスケーリングしてあり，サミング・ノードから取り出される電流$-I$の絶対値の正確に2倍である$+2I$が流れるようになっています．この結果，この点に流れる正味の電流は$+I$となるので，A_1は正方向への積分動作と同一の変化比率で負方向へ積分を行います．A_1の負方向への積分動作が十分に進むと，C_1の非反転入力がゼロ・クロスして再びスイッチングします．これでQ_1はオフになるので，全体のサイクルが繰り返されることになります．以上の結果として，A_1の出力には三角波が発生します．その周波数は回路の入力電圧に依存し，0Vから10Vの範囲の入力電圧により1Hzから100kHzの範囲で変化します．LM329を含むダイオー

ド・ブリッジと，直並列接続してあるダイオード群により安定な両極性の基準電圧が得られますが，これはA_1が出力するランプ波形に対して常に逆の極性になります．C_1の正入力に入れたショットキー・ダイオード

により，C_1がオーバードライブからきれいに回復するようにしてあります．AD639三角関数波形発生器はA_2を経由して信号を加えてあり，A_1出力の三角波形はサイン波形に変換されます（波形C）．AD639に加え

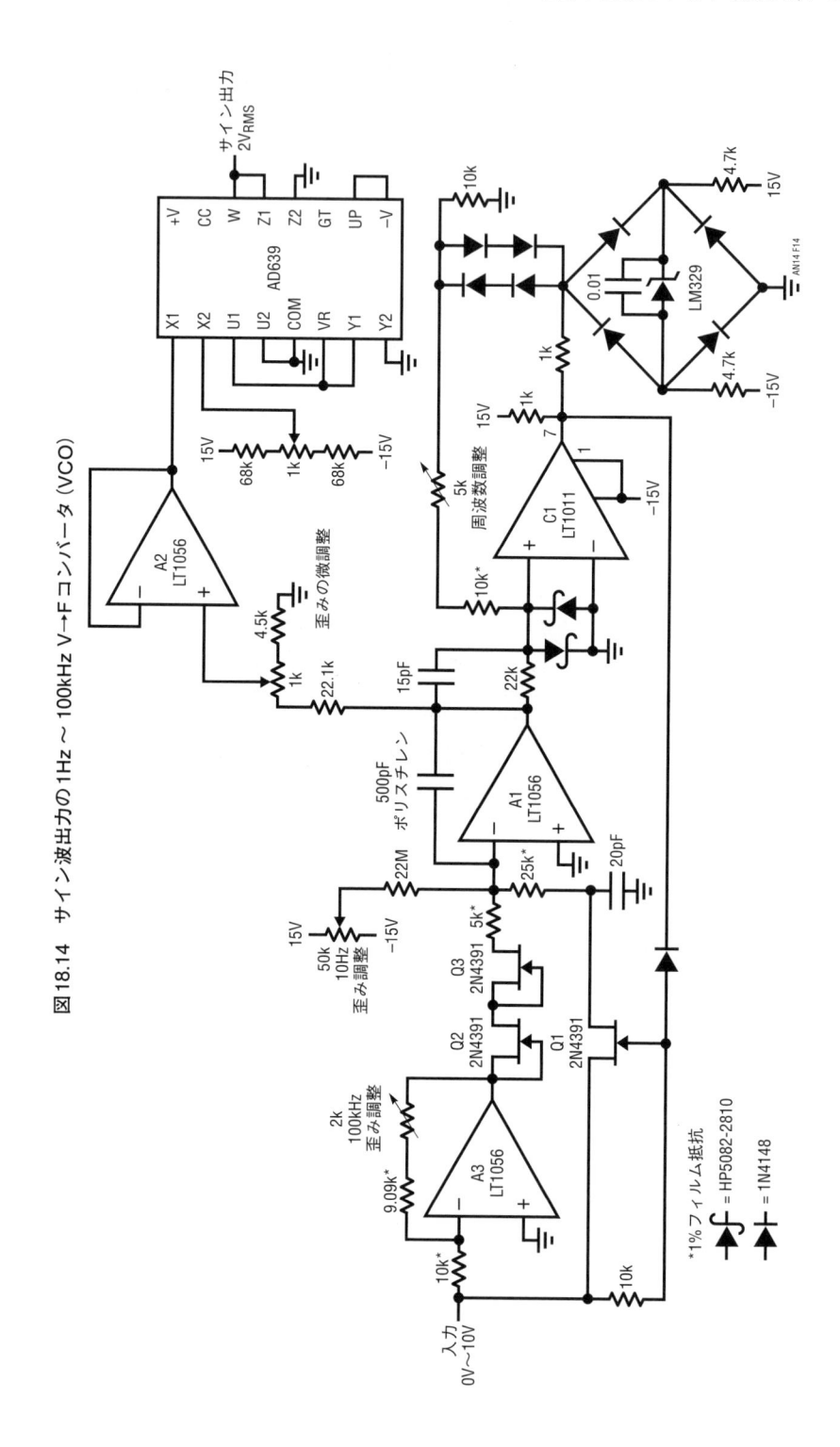

図18.14 サイン波出力の1Hz〜100kHz V→Fコンバータ（VCO）

る三角波は振幅が変化すると，サイン波に歪みが発生します．高い周波数では，A_1の積分器の切り替えループでの遅延時間により，Q_1のターン・オンとターン・オフ動作が遅れてきます．この遅延による影響を抑えないと，周波数の増加に応じて三角波の振幅が大きくなり，同じく歪みも大きくなるという結果になります．この遅延を補償するために，C_1の入力へ15 pFのコンデンサでフィードフォワードをかけてあり，100 kHzまでの全レンジで歪みはわずか0.2%に保たれています．10 kHzでは，歪みは0.07%以内です．Q_1がスイッチングするたびに発生するゲート-ソース間の電荷注入による影響は，Q_1のソースに付けた20 pFのコンデンサによって小さく抑えられています．このコンデンサがないと三角波のピークに鋭いスパイクが現れ，サイン波の歪み率が悪化します．Q_2-Q_3のFETはQ_1のオン抵抗が温度で変化するのを補正していて，温度にかかわらず$+2I/-I$の関係を一定に保ちます．回路のゲイン温度係数（TC）は150 ppm，ゼロ点ドリフトは0.1 Hz/℃です．

この回路は入力変化に対する極めて高速な応答性を特徴としていて，これは大多数のサイン波出力のコンバータ回路では達成できない点です．**図18.16**は入力が2つのレベル間でスイッチングしたとき（波形A）の動作を示しています．この回路の出力（波形B）の周波数はただちに変化していて，グリッチや動特性の問題は見られません．

この回路を調整するには，まず10.00 Vを入力してA_1の出力の三角波形が対称になるように，2 kの半固定抵抗を設定します．ついで100 µVを加えて三角波が対称になるように，50 kΩの半固定抵抗を調整します．さらに再び10.00 Vを加え，出力周波数が100.0 kHzになるように5 kΩの"周波数調整"の半固定抵抗を設定します．最後に，歪みアナライザ（波形D）を使って，

歪みが最小になるように"歪み調整"の半固定抵抗を調整します．歪みを最小にするためには，他の調整点を若干再調整する必要があるかもしれません．

伝達関数が1/XのV→Fコンバータ ●

V→F設計の別の方向性は，意図して非線形な伝達関数をもたせたコンバータです．そのようなコンバータは，ガス・センサや流速計のようなトランスデューサからの出力をリニアライズする用途で有用です．**図18.17**の回路は，0 Vから10 Vの入力電圧を1 kHzから2 Hzの出力周波数に，1/X特性に0.05%の精度で変換します．

A_1はLT1009 2.5 V基準電圧源からの電流を積分します．A_1の負方向への出力ランプ波形（**図18.18**，波形A）は，C_1で電流加算の形で入力電圧と比較されます．C_1の入力が負になると，その出力（波形B）が下がって，フリップフロップをトリガするのでQ出力がHighになります（波形C）．これがQ_1をオンにして，ランプ波形がリセットされます．ランプ波形がグラウンド・レベルのごく近傍までリセットされると，C_2はLowを出して（波形D），フリップフロップをリセットするのでQ出力がLowになります．これでQ_1はオフになって，ランプ波形が再び開始するので全体のサイクルが繰り返されます．

大部分のV→Fコンバータでは，入力信号が積分器の傾きを制御します．この回路では積分器は一定の傾きでランプ波形を発生します．積分器の出力が入力電圧のレベルを横切るまでにかかる時間は入力の振幅の逆数に比例するので，ループの発振周波数は入力レベルの1/Xになります．ランプ波形のリセット時間は積分期間に含まれないので，1次の誤差項になります．低い周波数では，（ランプ波形が入力信号のレベルに交

図18.15　サイン波出力V→Fコンバータの波形

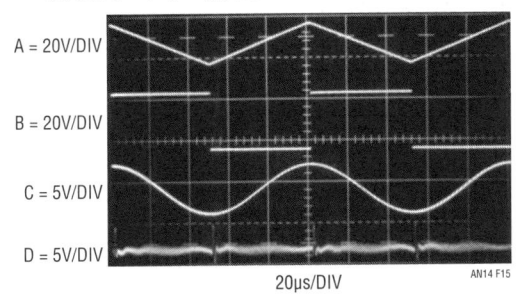

A = 20V/DIV
B = 20V/DIV
C = 5V/DIV
D = 5V/DIV

20µs/DIV　AN14 F15

図18.16　サイン波出力V→Fコンバータのステップ応答

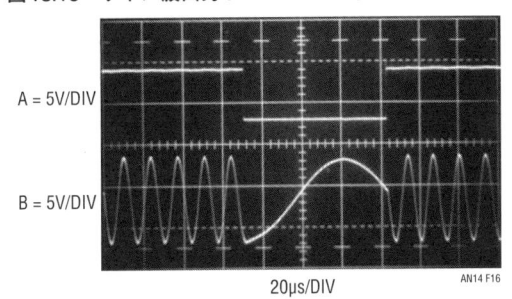

A = 5V/DIV
B = 5V/DIV

20µs/DIV　AN14 F16

差するまでに大きな振幅になっていなければならないので)リセットにはより時間がかかるものの,誤差としては小さくてすみます.高い周波数では,リセット自体は短時間になりますが,リセットによる"デッド・タイム"が発振周波数に対して大きな比率となるので,影響が顕著になります.ここで用いた2つのコンパレータによってフリップフロップでリセットする方法は,ランプ波形のピークの振幅とは無関係に,リセット時間をアダプティブに制御して最小にすることで,この誤差を小さくしています.単純な一定の交流フィードバックのやりかたでは,大きなランプ波形のピーク振幅でも(つまり低い発振周波数で)リセットできるだけ

の長いリセット時定数が必要になるので,このようにはいきません.このリセットの仕組みを使っても,この回路の0.05%の$1/X$近似度を得るには,最高周波数が約1kHzに限定されます.アナログ乗算器や他の$1/X$の計算テクニックを用いたものよりも,10倍ほど良い精度をもっている点は注目に値します.回路のドリフトは約150ppm/℃です.この回路を調整するには,50mVの入力に加えて出力が1kHzになるように,5kΩの半固定抵抗を合わせます.

図18.19の$1/X$ V→FコンバータはR. Essaffにより開発されたもので,やや複雑になりますが,さらに性能が向上しています.このチャージ・ポンプを使った

図18.17 伝達関数$1/E_{IN}$のV→Fコンバータ

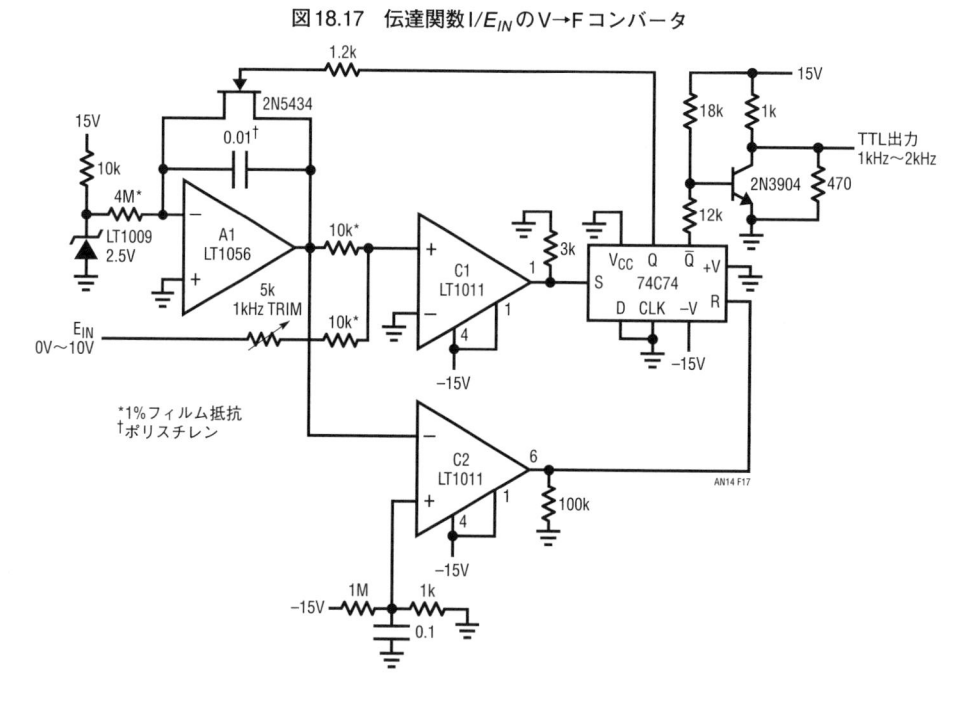

図18.18 伝達関数$1/E_{IN}$のV→Fコンバータの波形

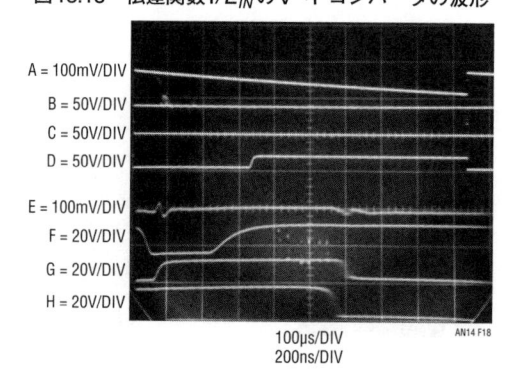

設計では，$1/X$の近似度0.005％，50 ppm/℃のドリフト性能，そして0 Vから5 Vの入力に対して10 kHzから50 Hzの出力が得られます．

A$_1$とその周囲の部品は，正方向に積分する回路を構成しています（**図18.20**，波形A）．A$_1$の出力がゼロ・クロスすると，C$_1$の出力は負になり（波形B），ワンショットをトリガします．このワンショットの出力（波形C）がLT1043を切り替えるので，入力E_{IN}からA$_1$のサミング・ポイントに向けて，0.01 μFのコンデンサを介した電荷の移送が行われます．これによってA$_1$の出力は移送された電荷に応じて負方向に動きます．電荷の移送が終わると，A$_1$は再び正方向へランプ波を作りだします．A$_1$の出力が負になる深さはE_{IN}そのものに比例するので，ループの発振周波数は入力電圧E_{IN}に逆比例$(1/X)$する関係になります．

この回路の出力はパラレルにしたLT1043のスイッチ部から取られています．

この回路は電荷をフィードバックしているので，積分器のリセット時間は変換の精度に影響しません．この制御ループは，A$_1$のサミング・ポイントの電圧が常

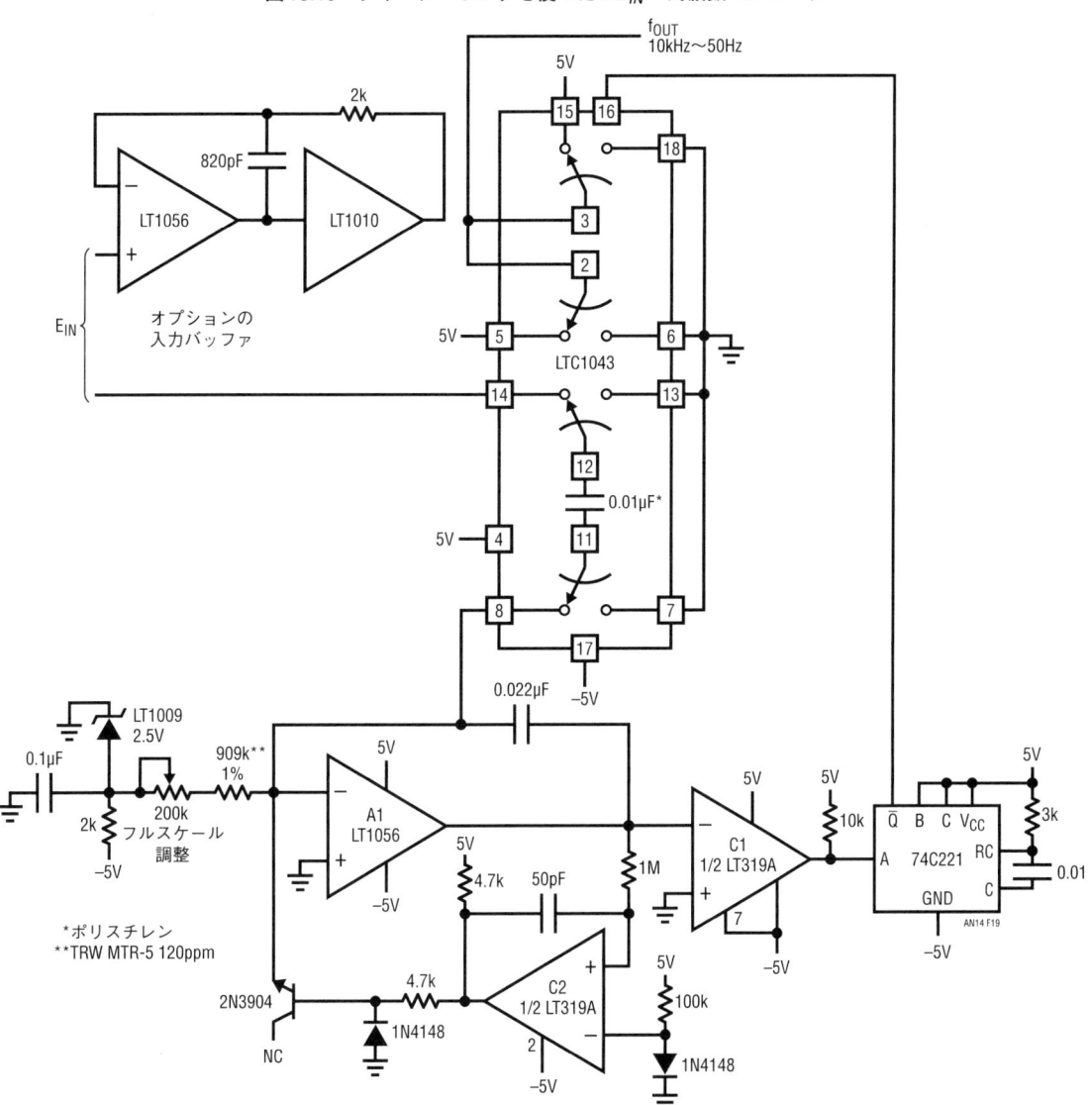

図18.19　チャージ・ポンプを使ったI/E_{IN}→周波数コンバータ

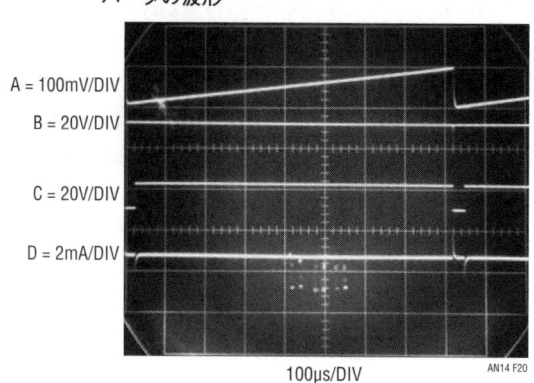

図18.20　チャージ・ポンプを使った$1/E_{IN}$→周波数コンバータの波形

にゼロに保たれる周波数で動作します.

　もしA_1の出力が0Vを超えるようなことが起きると，発振器のループはラッチします．この状態はC_2で検出され，C_2がHighを出力して，2N3904のベース-エミッタ接合を利用した低リーク・ダイオードを介してA_1のサミング・ポイントに電流を流し込むので，正常な回路動作が始まります.

　この回路の基本的な問題点は，A_1のサミング・ポイントに0.01 μFのコンデンサが接続されるつど，相当量の電流を入力信号から供給しなければならないという点です．この電流は入力信号に応じて変化し，$E_{IN}=$5Vでは25mAに達します．図に示すオプションの入力バッファを使うことで必要なドライブ能力が得られますが，入力電圧はバッファのコモン・モード電圧の範囲に収まる必要があります.

　この回路を校正するには，正確な5Vを加えて出力が50Hzになるように200kΩの半固定抵抗を調整します.

伝達関数がE^XのV→Fコンバータ

　図18.21に示すV→F回路は入力電圧に対して指数的に応答します．これは音楽用シンセサイザに理想的な特性で，入力1V/オクターブの出力周波数のスケール・ファクタをもちます．指数関数の近似度は10Hzから20kHzの範囲で0.13%以内であり，ドリフトは150 ppm/℃です．この回路の出力はパルスですが，基本周波数での十分な電力が必要となる用途に向いたランプ波出力も得られます.

　A_1の1μFの入力コンデンサはQ_4のエミッタからの電流を積分して，A_1の入力部にランプ波を発生させま

す（図18.22，波形A）．このランプ波形がゼロ・クロスするとA_1の出力は反転し（図18.22，波形B），LT1043もスイッチングします．これでLT1021の出力である10Vまで充電されていた0.0012 μFのコンデンサが，A_1のサミング・ポイントから電流を引き出すように接続が切り換わります（波形C）．30 pFのコンデンサがA_1の正入力に交流的な正帰還をかけるので（波形D），0.0012 μFのコンデンサが完全に放電するのに十分な時間が確保されます．この動作によってA_1の入力のランプ波は負方向に変えられ，ゼロになるようにリセットされます．A_1での交流的な正帰還動作が収まると，サイクルが繰り返されます．Q_5と周囲の部品は起動用のループ回路を構成していて，回路のシーケンスがきちんと開始するようにしています．具体的には，立ち上がりの条件や入力のオーバードライブによりA_1の出力が負電源側に貼り付いてしまう場合です．これが起きると，Q_5がオンしてA_1の負入力を−15Vへ引っ張ることで通常の回路動作が開始されます.

　このチャージ・ポンプ型の電流-周波数コンバータの発振周波数は，Q_4のエミッタ電流にリニアに比例します．ここでQ_4のエミッタ電流は，抵抗と入力電圧によって決まるV_{BE}に指数関数的に比例しています．これはよく知られたトランジスタのコレクタ電流とV_{BE}の関係です．一般的にQ_4の動作点は温度に対して非常に敏感ですが，この回路ではA_3により温度的に安定化されたトランジスタ・アレイのうちの1個を使っています．やはりアレイの1個であるQ_1が温度を検出しています．A_3はQ_1のV_{BE}電圧をブリッジ中点の電位と比較して，アレイ・トランジスタの1つであるQ_3を駆動することで温度制御ループを作っています．こうしてトランジスタ・アレイは安定化されて，Q_4の動作が

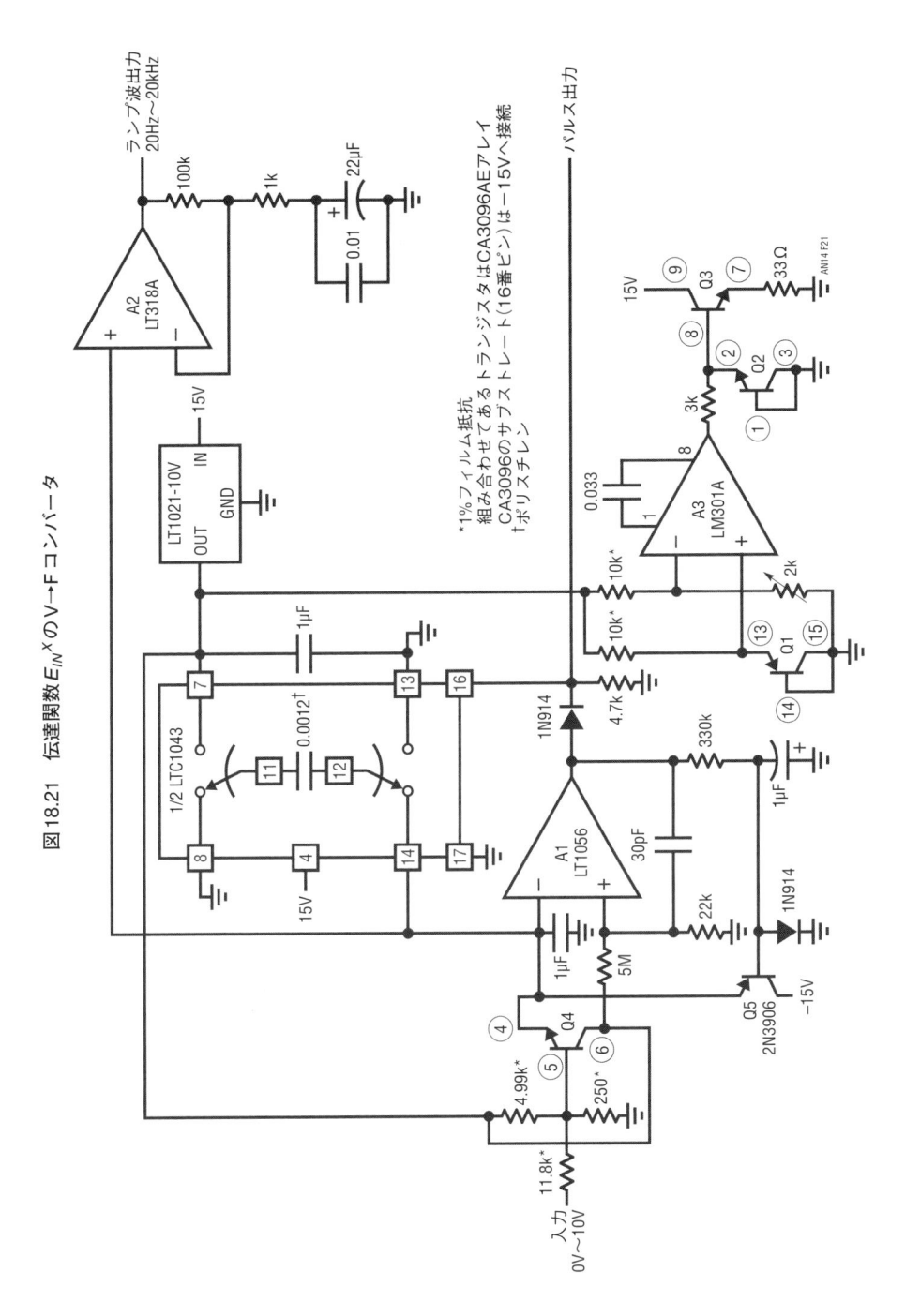

図18.21　伝達関数$E_{IN}{}^X$のV→Fコンバータ

温度に影響されないようになります．Q_2はクランプ動作をしてループがロックアップするのを防ぎ，またQ_3に逆バイアスがかからないようにしています．

Q_4に温度コントロールをかけているので，この回路の指数関数特性は安定で再現性があります．Q_4のコレクタとA_1の非反転入力の間の5MΩの抵抗により，高い周波で（つまり，Q_4のコレクタ電流が高い状態）A_1

の動作点をわずかにシフトさせています．これはQ_4のエミッタのバルク抵抗による影響を補正するもので，20kHzまで良好な指数関数性能が得られています．図のように，4.99kΩの抵抗によって入力電圧0Vでの出力が約10Hzになるよう設定され，250Ωの抵抗が回路のkファクタ，代表値で入力1V/オクターブを決めています．

図18.22　伝達関数 $E_{IN}{}^X$ の V→F コンバータの波形

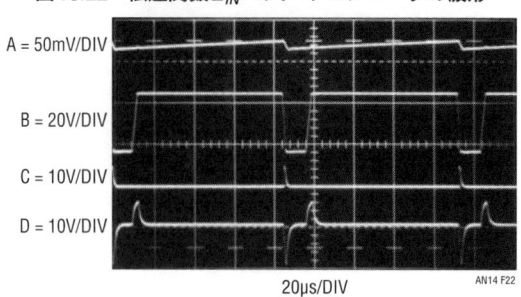

A = 50mV/DIV

B = 20V/DIV

C = 10V/DIV

D = 10V/DIV

20μs/DIV　　AN14 F22

　この回路を使うには，Q_3 のベースを接地した状態で 2 kΩ の半固定抵抗を調整して，A_3 の負入力の電圧が正入力より 100 mV 低くなるようにします．次に，Q_3 の接地をはずせば準備完了です．

伝達特性が $\dfrac{R_1}{R_2} = \dfrac{V_1}{V_2}$ の V→F コンバータ

　図18.23の回路は，外部接続された2つの抵抗に加わる電圧比に比例した出力周波数を生成します．この回路はトランスデューサの信号処理アプリケーションで広く応用できます．R_1 と R_2 のどちらの抵抗もグラウンドに対してつながっているので，ノイズの点から好ましくなっています．この例では R_1 は白金抵抗センサ，R_2 はセンサの 0℃ での値にセットされます．R_2 の片端がグラウンドに接続されているので，ノイズが増える心配なしに 10 進ダイアル式の抵抗ボックスを使って微調整を行えます．R_1 の片端もグラウンドにつながるので，ノイズに対して同様のメリットがあり，引き回したケーブルの端部に配置することができます．

　6012 DAC は 2 つの同一電流を出力するシンプルな電流源として動作します．この DAC の MSB は High に固定され，それ以外のビットは Low に固定されています．これにより DAC の出力電流は変化しません．一定の同一電流が流れるので R_1 と R_2 には差動で電圧が発生し，それを LTC1043 のスイッチト・キャパシタによってサンプリングします．LTC1043 の内部クロックにより，R_1 と R_2 の間で 3900 pF のコンデンサがスイッチングし続け，A_1 のサミング・ポイントに電荷を投入します．サイクルごとに移送される電荷の量は，R_1 と R_2 の電位差（$Q = CV$）そのままに比例するわけです．A_1 の出力には負方向へのランプ波が発生します（図18.24，波形A）．このランプ波形は，コンパレータ C_1 で A_2 からの出力と比較されます．A_2 の直流出力は，LT1043 チャージ・ポンプの 330 pF のコンデンサ，A_2 の帰還抵抗，そして LT1043 のクロック周波数の関数で決まります．A_1 と A_2 は同じタイミングで電荷を受けるので，LT1043 に関して発振器のドリフトによる影響は同じになり，誤差には影響してきません．

　A_1 からのランプ波が A_2 の出力電圧をクロスしたとき，C_1 の出力は High になり（波形B），FET をオンにします．C_1 の正入力（波形C）へかけている交流的な正帰還により，A_1 の帰還経路のコンデンサは完全に放電

図18.24　伝達関数が $\dfrac{R_1}{R_2} = \dfrac{V_1}{V_2}$ となる V→F コンバータの波形

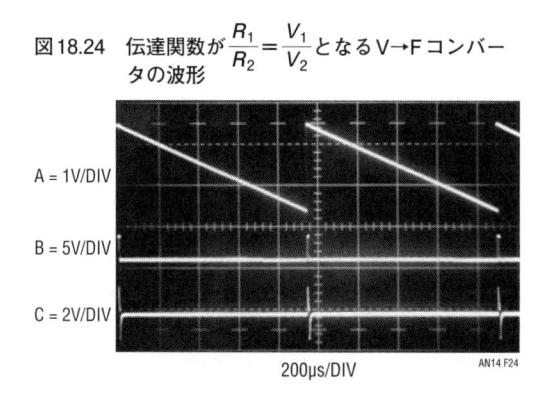

A = 1V/DIV

B = 5V/DIV

C = 2V/DIV

200μs/DIV　　AN14 F24

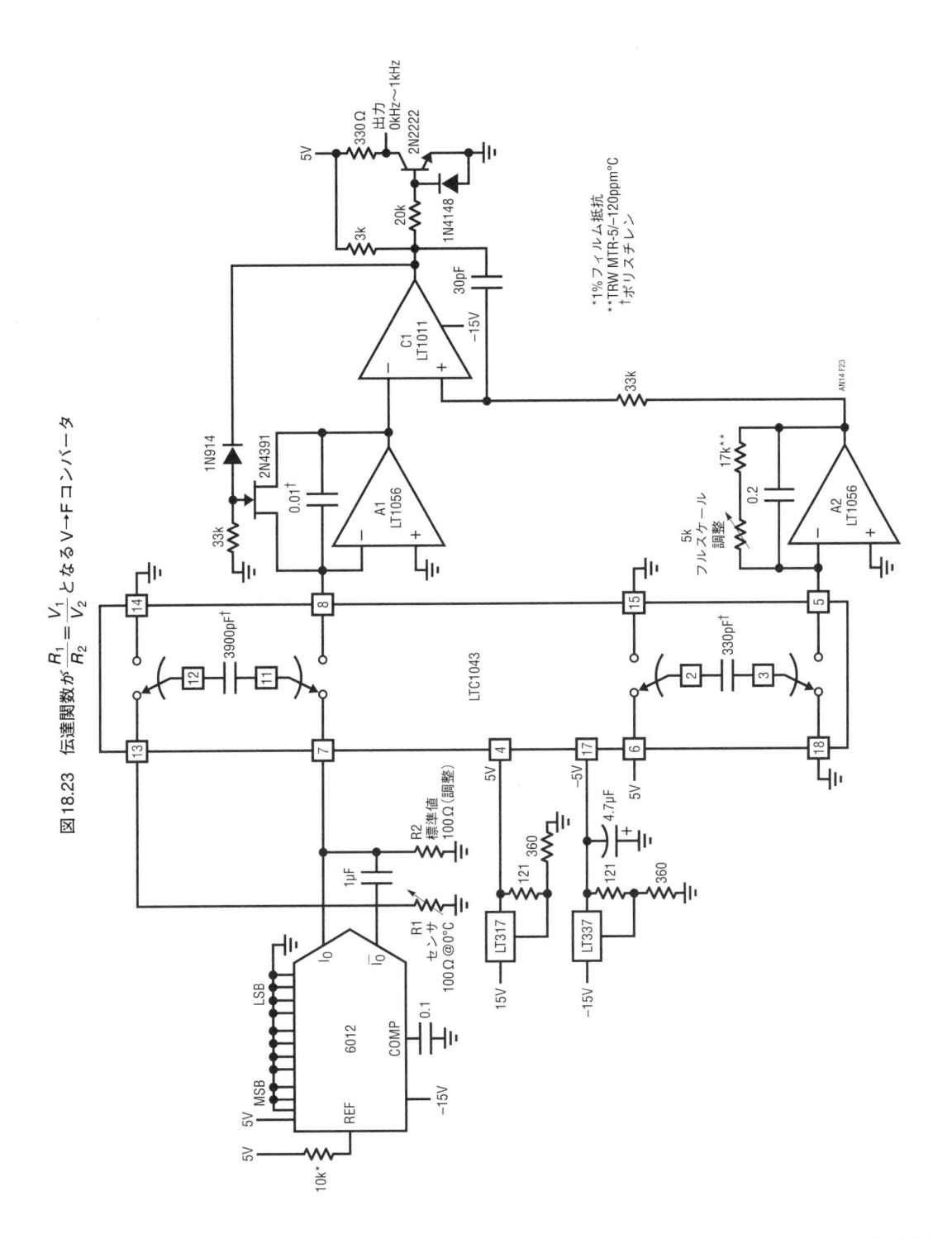

図18.23　伝達関数が$\frac{R_1}{R_2} = \frac{V_1}{V_2}$となるV→Fコンバータ

します．この帰還の効果がなくなると，サイクルがま
た繰り返されます．このように，発振周波数はR_1-R_2
の比率のリニアな関数になるわけです．

LT1043につなぐ2個のポリスチレン・コンデンサに
より，温度係数はキャンセルされます．回路図でのA_2

の帰還抵抗は，A_1のポリスチレン・コンデンサの温度
係数を補償するものです．全体としての回路の温度係
数は約35 ppm/℃です．図のように0℃から100℃の範
囲でR_1のセンサにより0 kHzから1 kHzの出力が発生
しますが，その精度はセンサによって制限されて0.35℃

になります．これはA_1のリセット時間から発生する誤差よりずっと大きく，この回路の動作自体は測定誤差に影響しません．実際には，個々のR_1センサの0℃での誤差を補正するために，R_2の値をわずかに調整する必要があるかもしれません．R_1が100℃のときに1 kHzを出力するように，5 kΩの半固定抵抗を調整します．抵抗変化を利用したトランスデューサならどのようなものでも，この回路に利用することができます．温度係数が負になるものについては，R_1とR_2の接続箇所を入れ換えます．

◆ 参考文献 ◆

(1) "Trigger Circuit" *Model 2235 Oscilloscope Service Manual*, Tektronix, Inc.

(2) Pease R. A., "A New Ultra-Linear Voltage-to-Frequency Converter", 1973 *NEREM Record*, Vol. I, page 167.

(3) Pease R. A., assignee to Teledyne, "Amplitude to Frequency Converter", U.S. patent 3,746,968, filed September 1972.

(4) Williams, J., "Low Cost A→D Conversion Uses Single-Slope Techniques", EDN, August 5, 1978, pages 101-104.

(5) Gilbert B., "A Versatile Monolithic Voltage-to-Frequency Converter", *IEEE J. Solid State Circuits*, Volume SC-11, pages 852-864, December 1976.

(6) Williams, J., "Applications Considerations and Circuits for a New Chopper Stabilized Op Amp", 1Hz-30MHz V→F, pages 14-15, Linear Technology Corporation, Application Note 9.

V→Fのテクニック

電圧を周波数に変換するには多くの方法があります．ある用途に対して最良となるアプローチは，必要とされる精度，速度，応答時間，ダイナミック・レンジ，その他の検討事項によって異なってきます．**図18.B1**に示すのは，そのなかでも最も理解しやすい手法の一つです．入力信号で積分器を駆動するのです．入力電圧によって発生する電流により，積分器の出力するランプ波形の傾きが変化します．ランプ波形がV_{REF}の電圧を横切ったときにコンパレータはスイッチをオンにするので，積分器のコンデンサが放電されて動作のサイクルが初期化されます．この回路が動作する周波数は入力電圧そのものに比例します．注意深く設計すると，1つのオペアンプで積分器とコンパレータの両方として動作させることができるので，低コストな回路になります．

この方法での大きな問題点は，コンデンサを放電するためにかかるリセット時間です．これは積分期間中に失われる時間であり，動作周波数に対応する周期との比率が小さくなるに従い，大きな直線性の誤差を引き起こします．例えば，1 μsのリセット時間は1 kHzでは0.1%の誤差になり，10 kHzでは1%に増加します．またリセット時間のばらつきは，さらなる誤差を生じます．この理由により，良好な直線性と安定度が必要な場合，この回路は比較的低い周波数で使用しなければなりません．これらの誤差を補正するための手段はいろいろとありますが，やはり性能は限定されたものになります．

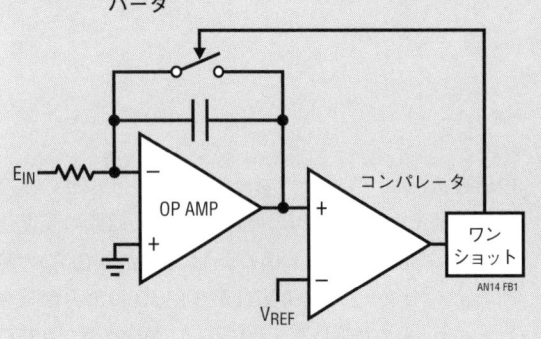

図18.B1　ランプ波形とコンパレータによるV→Fコンバータ

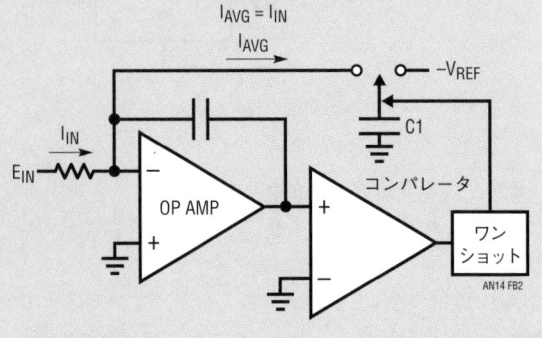

図18.B2　チャージ・ポンプによるV→Fコンバータ

図18.B2は積分器を電荷移送ループの中に取り込むことで，図18.B1の回路での問題を回避するものです．この手法では，積分器がランプ波を発生している期間，C_1 は V_{REF} で充電されます．コンパレータが反転したとき，C_1 は A_1 のサミング・ポイントに対して放電を行い，その出力をHighにします．C_1 が放電したあと，A_1 はランプ波の発生を始めてサイクルが繰り返されます．

このループ動作により，合計した電流の平均値がゼロになるように回路の動作が制御されるので，積分の時定数とリセット時間は周波数に影響しなくなります．このやりかたでは，高い周波数まで優れた直線性（一般的に0.01%）が得られます．設計に注意を払うと，このタイプのコンバータは1つのオペアンプで組み立てることができます．

図18.B3は類似したコンセプトによるものですが，オペアンプのサミング・ポイントを制御するために電荷の代わりに電流をフィードバックしている点が異なります．オペアンプの出力によってコンパレータが反転するたびに，電流シンクがサミング・ポイントから電流を引き込みます．基準となるタイミングで電流がサミング・ポイントから引き込まれることで，積分器は正方向の出力になります．この電流の引き込み期間が終了すると，積分器の出力は再び負方向へ向かうようになります．この動作の繰り返し周波数は入力電圧に比例します．

図18.B4はDCの補正ループを使うものです．この構成を用いると，前述の電荷や電流バランスの方法によるコンバータ回路の利点は全部得られる一方，応答時間が遅いという制約を受けません．さらに，この回路では非常に高い直線性（0.001%），100 MHzを超える出力，そして非常に広いダイナミック・レンジ（160 dB）を達成することが可能です．DCアンプは性能が比較的低いV→Fコンバータを駆動します．このV→Fコンバータは，直線性や熱的な安定度よりも高速性と広いダイナミック・レンジを優先

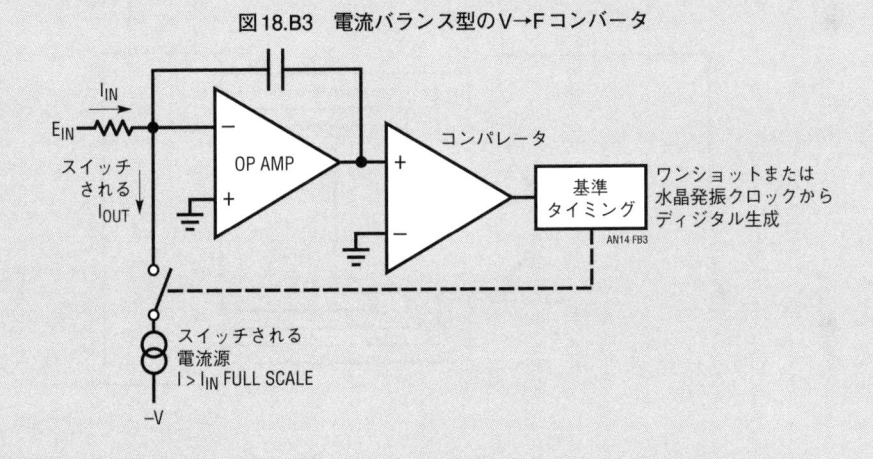

図18.B3　電流バランス型のV→Fコンバータ

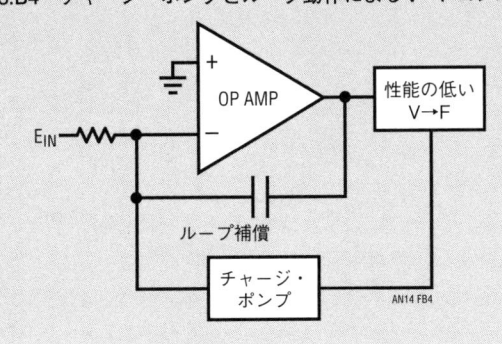

図18.B4　チャージ・ポンプとループ動作によるV→Fコンバータ

して設計されています．この回路の出力はチャージ・ポンプをスイッチングしていて，その出力は積分されて直流電圧となったあとに入力電圧と比較されます．

DCアンプがV→F変換の周波数を入力電圧そのものに比例するようにしています．ループの遅延時間により，DCアンプには周波数補償のコンデンサを付ける必要があり，これがループの応答時間を制限します．図18.B5は同様の構成ですが，チャージ・ポンプを水晶発振で制御されたディジタル・カウンタとDACで置き換えたものです．このループでは，

DACのLSBが理想値の周辺で変動を繰り返すように制御されます．これらの変動はループの補正コンデンサによって積分されて直流となります．このようにして，この回路はDACのLSBよりずっと小さい入力電圧の変動を追従します．一般的に12ビットDAC（4096ステップ）では，1/50000の分解能が得られます．しかしながら，回路の直線性はDACの性能によって決まります．この手法の一例が，AN-13「高速コンパレータのテクニック」（本書の第17章）で示されています．

図18.B5　DACとループ動作によるV→Fコンバータ

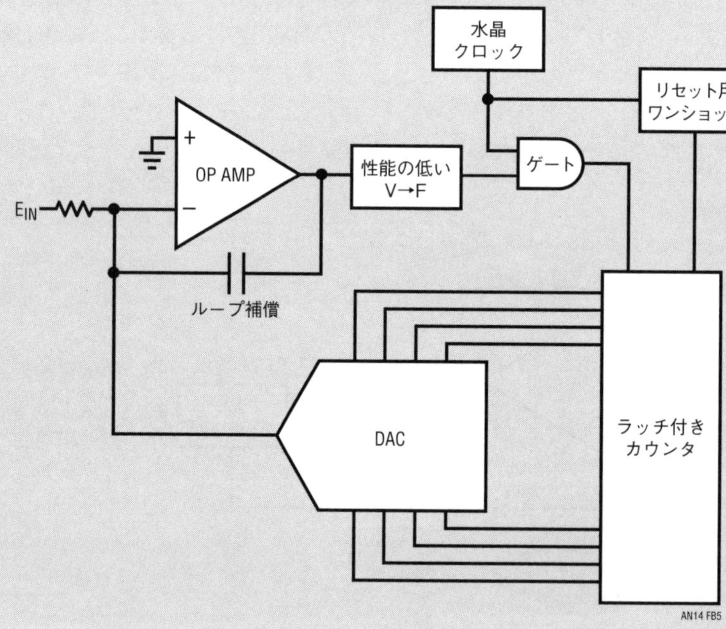

第19章

ユニークなICバッファがオペアンプ設計を強化し，高速アンプを手懐ける

Robert J. Widlar, 訳：細田 梨恵

概要：準コンプリメンタリ設計における問題を回避した，NPNトランジスタを使用する出力段をもつユニティ・ゲイン電力バッファICについて解説します．このバッファは，大きな容量性負荷に対しても寄生発振を起さず安定に動作し，20 MHzの帯域，100 V/μsのスルー・レートをもち，また75 Ω負荷を±10 Vで駆動することができます．静止時電流が5 mAです．このバッファを使った多くのアプリケーションについても詳細に説明を行い，重い負荷を駆動する以外にも多くの用途があることを示します．

はじめに

出力バッファは，オペアンプの出力スイングの拡大以外にも多くのことができます．大きな容量性負荷を駆動することで発生するリンギングも解消できます．速いバッファは，高速フォロワ，積分器やサンプル＆ホールド回路などの性能を高めるとともに，より取り扱いやすいものに変えることができます．

これまでバッファICに対する関心は高くありませんでしたが，それは妥当なコストで入手できる高性能な汎用バッファが見当たらなかったからにほかなりません．理想的には，バッファは高速で，クロスオーバー歪みを発生せず，大きな出力スイングかつ大電流で負荷を駆動できなければなりません．同時に，消費電力が小さく，安定性の問題を起こさずにどのような容量性負荷も駆動でき，一緒に使うオペアンプと同程度のコストで済むべきです．もちろん，電流制限と加熱保護機能を備えていれば申しぶんありません．

これらの到達目標は20年来の夢でしたが，しかし革新的なIC設計技術のおかげで，ついに達成されたのです．この真に汎用的と言えるバッファは大部分のオペアンプより高速でありながら，低速なアプリケーションでも容易に使えるように作られました．標準的なバイポーラ・プロセスで作られたもので，ダイの寸法は50×82 milです．

このバッファの電気的特性を**表19.1**にまとめました．オフセット電圧とバイアス電流については優れているわけではありませんが，通常，このバッファはオペアンプによって駆動されるフィードバック・ループ内に置かれるので，実際にはそれらは誤差として現れてきません．負荷時の電圧ゲインは，出力抵抗によりほぼ決まります．繰り返しになりますが，フィードバック・ループ内に置かれるバッファでは，誤差要素は大きく低減されるのです．

無負荷状態では，出力振幅は正電源電圧の1 V以内まで，また負電源側はほぼ目一杯スイングします．150 mAの負荷の場合は，この飽和電圧は2.2 Vまで増加します．出力電圧のスイング幅を除けば，電源電圧4 Vから40 Vの間で性能はほとんど影響を受けません．

表19.1　このバッファの25℃における代表的な性能．電源電圧範囲は4Vから40V

パラメータ	値
出力オフセット電圧	70mV
入力バイアス電流	75μA
電圧ゲイン	0.999
出力抵抗	7Ω
正側飽和電圧	0.9V
負側飽和電圧	0.1V
出力飽和抵抗	15Ω
ピーク出力電流	±300mA
帯域幅	22MHz
スルー・レート	100V/μs
消費電流	5mA

これは5V単一電源でも，±20Vのオペアンプ電源でも同じように使えるということです．

負荷の抵抗値が小さくなると，バンド幅とスルー・レートはいくぶん減少します．**表19.1**に示した値は，100Ω抵抗に100pFのコンデンサを並列接続したものを負荷とした場合です．静止時電流がわずか5mAであることを考えると，その高速性には非常に目を見張るものがあります．

設計コンセプト

図19.1の簡略化した回路は，このバッファの基本的な構成要素を示しています．オペアンプが出力のシンク・トランジスタQ_{30}を駆動しますが，出力非反転アンプQ_{29}のコレクタ電流は静止時電流の値（I_1およびQ_{12}とQ_{28}の面積比で決定される）を決して下回らないように設定してあります．結果として，その高周波特性はQ_{30}が負荷電流を供給している場合であっても，単純な非反転アンプそのものと本質的に同一になります．出力に入れてある小さい抵抗によって，内部の帰還ループは容量性負荷の影響から切り離されています．

電流の吸い込み時の増加率が吐き出し時より顕著に小さいので，この回路は完璧とは言えません．これは抵抗をバイアス端子とV^+の間に接続して，静止時電流を大きくすることで補正できます．最終的な回路の特徴として，出力抵抗は非反転アンプ段の電流からは概ね独立したものとなり，低い静止時電流でも出力抵抗が小さくなっています．負電源電圧まで出力がスイングできるので，これは単一電源で動作させる場合には特に有利になります．

基本設計

図19.2は，**図19.1**に示したバッファのコンセプトに基いた詳細設計です（わかりやすくするため，部品番号を共通にしてある）．ここでオペアンプには，ベース接地のPNPペアQ_{10}，Q_{11}が使われていてR_6とR_7で入力段に対して負帰還がかかっています．その差動出力はカレント・ミラーQ_{13}とQ_{14}でシングルエンドに変換されて，非反転アンプQ_{19}を介して出力のシンク・トランジスタQ_{30}を駆動しています．

Q_{15}は，出力のシンク・トランジスタが完全にオフしないようにクランプしています．Q_{15}にバイアスを加えているQ_6からQ_9の回路は，出力に負荷がない状態でのQ_{15}のエミッタ電流がQ_{19}のベース電流と概ね等しくなるように設定してあります．

ここでの制御ループは，フィードフォワード・コンデンサC_1で安定化してあります．約2MHz以上では，おもにこのコンデンサを介してフィードバックがかかります．この境界周波数はC_1，R_7，そしてQ_{11}のエミッタ抵抗によって決まります．このループはQ_{29}に発生する位相遅れをR_{23}で制限することで，容量性および共振する負荷に対して安定になっています．

R_{10}の抵抗は，負極性の応答を改善するために加えてあります．大きな負方向の過渡応答ではQ_{29}はカット・オフされます．これが起きるとR_{10}はQ_{28}に蓄えられている電荷を引き抜き，Q_{30}がクランプ状態から抜けて導通できるような電圧スイングを加えます．

立ち上がり時のバイアスは，FET Q_4が電流を流そうとすることでまかなわれます．動作状態になるとQ_6のコレクタの電流がQ_4のドレイン電流に加わり，Q_5のバイアスとなります．これにQ_9からQ_{10}を流れる電流が加わった電流がQ_{12}を流れることで，R_{10}の値も関係して出力段の静止時電流が決まります．

図19.1 このバッファでは，非反転アンプQ_{21}とQ_{29}を通しておもな信号が流れる．Q_{30}が負荷に電流を供給している間でもオペアンプによりQ_{29}がオンに保たれるので，出力応答は非反転アンプそのものとなる

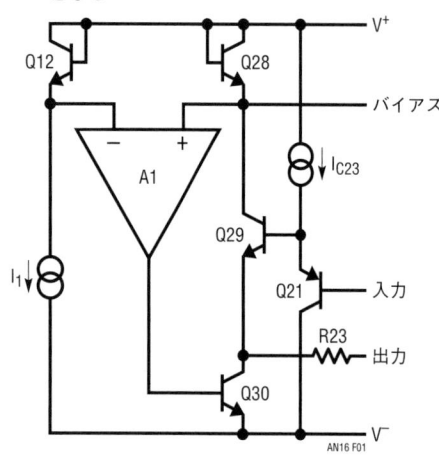

AN16 F01

ブースト・フォロワ

図19.3のブースト回路は，性能を向上させつつバッファのスタンバイ電流を少なくとも3分の1に減らした

図19.2　図19.1のバッファを実現した回路. 入力のベース接地のPNPトランジスタ
（Q_{10}とQ_{11}）は簡単なオペアンプになっている. 制御ループはフィードフォワー
ド・コンデンサ（C_1）によって安定化してあり, またQ_{30}が完全にオフにならな
いようにクランプ（Q_{15}）してある

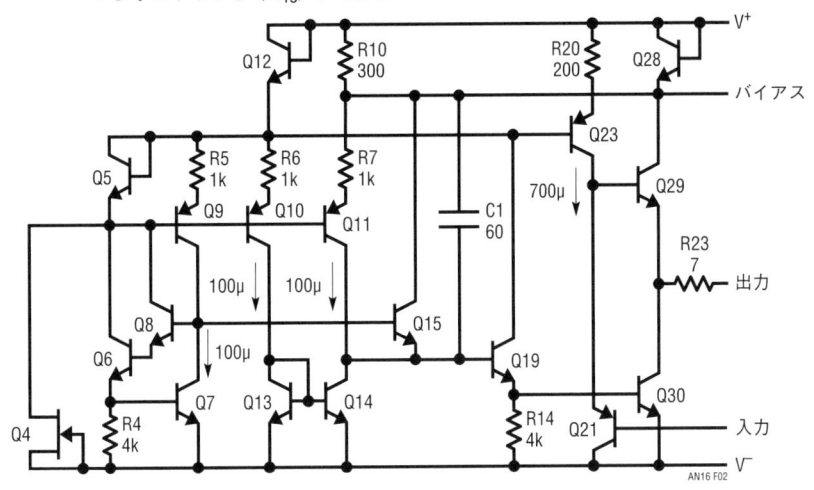

ものです. これはQ_{29}の実効的な電流ゲインを増大さ
せて, 電流源の電流IC_{23}を大きく減少させることで達
成しています. 2番目に, ここでは3mA以下のバイア
ス電流で0.5Ωを下回るフォロワの出力抵抗を得ていま
すが, これは一般的には40mA以上のバイアスが必要
になる値です. 信じにくいかもしれませんが, この最
終回路によるブースト動作は高周波での応答を低下さ
せないのです.

　もしR_{19}を取り除けば（オープン）, 回路の動作が理
解しやすくなります. 出力抵抗を決めているのはQ_{24}
で, Q_{25}とQ_{29}で電流ゲインをもたせています. もし
R_{21}を流れる電流がQ_{29}のベース電流より大きいとする
と, 出力抵抗は比例して減少します. R_{21}がないとす
ると, 通常のフォロワのように, 出力抵抗はQ_{29}のバ

イアスに依存することになります.

　R_{19}の役目は高周波で交流的な直結経路を作り, ブー
スト段のフィードバック・ループでの不必要なゲイン
を殺すことです. R_{21}が適切に設定されていれば, 負荷
がかかった状態でのR_{19}両端での電圧変化は40mV以
下であり, 小さいので問題になりません（負荷を重くす
るとQ_{21}のバイアス電流が増加するようになる）. R_{19}
の両端での静止時の電圧降下はQ_{24}, Q_{25}, Q_{29}のトラ
ンジスタの大きさによって決まります.

電荷蓄積PNPトランジスタ

　高周波において, ラテラルPNPトランジスタのベー
スとエミッタ間は低インピーダンスに見えますが, こ
れはエミッタとサブコレクタ（PNPのベース）間に蓄積
される電荷が容量性の効果を与えるためです. ここで
入力部のPNPトランジスタQ_{21}は, 標準的なラテラル・
トランジスタと比べて, 同一エミッタ電流値であれば
30倍以上多くの電荷を蓄積するように設計されていま
す. このブースト回路が動作を始めるとき, この蓄積
された電荷は入力で結合して内部の浮遊容量を充電し,
出力の非反転アンプを駆動します.

　ラテラルPNPトランジスタに蓄積される電荷は, エ
ミッタ領域を大きくし, ベース配置のスペースを広く
することで大きくできます. 実際の寸法は数milといっ
たところで, 良いプロセスを使った場合で拡散長は

図19.3　このブースト回路により出力トランジスタの実効
的な電流ゲインとトランスコンダクタンスが増大
し, 低い出力抵抗と低い静止時電流が実現される

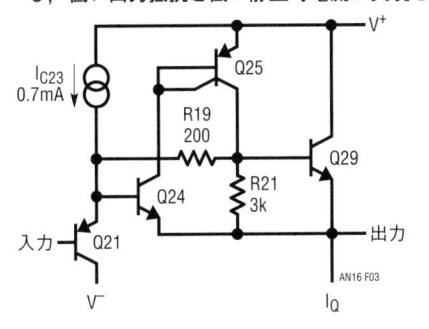

図19.4　電荷蓄積PNPトランジスタはラテラル構造であり，ベースと
エミッタの寸法は数mil程度．本文にあるように，電流ゲイン
は通常10程度である

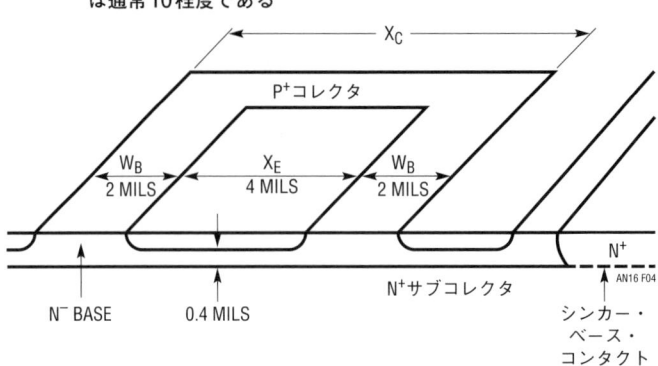

6 milのオーダです．

図19.4は電荷蓄積PNPトランジスタの構造を図にし
たものです．図の寸法で，一般的に電流ゲイン10が得
られます．ベース端子からエミッタ下の領域間の抵抗
を低くすることが重要なので，図のようなシンカー・
ベース接続になっています．

エミッタ-ベース電圧の変化を最小にしてベースから
エミッタに電荷を高速に移動させるには，エミッタ領
域の下に蓄積される電荷が最も有効です．図19.4での
記号を使うと，この電荷は次のように変化します．

$$Q_E \propto \frac{W_B \, A_E}{S_E}$$

$$\propto (X_C - X_E) \, X_E$$

ここで，S_Eはエミッタの外周部を表します．X_Cを固
定すると，$X_E = 0.5 X_C$のときにQ_Eが最大になります．

分離ベース・トランジスタ

通常のベース拡散の代わりに，分離拡散で置き換え
てトランジスタを作ることができます．図19.5はそのよ
うなトランジスタの不純物濃度の拡散の様子を示した
ものです．標準的なトランジスタに比べて，エミッタ
下でのベースのドーピング濃度は3桁高くなっていて，
ベース領域はサブコレクタのところまで伸びています．
測定される電流ゲインは0.1程度で，予想されるほど小
さくありません．

この分離ベース・トランジスタのエミッタ-ベース電
圧は，同じ動作電流で比べた場合，標準的なICのトラ
ンジスタより約120 mV高くなります．生産時のV_{BE}
のばらつきは標準的なNPNトランジスタよりずっと小
さくなりますが，これはベースの正味のドーピング量
が，分離層のドーピング量以外にはほとんど影響され
ないことが原因だと思われます．

後ほど完全な回路図で見られるように，V_{BE}が高い
という特徴から，そのような分離ベース・トランジス
タが電流源のバイアス・ダイオードとして用いられて
います．その一つはQ28で，出力フォロワのコレクタ
側で使われていますが，これは電流密度が非常に高い
状態での動作が標準的なトランジスタよりずっと良好
であるためです．

図19.5　分離ベース・トランジスタの不純物拡散プロファ
イル．これと対照的に，標準的なNPNトランジ
スタではベース部の不純物濃度は最大で5×
10^{16}cm^{-3}程度，ベース幅は1μm程度である

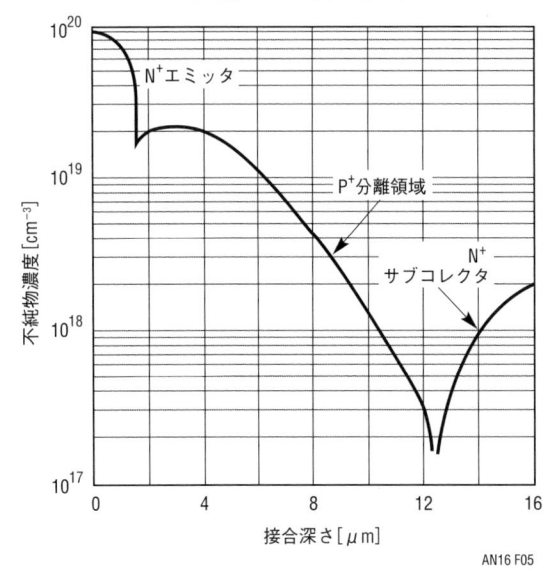

完全な回路

　LT1010バッファの完全回路を**図19.6**に示します. 部品番号は簡略化した回路図と一致しています. ここまでで議論した詳細なトピックスはすべて, この回路図に盛り込まれています.

　Q_{22} と Q_{31} は出力段で電流制限機能を果たしていて, R_{22} の抵抗の両端の電圧がダイオードの電圧降下ぶんを超えるとフォロワのブースト回路への電圧をクランプします.

　負側の電流制限方法として電流の検出抵抗を Q_{30} のエミッタ側に入れると, 負荷への負側の出力応答が大きく損なわれるので, あまり一般的ではありません. その代わり, ここでは検出抵抗 R_{17} をコレクタ側に入れてあります. そこでの電圧降下によって Q_{27} がオンになると, シンク電流をコントロールするアンプに対して直接電流を流し込むので, シンク電流に制限がかかります.

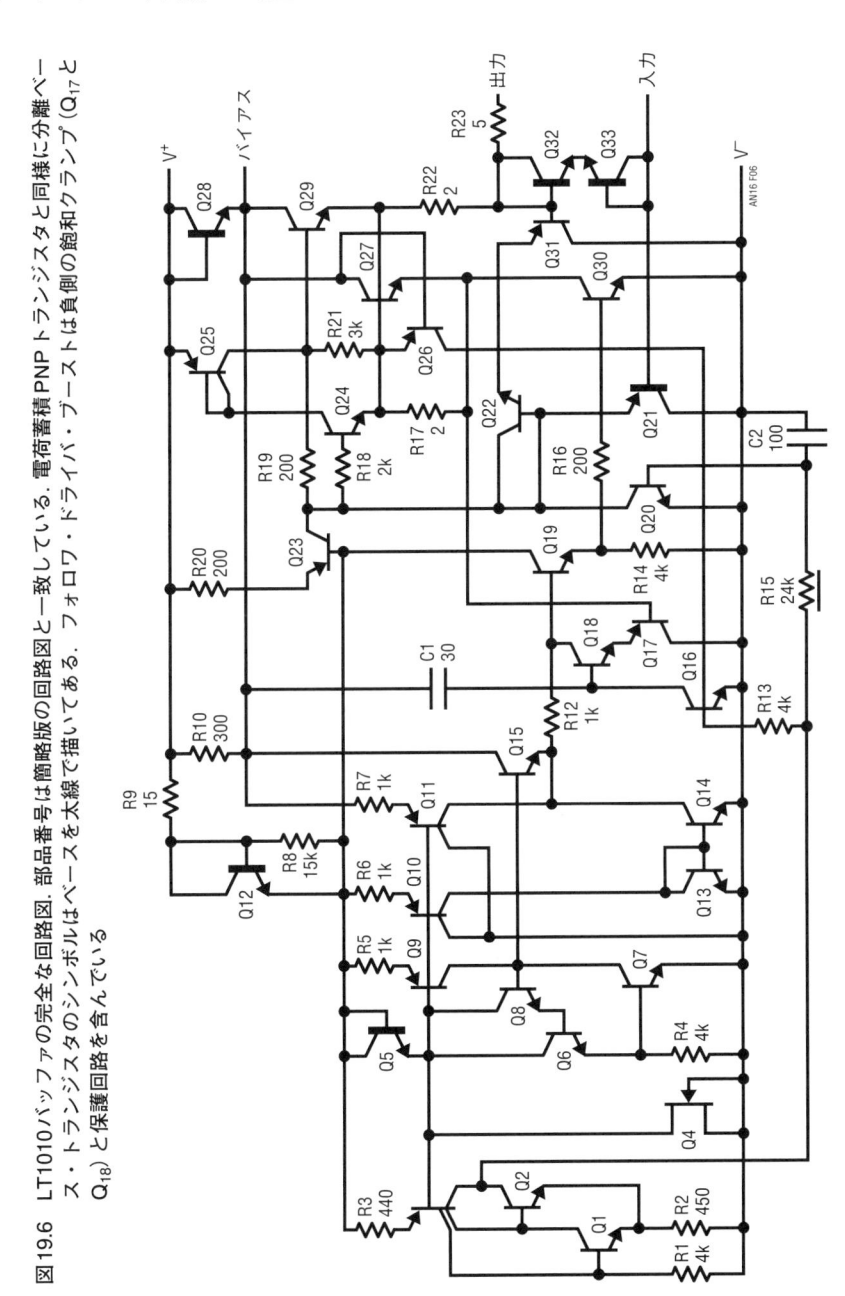

図19.6 LT1010バッファの完全な回路図. 部品番号は簡略版の回路図と一致している. 電荷蓄積PNPトランジスタと同様に分離ベース・トランジスタのシンボルはベースを太線で描いてある. フォロワ・ドライバ・ブーストは負側の飽和クランプ(Q_{17} と Q_{18})と保護回路を含んでいる

何らかの異常状態により出力端子がV^+以上に持ち上がったとすると，Q_{27}は飽和する可能性があり電流制限系が機能しなくなります．これが起きた場合，代わりにQ_{26}（Q_{27}のベース近傍にあるラテラル・コレクタ）がQ_{16}を経由してシンク動作の駆動信号を除くことで電流を制限します．この予備の電流制限回路は発振しますが，それは考慮に含まれています．

大電流源によって出力が電源電圧を越えて駆動される可能性があるなら，出力から各電源へクランプ・ダイオードを接続するべきです．ほとんどのICと違って，外部に接続した保護ダイオードよりLT1010の温度がずっと上がったとしても，一般的な接合ダイオードによって有効に保護されるように設計されています．

電流制限のバックアップとして，熱的な過負荷保護も設けてあります．Q_1が温度検出用のトランジスタで，ベースは400 mV付近にバイアスされています．Q_1の温度が上がってQ_2のベースの駆動がオフになると（約160℃），Q_2のコレクタ電圧が上がってQ_{16}とQ_{20}をオンにします．この二つのトランジスタがバッファをシャットダウンします．R_2によって生じるヒステリシスで，温度の制限動作を繰り返す周波数が制御されます．

Q_{20}へのベースの駆動はR_{15}で制限されますが，これはベースをピンチ状態にして作った抵抗です．この抵抗値は温度やばらつきによるトランジスタのh_{fe}の変化によって変わり，ターン・オフ電流を2 mA付近にコントロールします．エミッタは分離層コンデンサC_2につながっており，Q_{20}がそのコレクタに現れる高速信号でオンにならないようにしています．

過電流制限や過熱保護の動作中に，過大な入力-出力間電圧によって内部回路がダメージを受けるかもしれません．これを避けるために，バック・ツー・バックに接続したツェナー・ダイオードQ_{32}とQ_{33}が入力を出力に対してクランプします．最大入力電流が約40 mAに制限される限り，この保護機能は有効に動作します．

このほかのポイントとして，負側への飽和をクランプするQ_{17}とQ_{18}があります．これによって電源からの電流を増加させずに，負電源電圧への飽和出力電圧は100 mV以内になり，飽和からきれいに回復します．内部のコレクタ側で飽和抵抗の電圧を検出するように，Q_{17}のベースはQ_{30}に内部接続してあり，大電流でも最適な動作になるようにしています．

大電流を吸い込んでいる状態では，Q_{19}のベースが制御アンプの負荷になります．これは制御ループのバランスを崩して，出力フォロワのバイアス電流を減少させます．この補正のために，Q_{30}のベース電流はQ_{19}を介して，バイアス・ダイオードQ_{12}につながっています．小さい抵抗R_{19}が補正を助けています．この動作によってQ_{23}へのバイアスが大きくなり，吸い込み電流とともに入力PNPトランジスタのバイアス電流が増大します．

このバッファ設計の最後のポイントは，Q_{10}とQ_{11}のコレクタが分割されていて，エミッタ電流のわずかな量だけがカレント・ミラーに送られている点で，残りはV^-に流されています．これにより，このトランジスタはC_1に大きな容量を必要とせず，最高のf_Tで動作することができます．なおR_8は，出力段の静止時電流の温度特性を調整するためのものです．

図19.7にLT1010の顕微鏡写真を示します．説明した各部分がわかるように記号を付けてあります．

A）　出力トランジスタ段は安定性を維持しながら，高周波性能が最大になるように設計されている．

B）　クランプ用のPNPトランジスタ（Q_{17}）のベースは，飽和抵抗から分離するためにQ_{30}のコレクタ接続から離れた領域へサブコレクタ線によって接続してある．

C）　出力抵抗はフローティングしているタブに設けてあるので，接合ダイオードがV^-を下回る電圧に出力をクランプしているときもICのタブが順方向にバイアスされることがない．

D）　シンク・トランジスタのドライバ（Q_{19}）には，高f_T，0.3 mil幅，クロス・ジオメトリを用いている．

E）　分離ベース・トランジスタ（Q_{28}）には出力トランジスタと同じ500 mAを流すが，ずっと小型になっている．

F）　MOSコンデンサ（C_1）は広い面積を占めている．

G）　使われていない領域を活用して，分離層に拡散させたエミッタによって容量を作っている．

H）　電荷蓄積PNPトランジスタ．

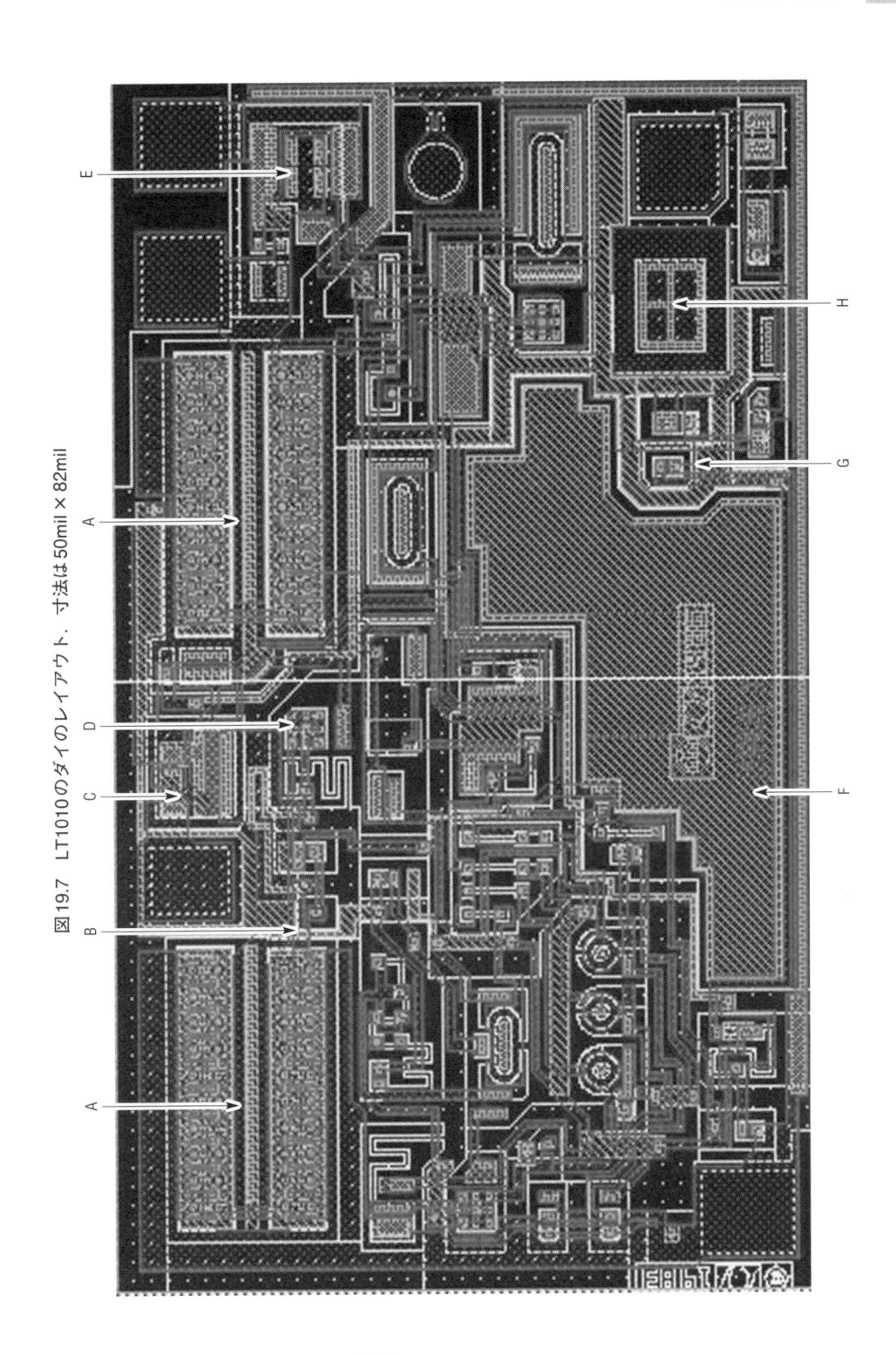

図19.7　LT1010のダイのレイアウト．寸法は50mil×82mil

バッファの性能

　最初のページにある**表19.1**はLT1010バッファICの代表的な仕様をまとめたものです．このICは，3種類の標準的なパワー用のパッケージで供給されます．材質はコバールである TO-5（TO-39），鉄の TO-3，そしてプラスチックの TO-220 です．他のパッケージが5本のリードをもつのに対して，TO-39には4本しかリー

ドがないのでバイアス端子が出ていません．

　出力トランジスタは高速化のためにできる限り小さくしたので，パッケージを除いての熱抵抗は1個のトランジスタについて20℃/Wあります．これは，やはり1個のトランジスタについてTO-39パッケージでの接合部からケースまでの熱抵抗が40℃/W，TO-3とTO-220パッケージでは25℃/Wということになります．交流負荷においては両方のトランジスタが導通するので，周波数が十分に高ければ熱抵抗は10℃/W低くなります．

　LT1010の動作時ケース温度の範囲は−55℃から125℃です．内部の電力トランジスタの接合部の最大温度は150℃です．民生用のLT1010Cも入手可能です．その場合，接合部の最大温度は125℃，ケース温度は0℃から100℃です．

　以下に示す特性カーブは，このバッファの特性の詳細を示したものです．静止時電流のブースト機能（5mAから40mA）は，TO-39パッケージ品では利用できない点に注意が必要です．

●帯域幅

図19.8　負荷抵抗および静止時電流ブーストによる小信号帯域への影響を示す．ここでの場合の100pFの負荷容量により，ブーストおよび軽負荷で得られる帯域が制約を受けている

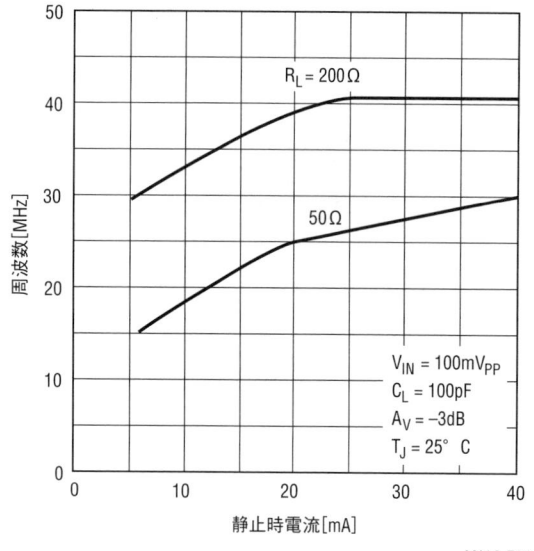

AN16 F08

●位相遅延

図19.9　高周波特性については，位相遅れのデータから帯域幅よりも有用な情報が得られる．これは50Ωおよび100Ω負荷での位相遅れを周波数に対してプロットしたものである．容量性負荷分は100pFであり，静止時電流はブーストをかけていない

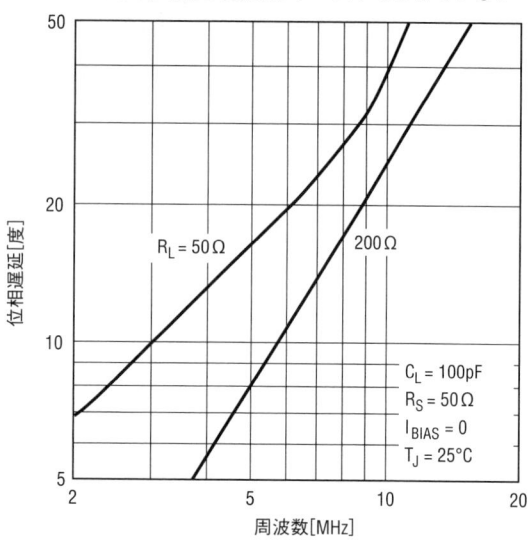

AN16 F09

図19.10　これは静止時電流を40mA（R_{BIAS}＝20Ω）にブーストした状態で，位相遅れが減少する様子を示す

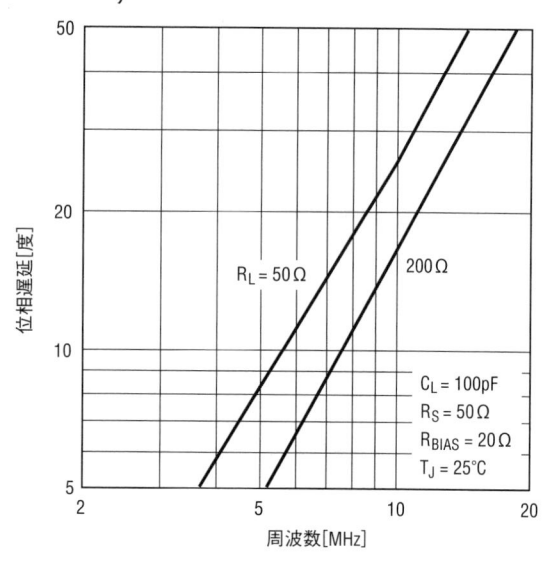

AN16 F09

●ステップ応答

図19.11　100Ω負荷での小信号ステップ応答出力は2ns
　　　　　の遅れを示している．これによる20MHzでの位
　　　　　相遅れの増加は15°であり，－3dB帯域幅で位
　　　　　相遅れが45°となる周波数より高くなることを
　　　　　示している

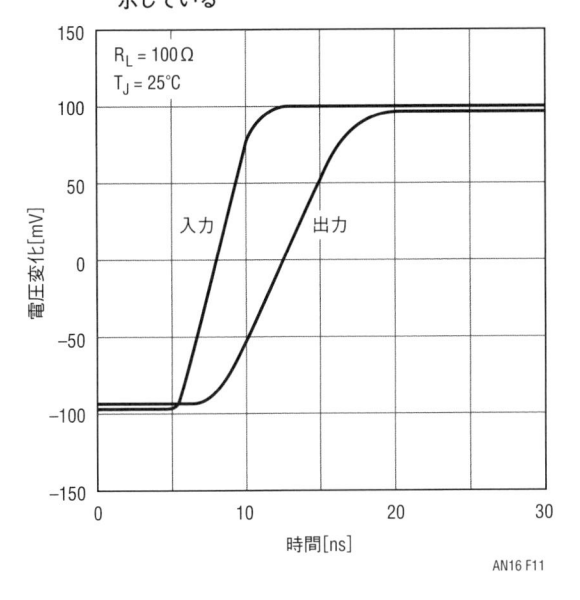

●容量性負荷

図19.13　これらの純容量性負荷での周波数応答のプロッ
　　　　　トから，広い範囲で，異常な現象が見られない
　　　　　ことが確認できる．若干見られるピーキングは
　　　　　静止時電流をブーストすると小さくなる

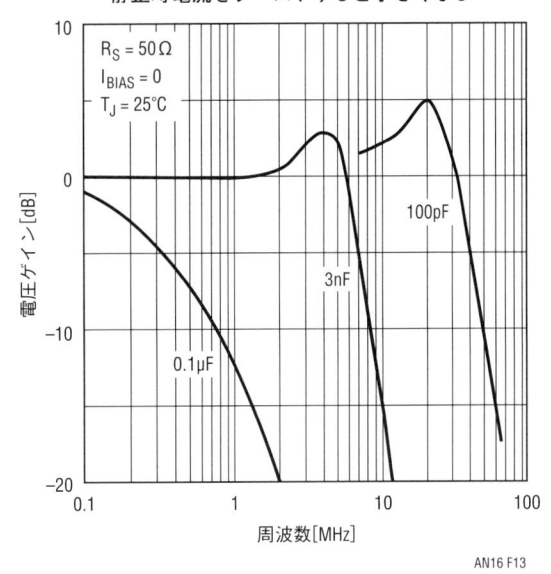

●出力インピーダンス

図19.12　無負荷時で小信号出力インピーダンスは1MHz
　　　　　まで低く保たれ，非反転アンプのブースト回路
　　　　　の周波数限界を示している

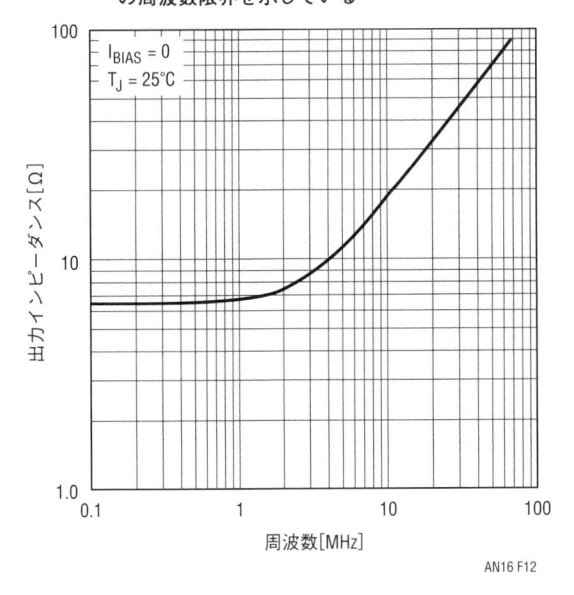

●スルー応答

図19.14　静止時電流をブースト（40mA）することで，負
　　　　　側の応答遅れを小さくできる．正側の応答はブー
　　　　　ストでは改善されない

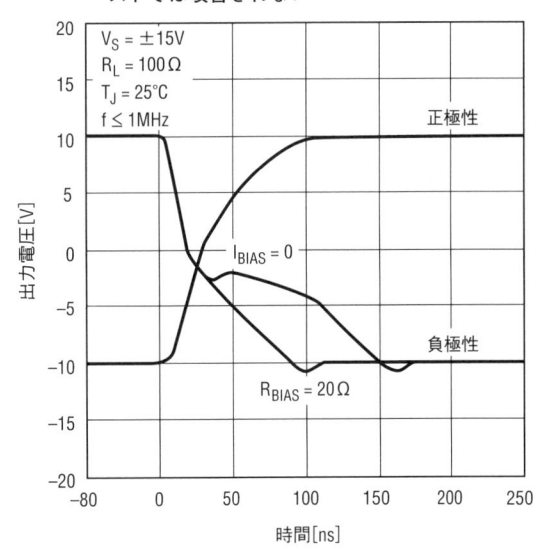

図19.15　0Vから−10Vへの出力応答の最悪値をプロットしたもの．静止時電流にブーストをかけることで，大幅な改善が可能であることが明確に示されている

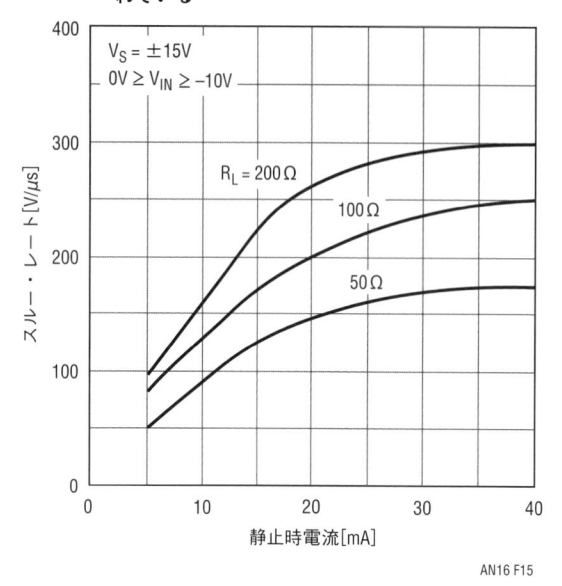

AN16 F15

図19.16　この500ns余り続く出力応答のなごりは，フォロワ・ブースト回路の回復動作が原因である．正側出力では，ブースト回路は電荷蓄積PNPトランジスタを介して入力により強くたたかれる．負側出力では，出力の立ち上がりエッジのオーバーシュートでたたかれる．どちらの場合でも，正側のブーストのオーバーシュートからの回復動作になる

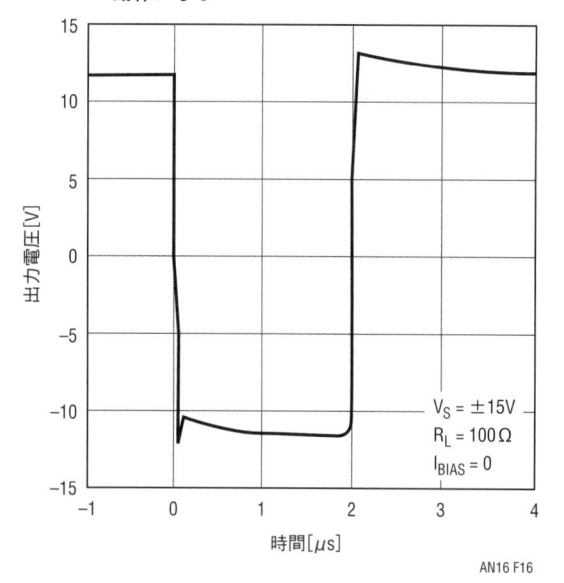

AN16 F16

図19.17　大信号条件では，1MHz以上で無負荷時電源電流が増加する．これは内部容量の充電によって静止時電流がブーストされることが原因である．これにより消費電力が増えることで，ICが電力制限に抵触する可能性はあるものの，負荷のある場合でも非常に良好な電力帯域幅が得られている

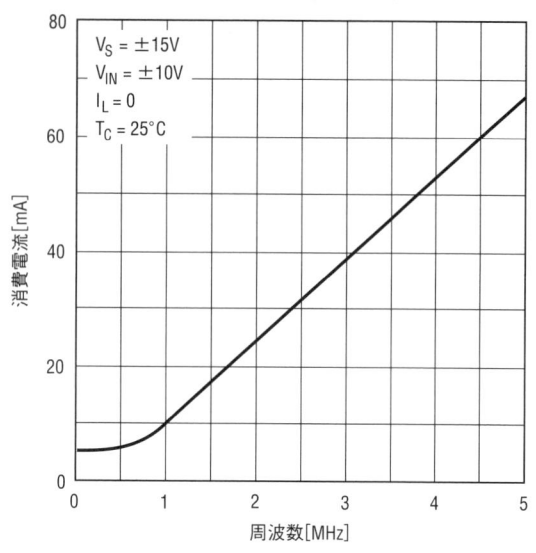

AN16 F17

●入力オフセット電圧

図19.18　オフセット電圧は，出力フォロワと入力部のPNPトランジスタのマッチングの程度により決まる．入力部の電荷蓄積PNPトランジスタは，蓄積される電荷が最大になるように高い注入レベルで動作する．したがって，ここでのオフセット電圧のドリフトは当然大きくなる．図に見られる電源電圧によるオフセット電圧の変化は，大部分は正電源電圧からの影響を受けやすいことによる．一方，負電源電圧の変化が35Vであってもオフセットは5mVのドリフトに留まっている

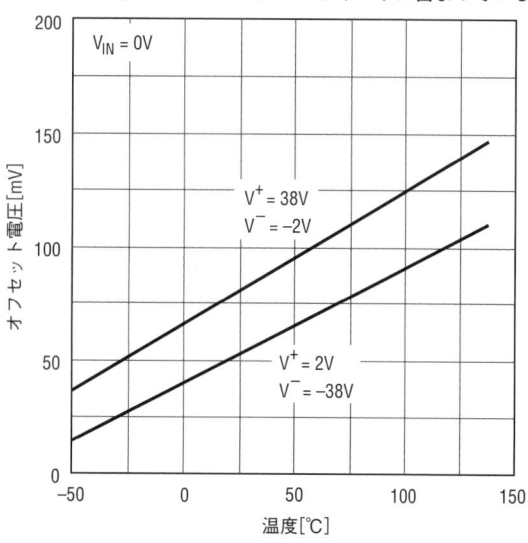

AN16 F18

●入力バイアス電流

図19.19　温度によるバイアス電流の増加は，電荷蓄積PNPトランジスタの電流ゲイン特性を反映している．バイアス電流の電源電圧変化に対する感度は，正電源電圧に対するほうが約3倍大きい

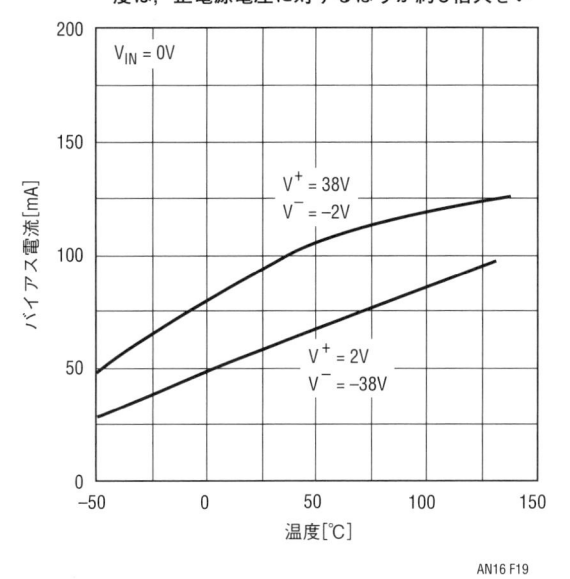

AN16 F19

図19.20　負荷電流に対する入力バイアス電流の変化は大きすぎるわけではないが，このフォロワは高い信号源抵抗で動作するように設計されていないことを示している．正の出力電流では，この増加はフォロワ・ブーストによるものである．負出力では，シンク・トランジスタのベース電流が入力のPNPトランジスタの電流源へのバイアスを増加させることが原因となっている

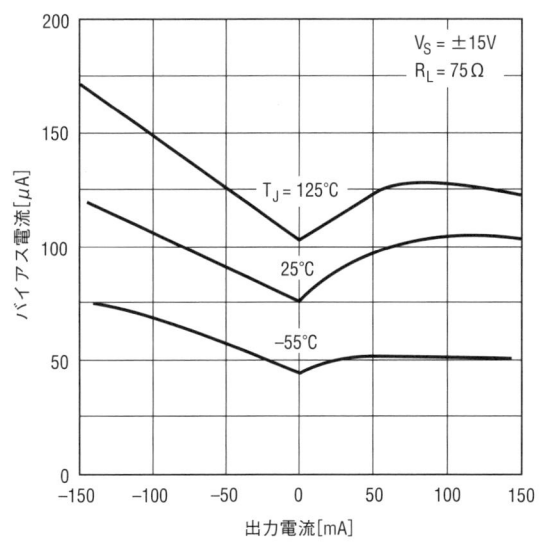

AN16 F20

●電圧ゲイン

図19.21　無負荷での電圧ゲインは高く，多くのアプリケーションでは問題にならない．実際には，ゲインは出力抵抗に対する実際の負荷により決まってくる

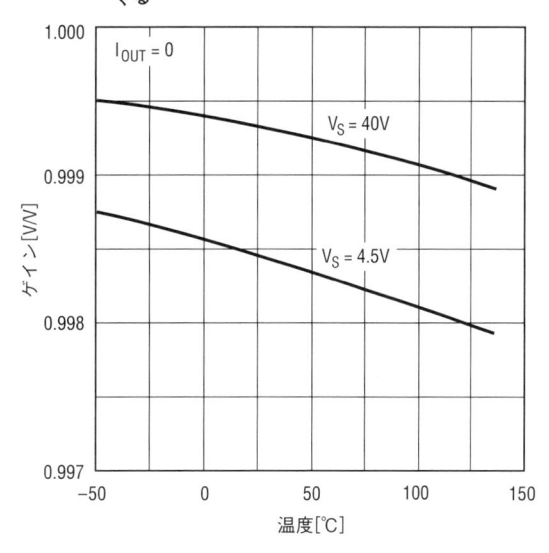

AN16 F21

●出力抵抗

図19.22　本質的に出力抵抗はDC負荷には影響されない．ここでは温度に対する変化を示す

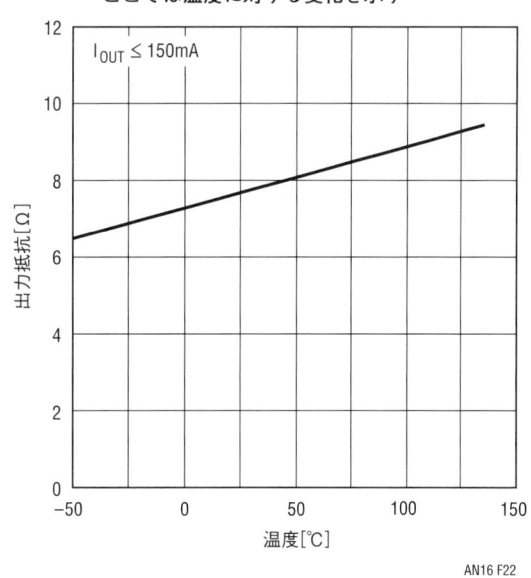

AN16 F22

●出力ノイズ電圧

図19.23　バッファのノイズ性能は，とんでもなく悪くない限りあまり興味をもたれない．この図はOPアンプの過剰出力ノイズとの比較で，このバッファのノイズが低いことを示している

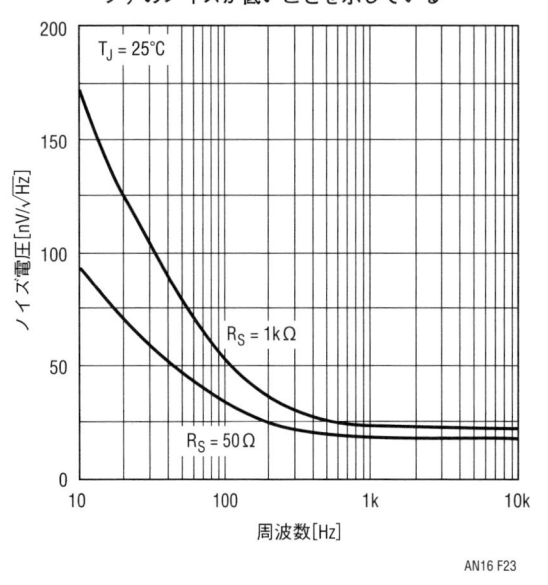

AN16 F23

●飽和電圧

図19.24　正側の飽和電圧（正の電源電圧に対して）を温度の関数としてプロットしたグラフである．無負荷での飽和電圧は0.9Vであり，出力電流150mAまでリニアに増加する

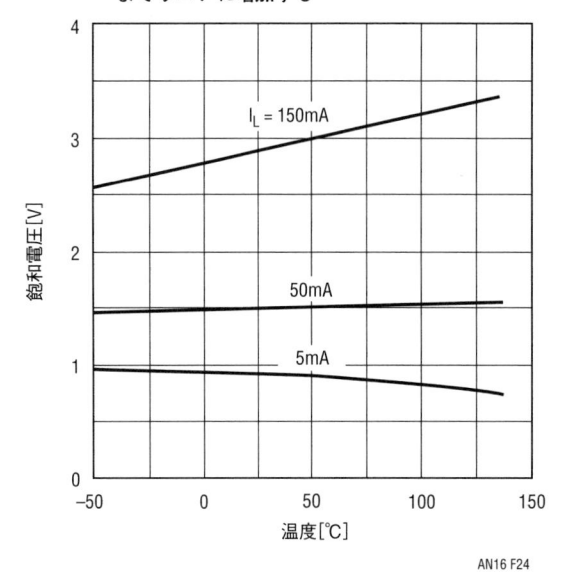

AN16 F24

図19.25　これは負側の飽和電圧の特性である．無負荷での飽和電圧は0.1V未満であり，やはり電流に比例して増加する．この飽和電圧の特性は，電源電圧の変化にはほとんど影響されず，負荷を接続した状態での出力スイングを求めることができる

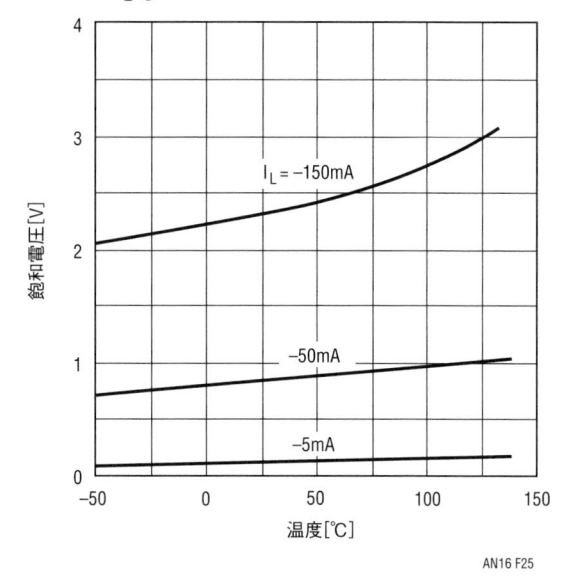

AN16 F25

●電源電流

図19.26　このスケールを拡大したグラフからわかるように，電源電流は電圧にあまり影響されない．つまり，4Vから40Vの電源電圧範囲で仕様が変わらないということになる

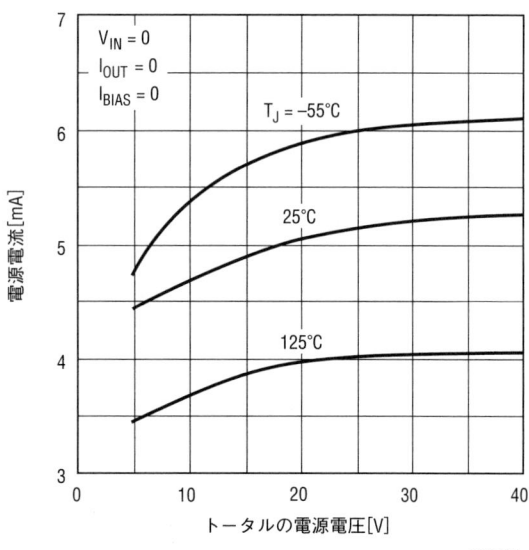

AN16 F26

図19.27　静止時電流へのブースト効果は，外部抵抗によりバイアス端子の電圧をセットすることで決まる．この拡大したスケールのグラフは，温度に対するバイアス単位の電圧変化を示している．合計した供給電圧が4.5Vから40Vに増加した場合でも，この電圧の増加は20mV以下である

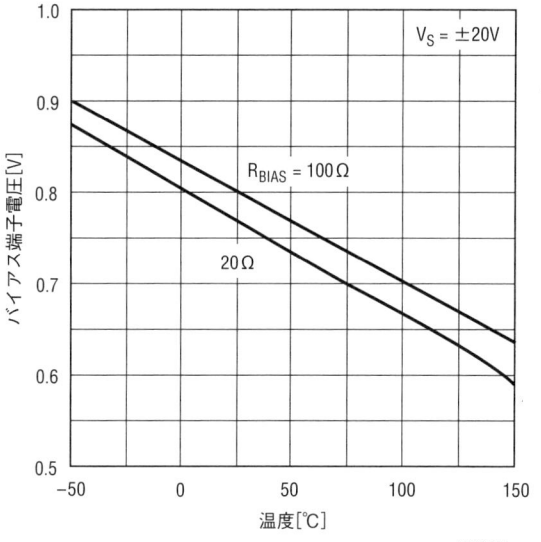

AN16 F27

● 全高調波歪み

図19.28　グラフに示されるように，フィードバック・ループの外で動作する場合でも，このバッファの歪みは大きくない．歪みの改善している特性カーブは，電源電流が20mAのときのものである

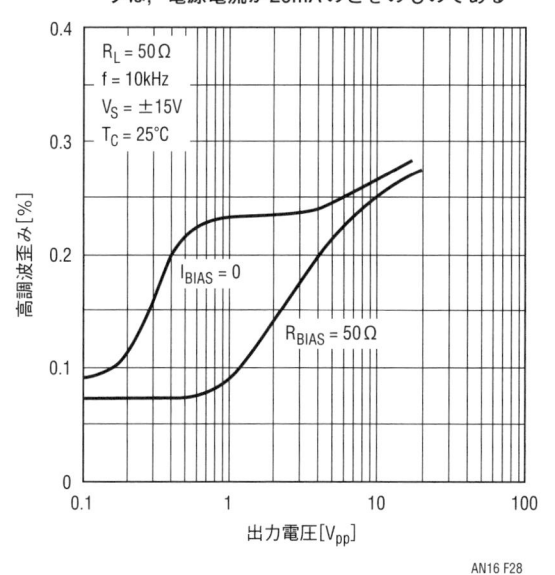

AN16 F28

図19.29　静止時電流をブーストしなくても，100kHzに至るまで歪みは小さくなっている．ここでは負荷抵抗が及ぼす影響を示している

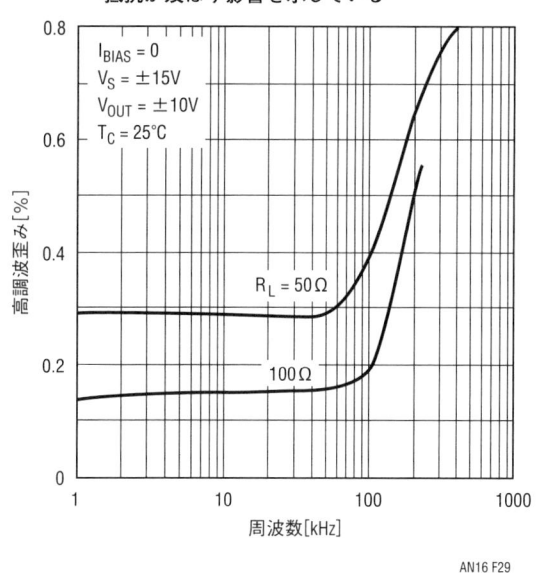

AN16 F29

● 最大パワー

図19.30　これらの特性カーブが示すのは，1個の出力トランジスタのT_C＝85℃でのピーク電力能力である．交流負荷では，電力は2個の出力トランジスタの間で分担される．周波数が十分に高く，どちらのトランジスタもピーク出力の定格を超えない限り，熱抵抗はTO-39パッケージで30℃/Wに，TO-3パッケージで15℃/Wに低下することになる

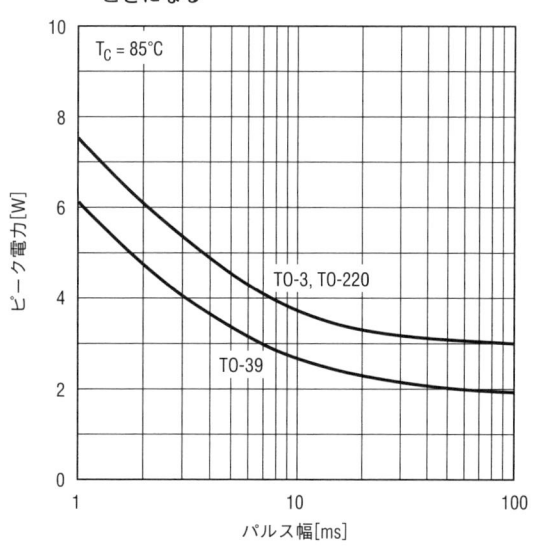

AN16 F30

●短絡特性

図19.31　これは出力短絡時に流れる電流を，温度の関数でプロットしたものである．160℃以上では，過熱保護によってシャープに低下する．ピーク出力電流は短絡時電流と同じになる．1nF以上の容量性負荷では，電流制限によりスルー・レートが低下する可能性がある

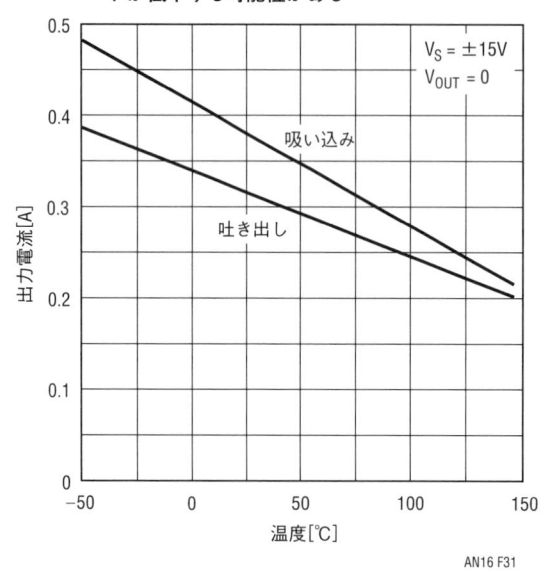

AN16 F31

図19.32　出力短絡時の入力特性をプロットした．内部回路を保護するために，入力は出力にクランプされている．したがって，入力電流は外部で制限しておく必要がある．オペアンプICが備える出力電流制限機能はちょうど良い保護機能となる

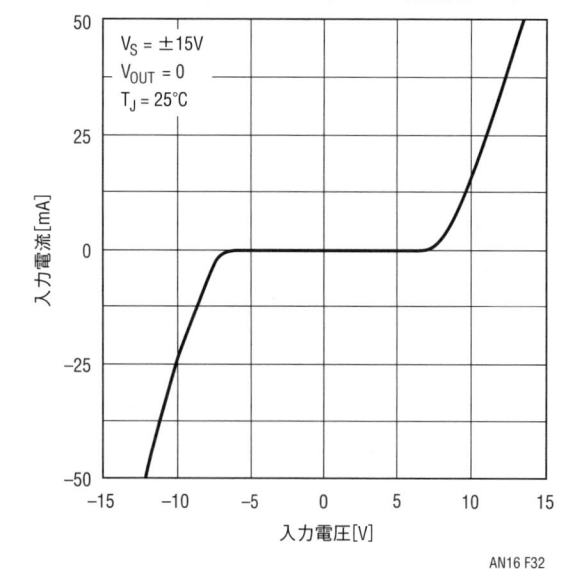

AN16 F32

容量性負荷の分離

図19.33aのバッファ付きフォロワは，容量性負荷を分離するために推奨する手法を示したものです．低い周波数においては，バッファはフィードバック・ループ内にあるのでオフセット電圧とゲインの誤差は無視できる程度になります．高い周波数では（ここでは80 kHz以上），C_1を経由してオペアンプにフィードバックがかかり，バッファの出力インピーダンスに対して負荷容量が影響することによる位相シフトが不安定性の原因になることはありません．

この回路の出力直後のステップ応答は，あたかもバッファがフィードバック・ループの外にあるかのようになります．バッファのゲイン誤差は，R_1C_1の時定数を伴ってオペアンプにより補正されます．この様子を図19.33bに示します．

負荷容量が小さいとき，帯域幅は二つのアンプのうちの遅いほうによって決まります．図19.33のオペアンプとバッファの場合では，帯域幅は15 MHz近くになります．1 nFを超える容量性負荷に対しては帯域幅が減少します（バッファの出力インピーダンスによって決まる）．

大きな負荷容量でのフィードバック・ループの安定度は，フィードバックの次定数（R_1C_1）のバッファの出力抵抗と負荷容量の時定数（$R_{OUT}\,C_L$）に対する比で決まってきます．つまり，安定度mは次式のようになります．

$$m = \frac{R_1\,C_1}{R_{OUT}\,C_L}$$

ここで，R_{OUT}はバッファの負荷抵抗です．

図19.33aの回路の大信号ステップ応答を，負荷を変えて測定した結果を図19.34に示します．$m \geqq 4$（$C_L \leqq 0.068\,\mu F$）ではオーバーシュートが発生しますが，リンギングは見られません．$m < 1$（$C_L > 0.33\,\mu F$）ではリンギングが顕著になります．

$m \geqq 4$の場合は，セトリングの時定数はR_1C_1で決まります．容量性負荷でなければ出力のステップの初期誤差は小さく，セトリングまでの時間も小さくなります．セトリングの様子を図19.35に示します．

図19.33に示したR_1C_1の値の場合，オペアンプの帯域幅が200 kHz以上であれば安定度については同様の結果が得られます．しかし，低速なオペアンプのスルー・レートによってセトリング時間は制約されてき

図19.33　このバッファ付き非反転アンプに容量性負荷を付けても，帯
　　　　　域幅は減少するもののリンギングは伴わない．ただし負荷
　　　　　容量がない場合のステップ応答には図のような影響が出る

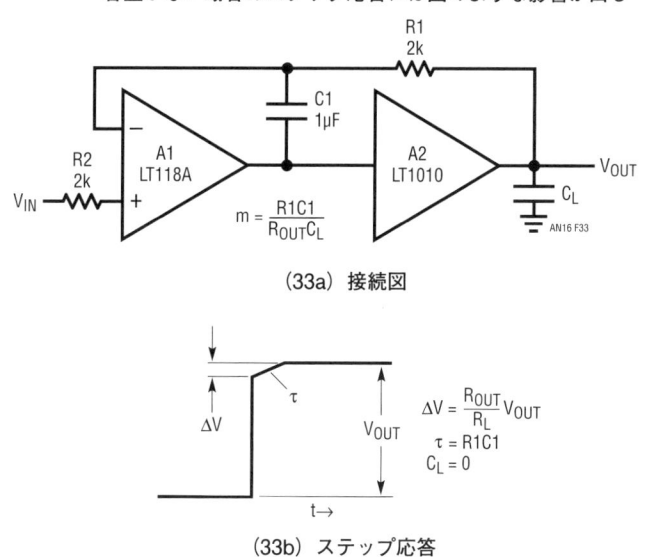

（33a）接続図

$$\Delta V = \frac{R_{OUT}}{R_L} V_{OUT}$$
$$\tau = R1C1$$
$$C_L = 0$$

（33b）ステップ応答

図19.34　図19.33のバッファ付き非反転アンプに負荷
　　　　　を付けた場合の大信号ステップ応答（±5V）

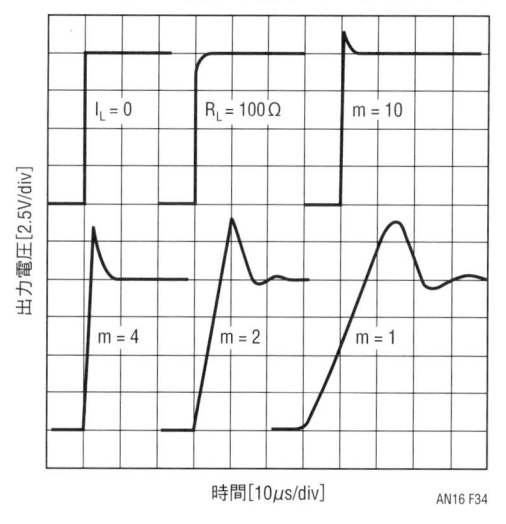

図19.35　図19.34のステップ応答出力でのセトリングの測
　　　　　定結果．0.068μFより小さい容量性負荷では，セ
　　　　　トリング時間は時定数である2μsで決まってくる

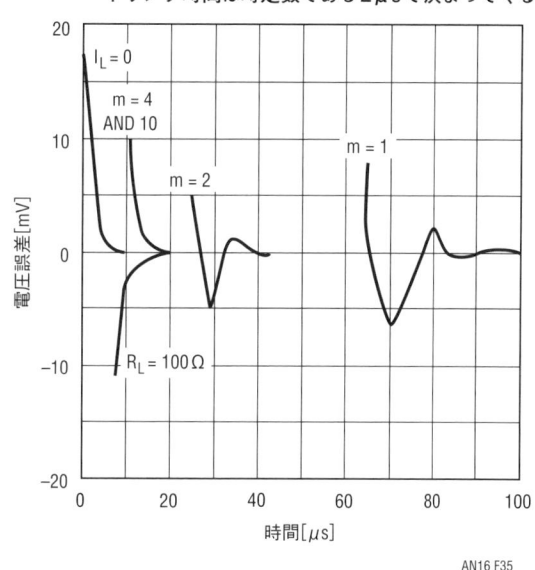

ます．

　LM118のようなオペアンプでは，入力端子間に保護ダイオードを突き合わせで接続してあります．この場合，オペアンプのスルー・レートを越えた立ち上がり時間の入力があると，C_1がこれらのダイオードによって充電される可能性があり，セトリング時間が増加します．入力に直列に入るR_2はこれに対処するものです．

容量性負荷を駆動するためには高いピーク電流が必要となるので，電源には良好なバイパス・コンデンサ（22μFの固体タンタル）を付けるべきであり，電源の過渡的な変動がオペアンプに加わるとセトリング時間が増加する可能性があります．

　ここで紹介した負荷を分離する手法を，**図19.36**に示す反転増幅アンプに適用してみます．出力応答の立

図19.36　反転アンプの場合，帯域幅と立ち上がり時間はR_1C_Lの時定数で制限される．$m \geqq 4$では，帯域幅は負荷容量にほとんど影響を受けない

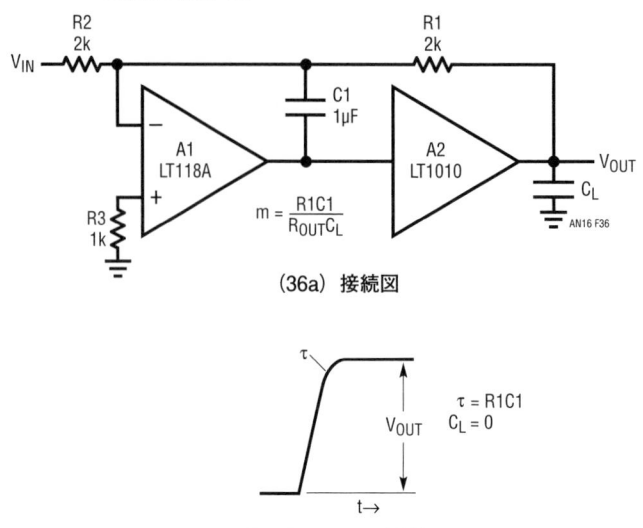

（36a）接続図

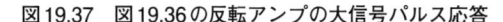

（36b）ステップ応答

ち上がり時間は違ってきて，帯域幅はR_1C_1で制限されます．これにより図19.37のように，$m \geqq 4$の場合のオーバーシュートは小さくなります．$m < 4$での応答はフォロワと同じようになります．

小信号帯域幅はC_1によって減少しますが，パワー帯域幅よりも低下することなく顕著な容量性負荷の分離効果が得られます．実際には，高い周波数のノイズや不要信号にフィルタをかける場合に，しばしば帯域を狭くする必要が生じます．

容量性負荷を分離する別の方法は，反転アンプの出力に図19.33のようなフォロワを付けてバッファすることです．

図19.38は非反転アンプでの容量性負荷を分離した構成で，あわせてC_Lが小さい場合のステップ応答を示しています．出力直後の立ち上がり時間はC_Lが大きくなると減少し，反転アンプの出力に近くなってきます．

図19.37　図19.36の反転アンプの大信号パルス応答

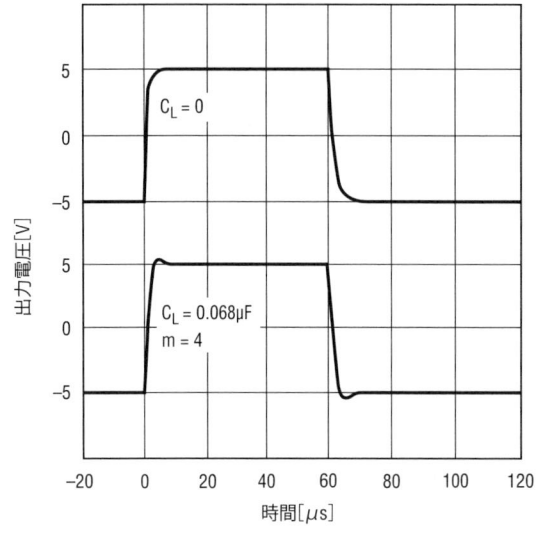

積分器

図19.36の反転アンプ回路のC_1を大きくしていくと，オペアンプがサミング・ジャンクションに十分な電流を供給できて，またカットオフ周波数以上でクローズド・ループでの出力インピーダンスが問題にならなければ（バッファの出力インピーダンス以上には大きくならない），ローパス特性のアンプになります．

積分コンデンサをバッファの出力から駆動しなくてはならない場合，図19.39の回路によって容量性負荷からの分離が図れます．ただ図に示すように，この手法で生じる誤差があります．

このオペアンプは入力のステップ信号に対してすぐには応答せず，入力電流はバッファ出力によって供給されます．結果として生じたバッファ出力電圧の変化が真のサミング・ジャンクションに現れますが，それ

図19.38 非反転アンプでは C_L が増加するにつれて，ステップ応答の
立ち上がりが減少する．安定性に関する要件は非反転アン
プと反転アンプで同じである

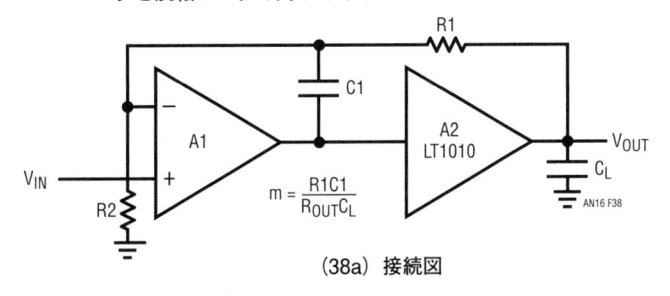

$$m = \frac{R1C1}{R_{OUT}C_L}$$

（38a）接続図

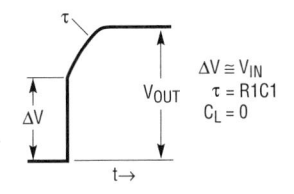

$$\Delta V \cong V_{IN}$$
$$\tau = R1C1$$
$$C_L = 0$$

（38b）ステップ応答

図19.39 積分容量をバッファの出力につなぐ必要がある場合の，ロー
パスあるいは積分アンプ用の容量性負荷の分離手法．図に
示す応答波形は負極性のステップ入力に対するもの

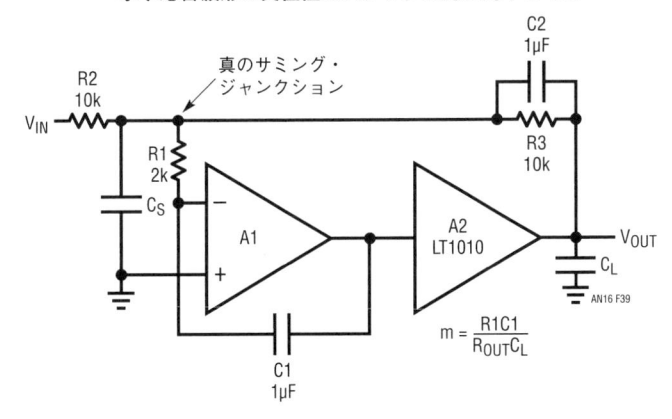

$$m = \frac{R1C1}{R_{OUT}C_L}$$

（39a）接続図

$$\Delta V = \left(\frac{R1C1}{R2C2} + \frac{R_{OUT}}{R_{IN}} \right) \Delta V_{IN}$$
$$\tau = R1C1$$
$$C_L = 0$$

（39b）ステップ応答

の誤差補正動作には R_1C_1 の時定数がかかります．出力
がランプ波形を出力する場合では，C_1 両端での電圧変
化によって R_1 を流れる電流が生じるので，それにより

真のサミング・ジャンクションの電位がグラウンド電
位からずれます．

図19.40は入力に方形波を加えた場合の，真のサミ

図19.40　図19.39の積分アンプのステップ応答．±0.5mA
の入力変化に対する真のサミング・ジャンクショ
ン電圧を示している

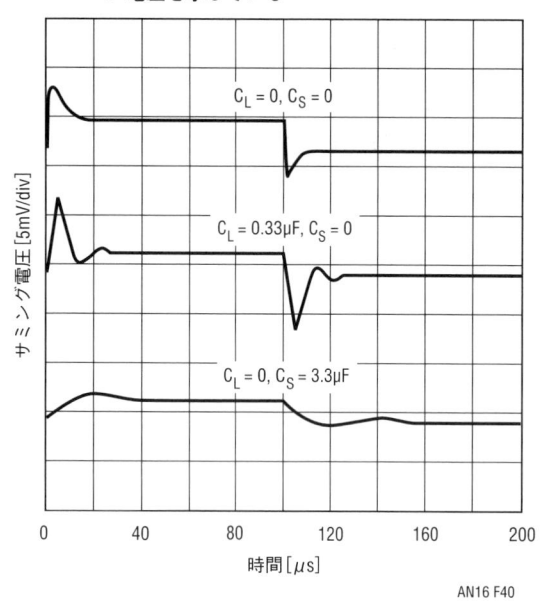

図19.41　バッファによってサミング・ノードへの電流供給
を強化する．入力部のコンデンサで入力パルスを
吸収し，ループ・ゲインを増加させる

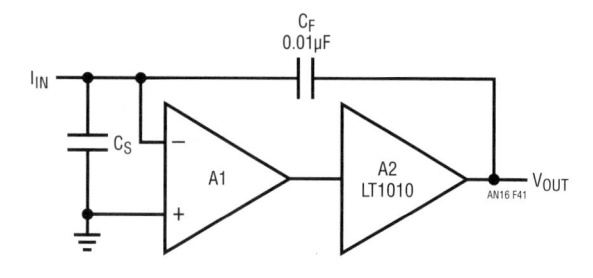

図19.42　図19.41のパルス積分器のサミング・ノード電
圧を100mA，100nAの入力パルスと−10mAの
リカバリで測定したもの

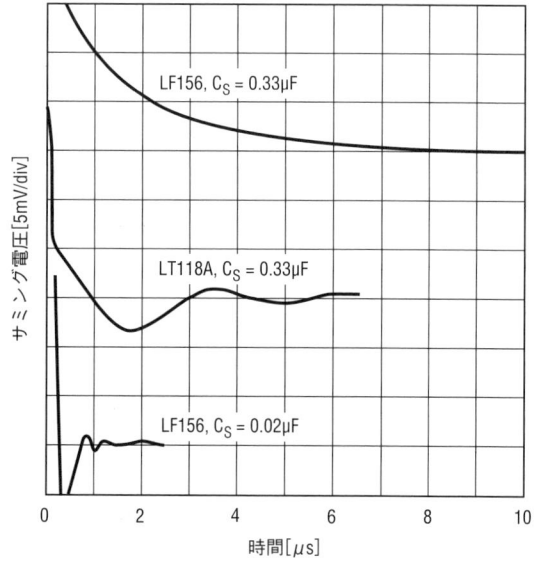

ング・ジャンクションの電圧を示したものです．一番
上の波形を見ると，それぞれの誤差要素がわかります．
$C_L = 0.33\,\mu F$での応答は妥当なところです．これより，
ランプ波形出力での真のサミング・ノードの電圧シフ
トが問題になる場合，$m = 1$がこの回路形式での安定
性の判定基準になることがわかります．図の下の波形
が示すように，真のサミング・ジャンクションにコン
デンサを付けて過渡的な電流を吸収させると，スパイ
クを減少させることができます．

　R_2が大きく$C_S = 0$の場合，この積分器の出力電圧は
理想的な積分器の出力に真のサミング・ジャンクショ
ンの電圧を加えたものになります．大きいC_Sでは高周
波でのループ・ゲインが増加して，これは成り立たな
くなります．

インパルス積分器

　放射線検出器のようなある種のセンサの出力は，短
い高電流バースト・パルスで与えられます．正味の電
荷量を求めるために，それらのパルスを積分する必要
が頻繁に発生します．誤差を避けるために，それら固
体センサ両端でのピーク電圧を小さく保つ必要がある
点が扱いを難しくしています．

　図19.41の回路は，サミング・ノードを管理した状
態で高電流パルスを積分します．ノイズ・ゲインが増
大するものの，安定な動作および高速パルスの立ち上
がりエッジを吸収するため，C_Sが必要となる場合が多
くなります．バッファによってサミング・ノードに供
給できるピーク電流を大きくし，オペアンプの出力か
らC_FおよびC_Sを分離して安定性を改善します．出力
の駆動能力が大きくなるのは，いわばオマケです．

　100 mA，100 nAのパルス入力に対するサミング・
ノードの応答を，三つの異なる条件について**図19.42**
に示します．$C_S = 0.33\,\mu F$では，LT118AはLF156よ
り高速にセトリングしますが，これはゲイン帯域幅積
がより高いからです．しかし，$C_F = 0.01\,\mu F$に対して
はC_Sはあまり小さくできません．$C_S = 0.02\,\mu F$で動作

するLF156ではセトリングがさらに高速になりますが，これは負荷容量としての$C_F = 0.01\ \mu$FをLT1010が良好に駆動できる周波数においてユニティ・ゲインで動作するためです．しかしC_Sが小さいと，入力にパルスが入る間のサミング・ノードのシフトがより大きくなります．

並列動作

並列動作をさせることで，出力インピーダンスの減少，駆動能力の増大，そして負荷接続時の周波数応答の向上が得られます．出力抵抗とオフセット電圧のミスマッチによる個々のユニットの電力消費の増加について考慮されていれば，バッファを何個でも直結で並列動作させることが可能です．

図19.43のように二つのバッファの入力と出力を接続した場合，出力間に流れる電流ΔI_{OUT}は次のようになります．

$$\Delta I_{OUT} = \frac{V_{OS1} - V_{OS2}}{R_{OUT1} + R_{OUT2}}$$

ここで，V_{OS}とR_{OUT}は各バッファのオフセット電圧と出力抵抗です．

通常，一方のICの負側の電源電流は増加してもう一方の電流は減少しますが，正側の電源電流は変わりません．静止状態での電力消費増加の最悪条件（$V_{IN} \rightarrow V^+$）では，合計した電源電圧をV_Tとすると$\Delta I_{OUT} V_T$で見積もれます．

オフセット電圧は電源電圧，入力電圧，それと全温度範囲でのワーストケースで規定されます．並列接続されたICは同一条件で動作するので，そのようなワーストケース値を適用するのは現実的ではないでしょう．ワーストケース条件としては，$V_S = \pm 15$ V，$V_{IN} = 0$，そして$T_A = 25℃$で規定されたオフセット電圧で十分でしょう．

負荷電流出力はそれぞれのバッファの出力抵抗に応じて分担されます．したがって出力抵抗がマッチングしていない限り，得られる出力電流が単純に2倍になるということにはなりません．オフセット電圧については，25℃での限度値をワーストケースでの計算に使うべきです．

並列駆動は熱的に不安定ではありません．片方の温度がもう一方より高くなると，それが負担する出力と静止時の電力消費が少なくなります．

実際問題として，並列接続での放熱の扱いには少しだけ多く注意を払えばよいのです．アプリケーションによっては，それぞれの出力に数Ωのバランス用抵抗を入れるのがお勧めです．出力抵抗のマッチングが必要になるのは非常に要求の厳しいアプリケーションだけで，25℃での出力抵抗を合わせるようにします．

広帯域アンプ

図19.44に示すのは広帯域アンプのフィードバック・ループ内に入れたバッファ回路で，ユニティ・ゲインでは安定になりません．この場合，C_1は容量性負荷の分離のために使われているわけではありません．その代わり，これは負荷容量のある範囲に対して，バッファの位相遅れを補正するために適切な位相の進みを

図19.43　二つのバッファを並列接続したとき，出力間に電流が流れる可能性があるが，全体としての電源電流はさほど変化しない

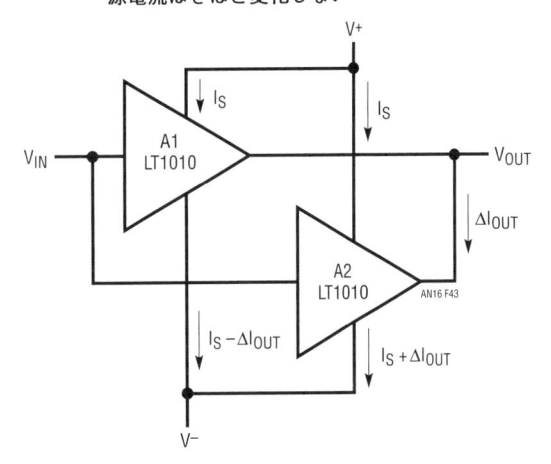

図19.44　本文で解説した容量性負荷の分離法は，ユニティ・ゲインで安定でないアンプに対しては使えない．ここでの8MHzで$A_V = 9$のアンプでは，わずか200pFの負荷容量が限界になる

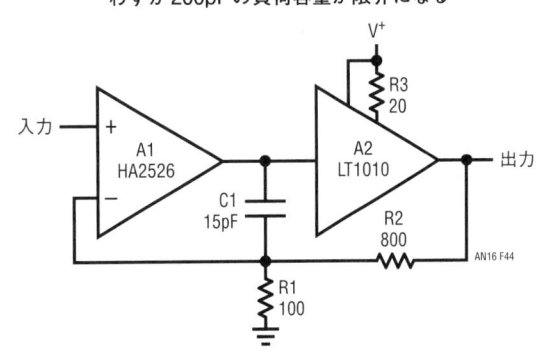

作っています．

TO-3やTO-220パッケージなら，バイアス端子とV^+の間に20Ωの抵抗をつないで静止時電流を増加させて，動作を改善することができます．TO-39パッケージのデバイスでは並列運転が別の手段になります．

図19.45のようにバッファをフィードバック・ループの外に置くと，容量性負荷が分離されて，出力に大きなコンデンサを付けても単に帯域幅が減少するだけになります．オペアンプの入力換算では，バッファのオフセットはゲイン分の1になります．もし負荷抵抗が既知であるなら，ゲイン誤差は出力抵抗の許容誤差で決まります．歪みは小さいものです．

図19.46に示す50Ωビデオ信号分配器は，一方のバッファにフィードバックをかけていて，他のバッファは

図19.45 バッファをフィードバック・ループの外に置くと，容量性負荷から分離する効果がある．バッファのオフセットはアンプのゲイン分の1となり，ゲイン誤差は出力抵抗の許容誤差で決まり，歪みは小さい

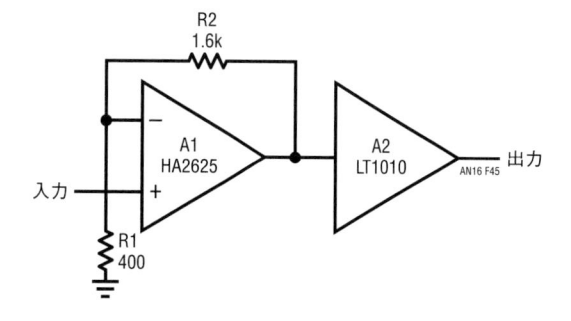

スレーブとして動作します．スレーブ側のオフセットとゲイン精度はマスタとなるバッファとのマッチングの度合いに依存します．

長いケーブルを駆動する場合，出力に直列に入る抵抗を含めて検討しておく必要があります．そのような抵抗でゲインは低下しますが，共振負荷となる無終端のケーブルの影響からフィードバック・アンプを切り離す効果をもたらします．

広帯域アンプを扱う際は，電源のバイパス，浮遊容量，そして接続リードを短くするように常に特別な注意を払うべきです．妥当な測定結果を得るには，通常のグラウンド・クリップを使うのではなくプローブの接地をダイレクトに取ることが絶対的に必要です．

LT1010の一般仕様からは明らかではないのですが，出力応答に制限がかかります．負極性の応答にはグリッチが現れる傾向がありますが，これは静止時電流を増加することで小さくできます．立ち上がりの高速な信号発生器を使う測定では，実際のアプリケーションで見られるより，結果が悪いように見えるのが通常です．

トラック＆ホールド

図19.47に示す回路は，5MHzのトラック＆ホールド回路です．±10Vの信号スイングで400kHzのパワー帯域幅をもちます．

バッファ付きの入力部の非反転アンプが，低抵抗(5

図19.46 このビデオ信号分配器は片方のバッファにフィードバックをかけ，他はスレーブとなっている．スレーブのバッファのオフセットとゲイン精度は，マスタのバッファとのマッチングに依存する

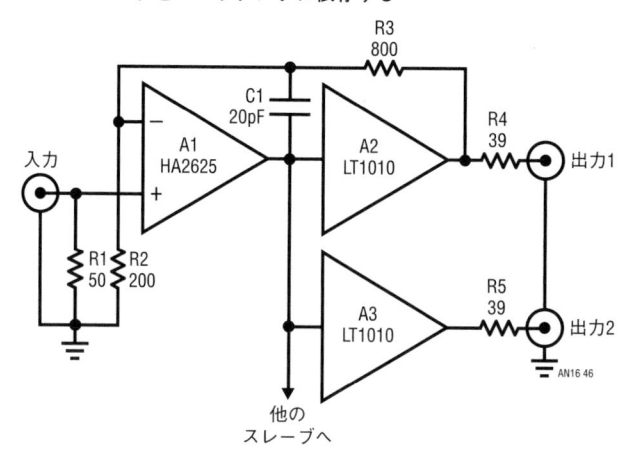

図19.47　5MHzトラック＆ホールド回路. バッファを付けたことにより, ホールド・コンデンサは帯域およびスルー・レートにほとんど影響しない. FETスイッチのゲート容量の補正回路を備えている

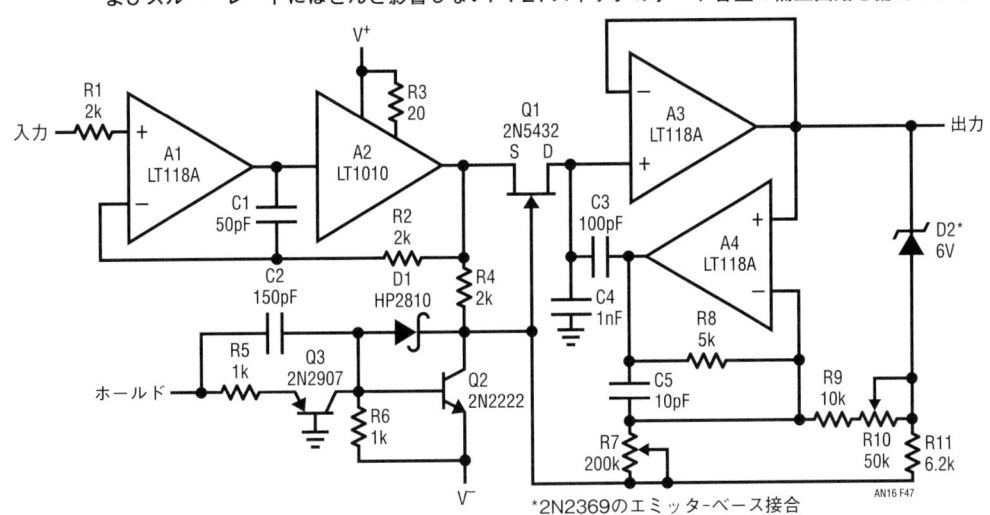

*2N2369のエミッタ-ベース接合

AN16 F47

Ω未満）FETスイッチであるQ_1を介して, ホールド・コンデンサC_4を駆動します. TTLロジックで与える正電圧のホールド・コマンドはQ_3でレベル・シフトされて, スイッチを駆動するQ_2に加わります.

　ホールドするためにFETのゲートがV^-に駆動されると, 入力電圧とドレイン-ゲート間容量に応じた電荷がホールド・コンデンサから引き出されます. それを補正する電荷がC_3を介してホールド・コンデンサに加えられます.

　FETのピンチオフ電圧以下では, ゲート容量は急激に増加します. ホールド状態ではFETは常にピンチオフされているので, この余分な容量からのターンオフによる電荷は入力電圧の全範囲で一定値になります.

　ホールド状態になると, 反転アンプA_4はスイッチFETのゲートに印加される負のステップ電圧に比例した正のステップ電圧と, ピンチオフ以下の電圧で増加した容量を補正するための一定電圧を合わせてC_3に加えます. このホールドで加えられるステップ電圧はR_7による入力レベルとは独立していて, R_{10}（入力電圧の最大時に起きる特別な問題を回避するように$V_{IN}=\pm 5$Vに対して調整しておく）を調整してゼロに合わせます. この回路は, 個々の設計ではC_3の値を適切に選ぶことで調整範囲に入りますが, 大きい値にした場合はA_4が確実に安定に動作するように, C_3と直列に数百Ωの抵抗を入れることが推奨されます.

　正の入力電圧範囲はオペアンプのコモン・モード電圧の範囲で決まります. しかし, もしA_4の出力が飽和

してしまうと, ゲート容量の補正に影響が出てきます.

　FETをオフのままにしてホールド状態に保つため, 入力電圧は負電源電圧よりも少なくともFETのピンチオフ電圧ぶんは高くなくてはなりません. さらに, D_2に流れる電流を維持できるだけの負電源電圧が必要です. さもないとゲート容量の補正に影響が出ます. Q_2のエミッタの電圧をオペアンプの負電源電圧よりもさらに負側にすると, 動作範囲を広げることができます.

　容量性負荷を高速信号で駆動すると, ICの内部消費電力が非常に高くなる可能性があるので, 電力容量の大きいパッケージのバッファを使うことをお勧めします[注1]. R_3によって静止時電流を40mAに増加させると, 周波数応答が改善されます.

　この回路は高速アクイジション用のサンプル＆ホールド回路としても役立ちます. このアプリケーションでは, 通常スルー・レートは問題にならないので, A_3にLF156を使うことでホールド時のドリフトを軽減できるかもしれません.

双方向性電流源

　図19.48の電圧-電流コンバータは, 標準的なオペアンプによる構成を使っています. 差動入力を備えているので, 必要な出力に合わせて片方の入力を接地でき

注1：バッファの温度が過度に上がると, 過熱保護回路が働くまえにスルー・レートが顕著に減少する.

図19.48　この電圧／電流コンバータで高い出力抵抗を得るには，
精密にマッチングしている抵抗か，トリミングを行う
必要がある．小さい抵抗値のR_4を使って，バッファに
より出力電流を増大して容量性負荷での安定度を向上
させている

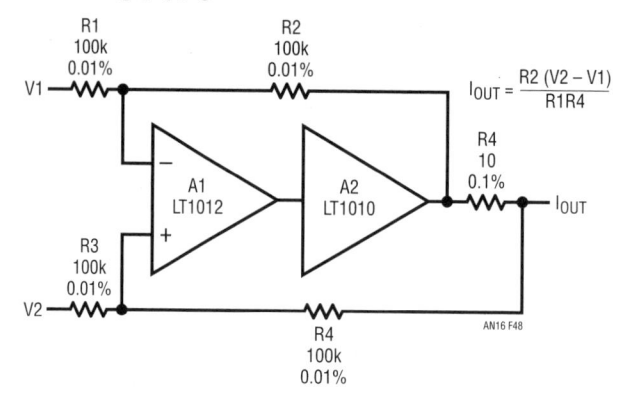

$$I_{OUT} = \frac{R2\,(V2 - V1)}{R1R4}$$

ます．出力は双方向性です．

　抵抗を合わせ込むことによって出力抵抗を最大にできます．高い周波数での出力特性は，オペアンプの帯域幅とスルー・レート，またオペアンプの入力容量に依存します．測定結果では，この150 mA電流源の出力抵抗は3 MΩ，また等価出力容量は48 nFでした．

　LT118Aを低いフィードバック抵抗で使えば出力抵抗は犠牲になりますが，出力容量はずっと低くなります．

　図19.49では，フィードバック抵抗をなくし，また浮遊容量の影響を避けるために計装アンプを使っています．この回路の測定結果は，出力抵抗6 MΩ，等価出力容量19 nFでした．LM163の7ピンと5ピンは差動入力ですが，内部でV^-に対して50 kΩでつながっています．必要な出力検出に合わせて，どちらの入力で

も接地できます．この負荷のために，この入力はオペアンプのような低インピーダンスの信号源で駆動する必要があります．

　どちらの回路も容量性負荷全般に対して安定に動作します．

電圧レギュレータ

　図19.50の回路は単一電源で動作しながら，200 mVまで電圧の安定化が可能です．電流の吸い込み，吐き出しの双方に対応します．

　R_3とC_1により，この回路は容量性負荷に対応できるようになっています．図に示した値は，1 μFの出力容量までに適したもので，ICの試験電源として用途がありそうです．

　C_1は高周波でのバッファへの駆動インピーダンスを下げるために入れたもので，LM10の高周波での出力インピーダンスが1 kΩ以上になることに対処しています．C_1を取り除くと，容量性負荷によっては小さいレベルで発振が生じる可能性があります．

　グラウンド・ループ問題が原因となってレギュレーションが悪化するのを防ぐためには，LM10の4ピンとR_2の下端をコモン・グラウンド点につなぐことが重要です．

図19.49　電圧／電流コンバータに計装アンプを使うことで，マッチングした抵抗が不要になる

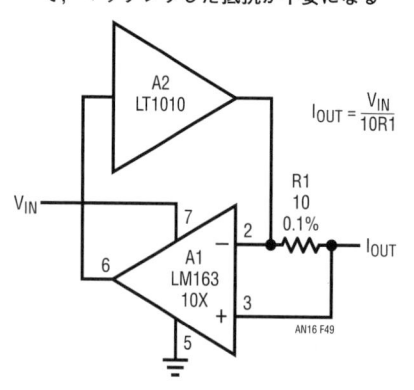

$$I_{OUT} = \frac{V_{IN}}{10R1}$$

電圧／電流レギュレータ

　図19.51は高速な電力バッファであり，V_Iでプログ

図19.50　この電圧レギュレータは単一電源動作であるにもかかわらず，出力は200mVまで調整可能であり，電流の吸い込みと吐き出しの双方が可能である

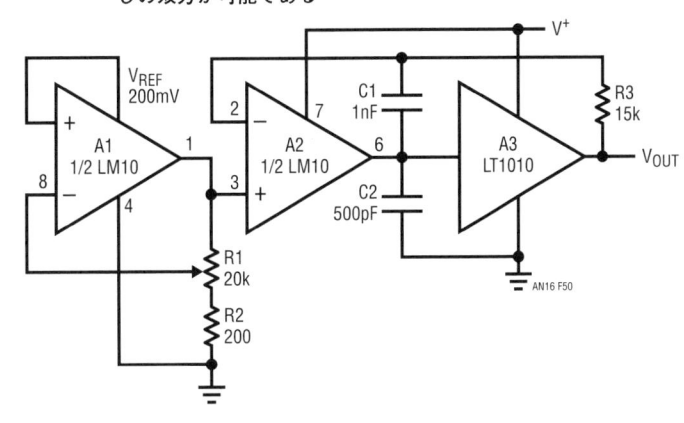

図19.51　この回路は精密でプログラム可能な電流制限動作に自動的に切り換わることができる電力バッファである．この設計のポイントは，電流制限の前後での高速できれいな応答の実現である

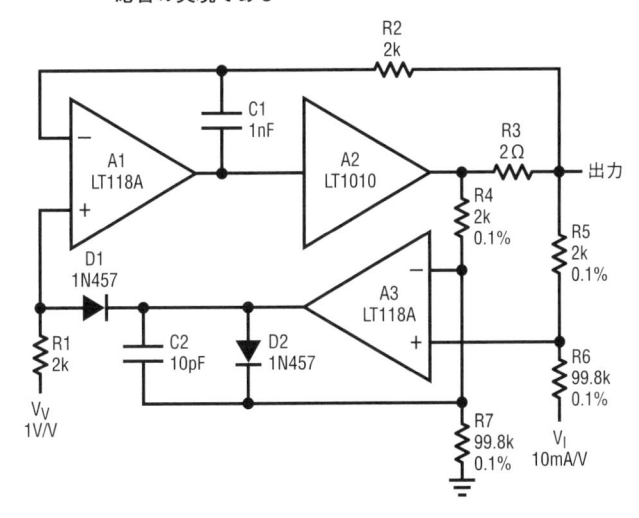

ラムされる負荷電流値まで，V_Vで決まる安定な出力を出します．重い負荷に対応する，高速で高精度な電流レギュレータになります．

　出力電流が電流制限値以下である場合，この電流レギュレータはD_1によって制御ループから切り離されていますが，D_2によって出力が飽和しないように保たれます．この出力クランプにより，瞬間的なショートに対して1μs以内で電流レギュレータが出力をコントロールすることが可能になっています．

　電圧レギュレータとしての動作モードでは，A_1とA_2が高速な電圧フォロワとして働きますが，前述の容量性負荷の分離テクニックを使っています．過渡的な

負荷変動からの復帰，ならびに容量性負荷での安定性はC_1にかかっています．この回路はショート状態からスムーズに復帰します．

　A_3と相補的に働くオペアンプを追加することで，両方向性で電流制限がかけられます．出力電流を増加して容量性負荷による影響を受けにくくするには，バッファを並列運転します．

　この回路は帯域幅が10MHzに及ぶような電源を作るために利用でき，ICのテスト用にはうってつけです．出力のコンデンサがなくても出力インピーダンスは低く，電流制限は高速なので繊細な回路もダメージから守ることができます．多数のICがつながる電源のバイ

図19.52　バッファを使って仮想的なグラウンド ($V^+/2$) を設けて，単一電源で正負電源用オペアンプやコンパレータを動作させる

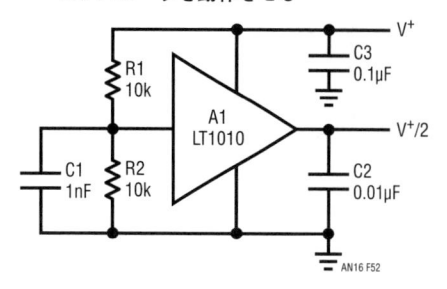

パスとして0.01 μFのコンデンサを付けると，帯域幅とスルー・レートは2 MHzおよび15 V/μs[注2]（ただし並列運転をしない場合）に減少します．切り替え式にしてC_1に大きなコンデンサを抱かせれば，大きな出力コンデンサをつなぐことができます．

電源スプリッタ

　単一電源の電圧中点に仮想的なグラウンドを作り，正負電源用のオペアンプやコンパレータを動作させることができます．図19.52に示す電源スプリッタは150 mAの吐き出し/吸い込みが可能です．

　過渡的な電流を吸収するように，必要なだけ大きな

注2：大きなコンデンサを動的に駆動する場合，バッファの電力消費が増大する．

出力コンデンサC_2を付けることができます．電源インピーダンスが高い場合に高周波でバッファが不安定にならないように，入力にはコンデンサもつなげてあります．

過負荷のクランピング

　サミング・アンプの入力は，オペアンプが能動領域にある限りバーチャル・グラウンドになります．過負荷状態では，フィードバックが機能していなければ，これは成り立ちません．

　図19.53の回路は，チョッパ安定化電流-電圧コンバータです．10 pAの分解能をもちながら，±150 mAの過負荷電流に対してもサミング・ノードの制御を保つことができます．

　通常の動作では，D_3とD_4は導通していません．そして，R_1はクランプしているツェナー・ダイオードD_6とD_7からのリーク電流を吸収します．過負荷状態では，出力比率を決めているR_2よりも，ツェナーによるクランプを経由してサミング・ノードに電流が供給されます．入力にあるコンデンサは高速な過渡電流を吸収するためのものです．

結論

　ICによる回路設計に有用な，新しいB級出力回路に

図19.53　ピコ・アンペアの感度をもちながら150mAの入力電流でもサミング・ノードが維持されるチョッパ安定化電流/電圧コンバータ

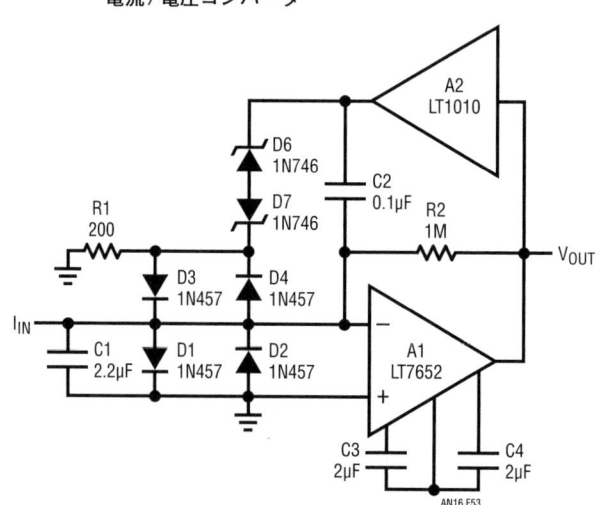

ついて解説をしてきました．高速で動作しながら，準コンプリメンタリ出力段における寄生発振の問題を回避しています．電荷蓄積トランジスタ，新しいダイオード構造，斬新なブースト回路と組み合わせることで，速度と大きな出力駆動能力，そして低い静止時電流を兼ね備えた汎用万能バッファができました．このバッファの特性は十分な測定によって明確になっており，問題となるような特性はほとんどありません．

本稿のアプリケーション編では，バッファが日々のアナログ設計で非常に役に立つものであることを示しました．さらに，難しい広帯域アンプを扱いやすくするためにも使うことができます．低コストで高性能な

ICバッファが入手できるようになり，これらのアプリケーションにさらなる発展が加えられるでしょう．もはやバッファICは何か特別な部品ではなくなりました．これらは標準的なアナログ設計ツールとなることでしょう．

謝辞

製品開発に不可欠な特別な装置の組み立てを行ってくれたFelisa Velascoと，本稿で紹介した実験の大部分を行ってくれたGuy Hooverに感謝します．

Appendix A

以下に，初めてバッファを使った際に見落としがちな設計上の細かい点についてまとめてあります．参考となるよう，等価回路ならびに保証された電気特性をデータシートから抜粋して示します．

ンサでも可能です．なお高周波の電源除去率が，一方の電源ラインに対してより良好なオペアンプもあるので，その場合はそちら側の電源ラインへのバイパスへの要求は軽減されます．

電源バイパス

安定性の観点から言うと，このバッファは低速なオペアンプと比べて電源のバイパスにより敏感というわけではありません．低周波でなら，一般的にオペアンプに推奨される0.1 μFのディスク型セラミック・コンデンサがちょうど良いといえます．いつものように，コンデンサの足は短くして，特に高周波で動作させる場合はグラウンド・プレーンを使うのが賢明です．

電源のバイパスが不適切だと，バッファのスルー・レートが減少する場合があります．出力電流が100 mA/μsよりずっと大きい変化をする場合，正電源と負電源間をバイパスすることで十分かもしれませんが，10 μFの固体タンタル・コンデンサで正負電源をそれぞれバイパスすることをお勧めします．

オペアンプを（抵抗性であるにしろ，容量性であるにしろ）重い負荷で使う場合，バッファがオペアンプと共通になる電源ラインと結合して，回路全体としてループの安定性の問題やセトリング時間が長くなる原因となる場合があります．

一般的には，10 μFの固体タンタル・コンデンサを付けることで適切なバイパスが行えます．あるいは，デカップリング用の抵抗を使えばより小容量のコンデ

電力消費

多くのアプリケーションでは，LT1010にヒート・シンクを付ける必要が生じます．接合部から静止空気までの熱抵抗はTO-39パッケージでは150℃/W，TO-220パッケージでは100℃/W，またTO-3パッケージでは60℃/Wになります．空気の循環，ヒート・シンクの使用，プリント基板へのマウントによって熱抵抗は小さくなります．

直流回路では，バッファの電力消費は簡単に計算できます．交流回路では，信号の波形と負荷の特性によって消費電力が決まります．リアクティブな負荷でのピーク電力消費は平均値の数倍に達する可能性があります．特に大きな容量性負荷を駆動する場合，電力消費について注意を払うことが大切です．

交流負荷では，電力は二つの出力トランジスタ間で分配されます．これにより実効的な熱抵抗は小さくなり，どちらのトランジスタでもピーク電力が超過しない限り，接合部からケース間の熱抵抗はTO-39パッケージで30℃/W，TO-3とTO-220パッケージでは15℃/Wになります．**図19.30**は出力トランジスタ1個当たりのピーク電力消費能力を示したものです．

過負荷保護

LT1010は瞬間的に流れる電流の制限と，過熱保護の双方を備えています．複雑な負荷でも制約なく駆動できるように，フの字特性型の電流保護は採用していません．これにより，瞬間的には連続出力定格を超えた出力を出すことができます．

一般的に，過熱保護は消費電力を制限して部品の破損を防ぐものです．しかし，導通状態の出力トランジスタに30 V以上がかかる場合，電流が確実に制限されるほどには過熱保護の動作は速くありません．負荷電流が150 mAに制限される限り，過熱保護は出力トランジスタに40 Vがかかっている状態でも有効に働きます．

駆動インピーダンス

容量性負荷を駆動する場合，LT1010は高周波では低い信号源インピーダンスから駆動されることを好みます．低電力オペアンプによっては（例えばLM10），この点が心もとなくなってきます．発振を防ぐようにいくつかの注意を払い，特に温度が低い場合は注意が必要です．

この問題は，バッファの入力を200 pF以上のコンデンサでバイパスすることで解消できます．動作電流を増やすことも効果がありますが，これはTO-39パッケージではできません．

等価回路

1 MHz以下の周波数では，**図19.A**の等価回路によりLT1010を小信号と大信号の両方について，非常に正確に表現することができます．内部要素のA_1は，LT1010の無負荷時ゲインと同じゲインをもつ理想的バッファです．その他の点では，オフセット電圧，バイアス電流，そして出力抵抗はゼロです．A_1の出力は電源端子電圧で飽和します．

負荷が接続された状態でのゲインは，無負荷時のゲインA_V，出力抵抗R_{OUT}，そして負荷抵抗R_Lから次式のように計算できます．

$$A_{VL} = \frac{A_{VL}\, R_L}{R_{OUT} + R_L}$$

正側の最大出力振幅は次のようになります

$$V_{OUT}{}^+ = \frac{(V^+ - V_{SOS}{}^+)\, R_L}{R_{SAT} + R_L}$$

ここで，V_{SOS}は無負荷時の出力飽和電圧で，R_{SAT}は出力飽和時の抵抗です．

この出力に対する入力振幅は次式で与えられます．

$$V_{IN}{}^+ = V_{OUT}{}^+ \left(1 + \frac{R_{OUT}}{R_L}\right) - V_{OS} + \Delta V_{OS}$$

ここで，ΔV_{OS}は飽和状態の測定の為に決めたクリッピング量（100 mV）です

負側の出力振幅と入力の駆動条件も同様に求まります．**図19.A**に示す値は代表値で，最悪条件での値は最終ページに掲載したデータシートから得られます．

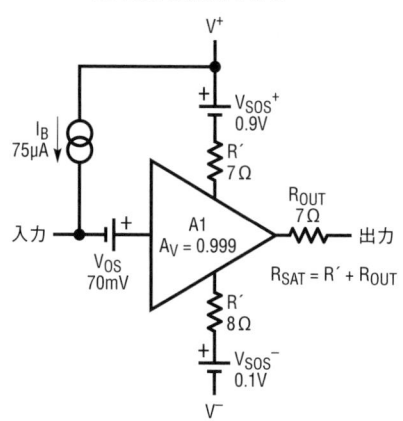

図19.A　低い周波数では，理想バッファA_1に基づくこの等価回路によりLT1010は記述できる

●絶対最大定格

総電源電圧	……………………	± 22 V
連続出力電流	……………………	± 150 mA
連続電力消費[注1]		
LT1010MK	…………………	5.0 W
LT1010CK	…………………	4.0 W
LT1010CT	…………………	4.0 W
LT1010MH	…………………	3.1 W
LT1010CH	…………………	2.5 W
入力電流[注2]		± 40 mA
動作接合温度		
LT1010M	…………	$-55℃ \sim 150℃$
LT1010C	…………	$0℃ \sim 125℃$
保存温度範囲	…………	$-65℃ \sim 150℃$
リード温度(はんだ付け,10秒)	…	300℃

●ピン配置

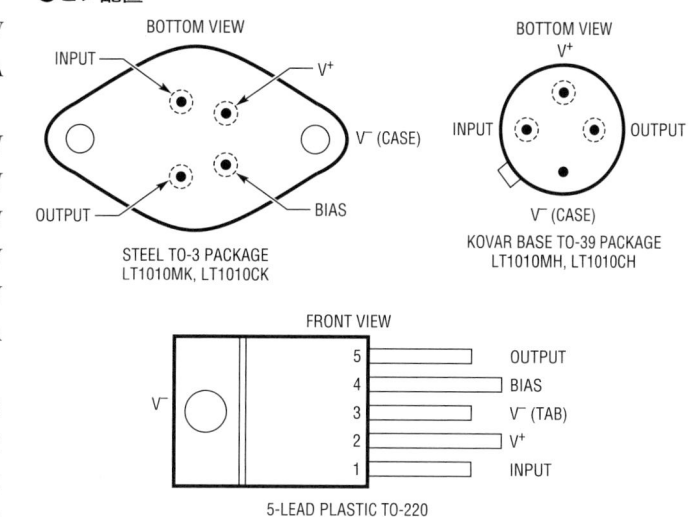

●電気的特性

記号	パラメータ	条件[注4]		LT1010M MIN	MAX	LT1010C MIN	MAX	単位
V_{OS}	出力オフセット電圧	(注3)		20	150	0	150	mV
			●	−10	220	−20	220	mV
		$V_S = \pm15V, V_{IN} = 0V$		40	90	20	100	mV
I_B	入力バイアス電流	$I_{OUT} = 0mA$		0	150	0	250	μA
		$I_{OUT} \leq 150mA$		0	250	0	500	μA
			●	0	300	0	800	μA
A_V	大信号電圧利得		●	**0.995**	**1.00**	**0.995**	**1.00**	V/V
R_{OUT}	出力抵抗	$I_{OUT} = \pm1mA$		6	9	5	10	Ω
		$I_{OUT} = \pm150mA$		6	9	5	10	Ω
			●		12		12	Ω
	スルー・レート	$V_S = \pm15V, V_{IN} = \pm10V,$ $V_{OUT} = \pm8V, R_L = 100\Omega$		75		75		V/μs
$V_{SOS}{}^+$	正側飽和オフセット	(注4), $I_{OUT} = 0$			1.0		1.0	V
			●		**1.1**		**1.1**	V
$V_{SOS}{}^-$	負側飽和オフセット	(注4), $I_{OUT} = 0$			0.2		0.2	V
			●		**0.3**		**0.3**	V
R_{SAT}	飽和抵抗	(注4), $I_{OUT} = \pm150mA$			18		22	Ω
			●		**24**		**28**	Ω
V_{BIAS}	バイアス端子電圧	(注5), $R_{BIAS} = 20\Omega$		750	810	700	840	mV
			●	**560**	**925**	**560**	**880**	mV
I_S	供給電流	$I_{OUT} = 0, I_{BIAS} = 0$			8		9	mA
			●		**9**		**10**	mA

注1：ケース温度が25℃以上の場合，KおよびTパッケージでは熱抵抗は25℃/W，Hパッケージでは熱抵抗は40℃/W，電力消費はディレーティングしなければならない．アプリケーション情報を参照のこと．

注2：過電流制限あるいは過熱保護において，入出力間の差電圧が8V以上になると入力電流が顕著に増加する．そのために入力電流を制限しなくてはならない．また，V^+より8V以上高い，あるいはV^-より0.5V低い入力電圧に対しても，入力電流は急速に増加する．

注3：注記がない場合，仕様の測定条件は$4.5V \leq V_S \leq 40V$，$V^- + 0.5V \leq V_{IN} \leq V^+ - 1.5V$，および$I_{OUT} = 0$による．温度範囲は，LT1010Mでは$-55℃ \leq T_J \leq$ 150℃，$T_C \leq 125℃$，LT1010では$0℃ \leq T_J \leq 125℃$，$T_C \leq 100℃$である．制限についての●と太字は全温度範囲に対する仕様を示す．

注4：出力の飽和特性は，出力のクリッピング100mVで測定したものである．負荷に対して得られる出力振幅と入力の駆動条件については，アプリケーション情報に求めかたが記載されているので参照のこと．

注5：TO-3およびTO-220パッケージでは，バイアス端子とV^+電源間に抵抗をつなぐことで出力段の静止時電流を増加させることができる．この増加ぶんはバイアス端子の電圧を抵抗で割った値と等しくなる．

Jim Williams, 訳：細田 梨恵

第20章

モノリシック・アンプのための電力増幅ステージ

大部分のモノリシック・アンプは数百ミリワット以上の出力電力を供給することはできません．標準的なIC製造プロセス技術では素子への供給電圧は36Vまでに規定され，得られる出力振幅を制限しています．さらに，数十mAを超える電流を供給するためには大きな出力トランジスタが必要となり，そうするとICの電力消費は望ましいレベルを超えてしまいます．

しかしながら多くのアプリケーションは，一般的なモノリシック・アンプが供給するよりも大きな出力を必要とします．電圧や電流（あるいは双方）の増幅が必要な場合，別に出力ステージを設ける必要があります．このような電力増幅ステージは，"ブースタ"と呼ばれることもありますが，一般的にモノリシック・アンプのフィードバック・ループ内に置かれ，ICの低いドリフトと安定なゲイン特性が同様に得られます．

アンプのフィードバック経路の中に出力ステージが入ることから，帰還ループの安定性が関心事項になります．良好な動的性能を達成するには，出力ステージのゲインと交流特性について検討する必要があります．モノリシック・アンプ用に電力増幅ステージを設計するとき，全体としての回路の位相シフト，周波数応答と負荷の動的駆動能力といった問題を無視することはできません．出力ステージによってゲインと位相シフトが加わることで，交流特性が低下したり，まさに発振したりする可能性があります．良好な結果を得るためには，周波数補償方法を慎重に適用する必要があります（コラム「発振の問題」を参照のこと）．

アプリケーションに応じて出力ステージに使われる回路のタイプが異なり，非常に多様なものになってきます．電流や電圧のブーストが一般的な要求になりますが，その両方が同時に必要になることもしばしばあります．電圧ゲインをもつ出力ステージには高電圧電源の使用が前提となることが一般的ですが，別のアプ

ローチとして高電圧そのものを発生する出力ステージを用いる方法もあります．

簡単で使いやすい電流ブースタは，電力増幅ステージについて学ぶうえで良い題材となります．

150 mA出力ステージ

図20.1aはLT1010モノリシック150mA電流ブースタを高速FETアンプのフィードバック・ループ内に置いた回路です．このバッファは帰還ループに含まれるので，低い周波数ではオフセット電圧とゲイン誤差は無視できます．高い周波数では，C_fを介してフィードバックがかかるので，バッファの出力抵抗に対して負荷容量が発生させる位相シフトによってループが不安定になることはありません．

C_fによって小信号帯域幅が小さくなりますが，パワー帯域幅を下回わることはなく，負荷を分離する大きな効果が得られます．帯域を狭めることは高周波ノイズや不要信号を落とすために望ましいことがしばしばあります．

LT1010はケーブルのような大きな容量性負荷を駆動するために，とりわけ適しているバッファだと言えます．

フォロワ構成（**図20.1b**）は小信号帯域幅を犠牲にせず容量性負荷を分離できる点でユニークで，その出力インピーダンスは容量性負荷なしの場合で10MHzの帯域幅があり，0.3μFまでの容量性負荷に対して安定に動作します．

図20.1cはLT1010がブリッジ型の差動出力ステージに使用された例を示しています．フローティング負荷に限定されますが，これによって負荷への電圧出力を増大できます．

これらの回路はどれも150mAの出力電流を供給し

ます．LT1010は短絡および過熱保護を備えています．スルー・レートは使用するオペアンプによって制約されます．

高電流ブースタ

図20.2の回路は3Aの出力容量を得るためにディスクリート・ステージを使っています．この構成により，LT1010の出力電力をクリーンかつ迅速に増大で

図20.1　LT1010の出力ステージ

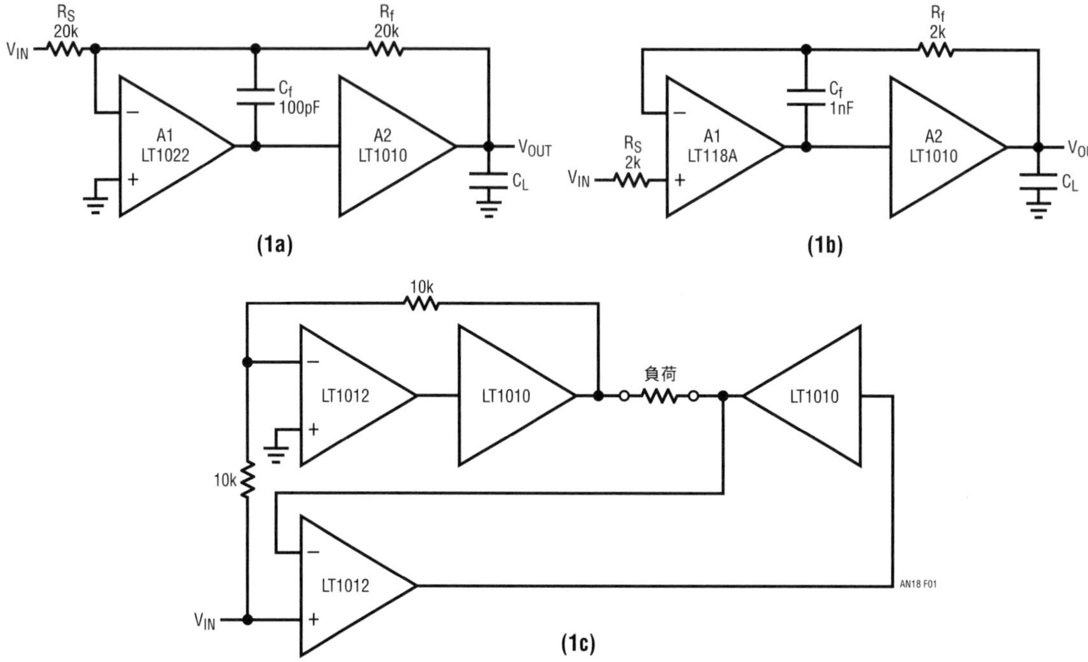

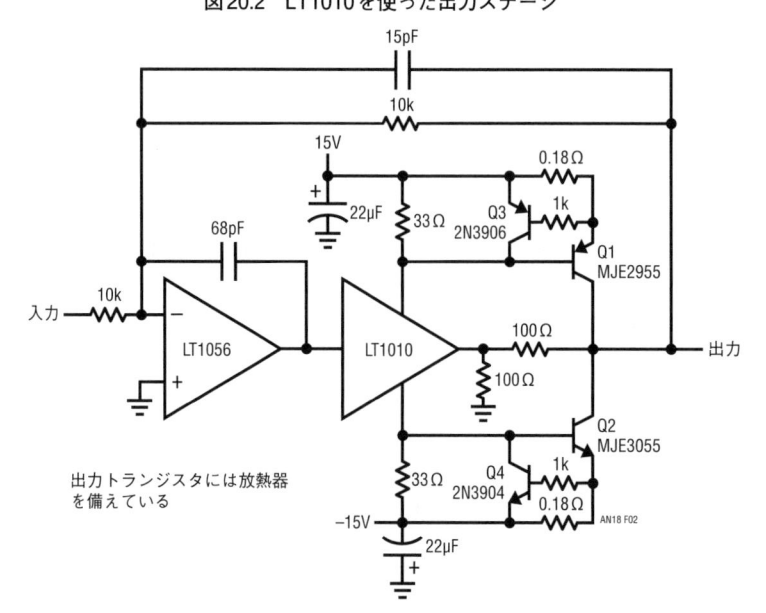

図20.2　LT1010を使った出力ステージ

きます．ディスク・ドライブのリニア・アクチュエータのような高電流負荷に有用な回路です．

　33 Ωの抵抗がLT1010の電源電流を検出し，グラウンドにつながる100 Ωの抵抗がLT1010の負荷となります．33 Ωの抵抗の両端の電圧降下により，Q_1とQ_2がバイアスされます．もう1つの100 Ω抵抗が部分的なフィードバック・ループを作り，出力段を安定化しています．制御アンプであるLT1056へフィードバックをかけているのは10 kΩの抵抗です．Q_3とQ_4が，0.18 Ωの抵抗をセンスしていて，約3.3 Aで電流制限がかかるようになっています．

　この出力トランジスタのF_tは低いので，周波数補償について特別な考慮の必要はありません．動的な安定性のためにLT1056には68 pFのコンデンサでゲイン特性にロール・オフをかけてあり，15 pFのコンデンサで波形エッジでの応答を整えています．最大出力（±10 V，$3\,A_{peak}$）において帯域幅は100 kHzであり，スルー・レートは約10 V/μsです．

Ultrafastフィードフォワード型 電流ブースタ

　前節で説明した回路は，出力ステージのブースタをオペアンプのフィードバック・ループ内に置いています．これによって低ドリフトと安定なゲインが保証されますが，オペアンプの応答により速度が制限されます．図20.3に示す回路は非常に広帯域な電流ブースタです．LT1012はブースタ段での直流ぶんの誤差を補正するもので，高周波信号を扱っていません．高速な信号はQ_5と0.01 μFのカップリング・コンデンサを介し直接出力段に与えられます．直流と低周波信号はオペアンプの出力を通して出力段を駆動します．このパラレルな信号経路を設ける方法によって，オペアンプのもつ優れた直流安定度を犠牲にせずに，非常に広帯域な特性を得ることができます．このようにして，LT1012の出力の電流と応答速度が効果的にブーストされます．出力段のQ_1とQ_2が，Q_3-Q_6とQ_4-Q_7のコンプリメンタリ・エミッタ・フォロワを駆動します．図に示したトランジスタは1 GHz近いF_tをもち，非常

図20.3　フィードフォワード型広帯域電流ブースタ

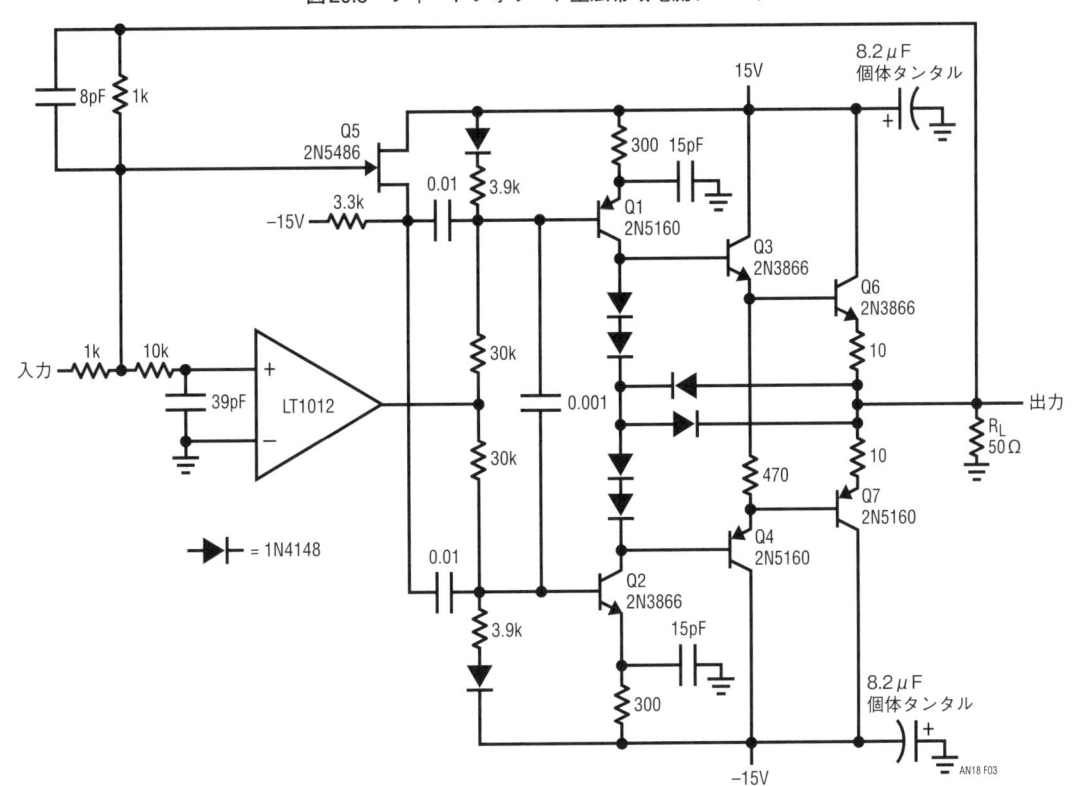

に高速な出力段が構成できます．出力に接続したダイオード群は，出力電流が250 mAを超えたときにトランジスタのベースへのドライブを減らすことで，高速な短絡保護を行います．出力段で極性が反転しているので，フィードバックはLT1012の非反転入力に戻す必要があります．この回路の高周波でのサミング・ノードはLT1012の入力部の1 kΩと10 kΩの抵抗の接続点になります．10 kΩ-39 pFの組み合わせにより高周波信号を落としていて，LT1012の非反転入力での正確な直流信号の加算が行われるようにしてあります．高速出力段での低周波でのロールオフ特性は，LT1012の部分での高周波特性と合わせ込んであり，この回路の交流応答の暴れは最小になっています．8 pFのフィードバック・コンデンサは高速信号でのセトリング特性が最適になるように選んだものです．

この電流ブースタ・アンプの特徴は，1000V/μsを越えるスルー・レート，フルパワー帯域幅7.5 MHz，−3 dB周波数14 MHzといったものになります．図20.4はこの回路で50 Ω負荷で10 Vを駆動している様子を示しています．波形Aが入力で，波形Bが出力です．

スルーとセトリングの特性は高速かつ綺麗で，入力として使ったパルス・ジェネレータからの入力波形に匹敵する忠実度をもった出力のパルス波形が得られます．なお，この回路はサミング・ノードの動作を活用したものなので，非反転アンプ構成では使えない点に注意してください．

シンプルな電圧増幅ステージ

電圧増幅は出力段のもう一つのタイプです．電圧増幅ステージの1つの形式は，電源電圧のごく近傍まで出力が振れるようにするものです．図20.5aはCMOSロジック・インバータのコンプリメンタリ出力の抵抗的なふるまいを利用して，そのような出力回路を実現したものです．これはロジック・インバータの用途として一般的ではありませんが，アンプの出力を電源電

図20.4　図20.3の回路の応答．50 Ω負荷を10Vで駆動したとき，スルー・レートは1000V/μsを超える

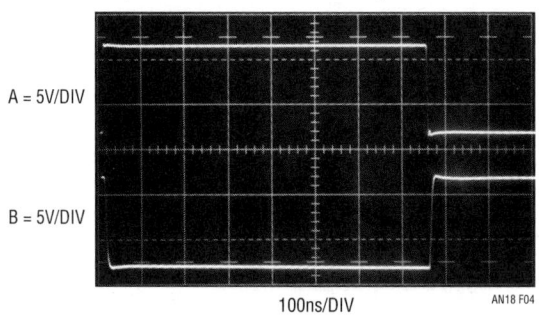

図20.5a　CMOSインバータを利用した電圧ゲインをもった出力ステージ

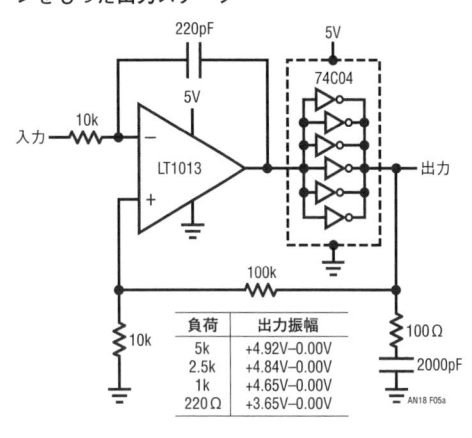

負荷	出力振幅
5k	+4.92V−0.00V
2.5k	+4.84V−0.00V
1k	+4.65V−0.00V
220 Ω	+3.65V−0.00V

図20.5b　電圧ゲインをもったエミッタ共通回路による出力ステージ

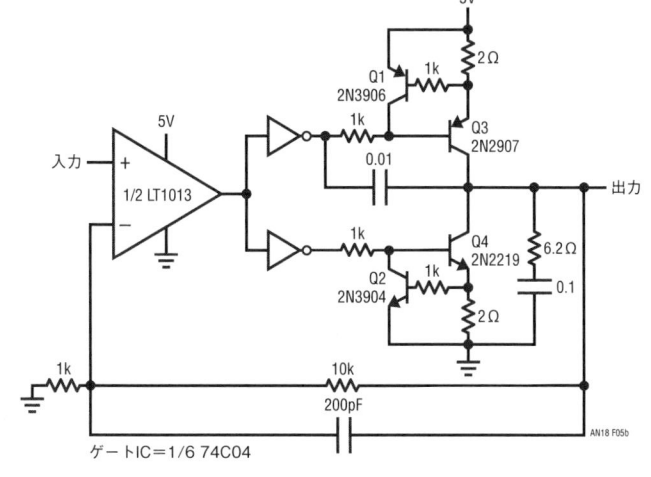

圧まで拡張するためには，簡単で安価な方法です．5 V
動作のアナログ装置では，信号処理のレンジを広げる
ために信号振幅を大きくすることが求められるので，
この回路は特に役に立ちます．

ここでは，LT1013のフィードバック・ループ内に
並列接続したロジック・インバータを置いています．
並列接続することで出力抵抗が減少して，より大きな

出力が得られるようになります．ループ内で信号が反
転するので，アンプの非反転入力に対してフィードバッ
クをかける必要があります．リニア領域で動作するイ
ンバータ段はゲイン帯域幅が大きく，RCダンパを付け
て発振を防いでいます．アンプのところでコンデンサ
を接続して，局所的なフィードバックをかけることで
ループの周波数補償をしてあります．図中の表にある
ように，特に出力負荷が数ミリアンペア以下の場合は，
正電源電圧に非常に近い出力振幅が得られます．

図20.5bは比較的大きな電流でも飽和特性による損
失が減るように，CMOSインバータでバイポーラ・ト
ランジスタを駆動するようにした類似のバッファ回路
です．図20.6aは図20.5bの回路の出力の飽和特性を

図20.6a　図20.5bのアンプの出力飽和特性

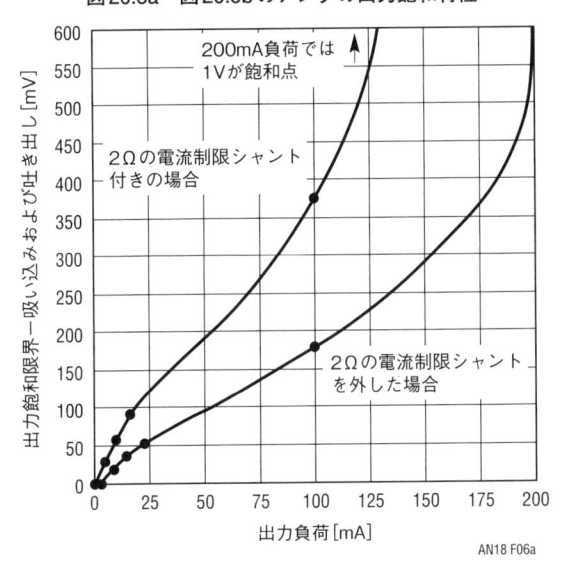

図20.6b　図20.5aの回路の出力波形

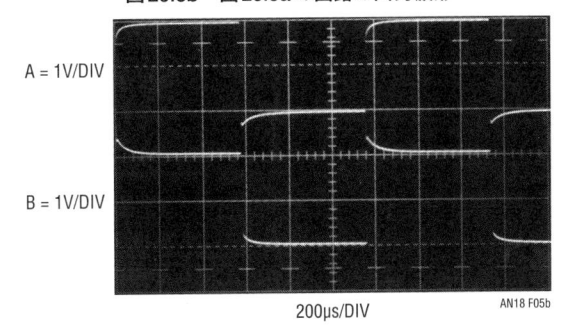

図20.7　コンプリメンタリ型クローズドループ・エミッタ共通出力ステージにより，高電流と優れた飽和性能が得られる

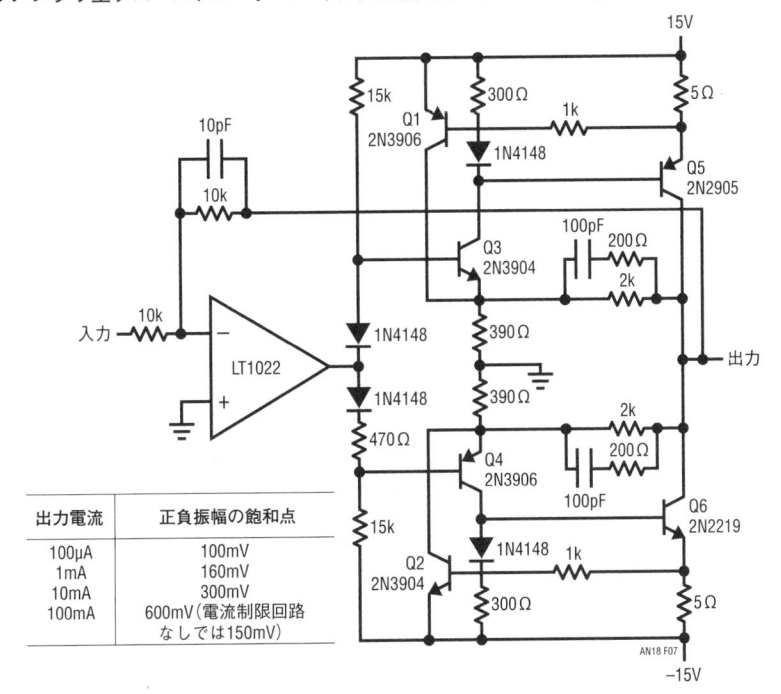

出力電流	正負振幅の飽和点
100μA	100mV
1mA	160mV
10mA	300mV
100mA	600mV（電流制限回路なしでは150mV）

示します．25 mA以下での非常に低い飽和電圧に注目してください．電流制限回路を外すと，特に高い出力電流での性能はさらに向上します．

図20.6bは図20.5aの回路の動作波形です．LT1013の出力（波形B）が74C04のスイッチングの閾値（電源電圧のおよそ1/2）の近辺でサーボ動作をして，回路出力（波形A）が得られるようにしています．これにより，オペアンプの出力を動作範囲に余裕をもって収めながら，回路としてほぼレール・ツー・レールの出力を可能にしています．

高電流レール・ツー・レール出力ステージ

図20.7はレール・ツー・レール出力ステージの別の方式で，より高い電流と電圧出力が得られます．この出力ステージの電圧ゲインと低い飽和電圧により，ほぼ電源電圧に達する出力振幅が電流ゲインとともに得られます．

Q_3とQ_4はオペアンプにより駆動され，出力トランジスタQ_5-Q_6に対してコンプリメンタリ構成で電圧ゲインを発生させます．大部分のアンプでは，出力トランジスタはエミッタ・フォロワで動作して，電流ゲインを提供します．そのタイプのアンプでは，V_{BE}の電圧降下とドライブ段での電圧振幅の制限によって，出力振幅が制約されます．一方，この回路でQ_5とQ_6はエミッタ共通回路で動作していて，さらに電圧ゲインが加えられ，また問題であったV_{BE}の電圧降下を打ち消しています．ここでの電圧の反転に加えて，ドライブ段での電圧の反転により，回路全体としては非反転動作になります．したがってフィードバックは，LT1022の反転入力にかけます．それぞれの出力段ト

ランジスタでの，2 kΩ-390 Ωによる局所的なフィードバックによって，このステージでのゲインは約5に抑えてあります．これは動作の安定化に必要です．Q_3-Q_5からQ_4-Q_6へのゲイン帯域幅は非常に高く，取り扱いには注意が必要です．ここでは局所的なフィードバックによってゲイン帯域幅を減らして，その部分を安定にしています．2 kΩのフィードバック抵抗に並列に抱かせた100 pF-200 Ωのダンパによって高い周波数でゲインを大きく減少させて，50 MHzから100 MHzの領域での寄生発振を防いでいます．5 Ωのシャント抵抗の両端の電圧をQ_1とQ_2で検出することで，125 mAで出力電流の制限をかけています．125 mA以上の電流が流れると対応するトランジスタがオンになり，Q_3-Q_4のドライバ段をシャット・オフします．

ゲイン帯域幅を制限するフィードバックを設けていても，この出力ステージは非常に高速です．その交流性能は，制御アンプ自体に匹敵します．LT1022を使った場合，フルパワー帯域幅は600 kHz，負荷出力100 mA以下でのスルー・レートは23 V/μsになります．回路図中の表は，各負荷条件に対する出力振幅を示しています．電流が大きい場合，5 Ωの電流センス抵抗（取り除くことも可能）によって出力振幅が基本的に制限される点に注意してください．図20.8の波形は，25 mA負荷での両極性入力信号に対する応答を示したものです．出力振幅はほぼ電源電圧に達していて，綺麗な動的特性と優れたスピードを示しています．

±120 V出力ステージ

図20.9は電圧ゲインをもつ出力ステージの別の設計例です．この回路は飽和電圧をできるだけ小さくするのではなく，±15 Vで動作するアンプから高電圧を出

図20.8　図20.7の回路により±14.85Vで100mA負荷を駆動した場合の波形

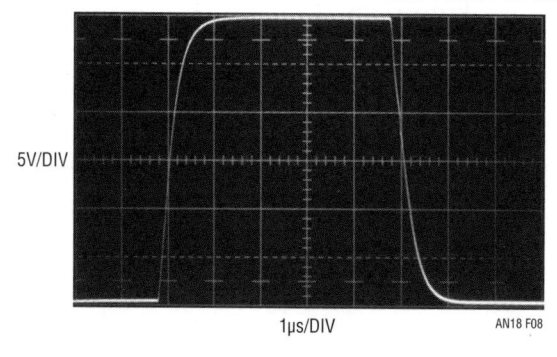

5V/DIV

1μs/DIV　　　　AN18 F08

力します．Q_1とQ_2が電圧ゲインを発生し，Q_3-Q_4のエミッタ・フォロワ出力に信号を与えます．制御アンプであるLT1055への±15 V電源は，ツェナー・ダイオードを使って高電圧の電源から作っています．27 Ωのシャント抵抗の両端の電圧が高くなりすぎると，Q_5とQ_6が出力へのドライブを減らすことで25 mAで電流制限がかかります．1 MΩと50 kΩの抵抗による局所的なフィードバックにより，このステージのゲインは20に設定されていて，LT1055による±10 Vのドライブによって±120 Vのフル・スイング出力が発生します．**図20.7**と同様に，この局所的なフィードバックによってこの部分でのゲイン帯域幅が減少し，動的な制御が容易になっています．このステージでゲインをもつのはQ_1とQ_2だけであることから，周波数補償は比較的

単純になります．さらに高電圧用トランジスタの接合部は大きいのでF_tが低くなり，特に予防的に高い周波数でロールオフをかける必要はありません．この出力段で極性が反転するので，フィードバックはLT1055の非反転入力にかけることになります．周波数補償は，LT1055のところで100 pFのコンデンサと10 kΩの抵抗によりロールオフをかけて行っています．フィードバック経路に入れた33 pFのコンデンサにより信号エッジの応答にピークをかけてありますが，これは安定性には関係しません．フル・パワー帯域幅は15 kHz，スルー・レートは約20 V/μsです．図のようにこの回路は反転アンプですが，LT1055の入力とグラウンド接続を入れ換えれば非反転動作をさせることができます．非反転動作ではLT1055の入力コモン・

図20.9　±120V出力ステージ　危険！高電圧が発生する．注意すること

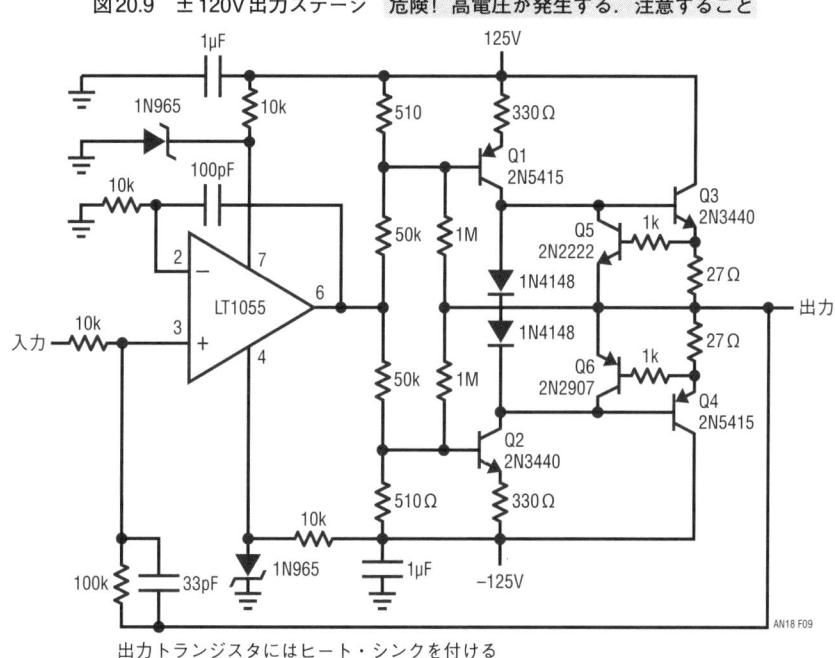

出力トランジスタにはヒート・シンクを付ける

図20.10　図20.9の回路の6kΩ負荷へ±120Vを出力している様子　危険！高電圧が発生する．注意すること

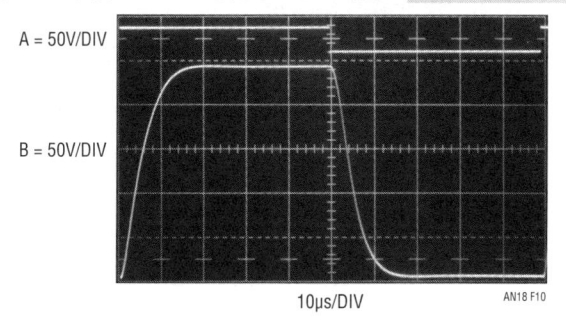

モード電圧の制限に注意する必要があり，最小でもゲインは11にします．周波数補償を過補償の状態にする必要があるなら，フィードバック経路の33 pFの値ではなく，100 pFのコンデンサの値を大きくするようにします．これにより，出力変化によってLT1055の入力に過剰な高電圧エネルギーが影響することを防げます．もし，フィードバック経路のコンデンサの値を大きくする必要があるなら，サミング・ポイントとグラウンドあるいはLT1055の電源端子の間で，ダイオードによるクランプをかけてやります．図20.10は±12 Vのパルス（波形A）を入力したときの様子です．綺麗にダンピングのかかった240 Vピーク・ツー・ピークのパルスが出力応答（波形B）として得られています．

図20.11は同様の回路ですが，図20.9の出力トランジスタを真空管で置き換えてあります．この回路はほとんどの部分が図20.9と同じ考えによるものですが，真空管の出力が負に振れるようにするために大きな変更が必要になっています．正の振幅については容易で，図20.9のNPNエミッタ・フォロワをカソード・フォロワ（V_{1A}）に置き換えるだけです．負の出力については，真空管をツェナー・ダイオードでバイアスをかけたカソード共通接続にして，Q_3のPNPトランジスタでドライブする必要があります．この熱イオンと対に使えるものは，トランジスタのPNP型にあたるものが存在しないため，このトランジスタによる反転アンプが必要になります．ツェナーによってV_{1B}のカソードにバイアスをかけているので，Q_3の出力振幅でデプリーション特性素子である真空管をカットオフすることが

図20.11　ド・フォレスト氏の子孫を使った頑健な±120V出力ステージ　危険！ 高電圧が発生する. 注意すること

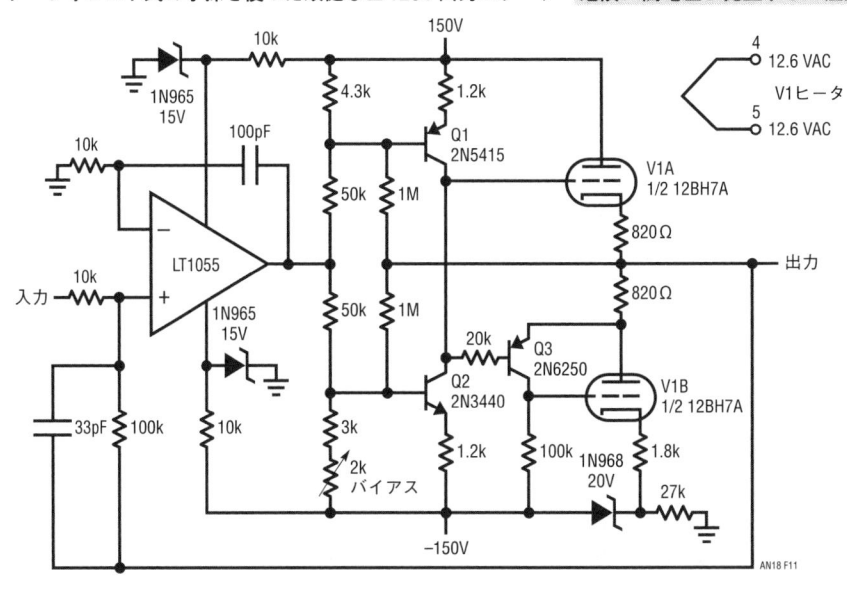

図20.12　図20.11の回路の応答. 非対称なスルーとセトリングはQ_3とV_{1B}の組み合わせによるもの

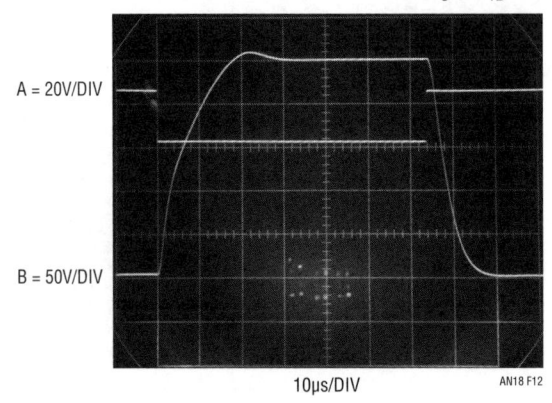

できます．

補正なしでは，Q_3とV_{1B}の組み合わせによる非対称な直流バイアスにより，LT1055はゼロよりずれたバイアスを出すように強制されます．許容範囲が積み上がった場合，LT1055で出力飽和が起きて，回路全体として得られる出力電圧振幅が少なくなる可能性があります．これを防ぐには，回路の半固定抵抗を調整して出力段のバイアスをずらします．この調整をするには，入力をグラウンドに接続して，LT1055の出力が0 Vになるように半固定抵抗を合わせます．

図20.11の回路のフルパワー帯域幅は12 kHz，スルー・レートは12 V/μsです．図20.12は両極性入力（波形A）に対する応答です．出力のスルーとセトリング特性は出力ステージの非対称なゲイン帯域幅を反映

したものになっていますが，きれいに応答しています．この出力ステージは，真空管の生来の性質から非常に壊れにくいものになります．特別な短絡保護を設ける必要はなく，±150 Vの電圧に何度もショートさせたとしても壊れることはないでしょう．

ユニポーラ出力，1000 V増幅ステージ

図20.13はユニポーラ出力の増幅ステージで，1000Vの出力振幅で15 Wを供給します．このブースタは，単一の低電圧電源で動作させるうえで最適な特性を備えています．別に高電圧電源を用意する必要はありません．その代わりに，増幅ステージに統合されたスイッチング電源によって高電圧が直接発生されています．

図20.13　15W，1000V単極性出力ステージ　危険！ 高電圧が発生する．注意すること

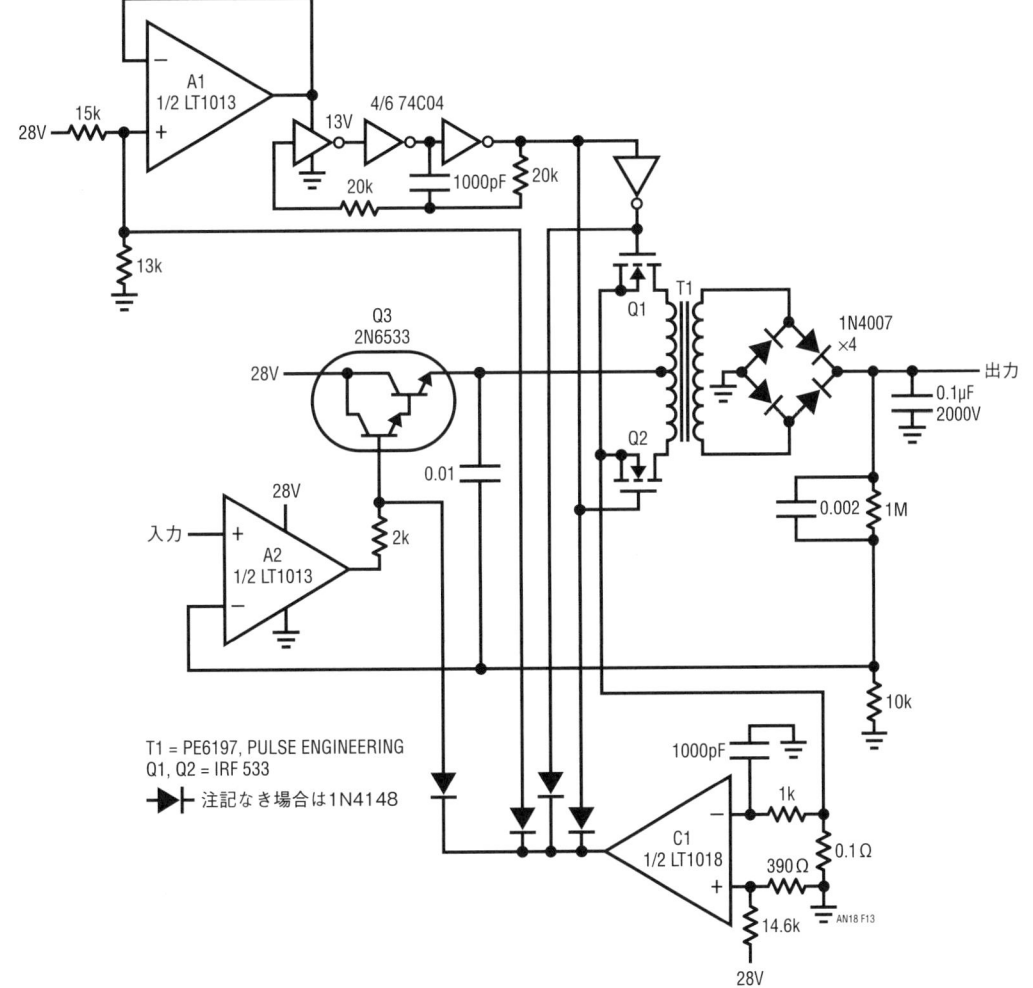

T1 = PE6197, PULSE ENGINEERING
Q1, Q2 = IRF 533
▶ 注記なき場合は1N4148

A_2の出力によってQ_3をドライブして，T_1に電流を流し込みます．74C04を使った方形波発振器でコンプリメンタリに駆動されるMOSFET Q_1とQ_2により，T_1トランスの1次巻き線がチョッピングされます．A_1は発振器の電源電圧を作っています．T_1では昇圧を行います．その出力を整流してフィルタをかけた出力が，このブースタの出力となります．1 MΩ-10 kΩの分圧器によりA_2へのフィードバックをかけて，ループを形成します．Q_3のエミッタとA_2の反転入力の間につないだ$0.01\ \mu$Fのコンデンサによりループを安定化していて，$0.002\ \mu$Fのコンデンサはステップ応答でのダンピングを調整するために入れてあります．コンパレータC_1は短絡保護のためです．Q_1とQ_2からの電流は，0.1Ωのシャント抵抗を流れます．異常な出力電流が流れるとこのシャントの電圧が上昇し，C_1がトリップして出力がLowになります．これにより，Q_3，Q_1およびQ_2のゲートそして発振器の駆動を止め，出力をシャットダウンします．通常の動作での電流スパイクやノイズによりC_1がトリップしないよう，1 kΩの抵抗と1000 pFのコンデンサによるフィルタを設けてあります．

出力電圧からの要件とはかかわりなく，フィードバック・ループが成り立つようにA_2は出力を供給します．A_2によるサーボと，VMOS FETの小さな抵抗性の飽和損失により，0 Vまで制御された出力が得られます．

トランスを大型化してQ_1とQ_2をより大電力の素子と交換することで，さらに大出力化が可能ですが，Q_3での電力消費が過剰になります．もっと大電力が必要であるならば，効率を悪くしないためにQ_3をスイッチ・モードの出力ステージに置き換えるべきでしょう．

出力に付けた$0.1\ \mu$Fのフィルタ・コンデンサにより，フルパワー帯域幅は60 Hzに制限されます．**図20.14**は最大負荷時の動的な応答を示したものです．波形Aは10 Vの入力で，発生した1000 Vの出力が波形Bになります．立ち上がりエッジでの応答がより速くなっているのは，この出力ステージは電流を吸い込めないためです．立ち下がりのスルー・レートは負荷抵抗によって決まることになります．

±15 V動作，バイポーラ出力，電圧増幅ステージ

図20.13の回路は，ステップアップ・トランスでは直流極性の情報を渡せないのでユニポーラ動作に限られます．

トランスを利用した電圧ブースタでバイポーラ出力を得るには，出力において何らかの形で直流の極性を元に戻してやらなければなりません．**図20.15**に示す±15 Vで動作する回路はこれを行ったもので，±100 V出力で直流の極性を維持するために同期整流を使っています．このブースタの特徴は150 mAの出力電流，150 Hzのフルパワー出力，そして$0.1\ $V/$\mu$sのスルー・レートです．

ここで高電圧は，**図20.13**の回路と似た方法で発生させています．74C04による発振器がQ_1とQ_2のVMOS素子をコンプリメンタリに駆動していて，それがステップアップ・トランスT_1へのQ_3の出力をチョッピングします．しかし，この設計では同期スイッチングされた絶対値アンプが，サーボ・アンプA_1とQ_3の駆動ポイントに間に置かれています．A_1の出力から得られた入力信号の極性情報により，コンパレータC_1がA_2の非反転入力につながっているLTC1043を切り替えま

図20.14 図20.13の回路のパルス応答　危険！ 高電圧が発生する．注意すること

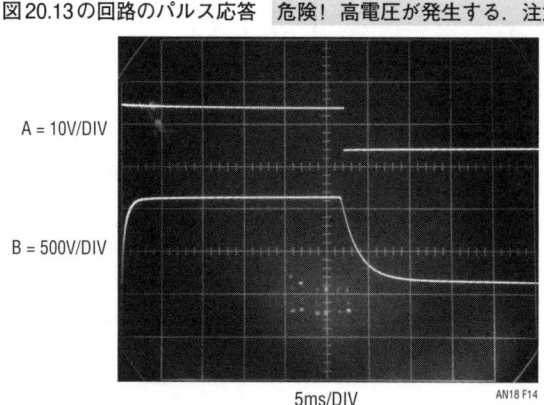

A = 10V/DIV

B = 500V/DIV

5ms/DIV　　　AN18 F14

す．この回路は，A_2の出力がA_1の入力信号の正極性
の絶対値を出力するように構成してあります．同期ス
イッチLTC1043の二つ目のセクションが，発振器から
出力のトランスのSCRトリガへ加わるパルスをゲー
ティングします．正の入力に対しては，LTC1043の2
ピンと6ピン，並びに3ピンと18ピンがつながります．

ゲイン1の非反転アンプであるA_2は，A_1の出力をその
ままQ_3をドライブするために使います．同時に，発振
器からのパルスはLTC1043の18ピンからインバータを
経由して使われています．そのインバータがトリガ・
トランスT_2を駆動して，Q_4をオンします．全波整流
ブリッジの正出力が加えられたQ_4が，出力に正の電圧

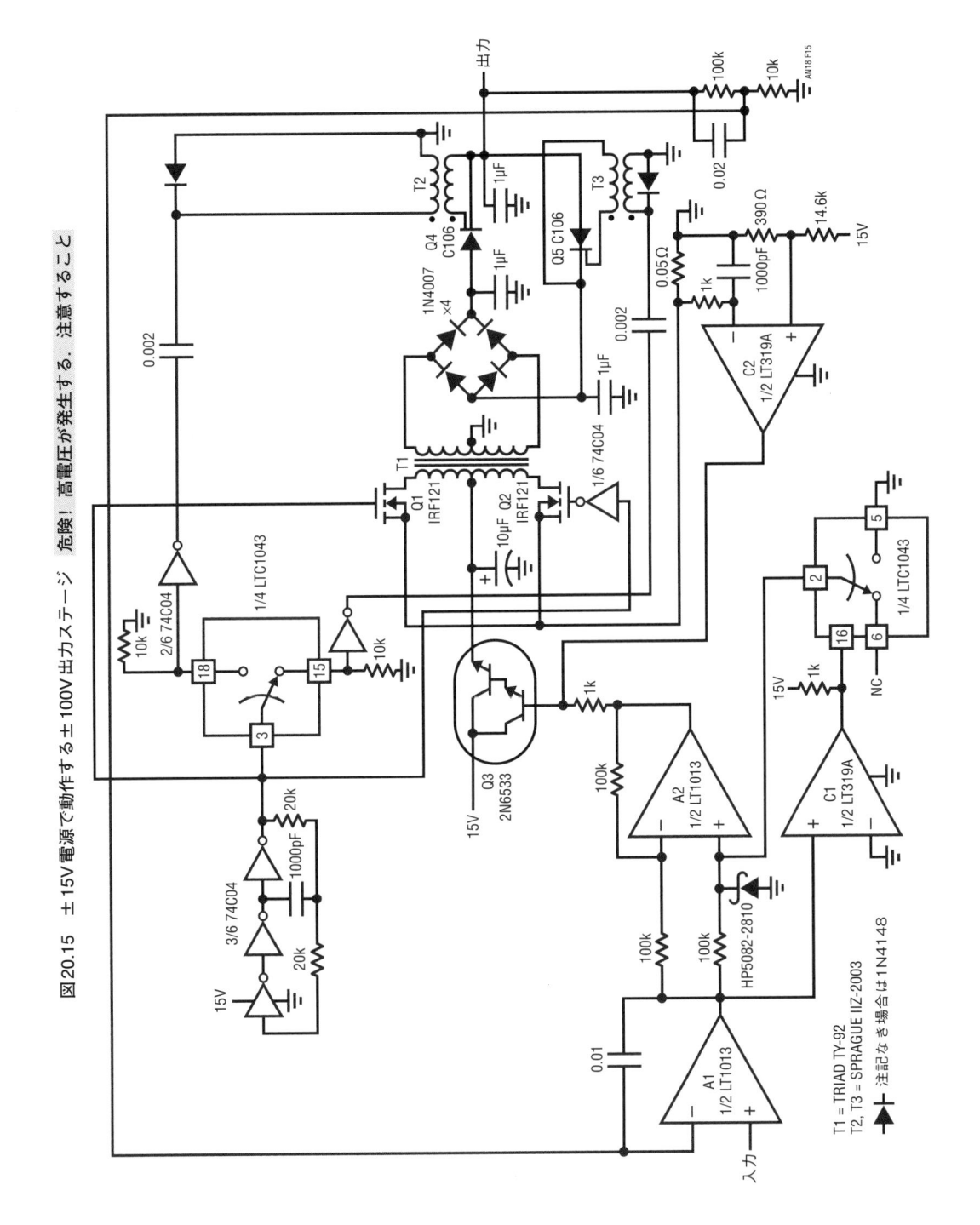

図20.15　±15V電源で動作する±100V出力ステージ　危険！高電圧が発生する．注意すること

を供給します.

負の入力では，LTC1043のスイッチの接続状態が反転します．A_2は今度は反転アンプとなり，前と同様に正の電圧でQ_3を駆動します．A_2に付けてあるショットキー・ダイオードは，LTC1043に負の過渡的な電圧がかからないようにしています．発振器からのパルスはLTC1043の15ピン，それにつながるインバータおよびトランスT_3を介して，SCR Q_5へつながります．このSCRは，全波整流ブリッジの負出力を出力に接続します．2つのSCRのカソードは接続されて回路の出力になっています．100 kΩ-10 kΩの抵抗分圧器により，一般的な方法でA_1にフィードバックをかけています．この同期スイッチングによって極性の情報はステージの出力で維持され，完全なバイポーラ動作が可能になります．図20.16はサイン波を入力したときの波形です．波形AはA_1の入力です．波形BとCはQ_1とQ_2のドレインの波形です．波形DとEは全波整流ブリッジの負および正出力です．回路の出力である波形Fは，A_1の入力を増幅して再構成した波形になります．SCRのスイッチングとキャリアによる信号の間の位相ずれにより，ゼロ・クロス付近で若干の歪みが見られます．この位相ずれの大きさは負荷と信号周波数の双方に依存性があり，補正は容易ではありません．図20.17は最大負荷（電流が150 mAピークで電圧が±100 V）の

ときの，10 Hz出力（波形A）での歪み成分です（波形B）．高周波のキャリア成分の残渣が明瞭に現れていて，SCRのゼロ点でのスイッチングによる鋭いピークが見られます．RMS値での歪みは10 Hzで1%であり，100 Hzでは6%になります．

コンパレータC_2により，図20.13の回路と同じ方法で電流制限をかけています．周波数補償についても同様です．A_1に付けた0.01 μFのコンデンサがループを安定化し，0.02 μFのコンデンサがダンピングを決めています．図20.18はここまでに紹介した電力出力ステージの性能をまとめたもので，各アプリケーションに応じた手法を選択するうえで役に立つことでしょう．

◆ **参考文献** ◆

(1) Roberge, J. K.；Operational Amplifiers：Theory and Practice, Chapters IV and V；Wiley.
(2) Tobey, Graeme, Huelsman；Operation Amplifiers, Chapter 5；McGraw-Hill.
(3) Janssen, J. and Ensing, L.；The Electro-Analogue, An Apparatus For Studying Regulating Systems；Philips Technical Review；March 1951.
(4) Williams, J.；Thermal Techniques in Measurement and Control Circuitry；Application Note 5, pages 1-3；Linear Technology Corporation.［本書の第15章］
(5) EICO Corp.；Series-Parallel RC Combination Decade Box；Model 1140A.

図20.16　図20.15の回路の動作の詳細　危険！ 高電圧が発生する．注意すること

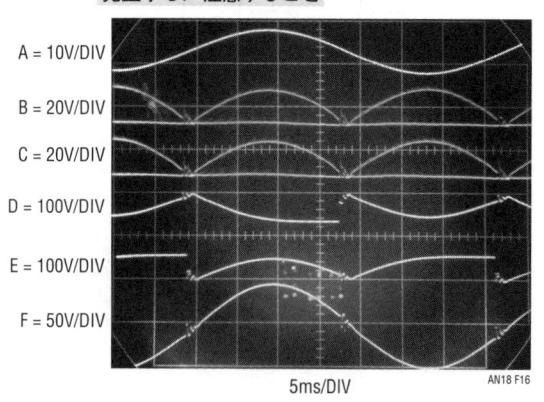

A = 10V/DIV
B = 20V/DIV
C = 20V/DIV
D = 100V/DIV
E = 100V/DIV
F = 50V/DIV

5ms/DIV　　　　AN18 F16

図20.17　チョッピングとゼロ・クロスでのスイッチングの影響によるクロスオーバー歪み　危険！ 高電圧が発生する．注意すること

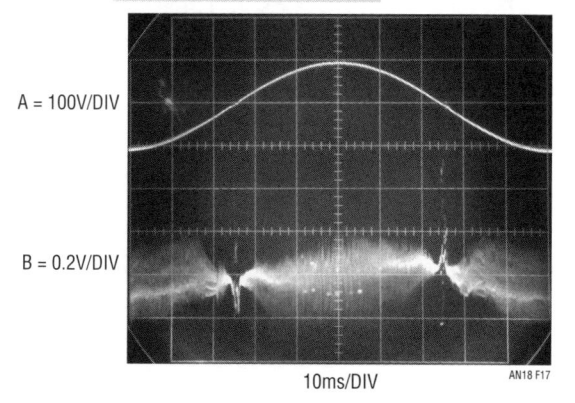

A = 100V/DIV

B = 0.2V/DIV

10ms/DIV　　　　AN18 F17

図20.18　各回路の特徴

図番号	電圧ゲイン	電流ゲイン	フルパワー帯域幅	備　考
1a	なし	あり，150mA 出力	600kHz	シンプル，簡単
1b	なし	あり，150mA 出力	1.5MHz	シンプル，簡単
2	なし	あり，3A	100kHz	
3	なし	あり，200mA	7.5MHz	フィードフォワードにより広帯域幅，スルー1000V/μs以上．反転動作のみ
5a, 5b	あり	なし	オペアンプに依存	シンプルな出力段で大振幅（ほぼ電源電圧まで）
7	あり	あり，125mA	600kHz	高電流，レール・ツー・レール出力に近い
9	あり，±120V	あり，25mA	15kHz	良好な汎用高電圧出力段
11	あり，±120V	あり，25mA	12kHz	ほとんど壊れない出力段
13	あり，1000V	なし	60Hz	外部に高電圧電源を必要とせずに高電圧出力が可能．出力応答が非対称で帯域が制限される．正出力のみ
15	あり，±100V	あり，150mA	150Hz	外部に高電圧電源を必要とせずに高電圧出力が可能．帯域が制限される．両極性出力

発振の問題（苦労要らずの周波数補償）

　すべてのフィードバック・システムは発振する性質があります．基本となる理論によれば，発振器を作るにはゲインと位相のシフトが必要であることになっています．あいにく，オペレーショナル・アンプリファイアのようなフィードバック・システムは，ゲインと位相のシフトをもつものです．1つのオペアンプが設計される際，発振器とフィードバック・アンプの間の密接な関連から細心の注意が必要になります．特に，フィードバックをかけたとき，入力から出力に過剰な位相のシフトがあるとアンプが発振する原因になります．さらに，アンプのフィードバック経路に遅延があると，さらに位相シフトが生まれ，発振の危険性が増大します．フィードバックで囲まれた電力増幅ステージが発振を起こす理由がここにあります．

　安定性の判別について述べた複雑な数式の一群があり，フィードバック・アンプの安定性の性質を予測するために役立ちます．非常に複雑なアプリケーションでは，最良の性能を発揮するためにこの方法を取ることが必要になります．

　しかし実用面において，フィードバック・アンプの補償における問題を理解し，対策を立てる方法についてはほとんど触れられてきませんでした．ここでは具体的な対象として，アンプを組み合わせた電力増幅ステージを安定にする実践的な手法について述べることにしますが，その内容は他のフィードバッ

ク・システムに対しても一般化できるものです．

　電力ブースタを組み合わせたアンプにおける発振の問題は，2つのカテゴリーに分類でき，それらは局所的な発振と制御ループの発振です．局所的な発振はブースタ・ステージで起こりえますが，あらかじめ対策ずみであるはずのオペアンプICでは発生しません．この発振は，トランジスタの寄生成分，レイアウトまた回路構成による不安定性によるものです．通常，これは比較的高い周波数，おもに0.5 MHzから100 MHzの領域での発振になります．一般的には局所的なブースタ回路での発振により，フィードバック動作が機能しなくなることはありません．全体を制御するループは働き続けますが，局所的な発振による影響を含んでのことになります．本編にある図20.7がそれに対するわかりやすい説明になります．その回路でQ$_3$-Q$_5$とQ$_4$-Q$_6$のペアは高いゲイン帯域幅をもちます．100 pFのコンデンサと200 Ωの抵抗によって直流フィードバック経路をシャントしないと，抵抗のフィードバック・ループによって50 MHzから100 MHzの帯域で発振が起きます．このフィードバック要素によってゲイン帯域幅にロール・オフがかかり，発振が防止されます．2 kΩの抵抗と直列にフェライト・ビーズを入れても，同様の効果が得られることは知っておくとよいでしょう．その場合，ビーズの効果によって導線のインダクタンスが大きくなり，高周波での減衰が増加するので

す.

　図20.B1の写真は，本編の図20.7の回路でRCによる局所的な高周波領域での補正要素をはずした状態で両極性の方形波を入力した結果を示しています.この高周波での発振は，局所的に発生した不安定性の結果です.全体としてのフィードバック制御は働いているものの，局所的な発振によって波形が損なわれていることに注意してください.

　このような局所的な発振を防止するうえでの第一歩は，部品の選定から始まります.必要でない限り，F_tの高いトランジスタの使用は避けます.高周波用のデバイスを使うなら，注意を払ってレイアウトを検討します.発振対策が非常に手ごわい場合には，小容量のコンデンサかRCの組み合わせにより，トランジスタの接合部を軽くバイパスする必要があるかもしれません.場合によると局所的にフィードバックをかけた回路では，トランジスタの選択と使いかたに注意が必要となる可能性もあります.例えば，局所的なループで動作するトランジスタを安定にするには，異なるF_tのトランジスタが必要になるかもしれません.エミッタ・フォロワは発振の元凶として悪名が高く，低インピーダンスの信号源から直接ドライブしてはいけません.

　本編の図20.5の回路では，局所的な発振を防止するために，74C04インバータからグラウンドにRCによるダンピング回路をつないであります.74C04の回路は，リニア領域で動作させています.ここでの直流ゲインは低いのですが，帯域幅は広くなっています.非常にわずかな寄生的な帰還でも，高周波での発振につながります.このダンピングは高周波でグラウンドへのインピーダンスを下げ，不要なフィードバック経路が成立しないようにしています.

　制御ループの発振は，付加された増幅ステージでの遅延によって大きな位相シフトが発生した場合に起こります.これにより，制御アンプとゲイン・ステージとまったく位相がずれた状態で動作します.この制御アンプのゲインおよび付加された遅延によって発振が起きるのです.一般的に制御ループの発振周波数は比較的低くなり，10 Hzから1 MHzといったところです.

　制御ループによる発振を止める良い方法は制御アンプのゲイン帯域幅を制限することです.もしブースタ段が制御アンプよりも高いゲイン帯域幅をもつ場合は，その位相遅延はループ内で容易に受け入れられます.制御アンプのゲイン帯域幅が勝っているときは，発振は必至です.そのような状況下では，制御アンプは絶えずフィードバック信号でサーボをかけようとしても一貫して"遅すぎる"わけです.そのようなサーボ動作は電気的な追いかけっこであり，サーボがかかる動作点を中心にした発振になります.

　ほとんどの場合，制御アンプの周波数特性にかけるロールオフはループの発振に対して効果があります.多くの場合，おもなフィードバック・ループ内で大きなコンデンサを付けて"強引な"補正をかけてしまうことが好まれます.一般的なルールとして，制御アンプのゲイン帯域幅にロールオフをかけてループを安定化するのが賢明です.フィードバック経路に入れるコンデンサはステップ応答を調整するだけに使い，あからさまな発振を止めるために頼るべきではありません.

　図20.B2と図20.B3はこの問題を説明したものです.ゲイン帯域幅600 kHzのLT1012を，LT1010電流バッファと一緒に使った場合の出力を図20.B2に示しました.LT1010のゲイン帯域幅は20 MHzでルー

図20.B1　局所的な発振の代表的な例

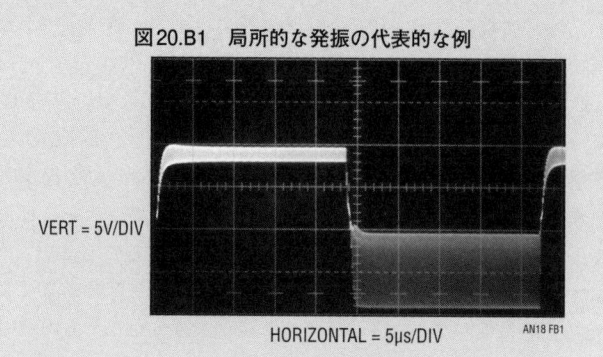

VERT = 5V/DIV

HORIZONTAL = 5μs/DIV　　AN18 FB1

プでの遅延は無視できる程度であり，きれいな動的特性になっています．この場合，LT1012の内部ロールオフは出力段より十分に低く，補正用に部品を外付けしなくても安定に動作します．**図20.B3**では制御アンプとして，ゲイン帯域幅15 MHzのLT318Aを使っています．写真に測定結果を示します．ここで制御アンプのロールオフは，出力ステージのそれと同程度になっていて問題が起きています．LT1010での位相シフトは明らかなレベルで，発振が起きています．この回路を安定化するには，LT318Aのゲイン帯域幅を落とす必要があります（本文の**図20.1**を参照）．

　低速なオペアンプ回路では発振しないという事実は，ブースタを含むループをどのように補償すればよいかという点を理解する鍵になります．低速のデバイスでは，補償は"フリー"で付いてくるのです．高速なアンプではその出力段の交流特性が重要になり，安定動作のためにはロールオフをかける部品が必要になります．

　本文の**図20.9**に示した高電圧出力ステージは興味深い例です．高電圧トランジスタは非常に低速なデバイスであり，LT1055オペアンプは出力ステージより

ずっと高いゲイン帯域幅をもちます．LT1055は局所的に10 kΩの抵抗と100 pFのコンデンサによって補償をかけてあり，積分器的な応答になっています．この補償により，フィードバック経路の33 pFのコンデンサによるダンピングと合わせて，良好なループ特性を得ています．この回路での補償方法は，ブースタを付けたアンプの制御ループを安定化させるうえでの一般的な方法で，参考にする価値があります．

　補償用の部品なしでこの回路を動作させると，発振が観察されます（**図20.B4**の写真）．この比較的低い発振周波数から，制御ループの発振の問題であることが推測されます．LT1055のゲイン帯域幅は，アンプに付けた抵抗とコンデンサによって下げてあります．その時定数は発振が止まり，フィードバック経路にコンデンサを入れない状態で応答が最良になるように（**図20.B5**の写真）選んであります．ここで選んだ1 μsの時定数は，写真で見られる発振周波数で大きな減衰を与えていることを見てください．仕上げとして，フィードバック経路のコンデンサには33 pFを選んで，本文の**図20.10**に見られるようにダンピングを最適化しています．

　この測定をする場合，さまざまな負荷や出力電圧

図20.B2　ループ補償なしの低速なアンプ

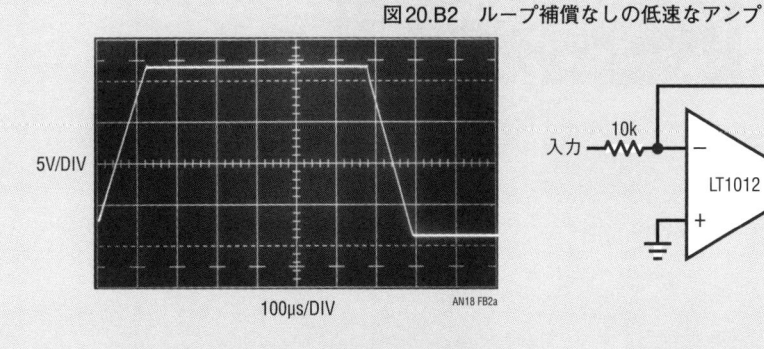
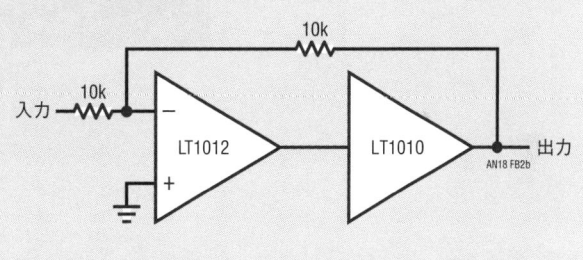

図20.B3　ループ補償なしの高速な制御アンプ

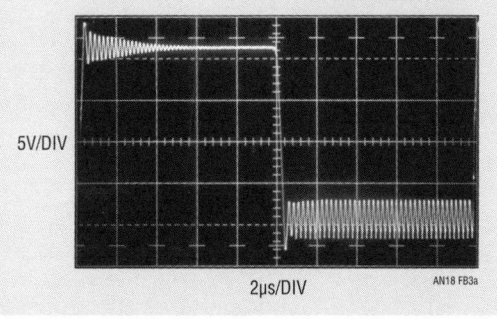
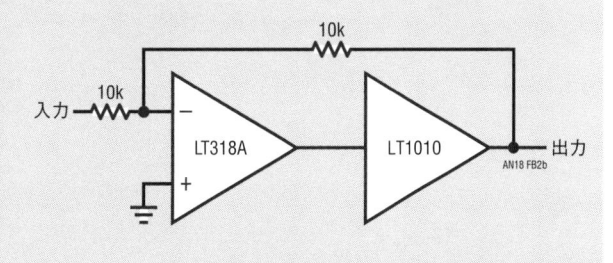

からの影響を確認しておくことを忘れないようにしましょう．場合によっては，良好な結果になるように見えた補償法が，ある出力条件ではひどい結果をもたらすことがあります．そのようなわけで，できあがった回路はできるかぎりさまざまな動作条件で確認をするようにしましょう．

図20.B4　出力変化後の発振はループ動作に問題があることの現れ

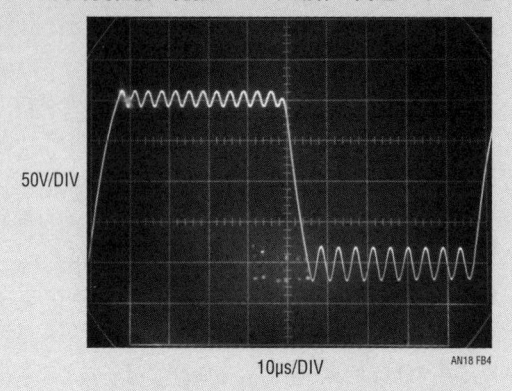

50V/DIV

10µs/DIV　　　AN18 FB4

図20.B5　図20.B4で見られた問題を制御アンプのロールオフにより安定化した

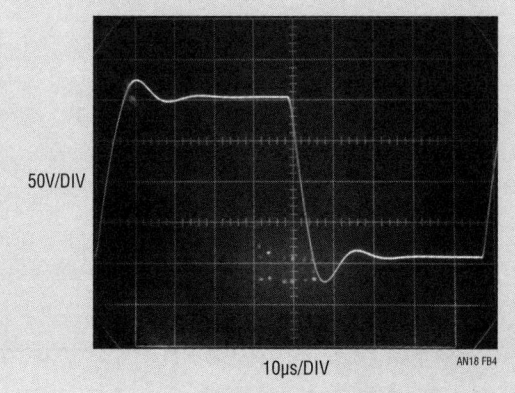

50V/DIV

10µs/DIV　　　AN18 FB4

第21章

複合アンプ

Jim Williams, 訳：細田 梨恵

アンプの設計とは，使用するテクノロジーが何であるかにかかわらず，種々の条件に折り合いをつける作業です．デバイスからの制約条件により，アンプ毎に速度，ドリフト，バイアス電流，ノイズ，出力電力などの仕様を最適化するのは難しくなります．そのようにして，特定の仕様項目に重点をおいた，さまざまなアンプ製品が発表されてきました．どの仕様についても良好な性能を発揮するように意図された優れたアンプもありますが，やはり達成可能な最高性能が得られるのは，特定用途向きの設計による製品になります．

実際の設計では，いくつかの仕様で極めて高い性能をもつアンプがしばしば必要になります．例えば，高速かつDC精度が良いアンプが必要となるのはよくあることです．もし，1種類のデバイスで必要な性能すべてを同時に満たすことができないとしたら，2種類あるいはそれ以上のデバイスからなる複合アンプを構成して，目的を達成することが可能です．複合アンプの設計とは，1種類のデバイスでは得られないような性能を達成するために複数のデバイスからの最良の特性を組み合わせることです．言い換えると，複合アンプの設計では，通常では達成が現実的でないような領域に回路動作を近づけることができます．これがまさに当てはまるのは，安定化回路を別途付加することで直流バイアスへの考慮を軽減して実現した高速回路です．

図21.1に示す回路は，LT1012低ドリフト・アンプとLT1022高速アンプを組み合わせた複合アンプです．回路全体としては，ユニティ・ゲインの反転アンプとなっていて，3個の10 kΩの抵抗の接続点がサミング・ノードになっています．このサミング・ノードをモニタしているLT1012は，それとグラウンド・レベルを比較してLT1022の非反転入力をドライブすることで，LT1022に対する直流安定化ループを構成しています．LT1012の10 kΩの抵抗と300 pFのコンデンサの時定数によって，その応答を低周波数の信号に限定しています．LT1012が直流動作点を安定化する一方で，LT1022が高い周波数の入力信号を扱います．LT1022のところの4.7 kΩと220 Ωの分圧器は，電源が入ったときに入力が過剰にオーバードライブされることを防ぎます．この回路は，LT1012のもつ35 μVのオフセット電圧および1.5 V/℃のドリフト性能と，LT1022のも

図21.1　直流的に安定化した高速アンプの基本形

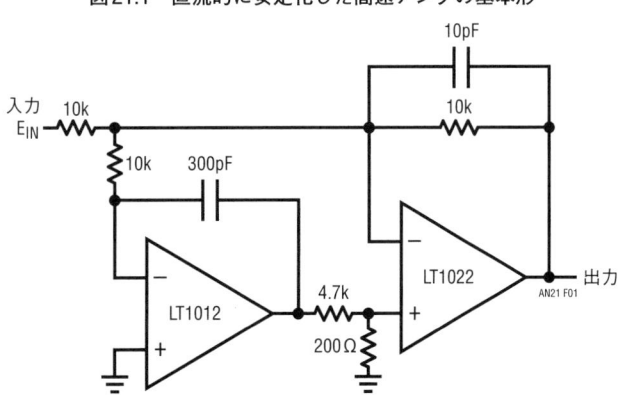

つ23 V/μsのスルー・レートおよび300 kHzのフルパワー帯域幅を組み合わせた性能を示します．バイアス電流についてはLT1012が支配的で，約100 pAになります．

図21.2は似ていますが，速度を3倍以上稼ぐためにディスクリートのFETを使った例です．ここでA₁の入力ステージは，その入力を負電源につなぐことで遮断してあります．差動接続したFETはA₁のオフセット調節ピンを使って，内部の2段目のステージをバイアスしています．この接続によってA₁の入力ステージを置き換えて，バイアス電流を減らし，また高速化しています．一般的に，FETペアのミスマッチは大きなオフセットとドリフトの原因になります．サミング・ポイント（2個の4.7 kΩの抵抗器の接続点）をモニタしているA₂が，全体としてのオフセットがなくなるようにQ₂のゲート電位を制御します．10 kΩの抵抗と1000

pFのコンデンサにより，A₂の応答を低い周波数に限定していて，また1 kΩの分圧器により起動時にQ₂がオーバードライブされないようにしています．サミング・ノードに付けた1 kΩと10 pFのダンパは，高周波での安定性に寄与しています．この回路のパルス応答を図21.3に示します．波形Aが入力で，波形Bが出力です．スルー・レートは100 V/μsを超え，ダンピングはきれいです．フルパワー帯域幅は約1 MHz，入力電流は100 pAの範囲です．直流オフセットとドリフト性能は図21.1の回路と同程度です．

図21.4に示すのは，安定性が高いユニティ・ゲイン・バッファで，良好な速度と高い入力インピーダンスを備えます．Q₁とQ₂がシンプルな高速FET入力バッファを構成しています．Q₁はソース・フォロワとして動作し，Q₂の電流源負荷がドレイン-ソース間の電流を設定します．LT1010バッファがケーブルやその他必要

図21.2 高速な直流安定化FETアンプ

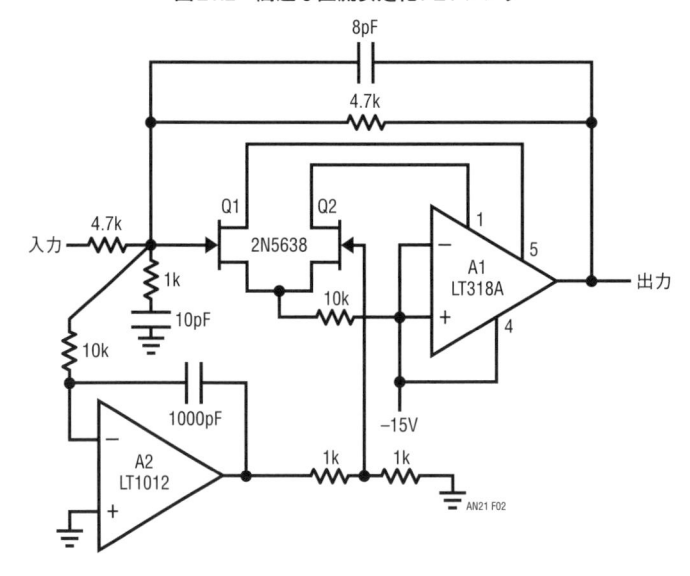

図21.3 図21.2の回路の波形

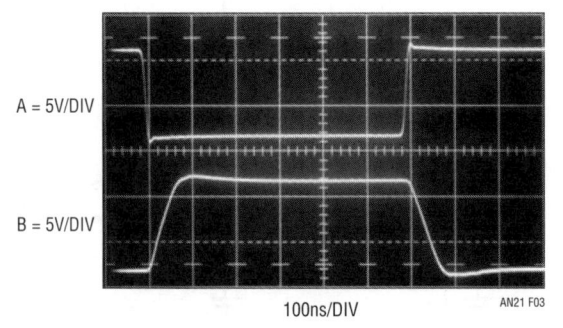

とされる負荷への出力駆動能力を与えます．通常，このようなオープン・ループ構成は直流フィードバックがないので，極めてドリフトしやすくなります．ここでは回路の安定化をLTC1052が受け持ちます．その動作は，フィルタされた回路出力を，同様にフィルタをかけた入力信号と比較することで行います．比較結果は増幅されてQ_2のバイアスを設定するために使われるので，同様にQ_1のチャネル電流も設定されます．このように回路の入力と出力の電位が一致するように，Q_1のバイアス電圧V_{GS}が制御されるわけです．A_1のところの2000 pFのコンデンサにより，ループの周波数補

償をかけています．A_1の出力にあるRCは，Q_2のコレクタ-ベース接合を通して漏れる高速な波形のエッジが加わらないように入れてあります．A_2の出力はQ_1のゲート接続のシールドへフィードバックしてあり，このブートストラップ効果によって回路の実効的な入力容量が1 pF以下に下がります．

15 MHzの帯域幅と100 V/μsのスルー・レートをもつLT1010は，その150 mAの出力と合わせて，ほとんどの回路に対して十分に高速であると言えます．さらに高速な用途には，回路図を示したディスクリート部品を使ったバッファが役に立ちます．その出力電流は

図21.4 直流的に安定化した広帯域FET入力バッファ

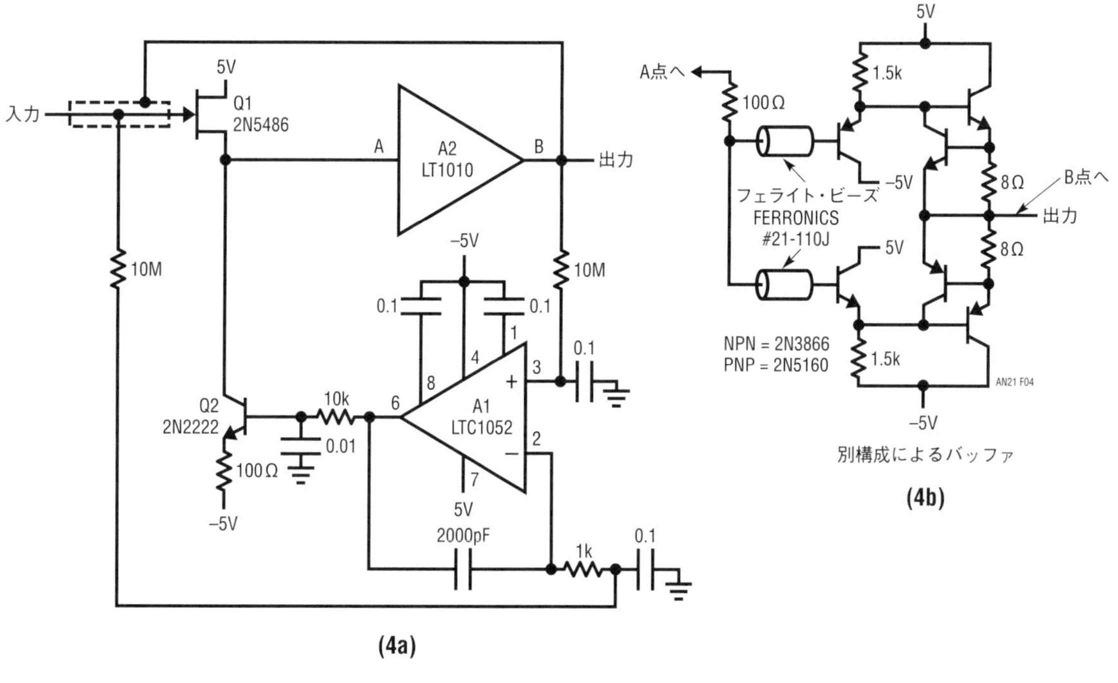

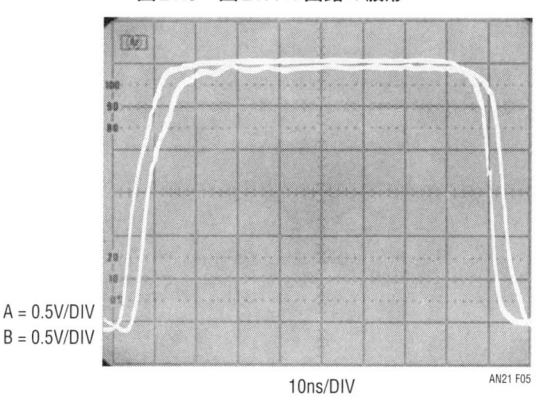

(4a)

(4b)
別構成によるバッファ

図21.5 図21.4の回路の波形

A = 0.5V/DIV
B = 0.5V/DIV

10ns/DIV AN21 F05

75 mAに制限されるものの，使用したGHz帯のトランジスタによって，格段に広い帯域幅と高速な出力応答，そして非常に小さい遅延が得られます．**図21.5**に示すのは，このLTC1052で安定化したディスクリート構成バッファの出力です．応答はきれいでありまた高速で，遅延は4 ns以内になっています．出力応答は2000 V/μsを超えていて，フルパワー帯域幅は50 MHzに達します．ここで立ち上がり時間を制限しているのはパルス・ジェネレータであり，この回路ではない点に注意してください．どちらの回路でも，オフセット電圧は

LTC1052によって規定されて5 μV，ゲインは約0.95になります．

図21.4の回路で問題となる可能性があるのは，ゲインが完全に1ではない点です．**図21.6**は，伝達特性が真のユニティ・ゲインになるようにしたうえで，高速性と低バイアスを実現した回路です．

この回路は，ゲインを得ているQ_2-Q_3の部分を除いて，**図21.4**の回路にいくらか似ています．入力から出力への経路はA_2によって直流的に安定化してあり，A_1が駆動能力を受け持ちます．フィードバックは，A_1

図21.6　ゲインが微調整できる広帯域FETアンプ

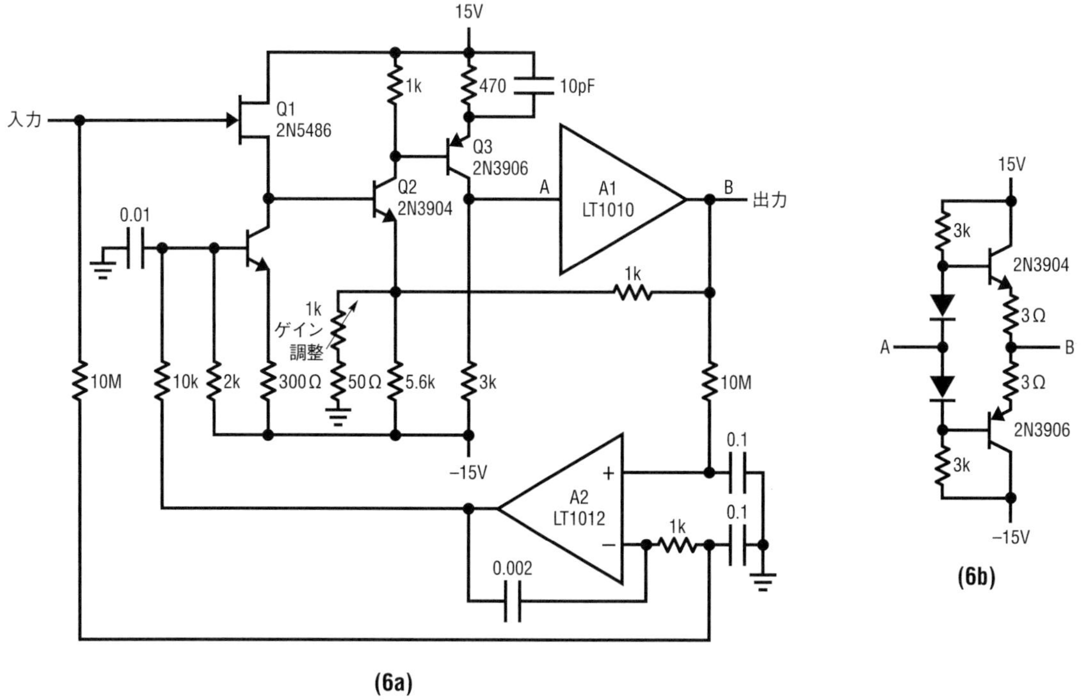

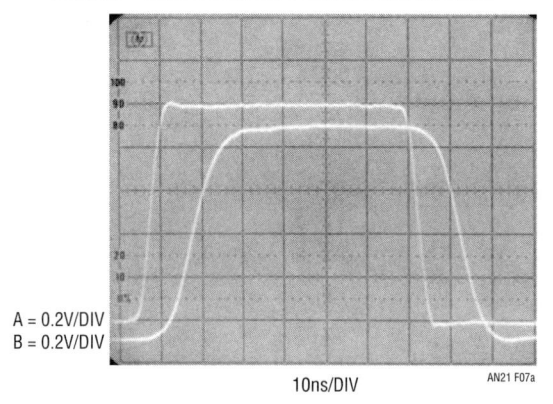

図21.7a　図21.6のLT1010を使用した回路の波形

A = 0.2V/DIV
B = 0.2V/DIV

10ns/DIV

AN21 F07a

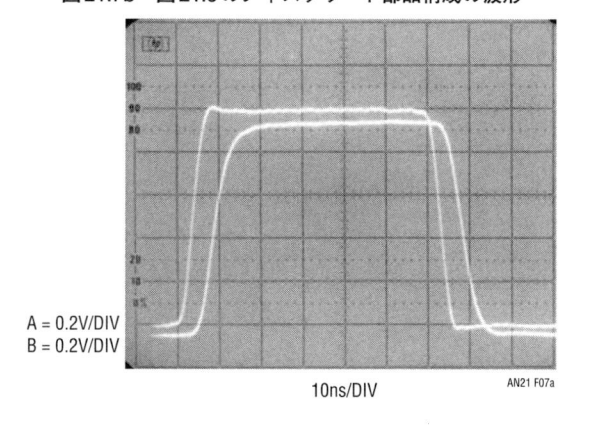

図21.7b　図21.6のディスクリート部品構成の波形

A = 0.2V/DIV
B = 0.2V/DIV

10ns/DIV

AN21 F07a

の出力からQ_2のエミッタにかけてあります．1 kΩの調整抵抗によってゲインを精密に1にできます．LT1010の出力ステージを含めて，出力応答とフルパワー低域幅（1 V_{P-P}）はそれぞれ100 V/μsと10 MHzになります．−3 dB帯域幅は35 MHzを超えます．$A = 10$（つまり，1 kΩの調整抵抗を50 Ωにする）のときは−3 dBとなる点が22 MHzになるものの，フルパワー帯域幅は10 MHzを維持します．

別構成としてディスクリートの出力段を使うと，スルー・レートは1000 V/μsを超えフルパワー帯域幅（1 V_{P-P}）は18 MHzとなります．−3 dB帯域幅は58 MHzです．$A = 10$では，10 MHzでフルパワーが得られ，−3 dBポイントは36 MHzです．

図21.7aと図21.7bは，それぞれの出力ステージ構成での応答を示したものです．図21.7a（波形Aが入力，波形Bが出力）を測定した回路は，LT1010を使ったものです．図21.7bはディスクリート回路からの波形ですが，わずかながらより高速になっています．どちらも，ビデオ・ケーブルやデータ・コンバータの駆動用

としては十分すぎるほどの性能で，いかなる条件でもLT1012によって直流的な安定度が保たれます．

図21.8は直流的に安定化した別の回路例で，広い範囲のゲイン（一般的には1〜10）で動作します．この回路は，LT1010を高速なディスクリートによる入力ステージと組み合わせ，LT1008で直流的にループを安定化しています．Q_1とQ_2が差動入力ステージで，シングルエンドでLT1010に出力しています．この回路は一般的な75 Ωのビデオ負荷に対して，1 V_{P-P}の出力を供給します．$A = 2$の場合のゲイン誤差は10 MHzまで0.5 dB内に入り，−3 dBポイントは16 MHzです．$A = 10$では4 MHzまで±0.5 dBのフラットネスを示し，−3 dBポイントは8 MHzになります．出力の負荷条件により，ピーキングを調整して最適化できます．

通常，Q_1-Q_2の差動回路は非常にドリフトしやすいものなのですが，LT1008がこれを補正します．この補正回路は図21.4や図21.6の回路のものと似ていますが，違いとして高速アンプの出力を分圧してフィードバックをかけています．この分圧比は，この回路のクロー

図21.8　高速な，直流安定化した非反転アンプ

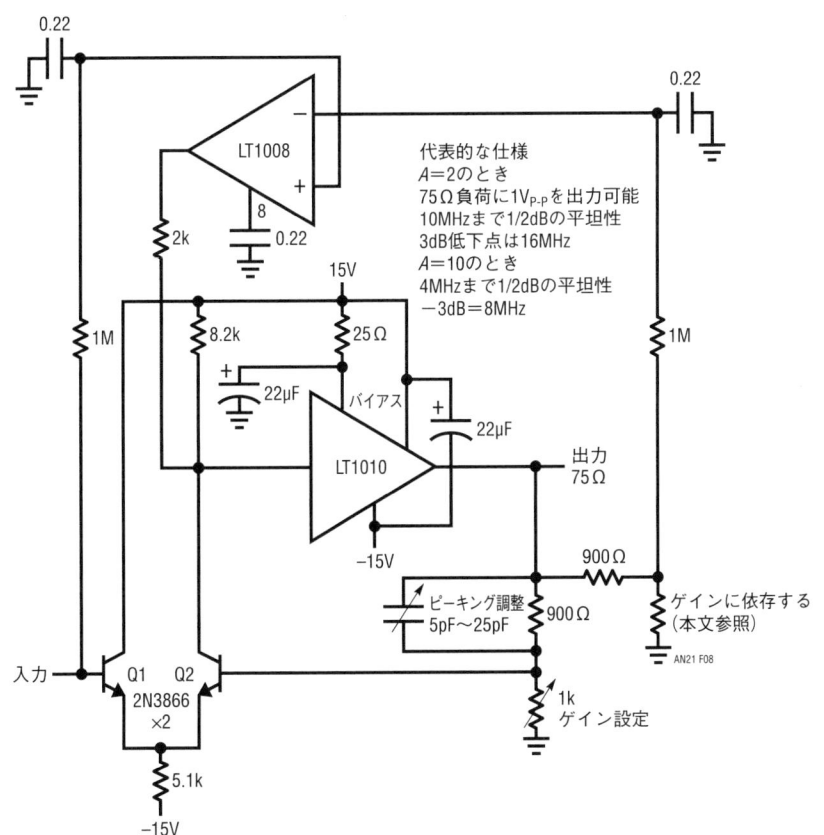

ズドループ・ゲインと同じになるように設定します．このステージの周波数ロールオフはLT1008の入力部の1 MΩと0.022 μFのフィルタによって設定されます．アンプに接続した0.22 μFのコンデンサで発振を防いでいます．この直流サーボ動作により，LT1008の入力間の誤差電圧がゼロになるようにQ_2のコレクタの直流動作点をバイアスすることで，ドリフト電圧を制御しています．

これは比較的小さい出力スイングで済む高速アンプの用途に向いたシンプルな回路です．その1 V_{P-P}の出力はビデオ回路では良好に働きます．問題となる可能性がある点は，バイアス電流が代表値で10 μA程度と，比較的大きくなる点でしょう．さらに出力スイングを大きくすることも可能ですが，回路構成が複雑になります．

図21.9の回路はこれらの問題点を解決するものです．出力スイングの速度とバイアス電流の削減を引き換えにしています．これまでと同様に，直流的な安定化の

図21.9 サミング・ポイントのバイアス電流を低減した，高速な直
流安定化反転アンプ

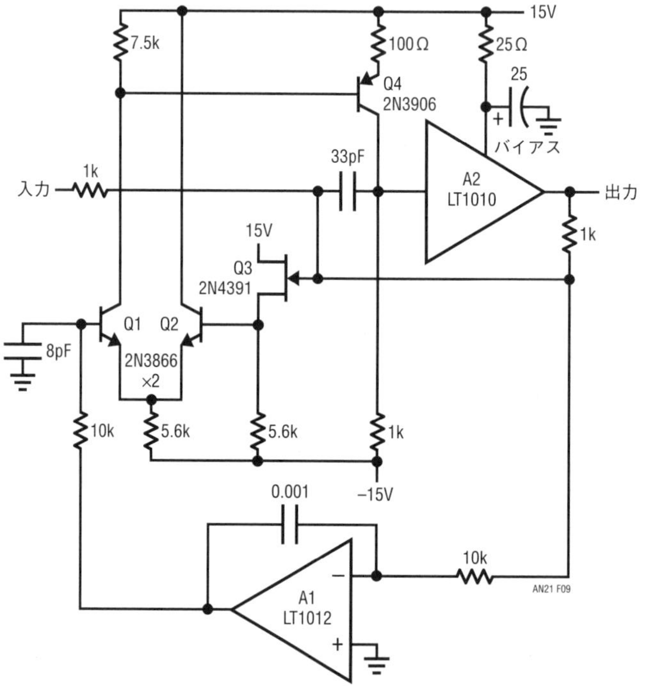

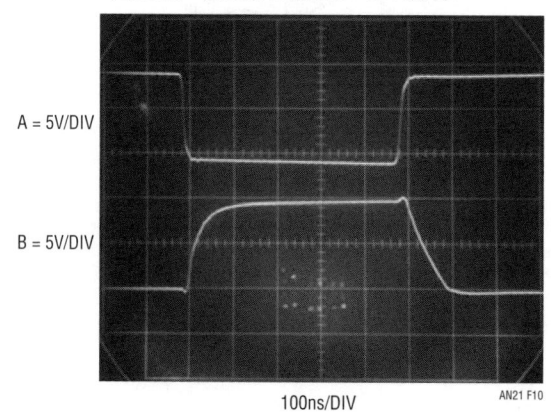

図21.10 図21.9の回路のパルス応答

A = 5V/DIV

B = 5V/DIV

100ns/DIV　　　AN21 F10

ために別のループを設けています．これは複合アンプのテクニックによって性能を実現した良い回路例です．安定化ループなしでは，信号経路での直流的なアンバランスのために使用には耐えないでしょう．

図21.8の回路に対して，ここではPNPトランジスタによるレベル・シフト（Q_4）を追加して，LT1010の出力で大きい電圧スイングが得られるようにしています．これは帯域幅とアンプの安定性を犠牲にして得ています．Q_4のコレクタから回路のサミング・ノード（Q_3のゲート）に接続した33 pFのコンデンサによって，安定なループ補償を行っています．

図21.8のバイアス電流の誤差は，FETソース・フォロワQ_3で取り除いています．このデバイスがサミング・ポイントをバッファして，Q_2が必要とする比較的大きなバイアス電流による影響を除いています．通常，このような構成ではQ_3のゲート-ソース間電圧により，オフセット電圧が発生します．ここではA_1が直流ぶんの再構成ループを作っていて，このオフセットを補正

するようにQ_1のベース電圧を設定します．したがって，A_1の動作は直流誤差を小さくするだけでなく，サミング・ポイントでのバイアス電流を最小にするためのとてもシンプルな方法になっています．図21.10は10 V出力での動作波形です．波形Aは入力で，波形Bは出力です．スルー・レートは約100V/μsで，フルパワー帯域幅は1 MHzです．LT1010によって100 mAの出力が得られるので，このような動作速度でケーブルを駆動できます．

図21.11の回路は，大きな出力スイングが得られる高速出力ステージの別の例です．この回路は非反転アンプで，図21.9の回路より高い入力インピーダンスをもちます．さらに，この回路は一般に"カレント・モード"フィードバックと呼ばれる構成をとっています．この回路技術は高周波デザインで確立され，またいくつかのモノリシック計装アンプでも採用されていて，広い範囲のクローズドループ・ゲインで帯域幅が一定に保たれます．これは通常のフィードバックでの，ク

図21.11 "カレント・モード・フィードバック"アンプ

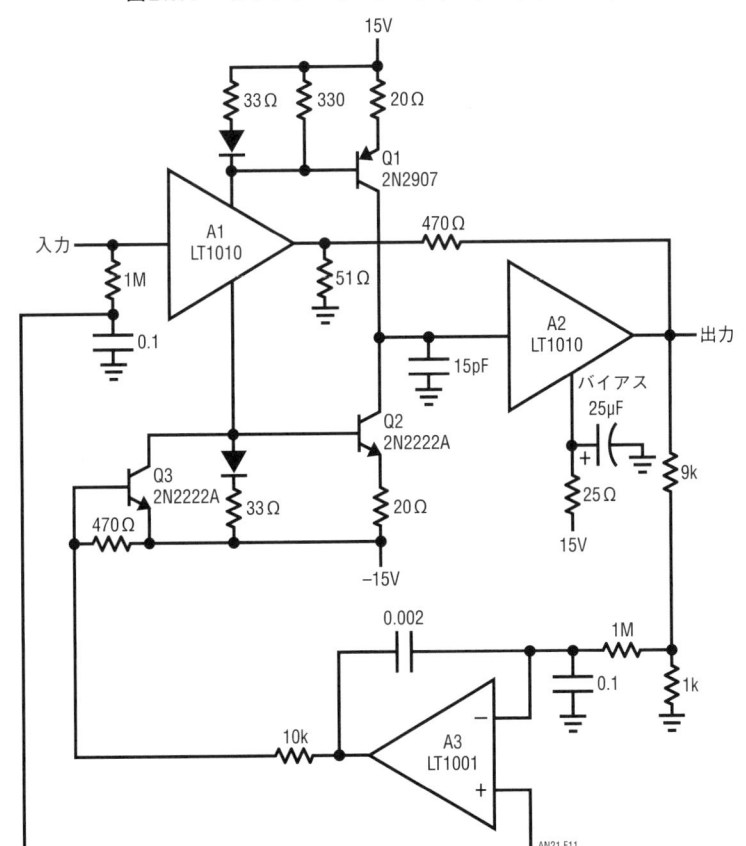

ローズドループ・ゲインを増加させると帯域幅が減少する動作とは対照的です.

　全体としてのアンプは二つのLT1010バッファと, Q_1, Q_2による増幅ステージから構成されています. A_3は直流復元ループとして動作します. 33Ωの抵抗がA_1の動作電流を検出して, Q_1とQ_2がバイアスされます. これらのデバイスによって, 回路出力を生成するA_2に対してコンプリメンタリな電圧ゲイン・ステージが形作られています. フィードバックはA_2の出力から, 低インピーダンス・ノードであるでA_1の出力にかけられています.

　A_3による安定化ループにより, Q_1とQ_2のミスマッチが主原因となって信号経路に生じる大きなオフセットを補正します. この補正は, Q_2のバイアス抵抗にシャント接続してあるQ_3に流す電流を, A_3が制御することで行われます. Q_1の動作点を330Ωの抵抗によって意図的にずらすことで, このループの補正動作範囲が適切になるようにしてあります. A_3へのフィードバック経路にある9kΩと1kΩの分圧器は, この回路のゲイン, ここでは10と等しくなるように選んであります.

　このフィードバックの仕組みによって, A_1の出力はクローズドループ・ゲインが470Ωと51Ωの抵抗の比となるアンプの反転入力のように見えることになりま

図21.12　安定化した超広帯域 "カレント・モード・フィードバック" アンプ (ゴジラ・アンプの息子)

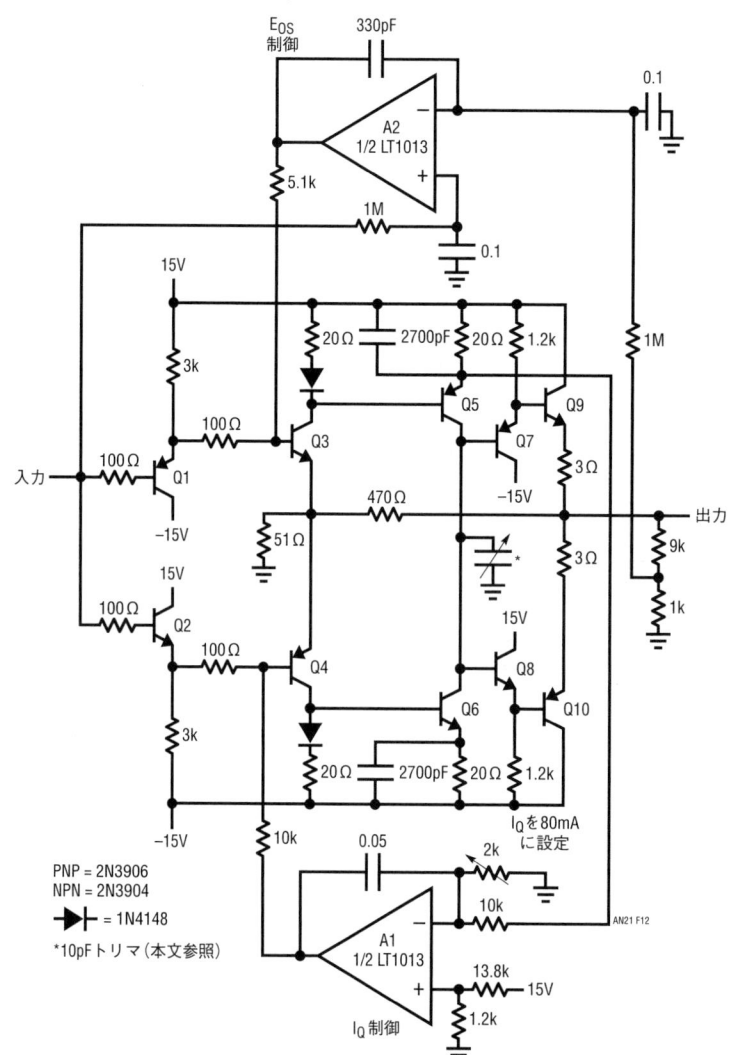

す．この回路の注目すべき特徴は，ある範囲のクローズドループ・ゲインに対しては帯域幅が比較的影響を受けないという点です．この回路では，ゲイン1から約20にわたってフルパワー帯域幅1 MHzが維持されます．フィードバック・ループは非常に安定で，A_2の入力にある15 pFのコンデンサにより，広い範囲のゲインで良好なダンピングが得られます．この回路の帯域幅は，LT1010のバッファによって制限されます．それをディスクリート構成で置き換えれば，格段のスピードアップが可能です．

図21.12は，図21.11の回路のLT1010をディスクリート素子で置き換えたものです．この構成は相当複雑になりますが，極めて広帯域なアンプが得られます．この複合アンプは3種類のアンプから構成され，ディスクリートの広帯域ステージ，静止時電流を制御するアンプ，そしてオフセット電圧のサーボです．Q_1-Q_4が図21.11におけるA_1を置き換えていますが，コンプリメンタリなゲインはQ_3とQ_4のコレクタから得ています．Q_5とQ_6は図21.11の回路のQ_1とQ_2と同様に，さらにゲインを稼いでいます．Q_7-Q_{10}が出力バッファ段を構成します．ここでのフィードバック方式は図21.11と同じで，Q_3-Q_4のエミッタ接続がサミング・ポイントになります．最大の帯域幅を得ると，静止時電流が非常に大きくなります．クローズドループで制御しないと，この回路はすぐに熱暴走に入って壊れてしまいます．A_1によって静止時電流に必要となるサーボ制御をかけます．これは，Q_5のエミッタ抵抗間の電圧を抵抗分圧して取り出して，それを電源電圧から作った基準電圧と比較することで実現します．A_1の出力はQ_4のバイアスを与え，Q_5に一定の電流が流れるように

フィードバックがかかります．実際にはこの動作により，ディスクリートで構成した出力ステージ全体の静止時電流が制御されることになります．同時に，A_2はディスクリート・ステージの入力と出力のDC成分が同じになるように，Q_3のベースを制御してオフセット電圧を補正します．クローズドループ・ゲインは（470 Ωと51 Ωの比で）10に設定されるので，A_2は10：1の分圧器を介して出力を取り出します．A_1とA_2のどちらも局所的なロールオフをもっており，応答を低い周波数に制限しています．一見，A_1とA_2の動作は相互に影響を与えそうですが，詳しく分析すればそうならないことがわかります．このオフセット補正と静止時電流補正のフィードバック・ループは，相互に影響を与えないのです．

この回路を高周波のレイアウト・テクニックとグラウンド・プレーンを使って組み立てたとき，性能は実にすばらしいものになります．ゲイン1から20において，フルパワー帯域幅は25 MHzに達し，－3 dBポイントは110 MHz以上です．スルー・レートは3000 V/μsを超えます．図で示したトランジスタは安価で入手が容易なものですが，RFトランジスタを使うことでこれらの性能はさらに改善が可能です．図21.13はゲイン10（入力は波形A）のときの，±12 V出力（波形B）でのパルス応答を示したものです．遅延は約6 ns，立ち上がり時間は入力に使用したパルス・ジェネレータが制限しています．ダンピングは，Q_5とQ_6のコレクタに入れた10 pFのトリマによって最適化してあります．この回路を使うには，電源オン後に直ちにI_Qを80 mAに調整します．次に，A_2の入力抵抗分圧器を所望のクローズドループ・ゲインに合った比に設定し

図21.13　図21.12の回路のパルス応答（パルス・ジェネレータによって制約を受けた測定結果）

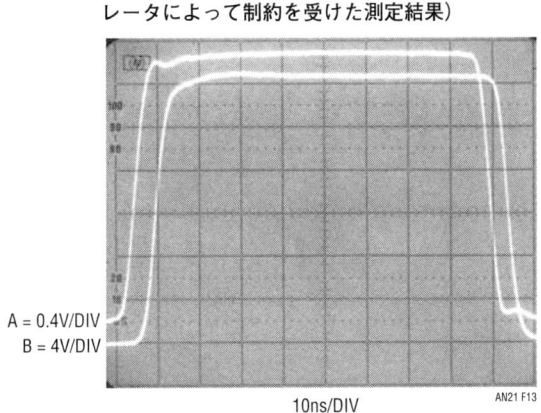

A = 0.4V/DIV
B = 4V/DIV

10ns/DIV　　　　AN21 F13

ます．最後に，10 pFのトリマを最良の応答になるように調整します．なお速度の観点から，この回路には出力保護を設けていない点に注意してください．

　速度とオフセットの両立は複合アンプのテクニックが最も注目される領域ですが，それは他の回路構成でも達成は可能です．**図21.14**は低ドリフトのチョッパ安定化アンプを超低ノイズなバイポーラ・アンプと組み合わせたものです．LTC1052がLT1028の入力端子でのDC誤差電圧を測り，オフセットが数μVになるようにオフセット調整ピンへバイアスを加えます．ツェナー・ダイオード1N758は，LTC1052が±15 V電源で動作できるように入れてあるものです．LT1028のオフセット調整ピンへの電圧は，LTC1052によるサーボが常に成立するようにしてあります．0.01 μFのコンデンサによってLTC1052には低い周波数でロールオフがかかり，LT1028が高い周波数の信号を処理します．このようなアンプを組み合わせた回路の総合特性は，次のようになります．

オフセット電圧：$5\,\mu V_{max}$

オフセット・ドリフト：$50\,nV/℃_{max}$

ノイズ：$1.1\,nV/\sqrt{Hz}_{max}$

　図21.15は0.1 Hzから10 Hzの帯域幅でノイズの大きさの時間変化をプロットしたものです．

　図21.16は複数のLT1028低ノイズ・アンプを使用して，統計的にノイズを低減するテクニックを使ったものです．これは並列接続された素子がN個であれば，ノイズが$\sqrt{N}$分の1に減少するという事実に基づいています．例えば9個のアンプを並列にしたのであれば，ノイズは3分の1になり，1 kHzにおいて約$0.33\,nV/\sqrt{Hz}$の雑音密度が得られます．このような接続で問題となる可能性があるのは，入力電流ノイズが$\sqrt{N}$倍になる点です．

　最後の回路は，**図21.17**で，LT1010バッファを並列接続して，シンプルな高電流増幅ステージを構成したものです．並列運転により出力インピーダンスが減少し，ドライブ能力の増大と負荷時の周波数応答の向上

図21.14　直流レベルを安定化した低ノイズ・アンプ

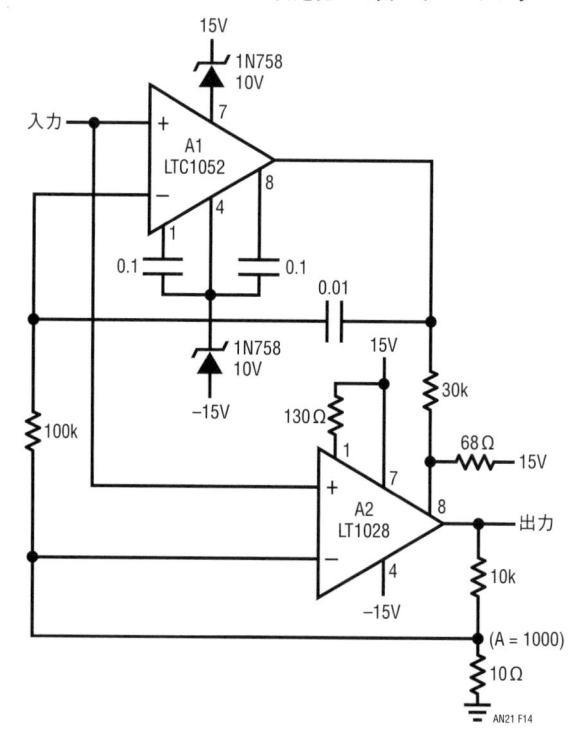

が得られます．オフセット電圧と出力抵抗のミスマッチによる個々のバッファでの消費電力の増加が考慮されている限り，LT1010はいくつでも直結で並列運転させることができます．

バッファが2個で入力と出力が直結されている場合，電流ΔI_{OUT}が両出力間に流れます．

$$\Delta I_{OUT} = \frac{V_{OS1} - V_{OS2}}{R_{OUT1} + R_{OUT2}}$$

ここで，V_{OS}とR_{OUT}はそれぞれのバッファのオフセット電圧と出力抵抗です．

通常は一方のバッファの負電源電流が増大し，もう片方の負電源電流は減少しますが，正電源電流は変わ

図21.15　図21.14の回路の雑音対時間のプロット

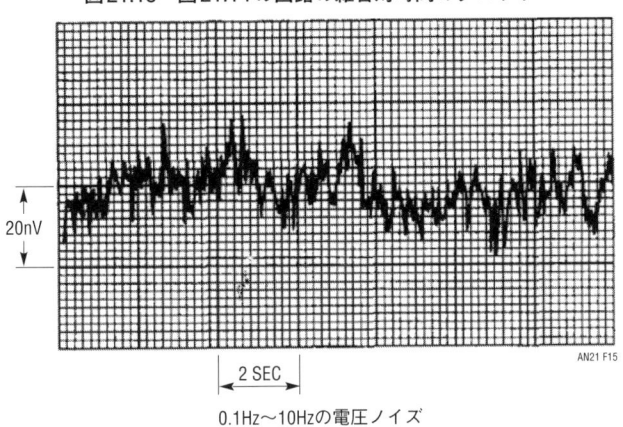

20nV

2 SEC

AN21 F15

0.1Hz〜10Hzの電圧ノイズ

図21.16　複数アンプを並列接続した低ノイズ・アンプ*N*は必要となるアンプの個数

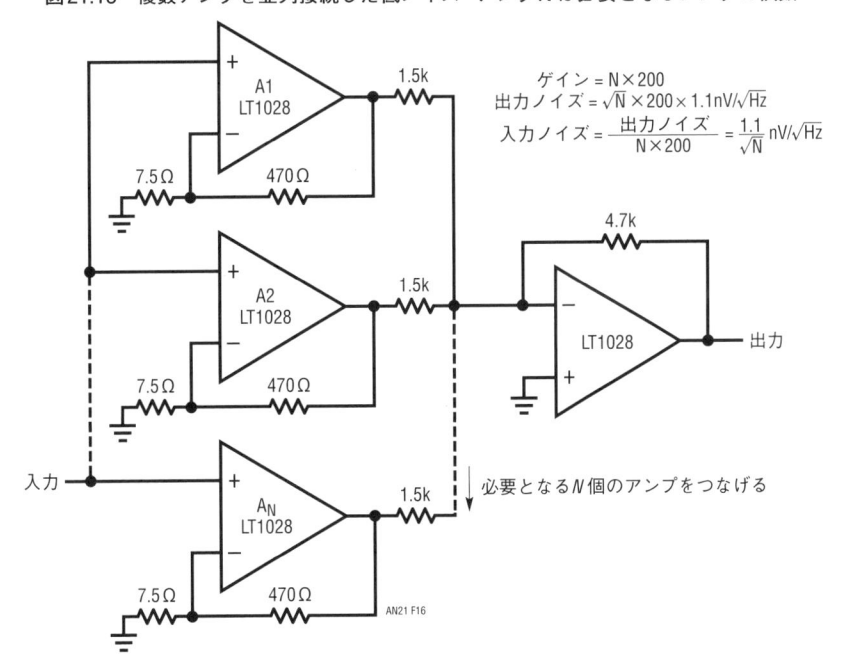

ゲイン = N×200
出力ノイズ = √N×200×1.1nV/√Hz
入力ノイズ = 出力ノイズ/N×200 = 1.1/√N nV/√Hz

A1 LT1028　1.5k
7.5Ω　470Ω

A2 LT1028　1.5k
7.5Ω　470Ω

4.7k
LT1028　出力

入力

A_N LT1028　1.5k
7.5Ω　470Ω

AN21 F16

必要となる*N*個のアンプをつなげる

図21.17　高電流出力化のための並列接続の手法ゲイン

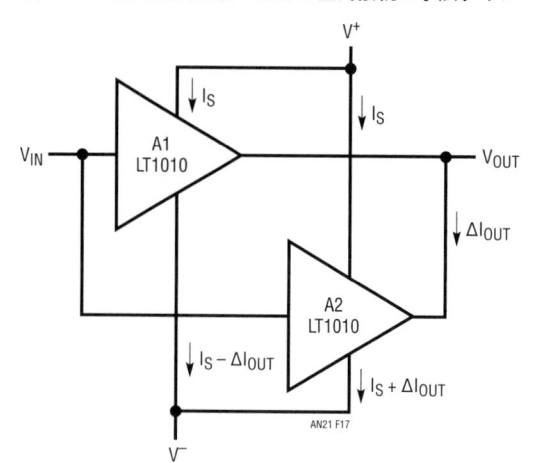

りません．スタンバイ時の電力消費増加の最悪条件（V_{IN}にV^+を印加）では，V_Tを電源電圧の合計とすると，$\Delta I_{OUT} V_T$と見積もることができます．

オフセット電圧は，電源電圧，入力電圧，および温度の全範囲での最悪値として規定されます．並列接続されたバッファは同じ条件で動作するので，そのような最悪値を適用するのは現実的ではありません．ここでは最悪条件として，$V_S = \pm 15$ V，$V_{IN} = 0$，および$T_A = 25℃$で規定されたオフセット電圧を考慮すれば十分でしょう．

出力負荷電流は，個々のバッファの出力抵抗に応じて分配されます．したがって出力抵抗が完全にマッチングしていない限り，出力電流は完全に倍にはなりません．先ほどのオフセット電圧に関しては，最悪条件の計算には25℃の限度の値を適用すべきでしょう．

並列運転は熱的に不安定にはなりません．1台の温度がそれ以外より高くなった場合，その1台が受け持つ出力，および待機時電力消費は減少します．

現実の並列接続での放熱については多少，余分に注意を払う程度で十分です．用途によっては，出力に数Ωの抵抗を入れてバランスさせることが望ましいでしょう．アンプ間のマッチング，つまりは25℃での出力抵抗のマッチングが必要になるのは，非常に要求の厳しいものだけになります．

第22章

2次フィルタのカスケード接続による高次全極型バンドパス・フィルタのシンプルな設計法

Nello Sevastopoulos, Richard Markell, 訳：細田 梨恵

はじめに

フィルタの設計は，アクティブ・タイプ，パッシブ・タイプ，あるいはスイッチト・キャパシタ・タイプのいずれにしても，従来から数学的扱いに重点を置いた設計法がとられてきました．それらには多くのアーキテクチャおよび設計手法があります．本稿では，高次のバンドパス・フィルタ設計について2通りの方法を解説します．それを利用することで数学的な設計手順を簡素化して，LTC社のスイッチト・キャパシタ・フィルタ製品群(LTC1059, LTC1060, LTC1061, LTC1064)を使って高性能なバンドパス・フィルタを実現することができます．

最初の手法では，従来から行われてきたように異なる2次バンドパス・フィルタ・セクションをカスケード接続することによって，一般的なバターワースおよびチェビシェフ特性のバンドパス・フィルタを実現してみます．2番目の手法では，同一の2次バンドパス・フィルタ・セクションをカスケード接続してみます．この手法は，"教科書に載っていない"ものですが，シンプルな回路構成で数学的にもわかりやすいものです．両方の手法について説明していきます．

本稿(AN27A)は，LTC社のユニバーサル・フィルタ製品群に関する一連のアプリケーション・ノートの最初のものになります．加えて，汎用スイッチト・キャパシタ・フィルタで実現するノッチ・フィルタ，ローパス・フィルタ，ハイパス・フィルタについて解説を行うアプリケーション・ノートが続きます．さらに，バンドパス・フィルタの取り扱いでは，楕円関数フィルタ，別名カウエル・フィルタへの拡張を加えていきます．

このアプリケーション・ノートでは，最初に完成した設計例を取り上げて，次にその設計方法を解説する

スタイルを取りますが，設計では従来のフィルタの設計法をシンプルにする数値表を利用して行います．

バンドパス・フィルタの設計

表22.1は，誰でもバターワース・タイプのバンドパス・フィルタを設計できることを目標に準備したものです．表については後に詳しく説明しますが，その前にまずはフィルタを設計してみましょう．

●例題1 — 設計

図22.1のように，−3 dB帯域が200 Hzである4次の2 kHzバンドパス・フィルタが必要であるとします．
$(f_{oBP}/BW)=10/1$ に着目すると，表22.1で正規化した中心周波数に直接たどり着けます．表22.1の4次バターワース・フィルタの箇所に，$(f_{oBP}/BW)=10$ の項

図22.1 4次バターワースBPフィルタ，$f_{oPB}=2\text{kHz}$

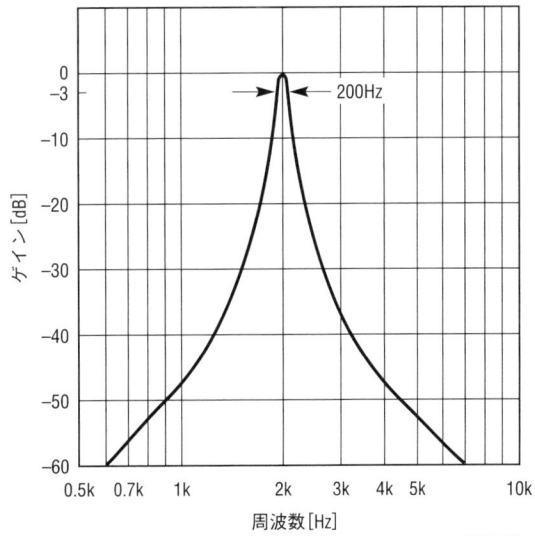

AN27A F01

があります.

ここから，$f_{o1} = 0.965$ と $f_{o2} = 1.036$（どちらも，$f_{oBP} = 1$で正規化）の値を得ます．実際の中心周波数は，$f_{oBP} = 2\,\text{kHz}$をかけて $f_{o1} = 1.930\,\text{kHz}$ および $f_{o2} = 2.072\,\text{kHz}$ と計算できます.

Qs を**表22.1**からそのまま読み取ると，$Q_1 = Q_2 = 14.2$ です．同様にして，表から個々のバンドパス・ゲイン H_{oBP} の積である K 値も求まります．言い換えると，K 値はフィルタ全体のゲイン H が f_{oBP} で1になるために必要なゲインです．ここまでに得られたフィルタの各パラメタを，次の表にまとめておきます.

f_{oBP}	f_{o1}	f_{o2}	Q	K
2kHz	1.93kHz	2.072kHz	$Q_1 = Q_2 = 14.2$	2.03

回路の実装

　汎用スイッチト・キャパシタ・フィルタの実装は簡単です．バンドパス・フィルタは従来のステート・バリアブル型のフィルタ構成で作ることができます．**図22.2**は，スイッチト・キャパシタとオペアンプでそれぞれに構成したものです．ここで我々が扱う例題では，それぞれの2次フィルタ・セクションに4個の抵抗を使います．このフィルタ全体としては，8個の抵抗が必要となるわけです.

　図22.3に示す，二つの2次セクション（LTC1060が1個ないしLTC1061の2/3またはLTC1064の1/2個を使用）を見てみましょう.

　2次の各セクションに使われる抵抗を識別する必要があるので，R_{1x}はxセクションに使われるというように決めておきます．これに従うと，例えばR_{12}, R_{22}, R_{32}, R_{42}は，設計回路例で二つ使われる2次フィルタ・セクション中の，2段目のセクションに使われる抵抗群ということになります.

　改めて書くと，要求仕様は次の表のようになります.

セクション1	セクション2
$f_{o1} = 1.93\text{kHz}$	$f_{o2} = 2.072\text{kHz}$
$Q_1 = 14.2$	$Q_2 = 14.2$
$H_{oBP1} = 1$	$H_{oBP2} = 2.03$

　$H_{oBP1} \times H_{oBP2} = K$であり，これより$H_{oBP2} = 2.03$と選んでいます.

　この設計例では，各f_oが

$$f_o = \frac{f_{CLK}}{50}\sqrt{\frac{R_2}{R_4}}$$

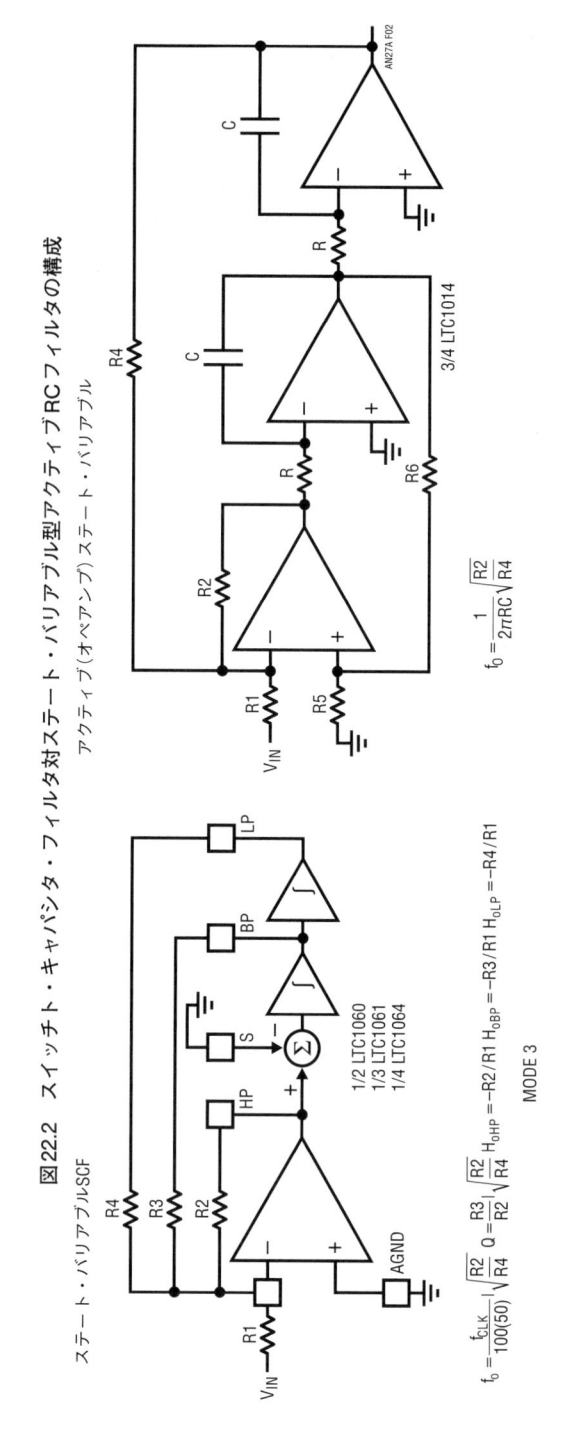

図22.2 スイッチト・キャパシタ・フィルタ対ステート・バリアブル型アクティブRCフィルタの構成

アクティブ（オペアンプ）ステート・バリアブル

3/4 LTC1014

AN27A F02

$$f_0 = \frac{1}{2\pi RC}\sqrt{\frac{R2}{R4}}$$

スイッチト・バリアブルSCF

1/2 LTC1060
1/3 LTC1061
1/4 LTC1064

$$f_0 = \frac{f_{CLK}}{100(50)}\sqrt{\frac{R2}{R4}} \quad Q = R3\sqrt{\frac{R2}{R4}} \quad H_{0HP} = -R2/R1 \quad H_{0BP} = -R3/R1 \quad H_{0LP} = -R4/R1$$

MODE 3

となる動作モードを使います.

　それには，このスイッチト・キャパシタフィルタICの50/100/HoldピンをV^+，通常は（5Vから7V）につなぎます．クロックとして100kHzを選んで，抵抗値を計算します．1％の抵抗値から一番近い値を選ぶと，

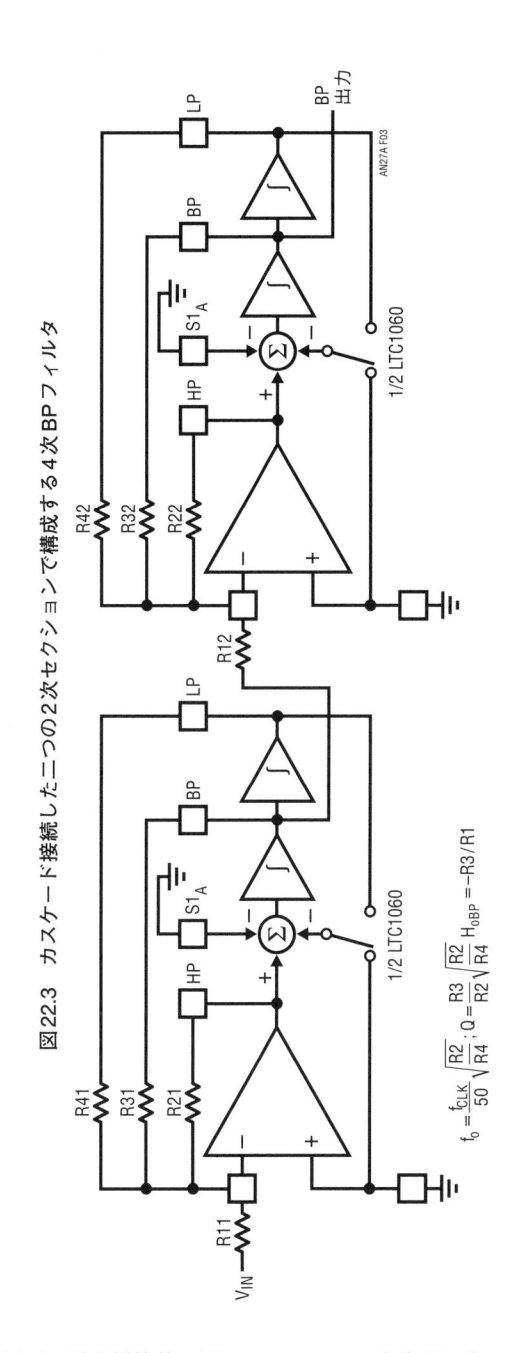

図22.3　カスケード接続した二つの2次セクションで構成する4次BPフィルタ

$$f_0 = \frac{f_{CLK}}{50}\sqrt{\frac{R2}{R4}} \ ; \ Q = \frac{R3}{R2}\sqrt{\frac{R2}{R4}} \ H_{0BP} = -R3/R1$$

以下に示す抵抗値で**図22.3**のフィルタを実現できることになります.

$R_{11} = 147\,\text{k}$　　$R_{12} = 71.5\,\text{k}$

$R_{21} = 10\,\text{k}$　　$R_{22} = 10.7\,\text{k}$

$R_{31} = 147\,\text{k}$　　$R_{32} = 147\,\text{k}$

$R_{41} = 10.7\,\text{k}$　　$R_{42} = 10\,\text{k}$

　これで設計が完了しました. あとは100 kHzのTTLかCMOS互換クロックを生成して, スイッチト・キャパシタ・フィルタのクロック・ピンに供給すれば, "オ

ン・ジ・エア"です.

バンドパス・フィルタの設計 ── 設計の基礎となる理論

　従来, バンドパス・フィルタの設計といえば, それなりの時間がかかる面倒な計算をこなして行うものでした. 今日では, 個人用や実験室のコンピュータを使い, プログラムによってその計算を行う場合が多数派でしょう. どちらの場合でも, フィルタの設計を評価してテストを行うには, 少なからぬ時間と費用がかかります.

　多くの設計者から受けた質問として, 比較的Qの低い2次バンドパス・フィルタ・セクションをカスケード接続して, より選択性のあるQの高いフィルタを実現できないか, というものがあります. LTC社のスイッチト・キャパシタ・ファミリ(LTC1059, LTC1060, LTC1061, LTC1064)は, まさにこの手法にうってつけのものです. "A"サフィックスなしの一般的な"Mode 1"設定での設計では, クロック周波数とフィルタの中心周波数の比の精度を1%より良くするためには1%より精度の良い抵抗が3本必要になるだけです. また, オペアンプを使うステート・バリアブル型設計で必要になる, 高精度で高価なフィルム・コンデンサは必要ありません.

　以下に紹介するのは, これまで週単位の時間を要していた従来の設計法の代わりに, LTC1059, LTC1060, LTC1061あるいはLTC1064を用いた数日で"オン・ジ・エア"できるバンドパス・フィルタの設計方法です.

同一特性の２次バンドパス・セクションのカスケード接続

　近接する不要信号を除去して単一の周波数信号を検出したい場合, 簡単な2次のバンドパス・フィルタで解決できることがしばしばあります. しかし2次のフィルタでは, 必要とされる特性が実現できない(一般にQが高くなりすぎる)ケースもあります. ここではハイQのバンドパス・フィルタの実現を目的とした, 同一特性の2次のフィルタのカスケード接続について検討したいと思います.

　2次のバンドパス・フィルタでは次の関係がありま

す.

$$Q = \frac{\sqrt{1-G^2}}{G} \times \frac{f/f_0}{|1-(f/f_0)^2|} \quad \cdots\cdots\cdots\cdots\cdots (1)$$

ここで, Qは必要とされるフィルタのQファクタ
fはフィルタがゲインG(単位はV/V)をもつ周波数
f_oはフィルタの中心周波数. f_oではユニティ・ゲインであると仮定する

●例題2 ― 設計

150 Hzを通過させ, 60 Hzでの減衰量が50 dBになる2次のバンドパス・フィルタを設計したいとします. 必要なQは式(1)により計算できます. したがって,

$$Q = \frac{\sqrt{1-(3.162\times10^{-3})^2}}{3.162\times10^{-3}} \times \frac{60/150}{|1-(60/150)^2|}$$
$$= 150.7$$

この非常に高いQより, -3 dB帯域幅は1 Hzということになります.

汎用スイッチト・キャパシタ・フィルタを使って, このような高いQを実現することは可能ですが, 保証される中心周波数の精度は非常に良いとは言っても±0.3%であり, これはゲイン誤差なしで150 Hzの信号を通過させるには不十分です. 先の式から, 150 Hzでのゲインは1±26%になり, しかし, 60 Hzでの減衰量は-50 dBで変わりません. このゲイン誤差はMode 3で動作している**図22.2**の回路では, R_4を微調整することで補正可能です. また, 信号検出だけが目的であれば, このゲイン誤差は許容できるでしょう.

このようなハイQに関する問題は, 同一特性の2次バンドパス・フィルタをカスケード接続することで解決できます. 周波数fでゲインGを得るために, それぞれの2次セクションで必要となるQは次式で求められます.

$$Q = \frac{\sqrt{1-G}}{\sqrt{G}} \times \frac{f/f_0}{|1-(f/f_0)^2|} \quad \cdots\cdots\cdots\cdots (2)$$

ここで, 各バンドパス・セクションのゲインは1と仮定します.

150 Hzを通過させながら60 Hzでの減衰量50 dBを確保するために, 二つの同一特性の2次セクションを使います.

それぞれの2次セクションに必要となるQは, 式(2)から計算できます. したがって,

$$Q = \frac{\sqrt{1-3.162\times10^{-3}}}{\sqrt{3.162\times10^{-3}}} \times \frac{60/150}{|1-(60/150)^2|}$$

$$= 8.5 !!$$

同一特性の2次セクションを使う場合, それぞれのセクションの中心周波数f_oの誤差は±0.3%, 150 Hzにおけるゲイン誤差は1±0.26%になります. もしより低価格の(LTC1060とLTC1064のサフィックス"A"なしバージョン)2次バンドパス・セクションを使う場合, f_oの誤差は±0.8%, 150 Hzでのゲイン誤差が1±1.8%になります! このように, Qの低いセクションを使うメリットは明らかです.

回路の実装

●LTC1060, LTC1061, LTC1064のMode 1動作

前述したように, 2次セクションと関連付けて抵抗番号を付けると, 例えばR_{1x}はセクションxに使う部品ということになります. したがって, R_{12}, R_{22}, R_{23}は, **図22.4**の回路の二つの2次セクションのうちの2段目のセクションの抵抗ということになります.

各セクションは下記のような同一仕様になります.

$f_{o1} = f_{o2} = 150$ Hz

$Q_1 = Q = 8.5$

$H_{oBP1} = H_{oBP2} = 1$

H_{oBP}項の積を1以上(ただしフィルタ自体の性能の範囲で)とすれば, バンドパス・フィルタ段でゲインを得られることがわかります.

ここでのLTC1060を使う設計例では, $f_{o1} = f_{o2} = f_{CLK}/100$とします. したがって, 15 kHzのクロックを入力し, 50/100/Holdピンを電源中点(±5 V電源の場合はグラウンド)につなぎます.

ここでのフィルタは, Mode 1で動作するLTC1060によるフィルタの2セクションを使って実現します. Mode 1は, スイッチト・キャパシタ・フィルタの最高速の動作モードです. ローパス, バンドパス, ノッチの各出力が同時に得られます.

それぞれの2次のセクションは, おおむね**図22.5**のカーブ(a)のような特性になります.

このMode 1は簡単に実装でき, セクション当たり3個の抵抗を使うだけです. まったく同じセクションをカスケード接続しますので, 計算も簡単です.

回路図にある式を使って抵抗値を計算し, 1%精度の抵抗値系列から値を選びます(ここで抵抗の最小値を20 kΩとした点に注意). 選んだ各抵抗値は以下のようになります.

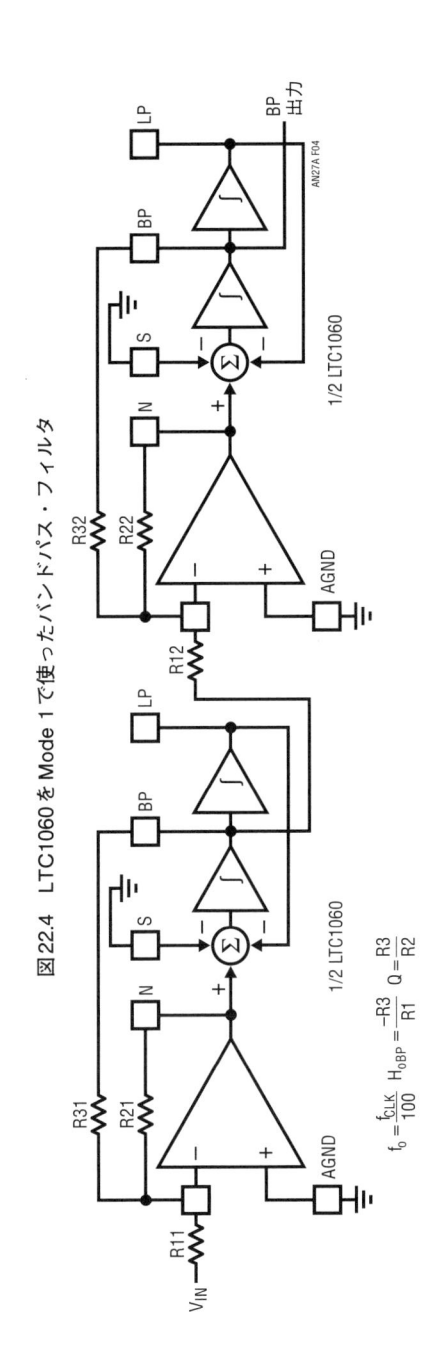

図22.4 LTC1060をMode 1で使ったバンドパス・フィルタ

$$f_0 = \frac{f_{CLK}}{100} \quad H_{0BP} = \frac{-R3}{R1} \quad Q = \frac{R3}{R2}$$

$R_{11} = R_{12} = 169\ \text{k}$

$R_{21} = R_{22} = 20\ \text{k}$

$R_{31} = R_{32} = 169\ \text{k}$

これで設計は終わりです．２次のセクションをカスケードしたフィルタと，２次のセクション単体の特性を図22.5のカーブ（b）で比べました．ただし，このフィルタを動作させるには，TTLかCMOSレベルの15 kHzのクロック信号を発生させる必要があります．

図22.5 ハイQ特性を実現するために，２次BPセクションを２段カスケード接続する

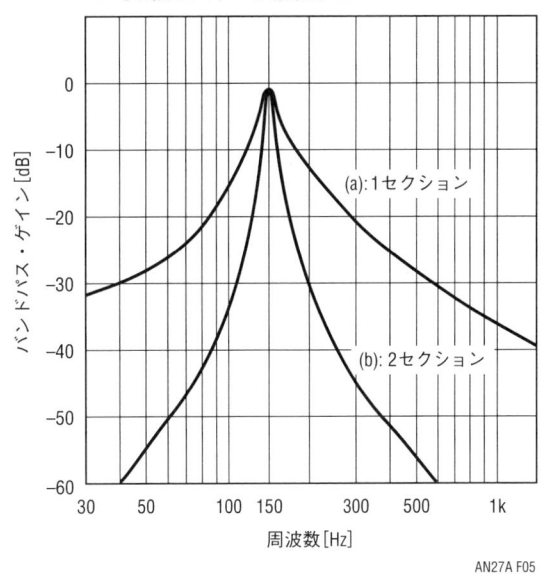

AN27A F05

●LTC1060ファミリのMode 2動作

すぐに利用できる15 kHzのクロック源がないとしましょう．この場合，入力クロックの周波数が50：1あるいは100：1［つまり$f_{CLK}/f_o = 50$あるいは100］の低周波数で済むMode 2と呼ぶ動作を使用できます．このモードは，やはり50／100／Holdピンの設定によるものです．

先ほど設計したフィルタを，14.318 MHzのテレビ用の水晶発振子で動作させたいとしたら，その周波数を1000分周すれば14.318 kHzが得られます．これで図22.6のようにmode 2のフィルタが作れます．

抵抗値は図22.6中の式で計算でき，1％精度の値から選びます．それらの抵抗値は次のようになります．

$R_{11},\ R_{12} = 162\ \text{k}$

$R_{21},\ R_{22} = 20\ \text{k}$

$R_{31},\ R_{32} = 162\ \text{k}$

$R_{41},\ R_{42} = 205\ \text{k}$

同一特性の２次BPセクションの２段以上のカスケード接続

もし２個以上の同一特性のバンドパス・セクション（２次）をカスケード接続した場合，各セクションに必要となるQ値は次のようになります．

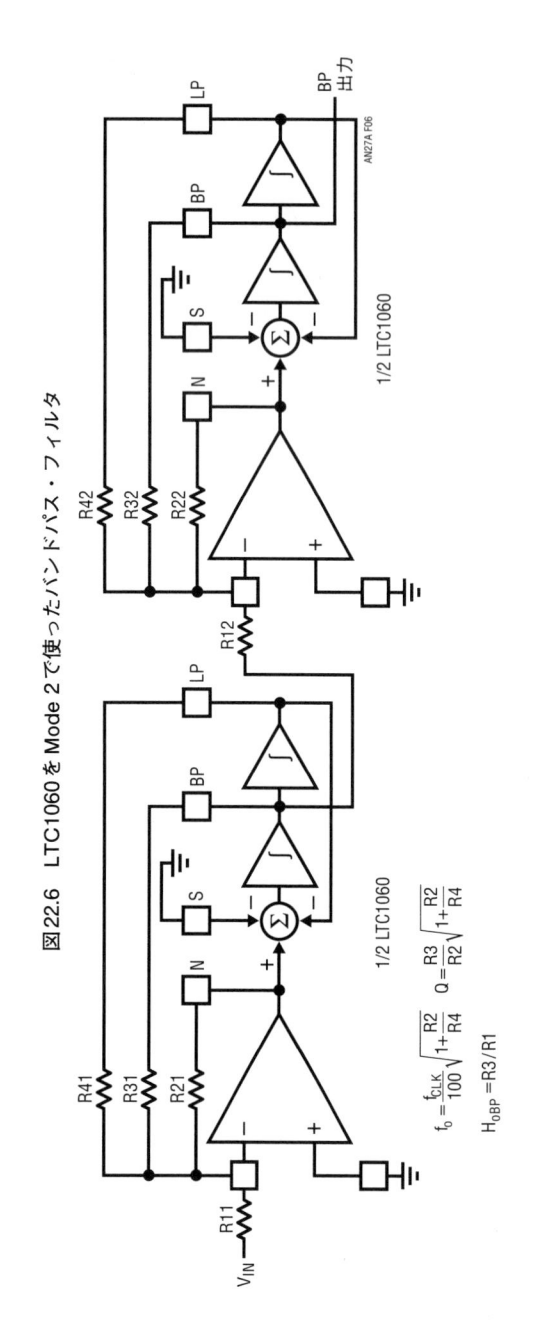

図22.6　LTC1060をMode 2で使ったバンドパス・フィルタ

$$f_0 = \frac{f_{CLK}}{100}\sqrt{1+\frac{R2}{R4}} \quad Q = \frac{R3}{R2}\sqrt{1+\frac{R2}{R4}}$$

$$H_{0BP} = R3/R1$$

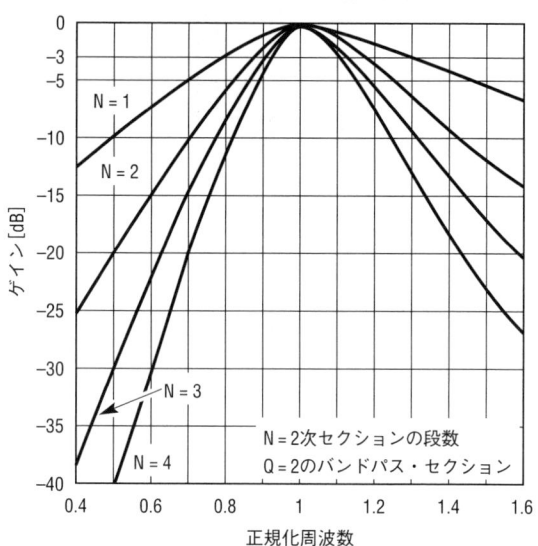

図22.7　同一特性の2次バンドパス・セクションをn段カスケード接続した場合の周波数応答

AN27A F07

　図22.7に示す特性は，$Q=2$に対するカスケード接続したバンドパス・セクションのパスバンド特性で，nがカスケード接続した段数です．

　この図から，2段および3段のカスケード接続が有効であることが見て取れます．4段以上のカスケード接続によってQは増大しますが，その度合いは小さくなっていきます．高いQをもつバンドパス・フィルタが必要になった場合でも，同一特性のセクションをカスケード接続する手法は，そのシンプルさを考慮すると非常に現実的な方針になると言えます．

数表の使い方

　表22.1から**表22.4**はフィルタ理論から作成されたものです．Qの値が比較的低く（20未満），調整抵抗の精度が少なくとも1%あれば，LTC社製のフィルタ製品群（LTC1059，LTC1060，LTC1061そしてLTC1064）に容易に適用できます．このようにQが低い設計の場合，これらのスイッチト・キャパシタ・フィルタを使えば，ほぼ理論どおりのバンドパス・フィルタ特性が得られます．Qが高いフィルタの場合，微調整は避けて"A"バージョンのLTC1059，LTC1060，LTC1061，LTC1064を使うべきです．なお，抵抗は誤差1%以下のものが必要です．

　表22.1は極の位置と，バターワース特性のバンドパ

$$Q = \frac{\sqrt{1-G^{2/n}}}{G^{1/n}} \times \frac{f/f_0}{|1-(f/f_0)^2|} \quad \cdots\cdots\cdots\cdots (3)$$

　ここで，Q，G，fおよびf_0は前ページの式での定義と同じで，nはカスケード接続の段数になります．

　バンドパス・フィルタ全体としての等価なQ（Q_{equiv}）は各セクションのQ（$Q_{(identical\ section)}$）から，次のように表されます．

$$Q_{equiv} = \frac{Q_{(identical\ section)}}{\sqrt{(2^{1/n})-1}} \quad \cdots\cdots\cdots\cdots\cdots (4)$$

シンプルな2次バンドパス・フィルタ

●ゲインと位相の関係

LTC1059, LTC1060, LTC1061そしてLTC1064を使った2次のフィルタ・セクションのバンドパス出力は，"教科書に載っている"理想的フィルタのゲインと位相の応答を正確に近似したものになります．

$$G = \frac{(H_{oBP}) \times (ff_0 / Q)}{[(f_0{}^2 - f^2)^2 + (ff_0 / Q)^2]^{1/2}}$$

ここで

G ＝フィルタのゲイン，単位はV/V

f_0 ＝フィルタの中心周波数

Q ＝フィルタのクオリティ・ファクタ

H_{oBP} ＝周波数がf_0での最大電圧ゲイン

$\dfrac{f_0}{Q}$ ＝フィルタの−3 dB帯域幅

図22.8は上記の定義を表したものです．**図22.9**には，Q値を変えたときのバンドパス・ゲインGを表しています．2次のバンドパス・フィルタを数段カスケード接続した際，この図は減衰量の見積もりに役立ちます．高いQではフィルタの選択性は高まりますが，同時にノイズが増加し，また実現が難しくなります．汎用スイッチト・キャパシタ・フィルタLTC1059, LTC1060, LTC1061, そしてLTC1064を使うと，100を超えるQの実現も容易で中心周波数やQの変動を低くできますが，システム構築の観点からは現実的ではなくなる可能性があります．

2次のバンドパス・フィルタの位相シフトϕは次式で表されます．

$$\phi = -\arctan\left[\left(\frac{f_0{}^2 - f^2}{ff_0}\right) \times Q\right]$$

周波数f_0での位相シフトは0°に，極性が反転するフィルタであれば−180°になります．LTC1059, LTC1060, LTC1061, およびLTC1064ユニバーサル・フィルタのバンドパス出力は，どれも反転型です．位相シフト，とくにf_0の近傍での位相シフトの特性はQ値に依存するので，**図22.10**を参照してください．同様にf_0の誤差により，各周波数においての位相シフトは部品によってばらつきます．これはQが高くなるほど，またf_0の近傍であるほど顕著になります．例えば2次のユニバーサル・フィルタであるLTC1059Aでは，中心周波数の初期保証誤差は±0.3%で

す．f_0における位相シフトは，理想値としては−180°です．Qが20で微調整なしとした場合，f_0における位相シフトの最悪値は−180±6.8°になります．また，Qが5の場合では，−180±1.7%になります．バンドパス・フィルタを位相がそろうことが要求されるマルチチャネル装置で使う場合に，この点は重要な検討ポイントになります．比較のため，ステート・バリアブル型のアクティブ・バンドパス・フィルタでは，1%誤差の抵抗とコンデンサを使って組み立てた場合，中心周波数のばらつきは±2%になることから位相も±2%ばらつき，結果としてQ＝20の

図22.8　バンドパス・フィルタのパラメタ

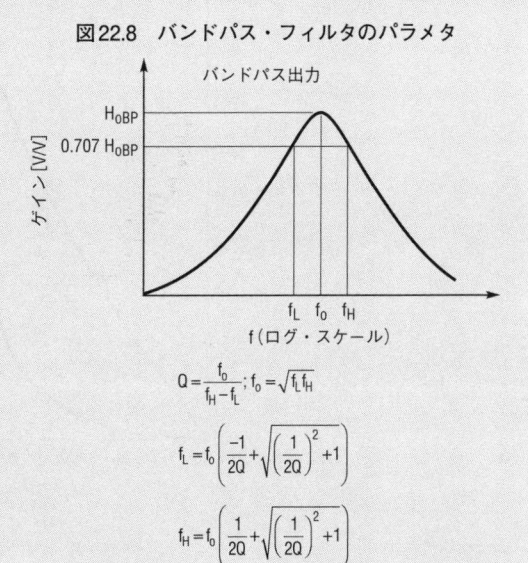

図22.9　Q値に対するバンドパス・ゲイン

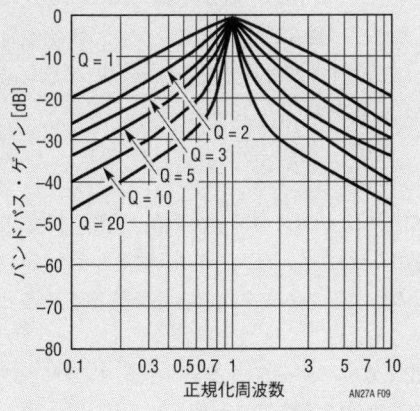

場合で±33.8°，$Q=5$の場合で±11.4°位相がばらつくことになります．

●Q値一定の場合と帯域幅一定の場合について

このユニバーサル・フィルタのバンドパス出力は，"Q値が一定"になります．例えば，Mode 1で動作するクロックが100 kHz（LTC1060のデータシートを参照）の2次バンドパス・フィルタでは，理想値とし

て中心周波数が1 kHzまたは2 kHz，−3 dB帯域はf_0/Qに等しくなります．クロック周波数が変化した場合，中心周波数と帯域幅は同じ比率で変化します．帯域幅一定のフィルタでは，中心周波数が変わるとf_0/Qの比が一定になるように，Q値が変化します．帯域幅一定のバンドパス・フィルタを，2次のスイッチト・キャパシタ・フィルタで実現することは可能ですが，本稿の範囲を超える話題になります．

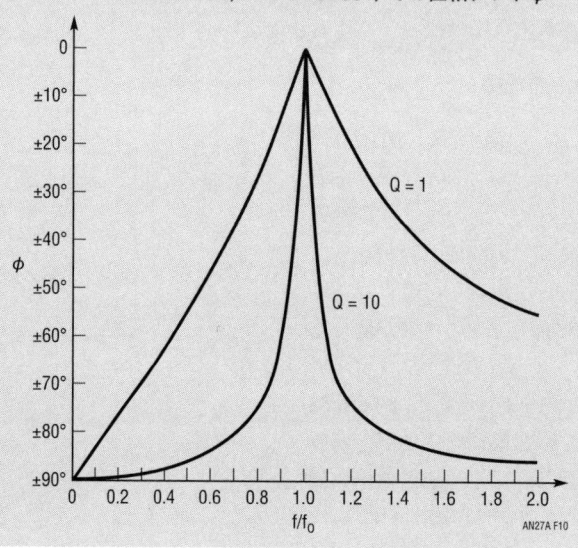

図22.10 2次バンドパス・フィルタの1セクション（LTC1059，1/2 LTC1060，1/3 LTC1061）での位相シフトφ

ス・フィルタでのQの値を求めるために使います．これらの表では，バンドパス・フィルタは中心周波数f_{oBP}に対して，特性の形状が左右対称になる点に注意してください．図22.11に示すように，任意の周波数f_3に対して，特性が対称となる位置の周波数f_4は下記のようになります．

$$f_4 = \frac{f_{oBP}{}^2}{f_3}$$

表22.1では，パスバンドの2倍，3倍，4倍，5倍になる各周波数f_3，f_5，f_7，f_9での減衰量も示しています．これらの値からフィルタの選択性を見積もることができます．

表22.1でのバターワース・フィルタだけではなく，表22.2，表22.3，表22.4を使うとチェビシェフ・フィ

ルタについても見積もりができます．図22.11（あるいは図22.12）を一般的なバンドパス・フィルタとして扱うと，以下のように2点のコーナー周波数f_2とf_1が，f_{oBP}に対して数値的にほぼ対称の関係になることが見て取れます．

$$\frac{f_{oBP}}{BW} \gg \frac{1}{2}, \quad BW = f_2 - f_1$$

この条件で，バターワース特性でもチェビシェフ特性でも，以下のような関係になります．

$$f_{oBP} = \frac{f_3 - f_4}{2} + f_3$$

$$f_{oBP} = \frac{f_5 - f_6}{2} + f_5$$

…

図22.11 一般化したバンドパス・フィルタのバターワース応答（表22.1を参照）

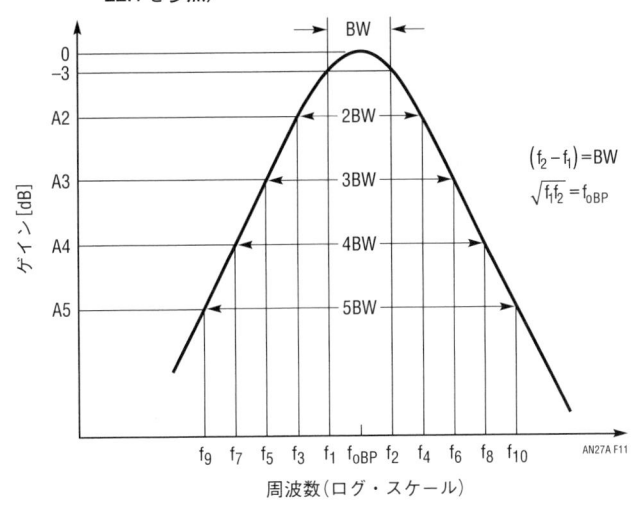

$$\left(f_1, f_2\right) = \frac{\pm BW + \sqrt{\left(BW\right)^2 + 4\left(f_{0BP}\right)^2}}{2}$$

より一般化すると $\left(f_x, f_{x+1}\right) = \dfrac{\pm nBW + \sqrt{\left(nBW\right)^2 + 4\left(f_{0BP}\right)^2}}{2}$

$(f_x,\ f_{x+1}$ の組み合わせ，BWによらず成立する)

図22.12 一般化した4次，6次，8次のパスバンド・リプル (A_{MAX}) 2dBでのチェビシェフ特性バンドパス・フィルタ

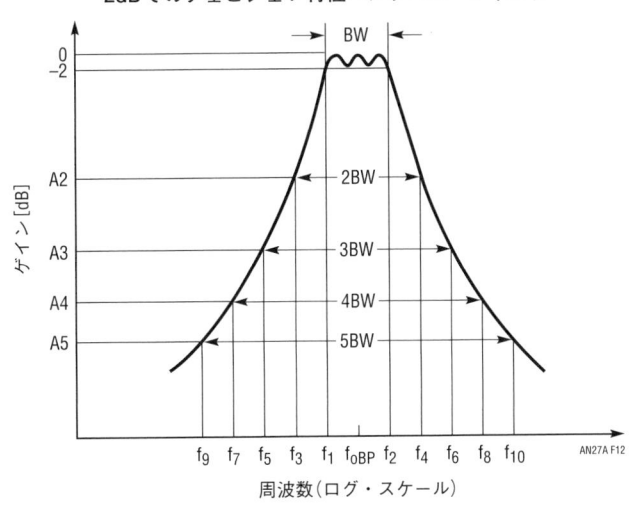

$$\sqrt{f_4 f_3} = f_{0PB}$$

$$\left(f_4, f_3\right) = \frac{\pm 2BW + \sqrt{\left(2BW\right)^2 + 4\left(f_{0BP}\right)^2}}{2}$$

$(f_x,\ f_{x+1})$ の組み合わせ，対応するBW（2BW，2BWなど）について成立する

例えば，3BWの場合

$$\left(f_6, f_5\right) = \frac{\pm 3BW + \sqrt{\left(3BW\right)^2 + 4\left(f_{0BP}\right)^2}}{2}$$

表22.1　$f_{oBP}=1$で正規化したバターワース・バンドパス・フィルタ

f_{oBP} (Hz)	f_{oBP}/BW (Hz)	f_{o1} (Hz)	f_{o2} (Hz)	f_{o3} (Hz)	f_{o4} (Hz)	f_{-3dB} (Hz)	f_{-3dB} (Hz)	$Q1 = Q2$		K	f_1 (Hz)	f_3 (Hz)	f_3でのゲイン (dB)-A2	f_5 (Hz)	f_5でのゲイン (dB)-A3	f_7 (dB)	f_7でのゲイン (dB)-A4	f_9 (Hz)	f_9でのゲイン (dB)-A5
中心周波数$f_{oBP}=1$として正規化した4次バターワース・バンドパス・フィルタの場合．BWは－3dB帯域幅																			
1	1	0.693	1.442			0.500	2.000	1.5		2.28	0.500	0.414	−12.3	0.303	−19.1	0.236	−24.0	0.193	−28.0
1	2	0.836	1.195			0.781	1.281	2.9		2.07	0.781	0.618	−12.3	0.500	−19.1	0.414	−24.0	0.351	−28.0
1	3	0.885	1.125			0.847	1.180	4.3		2.07	0.847	0.721	−12.3	0.618	−19.1	0.535	−24.0	0.469	−28.0
1	5	0.932	1.073			0.905	1.105	7.1		2.04	0.905	0.820	−12.3	0.744	−19.1	0.677	−24.0	0.618	−28.0
1	10	0.965	1.036			0.951	1.051	14.2		2.03	0.951	0.905	−12.3	0.861	−19.1	0.820	−24.0	0.781	−28.0
1	20	0.982	1.018			0.975	1.025	28.3		2.03	0.975	0.951	−12.3	0.928	−19.1	0.905	−24.0	0.883	−28.0
中心周波数$f_{oBP}=1$として正規化した6次バターワース・バンドパス・フィルタの場合．BWは－3dB帯域幅																			
									Q3										
1	1	0.650	1.539	1.000		0.500	2.000	2.2	1.0	4.79	0.500	0.414	−18.2	0.303	−28.6	0.236	−36.1	0.193	−41.9
1	2	0.805	1.242	1.000		0.781	1.281	4.1	2.0	4.18	0.781	0.618	−18.2	0.500	−28.6	0.414	−36.1	0.351	−41.9
1	3	0.866	1.155	1.000		0.847	1.180	6.1	3.0	4.07	0.847	0.721	−18.2	0.618	−28.6	0.535	−36.1	0.469	−41.9
1	5	0.917	1.091	1.000		0.905	1.105	10.0	5.0	4.03	0.905	0.820	−18.2	0.744	−28.6	0.677	−36.1	0.618	−41.9
1	10	0.958	1.044	1.000		0.951	1.051	20.0	10.0	4.01	0.951	0.905	−18.2	0.861	−28.6	0.820	−36.1	0.781	−41.9
1	20	0.979	1.022	1.000		0.975	1.025	40.0	20.0	4.00	0.975	0.951	−18.2	0.928	−28.6	0.905	−36.1	0.883	−41.9
中心周波数$f_{oBP}=1$として正規化した8次バターワース・バンドパス・フィルタの場合．BWは－3dB帯域幅																			
									Q3 = Q4										
1	1	0.809	1.237	0.636	1.574	0.500	2.000	1.1	2.9	10.14	0.500	0.414	−24.0	0.303	−38.0	0.236	−48.1	0.193	−55.8
1	2	0.907	1.103	0.795	1.259	0.781	1.281	2.2	5.4	8.48	0.781	0.618	−24.0	0.500	−38.0	0.414	−48.1	0.351	−55.8
1	3	0.938	1.066	0.858	1.166	0.847	1.180	3.3	7.9	8.15	0.847	0.721	−24.0	0.618	−38.0	0.535	−48.1	0.469	−55.8
1	5	0.962	1.039	0.912	1.097	0.905	1.105	5.4	13.1	8.05	0.905	0.820	−24.0	0.744	−38.0	0.677	−48.1	0.618	−55.8
1	10	0.981	1.019	0.955	1.047	0.951	1.051	10.8	26.2	8.00	0.951	0.905	−24.0	0.861	−38.0	0.820	−48.1	0.781	−55.8
1	20	0.990	1.010	0.977	1.023	0.975	1.025	21.6	52.3	8.00	0.975	0.951	−24.0	0.928	−38.0	0.905	−48.1	0.883	−55.8

表22.2　中心周波数 $f_{0BP}=1$ で正規化した…

f_{0BP} (Hz)	f_{0BP}/BW_1* (Hz)	f_{01} (Hz)	f_{02} (Hz)	f_{0BP}/BW_2** (Hz)	f_{-3dB} (Hz)	f_{-3dB} (Hz)	$Q_1=Q_2$	K	f_1 (Hz)	f_3 (Hz)	f_3でのゲイン (dB)-A2	f_5 (Hz)	f_5でのゲイン (dB)-A3	f_7 (Hz)	f_7でのゲイン (dB)-A4	f_9 (Hz)	f_9でのゲイン (dB)-A5
パスバンド・リプル A_{MAX}=0.1dBの場合																	
1	1	0.488	2.050	0.52	0.423	2.364	1.1	3.81	0.500	0.414	-3.2	0.303	-08.7	0.236	-13.6	0.193	-17.4
1	2	0.703	1.422	1.03	0.626	1.597	1.8	2.66	0.781	0.618	-3.2	0.500	-08.7	0.414	-13.6	0.351	-17.4
1	3	0.793	1.261	1.54	0.727	1.375	2.6	2.48	0.847	0.721	-3.2	0.618	-08.7	0.535	-13.6	0.469	-17.4
1	5	0.871	1.148	2.58	0.825	1.213	4.3	2.38	0.905	0.820	-3.2	0.744	-08.7	0.677	-13.6	0.618	-17.4
1	10	0.933	1.071	5.15	0.908	1.102	8.5	2.38	0.951	0.905	-3.2	0.861	-08.7	0.820	-13.6	0.781	-17.4
1	20	0.966	1.035	10.31	0.953	1.050	16.9	2.37	0.975	0.951	-3.2	0.928	-08.7	0.905	-13.6	0.883	-17.4
パスバンド・リプル A_{MAX}=0.5dBの場合																	
1	1	0.602	1.660	0.72	0.523	1.912	1.6	3.80	0.500	0.414	-7.9	0.303	-15.0	0.236	-20.2	0.193	-24.1
1	2	0.777	1.287	1.44	0.711	1.406	2.9	3.17	0.781	0.618	-7.9	0.500	-15.0	0.414	-20.2	0.351	-24.1
1	3	0.845	1.182	2.16	0.795	1.258	4.3	3.07	0.847	0.721	-7.9	0.618	-15.0	0.535	-20.2	0.469	-24.1
1	5	0.904	1.106	3.60	0.871	1.149	7.1	3.03	0.905	0.820	-7.9	0.744	-15.0	0.677	-20.2	0.618	-24.1
1	10	0.951	1.051	7.19	0.933	1.072	14.1	2.98	0.951	0.905	-7.9	0.861	-15.0	0.820	-20.2	0.781	-24.1
1	20	0.975	1.025	14.49	0.966	1.035	28.1	2.97	0.975	0.951	-7.9	0.928	-15.0	0.905	-20.2	0.883	-24.1
パスバンド・リプル A_{MAX}=1.0dBの場合																	
1	1	0.639	1.564	0.82	0.562	1.779	2.0	4.42	0.500	0.414	-10.3	0.303	-17.7	0.236	-23.0	0.193	-27.0
1	2	0.799	1.251	1.64	0.741	1.349	3.7	3.85	0.781	0.618	-10.3	0.500	-17.7	0.414	-23.0	0.351	-27.0
1	3	0.861	1.161	2.47	0.818	1.223	5.5	3.76	0.847	0.721	-10.3	0.618	-17.7	0.535	-23.0	0.469	-27.0
1	5	0.914	1.094	4.12	0.886	1.129	9.2	3.71	0.905	0.820	-10.3	0.744	-17.7	0.677	-23.0	0.618	-27.0
1	10	0.956	1.046	8.20	0.941	1.063	18.2	3.70	0.951	0.905	-10.3	0.861	-17.7	0.820	-23.0	0.781	-27.0
1	20	0.978	1.022	16.39	0.970	1.031	36.5	3.63	0.975	0.951	-10.3	0.928	-17.7	0.905	-23.0	0.883	-27.0
パスバンド・リプル A_{MAX}=2.0dBの場合																	
1	1	0.668	1.496	0.93	0.598	1.672	2.7	6.00	0.500	0.414	-12.7	0.303	-20.3	0.236	-25.5	0.193	-29.5
1	2	0.816	1.225	1.86	0.767	1.304	5.1	5.30	0.781	0.618	-12.7	0.500	-20.3	0.414	-25.5	0.351	-29.5
1	3	0.873	1.145	2.79	0.837	1.195	7.5	5.22	0.847	0.721	-12.7	0.618	-20.3	0.535	-25.5	0.469	-29.5
1	5	0.922	1.085	4.65	0.898	1.113	12.5	5.13	0.905	0.820	-12.7	0.744	-20.3	0.677	-25.5	0.618	-29.5
1	10	0.960	1.041	9.35	0.948	1.055	24.9	5.13	0.951	0.905	-12.7	0.861	-20.3	0.820	-25.5	0.781	-29.5
1	20	0.980	1.021	18.87	0.974	1.027	49.8	5.07	0.975	0.951	-12.7	0.928	-20.3	0.905	-25.5	0.883	-29.5

*f_{0BP}/BW_1—これはバンドパス・フィルタの中心周波数とフィルタのリプル帯域幅の比
**f_{0BP}/BW_2—これはバンドパス・フィルタの中心周波数と−3dBのフィルタ帯域幅の比

表22.3 中心周波数 $f_{oBP}=1$ で正規化した6次のチェビシェフ・バンドパス・フィルタ

f_{oBP} (Hz)	f_{oBP}/BW_1^* (Hz)	f_{o1} (Hz)	f_{o2} (Hz)	f_{o3} (Hz)	f_{oBP}/BW_2^{**} (Hz)	f_{-3dB} (Hz)	f_{-3dB} (Hz)	$Q1=Q2$	$Q=3$	K	f_1 (Hz)	f_3 (Hz)	f_3でのゲイン (dB)-A2	f_5 (Hz)	f_5でのゲイン (dB)-A3	f_7 (Hz)	f_7でのゲイン (dB)-A4	f_9 (Hz)	f_9でのゲイン (dB)-A5
パスバンド・リプル A_{MAX}=0.1dBの場合																			
1	1	0.558	1.791	1.000	0.72	0.523	1.912	2.4	1.0	9.9	0.500	0.414	-12.2	0.303	-23.6	0.236	-31.4	0.193	-37.3
1	2	0.741	1.349	1.000	1.44	0.711	1.406	4.3	2.1	7.9	0.781	0.618	-12.2	0.500	-23.6	0.414	-31.4	0.351	-37.3
1	3	0.818	1.222	1.000	2.16	0.795	1.258	6.3	3.1	7.5	0.847	0.721	-12.2	0.618	-23.6	0.535	-31.4	0.469	-37.3
1	5	0.886	1.128	1.000	3.60	0.871	1.149	10.4	5.2	7.4	0.905	0.820	-12.2	0.744	-23.6	0.677	-31.4	0.618	-37.3
1	10	0.941	1.062	1.000	7.19	0.933	1.072	20.6	10.3	7.3	0.951	0.905	-12.2	0.861	-23.6	0.820	-31.4	0.781	-37.3
1	20	0.970	1.030	1.000	14.49	0.966	1.035	41.3	20.6	7.3	0.975	0.951	-12.2	0.928	-23.6	0.905	-31.4	0.883	-37.3
パスバンド・リプル A_{MAX}=0.5dBの場合																			
1	1	0.609	1.641	1.000	0.86	0.574	1.741	3.6	1.6	14.8	0.500	0.414	-19.2	0.303	-30.8	0.236	-38.6	0.193	-44.5
1	2	0.776	1.288	1.000	1.72	0.750	1.333	6.6	3.2	12.5	0.781	0.618	-19.2	0.500	-30.8	0.414	-38.6	0.351	-44.5
1	3	0.844	1.185	1.000	2.57	0.824	1.213	9.7	4.8	12.0	0.847	0.721	-19.2	0.618	-30.8	0.535	-38.6	0.469	-44.5
1	5	0.903	1.107	1.000	4.29	0.890	1.123	16.1	8.0	11.8	0.905	0.820	-19.2	0.744	-30.8	0.677	-38.6	0.618	-44.5
1	10	0.950	1.052	1.000	8.55	0.943	1.060	32.0	16.0	11.8	0.951	0.905	-19.2	0.861	-30.8	0.820	-38.6	0.781	-44.5
1	20	0.975	1.026	1.000	16.95	0.971	1.030	63.8	32.0	11.4	0.975	0.951	-19.2	0.928	-30.8	0.905	-38.6	0.883	-44.5
パスバンド・リプル A_{MAX}=1.0dBの場合																			
1	1	0.626	1.598	1.000	0.91	0.593	1.687	4.5	2.0	20.1	0.500	0.414	-22.5	0.303	-34.0	0.236	-41.9	0.193	-47.8
1	2	0.787	1.271	1.000	1.83	0.763	1.310	8.3	4.1	17.1	0.781	0.618	-22.5	0.500	-34.0	0.414	-41.9	0.351	-47.8
1	3	0.852	1.174	1.000	2.74	0.834	1.199	12.3	6.1	16.7	0.847	0.721	-22.5	0.618	-34.0	0.535	-41.9	0.469	-47.8
1	5	0.908	1.101	1.000	4.59	0.897	1.115	20.3	10.1	16.4	0.905	0.820	-22.5	0.744	-34.0	0.677	-41.9	0.618	-47.8
1	10	0.953	1.050	1.000	9.17	0.947	1.056	40.5	20.2	16.4	0.951	0.905	-22.5	0.861	-34.0	0.820	-41.9	0.781	-47.8
1	20	0.976	1.024	1.000	18.18	0.973	1.028	81.0	40.5	16.4	0.975	0.951	-22.5	0.928	-34.0	0.905	-41.9	0.883	-47.8
パスバンド・リプル A_{MAX}=2.0dBの場合																			
1	1	0.639	1.565	1.000	0.97	0.609	1.642	6.0	2.7	31.7	0.500	0.414	-26.0	0.303	-37.5	0.236	-45.4	0.193	-51.3
1	2	0.795	1.257	1.000	1.94	0.775	1.291	11.1	5.4	27.4	0.781	0.618	-26.0	0.500	-37.5	0.414	-45.4	0.351	-51.3
1	3	0.858	1.165	1.000	2.91	0.843	1.187	16.5	8.1	26.7	0.847	0.721	-26.0	0.618	-37.5	0.535	-45.4	0.469	-51.3
1	5	0.912	1.096	1.000	4.83	0.902	1.109	27.2	13.6	26.2	0.905	0.820	-26.0	0.744	-37.5	0.677	-45.4	0.618	-51.3
1	10	0.955	1.047	1.000	9.71	0.950	1.053	54.3	27.1	26.0	0.951	0.905	-26.0	0.861	-37.5	0.820	-45.4	0.781	-51.3
1	20	0.977	1.023	1.000	19.61	0.975	1.026	108.5	54.2	26.0	0.975	0.951	-26.0	0.928	-37.5	0.905	-45.4	0.883	-51.3

$^*f_{oBP}/BW_1$ — これはバンドパス・フィルタの中心周波数とフィルタのリプル帯域幅の比
$^{**}f_{oBP}/BW_2$ — これはバンドパス・フィルタの中心周波数と-3dBのフィルタ帯域幅の比

表22.4 中心周波数$f_{0BP}=1$で正規化した8次のチェビシェフ・バンドパス・フィルタ

f_{0BP} (Hz)	f_{0BP}/BW_1* (Hz)	f_{01} (Hz)	f_{02} (Hz)	f_{03} (Hz)	f_{04} (Hz)	f_{0BP}/BW_2** (Hz)	f_{-3dB} (Hz)	f_{-3dB} (Hz)	Q1=Q2	Q3=Q4	K	f_1 (Hz)	f_3 (Hz)	f_3でのゲイン (dB)-A2	f_5 (Hz)	f_5でのゲイン (dB)-A3	f_7 (Hz)	f_7でのゲイン (dB)-A4	f_9 (Hz)	f_9でのゲイン (dB)-A5
パスバンド・リプルA_{MAX}＝0.1dBの場合																				
1	1	0.785	1.274	0.584	1.713	0.82	0.563	1.776	1.6	4.4	40.6	0.500	0.414	-23.4	0.303	-38.8	0.236	-49.3	0.193	-57.1
1	2	0.889	1.125	0.757	1.320	1.65	0.742	1.348	3.2	7.9	32.1	0.781	0.618	-23.4	0.500	-38.8	0.414	-49.3	0.351	-57.1
1	3	0.925	1.081	0.830	1.204	2.48	0.818	1.222	4.7	11.6	30.5	0.847	0.721	-23.4	0.618	-38.8	0.535	-49.3	0.469	-57.1
1	5	0.954	1.048	0.894	1.118	4.12	0.886	1.129	7.9	19.1	29.9	0.905	0.820	-23.4	0.744	-38.8	0.677	-49.3	0.618	-57.1
1	10	0.977	1.023	0.945	1.058	8.20	0.941	1.063	15.7	37.9	29.8	0.951	0.905	-23.4	0.861	-38.8	0.820	-49.3	0.781	-57.1
1	20	0.988	1.012	0.972	1.028	16.39	0.970	1.031	31.4	75.7	29.8	0.975	0.951	-23.4	0.928	-38.8	0.905	-49.3	0.883	-57.1
パスバンド・リプルA_{MAX}＝0.5dBの場合																				
1	1	0.808	1.238	0.613	1.632	0.91	0.593	1.686	2.4	6.4	90.1	0.500	0.414	-30.2	0.303	-45.5	0.236	-56.0	0.193	-63.9
1	2	0.900	1.111	0.777	1.286	1.83	0.763	1.310	4.8	11.8	74.3	0.781	0.618	-30.2	0.500	-45.5	0.414	-56.0	0.351	-63.9
1	3	0.932	1.073	0.845	1.183	2.74	0.834	1.199	7.1	17.4	71.5	0.847	0.721	-30.2	0.618	-45.5	0.535	-56.0	0.469	-63.9
1	5	0.959	1.043	0.903	1.107	4.59	0.897	1.115	11.8	28.7	70.0	0.905	0.820	-30.2	0.744	-45.5	0.677	-56.0	0.618	-63.9
1	10	0.979	1.021	0.950	1.052	9.17	0.947	1.056	23.6	57.1	70.0	0.951	0.905	-30.2	0.861	-45.5	0.820	-56.0	0.781	-63.9
1	20	0.989	1.010	0.975	1.026	18.18	0.973	1.028	47.2	114.0	70.0	0.975	0.951	-30.2	0.928	-45.5	0.905	-56.0	0.883	-63.9
パスバンド・リプルA_{MAX}＝1.0dBの場合																				
1	1	0.814	1.228	0.622	1.607	0.95	0.604	1.656	3.0	8.0	162.8	0.500	0.414	-32.9	0.303	-48.3	0.236	-58.8	0.193	-66.6
1	2	0.903	1.107	0.784	1.275	1.90	0.771	1.297	6.0	14.8	133.2	0.781	0.618	-32.9	0.500	-48.3	0.414	-58.8	0.351	-66.6
1	3	0.934	1.070	0.850	1.177	2.85	0.840	1.191	8.9	21.8	128.1	0.847	0.721	-32.9	0.618	-48.3	0.535	-58.8	0.469	-66.6
1	5	0.960	1.041	0.906	1.103	4.74	0.900	1.111	14.9	36.0	127.7	0.905	0.820	-32.9	0.744	-48.3	0.677	-58.8	0.618	-66.6
1	10	0.980	1.020	0.952	1.050	9.52	0.949	1.054	29.7	71.7	124.0	0.951	0.905	-32.9	0.861	-48.3	0.820	-58.8	0.781	-66.6
1	20	0.990	1.010	0.976	1.025	18.87	0.974	1.027	59.4	143.0	120.0	0.975	0.951	-32.9	0.928	-48.3	0.905	-58.8	0.883	-66.6
パスバンド・リプルA_{MAX}＝2.0dBの場合																				
1	1	0.820	1.220	0.629	1.589	0.98	0.613	1.631	4.0	10.6	374.8	0.500	0.414	-35.4	0.303	-50.8	0.236	-61.3	0.193	-69.2
1	2	0.905	1.104	0.789	1.268	1.96	0.777	1.287	7.9	19.6	312.6	0.781	0.618	-35.4	0.500	-50.8	0.414	-61.3	0.351	-69.2
1	3	0.936	1.068	0.853	1.172	2.95	0.845	1.184	11.9	29.0	302.0	0.847	0.721	-35.4	0.618	-50.8	0.535	-61.3	0.469	-69.2
1	5	0.961	1.040	0.909	1.100	4.90	0.903	1.107	19.7	47.9	302.0	0.905	0.820	-35.4	0.744	-50.8	0.677	-61.3	0.618	-69.2
1	10	0.980	1.020	0.953	1.049	9.80	0.950	1.052	39.5	95.4	302.0	0.951	0.905	-35.4	0.861	-50.8	0.820	-61.3	0.781	-69.2
1	20	0.990	1.010	0.976	1.024	19.61	0.975	1.026	79.0	190.0	302.0	0.975	0.951	-35.4	0.928	-50.8	0.905	-61.3	0.883	-69.2

*f_{0BP}/BW_1—これはバンドパス・フィルタの中心周波数とフィルタのリプル帯域幅の比

**f_{0BP}/BW_2—これはバンドパス・フィルタの中心周波数と−3dBのフィルタ帯域幅の比

チェビシェフかバターワースか ─ システム設計者の困惑

　フィルタの設計者や数学者は，次のような数式にはおなじみでしょう．

$$K_C = \tanh A$$

$$A = \frac{1}{n} \cosh^{-1} \frac{1}{\in}$$

$$リプル帯域幅 = 1 / \cosh A$$

$$A_{dB} = 10 \log [1 + \in^2 (C_n^2 (\Omega))]$$

　これはシステム設計者にとってはまったくの珍紛漢紛（頓珍漢と混同しないように）です．システム設計者は−3dB帯域幅による定義に慣れているので，ややもすると好みの−3dB帯域幅で扱えるバターワース・フィルタ以外には，見向きもしないかもしれません．しかし仕様は仕様であり，バターワース・バンドパス・フィルタはそれなりに良い選択というだけです．チェビシェフ・バンドパス・フィルタでは，パスバンドのリプルを許して，阻止帯域へのロールオフが急峻さを増すようにトレード・オフを許容します．より大きなリプルは，より高いQのフィルタにつながります．システム設計者であっても，ときにはフィルタ設計者にならって手間隙をかける価値があります．

　表22.1から表22.4の数表は（我々の考えるところでは），システム設計者の利用に向けてチェビシェフ・フィルタの−3dB帯域を示すという点でユニークだと思います．とはいっても，少なくともリプル帯域幅について説明しなければ，チェビシェフ氏に申しわけないことになります．

　図22.13に示すのはパスバンド近傍の周波数でのチェビシェフ・バンドパス・フィルタの特性です．

　ここからリプル帯域幅（$f_{1ripple} - f_{2ripple}$）とは，リプルが指定値（$R_{dB}$）以下になるパスバンドの周波数帯域であることがよくわかります．−3dB帯域幅はリプル帯域幅より広くなっていますが，これがシステム設計者側にとって混乱の元になる点なのです．

　表22.1から表22.4を使えば，システム設計者は−3dB帯域幅の仕様を使ってチェビシェフ・バンドパス・フィルタを規定できます．カットオフ周波数の近傍では，チェビシェフ・フィルタを使って理想バンドパス・フィルタ特性に近づけるほうがバターワース・フィルタよりも利点が多くなります．

　これで，チェビシェフ・フィルタで設計できますね！！！

図22.13　代表的なチェビシェフ・バンドパス・フィルタの特性
─パスバンドの拡大図

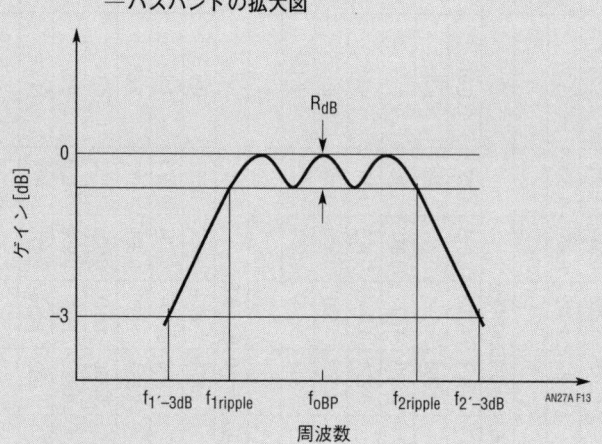

　これは帯域幅BWや，周波数ペアの選択によらず成り立ちます．これで，この数表は図に示したように数値的にスケーリングできるようになりました．

●例題3 ─ 設計

　表22.4を使って，図22.14のような中心周波数f_{oBP} = 10.2 kHz，−3dB帯域幅が800 Hzに等しい8次チェ

図22.14　例題3―8次チェビシェフ・バンドパス・フィルタ. $f_{oBP} = 10.2\text{kHz}$, $BW = 800\text{Hz}$

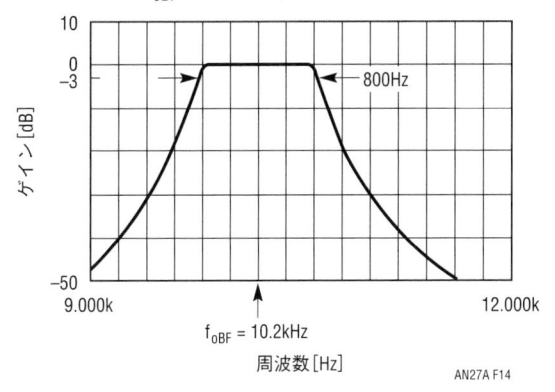

AN27A F14

ビシェフ・フィルタを設計してみます.

ここでは$A_{MAX} = 0.1$ dBとします. これより次の計算をします.

$$\frac{f_{oBP}}{f_{BW(-3dB)}} = \frac{10.2\text{kHz}}{800\text{Hz}} = 12.75$$

この値を使って**表22.4**より以下の行が得られます.

f_{oBP}	f_{oBP}/BW_1	f_{o1}(Hz)	f_{o2}(Hz)	f_{o3}(Hz)	f_{o4}(Hz)	f_{oBP}/BW_2	Q1=Q2	Q3=Q4	K
1	10	0.977	1.023	0.945	1.058	8.20	15.7	37.9	29.8

我々のフィルタのf_{oBP}/BW_2の値は, 数表の行には厳密に一致する値がないので, その前後の数値を含む二つの行の間でスケーリングして設計パラメタを得なくてはなりません. つまりf_{oBP}/BW_2の比は, 8.20と16.39の間になります（これは－3 dB帯域幅についてであることをお忘れなく！）.

特性が対称になるバンドパス・フィルタでは, 極もf_{oBP}に対して対称になります.

$$(f_{o2} - f_{o1}) = (1.023 - 0.977) \times 10.2 \text{ kHz} \times \frac{8.2}{12.75}$$
$$= 302 \text{ Hz}$$

注：$\dfrac{8.2}{12.75} = \dfrac{f_{oBP}}{BW}$　スケーリング・ファクタ

これより, 最初の二つの極は302 Hz離れて, f_o (10.2 kHz)に対して次のように対称位置に存在します.

$$f_{o2} = 10200 \text{ Hz} + 302 \text{ Hz} / 2 = 10351 \text{ Hz}$$
$$f_{o1} = 10200 \text{ Hz} - 302 \text{ Hz} / 2 = 10049 \text{ Hz}$$

これらの二つの極のQは等しく, またスケーリングすると次のようになります.

$$Q_1 = Q_2 = 15.7 \times \frac{12.75}{8.2} = 24.4$$

さらに, 次の二つの極を計算します.

$$(f_{o4} - f_{o3}) = (1.058 - 0.945) \times 10.2 \text{ kHz} \times \frac{8.2}{12.75}$$
$$= 741 \text{ Hz}$$
$$f_{o3} = 10200 \text{ Hz} - 741 \text{ Hz} / 2 = 9830 \text{ Hz}$$
$$f_{o4} = 10200 \text{ Hz} + 741 \text{ Hz} / 2 = 10571 \text{ Hz}$$

Qは次のようになります.

$$Q_3 = Q_4 = 37.9 \times \frac{12.75}{8.2} = 58.9$$

このようにQが高くなると, どのようなフィルタにしても実現は難しくなります. フィルタの設計者は, 20 kHz以上の周波数ではQが20, できれば10より高くならないように工夫が必要です. この例ではKはスケーリングしませんので, **表22.4**から求めたままの29.8となります.

●例題3 ― 周波数応答の推定

フィルタ設計者は**表22.4**（あるいは**表22.1**, **表22.2**や**表22.3**）を使って, 全体としてのバンドパス・フィルタの応答形状を良い近似で求めることができます. チェビシェフ・フィルタについては**図22.12**を参照して, 数表からf_3, f_5, f_7, …を求めることができます. これらの周波数は, チェビシェフ・フィルタのリプル帯域幅の2, 3, 4, …倍となる点の周波数を規定するものです.

例題3では, －3dB帯域800 Hzの10.2 kHzバンドパス・フィルタが仕様でした. ここでの設計方針を選んだ場合の話になりますが, 数表が使えるように－3 dB帯域幅をリプル帯域幅に変換することが次にやる作業になります.

前述のように, 以下の関係があります.

$$\frac{f_{oBP}}{BW_{2(-3dB)}} = 12.75 \text{ ここでは} f_{oBP} = 1$$

（数値表は正規化されているので）

$$BW_{2(-3dB)} = 0.0784 \text{ を得る}$$

$A_{MAX} = 0.1$ dBに対する**表22.4**の値には, 次の関係があります.

$$\frac{f_{oBP}}{BW_{1(ripple)}} \fallingdotseq \frac{f_{oBP}}{BW_{2(-3dB)}} \times \text{スケーリング・ファクタ}$$

$A_{MAX} = 0.1$ dBの8次チェビシェフ・フィルタでは, このスケーリング・ファクタは約0.82です. フィルタの次数が異なったり, A_{MAX}の値が異なる場合は, それぞれの数表の値からスケーリング・ファクタを求めます.

このようにして，我々のフィルタのリプル帯域幅は次のようになります．

$BW_{2(-3\mathrm{dB})} \times$ スケーリング・ファクタ

$= BW_{1(ripple)}$

$0.0784 \times 0.82 = 0.0643$

これで，f_3，f_5，f_7，…を計算できます．ここで，f_3，f_5，f_7，…が求められれば，数表のどこに我々のフィルタが当てはまるかは問題ではなくなる点に注意してください．フィルタの帯域幅によってf_3，f_5，f_7，…が決まり，それがわかればそれらの周波数でのゲインが直ちに計算できます．

次の式を使います．

$$(f_x, f_{x+1}) = \frac{\pm nBW + \sqrt{(nBW)^2 + 4(f_{oBP})^2}}{2}$$

ここでは，$f_{oBP} = 1$

次のような計算になります．

$$2BW = 0.1286 \quad \frac{\pm 2BW + \sqrt{(0.1286)^2 + 4}}{2}$$

$$= 1.0664, \quad 0.9378$$

$$3BW = 0.1929 \quad \frac{\pm 3BW + \sqrt{(0.1929)^2 + 4}}{2}$$

$$= 1.1011, \quad 0.9082$$

次に，ボード線図上の点を求めるために，実周波数に戻します．

$$(f_3, f_4) = 0.9378 \times f_{oBP} = 0.9378 \times 10.2 \text{ kHz}$$

$$= 9.566 \text{ kHz}$$

$$1.0664 \times f_{oBP} = 1.0664 \times 10.2 \text{ kHz}$$

$$= 10.877 \text{ kHz}$$

周波数f_3およびf_4において，$Gain = -23.4$ dB

$$(f_5, f_6) = 0.9082 \times f_{oBP} = 0.9082 \times 10.2 \text{ kHz}$$

$$= 9.264 \text{ kHz}$$

$$1.1011 \times f_{oBP} = 1.1011 \times 10.2 \text{ kHz}$$

$$= 11.231 \text{ kHz}$$

周波数f_5およびf_6において，$Gain = -38.8$ dB

●例題3 ─ 実装

この10.2 kHz（f_{oBP}）の8次バンドパス・フィルタは，1個のLTC1064Aの中の3セクション分をMode 2で，1セクションをMode 3で使うことで実装できます．これを**図22.15**と**図22.16**に簡単に示してあります．計算は示してありませんが，前述の例題1や例題2の実装の場合と同様になります．

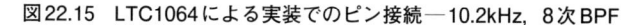

図22.15 LTC1064による実装でのピン接続─10.2kHz，8次BPF

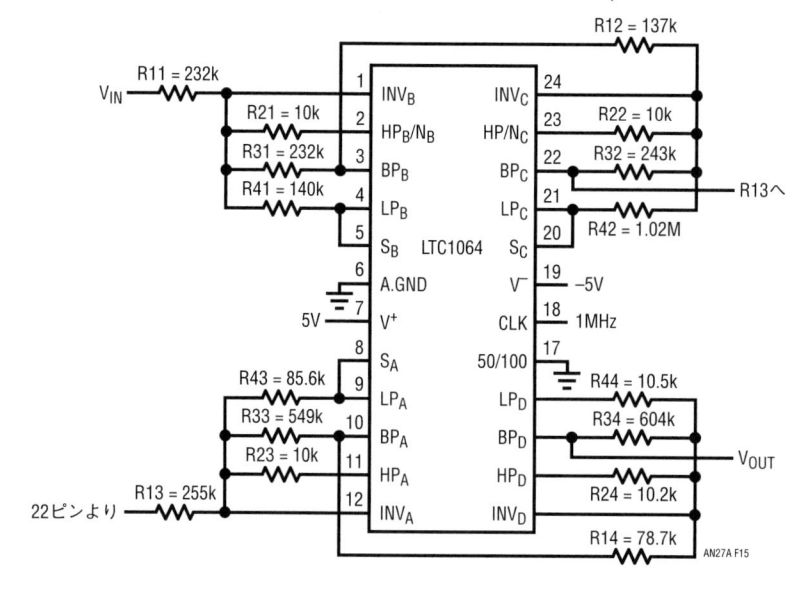

図22.16　10.2kHz 8次BPFの実装―LTC1064の各セクション

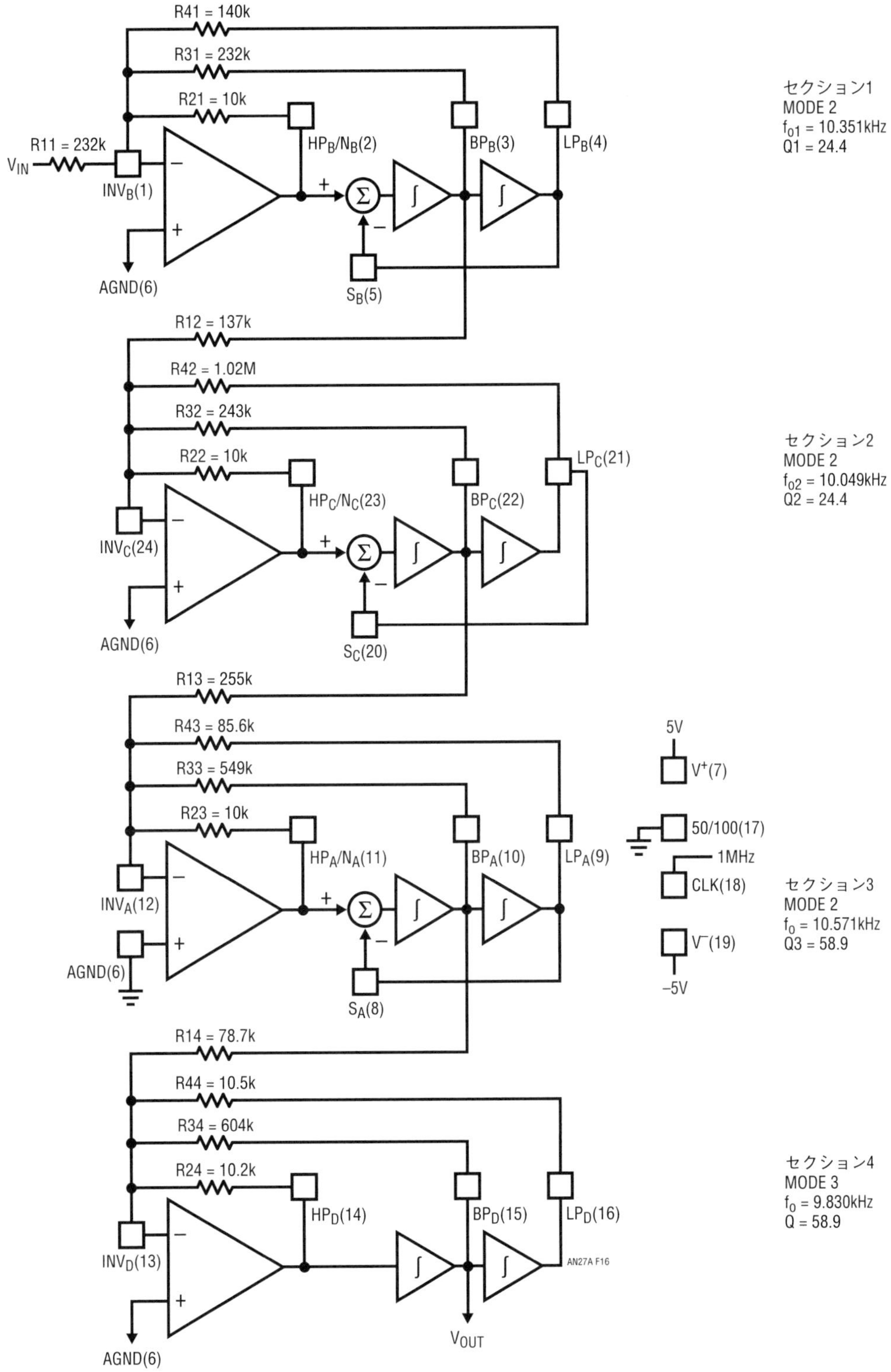

カッコ内の番号はLTC1064でのピン番号
すべての抵抗は1%

第23章

FilterCADユーザーズ・マニュアル, バージョン1.10

訳：細田 梨恵

FilterCADとは？

FilterCADは，特別な専門知識がなくても，良好なフィルタを簡単に作れるように設計されたソフトウェア・ツールです．また，経験を積んだ設計者がこれを使えば，フィルタの部品の値や構成をさまざまに変更した結果を確認できるので，より良い設計を得ることができます．

FilterCADを使うことで，おもな4種類のフィルタ（ローパス，ハイパス，バンドパス，そしてノッチ）のいずれについても，バターワース，チェビシェフ，エリプティック，さらに任意の応答特性のフィルタ設計ができます（ベッセル・フィルタは，極とQの値を手入力することで実現できるが，現在のFilterCADのバージョンではベッセル特性のフィルタを合成することはできない）．FilterCADで設計ができるのは，ステート・バリアブル型の2次フィルタ・セクションをカスケード接続して構成できるフィルタに限定されます．FilterCADを使うと，振幅，位相，そして群遅延をグラフに描き，適切な部品とICの動作モードの選択，抵抗値の計算ができます．また部品の選択，各セクションのカスケード接続の順番，そして動作モードは変更が可能です．

ライセンス契約と免責事項

このFilterCADのコピーは，リニアテクノロジー社のお客様に提供されています．この製品は，リニアテクノロジー社の製品との併用が認可されています．プログラムはコピープロテクトされておらず，プログラムを変更しないこと，およびコピーはリニアテクノロジー社の製品のみで使用されるという条件の下で，必要に応じてプログラムのコピーを作成することができ

ます．

FilterCADがこのマニュアルで説明されているように動作するように努力していますが，エラーがないことを保証するものではありません．このプログラムのアップグレード，改変，または修理は，厳密にはリニアテクノロジー社の裁量によるものとします．FilterCADをインストールまたは操作する際に問題が発生した場合は，太平洋標準時間（月曜日から金曜日）の午前8時から午後5時まで，(408)432-1900のアプリケーション部門に電話して技術的な支援を受けることができます．現在使用されているオペレーティング・システムのバージョンや周辺機器が非常に多様であるため，それらすべてのシステムでFilterCADを正常に使用できるとは限りません．FilterCADを使用することができない場合，リニアテクノロジー社は，必要な手段でLTCフィルタ製品の設計サポートを提供します．

リニアテクノロジー社は，FilterCADまたはそのドキュメンテーションの使用に関して，明示的または暗示的に保証しません．リニアテクノロジー社は，たとえそのような損害の可能性が事前に通知されたとしても，本製品の使用または本製品の使用不能から生じた直接的または間接的な損害に対して，いかなる責任も負わないものとします．

● FilterCADプログラムのダウンロード

リニアテクノロジー社からのユーザ・サポートはありませんが，FilterCADプログラムは同社サイトwww.linear.comからダウンロードができます．ダウンロードしたファイルをコンピュータで確認したあと，

日本語版注：本章で解説しているFilterCADはバージョン1.10です．異なるバージョンのFilterCADについては，それぞれに対応するマニュアルを参照してください．

希望するディレクトリへのインストールを手動で開始してください．

　領布されるFilterCADのパッケージには，以下のものが含まれています．プログラムをインストールしたあと，FilterCADの実行に問題が生じるようでしたら，以下の必要ファイルがすべて存在していることを確認してください．

README.DOC

　（オプション）このファイルがパッケージ内に存在すれば，このマニュアルに含まれていないFilterCADの更新情報が含まれている

INSTALL.BAT

　自動インストール・プログラム——FilterCADをハード・ディスクにインストールする

FCAD.EXE

　FilterCADの主プログラム・ファイル

FCAD.OVR

　FilterCADのオーバレイ・ファイル——FCAD.EXEにより使用される

FCAD.ENC

　暗号化された著作権保護ファイル——そのままにしておくこと！

FDPF.EXE

　デバイス・パラメータのエディタ——FCAD.DPFを変更するために使われる（Appendix 1を参照）

FCAD.DPF

　デバイス・パラメータ・ファイル——FilterCADがサポートするICのデータを保持する

ATT.DRV

　AT＆T社グラフィック・アダプタ用のドライバ

CGA.DRV

　IBM社CGAまたはその互換グラフィック・アダプタ用のドライバ

EGAVGA.DRV

　EGAおよびVGAグラフィック・アダプタ用のドライバ

HERC.DRV

　Hercules社モノクローム・グラフィック・アダプタ用のドライバ

ID.DRV

　すべてのドライバ仕様に対するアイデンティフィケーション・ファイル

注：*FilterCAD*プログラムをPCに合わせて設定して，

ディスプレイ・タイプを選択したあとは，ディスク・スペースを節約する必要があれば不必要なドライバは削除できます（全部消してしまわないように）．

● 始めるまえに

　まずパッケージにREADME.DOCファイルが含まれていないか，確認してください．このファイルが存在していれば，このバージョンのマニュアルには含まれていない重要情報が記述されています．FilterCADをインストールしたあと，使用を開始するまえにこのファイルを参照してください．それには，

　　　TYPE README.DOC［Enter］

とタイプします．テキスト表示のスクローリングを止めるには，

　　　［Ctrl］S

を押してください．どのキーを押しても，スクロールが再開します．READMEファイルをプリンタで印刷するには，

　　　TYPE README.DOC>PRN［Enter］

と入力してください．

● Windows7のPCへのインストール手順

　FilterCADプログラムを目的のフォルダに正しくダウンロードします．

1. もしPCに，リニアテクノロジー社のLTspiceやQuickEvalのような他のプログラムがインストールされていたら，すでに以下のフォルダが作られています．

　a．C:¥Program Files¥LTC（32ビット・システム）
　または

　b．C:¥Program Files(86)¥LTC

　　　　　　　　（64ビット・システム）

　もし，これらが存在しなければ上記のaかbのように，ディレクトリ・フォルダを作ってください．

　FilterCADプログラムは次のURLから，FilterCAD.zipとしてダウンロードできます．

　　http://www.linear.com/designtools/software/
　　　　　　　　　　　　　　　　　　　　#Filter

2. ダウンロードしたあとFilterCAD.zipを開き，"FilterCADv300.exe"を取り出すために"FilterCAD.exe"の上で右クリックして"Run as an administrator"を選び，

次のディレクトリを指定します.

  C:¥Program Files¥LTC（32ビット・システム）
  または
  C:¥Program Files(86)¥LTC（64ビット・システム）

3.　次に
  C:¥Program Files¥LTC（32ビット・システム）
あるいは
  C:¥Program Files(86)¥LTC（64ビット・システム）
に移動して,
  "OPEN THIS FOLDER TO INSTALL FilterCAD"
を開き, 次に
  "Run" SETUP.exe
とすると, FilterCADが次のディレクトリにインストールされます.

  C:¥Program Files¥LTC¥FILTERCAD
               （32ビット・システム）
  または
  C:¥Program Files(86)¥LTC¥FILTERCAD
               （64ビット・システム）

ハードウェア要件

FilterCADでサポートされるグラフィック・アダプタおよび動作モードについては, Configurationの項目で示されます. FilterCADは計算量の大きいプログラムですので, できるだけ高性能なCPUで動作させてください.

フィルタとは何か

フィルタとは, ある範囲内の周波数を入力から出力に選択的に通過させる回路であり, それ以外の周波数はブロック（減衰）されます. 一般的に, フィルタは通過する周波数に応じた名前で呼ばれます.

大部分のフィルタは, 一般的な4つのタイプのどれかに分類することができます. ローパス・フィルタは, 規定の周波数（カットオフ周波数と呼ぶ）以下のすべての周波数を通過させるもので, カットオフ以上の周波数は徐々に減衰します. ハイパス・フィルタはちょうどその反対で, カットオフ周波数より高い周波数を通過させ, カットオフ周波数以下は徐々に減衰します. バンドパス・フィルタは, 規定周波数を中心とした周波数帯域を通過させ, それより上と下の周波数は減衰します. ノッチあるいは帯域阻止フィルタは, 規定周波数のまわりの周波数を減衰させ, それより上と下の周波数は通過させます. これら基本的な4つのフィルタのタイプを, 図23.1.1から図23.1.4に示しました. 驚くほどのことではありませんが, 入力に加わる全周波数を通過させる, オールパス・フィルタというタイプもあります[注1]. さらに, 分類が難しくなるような, ずっと複雑な応答特性のフィルタを作り出すことも可能です.

フィルタが通過させる周波数範囲は, その意味から"パスバンド"と呼ばれます. また, フィルタが減衰させる周波数帯域は"ストップバンド"と呼びます. パスバンドとストップバンドの間については"遷移領域"と呼びます. 理想的なフィルタの特性とは, パスバンドではすべての周波数をそのまま通過させ, ストップバンドでは無限の減衰がかかるものと言えます. 図23.1.5にその特性を示します. 残念ながら, このような机上の仕様は現実のフィルタには当てはまりません. フィルタのタイプによって特性も異なりますし, 遷移領域の周波数における減衰量は無限より小さい比率になります. 別の言い方をすると, 与えられたフィルタの振幅応答はそれぞれに特徴的な形状になります. パスバンドの周波数でも同様に, 振幅（"リプル"）あるいは位相に関して異なった形状になります. 現実に使われるフィルタはどれも, 振幅特性の傾斜の急峻さ, リプル, 位相シフト（それに, もちろんコストと回路規模）の間でバランスをとった設計の結果になります.

FilterCADを使うことで, 3つのタイプの応答特性（それに加えて, カスタムな特性）から選んだフィルタの設計が行えます. それらの応答タイプは, "バターワース", "チェビシェフ", そして"エリプティック"として知られるもので, 先に述べた設計上の各ポイントについて, バランスの取り方が異なります. バターワース・フィルタ（図23.1.6）はパスバンドでの平坦度は最良ですが, 他の2タイプよりカットオフ周波数後のロール・オフの傾きがなだらかになります. チェビ

注1：オールパス・フィルタは, 異なる周波数の信号の振幅には影響しないが, その位相に選択的に影響を与える. この特性を使って, 他のフィルタを含む他デバイスによって生じた位相シフトを補正することができる. ただしFilterCADでは, オールパス・フィルタの合成はできない.

図23.1.1 ローパス応答

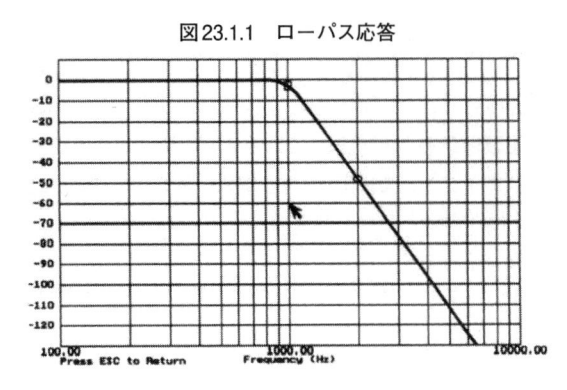

図23.1.2 ハイパス応答

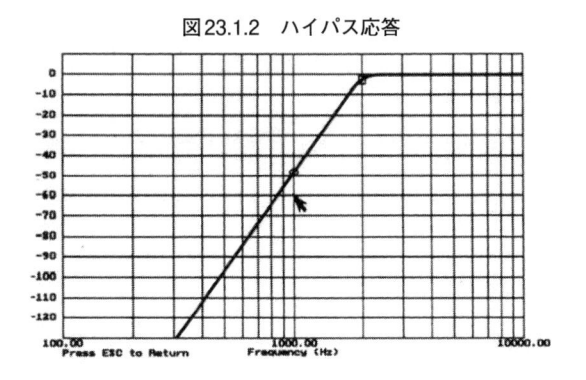

図23.1.3 バンドパス応答

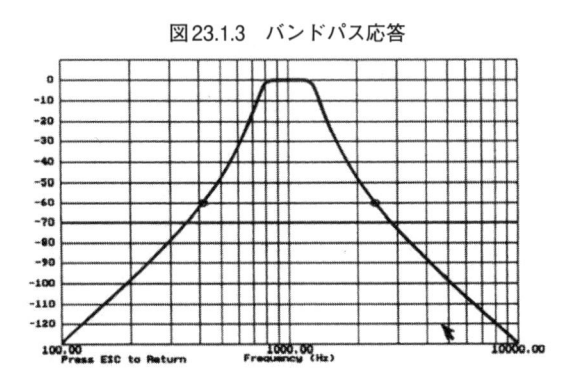

図23.1.4 ノッチ応答

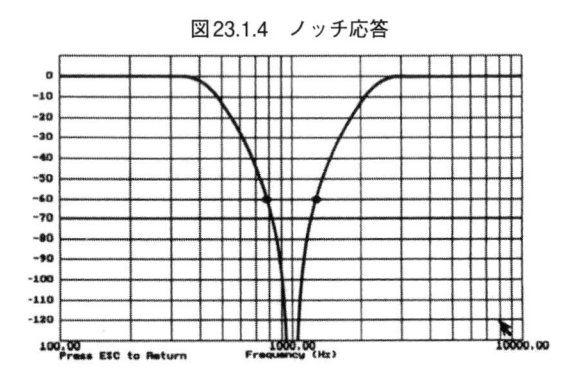

図23.1.5 理想的なローパス応答

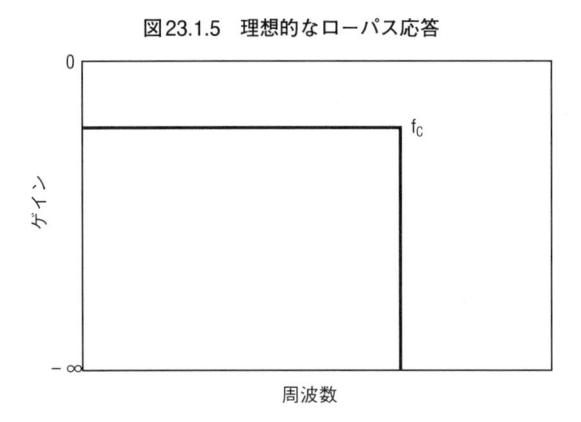

図23.1.6 6次バターワース・ローパスの応答

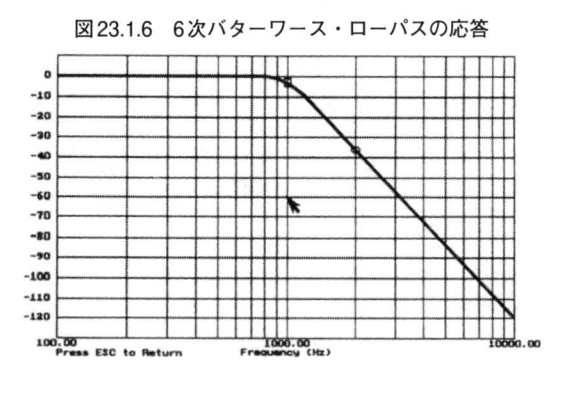

図23.1.7 6次チェビシェフ・ローパスの応答

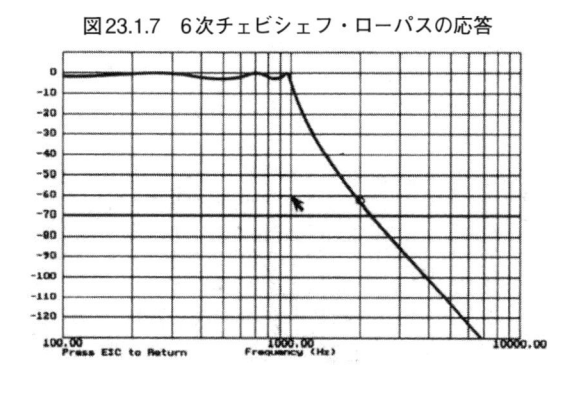

図23.1.8 6次エリプティック・ローパスの応答

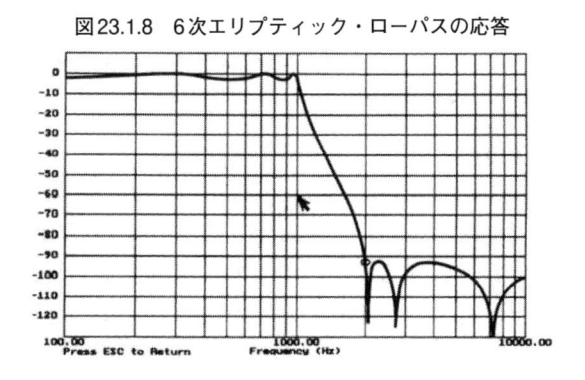

シェフ・フィルタ（**図23.1.7**）はバターワースより最初のロール・オフは急峻ですが，パスバンドでは0.4dB以上のリプルを許容しなくてはなりません．エリプティック・フィルタ（**図23.1.8**）の最初のロール・オフは，最も急峻になります．しかしパスバンドとストップバンドのどちらにも，リプルが生じます．エリプティック・フィルタは高いQをもち，（注意を払わずに設計すると）ノイズの多いフィルタになりかねません．そのような高いQでは安定性と中心周波数の精度への要求仕様が厳しくなるので，エリプティック・フィルタはアクティブRCフィルタでの実装が難しくなります．アクティブRCフィルタと比較すると，SCFは本質的に安定性が良く中心周波数も正確であるため，エリプティック・フィルタに適しています．同じ2次フィルタ・セクションの段数で比較した場合，チェビシェフおよびエリプティック・フィルタのほうが，バターワース・フィルタよりも大きなストップバンドでの減衰量が得られます．

一般的にフィルタは，1次また2次のフィルタ・セクションを基本ビルディング・ブロックとして使い，それらを接続して組み立てます．リニアテクノロジー社の各フィルタICは，外部クロック，数個の抵抗器を接続した回路によって，2次のフィルタ・セクションの特性を正確に近似します．これらは周波数領域において，表の形にまとめられています．

1. バンドパス関数：バンドパス出力ピンから得られる．**図23.1.9**を参照

$$G(s) = H_{OBP} \frac{s\,\omega_0/Q}{s^2 + (s\,\omega_0/Q) + \omega_0^2}$$

H_{OBP}：$\omega = \omega_0$におけるゲイン．
$f_0 = \omega_0/2\pi$：f_0は複素数の極のペアの中心周波数．この周波数で入出力間の位相差が$-180°$となる．
Q：複素数の極のペアのクオリティ・ファクタ．これは2次のバンドパス特性における$-3\,\mathrm{dB}$帯域のf_0に対する比である．Qは常にフィルタのBP出力ピンで測られる．

2. ローパス関数：LP出力ピンから得られる．**図23.1.10**を参照

$$G(s) = H_{OLP} \frac{\omega_0^2}{s^2 + s(\omega_0/Q) + \omega_0^2}$$

H_{OLP}：LP出力のDCゲイン．

3. ハイパス関数：モード3動作の場合でのみHP出力ピンから得られる．**図1.11**を参照

$$G(s) = H_{OHP} \frac{s^2}{s^2 + s(\omega_0/Q) + \omega_0^2}$$

H_{OHP}：周波数が$f_{CLK}/2$に近づいていく際のHP出力のゲイン．

4. ノッチ関数：複数の動作モードでN出力から得られる

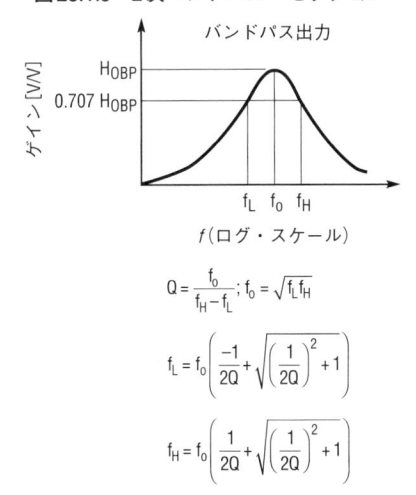

図23.1.9　2次バンドパス・セクション

$$Q = \frac{f_0}{f_H - f_L}; f_0 = \sqrt{f_L f_H}$$

$$f_L = f_0\left(\frac{-1}{2Q} + \sqrt{\left(\frac{1}{2Q}\right)^2 + 1}\right)$$

$$f_H = f_0\left(\frac{1}{2Q} + \sqrt{\left(\frac{1}{2Q}\right)^2 + 1}\right)$$

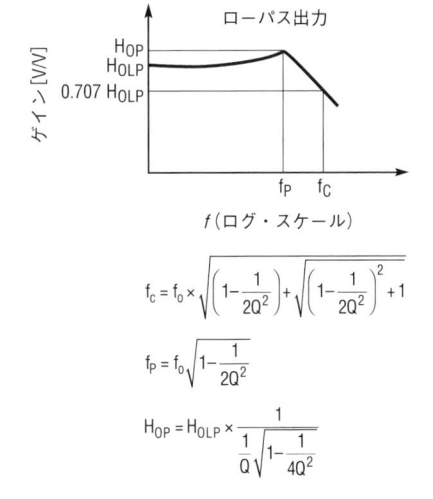

図23.1.10　2次ローパス・セクション

$$f_C = f_0 \times \sqrt{\left(1 - \frac{1}{2Q^2}\right) + \sqrt{\left(1 - \frac{1}{2Q^2}\right)^2 + 1}}$$

$$f_P = f_0\sqrt{1 - \frac{1}{2Q^2}}$$

$$H_{OP} = H_{OLP} \times \frac{1}{\frac{1}{Q}\sqrt{1 - \frac{1}{4Q^2}}}$$

図23.1.11　2次ハイパス・セクション

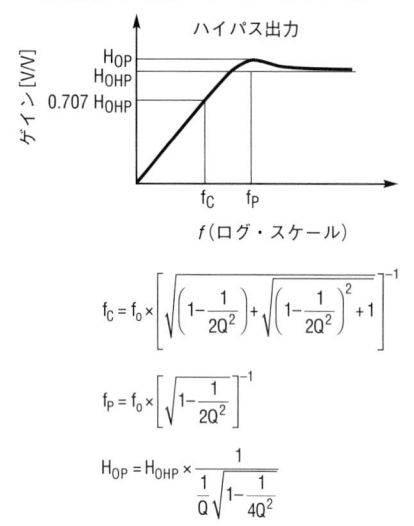

ハイパス出力

$$f_C = f_0 \times \left[\sqrt{\left(1 - \frac{1}{2Q^2}\right) + \sqrt{\left(1 - \frac{1}{2Q^2}\right)^2 + 1}} \right]^{-1}$$

$$f_P = f_0 \times \left[\sqrt{1 - \frac{1}{2Q^2}} \right]^{-1}$$

$$H_{OP} = H_{OHP} \times \frac{1}{\dfrac{1}{Q}\sqrt{1 - \dfrac{1}{4Q^2}}}$$

$$G(s) = H_{ON2} \frac{s^2 + \omega_n^2}{s^2 + s(\omega_0/Q) + \omega_0^2}$$

H_{ON2}：周波数が$f_{CLK}/2$に近づいていく際のノッチ
出力のゲイン

H_{ON1}：周波数が0に近づいていく際のノッチ出力
のゲイン

$f_n = \omega_n/2\pi$：f_nはノッチが生じる周波数

　これらの基本フィルタ・セクションをカスケード接
続（あるセクションの出力を次のセクションの入力につ
なぐ）することで，より急峻な傾きをもつ高次フィルタ
を構成します．フィルタは，それを構成するカスケー
ド接続されたセクションの段数とタイプによって，"次
数"を使って規定されます．例えば8次のフィルタでは，
4つの2次フィルタ・セクションをカスケード接続する
必要があり，また5次のフィルタでは，2つの2次セク
ションと1つの1次セクションを使います（フィルタの
次数は極の数にも相当するが，極についての説明はこ
のマニュアルの範囲を超える）．

ステップ1，基本設計

　FilterCADで最初に使う機能は，メイン・メニュー
にある"DESIGN Filter"です．DESIGN Filterの画面
に移るには

1

を押します．

　DESIGN Filter画面において，設計するフィルタに
ついて基本的な項目を決めます．最初にフィルタのタ
イプ（ローパス，ハイパス，バンドパス，およびノッチ）
を選びます．

　　　［スペース・バー］

を押してオプションを切り替えていきます．希望の
フィルタが表示されたら，

　　　［Enter］

を押します．

　次に，必要な応答特性のタイプ（バターワース，チェ
ビシェフ，エリプティック，およびカスタム）を選び
ます．同様に

　　　［スペース・バー］

を押すとオプションが切り替わるので，希望する特性
のところで

　　　［Enter］

を押します．

　次に，フィルタで一番大事なパラメータを入力しま
す．選択したフィルタのタイプによって，このパラメー
タは変わります．ローパスあるいはハイパス・フィル
タを選んだ場合は，dBで表したパスバンド・リプルの
最悪値（0より大きい値でなくてはならないが，バター
ワース応答については3dBとしなければならない），
dBで表したストップバンドでの減衰量，Hzで表した
コーナー周波数（カットオフ周波数としても知られる），
そしてストップバンド周波数です．バンドパスあるい
はノッチ・フィルタを選んだ場合は，Hzで表した中心
周波数，Hzで表したパスバンド帯域幅，Hzで表した
ストップバンド帯域幅を入力したあと，最大パスバン
ド・リプルとストップバンドでの減衰量を入力しなけ
ればなりません（それぞれの異なる設計内容について，
図23.2.1から**図23.2.4**にかけて，各パラメータの意味
するところを説明している）．また，カスタムな応答特
性を選んだ場合はやりかたがまったく異なるので，後
で別に述べることにします．

　ここで，選択したフィルタについてのパラメータを
入力して，パラメータごとに

　　　［Enter］

を押します．元に戻ったり，入力したパラメータを変
更したい場合は，

　　　↑（上向き矢印）

や

↓（下向き矢印）

のキーを使って目的のフィールドに移動して，パラメータを入力し直します．すべてのパラメータを正しく入力し終わったら，カーソルを最後のパラメータのところまで移動して

　　　［Enter］

を押します．

　これでFilterCADは設計したいフィルタについて計算を行い，さらに追加のパラメータとしてフィルタの次数，ストップバンドでの実際の減衰量，ゲイン，また実現するのに必要な2次および1次のセクションのf_0，Qやf_nの値も（必要に応じて）表示します．次のステップで設計したフィルタを実装する際に，これらの数値を使って各抵抗値を計算します．

　多くの場合，FilterCADは不適切な値が入力されるのを防いでくれます．例えばローパス・フィルタの場合，コーナー周波数より低いストップバンド周波数は入力できないようになっています．同様に，ハイパス・フィルタでは，ストップバンド周波数での減衰より大きなパスバンド・リプルの最大値は入力できませんし，次数が28を超えるフィルタになるような数値も入力できません．

● カスタム・フィルタ

　DESIGN画面でのカスタム応答特性のオプションの使い方には2通りあります．前述の方法で設計したフィルタを修正するために使うのと，最初から任意の応答特性のフィルタを作るのに使う方法で，後者では正規

図23.2.1　ローパス設計パラメータ：A_{MAX}＝パスバンド・リプルの最大値，f_C＝コーナー周波数，f_S＝ストップバンド周波数，A_{MIN}＝ストップバンドでの減衰量

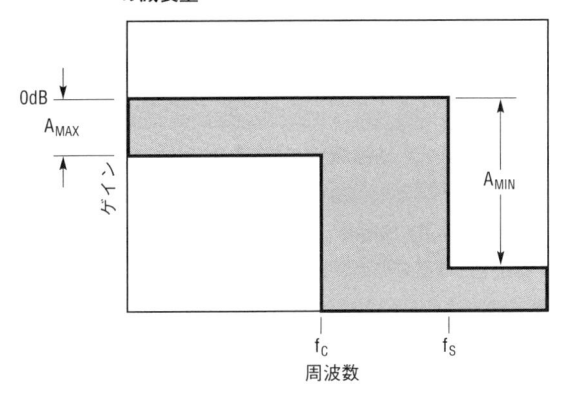

図23.2.2　ハイパス設計パラメータ：A_{MAX}＝パスバンド・リプルの最大値，f_C＝コーナー周波数，f_S＝ストップバンド周波数，A_{MIN}＝ストップバンドでの減衰量

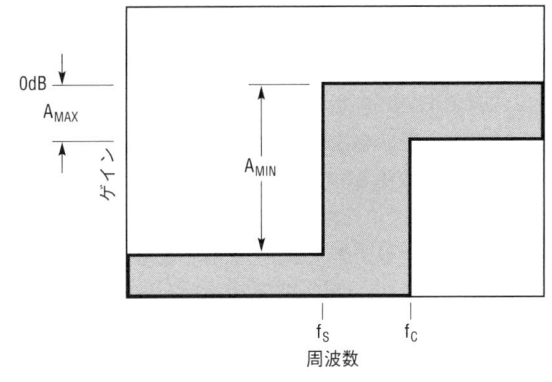

図23.2.3　バンドパス設計パラメータ：A_{MAX}＝パスバンド・リプルの最大値，f_C＝コーナー周波数，PBW＝パスバンド帯域幅，SBW＝ストップバンド帯域幅，A_{MIN}＝ストップバンドでの減衰量

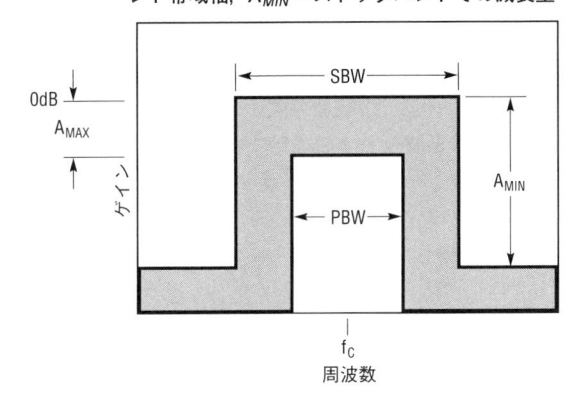

図23.2.4　ノッチ設計パラメータ：A_{MAX}＝パスバンド・リプルの最大値，f_C＝コーナー周波数，PBW＝パスバンド帯域幅，SBW＝ストップバンド帯域幅，A_{MIN}＝ストップバンドでの減衰量

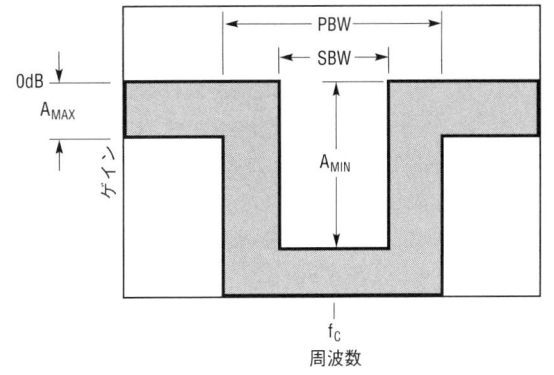

化係数を決めて, 必要な2次と1次のセクションに所望のf_0, Q, およびf_nの値を最初から入力していきます. すでに設計したフィルタの応答を変更するには, DESIGN画面で

[ESC]

を押し, ついで

1

を押してDESIGN画面に入り直します. カーソルを"FILTER RESPONSE"に移動したら,

[スペース・バー]

を使って"CUSTOM"を選択します. これで, 2次および1次のセクションのf_0, Q, およびf_nの値を, 画面の下方のウィンドウ内で編集できます. 既存の設計をカスタマイズする際は, コーナー周波数やセンタ周波数には正規化した周波数が自動的に入ります. ただし, ユーザがそれを変更することもできます.

最初からカスタムなフィルタを設計するには, DESIGN画面に入った際に最初に"CUSTOM"を応答のタイプとして選び, 希望する特性のためのf_0, Q, およびf_nの値を適宜入力します. デフォルトでは, カスタム・フィルタの正規化周波数は1Hzです. 入力が済んだあとは, この正規化周波数を変更すると, FilterCADがf_0, Q, およびf_nの値をスケーリングしてくれます. 正規化周波数を変更するには, 新しい値のところで

N

をタイプしてから

[Enter]

を押します. 得られる応答特性を逐次グラフ表示させてf_0, Q, およびf_nの値を変更していくことで, ほとんどどのような種類の応答の形状も近似していけます.

真にカスタムなフィルタの設計とは, 一部の専門家のみに可能な領域であるという点には理解が必要です. あるフィルタ特性になる極やQの値に"あたり"があるなら, FilterCADによってこのような"経験と勘による"設計が可能になります. そこまでの知識がない場合は, このプログラムが想定する範囲を外れることになり, このマニュアルの範囲を越えます. それはそれとして, 経験の少ない設計者であっても公開されている数表から設計パラメータを入力することで, FilterCADのカスタム応答フィルタの設計機能を有効に使いこなすことができます. 次のセクションでは, そのような設計方法の例を説明します.

ステップ2, フィルタ特性のグラフ化

フィルタを設計したあとの次のステップは, メイン・メニューの2番の項目である"GRAPH Filter Response"です. これによってフィルタの振幅, 位相または群遅延を, リニア・スケールでもログ・スケールでも, グラフで表示することができます. このグラフでは, 3dB落ちのポイント(バターワース・フィルタの場合)および, 減衰量が仕様を満たすポイントが強調表示されます. Graph Menuには"Reduced View"というオプションがあります. これによってフルサイズのグラフの右上の領域のウィンドウに, 縮小したグラフが表示されます. この機能は"Zoom"オプションを使う際に役立ちます.

グラフのパラメータ・リスト内を移動するには,

↑(上向き矢印)

や

↓(下向き矢印)

を使い, 変更したいパラメータの選択をするには

[スペース・バー]

を押します. グラフのパラメータの設定が終わったら,

[Enter]

を押すとグラフの表示が始まります.

● 画面へのプロット

出力デバイスとして画面を選ぶと, FilterCADはグラフの表示を始めます. これは計算量の多い処理です. 使用するPCの動作速度と計算能力, 数値計算コプロセッサの有無による影響が大きく出ます. グラフの表示は秒単位で終わります. しかし, プロットするグラフのポイント数を減らせば計算と表示の速度が向上することに留意してください. このパラメータを変更するには, Configurationメニューの6番目の項目"Configure DISPLAY Parameters"の下にある"Change GRAPH Window"オプションを使います. このデータ・ポイント数は50から500の範囲で選択できます. もちろん, ポイント数を減らすほどグラフは粗くなりますが, 高速に表示できるので容認できるトレードオフでしょう.

● ズーム機能

画面上にグラフを表示させた場合, 興味を引く領域を拡大して"ズームイン"するオプションもあります(ズーム機能を使うまえに, グラフ・メニューの

"Reduced View" オプションをオンにするとよいかもしれない．ズームインしたときに拡大される範囲は，フルサイズのグラフの縮小表示の部分に四角いボックスで示される）．グラフの右下の隅の矢印に注意してください．ズームインしたい領域を，この矢印を使って示します．またこれは，グラフ上の任意の点の周波数やゲインを表示させるためにも使います（それらの値は画面の右上の隅に表示される）．画面上の矢印の位置は，キーボードの数字キーのそばにある矢印キー（カーソル移動用のキー）でコントロールします．矢印の移動量は粗くも細かくもできます．移動量を粗くするには，

　　　＋

を押します．また細かくするには，

　　　−

を押します．拡大したい領域の1つの角に矢印を移動させ，

　　　[Enter]

を押します．次に，矢印をその領域の対角線上の角に移動します．矢印を移動すると，四角いボックスがもとの領域を囲んで大きくなります．ボックスの位置を動かしたい場合は，

　　　[ESC]

を押して選択手順をやりなおさなければなりません．ボックスが拡大したい領域を囲んだら，

　　　[Enter]

を押すと画面が再描画されて，選択された範囲の新しいグラフが表示されます．拡大した領域をより高精度で表示するために，グラフのデータ点が新しく実際に計算される点に注意してください．

　グラフの細部の拡大は，段階的に繰り返して行うことができます．その繰り返しには限界がありますが，実用上，拡大が不足するようなことはありません．もし拡大したグラフをプロッタやディスクに出力したければ，それも可能です．それには，

　　　[ESC]

を1回押して，いったんGRAPH MENUスクリーンに戻り，出力デバイスをプロッタやディスクに変更して，

　　　[Enter]

を押したあとは，後述するようにプロッタ出力を進めます．グラフをズームアウトするには，

　　　L

を押します（LはLargeの意）．ズームインしたあとに，同じだけズームアウトを繰り返せます．ただし，ズームアウトを繰り返すたびに計算と表示が繰り返されるので注意してください．ズームを何回も繰り返したあとに，元のフルサイズのグラフに直ちに戻りたければ，

　　　[ESC]

を2回押してMAIN MENUに戻って，GRAPH画面に入り直すほうが手っ取り早くなります．

画面のプリント —— 画面上のグラフをいつでもプリンタに出力することができます．

　　　[Alt] P

を押します．同じ機能を使って，Device画面（実装の節を参照のこと）からFilterCADの動作モード図をプリントすることができます．この画面のプリント・ルーチンはプリンタがつながっていて，電源が入っているかを確認し，もしそうでなかったら警告してくれます．プリンタがつながっていてオンになっていても，オフラインである場合，FilterCADはプリンタをオンラインにしてプリントを開始します．しかし，いったんプリントを始めたあとはエラー・チェックをしないので，プリントを中止するためにプリンタをオフにしたり，オフラインにしたりするとプログラムが"ハングアップ"する可能性があります．

● **プロッタでの作画，HPGLファイルやテキスト・ファイルについて**

　グラフをプロッタに送ろうとしたり，HPGLファイルとしてディスクに書き出そうとした場合，最初にPLOTTER STATUS MENUが開くことになります．まず，"GENERATE CHART (Y/N)"と尋ねられます．ディスクに書き出すか，プロットするのかという場面ですが，ここではグラフをプロットしたいのか，とは聞かれずにグラフにグリッドを付けたいか，それともデータだけをプロットしたいかと聞かれます．これはおかしな選択のように思うかもしれませんが，理由があります．プロッタに出力するときには，比較のために同じ用紙上に異なるフィルタの応答カーブを重ねることができます．この場合，グラフのグリッドを毎回出力すると，ごちゃごちゃになってしまいます．このオプションにより，最初はグリッドを描き，続いてデータだけをプロットすることができます．もう少し手間がかかりますが，ディスクに書き出す際にも同じ手順が使えます．それには2つ（あるいはそれ以上でも）の別ファイルにプロットを書き出すようにして，最初の

ファイルではグリッドをオンにして，残りではグリッドをオフにするわけです．そうしてからFilterCADを抜けて，DOSのCOPYコマンドによってファイルを連結します．例えば，3つのHPGLファイル，SOURCE1，SOURCE2，そしてSOURCE3を連結して，1つのファイルTARGETにしたいとするなら，次のようにコマンドを使います．

　　　COPY/B　SOURCE1+SOURCE2+SOURCE3
　　　TARGET　［Enter］

次に，

　　　GENERATE CHART（Y/N）

という質問に答えると，PLOTTER STATUS MENUの残りの部分が表示されます．ここでグラフの寸法，使用するペンの色，またグラフの下に設計パラメータを書き出すかどうかを選択します．プロッタ・オプションを正しく設定したあとで，

　　　P

を押すと作画が始まります．作画せずにPLOTTER SATUS MENUを抜けるには，

　　　［ESC］

を押します．グラフのゲイン，位相，そして群遅延のデータ・ポイントをASCIIテキストの形式でディスクに書き出すこともできます．それには，出力デバイスとして

　　　DISK/TEXT

を選びます．そしてプロットするパラメータを選んで

　　　［Enter］

を押します．するとデータを書き込むファイル名を入力するように促されます．

　これらの数値データは，データを解析するためなどにスプレッド・シートへインポートできます．

　もしグラフに描かれるのがほとんどまっすぐな水平ラインやスロープだったとしたら，恐らくはプロットしようとしたフィルタに対して，グラフの周波数および振幅の範囲の設定が適切でなかったことを表しています（例えば，コーナー周波数20 Hzのハイパス・フィルタに対して，周波数範囲を100 Hzから10000 Hzとしたグラフ）．グラフの周波数とゲイン範囲を調整するには，Configuration Menu の "Configure DISPLAY Parameter" の6番目の項目の下にある "Change GRAPH Window" オプションを使います．

フィルタの実装

　メイン・メニューの3番目の項目，"IMPLEMENT FILTER" によってステップ1で求めた数値を具体的な回路に変換します．これにはいくつかのステップが必要です．

● 最適化

　最初のステップでは，ファイルの2つの特性から1つを選んで最適化します[注2]．ノイズ最小あるいは高調波歪み最小のどちらかの目的で最適化がかけられます．ノイズについて最適化する場合，フィルタの入力が接地された状態で出力ノイズが最小になるようにフィルタ・セクションのカスケード接続の順序が決められます．他に設計上の判断基準に関して問題がなければ，これは一番わかりやすい最適化です．高調波歪みが最小になるように最適化する場合は，注目するアンプでの信号の振幅が最小になり，高調波歪みが減るようにフィルタ・セクションのカスケード接続が決められます．しかし，高調波歪みについての最適化は，ノイズ性能に関しては最悪の結果になることに注意してください．

　Optimization画面では，内部クロック周波数のf_0に対する比（50：1あるいは100：1）や，Hzでのクロック周波数，それにデバイスの自動選択機能のオンかオフを選ぶことができます．クロック周波数の比はICの設定ピンの状態に対応するもので，必ずしも実際のクロック周波数とf_0の比に関連するものではないことを理解する必要があります．したがって，もしFilterCADが自動選択した周波数とは異なる周波数にした場合，周波数比が適切に変わるわけではありません．経験の浅いフィルタの設計者は，特に何か理由がない限り，FilterCADが選んだクロック周波数を使い，またICの自動選択機能を "ON" にすることを勧めます．クロックの周波数と周波数比は任意に決められるものではなく，選択したICの動作モードに応じて，コーナー周波数やセンタ周波数と関連があります．クロック周波数，周波数比，動作モードに関するより詳しい情報については，リニアテクノロジー社製品のデータシートを参

注2：FilterCADはカスタム・フィルタの設計の最適化はしないし，そのような設計に対してはその動作モードを選択しない．これは，カスタム・フィルタの設計が専門家の独壇場であることの別の表れでもある．

照してください.

　最適化したい特性を選択したあと，さらに他のオプションを調整したい場合は，カーソルを "OPTIMIZE FOR" に戻してから

　　　O

を押します. そうすると，FilterCADは選択したICとその動作モード，そしてカスケード接続の順序を表示します. 再び特性の最適化をかけたい場合は，もう一度

　　　O

を押して前述の手順を繰り返します.

● 実装

　最適化の結果に満足できたら，実装のステップへ進むために

　　　I

を押します. これにより，最適化の情報が表示されていたウィンドウがクリアされる以外のことは起こりませんので，選択されたIC，カスケード接続の順番，動作モードを見るためには

　　　D

を押します. Device画面の最初の表示では，選択したICの詳細な仕様が表示されます. 実装された設計での，2次および1次のフィルタ・セクションの動作モード図を見るには，

　　　↓（下向き矢印）

を使ってカーソルを画面の左端にあるCascade-Orderリスト中で移動します.

　Implementationメニューで，画面に "Edit DEVICE/MODEs" とタイトルが付いているのに気付くと思いますが，実際のところICの選択も，2次や1次のフィルタ・セクションの動作モードの選択のどちらも，マニュアル操作で変更できます. しかし，経験の少ないフィルタ設計者の方には，この機能に手を出さないように声を大にして言いたいと思います. それらをマニュアルで変更すると，自己責任として，このプログラムに組み込まれた専門知識をことごとく無視することになります. 経験のある設計者の方は，場合によっては変更を選ぶことができますが，時間と手間を節約して動作する設計の仕様を手にしたいなら，FilterCADが選んだICと動作モードを受け入れるべきです. 実装の手順を終えてDevice画面から抜けるには，

　　　［ESC］

を押し，次に各抵抗値を計算するために

　　　R

を押します. 実際の値を計算するには，

　　　A

を押します. あるいは，1％精度の抵抗値系列から一番近い値を選ぶには，

　　　P

を押します

　Implementationメニューには，まだ試していないもう1つのオプション，"Edit CASCADE ORDER" があります. このオプションでは極と零点を入れ換えて，フィルタを構成する2次のセクションの接続順を変更することができます. これはフィルタの設計において最も秘密かつ難解な部分になります —— 専門家でさえ，これらのパラメータをいじることで得られるメリットの説明に窮する場合があります. そういうわけで繰り返しになりますが，初心者の方はこの機能には触らないことをお勧めします[注3].

フィルタの設計データの保存

　メイン・メニューの4番目の項目，"SAVE Current Filter Design" を使うと設計データをディスクに保存することができます.

　　　4

を押すと保存されます. デフォルトでは，新規ファイルは "NONAME" という名前で保存されますが，一度セーブやロードされたファイルは次回も元の名前で扱われます. 名前を変えたい場合は，カーソルのある位置に名前をタイプします. この際，8文字以下のファイル名だけを入力して，拡張子は付けないようにします. また.FDF（Filter Design File）という拡張子が自動で付けられます.

　デフォルトでは，ファイルはカレント・ディレクトリ（FilterCADが起動したときにアクティブであったディレクトリ）に保存されます. このディレクトリは，画面の上部に表示されます. ファイルを別ディレクトリに保存したい場合は，

　　　［Home］

注3：もちろん，無意味なフィルタの設計になる可能性を承知したうえであれば，この上級者向けの機能を使って，初歩的な実験をしてみることが何かの害になるというわけではない.

を押して，新しいパス名をタイプします．ファイル名とパスが正しく入力できたら，

　　　［Enter］

を押すとファイルが保存されます．指定したファイル名がすでにディスクにある場合は，FilterCADは上書きするかどうか尋ねてきます．上書きするのであればYを押し，別の名前で保存するのであればNを押します．

フィルタの設計データを読み込む

　前回保存したフィルタ設計ファイルを読み込むには，メイン・メニューで

　　　5

を押します．カレント・ディレクトリにあるすべての.FDFファイルが，LOAD FILE MENU画面に表示されます．カーソル移動キーを使って，読み込みたいファイル名にカーソルを合わせて，

　　　［ENTER］

を押します．画面に一度に表示できる以上の.FDFファイルがある場合は，

　　　［PgDn］

を押して，さらにファイルを表示させます．別のディレクトリからファイルを読み込みたい場合は，

　　　P

を押して，新しいパス名をタイプします．

　表示されるファイル名を絞り込むために，フィルタ用マスクを入力することもできます．このマスクにはワイルドカードの"＊"や"？"を含む，DOSでファイル名に使われるすべての文字が使用可能です．デフォルトでこのマスクは"＊"となっているので，すべてのファイル名が表示されます．マスクを変更するには，

　　　M

を押して，8文字以内で新しいマスクを入力します．例えば，.FDFファイルの名前を，最初の2文字がフィルタのタイプ（LPがローパス，HPがハイパスなどのように）を表すように付けたとしたら，マスクをLP＊のように変えることで，ローパス・フィルタの設計データのファイルだけを表示できます．

注：*FilterCADの古いバージョンで作成された.FDFファイルを読み込もうとする場合，警告が出されて読み込みをやめるか，問題発生のリスクを承知で続行するかを尋ねられます．FilterCADのバージョンの違い*による*.DFDファイルの違いは小さいので，古い.FDFファイルの読み込みを行っても問題なく使えるはずです．*

警告：*フィルタの設計ファイルを読み込む際，FilterCADはメモリに入っている現在の設計データを保存するように促しませんので，そのまま新しくファイルを読み込むと，保存されていないデータは失われます．*

レポートの印刷

　メイン・メニューの7番目の項目，"SYSTEM Status/Reports"を使うとシステム情報が表示され，日付と時間，数値計算コプロセッサの有無，プリンタとそれとのやりとりの状態などがわかります．また，設計に使った時間を含む，現在のフィルタ設計の進捗具合もわかります（なんと今回，6次バターワース・ローパス・フィルタが00：05：23，たった5分でできてしまった）．しかし，この画面で中心となる機能は，設計レポートの印刷です．このレポートにはフィルタの設計，最適化，実装の各画面での動作モード図を除いた，すべての情報が含まれます．また

　　　P

を押すことで，設計したフィルタのゲイン，位相そして群遅延を印刷することもできます．

　もし，設計の実装と抵抗値の計算をまだ完了していなければ，"REPORT AVAILABLE"の行に"PARTIAL"と表示されます．完全なレポートを出すには，実装と抵抗値の計算を完了しないといけませんが，このPARTIALレポートは動作モードや抵抗値が未定でも印刷ができます．

FiterCADを終了する

　メイン・メニューの最後の9番目の項目"END Filter CAD"は説明不要でしょう．プログラムを終了するまえに設計データを保存していなければ，FilterCADは終了するかどうかを尋ねてきます．

　　　Y

を押すと終了し，

　　　N

を押すと継続します．

　以上で，FilterCADのおもな特長を調べ終わりましたので，次は代表的なフィルタの設計を行ってみて，

プログラムの動作について理解を深めることにしましょう．

バターワース・ローパスの例

　まず，フィルタの最も基本的なタイプの1つである，バターワース・ローパス・フィルタを設計してみます．まだ始めていなければ，FilterCADをロードしてから

　　1

を押してDesign画面に移動します．設計タイプとしてローパスを選び，応答特性のタイプとしてバターワースを選びます．ここでさらに4つの入力すべきパラメータがあります．パスバンド・リプルは3 dBに指定しなくてはなりません．これによって，フィルタのDCゲインに対して-3 dBとなる点にカットオフ周波数が設定されます．バターワースの応答特性で，パスバンド・リプルが3 dBではない点にカットオフ周波数を設定したければ，カスタム設計のメニューでそれを行うことができます．ここでは減衰量45 dB，コーナー周波数1000 Hz，ストップバンド周波数2000 Hzを設定して，各値に続けて

　　[Enter]

を押します．最後のパラメータを入力すると，FilterCADはそのフィルタの応答特性を作成します．直ちに周波数2000 Hzでの減衰量が48.1442 dBとなる，8次のフィルタが得られます．これは2次のローパス・フィルタのセクションを4段カスケード接続にしたもので，どれも同じ1000 Hzのコーナー周波数で，中程度のQをもちます（各セクションのコーナー周波数を同一にするのはバターワース・フィルタの特徴）．この設計のステップは，フィルタのパラメータが得られた設計にどのように影響するのかを実験するのに好都合です．減衰量を増加させたり，ストップバンドの周波数を下げてみます．どの場合でもロールオフをより急峻にするような変更は，どれもが比例的にフィルタのセクション数の増大につながることがわかるでしょう．例えばストップバンド周波数を1500 Hzに下げると，フィルタの次数は13という結果になります！もし非常に急峻なロールオフが必要で，パスバンドでの若干のリプルが許容できるなら，恐らくはバターワースではない，別の応答特性のフィルタのほうが好ましくなるでしょう．

　次に，このバターワース・ローパス・フィルタの振幅と位相特性をグラフにしてみます．メイン・メニューに戻るために

　　[ESC]

を押して，次に

　　2

を押してGraphメニューに移動します．ここではグラフを画面に出力するので，直ちに表示するよう

　　[Enter]

を押します．PCの能力によって数秒から数分後に，**図23.3.1A**とほぼ同じグラフが描かれるのを目にするはずです．振幅（単位はdB）はグラフの左側に表され，位相（単位は度）右側に表されます（FilterCADのデフォルトのグラフ・パラメータを変更していると，周波数や振幅の表示範囲はこの図よりも狭くなるかもしれない．あまりにも**図23.3.1A**のグラフと違いすぎるようなら，グラフの表示範囲を調整する必要があるかもしれない．Graph画面を抜けてメイン・メニューに行き，6番目の項目CONFIGURE FilterCADオプションに移動する．そこの2番目の項目"Change GRAPH Windows"の下の6番目の項目である"Configure DISPLAY Parameter"を使う）．

　それでは，バターワース・フィルタの振幅と位相の特性カーブを観察してみます（振幅のカーブは0 dBから始まり，1000 Hz付近でシャープに下がり始める形になる――もちろん，カラー表示なら，振幅と位相のカーブそれぞれに異なる色を指定することで判別が容易になる）．パスバンドでの振幅は極めてフラットで（小さい領域を何度も拡大してみてもリプルを見つけることはない），減衰の傾斜部はコーナー周波数の直前から始まり，3 dB低下のポイントは（バターワースの応答では，これはコーナー周波数と同義語）1000 Hzのところになり，ストップバンドとそれ以降へと一定の傾斜

図23.3.1A　バターワース・ローパス・フィルタの応答特性

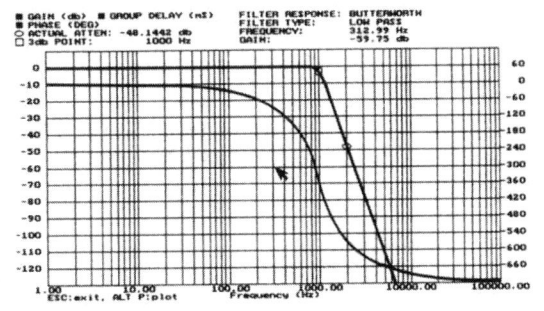

で減衰していきます(理論では,この傾きは同じ比率で,無限周波数で無限の減衰になるまで続く). 位相特性は0から始まり, コーナー周波数に近づくにつれて−360°近くまで指数関数的に変化し, フィルタのストップバンドでは−720°に漸近していきます. バターワース・フィルタは, ベッセル・フィルタを除けば他のどのフィルタよりも位相が直線的に変化します. **図23.3.1B**はバターワース・フィルタの位相特性を, リニア・スケールでグラフ表示したものです.

ここまででフィルタの応答をグラフ化したので, 次はImplementation画面に移動して実際の回路に変換してみましょう.

［ESC］

を2回押してGraph画面から抜けて, Implementation画面に移動するために

3

を押します. まず最初のステップは最適化です. 特に差し迫った要求もないので, ここではノイズについて最適化することにします(最適化のデフォルトでもある). クロック周波数の比は50：1とし, ICの自動選択をONにします. 最適化を実行するには,

O

を押します. FitlerCADはLTC1164を選択し, ノイズを最小にするように分配します. 次に実装するために

I

を押して, ついでDevice画面を表示するために

D

を押します. この画面ではLT1164の詳細な仕様が表示され, 画面の左側のウィンドウに**モード1で動作す**

るこのフィルタの**4つのセクション**が表示されます.

↓（下向き矢印）

を押すと, LT1164の仕様のところに, **図23.3.2**のようなモード1動作の回路接続が表示されます.

↓（下向き矢印）

をさらに3回押すと, Qの値だけが異なる他の同様の3つの回路が表示されます. この構成は1つの点を除けば, よくできています. LTC1164は4つの2次のフィルタ・セクションをもちますが, 4番目の回路についてはサミング・ノードにアクセスできないので, モード1動作では使えないのです. したがって, 最後のステージについてはマニュアルでモード3動作に変更しなければなりません. これは現在のバージョンのFilterCADでの制約事項になります.

それぞれのモード1動作のセクションには3個の抵抗器が必要となり, 最後のモード3動作のセクションには4個が必要になります. 抵抗値を計算するには,

［ESC］

を押してDevice画面から抜けて,

R

を押します. 精度1%の抵抗を選ぶように

P

を押すと, FilterCADは**表23.3.1**にある値を表示します. これでバターワース・ローパス・フィルタの実装は完了です.

図23.3.2 モード1動作の回路接続

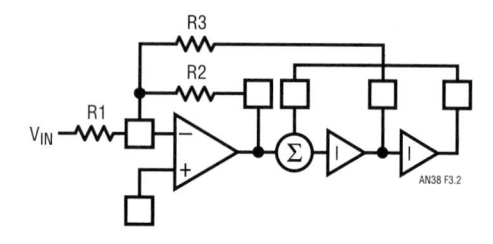

図23.3.1B バターワース・ローパス・フィルタの位相応答

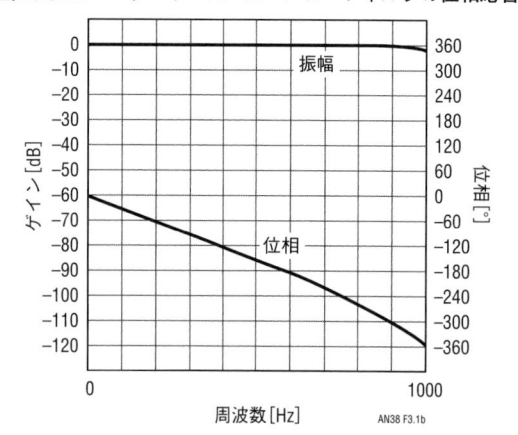

表23.3.1 例題のバターワース・ローパス・フィルタの抵抗値

段	R_1	R_2	R_3	R_4
1	16.50k	16.50k	10.00k	
2	16.20k	10.00k	25.50k	
3	10.00k	12.10k	10.70k	
4	15.00k	20.50k	10.00k	20.50k

チェビシェフ・バンドパスの例

次の例として，チェビシェフ応答でバンドパス・フィルタを設計します（この段階では，プログラムにそれなりに慣れてきたと思われるので，今後，新機能でないかぎりは押すべきキーを示すことは割愛する）．ここでのチェビシェフ・フィルタの設計仕様として，最大パスバンド・リプル0.05 dB，減衰量50 dB，中心周波数5000 Hzを選びます．パスバンド帯域は600 Hzとし，ストップバンド帯域は3000 Hzです．これからの設計結果は，やはり4つの2次セクションからなる8次のフィルタになり，**表23.3.2**のように各コーナー周波数は5000 Hz付近に分散され，Qは中程度になっています[注4]．

ごく小さな最小パスバンド・リプル0.05 dBを指定することにより，各セクションのQは適切な範囲に保たれます．2次セクションの共振ピークの積でパスバンド・リプルが生じることを考慮するようになるまで，この点にはあまりピンとこないかもしれません．このパスバンド・リプルを最小にすることで，各セクションのQはそれに比例して小さくなります．パスバンド・リプルを大きく変えて，2次セクションのQを調べてみると，このことが確認できます．

次に，設計したフィルタの応答をグラフ化してみます．**図23.3.3**がその結果です（ここでは，注目する領域に合わせて，グラフの周波数範囲を設定し直してある）．遷移領域における振幅応答の減衰の傾きは非常に急峻であり，ストップバンドではより緩やかになっています．言い換えると，その傾きは一定ではありません．これがチェビシェフ・フィルタの特性です．こ

のグラフのスケールではパスバンド・リプルがはっきりしませんが，ズームすれば確認ができます．

ズームするには，まず

　　+

を押して粗い移動を選択し，矢印キーを使って拡大したい範囲（パスバンドのすぐ外側）になるボックスの1つの角にポインタを移動し，

　　[Enter]

を押します．次に再びポインタを移動してボックスを広げて，拡大したい領域を囲みます．パスバンド部分を囲んだら，再び

　　[Enter]

を押すと新しいグラフが計算されて表示されます．2, 3回ズームを繰り返す必要があるかもしれませんが，**図23.3.4**のように，0.05 dBのリプルでも拡大して明瞭に表示できます（この図ではグラフの軸を"リニア"に変更してあることに注意）．フルスケールのグラフに戻すには，

　　L

を押します．

ここで設計を実装し，先ほどのようにノイズが最小

表23.3.2　設計した8次チェビシェフ・バンドパス・フィルタのf_0，Q，およびf_nの値

段	f_0	Q	f_n
1	4657.8615	27.3474	0.0000
2	5367.2699	27.3474	無限
3	4855.1190	11.3041	0.0000
4	5149.2043	11.3041	無限

注4：バンドパス・フィルタを，ハイパス・フィルタとローパス・フィルタを組み合わせて設計することもできるが，これはFilterCADでは扱わない．フィルタのタイプを指定すると，同じタイプのセクションのみの組み合わせでフィルタが設計される．

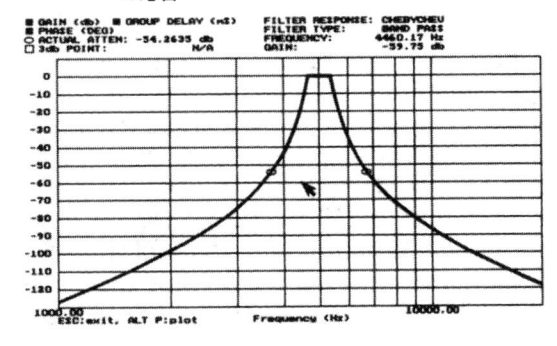

図23.3.3　設計したチェビシェフ・バンドパス・フィルタの応答

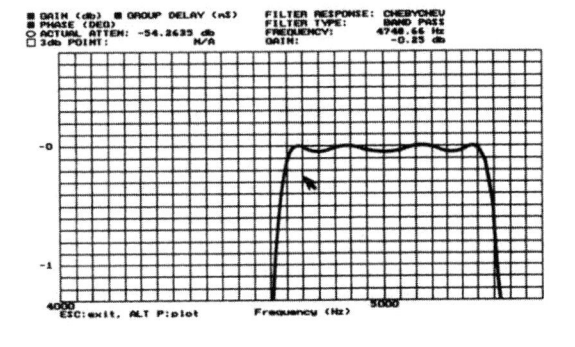

図23.3.4　パスバンド付近のクローズアップ

図23.3.5A 動作モード3の接続

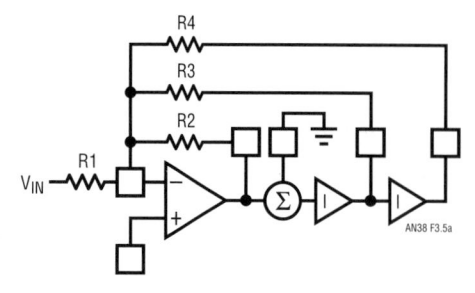

図23.3.5B 動作モード2の接続

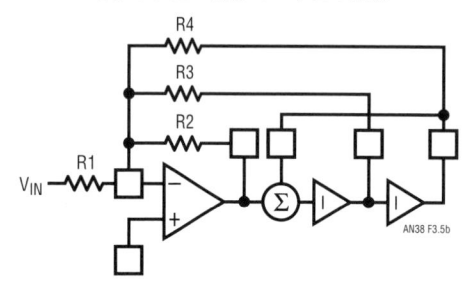

表23.3.3 設計したチェビシェフ・バンドパス・フィルタ
の抵抗値

段	R_1	R_2	R_3	R_4
1	115.0k	10.00k	68.10k	10.70k
2	215.0k	10.00k	113.0k	11.50k
3	17.80k	10.00k	205.0k	64.90k
4	90.90k	10.00k	105.0k	165.0k

2つのエリプティックの例

次の例題として，エリプティック特性のローパス・フィルタを設計します．最大のパスバンド・リプルを0.1 dB，減衰量60 dB，コーナー周波数1000 Hz，そしてストップバンド周波数1300 Hzとします．エリプティック特性の場合，フィルタの合成をするまえにもう1つの点について答える必要があります．先ほどのパラメータを入力すると，FillterCADにより "Remove highest fn ?"（Y/N）と尋ねられます．この質問については，少し説明を要します．エリプティック・フィルタでは2次のセクションのハイパス出力とローパス出力を加算してノッチを作り出します．カスケード接続した一連の2次セクションの最後からノッチを作るには，ハイパス出力とローパス出力を加算するために外付けのオペアンプが必要になるのです．最後のノッチを削除すると，この外付けのオペアンプは不要になりますが，あとで見るように特性が若干変わってきます．

注：最後のノッチは偶数次のエリプティック・フィルタのみで削除可能です．もしエリプティック・フィルタを合成するのが初めてで，いくつの次数が必要になるかよくわからないのであれば，この最後のノッチを削除する質問に対しては "NO" と答えてください．もし偶数次のフィルタが選択された場合は，望むなら前に戻って最後のノッチを削除することができます．

になるように最適化をかけます．クロックのf_0に対する比には50：1を選び，クロック周波数を250 kHzにします．前と同様にLTC1164が選ばれ，各セクションのQはノイズが最小になるように分配されます．今回は最初の2つのセクション（$f_0<f_{CLK}/50$となる）で動作モード3が選ばれていて，残りの2つのセクション（$f_0>f_{CLK}/50$となる）は動作モード2になっています．合計したゲイン27.29 dBは，2番目から4番目のセクションの間で均等に分配してあり，最初のセクションのゲインはダイナミック・レンジの観点から1になっています．Device画面を表示すると，LTC1164の仕様，2つの動作モード3の回路，それに続く動作モード2の回路，それぞれのf_0，Q，そしてf_nの値が確認できます（**図23.3.5A**および**図23.3.5B**を参照）．1%精度の抵抗器から計算した結果を**表23.3.3**に示します．

表23.3.4 設計したエリプティック・ローパス・フィルタ
のf_0，Q，そしてf_nの値

段	f_0	Q	f_n
最も高い f_n を除去しない			
1	478.1819	0.6059	5442.3255
2	747.3747	1.3988	2032.7089
3	939.2728	3.5399	1472.2588
4	1022.0167	13.3902	1315.9606
最も高い f_n を除去する			
1	466.0818	0.5905	無限
2	723.8783	1.3544	2153.9833
3	933.1712	3.5608	1503.2381
4	1022.0052	13.6310	1333.1141

図23.3.6A　エリプティック・ローパス・フィルタ，最高 f_n を除去していない

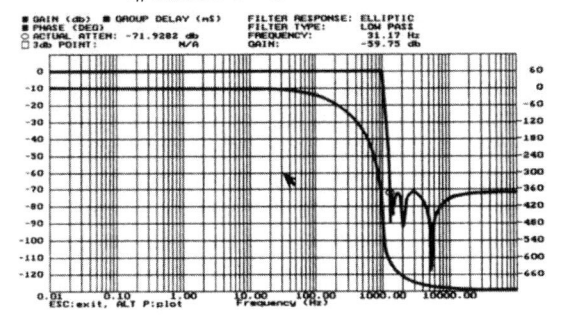

図23.3.6B　エリプティック・ローパス・フィルタ，最高 f_n を除去した

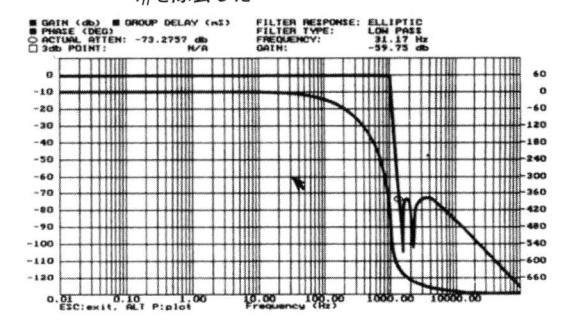

　比較のために両方の場合で合成してみます．それぞれの設計（どちらも8次）での f_0, Q, そして f_n の値を **表23.3.4** に示します．一番高い f_n の除去によって他の値はどれも若干変化しています．

　この2つのエリプティック・フィルタの設計例をグラフにすると（**図23.3.6A** および **図23.3.6B**），一番高い f_n を除去していないフィルタの応答では，ストップバンドでのノッチ数が4つになり，最後のノッチの後の減衰カーブの傾きが緩くなる一方，除去したフィルタではノッチ数が3つしかなく，また勾配がより急になっています．どちらの場合でもロールオフの最初のところの傾きは急峻であり，コーナー周波数の近傍では非常にノンリニアな位相応答になっていますが，これはエリプティック・フィルタの本質的な特性です．ストップバンドでの減衰量60dBの確保だけが目的であれば，どちらの実装でも満足できますが，部品点数が少なくなる点から恐らく最高 f_n を除去したフィルタのほうを選ぶことになるでしょう．

図23.3.7　動作モード3Aの回路接続

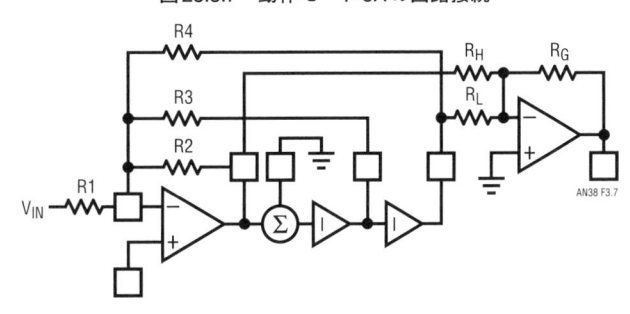

表23.3.5　設計したエリプティック・ローパス・フィルタの抵抗値

段	R_1	R_2	R_3	R_4	R_G	R_H	R_L
最も高い f_n を除去しない							
1	24.90k	10.00k	17.40k	17.80k		237.0k	57.60k
2		10.50k	73.20k	10.00k		21.50k	12.70k
3		10.00k	30.90k	11.30k		21.50k	10.00k
4		19.60k	24.30k	86.60k	10.20k	294.0k	10.00k
最も高い f_n を除去する							
1	26.10k	10.00k	17.40k	19.10k		261.0k	56.20k
2		10.50k	75.00k	10.00k		23.20k	13.00k
3		10.00k	31.60k	11.50k		22.60k	10.00k
4		18.70k	23.20k	86.60k			

この2つのエリプティック・フィルタをノイズについて最適化する場合，FilterCADはLTC1164と，4つのセクションに対して動作モード3Aを選びます．前に述べたように2次のセクションのハイパスとローパス・フィルタの出力を加算するので動作モード3Aがエリプティック・フィルタとノッチ・フィルタに対する標準の動作モードになります．Device画面を使うと，4つの動作モード3Aの接続図を見ることができますが，**図23.3.7**のようにそれぞれに外付けのオペアンプがあります．実際には，どの場合も外付けの加算アンプは必要ありません．各セクションをカスケード接続する場合，ハイパスとローパスの出力は次のセクションの反転入力を使って加算することができ，外付けの加算アンプが必要になるのは最後のセクションだけになります．もし最高のf_nを除去するなら，外付けのオペアンプは完全になくせます．

この2種類のエリプティック・フィルタについて，1%精度の抵抗値（f_0との比率を50:1，クロック周波数は50 kHzとする）を計算すると，**表23.3.5**の値を得ます．ハイパスとローパス出力を加算するのがR_HとR_Lの抵抗であり，R_Gは外付けのオペアンプのゲインを設定します．したがって，最高f_nを除去したほうのフィルタではR_H/R_Lの抵抗ペアの数が1つ減り，R_Gはもう一方のフィルタの最後のセクションだけに必要になります．また，入力アンプの反転入力につなぐ抵抗R_1は，最初のセクションだけに使われます．**その後に続くセクションでは，R_H/R_LのペアがR_1の代わりになります．**

カスタム・フィルタの設計例

カスタム設計オプションがどのように使われるかを紹介する簡単な例として，6次のベッセル・ローパス・フィルタの極とQをマニュアル操作で設定して設計することにします．Design画面で"Custom"応答に設定して，

［Enter］

を押すと，通常のパラメータを入力するステップが迂回されて，任意に値を入力できるf_0，Q，そしてf_nの設定画面に直接移動します．ここでは，−3 dB周波数が1 Hzであるフィルタに対する**表23.3.6**の値を使います．これらの値を引用した公開されている数表では，f_nについてはまったく触れられていなかったので，筆者がそれらの値を最初に入力した際にはf_nの値はそのままゼロとしておきました．結果として得られた特性は希望するローパスにはならず，その鏡面対称のハイパス・フィルタになりました．うっかり者を待ち受ける罠の類です．

数値を入力したら，所望のコーナー周波数に対して再度正規化し直します．単に

［Enter］

を押します．この場合では1000 Hzで正規化し直すことにしたので，単純に表のf_0での値を1000倍します．

得られた応答のグラフを見ると（**図23.3.8**），特徴的なベッセル特性であり，パスバンドが垂下していて非常に緩やかなロールオフになっています．Implementation画面に進んでの処理は，これまで慣れた方法と少し異なってきます．FilterCADはカスタム・フィルタの最適化はしませんし，動作モードも決めません．しかし，ICの選定はしてくれてLTC1164になりました．次にDevice画面に進む必要があり，3つの2次セクション

図23.3.8　6次のベッセル・ローパス・フィルタ

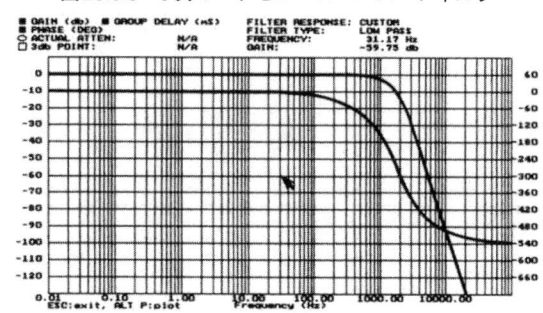

表23.3.6　設計した1Hzで正規化したベッセル・ローパス・フィルタのf_0，Q，およびf_nの値

段	f_0	Q	f_n
1	1.606	0.510	無限
2	1.691	0.611	無限
3	1.907	1.023	無限

表23.3.7　設計した6次ベッセル・ローパス・フィルタの抵抗値

段	R_1	R_2	R_3	R_4
1	13.00k	33.20k	10.00k	13.00k
2	10.50k	29.40k	10.00k	10.50k
3	10.00k	36.50k	17.40k	10.00k

のそれぞれのICの動作モードをマニュアルで設定します．ここでは，それぞれのセクションが異なるコーナー周波数をもち，動作モード3ではR_2/R_4の値によって個々のセクションのチューニングを独立に行えるという理由で，どのセクションも動作モード3にしました（動作モード3の回路接続はすでに見てきているので，ここで改めて示すことはしない）．ICの動作モードを選定したので，抵抗値の計算ができます．その結果を**表23.3.7**に示します．

カスケード接続の順番の変更

　本マニュアルですでに説明したように，カスケード接続の順番の変更や，極やQ値の入れ換えによる最適化はアクティブ・フィルタ設計において最も難解な部分となります．フィルタの専門家は，その手法のある側面についての理解をもっているわけですが，現状での知識はアルゴリズム的に最適化をうまく行うことを保証できるには十分とは言えません．したがって，マニュアル作業による変更が必要となります．このあとの議論では，ノイズの最小化や高調波歪みの最小化のための最適化の根本にある原理について，簡単に検討してみます．そのあとで現実のフィルタ設計における，それら原理の影響を示す設計例を取り上げます．ここで述べるようなチューニングの手間が必要になるかどうかは，アプリケーションに依存するということを強調しておきたいと思います．リニアテクノロジー社製品によるフィルタの性能を最大限に発揮させるうえでサポートが必要であれば，気兼ねなく同社アプリケーション部門にご連絡ください．

● ノイズに対する最適化

　ノイズに対する最適化の鍵となるのは帯域制限の概念です．ノイズの帯域制限はQとf_0（ローパス・フィルタの場合）が一番低い2次のセクションを，カスケード接続の最後に配置することで行います．これが有効である理由を理解するには，2次のセクションの応答特性の形状について考えてみます．低いQの2次のセクションのロールオフはf_0の手前から始まります（**図23.4.1**）．Qが低いほど，ロールオフが始まるポイントはよりパスバンド内に入り込みます．一方で，高いQの2次のセクションでは，f_0に共振のピークがきます（**図23.4.2**）．Qが高いほど，発生するピークは高くなります．カスケード接続したフィルタでのノイズの大部分は，最もQが高いセクションによるもので，それは共振ピークの近傍で非常に大きくなるノイズになります．Qとf_0が低いセクションを最後に配置すれば，その前段で発生したノイズの多くをこの最終セクションのパスバンドの外に追い出すことになり，全体としてのノイズの削減につながります．また，最終セクションのQが最小になるので，それ自体からのノイズの影響は比較的に小さくなります．この手法により，選択性能が高いエリプティック・ローパス・フィルタを許容できるノイズ・レベルで実現することができるようになります．

● 高調波歪みに対する最適化

　スイッチ・キャパシタ・フィルタで歪みが発生する要因は3つに分けられます．まず，負荷効果によっ

図23.4.1　Qの低い2次ローパス・フィルタの応答特性

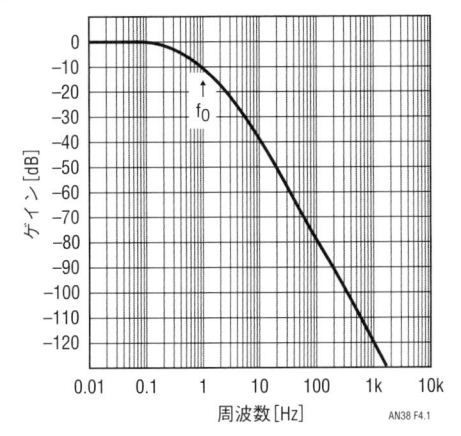

図23.4.2　Qの高い2次ローパス・フィルタの応答特性

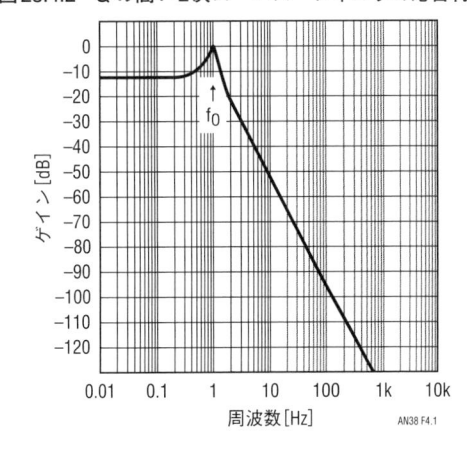

て歪みが発生する可能性があります. リニアテクノロジー社のスイッチト・キャパシタ・フィルタで使われるCMOSアンプは, 重い負荷を駆動するのに向いていません. 最良の結果を得るには, どのノードも10kΩ以下の負荷インピーダンスにならないようにすべきで, FilterCADが計算する抵抗値もこの制限内になっていることに気づくでしょう. さらに歪み特性を最適にするには, FilterCADが計算した抵抗値から2〜3倍大きくなるようにスケールアップして, 負荷効果をより小さくするとよいでしょう.

2番目の要素は, クロック周波数による歪み性能への影響です. リニアテクノロジー社のスイッチト・キャパシタ・フィルタには最適なクロック周波数の範囲があります. 最適な周波数範囲の上限を大きく超えたクロックを供給すると, 歪みが増大します. 許容可能なクロック周波数の範囲については, リニアテクノロジー社のデータシート並びにアプリケーション・ノートを参考にしてください. 3次高調波歪みについて, これらの2つの設計要素を確認しないでカスケード接続の順番を変更して最適化しようとしても, 良い結果は得られないでしょう.

3番目の要素は, 出力振幅が電源電圧に近づいた場合に内部のオペアンプに生じる非線形性による歪みです.

この点について, ゲインとQが高いセクションが置かれる場所は重要な要素です. 前述のようにQの高い($Q>0.707$)2次セクションは, f_0の近傍に共振ピークがあります. 全体としてゲイン1にし, かつ歪みを最小にするためには, Qが高いセクションのDCゲインが1より小さくなるようにして, 続くセクションで段々とゲインが大きくなるようにする必要があります(FilterCADは2次セクションのカスケード順とは独立にICの動作モード3Aで設計したフィルタについては動特性の最適化を自動的にかけるようになっている). おのおののセクションのゲインが1に設定された場合は, もちろん全体のゲインも1になります. しかし, Qの高いセクションのDCゲインが1である場合, f_0の近傍の周波数では共振ピークによってずっと大きい振幅となり, そこではゲインが1より大きくなります(図23.4.3およびLTC1060のデータシートを参照).

入力信号の大きさによって, 高いQのセクションの出力は次の入力を飽和させ, 非線形領域まで駆動して歪みを発生させる可能性があります. 高いQのセクションのゲインを, f_0でのピークが0dBを超えないように設定すると, そのセクションのDCゲインは1以下

図23.4.3 DCゲイン1ではf_0での振幅が0dB以上になる. DCゲインが減ると, パスバンド内の周波数の信号が減衰する

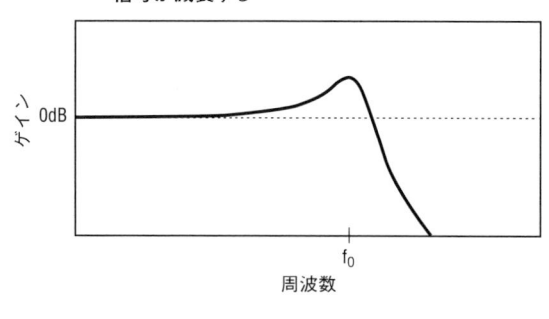

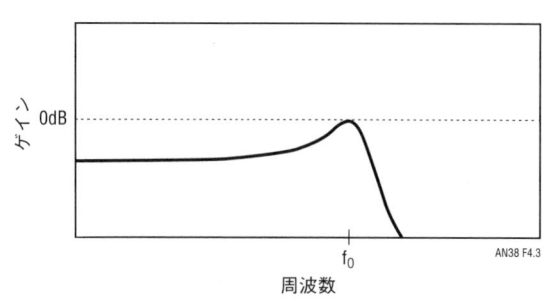

図23.4.4 高いQ, 低いゲインのセクションで発生したノイズが次の低いQ, 高いゲインのセクションによって増幅される

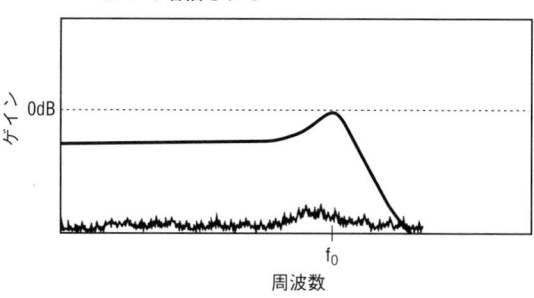

Qが高くゲインが低いセクション

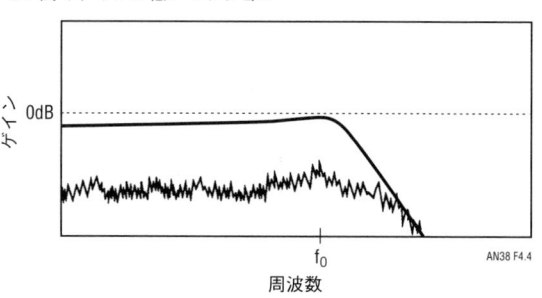

後続するQが低くゲインが高いセクション. 前段からのノイズが増大する

になります．これでパスバンドの周波数の大部分で信号が大きく減衰することになり，したがって入力アンプに入力される信号が小さくなります．この設計方針で高調波歪みは減りますが，2次のセクションで発生するノイズは Q によって増加するので（簡単な目安として，ノイズは大まかに Q の平方根に比例する），ノイズが問題になる可能性があります．全体としてのパスバンドのゲインを1にもっていくために，高い Q のセクションの出力が次のセクションで増幅される場合は，そのノイズ成分も同様に増幅されます（図23.4.4）．したがって前述のように，高調波歪みの最適化はノイズの最適化と相反するものになり，最適なカスケード接続とはその間でバランスをとったものになります．

さらに実践的な設計例

　カスケード接続の順番の変更による性能への影響を示すために，2つの現実的な設計例を取り上げます．最初のものは，8次のバターワース・ローパス・フィルタで，1 Hzで正規化したものです．パスバンド・リプルの最大値は3 dB，ストップバンドの減衰量は48dB，コーナー周波数は1 Hz，ストップバンド周波数は2 Hzです．このフィルタを2つのバージョンで実装しましたが，1つは高調波歪みを減らすようにカスケード接続を選んだもので，もう1つはノイズを最小にするように選んだものです．**表23.4.1**に，それぞれのバージョンでの f_0，Q，そして f_n の値を示します．4つのセクションのうち，3つのセクションの Q は1より小さく，1つのセクションの Q は2.5より大きくなります．2つのバージョンでのカスケード接続の違いは，Q が高いセクションの場所だけになります．最初のものでは，前述したように Q の高いセクションは最初ではなく2番目に置かれます．これはノイズ・レベルを許容範囲に収める一方，高調波歪みを減らすようにバランスを取ったものです．一方，もう1つのほうでは Q の高いセクションを3番目に置いて，すぐあとに Q が一番低いセクションを置きます．これはバターワース・フィルタなので，すべてのセクションは同じ f_0 をもちます．それでもなお，Q が低いセクションはパスバンド内でも振幅が低下していくので（**図23.4.2**を参照），前のセクションからのノイズに若干の帯域制限がかかる効果が見られます．

　ここではすべてのセクションのICに動作モード3を

表23.4.1　8次バターワース・ローパス・フィルタの f_0，Q，および f_n の値

段	f_0	Q	f_n
高調波歪みが小さくなるように並べた場合			
1	1.0000	0.6013	無限
2	1.0000	2.5629	無限
3	1.0000	0.9000	無限
4	1.0000	0.5098	無限
低ノイズになるように並べた場合			
1	1.0000	0.6013	無限
2	1.0000	0.9000	無限
3	1.0000	2.5629	無限
4	1.0000	0.5098	無限

表23.4.2　8次バターワース・ローパス・フィルタの抵抗値

段	R_1	R_2	R_3	R_4	DCゲイン
高調波歪みが小さくなるように最適化した場合					
1	61.90k	60.90k	35.00k	60.90k	0.98
2	57.60k	35.00k	77.35k	35.00k	0.61
3	43.20k	42.35k	35.00k	42.35k	0.96
4	39.20k	71.75k	35.00k	71.75k	1.83
（合計）					1.05
低ノイズになるように最適化した場合					
1	60.20k	60.90k	35.00k	60.90k	1.01
2	41.60k	42.35k	35.00k	42.35k	1.00
3	56.20k	35.00k	77.35k	35.00k	0.60
4	43.20k	71.75k	35.00k	71.75k	1.66
（合計）					1.05

選んでいますが，これはモード1より高調波歪みが小さくなるためです．クロック周波数の比は50：1で，実際のクロック周波数は400 kHzで f_0 が8 kHzとなります．この2種類の設計を，**表23.4.2**の抵抗値を使ってブレッドボードに組みました．FilterCADで計算した値は負荷効果を小さくするために3.5倍してありますが，R_1 だけは例外で，この抵抗はどのノードも0 dB（モード3動作のローパス・フィルタのゲインは R_4/R_1 になる）以上にならないように，各セクションでのゲインを決めているものです．

　高調波歪みの性能を測定した結果は，**図23.4.5**と**図23.4.6**のとおりです．このグラフは，入力電圧に対す

図23.4.5 高調波歪みが小さくなるようにセクションの順番をそろえた8次バターワース・フィルタの高調波歪み性能

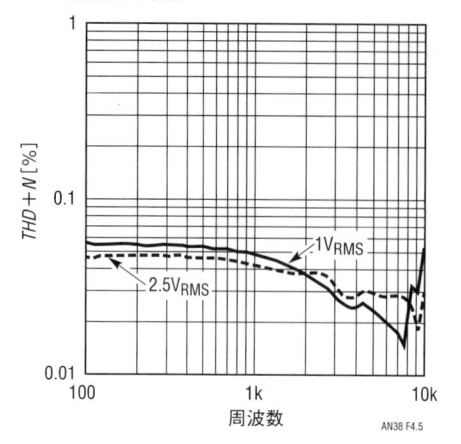

図23.4.6 ノイズが小さくなるようにセクションの順番をそろえた8次バターワース・フィルタのノイズ性能

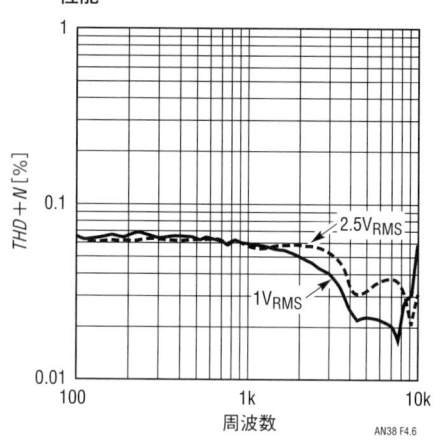

図23.4.7 カスケード接続の順序によってノイズに帯域制限をかける

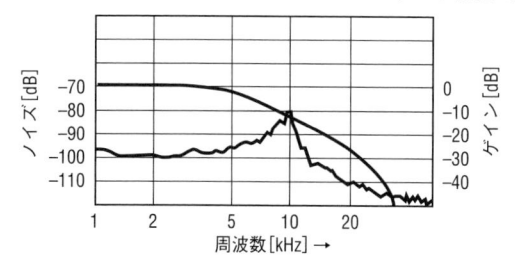

2次エリプティック・セクションのゲインとノイズ. 前段からのノイズに帯域制限をかける
Q = 0.79, f_0 = 4.6kHz, f_n = 36kHz

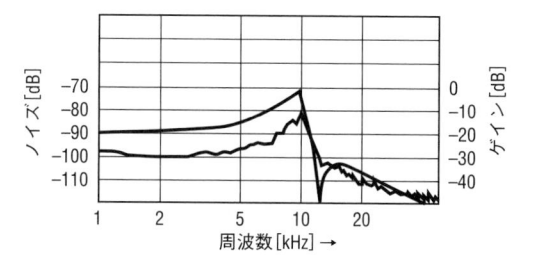

2次エリプティック・セクションのゲインとノイズ
Q = 15, f_0 = 10kHz, f_n = 12.2kHz

る高調波歪みをパーセントで示したものです. グラフは入力が1Vおよび2.5 V_{RMS} のときの性能です. 1 V_{RMS} 入力での2つの設計の差は無視できる程度ですが, 2.5 V_{RMS} 入力では**図23.4.5**のようにはっきりとわかる

表23.4.3 6次エリプティック・ローパス・フィルタのf_0, Q, およびf_nの値

段	f_0	Q	f_n
高調波歪みが小さくなるように並べた場合			
1	0.9989	15.0154	1.2227
2	0.8454	3.0947	1.4953
3	0.4618	0.7977	3.5990
低ノイズになるように並べた場合			
1	0.8454	3.0947	1.4953
2	0.9989	15.0154	1.2227
3	0.4618	0.7977	3.5990

改善が見られます. どちらの設計でも, コーナー周波数に近づくと歪みは顕著に低下します. これはやや誤解されそうですが, この領域では3次およびそれ以上の高調波がフィルタによって減衰を受け始めるからです. 高調波歪みの性能は良くなっていますが, **図23.4.5**では広帯域ノイズが90 μV_{RMS} あることを示していて, **図23.4.6**では80 μV_{RMS} となっています.

2番目の例は6次のエリプティック・ローパス・フィルタで, これも1Hzでノーマライズした2つのバージョンで, 1つはノイズについて最適化し, もう1つは高調波歪みについて最適化します. この例でのパスバンド・リプルの最大値は1dB, ストップバンドでの減衰量は50dB, コーナー周波数は1Hz, そしてストップバンド周波数は1.20Hzです. クロック周波数のカットオフ周波数への比は100：1です. **表23.4.3**にカスケード接続の順番を示します. エリプティック・フィルタの場合, 2次セクションの応答にはf_nの値（ノッチ

図23.4.8　高調波歪みを減らすようにカスケード接続した
6次エリプティック・フィルタの高調波歪み性能

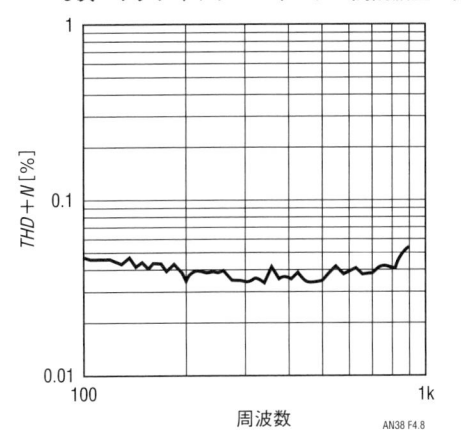

図23.4.9　ノイズを減らすようにカスケード接続した6次
エリプティック・フィルタの高調波歪み性能

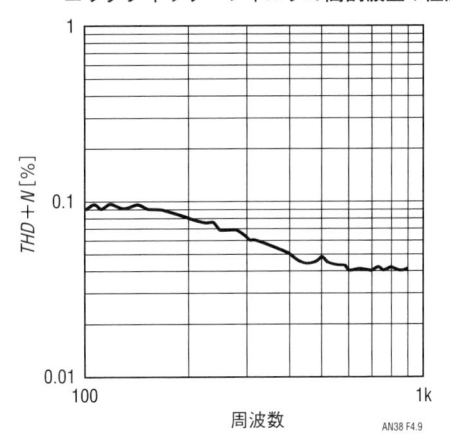

図23.4.10　高調波歪みを減らすようにカスケード接続し
た6次エリプティック・フィルタのノイズ性能

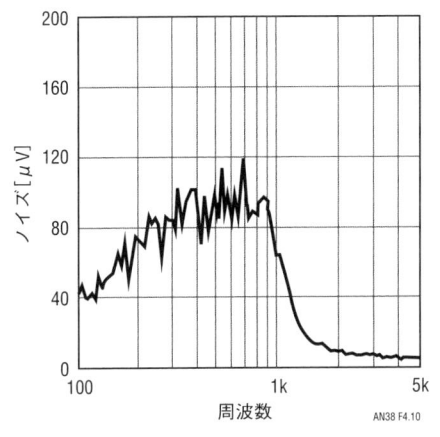

図23.4.11　ノイズを減らすようにカスケード接続した
6次エリプティック・フィルタのノイズ性能

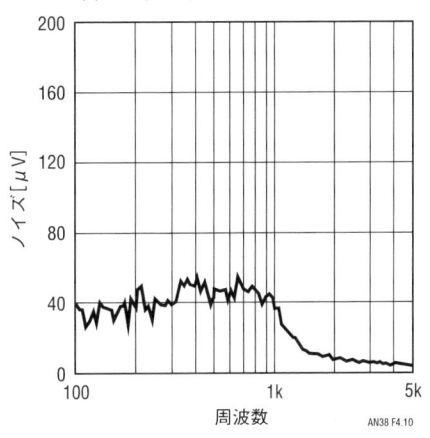

あるいはゼロ）がf_0やQと同様にかかわるという点で，バターワースよりも複雑になります．特定セクションでのf_nのf_0に対する比は，高いQの結果として共振ピークの高さに関係します．f_nがf_0に近くなるほど，ピークは低くなります．

　最初の例では，最高のf_0とQをもつセクションは一番低いf_nとペアにして，カスケード接続の一番最初に置かれます．2番目に高いQは2番目に低いf_nとペアとして…と，このように続きます．このペアの組み合わせによって，各2次セクションでの高いピークと低いゲイン差を小さくしています．**表23.4.4**を参照すると，抵抗値とローパス・ゲインが与えられますが，最初のセクションは非常に低いゲイン0.067で，ゲインのほとんどは3番目のセクションで与えられ，そこは一番Qが低くなっています．このように，個々のセクション

の入力信号の振幅は最小になり，入力振幅が原因となる歪みを小さくしてあり，回路全体としてゲインが1になるようにしてあります（モード3A動作のセクションでは，最初のセクションのローパス・ゲインはR_4/R_1で決まり，続くステージのローパス・ゲインはR_4を前のステージのR_Lで割った値で決まる．最後のゲイン・ステージは外付けのオペアンプになり，R_G/R_Lで決まる．ここではハイパス・ゲインは考慮していない）．

　2番目の例では，2次のセクションはノイズが小さくなるように接続してあります．この場合，1番高いQとf_0のセクションは中ほどに置き，すぐ後ろにQとf_0が1番低いセクションを置いています．ゲインの大部分は3番目のセクションが受け持ち，前段で発生したノイズを増幅しますが，2つのセクションのf_0の2：1

より大きい比率によって，2番目のセクションで発生したノイズの多くは3番目のセクションのパスバンドの外に落ちます（図23.4.7を参照）．これによって前に述べたノイズに対する帯域制限の効果がかかり，回路全体としてのノイズ性能が顕著に向上します．**図23.4.8**から**図23.4.11**に，この2つのバージョンの6次エリプティック・フィルタ設計例のノイズと高調波歪みの性能の詳細を示します．

ノッチ・フィルタ…最後の辺境

ノッチ・フィルタで特に高い Q，すなわち大きな減衰をもつものは，汎用のスイッチト・キャパシタ・フィルタICでの実現は困難です．FilterCADを使い，ストップバンドでの減衰量60 dB以上を求める仕様でノッチ・フィルタを設計することはできますが，実際には減衰が40 dBかそれ以下という結果に終わります．これは汎用スイッチト・キャパシタ・フィルタの動作が，データのサンプリングに基づくことがその根本的な理由で，純粋なアナログ・システムのように等振幅で逆位相の信号を加算しても理想的にキャンセルされないのです．60 dB以上のノッチは達成可能ですが，そのためにはこのバージョンのFilterCADがカバーしていないテクニックが必要になります．そのうちのいくつかをここで説明しておきます．

まずFilterCADを，エリプティック・ノッチ・フィルタの応答特性用にパラメータを入れるために使います．パスバンド・リプルの最大値を0.1 dB，減衰量を60 dB，中心周波数40 kHz，ストップバンド2 kHz，そしてパスバンド帯域12 kHzとします．これらのパラメータを与えて，FilterCADで合成した結果は**表23.4.5**のようになります．この8次のフィルタでは，ストップバンドの減衰量が80 dB以上になると表示されますが，このレベルの性能を現実に達成するのはあまりに困難です．減衰量60 dBのフィルタなら達成できますが，FilterCADによる設計アドバイスに相当手を入れる必要があります．

スイッチト・キャパシタ・フィルタICは，ある設計パラメータが特定の範囲にある場合に最良の結果をもたらします．特定のパラメータに対して最良の結果が得られる条件は"性能指数"と呼ばれます．例えば，LTC1064の場合なら，中心周波数に対するクロック周波数 (f_{CLK}/f_0) の精度の一番良い条件は，1 MHzのク

ロック周波数と Q が10に対して公表されています．この性能指数から外れていく場合（この設計例では40 kHzのノッチを作るためには必要となる），性能が徐々に低下します．ここで生じてくる問題の1つは，"Q の増加"です．つまり，Q の値が抵抗値で決まる値より，わずかに大きくなるのです（Q の増加のほとんどはICのモード3とモード3A動作における問題であり，またノッチ・フィルタに限定されるわけではなくローパス，バンドパス，ハイパス・フィルタでも同様に起きる点に注意のこと）．これによってノッチの上にも下にもピーキングが現れます．Q の増加は R_4（モード2あるいはモード3動作の場合）と並列に小容量のコンデンサ（3 pFから30 pF）を付けることで補正可能です．この修正によって，中心周波数90 kHzまでのノッチ・フィルタでは補正ができます．ここで示した値は，広範囲でクロックを可変できるノッチ・フィルタ用にバランスを取ったものです．少なくともLTC1064の場合では，Q の増加は20 kHzなら問題にはならないでしょう．低い周波数ではコンデンサを付けることでノッチが広くなる影響が出ます．

前述のように，ノッチ・フィルタを実現するうえでの他の問題として，不十分な減衰量があります．低い周波数のノッチ・フィルタでは，ストップバンドでの減衰量はクロック周波数とノッチ周波数の比を250：1まで大きくすることで増加できるでしょう．また，外付けのコンデンサを，R_2（モード1，モード2，およびモード3A動作の場合）に並列に付けることでも改善できます．10 pFから30 pFのコンデンサにより，ストップバンドでの減衰量を5 dBから10 dB増やすことができます．もちろん，このコンデンサと抵抗の組み合わせは，コーナー周波数 $1/(2\pi RC)$ のパッシブな1次のローパスを作ります．上で示したような値の場合では，コーナー周波数はパスバンドのはるか遠くに現れるので，大きな問題になることはないでしょう．しかし，もしノッチが20 kHz以下の周波数で必要であるとしたら，このコンデンサの値を増やして1次の部分のコーナー周波数を低くする必要があるでしょう．100 pFのコンデンサと10 kの抵抗 R_2 では，コーナー周波数は159 kHzとなりますが，この値はほとんどのアプリケーションで問題になることはないでしょう．500 pFのコンデンサ（低い周波数で深いノッチを設ける場合に必要になりそうな値）と20 kの R_2 では，コーナー周波数は15.9 kHzに下がります．ストップバンドで最大の減衰量を得る

表23.4.4 6次のエリプティック・ローパス・フィルタの抵抗値（f_{CLK}とf_cの比が100：1）

段	R_1	R_2	R_3	R_4	R_G	R_H	R_L	ローパス・ゲイン
高調波歪みが小さくなるように並べた場合								
1	150.0k	10.00k	150.0k	10.00k		15.00k	10.00k	0.067
2		11.80k	43.20k	16.50k		22.60k	10.00k	1.650
3		16.90k	28.70k	78.70k	11.50k	130.0k	10.00k	7.870
外付けオペアンプ								1.150
（合計）								1.000
低ノイズになるように並べた場合								
1	43.20k	10.00k	36.50k	14.00k		110.0k	48.70k	0.324
2		10.00k	150.0k	10.00k		15.00k	10.00k	0.205
3		28.00k	48.70k	130.0k	11.50k	130.0k	10.00k	13.00
外付けオペアンプ								1.150
（合計）								0.993

表23.4.5 40kHz，60dBのノッチ・フィルタのf_0，Q，およびf_nの値

段	f_0	Q	f_n
1	35735.6793	3.3144	39616.8585
2	44773.1799	3.3144	40386.8469
3	35242.9616	17.2015	39085.8415
4	45399.1358	17.2105	40935.5393

表23.4.6 40kHz，60dBのノッチ・フィルタのf_0，Q，およびf_nの値

段	f_0[kHz]	Q	f_n[kHz]	モード
1	40.000	10.00	40.000	1
2	43.920	11.00	40.000	2
3	40.000	10.00	40.000	1
4	35.920	8.41	40.000	3

ことがパスバンドを広くすることより重要であるなら，これは使える方法でしょう．R_2に並列に抵抗を付けると別の問題があり，これによって先ほどR_4にコンデンサを付けることで修正したQが増加します．再びQを下げるように抵抗値を調整しなくてはなりません．

　表23.4.6は，ここで説明したテクニックを使った減衰量60 dBの仕様を実際に満たすノッチ・フィルタです．これは本質的にクロックを可変できる，8次のノッチ・フィルタでLTC1064のデータシートで紹介されています．複数の動作モードが使われている点に注意してください．これはFilterCADでは提供できない設計解になります．

　ここで述べたノッチ・フィルタに関する手法は，こまでの経験に基づくもので説明が包括的であると言えないのは明らかです．また，ノイズや歪みについての最適化にも，まったく触れていません．この手順に簡単なルールはありません．最適化は可能ですが，個々の設計に応じて行う必要があります．高性能なノッチ・フィルタを実装する必要があり，これまで述べた参考ポイントが不十分であれば，リニアテクノロジー社のアプリケーション部門にサポートをご連絡ください．

Appendix 1
FilterCADのデバイス・パラメータ・エディタ

　FilterCADのデバイス・パラメータ・エディタ（FDPF.EXE）を使うと，FilterCADデバイス・パラメータ・ファイル（FCAD.DPF）を変更することができます．このファイルにはFilterCADが実装で選択するリニアテクノロジー社のスイッチト・キャパシタ・フィルタICに関するデータが含まれています．このエディタはメニュー選択式のプログラムで，FilterCADと似たコマンドの体系をもっています．そのメイン・メニューには以下の選択項目があります．

1. ADD New Device（新しいデバイスの追加）
2. DELETE Device（デバイスの消去）
3. EDIT Existing Device（既存のデバイスの変更）
4. SAVE Device Parameter File
　　　（デバイス・パラメータ・ファイルへの保存）
5. LOAD Device Parameter File
　　　（デバイス・パラメータ・ファイルの読み込み）
6. CHANGE Path to Device Parameter File
　（デバイス・パラメータ・ファイルのパス名の変更）

9. END Device Parameter Editor（エディタの終了）

　デバイス・パラメータ・ファイルを変更する最大の理由は，このバージョンのFilterCADプログラムがリリースされたあとに登場した，新しいリニアテクノロジー社のICを付け加えるためです．新しいデバイスのデータを入力するには，
　　　1
を押します．

　そうすると，必要なパラメータを入力するための空のフォームが開きます．矢印キーを使って各フィールドを移動して，リニアテクノロジー社のデータシートから適切な値を入力します．データを確定するには，それぞれのフィールドで
　　　［Enter］
を押し，入力が終わったら
　　　［ESC］
を押します．

　新しく.DPFファイルに保存しておくことを忘れないでください．プログラムは既存のFCAD.DPFファイルがあることを表示して，上書きするかどうかを聞いてきます．
　　　Y
を押すとファイルに保存されます．

　このエディタを使うと考えられる別の理由は，手持ちのICからだけ選ばれるように登録されているICを減らすためです．登録ICを削除するには，
　　　2
を押します．画面にICの名前が現れたら，ファイルから削除するために
　　　Y
を押すか，あるいは
　　　N

を押して，削除したいICが表示されるまでICのリストの表示を繰り返します．

　またこのエディタを使って，このバージョンのFilterCADでサポートされているICの仕様が更新された場合に，データを変更する場合があります．Device Parameterファイルにすでにある ICを変更するには，
　　　3
を押します．

　先ほど新規ICを追加する際に述べたようなフォームが開きますが，違いとしてすでにフィールドには入力されているデータがあります．
　　　［PgDn］
と
　　　［PgUp］
のキーを使ってページを移動して変更したいICを見つけ，修正したいフィールドにカーソルを移動したら新しいデータを入力します．新しい値を受け付けるには，
　　　［Enter］
を押さなくてはなりません．変更を終了したら
　　　［ESC］
を押します．

　デバイス・パラメータ・ファイル・エディタのメイン・メニューのこの他のオプションについては，自明と思われるので省略します．

Appendix 2
参考文献

　フィルタ設計理論の詳細については，下記の著作から選んで参考にしてください．

(1) Daryanani, Gobind, "Principles of Active Network Synthesis and Design", New York : John Wiley and Sons, 1976.
(2) Ghausi, M.S., and K.R. Laker," modern Filter Design, Active RC and Switched Capacitor", Englewood Cliffs, New Jersey : Prentice-Hall, Inc., 1981
(3) Lancaster, Don, "The Active Filter Cookbook", Indianapolis, Indiana : Howard W. Sams & Co., Inc., 1975.
(4) Williams, Arthur B., "Electronic Filter Design Handbook", New York : McGraw-Hill, Inc., 1981.

注：アプリケーション・ソフトウェアおよびアルゴリズムは Nello Sevastopoulos, Philip Karantzalis，および Richard Markell によるものである．

第 24 章
高精度広帯域アンプの30ナノセカンドの
セトリング時間の測定
迅速な確実性の定量化

Jim Williams，訳：細田 梨恵

はじめに

　計測，波形生成，データ収集，フィードバック制御システム，およびその他のアプリケーション分野で広帯域アンプは使用されます．新しいコンポーネント（次ページの“セトリング時間30 nsの高精度広帯域デュアル・アンプ”のコラムを参照）の登場によって，高速動作を維持しながら高精度を得ることが可能になりました．このアンプは，低消費電力で，格段に低コストにもかかわらず，DCおよびAC仕様は，従来の製品に匹敵するものです．

セトリング時間の定義

　アンプのDC仕様は比較的容易に検証できます．その測定方法はしばしば手間がかかるものの，よく理解されています．一方で，AC仕様に関して信用できる結果を得るにはずっと洗練された方法が必要になります．特に，アンプのセトリング時間は決定が非常に難しいものです．セトリング時間とは，入力が印加されて出力が変化し，それが最終出力値に対する規定の誤差範囲に到達してそこに留まるまでに要する時間です．通常，フルスケールの信号変化に対して規定されます．図24.1は，このセトリング時間が三つの要素に分けられることを示しています．*遅延時間*は値として小さく，ほとんどすべてがアンプの伝播遅延によるものです．この期間中，出力信号は変化しません．スルー*時間*の間，アンプ出力はその最高スピードで最終値に向かって変化します．リング*時間*は，アンプが出力応答から回復して規定の誤差範囲に収まるまでの領域です．スルー時間とリング時間の間には一般にトレードオフの関係があります．通常，スルーが高速なアンプはリング時間が長くなり，アンプの選択と周波数補償が複雑

になります．さらに，超高速なアンプのアーキテクチャはDC誤差の悪化を招くようなトレードオフを強いるのが通常です[注1]．

　動作速度にかかわらず，また対象がなんであれ測定には注意深さが必要です．動的特性の測定はとくに困難になります．ナノセカンド領域のセトリング時間の測定は極めて難易度の高い問題で，それには手法と実験技術の双方にこのうえない注意を払う必要があります[注2]．

図24.1　セトリング時間を構成する要素には，遅延時間，スルー時間，リング時間がある．高速なアンプではスルー時間は小さいが，リング時間が長くなるのが一般的である．通常，遅延時間が占める割合は小さい

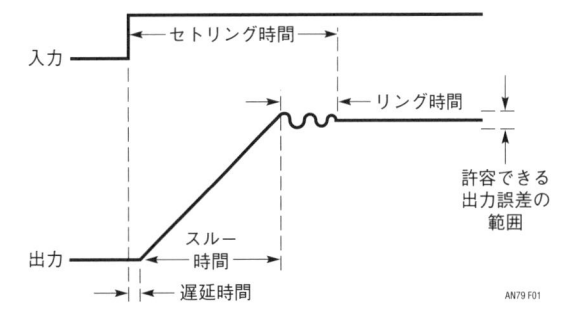

注1：この問題は本文の後半で詳細に取り扱われる．また，Appendix Dの“アンプの補償についての実践的考察”も参照のこと．
注2：セトリング時間の測定に使われる手法とその説明は，過去の文献から多くを引用している．参考文献(1)を参照のこと．

セトリング時間30 nsの
高精度広帯域デュアル・アンプ

最近になるまで，広帯域アンプは動作速度は速くても，精密さ，消費電力，そしてしばしばセトリング時間を犠牲にしてきました．LT1813デュアルOPアンプはそのような妥協とは無縁です．少ない電源電流で，低いオフセット電圧とバイアス電流，高いDCゲインを達成しています．5Vステップ信号に対するセトリング時間は，0.1%誤差に収まるまでが30 nsです．±5V電源を使う場合，出力は100Ω負荷を±3.5Vで駆動し，100 pFまでの容量負荷を許容できます．次の表は仕様を簡潔にまとめたものです．

LT1813の仕様のまとめ

特性	仕様
オフセット電圧	0.5mV
オフセット電圧の温度係数	$10\mu V/°C$
バイアス電流	$1.5\mu A$
DCゲイン	3000
ノイズ電圧密度	$8nV/\sqrt{Hz}$
出力電流	60mA
スルー・レート	$750V/\mu s$
ゲイン帯域幅	100MHz
遅延時間	2.5ns
セトリング時間	30ns/0.1%
供給電流	3mA（アンプ当たり）

ナノセカンド領域の
セトリング時間測定についての検討

歴史的に，セトリング時間の測定には**図24.2**のような回路が使われてきました．この回路は"仮のサム・ノード"という手法を使っています．この回路で，抵抗とアンプはブリッジ型の接続になっています．抵抗が理想的であるとすれば，入力が駆動されたときはアンプの出力は$-V_{IN}$へとステップ応答をします．スルーの間，セトル・ノードの電位はダイオードによって境界が定められ，電圧変化が制限されます．セトリングが発生したとき，オシロスコープのプローブ電圧はゼロであるはずです．抵抗分圧器での減衰により，プローブの電圧は実際のセトリング電圧の半分になる点に注意してください．

理論的には，この回路によりセトリングの様子は小振幅の波形として観測できることになります．現実には，信頼に足るほどの測定結果は得られません．いくつかの問題点があります．この回路への入力信号は，規定の測定範囲内のフラット・トップのパルスである必要があります．一般的に注目されるのは，5Vのステップ信号に対して5mVあるいはそれ以下になるセトリング時間です．汎用パルス・ジェネレータで，振幅およびノイズをこの範囲内に保つように作られているものはありません．ジェネレータ出力での異常が，オシロスコープのプローブをつないだところに現れると，アンプの出力での変化と区別ができずに測定結果の信

図24.2 セトリング時間測定で一般的なサミング手法では，誤解を生む測定結果になる．出力にはパルス・ジェネレータの出力遷移後の異常が現れる．オシロスコープには10倍のオーバードライブが加わる．表示結果は無意味である

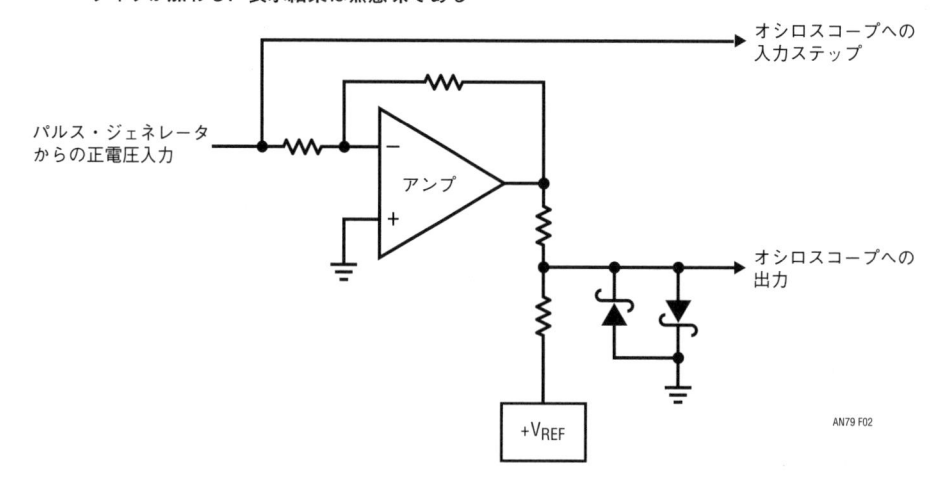

頼性が低下します．オシロスコープの接続自体でも問題は起きます．プローブの容量が大きくなると，抵抗の接続ノードのAC負荷によって測定波形が影響を受けます．10 pFのプローブならこの問題を軽減してくれますが，その10分の1の減衰によってオシロスコープのゲインが犠牲になります．1：1のプローブは入力容量が大きくなりすぎるので不適切です．アクティブ型の1：1 FETプローブならOKですが，それでも別の問題が残ります．

セトル・ノードに付けたクランプ・ダイオードはアンプの出力応答の電圧スイングを減らし，オシロスコープが過度にオーバードライブされるのを防ぐためです．困ったことに，オシロスコープのオーバードライブからの回復特性は機種ごとに大きく異なり，また通常は仕様として規定されていません．ショットキー・ダイオードの400 mVの電圧降下により，オシロスコープが許容できないオーバーロードを受け，測定結果に疑念が生じます[注3]．

0.1％の分解能（出力において5 mV —— オシロスコープ側では2.5 mV）では，一般的にオシロスコープは10 mV/DIVレンジで10倍のオーバードライブを受けることになり，期待する2.5 mVの振幅レベルでの測定はできません．ナノセカンドの信号速度では，この構成では望みがありません．これでは，正しい測定を行える可能性は皆無です．

ここまでの議論の意味するところは，アンプのセト

リング時間の測定には，何らかの方法によってオーバーロードを受けないオシロスコープと，"フラット・トップ"の信号を出力するパルス・ジェネレータが必要になるということです．これらが広帯域アンプのセトリング時間の測定における中心的な問題となるのです．

唯一の本質的にオーバーロードを受けないオシロスコープの技術とは，古典的なサンプリング・スコープだけです[注4]．残念なことに，これらの測定器はすでに製造されていません（中古品市場なら現在でも入手は可能である）．しかしながら，古典的なサンプリング・スコープ技術を借用した測定回路を構成することは可能です．さらに，その回路にナノセカンド級のセトリング時間の測定に適した機能を付け加えることが

注3：オシロスコープのオーバードライブに関する議論については，Appendix Aの"オシロスコープのオーバードライブ性能の評価"を参照のこと．

注4：古典的なサンプリング・オシロスコープと，オーバードライブによる制約を受ける現代のディジタル・サンプリング・スコープを混同しないように．オーバードライブの観点からさまざまなオシロスコープのタイプの比較を行ったAppendix A"オシロスコープのオーバードライブ性能の評価"を参照のこと．サンプリング・スコープの動作についての詳しい議論については，参考文献(16)から(19)，および(22)から(24)を参照のこと．参考文献(17)は重要である．古典的なサンプリング計測器について，著者の知る限りもっとも記述が明確で，説明がわかりやすいものである − 12ページの珠玉の一編である．

図24.3　パルス・ジェネレータ側の乱れに対して，影響を受けにくくした構成の概念図．入力部のスイッチがアンプへ電流ステップをゲート制御する．2番目のスイッチは遅延パルス・ジェネレータにより制御されて，セトリングがほぼ終了するまでオシロスコープにセトル・ノードの信号が到達しないようにする

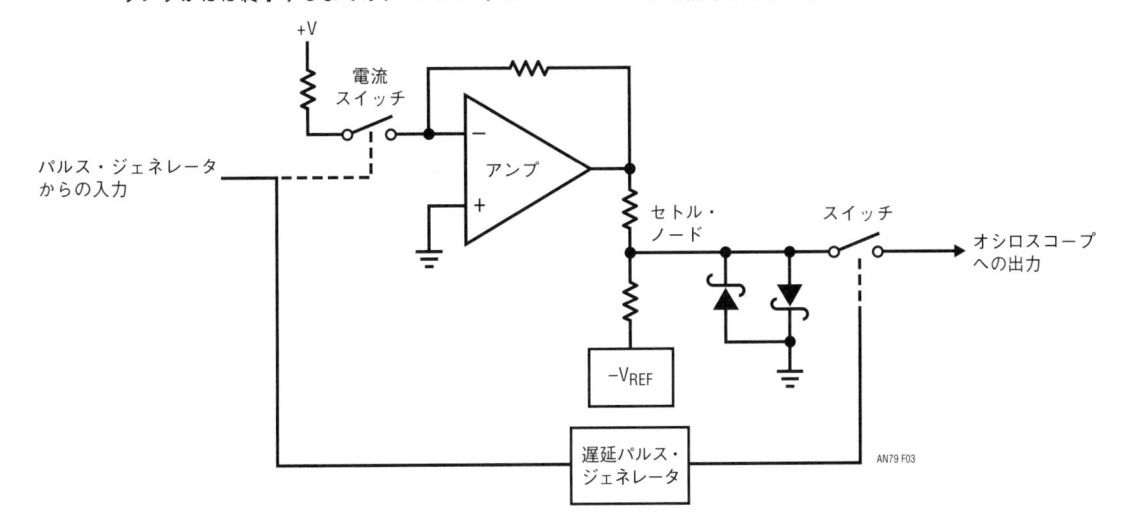

できます．

　次に"フラップ・トップ"なパルス・ジェネレータの必要性ですが，これは電圧の代わりに電流をスイッチングする手法を使うことで回避できます．電圧を制御するより，急速にセトリングする電流をアンプのサミング・ノードへ切り換えるほうがずっと容易なのです．これで入力のパルス・ジェネレータの役割は楽になりますが，それでも測定誤差を避けるには1ナノセカンド以下の立ち上がり時間のパルスが必須になります[注5]．

実用的なナノセカンド級の　　セトリング時間測定方法

　図24.3は概念的なセトリング時間の測定回路です．この図は図24.2の回路のポイントを引きついていますが，新しく付け加えられた特徴もあります．この回路では，オシロスコープはスイッチを介してセトル・ポイントに接続されます．このスイッチの状態は，遅延

注5：サブナノセカンドのパルス・ジェネレータについて，Appendix Bの"サブナノセカンドの立ち上がり時間のパルス・ジェネレータ"で考察している．

パルス・ジェネレータによって決められますが，入力パルスがそのジェネレータをトリガします．遅延パルスのタイミングは，セトリングが終了間際になるまでスイッチが閉じないように合わせます．このようにして，入力信号は時間と振幅の双方でサンプリングされます．オシロスコープは決してオーバードライブを受けず − 波形が表示範囲から外れることはありません．

　アンプのサミング接続のところのスイッチは入力パルスによって制御されます．電圧で駆動される抵抗を介して，このスイッチはアンプへの電流をゲート制御します．これによって"フラット・トップ"のパルス・ジェネレータは不要になりますが，このスイッチはスイッチングによる誤差を起こさずに高速に動作しなくてはなりません．

　図24.4は，このセトリング時間の測定系をより詳しく説明するものです．図24.3の各ブロックをさらに詳細にしてあり，新しく細部を加えてあります．アンプのサミング部分は変わっていません．図24.3での遅延パルス・ジェネレータは二つのブロックに分けてあり，遅延発生部とパルス・ジェネレータになっていて，独立して可変できます．オシロスコープへの入力であるステップ波は，セトリング時間測定用の信号経路での

図24.4　セトリング時間の測定回路構成のブロック図．ダイオード・ブリッジがアンプへの入力電流をスイッチする．2番目のダイオード・ブリッジ・スイッチは，スイッチでのフィードスルーを最小し，オシロスコープのオーバードライブを防ぐ．入力のステップ波の時間基準点はテスト回路の遅延に対して補正される

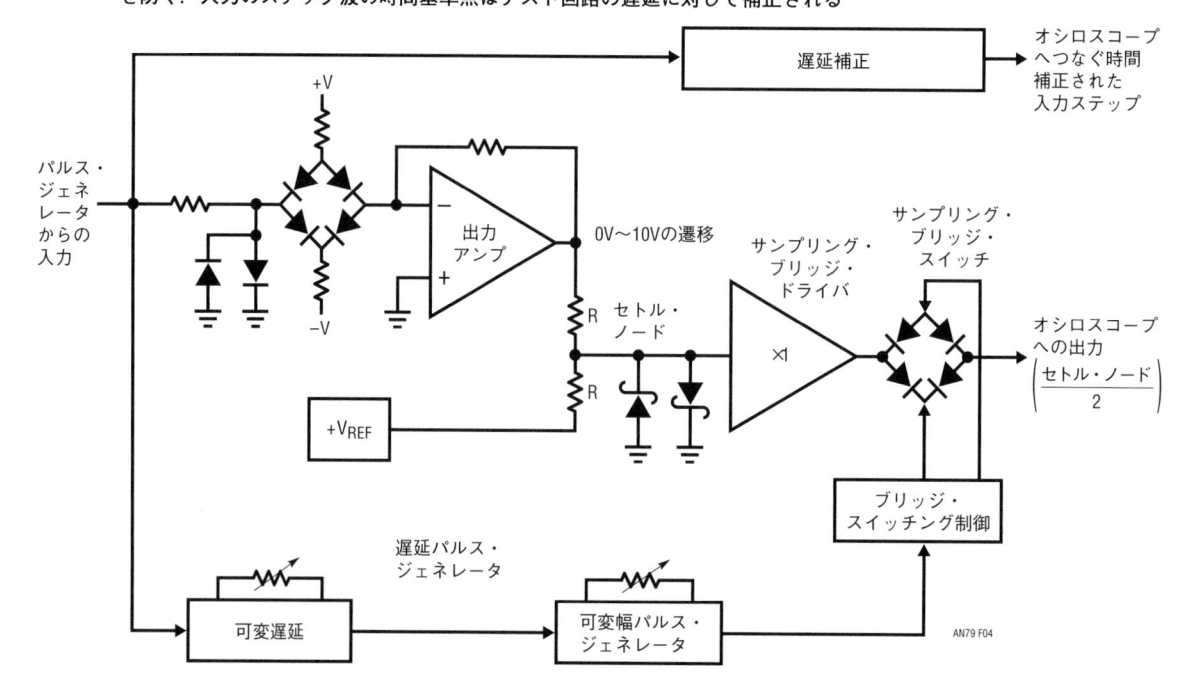

伝播時間を補正する回路を経由してつながっています．この回路で最も特筆すべきポイントはダイオード・ブリッジで構成したスイッチです．これは古典的なサンプリング・スコープから借用したもので，この測定の鍵となる部分です．ダイオード・ブリッジは本質的にバランスしているので，電荷注入による誤差の発生がありません．この特性において，他のどんな電子スイッチよりもずっと優れています．他の高速スイッチング技術では，電荷のフィードスルーによって出力に過剰なスパイクが発生します．FETスイッチはゲートチャネルの容量によりフィードスルーが発生するため，この目的には適しません．この容量によりゲートの駆動信号によるノイズが生じてスイッチングに悪影響を与え，スイッチの目的が達成できなくなります．

　ダイオード・ブリッジのバランスにより，そのマッチングの取れた低容量のモノリシック・ダイオードと高速なスイッチング動作が相まって，きれいなスイッチングが得られます．入力信号が駆動するブリッジは，アンプのサミング・ポイントへ流れる電流を高速に，数ナノセカンド以内のセトリング時間でスイッチします．グラウンドへのダイオードによるクランプで，過剰にブリッジが駆動されることを防ぎ，入力パルスの特性が動作に影響しないようにしています．

　図24.5は出力ダイオード・ブリッジ・スイッチの詳細を示しています．このブリッジで必要な性能を得るためには多大な注意を払う必要があります．モノリシック・ダイオードによるブリッジでは相互の温度係

数がキャンセルされる傾向があり——ドリフトはわずか$100\,\mathrm{mV/℃}$ですが——オフセットを最小にするにはDCバランスを取る必要があります．

　DCバランスを取るには，ブリッジのオン電流を調整して入力-出力間のオフセット電圧をゼロにします．ACについては2箇所の調整が必要になります．"ACバランス"はダイオードおよびレイアウトからの容量的なアンバランスを補正するもので，"スキュー補正"はコンプリメンタリなブリッジ駆動回路でのタイミング的な非対称性を補正します．これらのAC調整により，わずかな動的なアンバランスを補正して，ブリッジからの不要出力を最小にします．

セトリング時間測定回路の詳細

　図24.6はセトリング時間測定回路の詳細です．入力パルスはブリッジをスイッチングしますが，同時に遅延補正回路を経由してオシロスコープへつながっています．この遅延補正回路は，高速コンパレータと調整用のCRから構成されていて，オシロスコープの入力ステップ信号に回路の信号経路で加わる6 nsの遅延時間を補正します[注6]．このアンプの出力はサミング抵抗を介して，5 Vの基準電圧と比較されます．この5 Vの基準電圧源はブリッジへの入力電流も作っているので，ここでの測定はレシオメトリックになります．-5 Vの基準電源はサミング・ポイントから電流を引き込み，アンプが2.5 Vから-2.5 Vで5 Vのステップ波形を扱えるようにしています．クランプされているセトリング・ノードは，サンプリング・ブリッジの駆動アンプであるA_1によって負荷から切り離されています．

　入力パルスがコンパレータC_2とC_3による遅延パルス・ジェネレータにトリガをかけます．この回路は遅延（10 kの半固定抵抗で決まる）されたパルスを発生するようになっていて，そのパルス幅（2 kの半固定抵抗で決まる）がダイオード・ブリッジのオン時間を設定します．遅延が適切に設定されれば，セトリングが終了間際になるまでオシロスコープにはなんらの入力も加わらず，オーバードライブは発生しません．サンプル・ウィンドウの幅は，それ以降に起きるセトリングの様子がすべて観測できるように調整します．このように

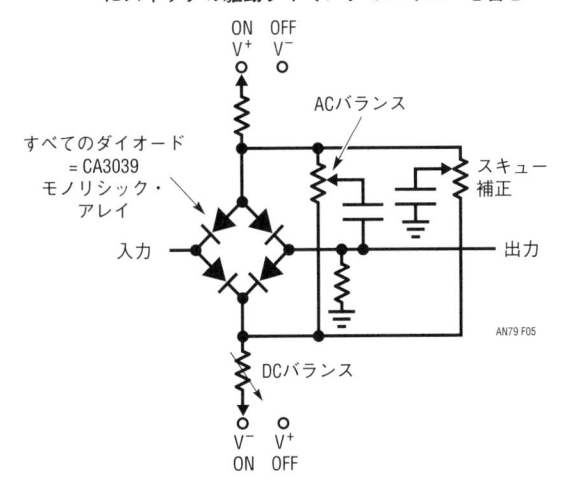

図24.5　ダイオード・サンプリング・ブリッジ・スイッチの調整は，ACおよびDCのアンバランスならびにスイッチの駆動タイミングのスキューを含む

注6：Appendix Cの"セトリング測定回路の遅延の測定と補正"を参照のこと．

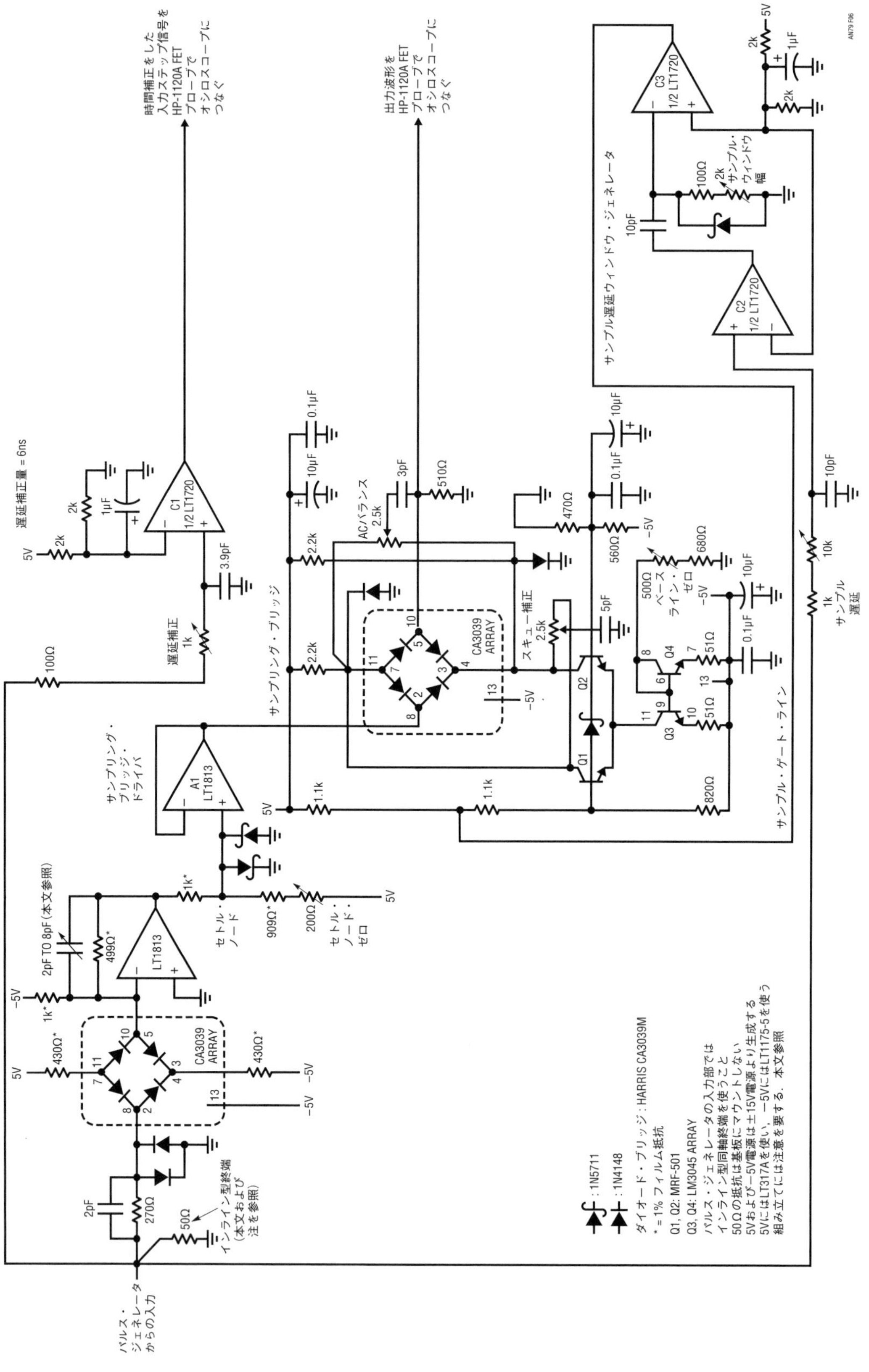

図24.6 前掲のブロック・ダイアグラムに対応したセトリング時間測定回路の詳細．最適な性能を得るにはレイアウトに注意が欠かせない

図24.7　セトリング回路の動作波形．時間補正した入力パルス（波形A），被測定アンプの出力（波形B），サンプル・ゲート信号（波形C），およびセトリング時間出力（波形D）．サンプル・ウィンドウの遅延時間とパルス幅は可変である

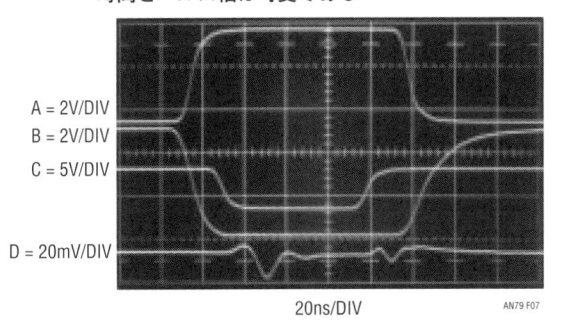

A = 2V/DIV
B = 2V/DIV
C = 5V/DIV

D = 20mV/DIV

20ns/DIV　　AN79 F07

図24.9　サンプリング・ブリッジのACおよびDC調整をするまえの，セトリング時間測定回路の出力（波形B）．この測定ではセトリング・ノードは接地してある．スイッチ駆動信号の過剰なフィードスルー，およびベースラインのオフセットがわかる．波形Aはサンプル・ゲート信号

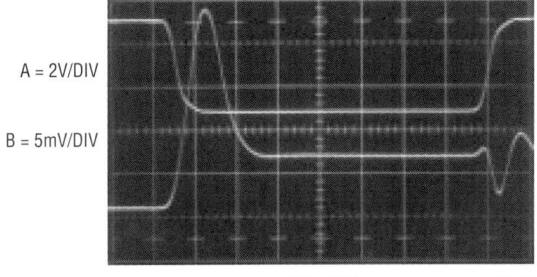

A = 2V/DIV

B = 5mV/DIV

10ns/DIV　　AN79 F09

図24.8　30nsで5mV以下にセトリングするアンプ波形の拡大表示（波形B）．波形Aは時間補正した入力のステップ波形

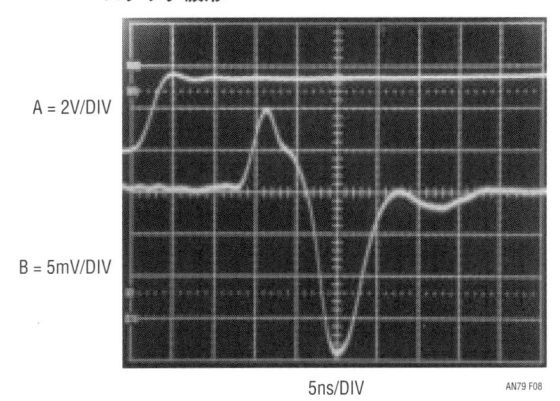

A = 2V/DIV

B = 5mV/DIV

5ns/DIV　　AN79 F08

して，オシロスコープからの出力は信頼がおけるものになり，意味のあるデータが取得できます．遅延ジェネレータの出力は，Q_1～Q_4のトランジスタによってレベル・シフトされ，ブリッジをスイッチングするコンプリメンタリなドライブ信号になります．実際にスイッチングするトランジスタ，Q_1およびQ_2はUHF用の部品で，時間のスキューが1ns以下になる真の差動スイッチングを可能にしています[注7]．

図24.7は回路の波形です．波形Aは時間補正された入力パルスで，波形Bはアンプの出力，波形Cはサンプル・ゲート信号，また波形Dはセトリング時間出力です．サンプル・ゲート信号がLowになるとブリッジはきれいに切り換わり，セトリングの最終段階での10mVオーダの出力変化が容易に観測できます．リング時間もきれいに見ることができて，アンプは最終値に良好にセトリングしています．サンプル・ゲート信

号がHighになると，ブリッジはオフになり，フィードスルーはmV程度です．どの時間領域でも波形が表示範囲から外れることはなく──オシロスコープがオーバードライブされていない点に注意してください．

図24.8はセトリングの様子をさらに詳しく見るために，垂直軸と水平軸を拡大したものです[注8]．波形Aは時間補正した入力パルス，波形Bはセトリング出力です．出力変化の最後の部分の15mV（画面中央の垂直軸のあたりから始まっている）が良好に観測できていて，このアンプの出力は30nsのうちに5mV（0.1％）以内にセトリングしています．

この回路でこのような性能を達成するには調整が不可欠です．DCおよびACでの調整が必要です．その調整をするには，アンプを殺して（アンプのところの入力の電流スイッチと1kの抵抗を切り離す），セトル・ノードをグラウンド・プレーンに直接落とします．**図24.9**に示すのは調整前の一般的な状態です．

波形Aは入力パルスで，波形Bはセトリング信号出力です．アンプを殺してセトリング・ノードを接地した状態では，出力は（理論上は）常にゼロになるべきです．この写真を見ると，調整していないブリッジではそうならないことがわかります．ACおよびDC誤差が

注7：このブリッジのスイッチング方法はリニアテクノロジー社のGeorge Felizによって開発された．

注8：これ以降の写真で，セトリング時間は時間補正された入力パルスの開始時点から測定している．さらに，セトリング信号の振幅はサンプリング・ブリッジ出力ではなく，アンプ出力において校正されている．これにより，サミング抵抗での1/2の分圧比から生じる曖昧さをなくしている．

図24.10　サンプリング・ブリッジ調整後のセトリング時間回路の出力（波形B）．図24.9と同様にセトリング・ノードは接地してある．スイッチ駆動波形のフィードスルーとベースラインのオフセットは最小化されている．波形Aはサンプル・ゲート信号

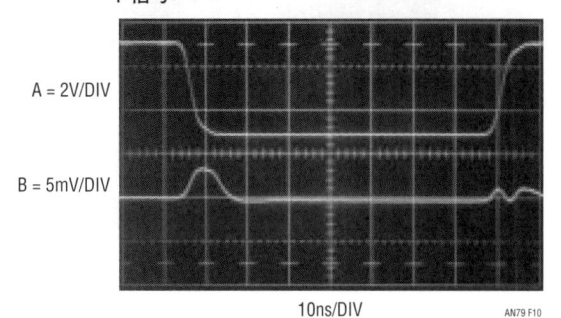

A = 2V/DIV

B = 5mV/DIV

10ns/DIV　　　　AN79 F10

生じています．サンプル・ゲート信号の遷移は，大きな振幅変化を引き起こしています．さらにこの出力には，サンプリング期間中に大きなDCオフセット誤差が見られます．ACバランスとスキューを調整することで，スイッチングに起因する過渡応答を最小に追い込みます．DCオフセットは"ベースライン・ゼロ"の半固定抵抗を調整してなくします．図24.10はこれらの調整後の結果です．スイッチングを原因とした変動は最小になり，オフセット誤差は読み取れない程度に小さくなっています．このレベルに調整できれば，この回路はほぼ使用可能になります[注9]．あとはセトリング・ノードの接地を外し，アンプの電流スイッチと抵

抗を元に戻します．セトリング前とセトリング後のベースラインの差をさらに小さくするには，"セトル・ノード・ゼロ"の半固定抵抗で調整します．

サンプリング型 セトリング時間測定回路の使用法

　図24.11と図24.12からは，時間軸上でサンプリング・ウィンドウの位置を適切に決めることの重要性がよくわかります．図24.11では，サンプル・ゲートによる遅延によって，サンプル・ウィンドウ（波形A）が早く始まりすぎていて，サンプリングが始まると余剰アンプの出力（波形B）がオシロスコープをオーバードライブしてしまっています．図24.12ではそれが改善されていて，表示範囲から外れるような波形はありません．アンプ出力のセトリングの余剰信号はすべて，表示範囲に十分に収まっています．

　一般的に言えば，リンギング時間の開始部分が観測できるようにアンプの出力変化の最後の10mVかそのあたりまで，サンプリング・ウィンドウを"移動"してみるのは良い試みです．サンプリングを使う手法ではこれが可能なので，非常に強力な測定ツールになります．付け加えると，速度の遅いアンプを測定する場合では，遅延時間やサンプリング・ウィンドウの時間の

注9：このような性能を発揮させるには，回路のレイアウトも大切になる．この回路を組み立てるには多くの精妙な工夫が必要不可欠である．Appendix Eの"ブレッドボードの組み立て，レイアウトおよび接続のテクニック"を参照．

図24.11　サンプル・ゲート信号の遅延時間が不適切な場合のオシロスコープの表示．サンプル・ウィンドウ（波形A）の開始が早すぎて，セトリング出力（波形B）が表示範囲から外れてしまっている．オシロスコープはオーバードライブされていて，表示される波形情報は疑問符が付くものになってしまった

図24.12　遅延時間を最適にセットしたサンプル・ゲート信号により，セトリング出力（波形B）の波形情報はすべてが表示範囲に収まっている

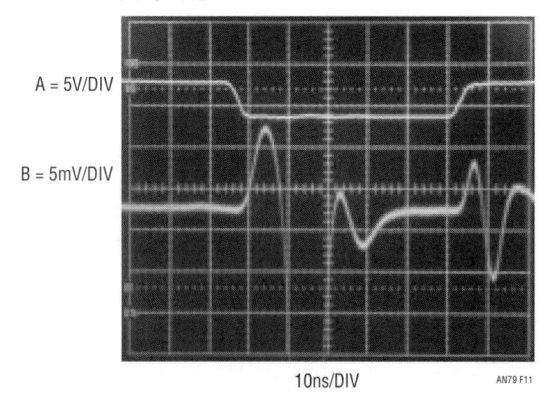

A = 5V/DIV

B = 5mV/DIV

10ns/DIV　　　　AN79 F11

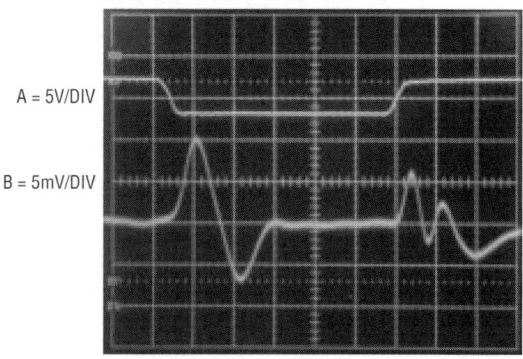

A = 5V/DIV

B = 5mV/DIV

10ns/DIV　　　　AN79 F12

図24.13　不適切なフィードバック・コンデンサにより，セトリングはダンピング不足の応答になっている．波形Aは時間補正した入力パルス．波形Bはセトリングの余剰出力．t_{SETTLE} ＝43ns

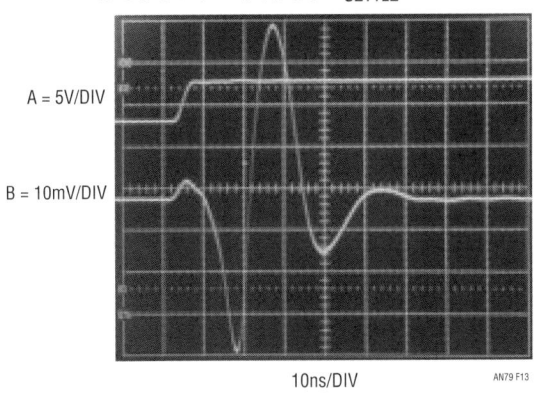

A = 5V/DIV

B = 10mV/DIV

10ns/DIV　　AN79 F13

図24.14　過大なフィードバック・コンデンサによりオーバーダンピングの応答になっている．t_{SETTLE} ＝50ns

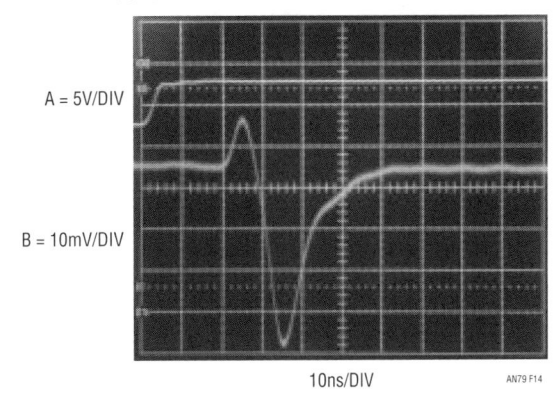

A = 5V/DIV

B = 10mV/DIV

10ns/DIV　　AN79 F14

範囲を拡張する必要があるかもしれません．それには遅延パルス・ジェネレータのタイミング回路に大きなコンデンサを使います．

補償コンデンサによる影響

　アンプのセトリング時間を最良にするためには周波数補償が必要です[注10]．図24.13は補償が非常に軽い場合の様子を示しています．波形Aは時間補正をした入力パルスで，波形Bはセトリングの余剰出力です．補償が軽いので出力変化が非常に速くなっていますが，長時間にわたって大きなリンギングが発生しています．サンプリングが始まったとき（時間軸の4番目の区切りの直前），まだリンギングは問題になるレベルですが，収まろうとしているのがわかります．セトリング時間は合計で約43 nsです．図24.14は逆の極端な場合です．大きな値の補償コンデンサによってリンギングはすべてなくなっていますが，アンプは非常に低速になりセトリング時間は50 nsに延びています．最良の場合が図24.15です．これはセトリング時間が最良になるように注意して補償コンデンサを選んで写真を撮ったものです．ダンピングは厳密にコントロールされて，セトリ

注10：この節では，サンプリングによるセトリング時間の測定法の話題に限定して，アンプの周波数補償について議論する．したがって，簡潔に済ませる必要があった．より踏み込んだ議論については，Appendix Dの"アンプの補償についての実践的考察"を参照のこと．

ング時間が30 nsに下がっています．

結果の検証 ── もう一つの方法

　サンプリングを利用したセトリング時間の測定は有効な方法に思えます．ところで，その結果に確実に自信をもつにはどうしたらよいでしょうか？　良い方法は同じ測定を別の方法で行って結果が一致するかを調べることです．本稿の始めのところで，古典的なサンプリング・オシロスコープは本質的にオーバードライブを受けないと述べました[注11]．もしそうであるなら，

注11：詳しい議論については，Appendix Aの"オシロスコープのオーバードライブ性能の評価"を参照のこと．

図24.15　最適なフィードバック・コンデンサによって厳密にダンピングがかけられていて，最良のセトリング時間が得られた．応答が最適になっているので，水平軸と垂直軸を拡大できた．t_{SETTLE} ≦30ns

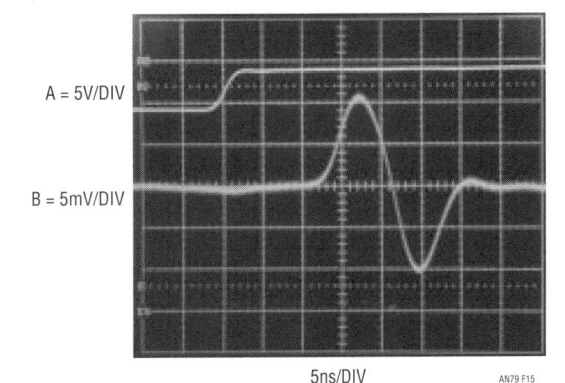

A = 5V/DIV

B = 5mV/DIV

5ns/DIV　　AN79 F15

図24.16　古典的なサンプリング・オシロスコープを使ったセトリング時間のテスト回路．サンプリング・スコープは本質的にオーバーロードに影響されないので，波形が大きく表示範囲を外れていても問題ない

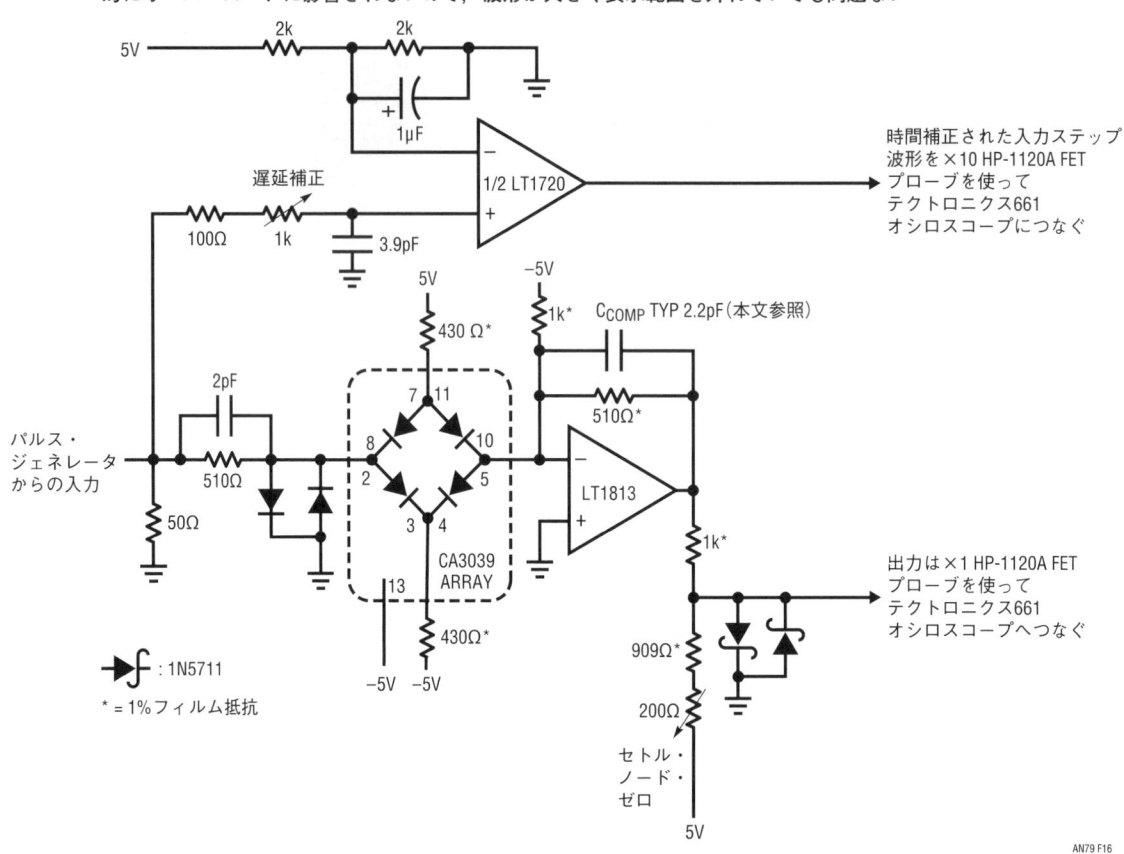

その特徴を使ってクランプされたセトル・ノードでセトリング時間を直接測ったらどうでしょう？　図**24.16**がそれを行っています．これらの条件において，サンプリング・スコープ[注12]は強くオーバードライブされますが，悪影響は受けません．図**24.17**はサンプリング・オシロスコープを使った結果です．波形Aは時間補正された入力パルスで，波形Bがセトリング信号です．ひどいオーバードライブにもかかわらず，サンプリング・スコープの応答はきれいで，非常にそれらしいセトリング信号が得られています．

図24.17　古典的なサンプリング・スコープによるセトリング時間測定．オーバーロードへの耐性により，極度のオーバードライブにもかかわらず正確な測定ができる

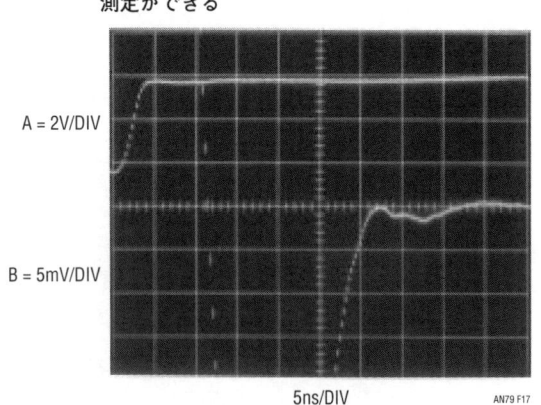

A = 2V/DIV

B = 5mV/DIV

5ns/DIV　AN79 F17

結果のまとめ

　異なる手法で得られた結果を最も簡単にまとめる方法は目視による比較です．図**24.18**と図**24.19**は，前述の異なる2通りのセトリング時間の測定方法による波形写真を再掲したものです．双方が良い測定法で適

注12：テクトロニクス社661型オシロスコープに，垂直軸プラグイン4S1とタイミング・プラグイン5T3を使った．

図24.18　サンプリング・ブリッジ回路を使ったセトリング時間の測定. $t_{SETTLE} = 30$ns

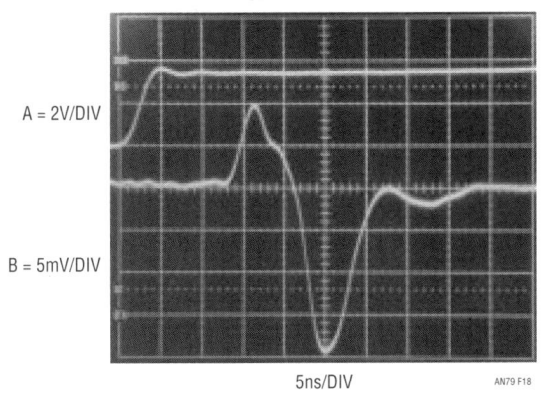

A = 2V/DIV

B = 5mV/DIV

5ns/DIV　　AN79 F18

図24.19　古典的なサンプリング・スコープを使ったセトリング時間の測定. $t_{SETTLE} = 30$ns

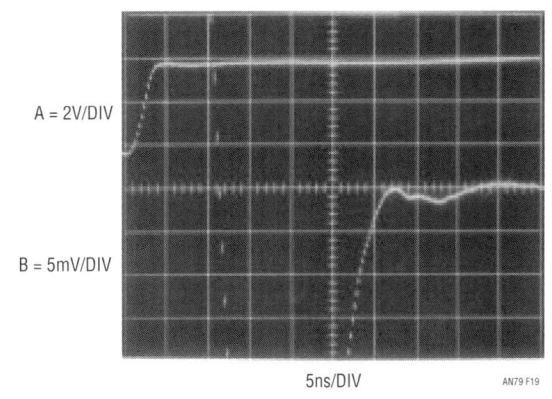

A = 2V/DIV

B = 5mV/DIV

5ns/DIV　　AN79 F19

切に構成されたものであれば、同じ結果になるはずです（注13）。この場合、二つの方法によって生成された同一のデータは有効である可能性が高いと考えられます。

これらの写真を吟味した結果は、ほぼ同一のセトリング時間および観測波形になっています。どちらの写真でも、セトリング波形の形状は根本的に一致しています（注14）。このように同一の結果から、得られた測定結果には高い信頼性があると言えます。

◆ 参考文献 ◆

(1) Williams, Jim, "Component and Measurement Advances Ensure 16-Bit DAC Settling Time", Linear Technology Corporation, Application Note 74, July 1998.［本書の第12章］
(2) Williams, Jim, "Measuring 16-Bit Settling Times : The Art of Timely Accuracy", *EDN*, November 19, 1998.
(3) Williams, Jim, "Methods for Measuring Op Amp Settling Time", Linear Technology Corporation, Application Note 10, July 1985.［本書の第16章］
(4) Demerow, R., "Settling Time of Operational Amplifiers", *Analog Dialogue*, Volume 4-1, Analog Devices, Inc., 1970.
(5) Pease, R. A., "The Subtleties of Settling Time", *The New Lightning Empiricist*, Teledyne Philbrick, June 1971.
(6) Harvey, Barry, "Take the Guesswork Out of Settling Time Measurements", *EDN*, September 19, 1985.
(7) Williams, Jim, "Settling Time Measurement Demands Precise Test Circuitry", *EDN*, November 15, 1984.
(8) Schoenwetter, H. R., "High-Accuracy Settling Time Measurements", *IEEE Transactions on Instrumentation and Measurement*, Vol. IM-32. No. 1, March 1983.
(9) Sheingold, D. H., "DAC Settling Time Measurement", *Analog-Digital Conversion Handbook*, pg.312-317. Prentice-Hall, 1986.
(10) Orwiler, Bob, "Oscilloscope Vertical Amplifiers", Tektronix, Inc., Concept Series, 1969.
(11) Addis, John, "Fast Vertical Amplifiers and Good Engineering", *Analog Circuit Design : Art, Science and Personalities*, Butterworths, 1991.
(12) W. Travis, "Settling Time Measurement Using Delayed Switch", Private Communication. 1984.
(13) Hewlett-Packard, "Schottky Diodes for High-Volume, Low Cost Applications", Application Note 942, Hewlett-Packard Company, 1973.
(14) Harris Semiconductor, "CA3039 Diode Array Data Sheet", Harris Semiconductor, 1993.
(15) Korn, G. A. and Korn, T. M., "Electronic Analog and Hybrid Computers," "Diode Switches", pg.223-226. McGraw-Hill, 1964.
(16) Carlson, R., "A Versatile New DC-500MHz Oscilloscope with High Sensitivity and Dual Channel Display", *Hewlett-Packard Journal*, Hewlett-Packard Company, January 1960.
(17) Tektronix, Inc., "Sampling Notes", Tektronix, Inc., 1964.
(18) Tektronix, Inc., "Type 1S1 Sampling Plug-In Operating and Service Manual", Tektronix, Inc., 1965.
(19) Mulvey, J., "Sampling Oscilloscope Circuits", Tektronix, Inc., Concept Series, 1970.
(20) Addis, John, "Sampling Oscilloscopes", Private Communication, February, 1991.
(21) Williams, Jim, "Bridge Circuits － Marrying Gain and Balance," Linear Technology Corporation,

注13：ここで議論したセトリング時間の測定回路の組み立ての詳細は、Appendix Eの"ブレッドボードの組み立て、レイアウトおよび接続のテクニック"で（文字通り）見せている。
注14：図24.19のセトリング波形の最終段階で見られる、やや暴れている部分（時間軸の区切りの7番目から9番目にかけて）は、恐らくサンプリング・スコープの極めて広い帯域が原因であると思われる。図24.18は150MHz帯域の装置から得られたもので、サンプリング・スコープの帯域は1GHzである。

Application Note 43, June, 1990.

(22) Tektronix, Inc., "Type 661 Sampling Oscilloscope Operating and Service Manual", Tektronix, Inc., 1963.

(23) Tektronix, Inc., "Type 4S1 Sampling Plug-In Operating and Service Manual", Tektronix, Inc., 1963.

(24) Tektronix, Inc., "Type 5T3 Timing Unit Operating and Service Manual", Tektronix, Inc., 1965.

(25) D. J. Hamilton, F. H. Shaver, P. G. Griffith, "Avalanche Transistor Circuits for Generating Rectangular Pulses", *Electronic Engineering*, December, 1962.

(26) R. B. Seeds, "Triggering of Avalanche Transistor Pulse Circuits", Technical Report No. 1653-1, August 5, 1960, *Solid-State Electronics Laboratory*, Stanford Electronics Laboratories, Stanford University, Stanford, California.

(27) Haas, Isy, "Millimicrosecond Avalanche Switching Circuit Utilizing Double-Diffused Silicon Transistors", Fairchild Semiconductor, *Application Note 8/2* (December 1961)

(28) Beeson, R. H. Haas, I., Grinich, V. H., "Thermal Response of Transistors in the Avalanche Mode", Fairchild Semiconductor, Technical Paper 6 (October 1959)

(29) Tektronix, Inc., Type 111 Pretrigger Pulse Generator Operating and Service Manual, Tektronix, Inc. (1960)

(30) G. B. B. Chaplin, "A Method of Designing Transistor Avalanche Circuits with Applications to a Sensitive Transistor Oscilloscope", paper presented at the 1958 IRE-AIEE Solid State Circuits Conference, Philadelphia, Penn., February 1958.

(31) Motorola, Inc., "Avalanche Mode Switching", Chapter 9, pp 285-304. *Motorola Transistor Handbook*, 1963.

(32) Williams, Jim, "A Seven-Nanosecond Comparator for Single Supply Operation", "Programmable, Sub-Nanosecond Delayed Pulse Generator", pg.32-34, Linear Technology Corporation, Application Note 72, 1998.

(33) Morrison, Ralph, "Grounding and Shielding Techniques in Instrumentation", 2nd Edition, *Wiley Interscience*, 1977.

(34) Ott, Henry W., "Noise Reduction Techniques in Electronic Systems", *Wiley Interscience*, 1976.

(35) Williams, Jim, "High Speed Amplifier Techniques", Linear Technology Corporation, Application Note 47. 1991.

Appendix A　オシロスコープのオーバードライブ性能の評価

サンプリング・ブリッジを使ったセトリング時間の測定回路は，波形のモニタに使うオシロスコープがオーバードライブされるのを防ぐことに重きをおいています．これはオシロスコープへオーバードライブが加わらないようにすることで達成しています．オシロスコープのオーバードライブからの回復特性はグレーな領域で，仕様として規定された例はほとんどありません．オーバードライブが加わった状態から，オシロスコープの波形表示が厳密な評価に耐えるまでに回復するには，どれくらい待たなければならないのでしょうか？　この質問への答えは非常に複雑です．影響する要素をあげると，オーバードライブの程度，そのデューティ・サイクル，継続時間，振幅の大きさ，この他にいくつもあります．オシロスコープのオーバードライブへの応答は機種ごとにかなり異なりますし，個体ごとに明らかにふるまいが異なることもありえます．例えば，5 mV/divの感度設定で100倍のオーバーロードがかかったときの影響は，100 mV/divでオーバーロードがかかった場合とは大きく違ってきます．また回復特性も波形，DC成分，繰り返し頻度によって異なってきます．このように多くの変数があるので，オーバードライブされるオシロスコープを含んだ測定には，注意深く取り組む必要があります．

ほとんどのオシロスコープで，オーバードライブからの回復にそれほど多くの問題があるのはなぜでしょうか？　この質問に対して答えるには，三つのオシロスコープのタイプの垂直軸の信号経路について，少し学ぶ必要があります．オシロスコープのタイプは，アナログ型（**図24.A1A**），ディジタル型（**図24.A1B**），そして古典的なサンプリング型（**図24.A1C**）があります．アナログ型とディジタル型オシロスコープは，オーバードライブの影響を受けやすくなっています．本質的にオーバードライブの影響を受けないアーキテクチャは，古典的なサンプリング・スコープだけです．

アナログ・オシロスコープ（**図24.A1A**）はリアルタイムの，連続な線形システムです[注1]．入力信号はまずアッテネータに加えられ，後続の広帯域バッファによって負荷の影響が除かれています．垂直軸のプリアンプがゲインを提供し，さらにトリガ回路，遅延線，そして垂直出力アンプを駆動します．アッテネータと遅延線はパッシブな要素なので，あまり説明は要らないで

しょう．バッファ，プリアンプ，そして垂直出力アンプは複雑な線形動作の増幅段であり，それぞれに動的な動作範囲に制約があります．加えて，各ブロックの動作点は回路固有のバランス，低周波での安定化回路，あるいはその両方によって決まります．入力がオーバードライブされたとき，一つあるいは複数のブロックが飽和し，回路の内部ノードや部品が異常な動作点や温度にさらされます．オーバーロードが解消したあと，回路動作が完全に回復し，熱時定数が経過するまでには驚くほどの時間がかかる可能性があるのです[注2]．

ディジタル型のサンプリング・オシロスコープ（**図24.A1B**）では，垂直出力アンプは不要になりますが，アッテネータのバッファとA/Dコンバータの前に置かれるアンプがあります．したがってディジタル型でもアナログ型と同様に，オーバードライブからの回復には問題が生じます．

古典的なサンプリング・オシロスコープは特色ある測定器です．その動作原理から，本質的にオーバーロードとは無縁になっています．**図24.A1C**はその理由を示しています．このシステムにおいては，ゲインが発生するまえの段階でサンプリングが行われます．**図24.A1B**のディジタル・サンプル式のオシロスコープと異なり，入力のサンプリングは完全にパッシブな素子で行われます．さらにその出力は，サンプリング・ブリッジにフィードバックされて，入力の広い範囲にわたって動作点が維持されるようになっています．ブリッジの出力を維持するための動的なスイングは大きく，オシロスコープへの広範囲な入力に容易に対応できます．それらの結果として，この測定器のアンプは1000倍の入力を受けてもオーバーロードを起こさず，回復に関する問題も生じません．オーバーロードに対するさらなる耐性が，この測定器の比較的遅いサンプル・レートからももたらされていて，仮にアンプがオーバーロードした場合でも，次のサンプルまでには回復

注1：それゆえに，これは現実そのままを表示するのである．この辺境に住む頑固な住人はアナログ・スコープの時代が過ぎ去るのを悲しむあまり，手に入る測定器を片っ端から買い漁るのである．

注2：入力のオーバードライブによるアナログ・オシロスコープ回路への影響に関する議論は参考文献(11)にも見られる．

のためにたっぷり時間があるわけです(注3).

　古典的なサンプリング・スコープの設計者は，フィードバック・ループにバイアスを加える可変DCオフセット・ジェネレータを付け加えて，オーバードライブへの耐性を高めています(図24.A1Cの右側下を参照)．これによりユーザーは大きな入力に対してはオフセットを加え，信号波形の上部に乗った小さな振幅の波形でも正確に観測することができます．これは何にも増して，セトリング時間の測定には理想的です．残念なことに，古典的なサンプリング・スコープはす

図24.A1　タイプの異なるオシロスコープの垂直軸チャネルの簡単化したダイアグラム．オーバードライブに対して本質的に耐性をもつのは，古典的なサンプリング・スコープ(C)のみである．オフセット・ジェネレータにより，振幅の大きな波形に乗った小さな信号も観測することができる

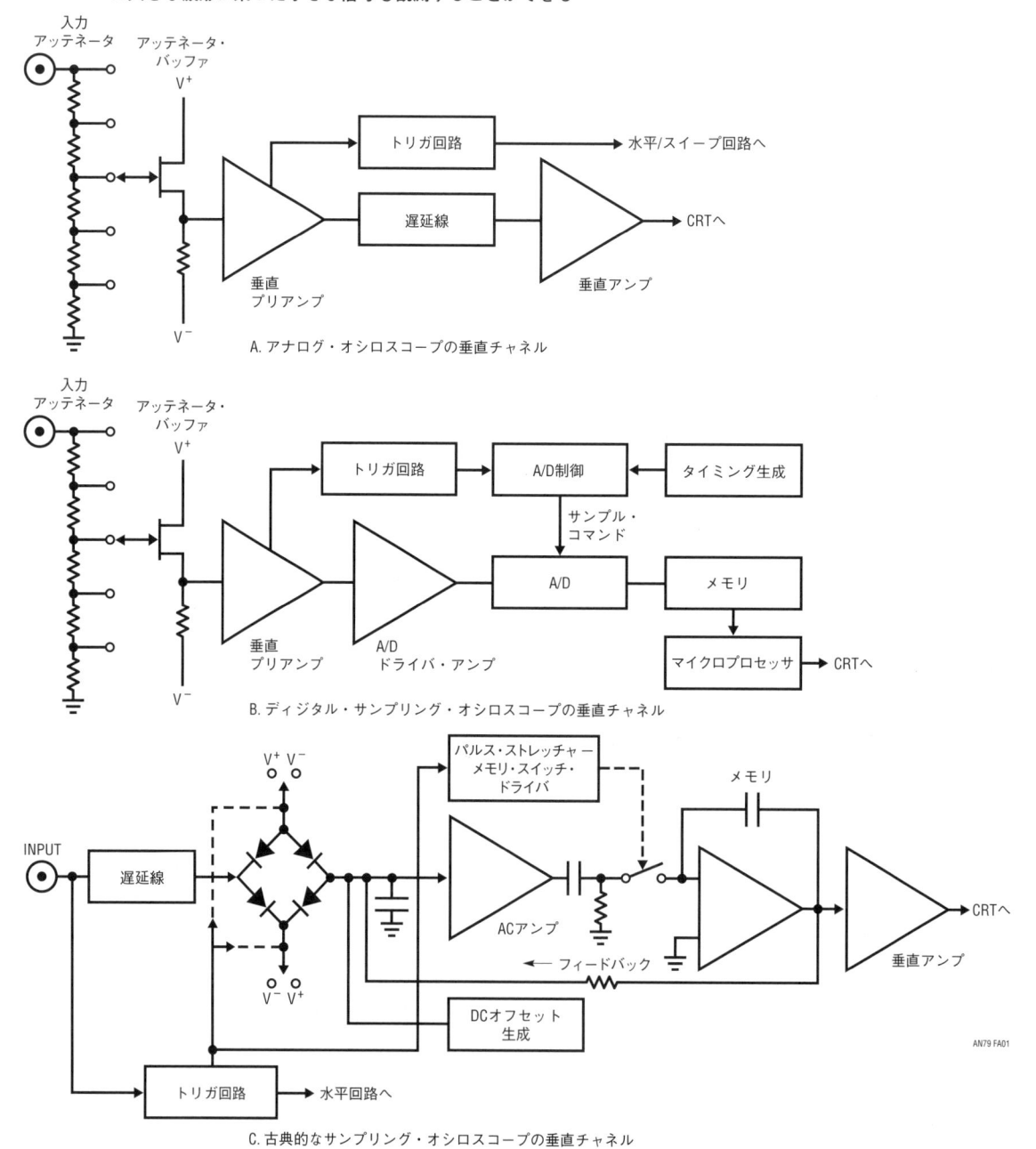

A. アナログ・オシロスコープの垂直チャネル

B. ディジタル・サンプリング・オシロスコープの垂直チャネル

C. 古典的なサンプリング・オシロスコープの垂直チャネル

AN79 FA01

でに製造されていないので，もし手元に持っているのであればぜひ大切にしてください[注4]．

　アナログおよびディジタル・オシロスコープはオーバードライブの影響を受けやすいものの，ある程度なら許容できる機種も多くあります．このAppendixの

注3：古典的なサンプリング・オシロスコープの動作について，これ以上の情報と詳細な取り扱いを参考文献 (16) ～ (19)，および (22) ～ (24) に見ることができる．
注4：我々は未だ試していないが，古典的なアーキテクチャの近代的な派生型（例えば，テクトロニクス社11801B）なら同様な特性を示すかもしれない．

最初の部分で，オーバードライブを受けるオシロスコープを含む測定系は注意深く取り扱う必要があると強調しました．そうであるにしろ，オシロスコープがオーバードライブによって悪影響を受けていることを証明するテストは簡単に行うことができます．

　波形表示に画面から飛び出した部分がないように垂直軸の感度を設定して，拡大したい波形を表示させます．**図24.A2**はその表示です．右下の部分を拡大することにします．垂直軸の感度を2倍大きくすると（**図24.A3**），波形が画面から飛び出しますが，残りの部分は相応に表示されています．振幅が2倍になりますが，

図24.A2-A7　オシロスコープのゲインを少しずつ増加しながら波形の異常を観察することで，オーバードライブを許容できる限界を決める

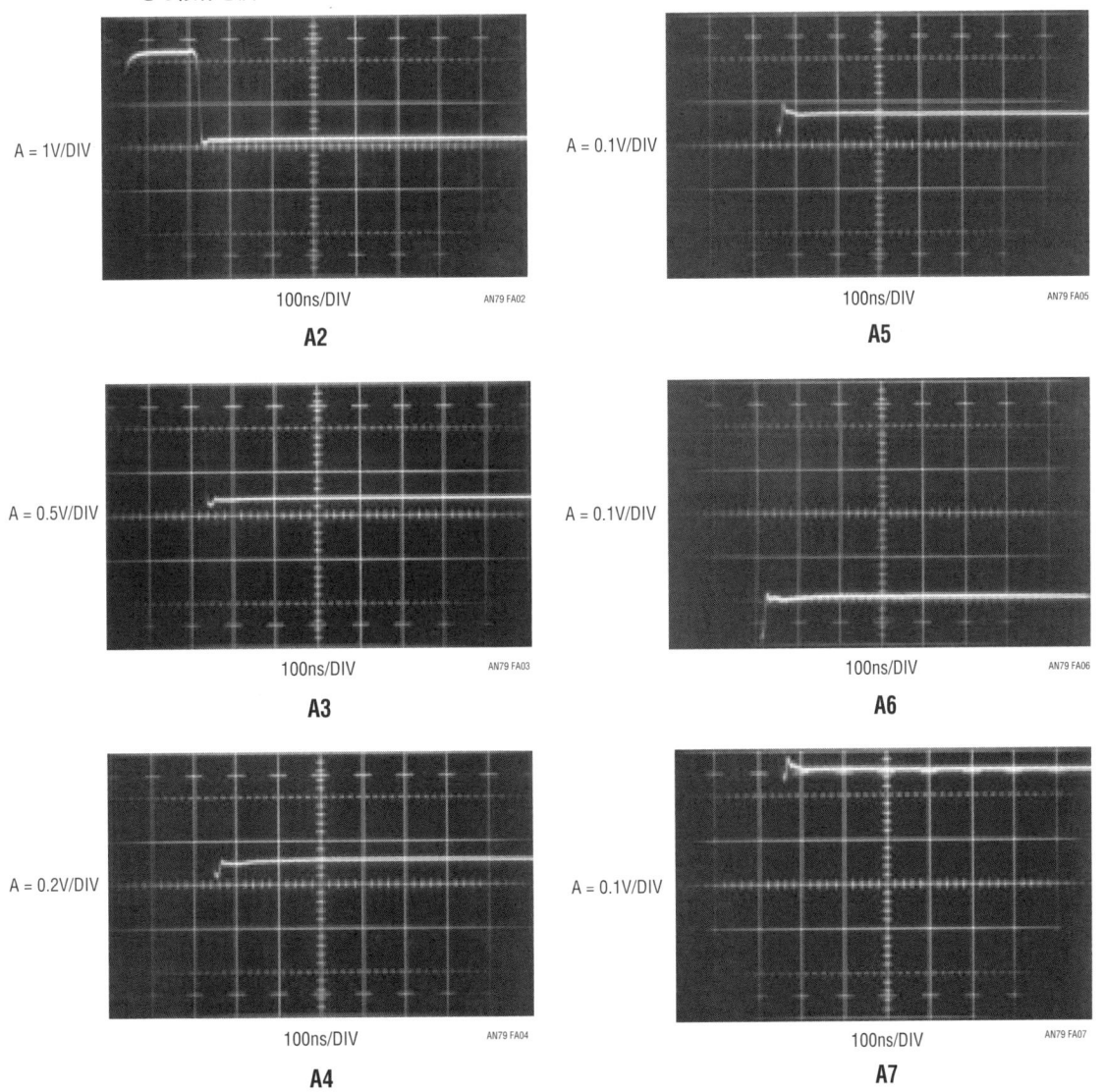

波形はもともと表示されていたものと一貫性を保っています．注意深く眺めると3番目の時間軸の区切りのあたりで，波形にわずかな窪みが小さな振幅情報として現れているのに気付きます．わずかな乱れも見られます．元の波形を拡大したこの波形は信頼できます．**図24.A4**では，ゲインをさらに上げていて，**図24.A3**での波形のすべての特徴が比例して拡大されています．基本的な波形はより明確になり，窪みや乱れも見やすくなりました．何か新しく見えてきたような波形の特徴はありません．ところが**図24.A5**では，眉をひそめる結果になりました．ここでのゲインの増加により，明らかに歪みが発生しています．最初の部分の負方向に向かうピークは大きくなっていますが，形状が違ってきています．裾野部分が**図24.A4**より広くなくなっています．さらに，ピークから正方向に戻る部分の形

状が少し違っています．表示の中央部では，リプルを伴った乱れが新たに付け加わっています．この種の変化は，オシロスコープが問題を起こしていることの表れです．さらにテストをすると，波形がオーバーロードにより影響を受けていることが確認できます．**図24.A6**ではゲインは変えていませんが，波形表示を画面の下側に移動するように垂直軸のつまみを動かしました．これによりオシロスコープのDC動作点が移動しますが，通常の条件ではそれによって表示される波形が影響されることはありません．しかしここでは，波形の振幅と形に明確な変化が起きています．画面の上部に波形を移動すると，違った歪みが波形に発生します（**図24.A7**）．ここで取り上げた波形の場合は，このゲインを使っては正確な結果を得ることはできないことは明らかです．

Appendix B　サブナノセカンドの立ち上がり時間のパルス・ジェネレータ　…心豊かな貧しき人々に

入力のダイオード・ブリッジには，試験対象のアンプへの電流をきれいに切り換えるために，サブナノセカンドの立ち上がり時間のパルスが必要になります．この能力を備えたパルス・ジェネレータはあまり見当たりません．立ち上がり時間がナノセカンドか，それ以下である測定器は品種が限られ，また筆者の意見では価格が高すぎます．生産中の機種では優に$10,000を超えますし，性能に応じて値段は$30,000まで上がっていきます．実験用や，たとえ製造ラインでの試験用だとしても，遥かにお金のかからない方法があります．

中古品市場を探すのであれば，サブナノセカンドの立ち上がり時間のパルス・ジェネレータも魅力的な値段で入手できます．ヒューレット・パッカード社のHP-8082Aは1 ns以下でスイッチングし，自在なコントロールが可能で値段は$500程度です．また，HP-215Aは製造から年月が経っていますが，800ピコセカンドのエッジ時間をもちながら，通常$50以下というまさしくバーゲン価格です．また，この測定器には非常に便利なトリガ出力もあり，メインの出力に対して時間的に前後に連続調整ができます．外部トリガのインピーダンス，極性，感度も可変です．出力の制御はステップ・アッテネータ式で，50 Ω負荷に800 psで±10 Vを出力します．

テクトロニクス社の109型は250ピコセカンドでスイッチングします．振幅は自由に変えられますが，パルス幅を設定するにはチャージ・ラインが必要になります．このリード・リレーを使う計測器は，繰り返し周期は約500 Hz固定になっていて外部トリガ機能がないので，やや使い勝手が良くありません．価格は$20といったところです．テクトロニクス社111型はより実用的です．エッジ時間は500ピコセカンドで，繰り返し周期を自由に変えられ，外部トリガも備えています．パルス幅はチャージ・ラインの長さで設定します．値段は約$25です．

古い測定器で問題になりそうな点は，その入手性です[注1]．**図24.B1**はサブナノセカンドの立ち上がり時間のパルスを発生する回路です．立ち上がり時間は500ピコセカンドで，パルスの振幅は自由に変えられます．外部入力によって繰り返し周期が決まり，トリガ出力の前後にパルスが出力されるように設定できます．この回路は，極めて高速な立ち上がりパルスを作るため

注1：シリコン・バレーの住人はどうも技術至上主義に走る傾向がある．他の地域の住民は，フリーマーケットやジャンク・ショップ，ガレージ・セールでサブナノセカンドのパルス・ジェネレータを買うことはできない．

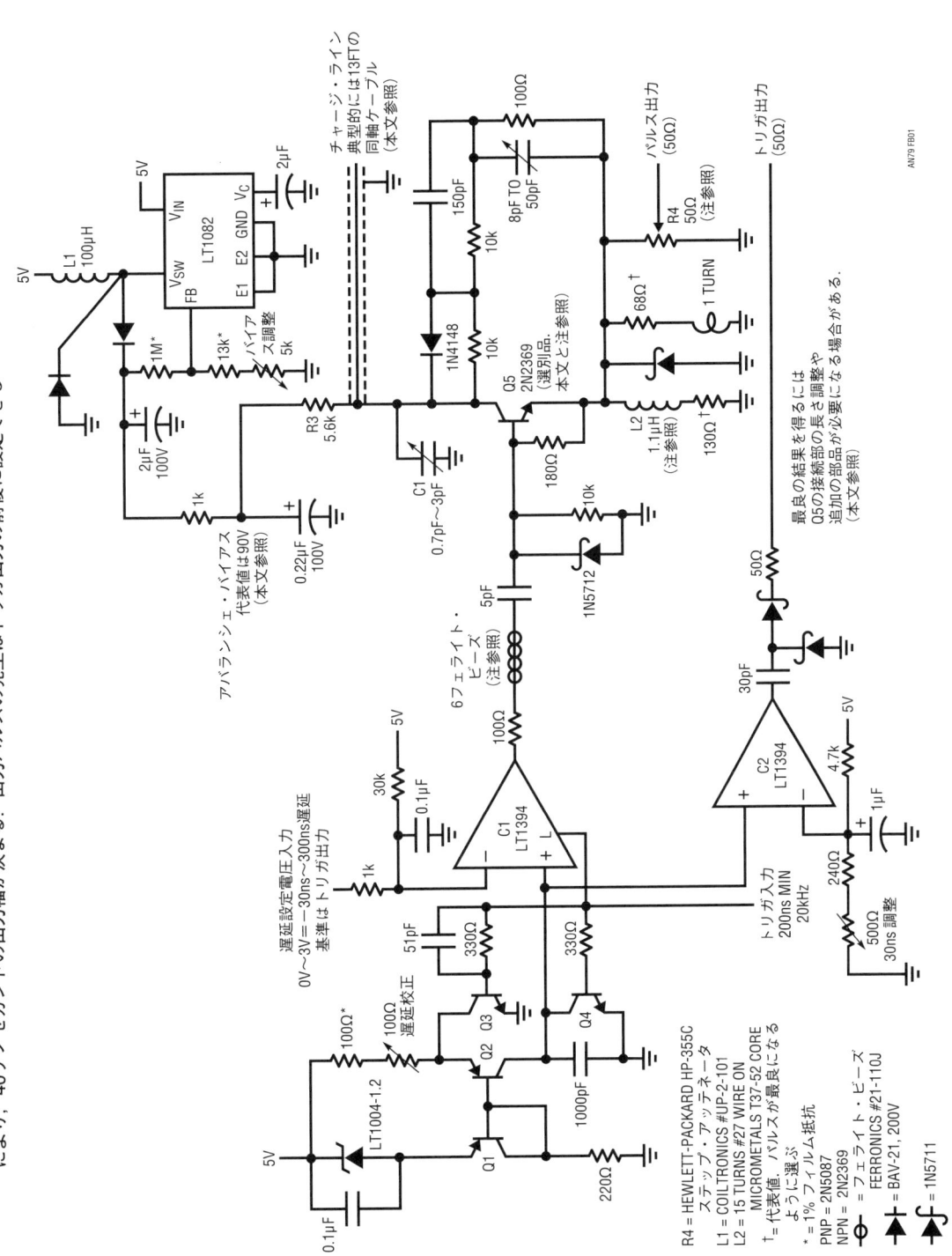

図24.B1　可変遅延回路によってトリガされた、サブナノセカンドの立ち上がり時間パルス・ジェネレータ. Q_5 のコレクタにあるチャージ・ライン
により、40ナノセカンドの出力幅が決まる. 出力パルスの発生はトリガ出力のトリガ出力の前後に設定できる

図24.B2　パルス・ジェネレータの波形．トリガ入力（波形A），Q_2のコレクタでのランプ波形（波形B），トリガ出力（波形C），パルス出力（波形D）．トリガ出力後250nsに出力パルスが出るように，遅延時間が設定されている

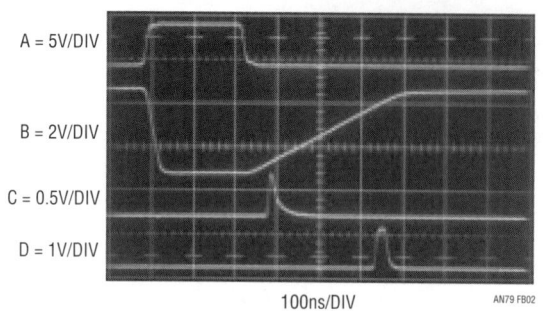

100ns/DIV　　AN79 FB02

図24.B3　トリガ出力（波形C）の30ns前にパルス出力（波形D）が発生するように遅延時間を設定したパルス・ジェネレータの波形．他の表示波形は，前の写真と同様になっている

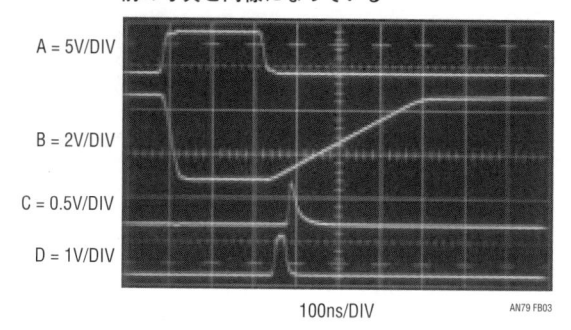

100ns/DIV　　AN79 FB03

にアバランシェ・パルス・ジェネレータを使っています[注2]．

この回路のQ_1とQ_2は電流源を構成し，1000 pFのコンデンサを充電します．トリガ入力がHighになると（図24.B2の波形A），Q_3とQ_4の両方がオンになります．一方，電流源はオフになりQ_2のコレクタの電位（波形B）はグラウンド・レベルになります．コンパレータC_1のラッチ入力の働きで，C_1は応答することなく出力はHighを保ちます．トリガ入力がLowになるとC_1のラッチ入力はディセーブルになり，出力はLowに落ちます．Q_4のコレクタの電位が持ち上がり，Q_2はオンになり，1000 pFのコンデンサに定電流を供給します（波形B）．これによってリニアなランプ波形が，C_1およびC_2の非反転入力に加わります．C_2は5 V電源から生成した電圧でバイアスされていますが，ランプ波形の開始から30ナノセカンド後にHighになり，出力側の素子を介して"トリガ出力"（波形C）を出します．ランプ波形の振幅が"遅延設定電圧"入力に与えられた電圧を横切ると，C_1はHighになりますが，ここでは250 ns経過後になります．次に説明をするアバランシェ動作を利用した出力パルス（波形D）は，HighになるC_1の出力によってトリガされます．この構成により，出力パルスの発生タイミングをトリガ出力の30ナノセカンド前から300ナノセカンド後の間で，遅延設定電圧により変えることができます．図24.B3は，遅延設定電圧がゼロのときに，出力パルス（波形D）がトリガ出力の30ナノセカンド前に発生している様子です．他の波形は図24.B2と同じものです．

C_1の出力パルスがQ_5のベースに加わると，アバランシェが発生します．その結果，R_4に急速に立ち上がるパルスが発生します．コンデンサC_1とチャージ・ラインが放電して，Q_5のコレクタ電圧が低下してブレークダウンは終わります．C_1とチャージ・ラインは再び充電されます．コンパレータC_1の次のパルスにより，この動作が繰り返されます．

アバランシェ動作には高電圧のバイアスが必要です．LT1082スイッチング・レギュレータで高電圧のスイッチ・モードの制御ループを構成しています．LT1082は40 kHzのクロックでパルス幅変調します．インダクタL_1によって昇圧された電圧が整流されて，2 μFの出力コンデンサに貯められます．調整できる抵抗分圧器でLT1082にフィードバックします．1 kの抵抗と0.22 μFのコンデンサはノイズフィルタです．

図24.B4は，3.9 GHz帯域幅のオシロスコープ（テクトロニクス社547型に1S2型サンプリング・プラグインを使用）で得られた波形で，出力パルスの純度と立ち上がり時間を示しています．測定された立ち上がり時間は500ピコセカンドで，プリシュートやパルス波形上部の乱れは非常に小さくなっています．このレベルのきれいな波形を得るには，レイアウトの最適化に時間を費やす必要があり，特にQ_5のエミッタとコレクタの配線長や，それに関連する部品がポイントになります[注3]．さらにパルスが最良になるように，小さなインダクタンスやCRをQ_5のエミッタとR_4の間に付ける必要があるかもしれません[注4]．チャージ・ラインに

注2：この回路の動作は，本質的に前述のテクトロニクス社111型パルス・ジェネレータ［参考文献（29）を参照］を引き写したものである．アバランシェ動作についての情報は，文献（25）〜（32）が参考になる．

図24.B4　このパルス・ジェネレータの出力は500ピコセカンドの立ち上がり時間で，パルス上部の乱れも小さくなっている．サンプリング・オシロスコープ動作の特徴として，波形はドットで表示される

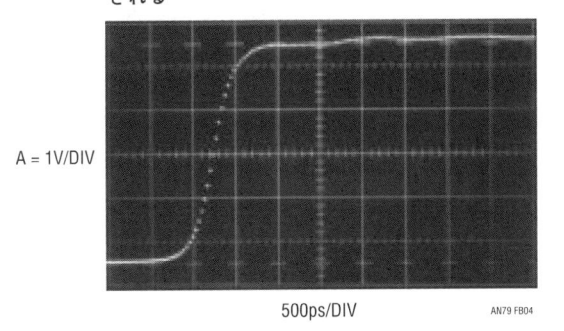

A = 1V/DIV

500ps/DIV　　　　AN79 FB04

よって出力パルス幅が設定されますが，13フィート長で40 nsの出力が得られます．

Q_5はアバランシェ動作を起こすものを選別する必要があるかもしれません．トランジスタとしての特性は

注3：関連する議論については，参考文献 (29) および (32) を参照のこと．

仕様書に載っていますが，アバランシェのような動作についてメーカは保証をしていません．12年間にわたるデート・コードの50個のモトローラ 2N2369 を調べたところでは，歩留は82%でした．それら "良い" デバイスのすべてで，スイッチング時間は600ピコセカンド以下が得られました．

　この回路の調整ですが，トリガ入力がLowになった30 ns後にコンパレータ C_2 がHighになるように，"30 ns調整" の半固定抵抗を合わせます．次に，3 Vを遅延設定入力に加え，トリガ入力がLowになった300 ns後に C_1 がHighになるように，"遅延校正" の半固定抵抗を合わせます．最後に，高電圧の "バイアス調整" の半固定抵抗を，トリガ入力がないときに R_4 のところに自走パルスがちょうど出なくなるポイントに合わせます．

注4：この回路から良好な結果を得るには，グラウンド・プレーンを使った組み立てと高速信号用のレイアウト，接続，終端の技術が非常に重要になる．参考文献 (29) には，パルスの純度を最適化するうえで極めて有用で詳細な手順が述べられている．

Appendix C　セトリング測定回路の遅延の測定と補正

　このセトリング時間測定回路は，信号系での遅延について入力パルスの時間補正を行う調整可能な遅延回路を利用しています．一般的にはこれらの遅延は20%程度の誤差を持つので，精密な補正が必要です．遅延時間を設定するには回路の入力-出力間の遅延を測定して，適切な時間間隔になるように調整します．ただし "適切な" 時間間隔を決める作業は少々複雑です．それにはFETプローブと広帯域オシロスコープが必要です．以下に述べる遅延測定を正確に行うには，プローブでの時間スキューを確認しなくてはなりません．スキューを計るには両方のプローブを，立ち上がりの速い（1 ns未満）パルス・ジェネレータに接続します．図24.C1の波形で，スキューは50ピコセカンド以下です．これによりナノセカンドのオーダになるような遅延の測定でも誤差を小さくできます．

　本文中の図24.6を参照すると，遅延測定での興味の対象は三つの要素になることがわかります．それは，パルス・ジェネレータから試験対象のアンプまで，試験対象のアンプからセトル・ノードまで，そして試験対象のアンプから出力までです．図24.C2ではパル

ス・ジェネレータの入力から試験対象アンプまでが，800ピコセカンドかかっています．図24.C3では，試験対象アンプからセトル・ノードまでが2.5ナノセカンドです．図24.C4では，試験対象アンプから出力までが5.2ナノセカンドでした．図24.C3の測定では，プローブの信号源とのインピーダンスのミスマッチがひどく

図24.C1　FETプローブを付けたオシロスコープのチャネル間のタイミング・スキューは50ピコセカンドと測定された

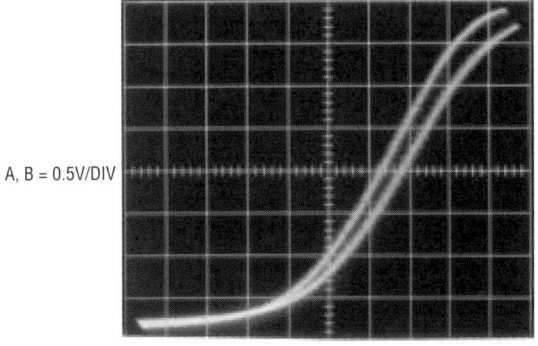

A, B = 0.5V/DIV

100ps/DIV　　　　AN79 FC01

図24.C2　パルス・ジェネレータ（波形A）から試験対象の
アンプの反転入力（波形B）までの遅延は，800
ピコセカンドであった

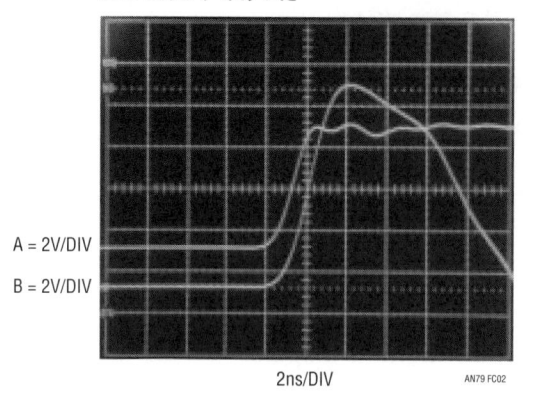

A = 2V/DIV

B = 2V/DIV

2ns/DIV　　　AN79 FC02

図24.C3　試験対象アンプの出力（波形A）からセトリン
グ・ノード（波形B）までの遅延は2.5ナノセカ
ンドであった

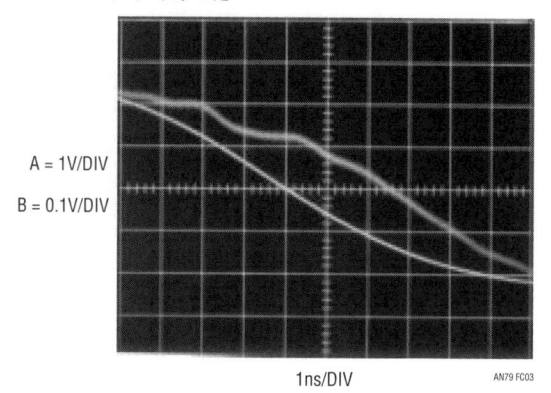

A = 1V/DIV

B = 0.1V/DIV

1ns/DIV　　　AN79 FC03

図24.C4　試験対象アンプ（波形A）から出力（波形B）への
遅延は5.2ナノセカンドと測定された

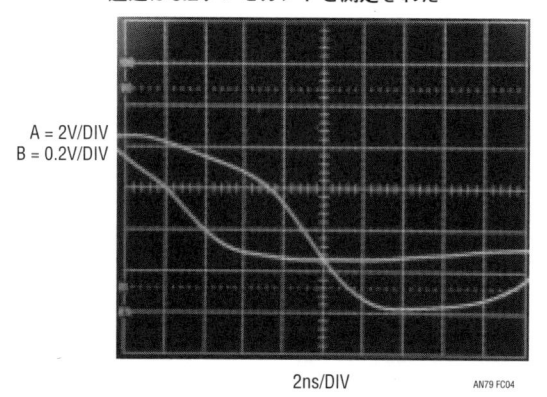

A = 2V/DIV
B = 0.2V/DIV

2ns/DIV　　　AN79 FC04

なっています．これは，試験対象のアンプの測定に使
うプローブに，直列に500Ωの抵抗を入れると改善さ
れます．これでプローブのインピーダンスはおおむね
イコライズされ，その入力容量（約1pF）の影響を軽減
できます．

この測定では，回路の入力から出力までの遅延は6
ナノセカンドになりましたが，この補正は遅延補正用
コンパレータのところの1kの半固定抵抗を調整して行
います．同様に，サンプリング・スコープを使った場
合の関連する遅延は図24.C2と図24.C3に示されたも
ので，合計で3.3nsでした．サンプリング・スコープ
による測定の場合には，この値で補正量を調整します．

Appendix D　アンプの補償についての実践的考察

アンプのセトリング時間を速くするための補償につ
いては実際的な考察が数多くなされています．我々と
しては，本文中の図24.1（ここで図24.D1として再掲）
に立ち戻って考えてみます．セトリング時間の要素は，
遅延，スルー，そしてリング時間から構成されます．
遅延時間は信号がアンプを経由する伝達時間であり，
比較的小さい要素です．スルー時間はアンプの最大動
作速度で決まります．リング時間はアンプが出力を変
化させる動作から回復して，規定の誤差範囲内に出力
が収まるまでの時間です．ひとたびアンプが選ばれる
と，調整が容易なのはリング時間だけです．通常はス
ルー時間が遅れの支配的な部分なので，セトリングを

最良にするには高速なスルー・レートをもつアンプを
選びたくなります．あいにくなことに，スルーが高速
なアンプは一般的にリング時間が長くなるので，高速
応答による圧倒的なメリットが損なわれます．生来の
高速性に対するペナルティは，いつでも長いリング時
間となり，それは大きな補償コンデンサによってダン
ピングをかけるしか打つ手がありません．そのような
補償は効果がありますが，長いセトリング時間の原因
になります．良好なセトリング時間を得るための鍵と
なるのは，スルー・レートと回復特性のバランスの取
れたアンプを選んで，適切な補償をかけることです．
これはデータ・シートの仕様をいくらひねっても，ア

図24.D1　アンプのセトリング時間は，遅延，出力応答，リンギングの各時間に分けられる．部品が決まると，容易に調整できるのはリンギング時間だけになる

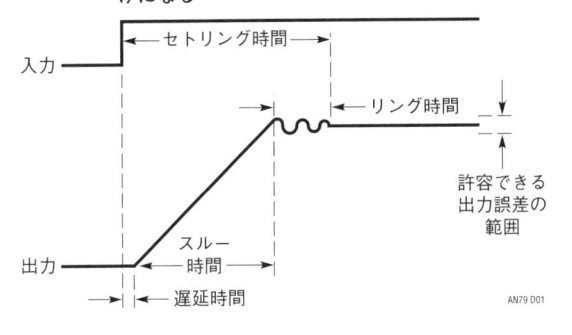

目的はアンプのゲインに，ダイナミックな応答特性が最良になる周波数でロールオフをかけることです．

　上で述べたすべての要素について機能的に補償するように補償コンデンサが選ばれている場合，最良のセトリング時間が得られます．**図24.D2**は最適な補償コンデンサを選んだ場合です．波形Aは時間補正した入力パルスで，波形Bはアンプのセトリング信号です．このアンプは，出力応答動作からきれいに抜け出していて（サンプル・ゲートは垂直目盛りの6番目になる直前で開いている），非常に高速にセトリングしています．

　図24.D3では，フィードバック・コンデンサの値が大きすぎます．セトリングはスムーズですがオーバーダンピングになっていて，20 nsが余分にかかっています．**図24.D4**では，フィードバック・コンデンサの値が小さすぎ，いくぶんアンダーダンピングな応答が生じていて，過剰なリンギング時間が発生する結果になりました．セトリング時間は43 nsです．**図24.D3**および**図24.D4**において，最適ではない応答を表示するために垂直軸と水平軸のスケールを小さくする必要があった点に注意してください．

　応答が最適になるようにフィードバック・コンデンサを装置の1台ごとに調整するならば，信号源，浮遊容量，アンプおよび補償コンデンサの誤差は重要ではありません．もし個々に調整しないのであれば，生産に使うフィードバック・コンデンサを決めるうえで，それらの誤差を検討しておかなければなりません．リング時間は，浮遊容量，信号源の容量，出力の負荷，

ンプのセトリング時間の予想や外挿ができないために，現実にはたやすいことではありません．意図した構成で実際に測定を行わなくてはなりません．セトリング時間に影響を与える関連し合う項目は数多くあります．それらをあげるなら，アンプのスルー・レート，ACの動的特性，レイアウトでの浮遊容量，信号源抵抗と容量，補償コンデンサなどがあります．これらの要素は複雑に絡み合い，性能の予想を困難にします[注1]．もし寄生成分を除くことができて，また純粋に抵抗性の信号源と置き換えができたとしても，アンプのセトリング時間の予想は容易ではありません．寄生的なインピーダンス成分により，すでに困難な問題がさらにひどくなります．これに対処する唯一の手がかりは，フィードバックの補償コンデンサC_Fなのです．C_Fの

注1：Spiceの愛好家は注目のこと．

図24.D2　最適化した補償コンデンサによりほぼ臨界ダンピングの応答が得られ，最速のセトリング時間になった．$t_{SETTLE}=30ns$

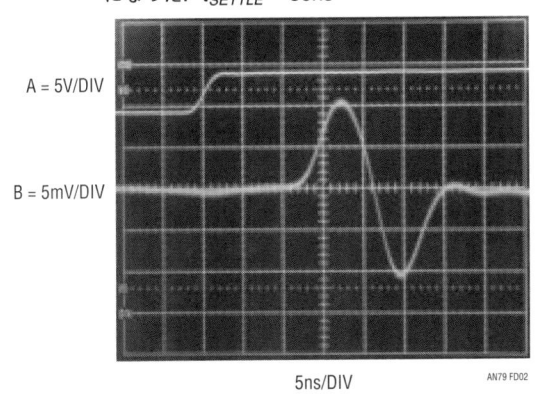

A = 5V/DIV

B = 5mV/DIV

5ns/DIV　　　AN79 FD02

図24.D3　過剰なダンピングをかけた状態で，生産時に部品の値がばらついてもリンギングが発生しないようにした．その代償にセトリング時間が増加している．図24.D2に対して，波形の水平軸と垂直軸のスケールが変更されている点に注意．$t_{SETTLE}=50ns$

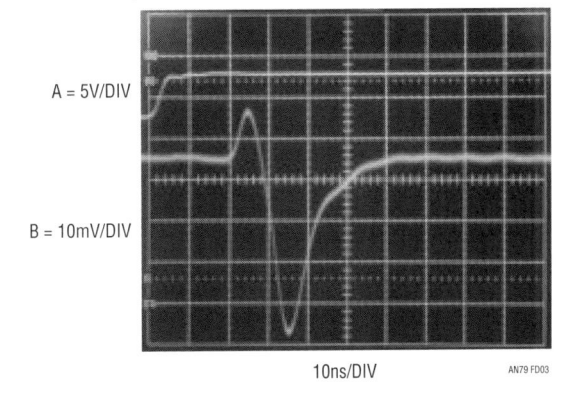

A = 5V/DIV

B = 10mV/DIV

10ns/DIV　　　AN79 FD03

図24.D4　小さすぎる容量値によってダンピングが不足している状態．容量誤差を積算することで防止できる．図24.D2に対して，波形の水平軸と垂直軸のスケールが変更されている点に注意．

$t_{SETTLE} = 43\text{ns}$

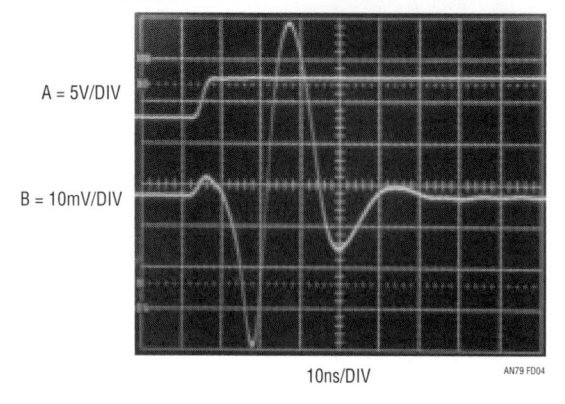

A = 5V/DIV

B = 10mV/DIV

10ns/DIV　　　　　AN79 FD04

またフィードバック・コンデンサの値からも影響を受けます．その関係は非線形ですが，ある程度の目安が付けられます．浮遊容量と信号源の容量は±10％程度ばらつく可能性があり，フィードバック・コンデンサでは一般的に±5％です[注2]．さらにアンプのスルー・レートの誤差は大きく，データ・シートに記載されています．量産用のフィードバック・コンデンサの値を決めるには，まず製造する基板のレイアウト（基板レイアウトでの寄生容量も重要になる！）で個々に調整した最適値を決めます．次いで，浮遊容量と信号源容量，スルー・レートおよびフィードバック・コンデンサの誤差の最悪値を考慮します．調整用コンデンサを測定して得た値に，これらの情報を加味して生産用に用いる値を求めます．この積算を行うと恐らく過度に悲観的な結果になりますが（各誤差のRMS加算が妥協案になるかもしれないが），後々の問題発生から逃れられます[注3]．

注2：これは抵抗性の信号源を想定している．もし信号源に大きな寄生容量（フォトダイオードやDACなど）がある場合，誤差は簡単に±50％まで大きくなりうる．

注3：RMS加算の潜在的な問題は，吹雪の中で着陸しようとしている飛行機に乗ってみれば，明らかになる．

Appendix E　ブレッドボードの組み立て，レイアウトおよび接続のテクニック

　本稿で示したような測定結果を得るためには，ブレッドボードの組み立て，レイアウト，さらに接続について細心の注意を払うことが必要です．ナノセカンド領域での高分解能の測定は，気楽な実験気分では行えません．ここで掲載したオシロスコープの波形写真に見られるリンギング，変動，スパイク，その他の乱れのない波形は，基板を注意深く組み上げた作業の結果なのです．サンプリングを利用した回路の試作では，測定に足るノイズ/不確実性フロアを得るまでに相当の実験が必要でした．

オームの法則

　レイアウトで成功するにはオームの法則が鍵になるということは熟考する価値があります[注1]．10 mAの電流が1Ωの抵抗を流れると10 mVが生じます——測定限界の2倍です！　ここで1ナノセカンドの立ち上がり時間(約350 MHz)の電流を流してみれば，レイアウトに必要な注意点がはっきりします．極めて大事な注意点は，回路のグラウンド・リターン電流の廃棄と，グラウンド・プレーンを流れる電流の経路の切り分けです．ナノセカンドのスピードでは特に，グラウンド・プレーン内の任意の2点間のインピーダンスはゼロにはなりません．これが"汚い"グラウンド・リターン電流の流入点と流れる経路を，接地システムのなかで注意深く配置しなくてはならない理由なのです．ここでのサンプリングを使う回路のブレッドボードでは，"汚い"グラウンド・プレーンと"信号"のグラウンド・プレーンを分離し，電源の根元で接続してこれを実施しています．

　このグラウンドを管理することの重要性を示している良い例は入力パルスをブレッドボードに供給している箇所です．パルス・ジェネレータの50Ωの終端抵抗は，インラインの同軸タイプを使わなくてはならず，信号用のグラウンド・プレーンに直接接続してはいけません．高速で，大きな電流(5 Vのパルスが50Ωの終端に流れると100 mAの電流スパイクが生じる)は，パルス・ジェネレータに直接戻らなくてはなりません．この同軸構造の終端抵抗によって大部分の電流はそのように流されて，信号用のグラウンド・プレーンに流れ込まなくなります(100 mAの終端電流が50 mΩのグラウンド・プレーンの抵抗を流れると5 mVの誤差になる！)．**図24.E3**では，このBNCコネクタによるシールドが信号用グラウンドから浮かされていて，銅箔を導体として"汚れた"グラウンド・プレーンに戻されている様子が確認できます．さらに**図24.E1**でわかるように，パルス・ジェネレータの50Ω終端は，同軸状の延長ラインを使って基板から物理的に遠ざけて取り付けています．これにより，パルス・ジェネレータに戻る電流が厳格に終端抵抗付近で局所的に循環するようにしてあり，信号用のグラウンド・プレーンへの混入はありません．

　ここでのナノセカンド領域の信号の変化速度のせいで，寄生的な誘導性成分が抵抗性よりも大きな誤差を発生する可能性がある点は指摘する価値があります．これにより寄生的な誘導性成分や表皮効果による損失を減らすために，配線に平打ちの網線を使う必要がある箇所が多くなります．以上のことを考慮して，回路全体ですべてのグラウンド・リターンや信号接続を評価しなくてはなりません．ここでは偏執狂的に考え尽くすことがとても役に立ちます．

注1：ここでは私は学者ぶったりはしない．この件について私の罪悪感は深い．

シールド

　輻射によって発生する誤差に対処する最も自明な方法はシールドです．次ページ以降に続くさまざまな写真はシールドの具体的な様子を示したものです．しかし，シールドが必要な個所を決めるのはシールドをできるかぎり使わなくてすむようなレイアウトを検討したあとにすべきです．良い接地を確保するためには影響を受けやすい箇所を互いに近づけたくなるので，輻射による影響を最小にしようとする努力と折り合いが悪くなりがちです．そのような場合，一般にシールドが有効な妥協策になります．

　グラウンド経路の健全性について取ったのと同様な方法を，輻射の影響の管理でも追い求めます．まずはどの部分が輻射を発生しやすいかを検討して，影響を受けやすい回路ノードから離してレイアウトします．不可解な影響を疑ったら，シールドの配置を試してみて望ましい結果になるまで変更しながら結果を調べます[注2]．一番のポイントとして，影響を与えている原因を完全に特定せずにフィルタを入れたり，測定系の帯域を制限したりして望ましくない信号を"取り除く"

ことをしてはいけません．これは知的に不誠実であるばかりでなく，仮にオシロスコープできれいに測定ができたとしても，まったく有効でない測定"結果"を作ってしまう可能性があります．

接続

　ここでの基板へのすべての信号接続には，同軸を使わなくてはなりません．オシロスコープのプローブ付属のグラウンド線を使うのも禁止です．プローブのグラウンド線が長さ1インチであっても，大きなノイズと不可解な波形を観測する可能性があります．同軸構造のプローブのアダプタを使いましょう[注3]．

　以下の**図24.E1**から**図24.E6**は，ここまで長々と述べてきたポイントを，本文で取り上げた測定回路に説明を加えるスタイルで目で見て再確認できるようにしたものです．

注2：ちゃんと動作するようになれば，理由がわかる．
注3：ここでの説明をさらに突き詰めたければ，参考文献
　　　（35）を参照のこと．

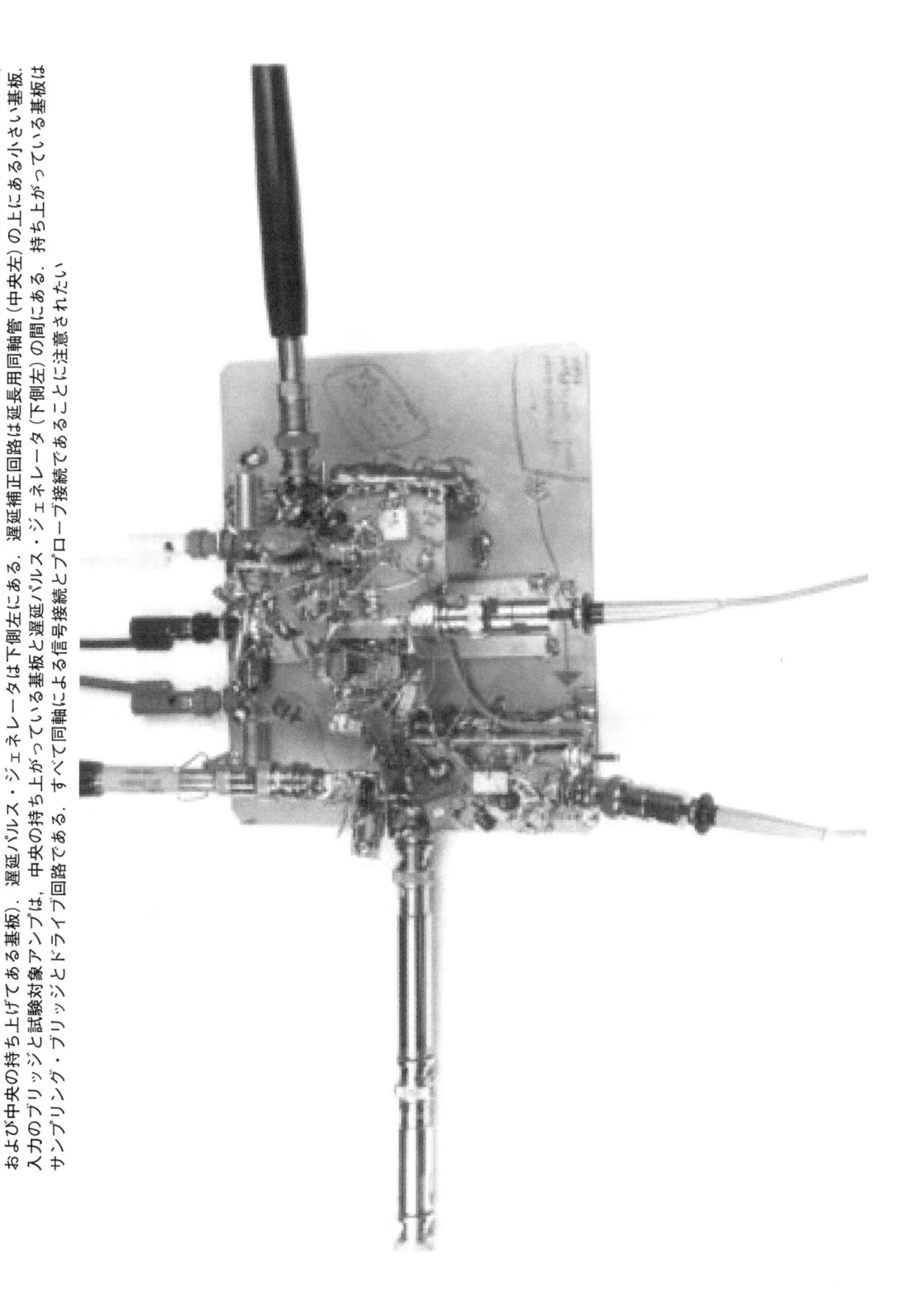

図24.E1　セトリング時間測定回路のブレッドボードの全体像．パルス・ジェネレータからの信号は左側から入る――50 Ωの同軸型終端抵抗を同軸管によって延長して取り付けることで，パルス・ジェネレータからのリターン電流が信号用グラウンド・プレーンに混入することを最小にしている（下側，および中央の持ち上げてある基板）．遅延パルス・ジェネレータは下側左にある．遅延補正回路は延長用同軸管（中央左）の上にある小さい基板．入力のブリッジと試験対象アンプは，中央の持ち上がっている基板にある．持ち上げ基板と遅延ジェネレータ（下側左）の間にある．持ち上がっている基板はサンプリング・ブリッジとドライブ回路である．すべて同軸による信号接続とプローブ接続であることに注意されたい

図24.E2　セトリング時間測定回路のブレッドボードの詳細. 遅延パルス・ジェネレータ（下側左）のところの, 輻射に対するシールド（下側左の垂直のボード）に注意. "汚い"グラウンド・リターン電流は, ボードの上部中央からバナナ・ジャック（写真の上部中央）にかけて, 広い銅箔で流している. サンプリング・ブリッジ回路は持ち上がっている基板（写真の中央右, 手前）. ACトリム（持ち上がっている基板の中央右）の半固定抵抗とDC調整（持ち上がっている基板の下側右）の半固定抵抗が見えている

図24.E3　パルス・ジェネレータの入力部と遅延補正部の詳細。遅延補正回路は小さい基板で，パルス・ジェネレータの同軸型BNCの取り付け部（写真の中央左）の上側にある。パルス・ジェネレータのBNCは絶縁された取り付け金具（BNCにはんだ付けしてある――写真の下側中央の左）により，メイン・ボードから浮かしてある。BNCは折り曲げた薄い銅板（写真中央左）によってメイン・ボードのグラウンド中心地につないであ る。入力ブリッジと試験対象アンプは中央中央右側を占めている。"汚い"グラウンド・リターン電流のバス（大きな長方形の基板）はメイン基板からバナナ・ジャックまでつないでいる

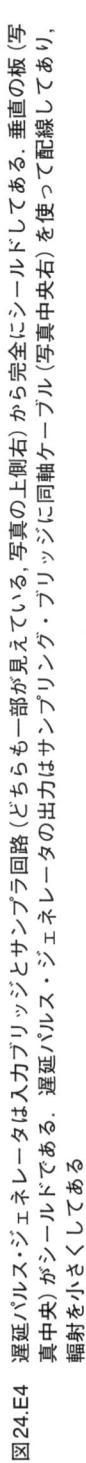
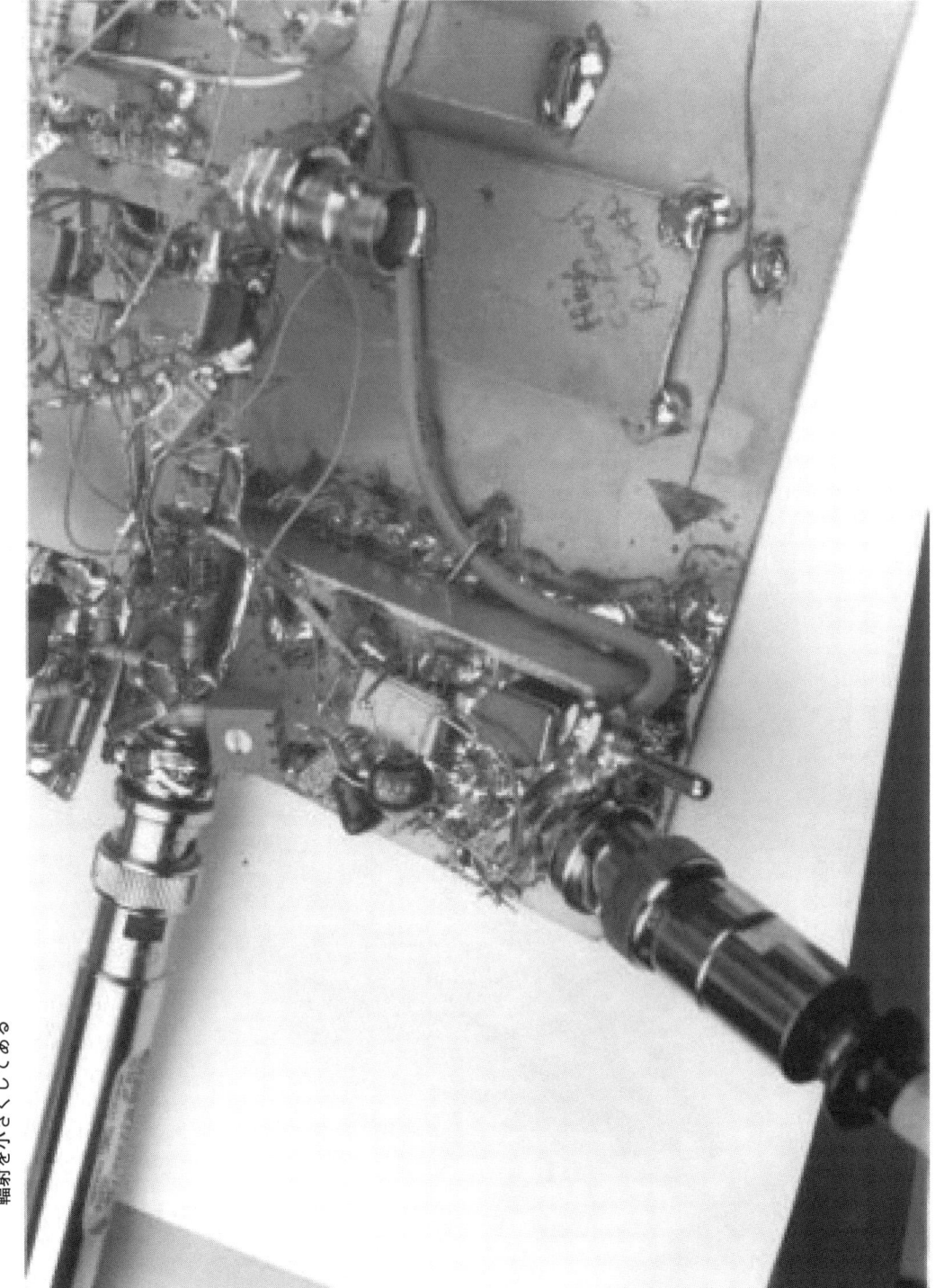

図24.E4　遅延パルス・ジェネレータは入力カプリッジとサンプラ回路（どちらも一部が見えている，写真の上側右）から完全にシールドしてある．垂直の板（写真中央）がシールドである．遅延パルス・ジェネレータの出力はサンプリング・ブリッジに同軸ケーブル（写真中央右）を使って配線してあり，輻射を小さくしてある

図24.E5　入力ブリッジと試験対象アンプ（以下AUT）の詳細．パルス・ジェネレータの入力は左下側から入る．入力ブリッジはカン・パッケージのIC（写真左），AUTのすぐ上にある．AUTのフィードバック調整コンデンサは中央上側．調整コンデンサの後ろのICはブリッジ・ドライブ・アンプ．サンプリング・ブリッジ（一部分）は写真の上側．プローブ（写真の右端）にとってサンプラの入力をモニタする．FETプローブ（写真の左端）が遅延を補正された入力パルスを測定する

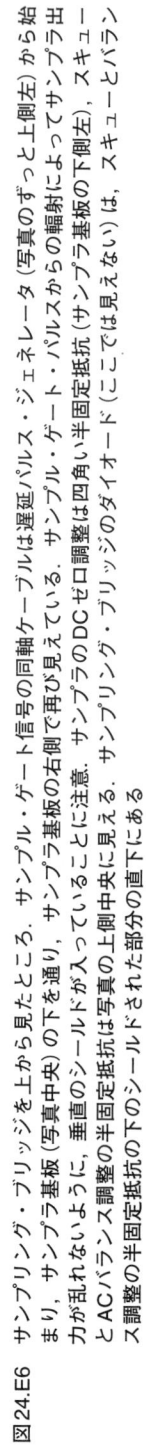

図24.E6 サンプリング・ブリッジを上から見たところ。サンプル・ゲート信号の同軸ケーブルは遅延パルス・ジェネレータ（写真のずっと上側左）から始まり、サンプラ基板（写真中央）の下を通り、サンプラ基板の右側で再び表に出てサンプル・ゲート。サンプル・ゲート・パルスからの輻射によってサンプラ出力が乱れないように、垂直のシールドが入っている。サンプラのDCゼロ調整は四角い半固定抵抗（サンプラ基板の下側左）、スキューとACバランス調整の半固定抵抗は写真の上側中央に見える。サンプリング・ブリッジのダイオード（ここでは見えない）は、スキューとバランス調整の半固定抵抗の下でのシールドされた部分の直下にある

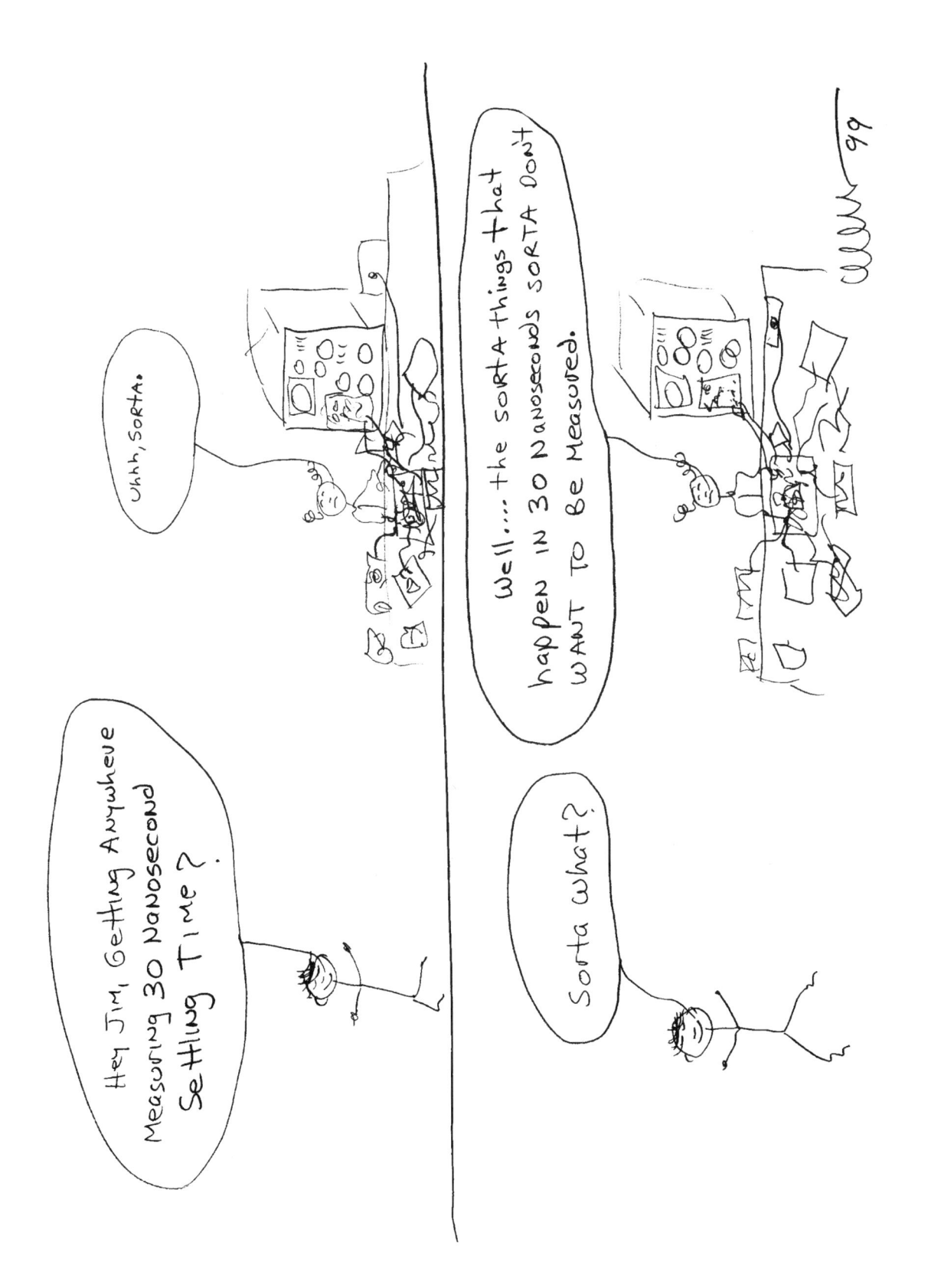

第 25 章

2GHz差動増幅器/ADCドライバの応用と最適化

Cheng-Wei Pei and Adam Shou, 訳：枝 一実

目次

1 序論

現代の高速アナログ-ディジタル変換器（ADC）は，パイプラインまたは逐次比較レジスタ（SAR）のものも含めて，高速スイッチトキャパシタ・サンプリング入力を備えています．最も性能の高いパーツは，それぞれの新しい世代ごとにより少ないパワーを消費するようになっていますが，低い入力ノイズと低い信号歪み（高い線形性）を維持しています．同時に，サンプリングレートを今までにないくらい増加させており，より広い信号帯域を可能にし，アナログ・アンチエイリアス・フィルタへの要求を緩和してくれます．スイッチトキャパシタ入力は，スイッチの動きごとに大きな電荷注入をもたらすので，再びADCの入力が切り替わる時間，それはナノ秒またはそれ以下ですが，それまでにチャージを吸収し正しい電圧に落ち着かせるための前段が必要になります．

ADCドライバアンプの役割は，これらの要求のすべてに応えることです．良いドライバは，ADCのダイナミック・レンジを維持するために，ADCに低歪みかつ低ノイズのフルスケール振幅の信号を出力する能力を備えていなければなりません．また，ADCドライバ（とアンチエイリアス・フィルタ）は，信号劣化を最小限にするために，ADCのスイッチ電荷注入に耐え，次のスイッチ切り替えの前に復帰ができなければなりません．ADCドライバとしては，このことはADCサンプリング周波数に関連して良い過渡応答と広帯域であることを意味しています．

1.1 LTC6400の特徴

リニアテクノロジーのADCドライバであるLTC6400ファミリは，適切な消費電力であり，低歪みかつ低ノイズなADCドライバであるという三つの問題すべてに取り組んでいます．RF/IF信号チェーンで共通に使われるIF周波数である70 MHzでは，LTC6400ファミリは−94 dBc（等価出力IP_3 = 51 dBm）[注1]という低歪みと1.4 nV/$\sqrt{\text{Hz}}$という入力換算ノイズ密度をもっています．これにより，LTC6400ファミリが高性能14ビットおよび16ビットADCの性能を損なわずに使うことができます．LTC6400ファミリの消費電力は3 V

注1："等価出力IP_3"の定義については，第10.2節を参照のこと．

単電源で120 mWと低くなっています．

LTC6400は二つのバージョンで提供されており，一つは高性能なもの（LTC6400）で，もう一つは消費電力が半分のもの（LTC6401）です．設計やレイアウトを容易にするために，ファミリには四つの固定ゲインの選択肢（8 dB，14 dB，20 dB，26 dB）があり，合計で8個のパーツとなります．各パーツの入力インピーダンスは50 Ωから400 Ωまで可変でき，インピーダンス整合に便利です．LTC6400ファミリはどのような入力と出力の終端にも無条件に安定しており，事実，ADCを駆動するときに出力はインピーダンス整合のための部品を必要としません．LTC6400は，全体的なソリューションのサイズを3 mm×3 mmのQFNパッケージに小さく保っており，動作時に必要な外部電源バイパス・コンデンサは2〜3個のみです．

この章では，LTC6400ファミリの特徴と限界を説明し，実際のアプリケーションにおいて増幅器から最善の性能を達成する方法を検討します．

1.2 内部ゲイン/フィードバック抵抗

LTC6400はゲインとフィードバック抵抗が内部に作り込まれていますが，簡単に使えて，内蔵抵抗なしの

図25.1-1 性能を劣化させる寄生要素を含む典型的な高速差動増幅器回路．差動増幅器ICは四角で表示．ボンドワイヤによるインダクタンスとパッケージの内部と外部の両方に潜む寄生容量は増幅器の位相マージンを減少させる．出力負荷がフィードバック経路内にあることに注意

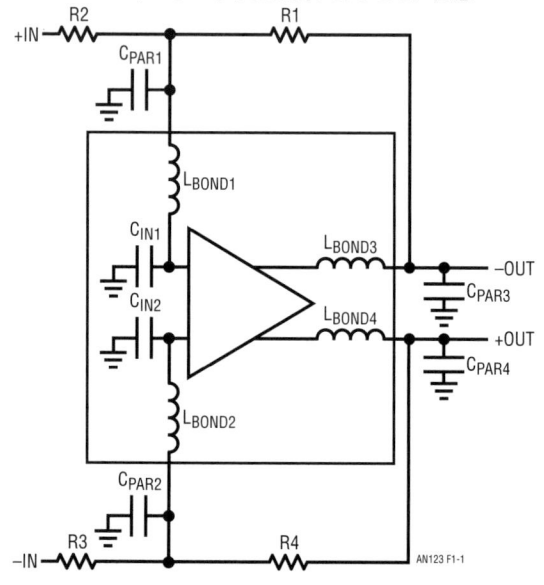

図 25.1-2　LTC6400 などの，抵抗内蔵の差動増幅器 IC.
ボンドワイヤ誘導はフィードバック・ループ内
になく，出力負荷は，抵抗とボンドワイヤ誘導
のおかげでフィードバック・ループから分離さ
れていることに注意.　差動増幅器の入力容量は
やはり性能に影響を及ぼすが，予測可能であり，
IC 設計の中で補正可能

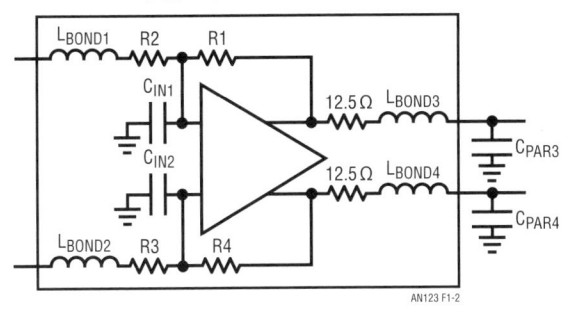

差動増幅器よりも PCB レイアウト上の寄生容量による
影響の少ない完全な差動増幅器ソリューションのため
です.　それは，敏感な増幅器のフィードバック・ルー
プ・ノードがチップ内に含まれているからです.

　内蔵抵抗の利点は**図 25.1-1** と**図 25.1-2** に可視化され
ています.　最初の図は昔ながらの高速差動増幅器 IC を
示しており，増幅器の安定性と周波数応答に影響を及
ぼす寄生インダクタンスと寄生キャパシタンスも含め
ています.　2 番目は，内蔵抵抗も含めて LTC6400 型増
幅器の中の同じ寄生要素を示しています.　寄生要素は
重要なフィードバック・ループの外側で，実際には増
幅器から出力負荷を分離するのに役立っています.

　LTC6400 の内部に部品があるので，必要な外部部品
はバイパス・コンデンサだけであり，もちろんそれら
は物理的に増幅器のパッケージにできるだけ近くに配
置されなければなりません.　詳しい情報と PCB レイア
ウトについての推奨については，この章の"レイアウト"
の節を参照してください.

2　低歪み

　LTC6400 ファミリは高周波シリコン・ゲルマニウ
ム・プロセスで製造され，昔ながらの演算増幅器（オ
ペアンプ）と RF/IF 増幅器の間の境界をまたがってい
ます.　LTC6400 は，高い中間周波数（IF）の信号処理
能力をもちながらも，とても低い歪みと低いノイズを
維持しています.　これにより，LTC6400 を無線受信機
のシグナルチェーンで IF サンプリングに応用するよう

図 25.2-1　LTC6400-14 のブロック図.　LTC6400 は IF 増幅
器の性能を発揮するが，フィードバックでの使
用では差動オペアンプに接続形態では類似して
いる

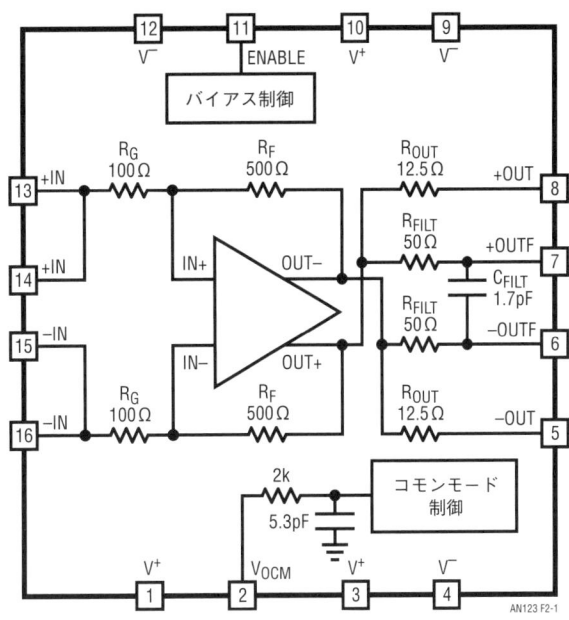

な要求に応えることができます.　しかし，LTC6400 は
高いゲインと DC 性能を達成するためのフィードバッ
クに使われているという昔ながらのオペアンプと形態
的にはまだ似ています.

　LTC6400-14（14 dB 固定ゲイン）のブロック図を**図
25.2-1** に示していますが，昔ながらの差動オペアンプ
に似ていることがわかります.　おもな差は抵抗と他の
周波数補償のための部品が内蔵されていることです.
ほとんどの増幅器の敏感なノードをパッケージの中に
入れ込むことにより，LTC6400 は実際のレイアウトで
も安定した性能を維持しながらおおよそ 2 GHz の帯域
を提供することができます.　言いかえると，ユーザは
高周波増幅器が発振することによる製品歩留まりの低
下について心配する必要がありません.　LTC6400 はい
まだにレイアウトに注意する必要があります（この章の
レイアウトの節を参照）が，最も難しい部分はすでに完
了しています.

2.1　実際の帯域幅と使用可能帯域幅

　LTC6400 にはとても広い帯域幅（約 2 GHz）がありま
すが，大多数のアプリケーションでは 200〜300 MHz
を越える周波数を必要としないでしょう.　理由は接続

形態の中にあります．古典的な"オープンループ"RF/IF増幅器では回路で使われるフィードバックがとても小さいか不要なのと異なり，LTC6400はフィードバック・ネットワークを使ってゲイン設定をする内部差動オペアンプを含んでいます．内部増幅器のオープンループ・ゲインは外部のゲインよりもとても高く，その増幅器は全体のループ・ゲインのロールオフをより高い周波数に押し出すように補償されています．"クローズドループ"オペアンプが偉大な歪み性能を達成することができるおもな理由はフィードバックと高いループ・ゲインの組み合わせであり，それによって増幅器内部で発生する歪みを低減することができるからです．いったんループ・ゲインのロールオフがより高い周波数で始まると，歪み性能が悪化し始めます．

図25.2-2に，LTC6400-20の2トーン信号テストからの3次相互変調歪み（IMD）の結果を示します[注2]．低い周波数では，歪みは−100 dBcに達しています．しかし，250 MHzから300 MHzまでも性能はよく，その結果がLTC6400を中-高域のIFシステムに適応させています．しかし，LTC6400は偉大な歪み性能を，実際の−3 dB帯域幅まですべてで維持してはいないということに注意することが重要です．

他のアプリケーションでは，LTC6400の高い帯域幅は意味のある利点になります．最大6700 V/μs[注3]の

スルーレートと，0.8 nsもの速さの2 Vステップでの1%セトリング時間によって，LTC6400は高性能ビデオと電荷結合デバイス（CCD）アプリケーションに使うと良い結果が出ます．LTC6400の広い帯域幅はゲインを数100 MHzまでの平坦にします．**表25.4-1**にデータ・シートのゲイン平坦度の仕様がまとめてあります．

2.2 低周波歪み性能

高速増幅器のなかでもLTC6400の際立った能力は，DCまでの入力を受け容れることができることです．**図25.2-2**から，歪み性能が低周波（10 MHz以下）で−100 dBcに達するか，あるいはそれを越えるかを推測することができます．これによりLTC6400は非常に高性能な低周波特性や信号中に測定可能な性能低下なしでゲインを提供するベースバンド・システムで使用されます．低い1/fノイズの"コーナー周波数"（12 kHz程度）は，LTC6400の低ノイズ性能が1 MHz以下までよく維持されていることを意味しています．LTC6400は100 MHz以上で低歪みですが，20 MHz以下でも驚くべき

注2：とても低い相互変調歪み結果の一般議論については，（Seremeta 2006）を参照のこと．

注3：6700 V/μsのスルーレートは2 V_{P-P}フルパワー帯域幅では1.066 GHzになる．

図25.2-2 LTC6400-20の2トーン3次相互変調歪み．LTC6400のフィードバック接続形態は，歪み特性が周波数上でループゲインとともに落ちることを意味する

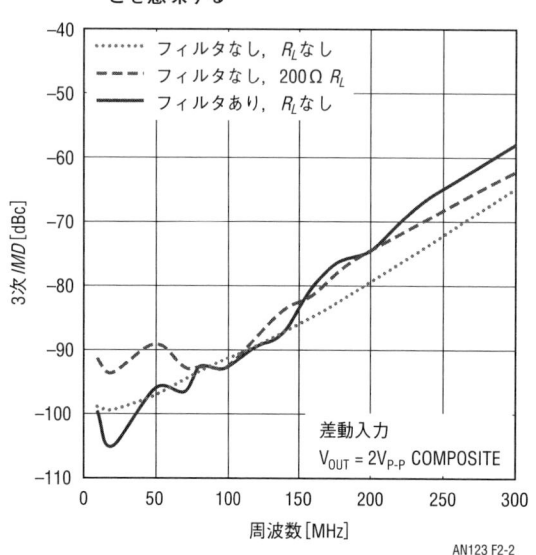

図25.2-3 LTC6400-14の低周波歪み．研究室での実験から得られた結果によって，LTC6400ファミリの歪みが40MHz以下の周波数で−100dBcより良いことが示され，低周波アプリケーションには素晴らしい選択となることがわかる

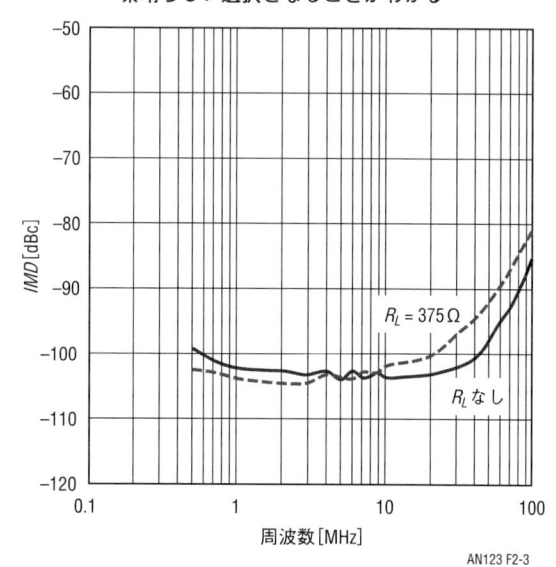

表25.2-1 LTC6400ファミリ製品の2トーン3次*IMD*仕様の標準値と保証値. これらの仕様は室温で測定および保証される

部品番号	入力周波数 [MHz]	典型的*IMD* [dBc]	保証された*IMD* [dBc]
LTC6400-8	280, 320 (*IMD*測定周波 数は260MHz)	−59	−53
LTC6400-14		−63	−57
LTC6400-20		−70	−64
LTC6400-26		−68	−62
LTC6401-8	130, 150 (*IMD*測定周波 数は170MHz)	−75	−67
LTC6401-14		−70	−61
LTC6401-20		−69	−61
LTC6401-26		−70	−62

図25.3-1 LTC6400の等価ノイズ・ソース. e_nは等価入力電圧ノイズ・ソースで, i_nは差動入力電流ノイズ・ソース. この例では, ノイズ計算の目的のため抵抗はノイズがない, とは考えられていない. LTC6400の外部にある追加の電圧ソースは, $R_S = 0\,\Omega$と仮定したときのデータ・シートに記載されたe_nの値

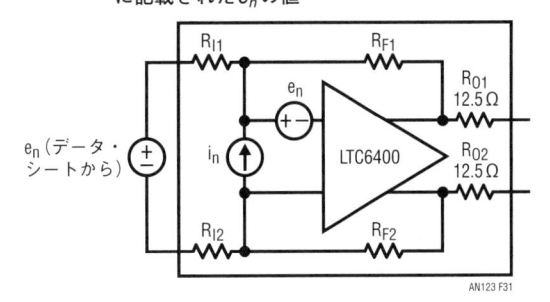

歪み性能をもっています. **図25.2-3**に1MHz以下の入力周波数で測定された歪みデータを示します.

2.3 保証された歪み性能

LTC6400のさらにユニークな特徴の一つは, データ・シートで保証された歪み仕様です. それぞれのユニットは, 一般的なゲイン, オフセット, 供給電流などが機能仕様に合致していることを製造時に個々にテストされています. LTC6400は, 個々の歪み性能までもテストされる点で市販されている増幅器のなかでは独特です. 製造テストでは2トーン入力信号が印加され3次相互変調歪みが測定されます. **表25.2-1**に, ファミリのそれぞれについて保証された歪み仕様を示します.

一般的には, 増幅器のDC仕様は測定され, AC性能(歪みを含む)は単純に推定されます. しかし, これはパーツごとに実際の性能に大きなばらつきがあることを意味し, それらは設計に大きな性能マージンを織り込む必要性, または製造歩留まりへの潜在的な犠牲の原因になるかもしれません. データ・シートで歪みを保証性能にすることによって, 増幅器から実際に何が期待できるかを知ることができ, 設計がより自信をもって進められます.

3 低ノイズ

LTC6400ファミリのノイズを明確に仕様化することが難しいのは, RF/IF信号チェーンのゲイン・ブロックと昔ながらの電圧ゲイン差動増幅器としての二重の

役割をもつことに由来します. 電圧/電流ノイズ密度($nV/\sqrt{Hz}$と$pA/\sqrt{Hz}$)とノイズ指数(*NF*)のデータ・シートにある仕様は, ユーザのアプリケーションに対して正しく解釈されなければなりません. 物事をもっと複雑にするのは, LTC6400は信号源と負荷インピーダンスに柔軟で, それはすべてのノイズ仕様が使われる回路によって変わるかもしれないことを意味するということです. この節ではデータ・シートの仕様についてさらに詳しく述べ, LTC6400ファミリのノイズを正しく計算する方法を詳細に説明します.

増幅器のノイズは, 入力等価ノイズ電圧密度e_nとノイズ電流密度i_nによって一般的に記述されます. **図25.3-1**では等価ノイズ・ソースを解説しています. 電圧ノイズ密度は, 増幅器の入力を短絡して出力電圧ノイズ密度を測定し, 抵抗の影響を差し引いて, 増幅器の$Z_S = 0$のときの"ノイズ・ゲイン"で除算することによって測定することができます. フィードバック増幅器の場合, ノイズ・ゲインは入力/出力信号ゲイン[注4]には等しくないかもしれないことに注意してください. 電流ノイズ密度は, 増幅器の入力に抵抗またはコンデンサ(Z_S)を接続し, 出力電圧ノイズ密度を測定して, e_nとZ_Sによるノイズ貢献分を差し引いて, ノイズ・ゲインで除算して決定することができます. 簡単のために, e_nとZ_Sの影響を差し引くことは, e_nとi_nがノイズ・ソースと相関がないと仮定して, RMS方式(2乗の差の平方根)で行われます. この手順の結果, 出力と入

注4:増幅器のノイズ解析の背景については(Rich 1988)と(Brisebois 2005)を参照のこと.

表25.3-1　図25.3-1の内部ノイズ・ソースに基づいた
100MHzでの等価入力と出力ノイズ．最初の2
行，e_nとi_nは，内部抵抗のノイズを排除した増
幅器単独で計算された入力参照電圧と電流ノイ
ズ成分

部品番号	LTC6400-8	LTC6400-14	LTC6400-20	LTC6400-26
$e_n[\text{nV}/\sqrt{\text{Hz}}]$	1.12	1.15	1.03	1.01
$i_n[\text{pA}/\sqrt{\text{Hz}}]$	4.00	4.02	2.34	2.57
$e_{n(\text{OUT})}[\text{nV}/\sqrt{\text{Hz}}]$ ($R_S=0$, R_Lなし)	9.4	12.7	22.7	28.2

力の等価ノイズは**表25.3-1**に示されています．

　表25.3-1のe_nの値はLTC6400のデータ・シートに
記述されているものと異なることに注意してください．
これは，データ・シートは信号源インピーダンスがゼ
ロと仮定された抵抗入力を参照した電圧ノイズ密度を
仕様としているからです．言いかたを変えると，デー
タ・シートの出力電圧ノイズ密度は単純に増幅器の信
号ゲインで割ったものだということです．この方法で
部品と部品との比較はより簡単になりますが，信号源
と負荷インピーダンスなどが異なる一般的なノイズ計
算にはまったく適していません．**図25.3-1**のノイズ・
ソースを確立することはデータ・シートの数値を補足
し，より一般的なノイズ計算を行えるようにしていま
す．

　信号源インピーダンスZ_Sについては，Z_Sの抵抗分と
e_nとi_nによる貢献部分の電力加算によって，合計出力
ノイズを見積もることができます．しかし，Z_Sがかな
り高かったり関心のある周波数が高かったりしたとき
には，この結果は誤解を招く恐れがあります．

　表25.3-1のデータとその有用性にはいくつかの制限
があります．最も重要なことは，回路中の同じ物理的
なノイズ・ソースが起源となるので，e_nとi_nには意味
深い相関関係があるということです．ここで使われて
いるRMS減算はこの事実を軽視しています．電圧と電
流ノイズ・ソースの相関は，$R_S>100\,\Omega$で，出力にて
i_nがノイズ合計の大部分に寄与するとき，計算精度に
影響を与えるでしょう．この効果については，Appendix
Cでより詳細に検証されています．

　もう一つの制限は，得られたe_nとi_nの値は$100\,\text{MHz}$
またはそれ以下（フリッカ・ノイズのコーナー周波数
まで下がるが，およそ$12\,\text{kHz}$）でのみ有効で，それは
LTC6400の$-3\,\text{dB}$帯域幅以下では1桁以上大きくなり
ます．一般的なフィードバック増幅器では，より高い

図25.3-2　全出力ノイズ電圧密度の周波数特性．出力ノイ
ズは，差動入力を短絡して，増幅器に抵抗性負
荷を付けずに測定．内部抵抗の値が同じではな
いので，ノイズはゲインの値とともに直線的に
は増加しない

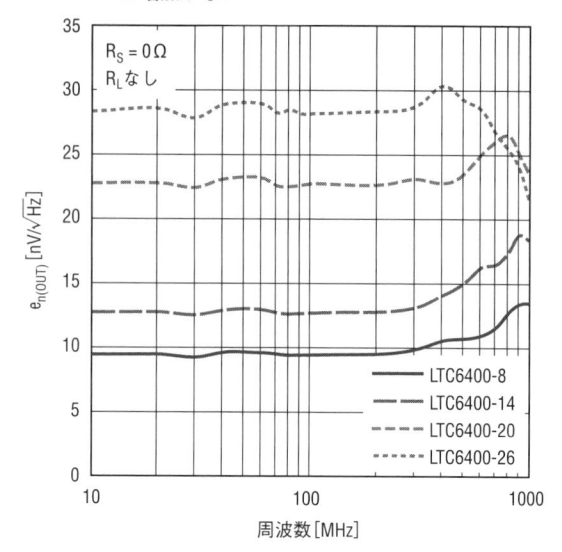

AN123 F3-2

周波数での出力電圧ノイズ密度は低い周波数での値か
らかなり逸脱します（1/fノイズは考えていない）．**図
25.3-2**はLTC6400ファミリの出力ノイズ電圧を示し，
それは周波数が部品の$-3\,\text{dB}$帯域幅に近づくとともに
増加します．ノイズ密度のこの増加は増幅器のルー
プ・ゲインが周波数とともに減少することによって引
き起こされますが，それは内部増幅器のゲイン，補償
ネットワーク，および増幅器にとっての信号源と負荷
のインピーダンスに影響されます．$-3\,\text{dB}$帯域幅より
上の周波数では，出力電圧ノイズ密度は増幅器のゲイ
ンとともに低下するでしょう．

3.1　ノイズと*NF*対信号源抵抗

　図25.3-3は$100\,\text{MHz}$でのいろいろな信号源抵抗に対
する測定された全出力ノイズ電圧を示しています．
LTC6400-8/LTC6400-14/LTC6400-26の出力ノイズ
曲線は，R_Sが1kに近づくにつれて収束していること
がわかります．これは，これら三つのすべてのバージョ
ンが500Ωのフィードバック抵抗をもち，内部増幅器
がとても似ているからです．一方，LTC4600-20はR_S
が1kに近づくにつれてより高い出力ノイズを示してい
ます．これは，LTC6400-20には1kフィードバック抵
抗があるからで，実効ノイズ・ゲインが他の部品に比

図25.3-3 100MHzでの合計出力ノイズと信号源抵抗. 信号源抵抗は二つの入力を横切って差動で与えられ, 出力電圧ノイズ密度は増幅器上の負荷抵抗なしに測定. 信号源抵抗が増加するに従って出力ノイズは下がる傾向にあることに注意

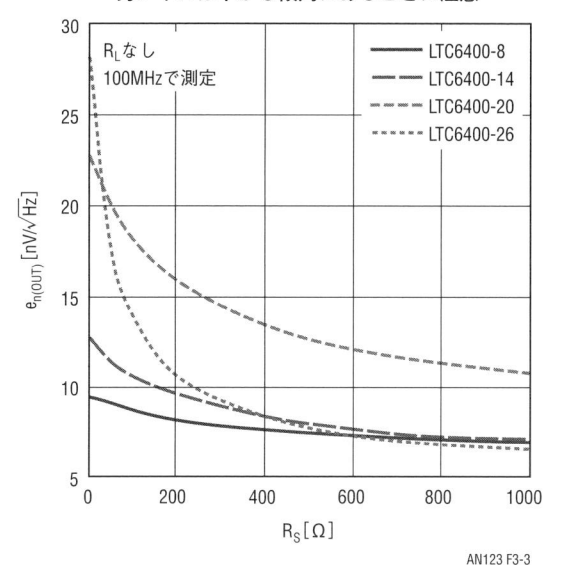

AN123 F3-3

図25.3-4 LTC6400のノイズ指数と信号源抵抗. ファミリのそれぞれのメンバには, 最も低いノイズ指数の値を示す信号源抵抗の範囲がある

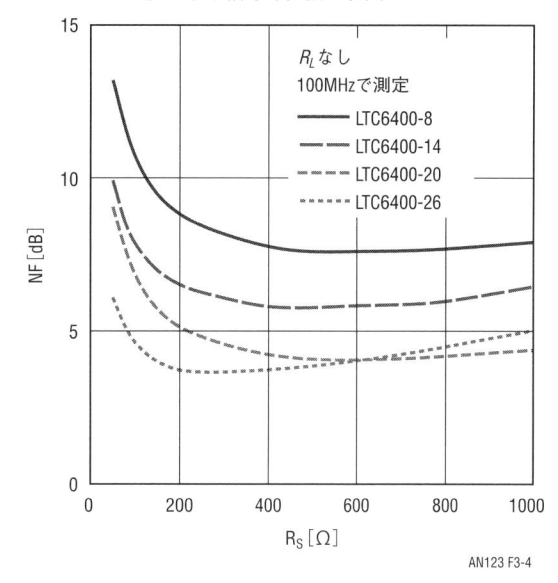

AN123 F3-4

べて大きいことを意味しています. さらに, より大きなフィードバック抵抗は出力へのより大きなノイズに直接寄与します.

図25.3-3の出力ノイズ曲線がノイズ指数に変換されて図25.3-4(式10-2)に示すようになると, 若干違ったストーリが浮かび上がってきます. より低い合計出力ノイズ密度(すなわち, 低ゲイン)の増幅器は, 必ずしもより低いノイズ指数になるとは限りません. これは, NFが信号とノイズの比の低下の尺度であり, 絶対的なノイズではないからです(Appendix A参照). また, 図25.3-4に示されるノイズ指数曲線は, R_Sが増加するにつれて単調ではなく, その代わりに極小値をもちま

図25.3-5 全体的な電圧ゲインで信号源抵抗を増加する効果を示す略図. 信号源抵抗は, 増幅器のゲインを低下させる入力抵抗を追加する

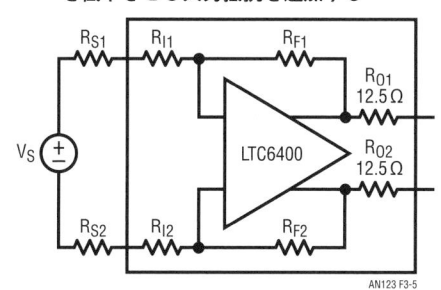

AN123 F3-5

す. この結果に寄与している効果は二つあります. 一番目は, 増幅器の出力電圧ノイズ密度はR_Sが増加するに従って平らになりますが, 信号源抵抗ノイズは増加し続けます. 二番目は, 図25.3-5と図25.3-6に, 増幅器のノイズ・ゲインもまたR_Sの値が増加するに従って

図25.3-6 LTC6400ファミリの電圧ゲインと信号源抵抗. ここで定義されている電圧ゲインは, 図25.3-5の信号電圧V_Sから計算され, 増幅器の出力には抵抗性負荷がないと仮定

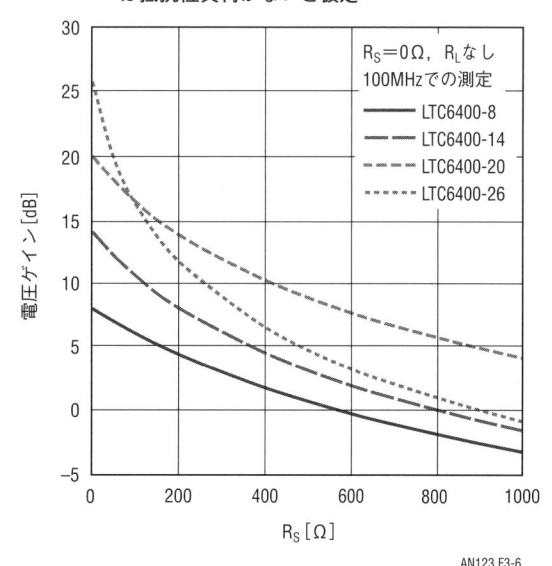

AN123 F3-6

図25.3-7　100MHzでのS_{11}反射面上でのLTC6400-8のノイズ円

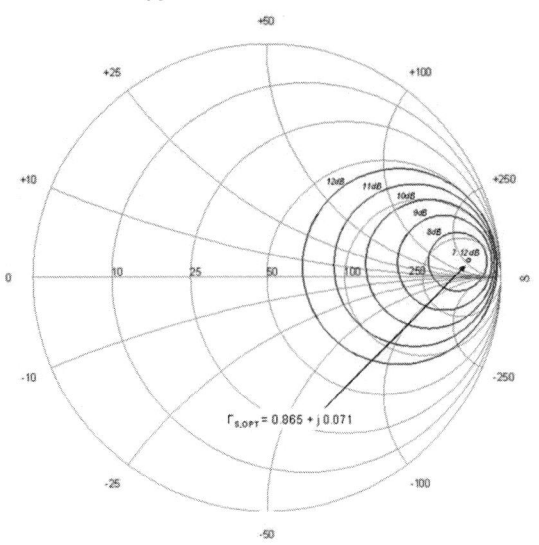

図25.3-8　$R_L = 375\,\Omega$で100MHzでのS_{11}反射面上でのLTC6400-8のゲイン円

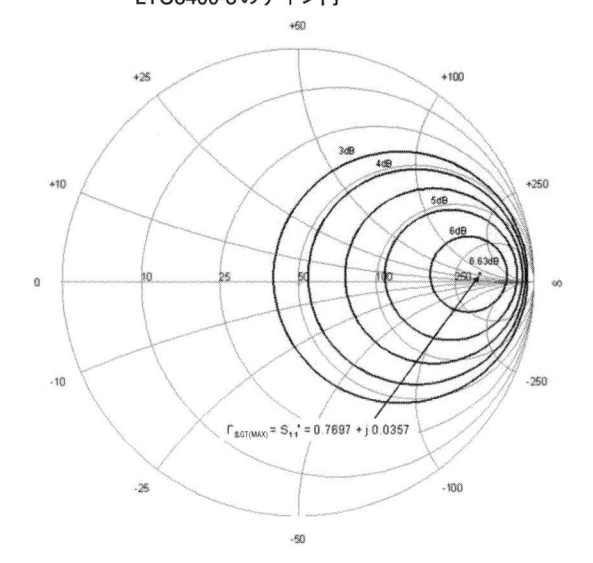

減少するということを説明しています．ノイズ指数を増加させる項は二つ，減らす項は一つあり，これらの効果の組み合わせがNFの極小値の原因になっています．

図25.3-6からのもう一つの結論は，低いNFは特定の範囲のR_Sで達成できますが，全体的な電圧ゲインを犠牲にしています．**図25.3-5**に示すようにR_{S1}とR_{S2}を追加することは，ゲインを低下させる追加の入力抵抗を与えます．結論は，絶対的な最小のノイズ指数になる信号源の終端を使うことが必ずしも理想的になるとは限らないということです．

3.2　ノイズとゲイン円

図25.3-4の曲線はノイズとノイズ指数への実信号源インピーダンスが変化する影響を示していますが，もし複素信号源インピーダンスが使われたら何が起きる

表25.3-2　100MHzで測定されたLTC6400の複素ノイズ・パラメータ．これらのパラメータは図25.3-7のノイズ指数サークルの根拠になっており，どんな複素信号源インピーダンスでもNFの正確な計算を可能としている

	LTC6400-8	LTC6400-14	LTC6400-20	LTC6400-26
NF_{MIN} [dB]	7.12	5.6	4.01	3.55
G_N [mS]	1.13	2.45	2.86	7.23
Z_{OPT} [Ω]	531 + j306	440 + j131	516 + j263	272 + j86

でしょうか？　ノイズ円は，"最小ノイズ指数"の概念に関連しており，そこには与えられたデバイスの与えられた周波数と温度とバイアスにおいて最小ノイズ指数を生成する，ある特定の複素入力インピーダンスがあります．同じスミス・チャート上に定数ノイズ指数の円を描くことも可能で，それゆえそれぞれの円の複素信号源インピーダンスは同じNFを生成します．与えられた信号源インピーダンスZ_Sに対して，2端子システムのノイズ指数は，最小ノイズ指数（Fukui 1981）に関連して表現することができます．

$$F = F_{MIN} + \frac{G_N}{R_S}\,|Z_S - Z_{OPT}|^2 \quad\cdots\cdots\cdots\cdots (3\text{-}1)$$

ここで，F_{MIN}は最小達成可能ノイズ指数，G_Nはデバイスの等価ノイズ・コンダクタンス，R_SはZ_Sの抵抗部分，Z_{OPT}は最小ノイズ指数を達成するのに必要な信号源インピーダンスです．**図25.3-7**はLTC6400-8のノイズサークルを示し，**表25.3-2**はすべてのLTC6400ファミリのノイズ・パラメータを示しています．値は，誘導性信号源インピーダンス（正のリアクタンス）がLTC6400ファミリの最適化したNFを生成していることを意味しています．しかし，ノイズ整合を適用するときには，ゲインや帯域やインピーダンス整合などの他の性能要因もまたZ_Sに影響されるということを覚えておくことは重要です．

信号源インピーダンスに影響される他の重要な要因の一つは全体的なゲインで，**図25.3-8**はスミス・チャー

ト上に描かれたLTC6400-8のゲイン円を示しています. 変換器ゲイン (G_T) は負荷に分配されたパワーと信号源から得られるパワーの単純な比です.

図25.3-7と図25.3-8は, ノイズ指数と変換器ゲインの間のトレードオフを解説しています. 二つのプロットを見たとき, 最小NFと最大G_Tは同時に達成できていませんが, それはスミス・チャート上でそれらが同じ点に位置していないからです. 一つの共通の戦略は, 二つの最適点 ($\Gamma_{S,\,OPT}$ と $\Gamma_{S,\,GT(MAX)}$) を直線で接続し, その線上で信号源終端を取り出せば, それがNFとG_Tの両方を最適化したものに近づきます. しかし, 多くの場合で絶対的な最小NFまたは最大G_Tは本当は必要ないのです. 図25.3-7と図25.3-8を見ると, 両方の最適点の1dB以内を達成する入力反射のスミス・チャートの大きな領域があります. 実数軸で利用可能な (400 Ωを含む) 重要な部分にもあり, そこにはリアクタンス要素の必要がないので, 広帯域インピーダンス整合と同様に良い性能を出すでしょう.

3.3 信号ノイズ比と帯域幅

LTC6400ファミリのような増幅器は一般的にはノイズ電圧密度で仕様化され, 単位は$\mathrm{nV}/\sqrt{\mathrm{Hz}}$となります. 実践的なアプリケーションに使われたとき, システム設計でどれだけの性能を達成することができるかを実際に算定するために, このノイズ測定基準の解釈の方法についてしばしば疑問が湧いてきます. システムにもよりますが, 信号上のノイズの効果を特性化する方法は多くありますが, 最も広く使われている方法の一つが信号対ノイズ比 (SNR) です. SNRは可能な最大信号と現れるノイズの総量との単純な比で, システムのダイナミック・レンジを決定づけます. 意味合いは, "ノイズ・フロア中"にあるような小さな信号は検出できなくて, それは必ずしも真実ではないのですが, SNRは異なるデザインを並べて比較することを可能にします.

LTC6400ファミリは, 1 GHzを越える-3 dB帯域幅をもった広帯域増幅器で構成されています. すべてのノイズが, ノイズ・パワー密度が周波数について一定なホワイト・ノイズであると仮定すると, 統合化されたノイズの総量は, ノイズ電圧密度に合計帯域幅の平方根を掛けることによって計算することができます.

$$E_{n,\,TOTAL} = e_n (\mathrm{nV}/\sqrt{\mathrm{Hz}}) \cdot \sqrt{a \cdot BW} \ \mathrm{nV_{RMS}}$$
$$\cdots\cdots\cdots\cdots\cdots\cdots\cdots\cdots\cdots\cdots\cdots\cdots \ (3\text{-}2)$$

ここで, aはスケール係数で, BW外のノイズを含み, 1次のロール・オフで約1.57, 2次のロール・オフで約1.11となります.

LTC6400のような広帯域幅の増幅器はSNRに対して重要な影響力をもつでしょう. 1 GHzの-3 dB帯域幅で, e_nは式 (3-2) に40,000を掛けて, 10 $\mathrm{nV}/\sqrt{\mathrm{Hz}}$の増幅器出力は400 $\mu\mathrm{V_{RMS}}$の統合ノイズに寄与します. 一般的な高速ADC入力のように, もし最大出力信号が2 $\mathrm{V_{P\text{-}P}}$ (0.71 $\mathrm{V_{RMS}}$) の場合, 最大理論的SNRは1768, すなわち65 dBとなります. これは, 10.5ビット分解能のADCのSNRです.

表25.3-1に示されているように, LTC6400の高ゲイン版は出力ノイズ電圧密度が最大で28 $\mathrm{nV}/\sqrt{\mathrm{Hz}}$になります. 高ゲインでは入力換算ノイズがとても低いけれども, 出力ノイズは大きくなることがあります. 信号処理での傾向は低供給電圧に向かっており, 最大信号レベル (と達成可能なSNR) は小さくなっています. そのような理由から, 16ビット (または14ビットでさえ) ADCを駆動するとき, ほぼ必ずLTC6400の出力にフィルタを追加することが望まれます. この外部フィルタの設計は, 希望の入力信号の帯域幅と必要とするSNR目標によって決まります.

$$SNR_{TARGET} = 20 \cdot \log\left(\frac{V_{SIGNAL}}{E_{n,\,TOTAL}}\right) \mathrm{dB} \ \cdots\cdots \ (3\text{-}3)$$

ここで, V_{SIGNAL} = 単位$\mathrm{V_{RMS}}$での最大入力信号で, 高性能3 V ADC (2.5 $\mathrm{V_{P\text{-}P}}$) では最大0.88 Vです.

このSNR計算は, ADCからのノイズの寄与を無視しています. 増幅器からのSNRは, 実効ADC分解能を決める支配的な要因の一つになりえます. LTC6400の優れた歪み性能によって, しばしば高性能な14ビットや16ビットADCとペアで使われるため, 帯域幅はベストな全体性能を達成するために制限されるべきです.

ADCの中で発生する重要な現象はエイリアシングで, 互いの周波数帯の頂点を事実上"折り返し", ディジタル領域でそれらの区別をできなくしています. エイリアシングは前出のSNR計算は変更しませんが, SNRを改善するために追加するディジタル・フィルタの能力に影響を与えます. もしすべてのノイズがナイキスト帯域幅 (幅が$f_{SAMPLE}/2$) の中に含まれる場合, 追加のディジタル・フィルタは望みの信号の周辺のノイズを除去することができます. しかし, もしノイズの多くのナイキスト帯域幅が目的信号の帯域と一緒に

エイリアシングされる場合，ディジタル・フィルタの有益な効果が減少します．

ノイズのエイリアシング現象の詳細な説明と一緒に計算例を第11.3節で示しています．

4 ゲインとパワーの選択肢

アプリケーションの柔軟性のために，LTC6400とLTC6401製品のファミリは，8 dB (2.5 V/V)，14 dB (5 V/V)，20 dB (10 V/V)，そして26 dB (20 V/V) の四つの異なるゲインのバージョンで提供されます．電圧ゲインは，信号チェーンでの他のRF/HF部品との一貫性を保つためにデシベルで仕様化されています．図25.4-1はLTC6400/LTC6400-1のブロック図を示しています．

仕様化されたゲインは，入力ピンから出力ピンへの電圧ゲインです．既知の負荷インピーダンス値を用いてパワー・ゲインを仕様化する増幅器とは異なり，LTC6400は特定の入力または出力終端を想定しない電圧ゲインを仕様化しています．

電圧ゲインの選択に加えて，ユーザはまたLTC6400とLTC6401の選択が可能です．この選択は主にスピード／パワーのトレードオフですが，LTC6400は高速で低歪みの増幅器で，LTC6401はより低い入力周波数に最適化されたロー・パワー版です．LTC6400は良好な歪み性能を300 MHzまで維持し，LTC6401は同じく140 MHzまで維持します．

4.1 ゲイン，位相と群遅延

内部にゲインとフィードバック抵抗を備えると，製品ファミリにてそれぞれの増幅器内の補償ネットワークの最適化もまた可能になります．そのため，LTC6400はそれぞれのゲイン種別で，類似の帯域幅（1 GHz以上）とゲイン応答の最小ピークをもちます．この製品で使うことのできる低歪みの帯域幅は周波数では −3 dB帯域幅よりとても低くなりますが，ある状況においてはゲイン平坦性と位相の直線性が重要になるでしょう．図25.4-2は，LTC6400-20のゲインがおよそ300 MHzまで0.1 dBの範囲で平坦であり，位相が1 GHzを越えても直線であることを示しています．表25.4-1はLTC6400とLTC6401の帯域幅をまとめています．

4.2 ゲイン1の構成

いくつかの状況において，ゲインなし，または減衰のみの単純なバッファがADCを駆動するために必要になるかもしれません．この特別な場合では，LTC6400-8またはLTC6401-8の前にゲインを0 dB (1 V/V) に下げるための直列抵抗を使うことができます．LTC6400の無条件の安定性のおかげで，入力部のこれらの抵抗は不安定や発振を引き起こさないでしょう．

図25.4-1 LTC6400/LTC6401のブロック図と，使用できるいろいろなゲインとスピード／パワー・オプションの製品情報

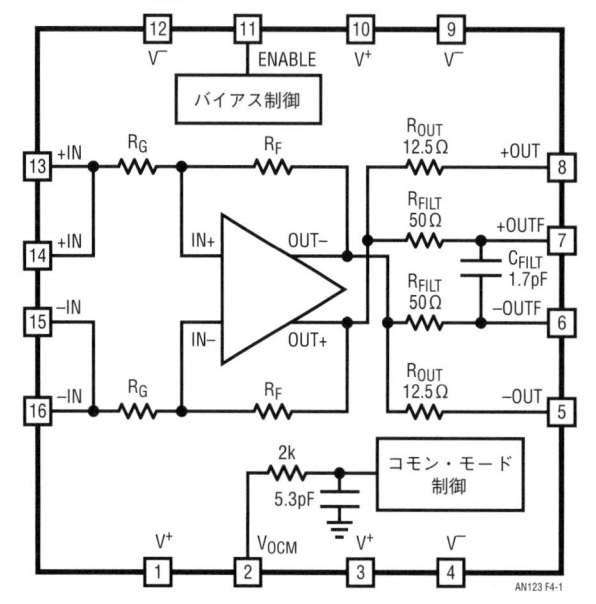

電圧ゲイン	R_G	R_F
8dB	200Ω	500Ω
14dB	100Ω	500Ω
20dB	100Ω	1kΩ
26dB	25Ω	500Ω

ファミリ	供給電流	低歪みの入力周波数
LTC6400	85mA TO 90mA AT 3V	DC – 300MHz
LTC6401	45mA TO 50mA AT 3V	DC – 140MHz

図25.4-2　LTC6400-20のゲイン平坦性と位相/群遅延特性

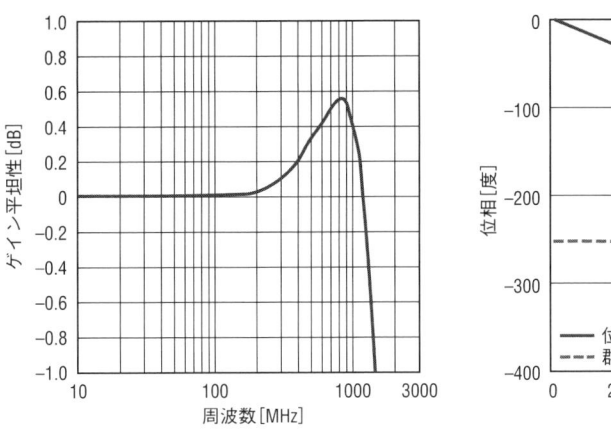
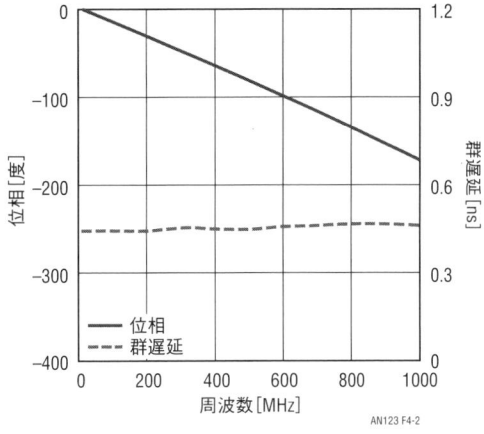

表25.4-1　LTC6400/LTC6401製品ファミリの帯域幅と
0.1dB/0.5dBゲイン平坦周波数

製品	−3dB帯域幅	0.1dB帯域幅	0.5dB帯域幅
LTC6400-8	2.2GHz	200MHz	430MHz
LTC6400-14	2.37GHz	200MHz	377MHz
LTC6400-20	1.84GHz	300MHz	700MHz
LTC6400-26	1.9GHz	280MHz	530MHz
LTC6401-8	2.22GHz	220MHz	430MHz
LTC6401-14	1.95GHz	230MHz	470MHz
LTC6401-20	1.25GHz	130MHz	250MHz
LTC6401-26	1.6GHz	220MHz	500MHz

　図25.4-3に構成を示しています．LTC6400-8の内部
のゲイン抵抗と連携して，増幅器は差動入力インピー
ダンスが1kΩでゲインが1倍のバッファになります．
　ゲインを下げるために外部に直列抵抗を連結すると
き，LTC6400ファミリの内部抵抗の特性による温度と

初期精度に制限が生じます．内部抵抗（図25.4-3の200
Ωと500Ω）はプロセスのばらつきと温度に関してよく
整合するように設計されていますが，それらの絶対値
は（LTC6400-8のデータ・シートに保証されているよ
うに）±15％ほど変動します．内部抵抗で±15％の変
動は，この例での理想的な301Ωに連結されるとき，
プロセスのばらつきと温度に関して増幅器に求められ
るゲインの±10％変動よりも小さくなります．これは
外部抵抗の温度効果を考慮していないので，それが内
部抵抗に追従することを期待するべきではありません．

5　入力の考察

5.1　入力インピーダンス

　差動増幅器回路の入力インピーダンスは，入力駆動
がシングルエンドか差動かに依存します．このことは，
最適パワー伝送をする増幅器のインピーダンス整合や，

図25.4-3　ゲインを1V/V（0dB）に下げる直列抵抗を取り付けた
LTC6400-8

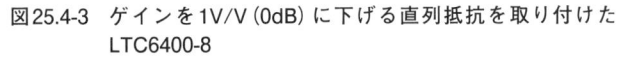
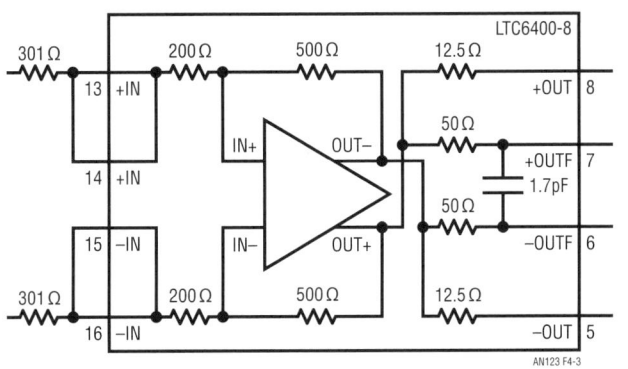

図25.5-1　完全差動入力のLTC6400

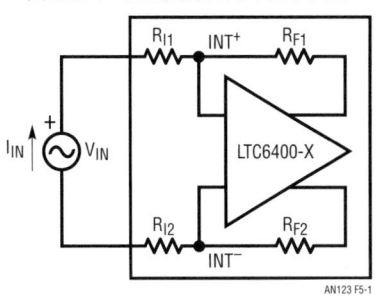

図25.5-2　シングルエンド入力のLTC6400

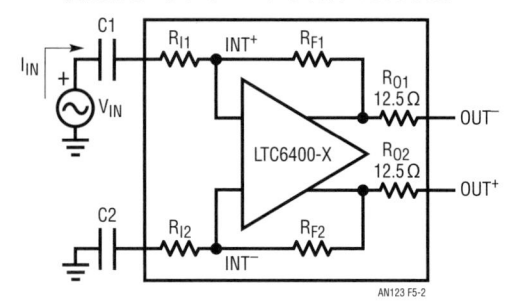

入力での電圧信号の最大化を実施するときに重要です.

図25.5-1に差動入力でのLTC6400を示します. 入力インピーダンスを計算するために, 入力信号電圧V_{IN}によって流れる入力電流I_{IN}を計算する必要があります. 完全差動入力で高ゲイン増幅器と一緒に, 内部ノード(INT$^+$, INT$^-$)を横切って作られるとても小さな電圧があります. そのため, これらのノードは昔ながらのオペアンプの反転入力に似た動作によって差動"仮想短絡"としてふるまいます. したがって, 入力インピーダンスはR_{I1}とR_{I2}の単純な合計となります.

図25.5-2にシングルエンド入力でのLTC6400を示します. 入力信号が, 直流阻止コンデンサC_1とC_2が実際には短絡回路(LTC6400の入力コモンモード電圧要求のためにこれらは必要)のように効果的に見えるくらい周波数が十分に高いと仮定すると, INT$^+$とINT$^-$ノードで電位差がないという仮定はもはや有効ではなくなります. 差動電圧(INT$^+$, INT$^-$)はやはり小さいのですが, コモン・モード電圧は二つのノードに現れ, 入力電圧に比例します.

$$V_{INT}{}^+ \doteqdot V_{INT}{}^- \doteqdot V_{OUT}{}^+ \cdot \frac{R_{I2}}{R_{F2}+R_{I2}}$$

$$= V_{IN} \cdot \frac{R_{F2}}{2R_{I2}} \cdot \frac{R_{I2}}{R_{F2}+R_{I2}}$$

$$= V_{IN} \cdot \frac{R_{F2}}{R_{F2}+R_{I2}} \quad\cdots\cdots\cdots\cdots\cdots (5\text{-}1)$$

$$I_{IN} = \frac{V_{IN} - V_{INT}{}^+}{R_{I1}} = \frac{V_{IN}}{R_{I1}} \cdot \frac{R_{F2}+2R_{I2}}{2(R_{F2}+R_{I2})} \quad\cdots (5\text{-}2)$$

$$Input\ Impedance = \frac{V_{IN}}{I_{IN}}$$

$$= \frac{2R_{I1}(R_{F2}+R_{I2})}{R_{F2}+2R_{I2}} \quad\cdots\cdots (5\text{-}3)$$

一例として, 100Ω入力抵抗と1kフィードバック抵抗をもったLTC6400-20を用いる場合, シングルエン

ド入力インピーダンスは183Ωになります. この例では, これはV_{IN}として見られる入力インピーダンスです. ゼロではない信号源インピーダンス, 例えば50Ω信号源の場合, バランスを維持するために使わない入力を同じ実効インピーダンスで終端することは有益であることに注意してください. これは入力インピーダンスを変化させるので, 第5.6節に改定した計算式を示します.

5.2　AC結合とDC結合

LTC6400は入力と出力の両方でAC結合またはDC結合に寛容ですが, 最善の性能のためには守らなければならない入力と出力電圧の範囲があります. 入力では, コモン・モード入力電圧範囲がデータ・シートに定義されており, およそ1Vから1.6Vです($V^+ = 3$Vのとき). コモン・モード入力電圧は二つの入力の平均電圧として定義され, 入力間の差動電圧から分離されています. グラウンドまたはV_{CC}に中心がある入力電圧は, LTC6400に加える前にレベルシフトする必要があります. 明確にしておきたいのは, コモン・モード入力電圧はICの入力ピン(ピン13から16)を参照しており, アクセスできないオペアンプの内部入力ピンではないということです. **表25.5-1**はデータ・シートのコモン・モードの範囲と結果として生じる内部ノード電圧(**図25.5-1**参照)との間の差を示しています. データ・シートの制限はV_{OCM}が1.25Vで, 追加の信号源抵抗がないと仮定して公開されています. どちらかが変化すると内部ノードのDC電圧がシフトし, それは入力コモン・モード制限の実際の決定要因です. しかし, データ・シートに制定されたコモン・モード制限を守ることは, 入力段が線形領域で動作することを保証するだけで, 全体の電圧範囲を通して同じ性能が達成されることを意味していません. 第6.2節では,

表25.5-1　データ・シートに記載された入力コモン・モード電圧の制限と，増幅器の内部ノードで換算されたコモン・モード電圧制限．増幅器の内部ノード電圧を知ることは，別の構成であってもデータ・シートの制限内で設計することを可能にする．内部ノード電圧 V_N と V_P は増幅器内の小さなプルアップ電流の効果を含んでいる

			LTC6400-8	LTC6400-14	LTC6400-20	LTC6400-26
データ・シートからの仕様		入力コモン・モード電圧最小(I_{VRMIN})	$V^- + 1.0$	$V^- + 1.0$	$V^- + 1.0$	$V^- + 1.0$
		入力コモン・モード電圧最大(I_{VRMAX})	1.8 ($V^+ - 1.2V$)	1.8 ($V^+ - 1.2V$)	1.6 ($V^+ - 1.4V$)	1.6 ($V^+ - 1.4V$)
内部ノードでの電圧制限(INT$^+$, INT$^-$)		コモン・モード電圧最小(V_N)	1.24	1.14	1.05	1.02
		コモン・モード電圧最大(V_P)	1.76	1.78	1.59	1.59
			LTC6401-8	LTC6401-14	LTC6401-20	LTC6401-26
データ・シートからの仕様		入力コモン・モード電圧最小(I_{VRMIN})	$V^- + 1.0$	$V^- + 1.0$	$V^- + 1.0$	$V^- + 1.0$
		入力コモン・モード電圧最大(I_{VRMAX})	1.6 ($V^+ - 1.4$)	1.6 ($V^+ - 1.4$)	1.6 ($V^+ - 1.4$)	1.6 ($V^+ - 1.4$)
内部ノードでの電圧制限(INT$^+$, INT$^-$)		コモン・モード電圧最小(V_N)	1.16	1.09	1.05	1.03
		入力コモン・モード電圧最大(I_{VRMAX})	1.57	1.58	1.59	1.59

表25.5-2　データ・シートにて提供された情報に基づいて，入力コモン・モード電圧制限を計算するために使われた定数．電源電圧 V^+ と V_{OCM} バイアス電圧を変えるとデータ・シートの電気的特性表に記載された制限に影響を及ぼす．これらの定数は増幅器の内部ノードでの小さなプルアップ電流の効果を含む

	LTC6400-8	LTC6400-14	LTC6400-20	LTC6400-26	LTC6401-8	LTC6401-14	LTC6401-20	LTC6401-26
Alpha (α)	0.261	0.158	0.090	0.047	0.273	0.162	0.090	0.047
Beta (β)	1.533	1.267	1.117	1.054	1.467	1.233	1.117	1.058
Delta (δ)	0.087	0.053	0.015	0.004	0.045	0.027	0.015	0.008

入力と出力の両方で異なるコモン・モード・バイアス電圧での歪みの変化について言及します．

表25.5-1の制限は入力段の飽和制限に基づいており，任意の V^+ と V_{OCM} の一般的な場合としても解釈できます．V^+ 電圧の変化は入力段の無歪み限界を上昇させ，V_{OCM} の変化は内部ノードのバイアスを変化させ，両者は入力コモン・モード電圧制限に影響を及ぼします．**表25.5-1**と**表25.5-2**の値を参照すると，入力コモン・モード電圧制限を計算することができます．

$$V_{CM, IN(MIN)} = \beta (V_N + V^- - \alpha V_{OCM} - \delta V^+)$$
$$\cdots\cdots\cdots\cdots\cdots (5\text{-}4)$$

$$V_{CM, IN(MAX)} = \beta (V_P + (1 - \delta)V^+ - 3.0 - \alpha V_{OCM})$$
$$\cdots\cdots\cdots\cdots\cdots (5\text{-}5)$$

提供された式を用いて入力の最小と最大電圧を計算するとき，クロスリファレンスとして**図25.6-2**のグラフを手元に置いておくことが重要です．LTC6400ファミリの歪み性能は，出力コモン・モード電圧よりも入力コモン・モード電圧にとても鈍感ですが，歪み性能は全範囲において一定ではありません．

もし入力が直列コンデンサで AC 結合されると，LTC6400の入力はおよそ V_{OCM}（注5）と同じ電圧に自己バイアスされ，部品に外部バイアス電圧を印加する必要がなくなります．設計で入力のバイアスに取り組む必要があるのは，入力が DC 結合しているときだけです．性能の最適化と入力コモン・モード電圧についての詳細は，第6.2節を参照してください．

入力と出力コモン・モード電圧を変化したとき，入力バイアス電流が変化することに留意することは重要です．**図25.2-1**のブロック図を参照すると，DC バイアス電流は出力からゲインとフィードバック抵抗を通って入力へ戻って流れていきます．LTC6400の入力の DC バイアスをセットするとき，信号源はミリアンペアを越えるこの追加の電流を吐き出すか吸い込むことができなければなりません．

注5：実際には，入力と出力バイアスの最適値を整合させるために，入力コモン・モード電圧は内部プルアップ抵抗によって若干大きくなる．

LTC6400の出力は，内部コモン・モード・ループによってV_{OCM}ピンの電圧に自動的にバイアスされます．これは，LTC6400をリニアテクノロジーの高性能14ビットおよび16ビットADCとの結合に関する課題を単純にします．なぜなら，ADCのコモン・モード電圧要求が一般的にとても厳しく，ADC入力のコモン・モード阻止がしばしばあまり良くないからです．

5.3 グラウンド基準入力

DC結合アプリケーションでよくある例として，入力のDC電圧レベルが0VのADCドライバへのシングルエンドでのグラウンド基準入力があります．LTC6400には，グラウンドを含まない入力コモン・モード範囲があり，**表25.5-1**と**表25.5-2**に示される制限内に入る電圧に持っていくために，ある種のレベルシフトが必要になります．

もし，入力信号源が50Ωで終端されている場合，一つの現実的なソリューションが**図25.5-3**に示されています．入力は75Ω抵抗を使って電源にプルアップされています．この回路は，信号源の50Ω終端が分圧器を作り，効果的にLTC6400の最適範囲内に入力がレベル・シフトするという利点をもっています．75Ω抵抗はまたインピーダンス整合抵抗としてふるまい，LTC6400のシングルエンド入力インピーダンスを50Ωに近い値に変換しています[注6]．そのため，追加したプルアップ抵抗が必要以上に入力信号を減衰させることは

注6：入力インピーダンスは，LTC6400-8では61Ωに，LTC6400-14では53Ωに，LTC6400-20では55Ωになる．電力損失を犠牲にして75Ω抵抗を下げることによってインピーダンスを下げることができる．

図25.5-3 グラウンド基準信号のレベルをシフトすることと，入力インピーダンス整合の提供を同時に行うプルアップ抵抗の使用．未使用入力は同様に終端する．この方法の難点は，DCバイアス電流がプルアップ抵抗を流れ，余分のパワーを消費し，入力信号源が電流を吸い込むことを要求すること

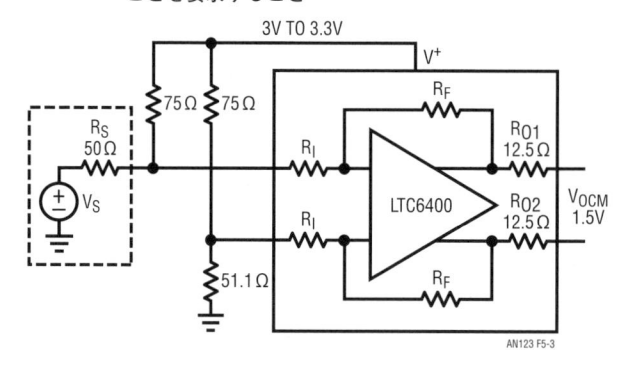

図25.5-4 入力信号のレベル・シフトと増幅を行うための二つのLTC6400増幅器の使用．入力を減衰させてレベル・シフトさせるためにLTC6400-8には直列入力抵抗があり，LTC6400-20は出力でゲインを追加．この回路の合計のゲインは10.7dBで，LTC6400-8の入力抵抗からの減衰と，12.5Ω出力抵抗の効果を含む

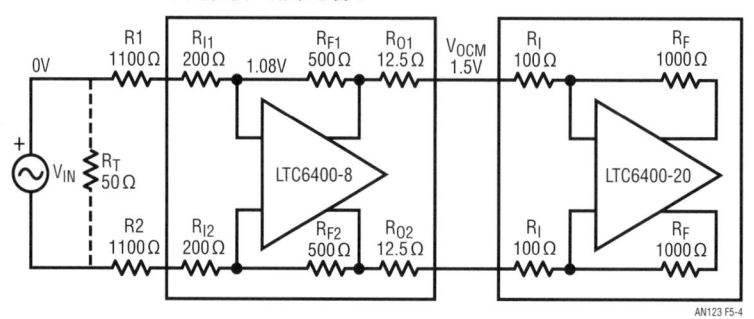

ありません. LTC6400-26の固有の入力インピーダンスが低いために, 入力インピーダンスを42Ωにするにはプルアップ抵抗は100Ωに変更されなければなりません.

レベルをシフトするもう一つの方法は, 二つのLTC6400を直列に使い, 一つは信号をレベル・シフトし, もう一つがゲインを加えます. **図25.5-4**は, レベル・シフトと信号を減衰させるために1.1k直列入力抵抗を使ったLTC6400-8を示しています. 内部DCバイアス・レベルはLTC6400の範囲に入っています. 出力では, LTC6400-20はADCのために信号を増幅します. 200Ωの入力インピーダンスは, LTC6400-8にとっては重い負荷ではありません. 二つの増幅器を一緒にした合計のゲインは10.7dBになります.

5.4 インピーダンス整合

インピーダンス整合は, 信号源から負荷に最大のパワー伝達を達成する技術です. 良いインピーダンス整合を達成することは, 最大信号受信, 信号歪みを引き起こす反射がないこと, システムからの予測可能なふ

るまいなど, 多くの理由で有益です. この節では, インピーダンス整合に必要な情報を提供するために, LTC6400の入力と出力特性を議論します. インピーダンス整合についての入門はこの章の範囲外ですが, 無数のテキストと資料で詳細な議論が利用できます[注7].

LTC6400ファミリは50Ωから400Ωの範囲で差動入力インピーダンスと, 25Ωの差動出力インピーダンスを提供します. インピーダンス整合が望まれる, SAWフィルタの受信または駆動などのアプリケーションでは, 単純な直列LとシャントCネットワークで多くの場合は十分です. **図25.5-5**にSAWフィルタとインターフェースするための回路例を示します. 100MHz以下の動作周波数では, LTC6400の入力と出力インピーダンスはほとんど純粋に抵抗性です. それ以上の周波数では, リアクタンスが考慮されなければなりません. **表25.5-3**に, **図25.5-5**と**図25.5-6**の回路を仮定したときのインピーダンス整合に関連したパラメータを示します. CとLの値を計算するために, ωCとωLの値をω(または$2\pi f$)で割ります. ここで, ωはradians/secでの周波数でfはHzでの周波数です. **図25.5-7**にスミス・チャート上でのインピーダンス整合を示します.

図25.5-8と**図25.5-9**は入力と出力の反射係数を10MHzから1GHzまで示していますが, 高周波でより良いインピーダンス整合を得るための正しいインピーダンス整合円を提供しています. (LTC6400-8/LTC6400-14/LTC6400-20)の入力インピーダンスは容量性になり, 出力インピーダンスは周波数が100MHzより高くなる誘導性になることに注意が必要です.

図25.5-5 SAWフィルタとの直列シャント入力インピーダンス整合の例. LTC6400-26の入力インピーダンスは50Ωであり, 一般的には50Ωインピーダンス整合のための外部要素を必要としない. *LC*ネットワークを使うことで, 特定の周波数でのインピーダンス整合が可能である. 広帯域のインピーダンス整合はトランスや抵抗のような他の方法が必要

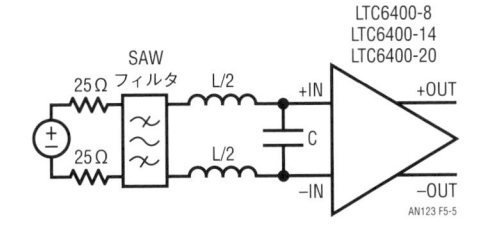

図25.5-6 SAWフィルタとの直列シャント出力インピーダンス整合の例. LTC6400ファミリのすべては, 低い周波数では25Ω抵抗性出力インピーダンスになる

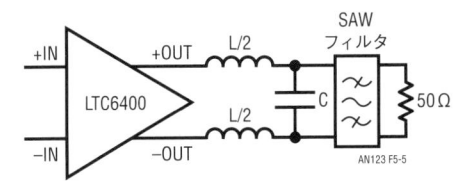

表25.5-3 図25.5-5と図25.5-6の回路用の整合回路パラメータ. 周波数依存のωC/ωL値であるコンデンサとインダクタの値をこの表から得るためには, 単純に数値をω(または$2\pi f$)で割る. 直列インダクタは差動なので, それぞれのインダクタは結果の値の半分になる. LTC6400-26は, 入力インピーダンスが50Ωなので整合要素は必要ない

	入力		出力
			LTC6400 (all)
	LTC6400-8	LTC6400-14/20	フィルタなし出力
ωC	0.00661	0.00866	0.02
ωL	132	86.6	25

注7: インピーダンス整合と一般的なRFデザインについては(Bowick 1982)を参照.

図25.5-7 50Ωへの差動の入力と出力インピーダンス整合. ほとんどの整合では, 直列インダクタ/シャント・コンデンサ・ネットワークが満足なインピーダンス整合を生成する

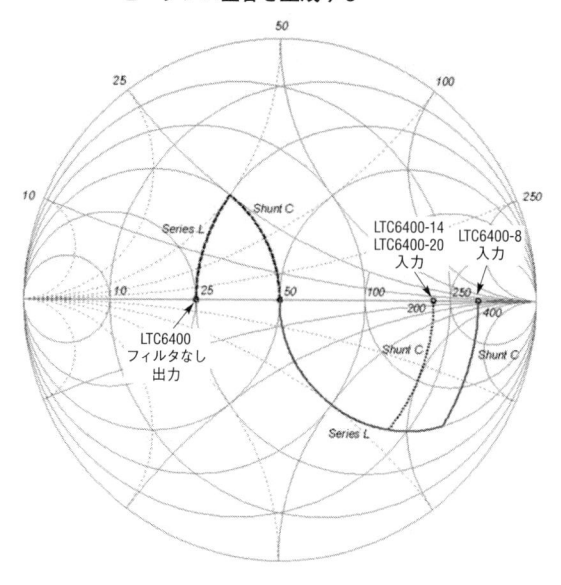

図25.5-9 LTC6400ファミリの10MHzから1GHzまでの出力反射係数(S_{22}). 100MHz以下ではインピーダンスはほとんど純粋に抵抗性. それより上では, リアクタンスがインピーダンス整合のために考慮されなければならない

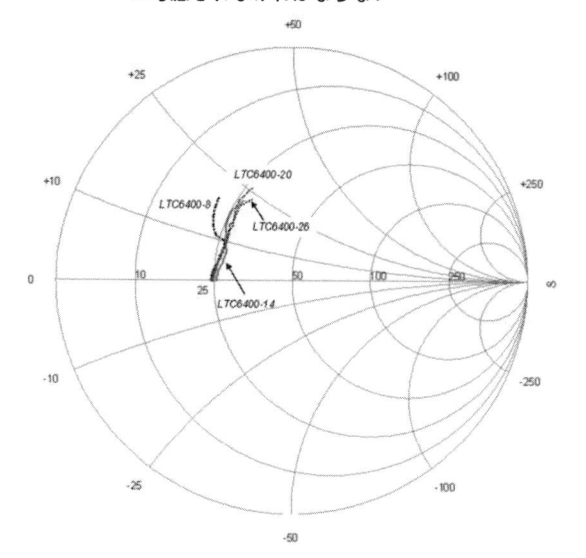

図25.5-8 LTC6400ファミリの10MHzから1GHzまでの入力反射係数(S_{11}). 100MHz以下ではインピーダンスはほとんど純粋に抵抗性. それより上では, リアクタンスがインピーダンス整合のために考慮されなければならない

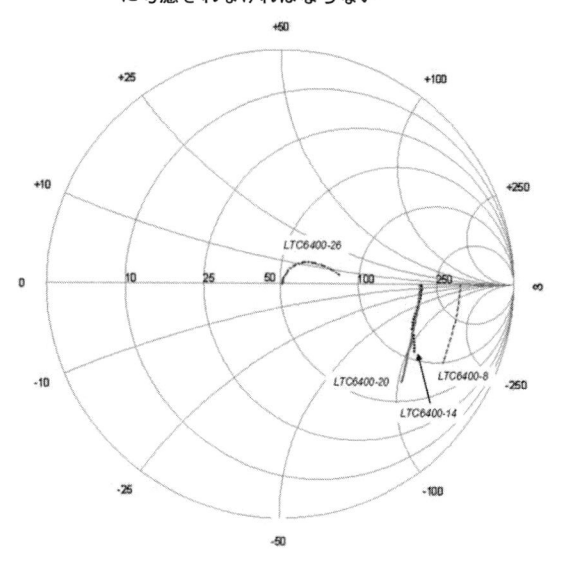

5.5 入力トランス

LTC6400は入力にいろいろなRFトランスを使っても正しく動作します. トランスは, LTC6400デモボードで評価を容易にするためにバランとインピーダンス整合要素として通常使われます. **図25.5-10**にLTC6400のDC987B標準デモボードの回路図を示します. 入力には4:1広帯域伝送線路トランス(TCM4-19＋)が, 50Ω信号源とICの200Ω入力インピーダンスを整合させるためと, シングルエンド入力信号を評価するために差動信号に変換するという二つの目的で使われます. シングルエンドから差動への変換器としてのLTC6400の性能はとても良好ですが, さらに良い性能のためには差動入力で使われるべきです.

出力では, 差動出力をシングルエンド出力に変換し, (ネットワークまたはスペクトラム・アナライザのような)50Ω負荷に整合するインピーダンスにするために, もう一つのTCM4-19トランスが使われています. 負荷は50Ω信号源インピーダンスが見えて, 増幅器からは安全な400Ω負荷インピーダンスに見えています. LTC6400はより高いインピーダンス負荷を駆動するように設計されており, 重い負荷(例えば, 50Ω)を駆動するときは同じ低歪み性能は示さないでしょう.

ADCを駆動するアプリケーションでは, LTC6400

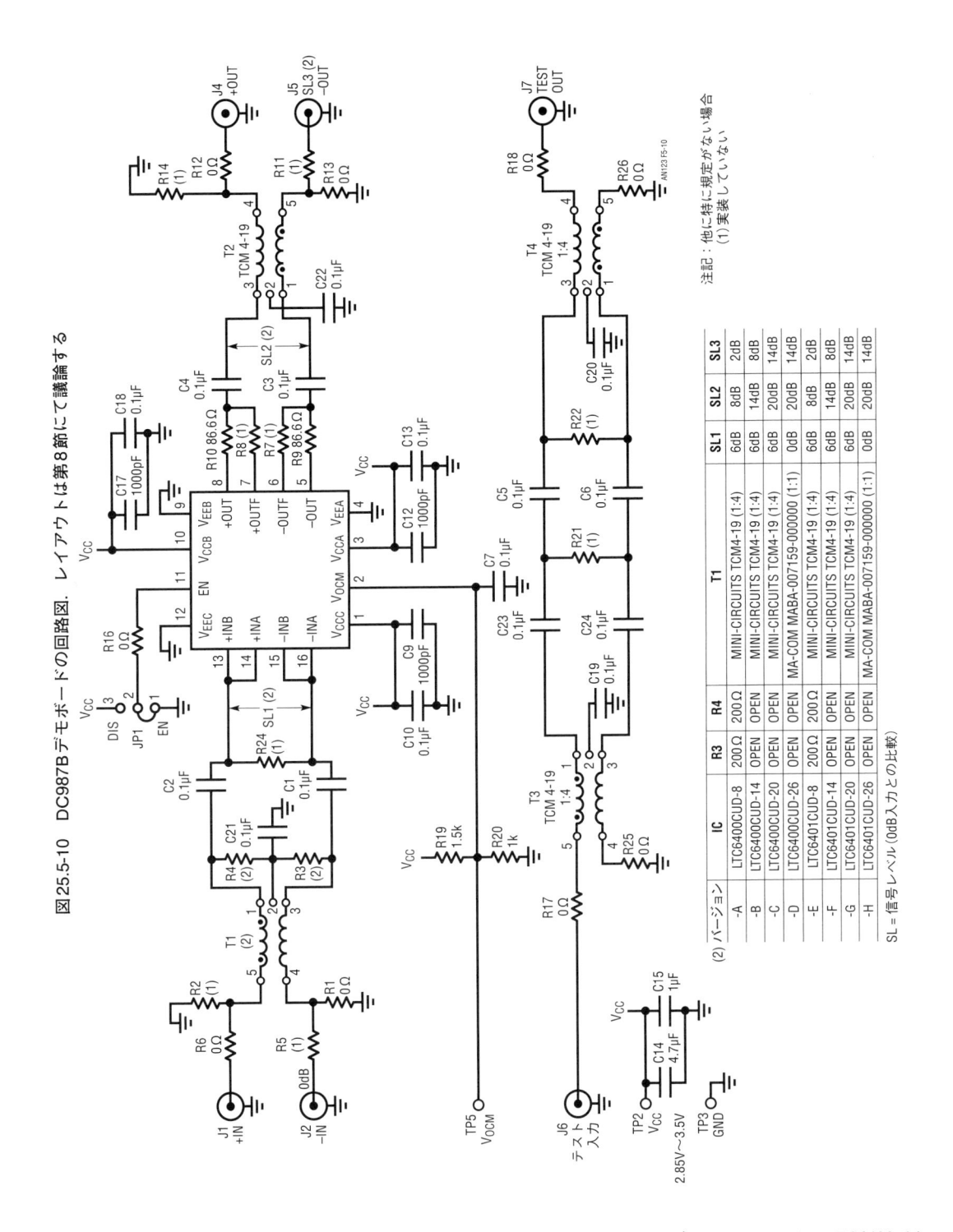

図25.5-10　DC987Bデモボードの回路図．レイアウトは第8節にて議論する

の差動出力はADC入力に直接，または個別のフィルタを通して接続されますが，通常は出力トランスを必要としません．LTC6400の入力では，インピーダンス変換とシングルエンドから差動への変換のために入力トランスを使うことは，多くのアプリケーションでは

まだ価値があるでしょう．LTC6400-8，LTC6400-14，またはLTC6400-20の場合，増幅器には200Ωまたは400Ωの入力インピーダンスがあります．もし信号源が50Ωの特性インピーダンスならば，インピーダンス整合のために4：1または8：1トランスを使うことは重

要なメリットがあります．トランスは，シャント抵抗のような他のインピーダンス整合の方法に比べて"自由な"電圧ゲインを提供するでしょう．4：1インピーダンス比トランスには2：1電圧ゲインがあるので，LTC6400の入力電圧は2倍の大きさになります．このゲインは著しいノイズまたはパワーへのペナルティなしに得られ，それどころか，ゲインは実際に（インピーダンス整合のためにシャント抵抗を用いることに比べて）LTC6400の実効ノイズ指数を改善することができます．LTC6400の電圧ノイズ密度は変わりませんが，追加のゲインは，入力基準電圧ノイズが追加のゲイン要因によって減少されることを意味します．

5.6　抵抗終端

　RFトランスは多くのインピーダンス整合の状況において素晴らしく，LTC6400を差動的に使うために便利なバランとなってくれます．しかし，それらの周波数応答の下側の制限はほとんどがトランスの大きさによって決まり，DCまで一貫性のある周波数応答を達成する望みはありません．インピーダンス整合に使われる抵抗は，この制限をもちません．抵抗は，最良のRFトランスよりもとても良い広帯域インピーダンス整合を生成し，抵抗の周波数応答はDCまで拡張されます．トランスの方法に比べてノイズ指数に支払うペナルティがありますが，抵抗を使うことはまたトランスを越えて大きなコスト低減となります．抵抗はまた，シングルエンド入力のインピーダンス整合に使うこともできます．

　図25.5-11に示された回路は差動50Ω入力信号源を

終端するために抵抗を使っています．システムは完全に差動なので，増幅器のそれ自身の入力インピーダンスは，二つの入力抵抗（この場合400Ω）を一緒に追加することで計算されます．シャント入力抵抗は，このインピーダンスをDCから高周波まで50Ωに整合します．注意したいのは，400Ωの低周波入力インピーダンスは増幅器が内部の"仮想接地"ノードを維持する限りにおいて真なのであり，周波数に伴って増幅器のループ・ゲインが下がると，入力インピーダンスもまた変わるだろうということです．LTC6400データ・シートには入力インピーダンス対周波数のグラフも掲載されています．

　抵抗を終端に使うことの二つの不都合な点は，パワー/信号減衰と，その結果によるノイズ指数の増加（すなわち，ノイズ性能の劣化）です．同じ入力パワー・レベルに対して，50Ω入力インピーダンスは400Ω入力インピーダンスよりも電圧の振れが小さく，それゆえ実効的に電圧減衰を招くことになるでしょう．トランスを使うことによって，インピーダンスは損失なしに整合され，減衰が発生しません．LTC6400の入力ノイズ・パワー密度は同じに維持され，入力信号はより小さいので，ノイズ指数は比例的に増加します．

　図25.5-12はシングルエンド入力信号源に使われる抵抗終端を示します．二つの入力に見られる信号源インピーダンスのバランスをとるための余分な抵抗R_{T2}に注目してください．信号源インピーダンスのバランスが取れていないとLTC6400の歪み性能に影響するので，入力インピーダンスのバランスをとることが望まれます．また，フィードバック要因の不均衡は，LTC6400のコモン・モード・ノイズの一部を差動モード・

図25.5-11　差動入力信号源での抵抗終端．単体シャント抵抗は400Ω入力インピーダンスを50Ω入力インピーダンスに変換．抵抗終端の利点は，DCから増幅器の最大帯域幅への広帯域性能．難点は，パワー減衰とその結果としてのノイズ指数の増加

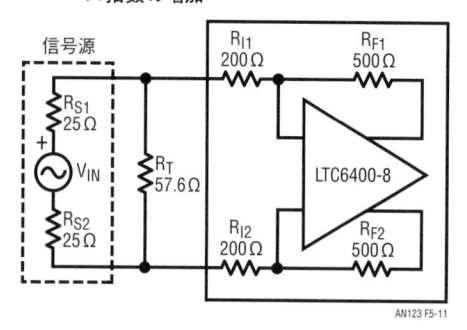

図25.5-12　抵抗インピーダンス整合を用いたシングルエンド入力とバランスした入力インピーダンス

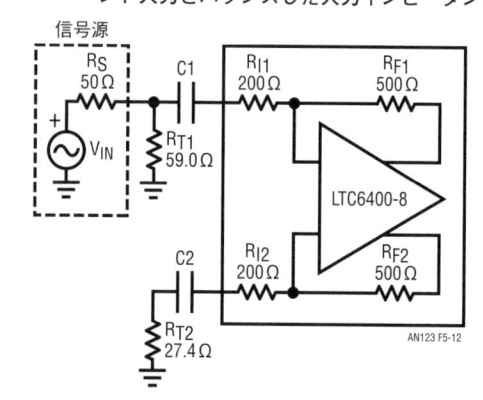

$$R_{T1} = \frac{1}{2} R_S \cdot \frac{R_S R_F + 2R_S R_I + \sqrt{R_S{}^2 R_F{}^2 + 4R_F{}^2 R_I{}^2 + 8R_F R_I{}^3 + 4R_I{}^4}}{R_I{}^2 + R_F R_I - R_S{}^2} \quad \cdots\cdots\cdots\cdots \quad (5\text{-}6)$$

$$R_{T2} = \frac{R_{T1} R_S}{R_{T1} + R_S} \quad \cdots\cdots\cdots\cdots\cdots\cdots\cdots\cdots \quad (5\text{-}7)$$

表25.5-4 LTC6400ファミリを50Ωシングルエンド入力信号源に整合させるのに使われる終端とバランス抵抗. 抵抗値は標準値に最も近い1%に丸められている

	終端抵抗 (R_{T1})	バランス抵抗 (R_{T2})
LTC640x-8	59.0Ω	27.4Ω
LTC640x-14	68.1Ω	28.7Ω
LTC640x-20	66.5Ω	28.7Ω
LTC640x-26	150Ω	37.4Ω

ノイズに変化させるでしょう. 最も良い方法は, シングルエンド入力で動作させるときは常に信号源インピーダンスのバランスを取ることです.

R_{T1}とR_{T2}の追加は, 式(5-3)で記述されていない追加の項を作ります. R_{T2}の値は, R_{T1}とそれに組み合わされたR_S(信号源インピーダンス)との単純な並列インピーダンス値です. 終端抵抗の新しい値は次のように計算されます.

式(5-6)と式(5-7)では, R_IとR_Fは内部ゲインとフィードバック抵抗の値で, 図25.5-12ではそれぞれ200Ωと500Ωです. 表25.5-4には, シングルエンドで50Ω入力信号源($R_S = 50\Omega$)の場合に適応され, 式(5-6)と式(5-7)を使って計算されるR_{T1}とR_{T2}の値を示しています.

R_SとR_{T1}/R_{T2}によって追加された余分な信号源インピーダンスは差動増幅器のフィードバック要因を変え, それゆえにゲインを変えます. R_{T1}の非接地側から差動出力への全体的な電圧ゲインは次のように計算することができます.

$$Gain = \frac{2R_F(R_{T2} + R_F + R_I)}{2R_I{}^2 + 2R_I(R_F + R_{T2}) + R_F R_{T2}} \quad \cdots\cdots \quad (5\text{-}8)$$

6 ダイナミック・レンジと 出力ネットワーク

LTC6400ファミリは基本的には昔からあるフィードバック差動増幅器の超高速バージョンです. そのた

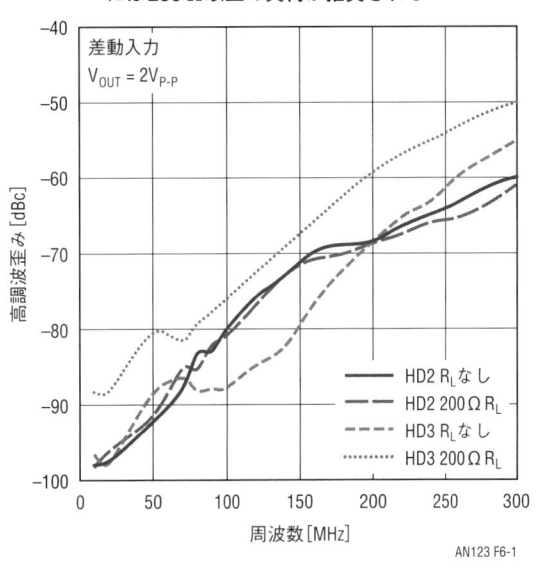

図25.6-1 二つの異なる抵抗性負荷のときのLTC6400-20の高調波歪み性能対周波数. 最適な性能のためには200Ω以上の負荷が推奨される

AN123 F6-1

め, 歪み性能は出力負荷の選択によって著しく変化します. LTC6400は, リニアテクノロジーの高性能パイプラインADCファミリのスイッチト・キャパシタ入力のような高インピーダンスADC負荷を駆動するために最適化されました. それは50Ω負荷を直接駆動するようには設計されておらず, 他の高周波増幅器からLTC6400を区別する特徴でした.

6.1 抵抗性負荷

図25.6-1に二つの抵抗性負荷, オープン(無負荷)と200ΩのときのLTC6400-20の歪み対周波数を示します. 200Ω負荷での歪みは, 性能はそれでも妥当な値になっているにもかかわらず, 無抵抗性負荷のときよりかなり高く(悪く)なっています. しかし, 歪み性能がかなり劣化するので, LTC6400に50Ωまたは100Ω負荷を使うことは勧められません. R_L変化に対しHD_2はほとんど変化しないことに注意してください. これは差動出力の対称性が偶数次の高調波をキャンセルする傾向にあるからです.

もう一つの重要な考察はLTC6400の出力電流です. 出力から直接グラウンド, またはV^+電源に接続される抵抗性負荷は, LTC6400の出力にDCバイアス電流を吸収または出力させるのですが, それは動作には必要なく, 性能を損なうかもしれないものです.

6.2　V_{OCM}要求

LTC6400は, リニアテクノロジーの高速ADCを直接DC結合で駆動する設計されています. 3 Vと3.3 VのADCの現存するファミリは, 1.25 Vから1.5 Vの最適な入力コモン・モードDCバイアスをもちます. そのため, LTC6400はV_{OCM}電圧のこの範囲で最適化されています. **図25.6-2**にV_{OCM}を変化させたときの歪み性能を示します. もしADCがLTC6400用の最適範囲の外にコモン・モード・バイアスを要求する場合, LTC6400の出力はコンデンサを使ってAC結合することができます. この方法の不都合な点は, 低周波応答への制限です.

LTC6400の歪み性能は, ほとんどの増幅器のように入力と出力コモン・モード・バイアス電圧に依存します. **図25.6-2**に, LTC6400の100 MHz (1 MHzトーン間隔) での2トーン3次相互変調歪み (IMD_3) を示します. グラフは, 最も良い全体的な歪み性能を提供する入力と出力の両方のコモン・モード・バイアスに最適な範囲があることを明らかにしており, 歪み性能は入力コモン・モード電圧 (V_{ICM}) より出力コモン・モード電圧 (V_{OCM}) のほうに依存していることを示しています.

図25.6-2　LTC6400ファミリの2トーン3次相互変調歪み (IMD_3) 対100MHzでの入力と出力コモン・モード・バイアス電圧. 条件：差動入力, R_{LOAD}なし, V_{OUT} = 2V_{P-P}合成. 実線はIMD_3対V_{OCM} = 1.25VでのV_{ICM}. 破線はIMD_3対AC結合 (自己バイアス) 入力でのV_{OCM}. 歪み性能はV_{ICM}よりV_{OCM}により依存することが示されている

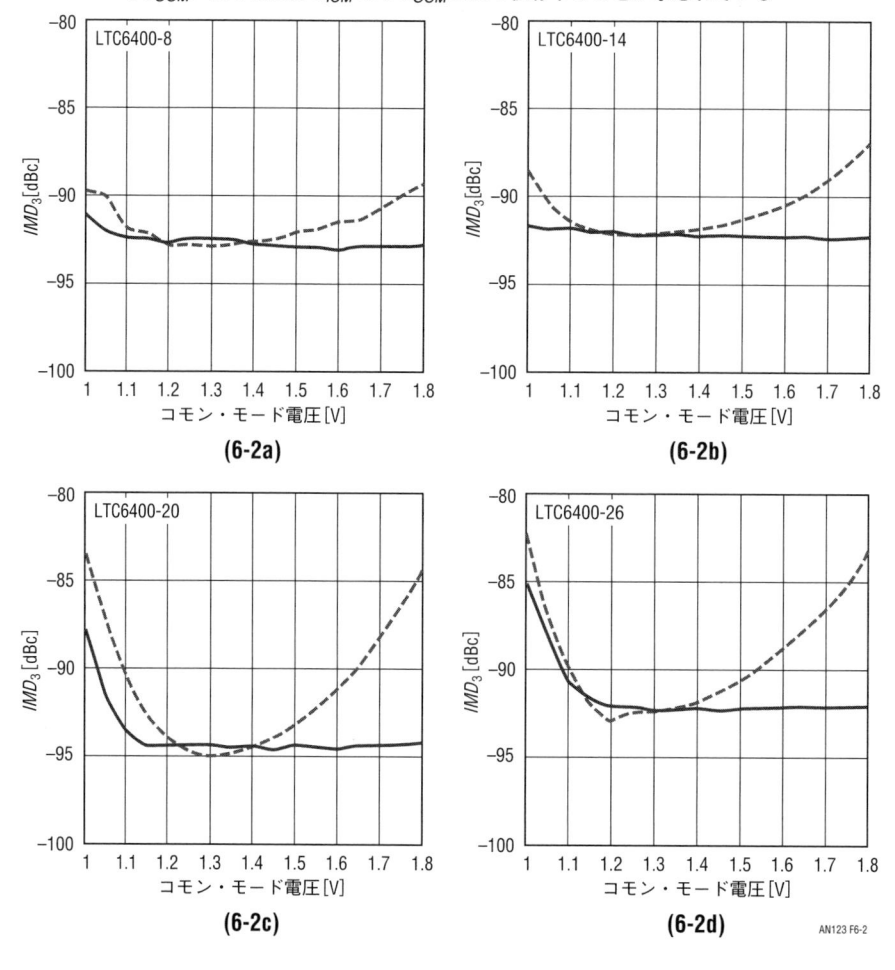

6.3　フィルタなしとフィルタありの出力

LTC6400ファミリは，アプリケーション面でのさらなる柔軟性のために2組の並列出力を含んでいます．出力は独立してバッファされておらず，また複数出力として考えられるべきではありません．無条件での安定性を保証するために，LTC6400のフィルタなし（通常）出力はチップ上に12.5 Ωの直列抵抗を含んでいます．これらの抵抗は，抵抗性負荷を駆動するときと，LTC6400の出力にアンチエイリアス・フィルタを設計するときに，電圧降下の計算の中で加味されなければなりません．さらに，直列抵抗からパッケージ端子につながるボンドワイヤのインダクタンスはおよそ1 nHあり，LTC6400の回路には大きな影響はありませんが，高次のLCフィルタを設計するときには重要になるでしょう．

LTC6400のフィルタされた出力は，アンチエイリアス・フィルタの設計を潜在的に省力化するように設計されています．フィルタなしの出力には12.5 Ωの直列抵抗がある一方で，フィルタされた出力には50 Ω直列抵抗と2.7 pFのシャント容量（パッケージに寄生する容量を含む）があり，LTC6400の出力で低域通過フィルタを形成しています．この構造は，そのまま使われるか外部のアンチエイリアス・フィルタの一部として使われます．それ自体で，このフィルタは実効ノイズ帯域を500 MHz以下に制限します．これによってLTC6400の1.8 GHzの全ノイズ帯域幅がエイリアシングされ，システムのSNRが下がることを防ぎます．高性能な14ビットまたは16ビットADCを使うときは，ADCのSNR性能の低下を防ぐためにノイズ帯域幅をさらに制限する必要があるかもしれません．

6.4　出力フィルタとADC駆動ネットワーク

アンチエイリアスまたは選択性（またはその両方）の目的で，LTC6400用に出力フィルタを設計することがしばしば望まれます．ローパスとバンドパス・フィルタは両方とも実用的で，望ましい帯域幅は通常の入力信号とADCのナイキスト帯域幅（サンプル間隔の半分）によって決められます．LTC6400はどのような出力負荷に対しても無条件に安定しており，この目的にはRCとLCの両方の設計が可能です．

1秒間に100 Mサンプル（または，それ以上）の高速14ビットまたは16ビットADCを駆動することは困難な仕事です．第3.3項で議論したように，LTC6400-20の広い帯域幅は，LTC6400-20のノイズが低ノイズ14ビットまたは16ビットADCの帯域幅を超えることを意味します．このことは，LTC6400-20の使い勝手が良いことを強調している**図25.6-3**に示した構成は，SNRが重要なアプリケーションでは十分ではないことを暗示しています．16ビットADCの低歪みと低ノイズの両方の利点を生かすために，ノイズ帯域幅はローパスまたはバンドパス・フィルタによって制限されなければなりません．

図25.6-3　LTC6400-20のデータ・シートからの直接ADC接続の例．この図はLTC6400と高速ADCを接続するのに可能な柔軟性と簡単さを示しているが，増幅器出力のSNRと帯域制限の問題については言及していない．SNRが重要なほとんどのアプリケーションでは，LTC6400-20の出力の帯域はローパスまたはバンドパス・フィルタによって制限されるべきである

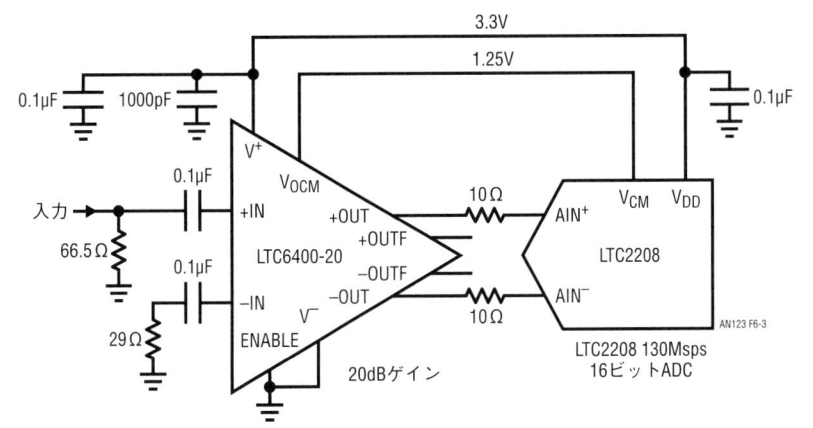

高性能な高速サンプリングADCを駆動する理想的な駆動ネットワークは，周波数に対する低ノイズと低歪みと低出力インピーダンスを備えるものです．これはADCのサンプリング・スイッチからの電荷注入を吸収し，次のサンプリングに間に合うようにネットワークを整定させます．電荷注入の周波数成分は，サンプリング・スイッチが遷移を切り替える速度によって，GHzを越えて拡張していきます．

LTC6400単独では低出力インピーダンスであり，電荷注入が起きた後に比較的素早く整定する能力はあります．しかし，100 Mspsを優に超えるサンプリング速度では整定するための時間が減少するため，電荷注入インパルスからの整定が不完全になり，ADCでサンプルされる歪みとノイズの増加につながるかもしれません．幸いにも，駆動ネットワークが電荷を吸収してLTC6400へのインパクトを減少させるように設計することができます．これを行うほとんどの基本回路は1ポールRCローパス・フィルタ，または2ポールRLCバンドパス・フィルタです．

図25.6-4に示されるローパス・フィルタは基本構成です．R_{O1}とR_{O2}はLTC6400の周波数依存の出力インピーダンスを表しています．R_3とR_4は，ADC入力からのサンプリング・グリッチを吸収する役割を果たし，通常5Ωから15Ωの大きさになります．ADCの電荷注入は典型的なコモン・モード事象なので，C_2とC_3はサンプリング・グリッチを吸収する役割における支配的

な電荷"貯蔵庫"で，電源のバイパス・コンデンサのようなものです．C_1は純粋に差動コンデンサで，コモン・モード電荷注入にはそれほど影響はありません．

R_1とR_2の値は，より低い周波数のカットオフ・フィルタの場合を除いて，不自然に大きくはありません．もしもADCから見られる合計の抵抗値が高すぎると，ADCの直線性が一般的には劣ってしまうでしょう．この特性はADCファミリ毎に異なり，一般化することは困難です．もう一方の端では，もし抵抗R_1とR_2が小さすぎるとC_1-C_3が大きくなり，大きすぎる容量性負荷を受けたときに増幅器はループ・ゲインを失います．全体としては10Ωから100Ωの間のR_1/R_2の値が，通常のフィルタ設計のための良い出発点となるでしょう．

L_1を追加した簡単なバンドパス・フィルタを**図25.6-5**に示します．多くの同じ考察がRCローパス・フィルタに関して適応できます．バンドパス・フィルタの帯域幅は，R_1とR_2の値と同様に，インダクタンスと合計並列容量（C_1-C_3）の比によって決定されます．R_1/R_2を増加させると帯域幅をより狭くし，フィルタの挿入損失を増加させるので，R_1/R_2は小さめで，0Ωと同じくらいが望まれます．R_1とR_2が望まれるのは，フィルタの通過域の端に近い入力信号周波数で歪み性能を改善するときのみです．LCバンドパス・フィルタのインピーダンスは，中心周波数で最大になりますが，阻止帯域への遷移にて急に低下します．もし入力信号の帯域幅が通過域の端の外まで広がった場合，LTC

図25.6-4 簡単なRCローパス・フィルタによるADC駆動ネットワーク

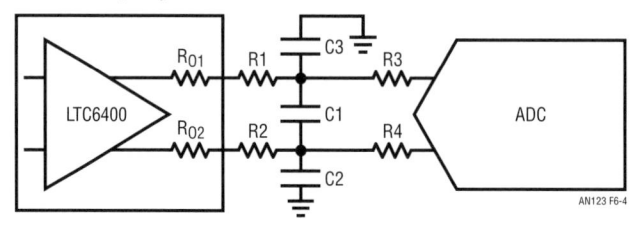

図25.6-5 簡単なRLCバンドパス・フィルタによるADC駆動ネットワーク

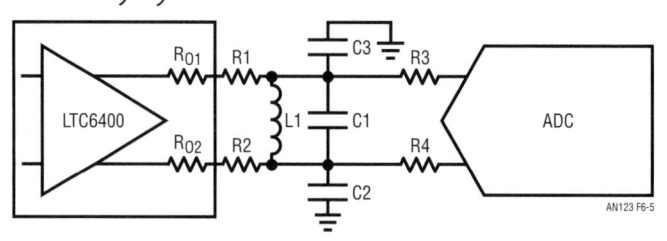

6400は低い実効インピーダンスを駆動するかもしれず，相互変調歪みは受け入れられないくらい高くなるかもしれません．この場合，（L/C 比を変更して）フィルタの帯域幅を増加させるほうがよく，また R_1/R_2 の値も増加させるのがよいでしょう．これは，通過域を横切るより一貫した歪み性能のために，フィルタの挿入損失とトレードオフしていることになります．

RLC 通過域周波数とADCのサンプル・レートとの関係もまた重要です．もし，ADCのサンプリング周波数，またはその高調波倍数が RLC フィルタの通過域に入っている場合，ネットワークはサンプリング入力の電荷注入を効果的に減衰させないでしょう．もし，ネットワークがサンプリング電荷注入周波数にて共振する場合，より高いサンプル・レートではサンプル間で完全には整定しないでしょう．

設計上の重要な考察は，オペアンプのようなフィードバック増幅器は一般的には大きな容量性負荷のときは乏しい安定性を呈するということで，LTC6400も例外ではありません．容量性負荷によって現れる位相シフトと低インピーダンスは，部分的には主フィードバック・ループから分離されていますが[注8]，1GHzより

注8：LTC6400の内部フィードバック・ループに関する詳細な説明は第1.2節を参照のこと．

上ではより大きなゲイン・ピークを引き起こすでしょう．LTC6400は無条件に安定するように設計されていますが，容量性負荷に対してのペナルティは劣った歪み性能として現れるでしょう．より高次の LC フィルタをアンチエイリアス・フィルタとしてLTC6400の後に設計するとき，それらは理想的には最初のセクションに直列インダクタを設計すべきで，シャント容量セクションが最初でなければならない場合，コンデンサの値はできるだけ小さくすべきです．図25.6-6に，差動容量性負荷がLTC6400-20に現れたときの歪み性能の違いと，負荷の前の小さな直列抵抗による軽減効果を示します．

6.5 出力リカバリとライン駆動

多くのフィードバック増幅器では大きな入力および出力偏位からのリカバリには困難があり，出力がしばしば飽和やクリッピングするように駆動される高いクレスト・ファクタをもつシステムでの使用が制限されます．ディジタル・ドライバやレシーバでは，出力はほとんどいつも一方またはもう一方の端で，リカバリ時間をさらにいっそう危機的にしています．LTC6400ファミリは入力または出力の過度の駆動状態からの迅

図25.6-6　フィルタなし出力で差動容量性負荷での240MHz（1MHzトーン分離）の3次2トーン相互変調歪み．性能劣化は負荷の前のそれぞれの出力での追加直列抵抗によって軽減される

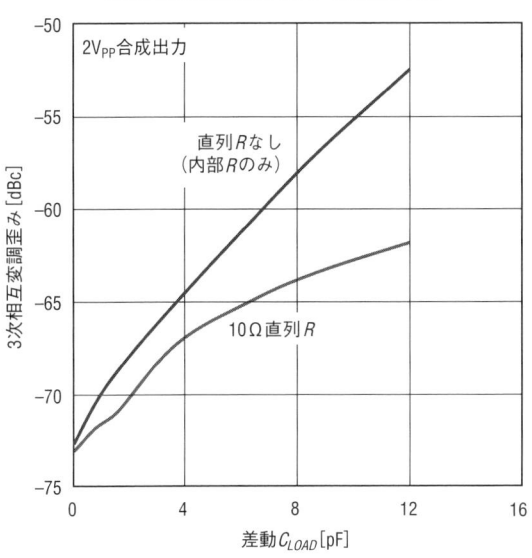

図25.6-7　入力オーバードライブの合計を変化させたときのLTC6400-20の伝搬遅延．X 軸は入力パルス振幅（最大振幅）で，出力クリッピングを起こすパルス振幅に正規化されている．Y 軸はナノ秒での伝搬遅延で，入力の50%遷移から出力の50%遷移までを計測したもの

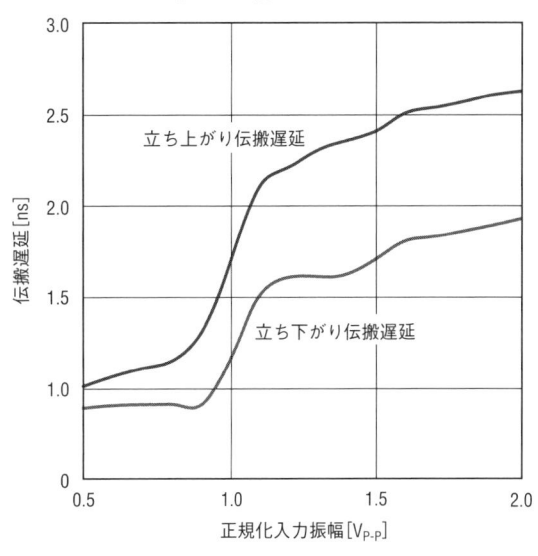

図25.6-8　LTC6400-20の伝搬遅延を測定するのに使われた回路．増幅器はHP 8133Aパルス発生器から差動入力を受け，その出力はAgilent 86100Cサンプリング・オシロスコープで測定．入力と出力は，最小反射のために直列またはシャント抵抗でインピーダンス整合．回路はLTC6400-20デモボードDC987B-C上に組み上げられた

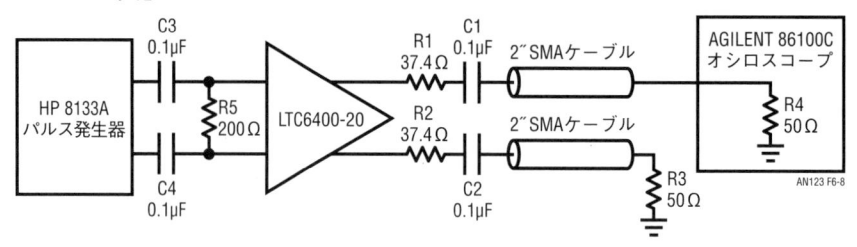

速なリカバリを呈しますが，それは通常ではない使われ方を可能にしているからです．**図25.6-7**は入力と出力がオーバードライブされているディジタル・ドライバとして使われているときのLTC6400の伝搬遅延の測定結果を示しています．LTC6400は合計で200Ωの負荷を駆動していますが，それは終端された100Ω差動伝送線路をシミュレーションしたものです．グラフは，1Vでオーバードライブされた入力と完全にクリップした出力があったとしても，伝搬遅延は3ns未満にとどまっていることを立証しています．**図25.6-8**は図25.6-7のデータを測定するのに使われた回路図です．

7　安定性

　安定性は，広帯域増幅器が数GHzの周波数で動作するようなアプリケーションにおいて重要な課題をもたらします．厳しいレイアウト・ルールと特定のフィードバック部品と注意深く選定された信号源/負荷終端が，一般に回路の安定性を保証するために必要になります．LTC6400は，内部補償ネットワークの最適化と外部寄生要素からの敏感なノードの分離によって桁外れの構造安定性を達成しています．それは，ユーザのシステム設計とボード・レイアウトの制限を飛躍的に減らします．

　もしLTC6400を2ポート・ネットワークとして扱う場合，Rollettの安定係数（Kファクタ）が全体的な安定性の測定として使われます．もしKファクタが1より大きく，かつ$|\Delta| < 1$の場合，回路は無条件に安定で，次式が成立します（2ポート・システムの場合）．

$$K = \frac{1 - |S_{11}|^2 - |S_{22}|^2 + |\Delta|^2}{2|S_{12}||S_{21}|} \quad \cdots\cdots\cdots \text{(7-1)}$$

$$\Delta = S_{11} \cdot S_{22} - S_{12} \cdot S_{21} \cdots\cdots\cdots\cdots\cdots\cdots \text{(7-2)}$$

図25.7-1はLTC6400（すべての四つのゲイン・オプション）のKファクタ対周波数の測定を示していますが，これらは4ポートSパラメータ測定に基づいています．LTC6400は二つのフィードバック・ループをもっており，一つは差動信号のためで，もう一つはコモン・モード・バイアスを安定させてコモン・モード入力信号を排除するためのものであることに注意してください．差動モードとコモン・モードの両方のループは発振を避けるために安定である必要があり，それゆえ両方が**図25.7-1**と**図25.7-2**に現れています．$K > 1$と$|\Delta| < 1$の要求はLTC6400ファミリの個々のメンバで両方とも合致しています．

7.1　安定性解析の制限

　図25.7-1と**図25.7-2**の測定は室温で良好な高周波レイアウトのPCBを使って校正されたネットワーク・アナライザで行われました．式(7-1)と式(7-2)に示されるように，安定係数KとΔはLTC6400の2ポートSパラメータから計算されますが，それは温度やバイアスやレイアウトなどのようないろいろな要因によって影響を受けます．よく似た実験は，LTC6400ファミリが温度とバイアス条件にわたって安定したままであることを示しましたが，良い性能を確実にするためにはレイアウトに注意を払わなくてはなりません．さまざまなレイアウト問題に対するLTC6400の安定性の感度を数値で表すのは困難ですが，多くの最良な実例が経験を通して確認されてきました．詳細な情報と推奨は，レイアウトの節を参照してください．

　この安定性計算法のもう一つの制限は，Sパラメータは対称な入力と出力で作られるということです．LTC6400は完全差動増幅器であるという事実によって，実際には解析するポートが四つありますが，解析のため

図25.7-1 LTC6400ファミリ増幅器のRollettの安定係数
（*K*ファクタ）．*K*ファクタは増幅器の全体的な
安定性の尺度．（7-1a）は差動*K*ファクタで，
（7-1b）は増幅器のコモン・モード・ループの*K*
ファクタ．関連のあるすべての周波数で1より
大きい*K*ファクタの値は，増幅器がどのような
入力と出力の終端であっても無条件に安定であ
るということを示唆する

図25.7-2 LTC6400ファミリの差動モード・ループ（7-2a）
とコモン・モード・ループ（7-2b）の Δ の計算．
Δ は Rollett の安定係数計算の一部．1（絶対値）
より小さい Δ は無条件に安定なシステムの要求
の一部

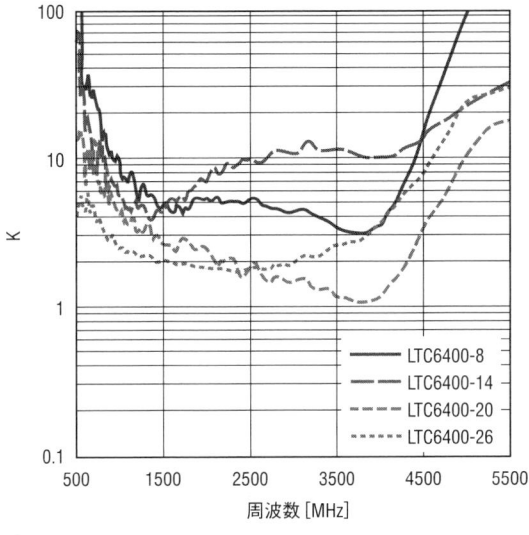

(7-1a)

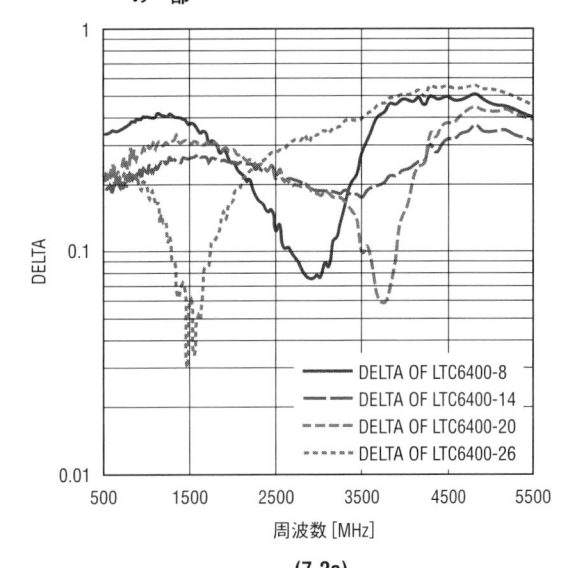

(7-2a)

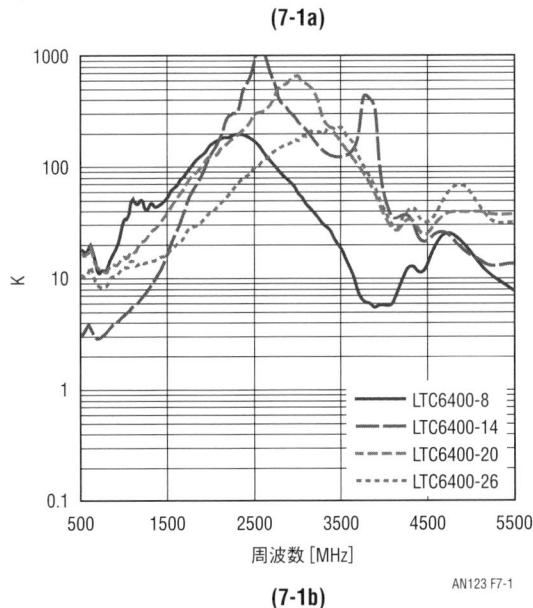

(7-1b)   AN123 F7-1

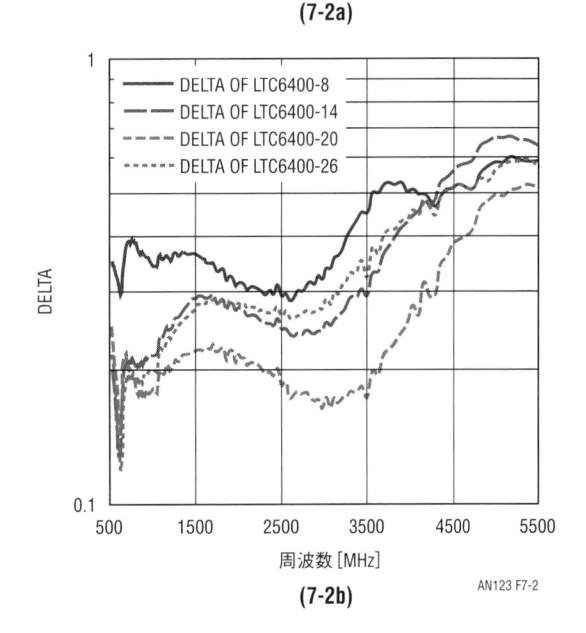

(7-2b)   AN123 F7-2

に二つの独立した2ポート・ネットワークにモデルを
単純化します．入力と出力の非対称性が極端な場合，
レイアウトや終端の違いによって，増幅器の差動モー
ドとコモン・モード・ループは影響しあって"混合モー
ド"状況を作ります．もしLTC6400がこの方法で使わ

れるような状況が生じた場合，この安定性解析は適応
できないかもしれません．この新しいモードでの無条
件安定性を確実にするために，*K*と Δ の解析が新しい
条件の下で繰り返されるべきです．

8   レイアウトの考察

　LTC6400は，2GHzに近い小信号帯域幅を備えた高速完全差動増幅器です．これは，プリント基板（PCB）に関する限り，LTC6400ファミリはレイアウト設計で敏感なラジオ周波数（RF）回路にて行うのと同様の配慮を必要とすることを意味します．貧弱なレイアウトは，歪みの増加，ゲインとノイズのピーキング，予期できないシグナル・インテグリティ問題，そして極端な場合は発振につながるでしょう．幸運にも，LTC6400にはPCBレイアウト設計を簡単化するいくつかの特徴があります．

　まず第一に，電圧ゲインを設定する抵抗がICの中にあり，それがLTC6400を“固定ゲイン”増幅器にしています．図25.8-1に再掲されたブロック図を見ると，増幅器のクリティカルな回路フィードバック・ループはチップ内部に含まれておりユーザが利用できないようになっています．従来から，これはレイアウトが最もクリティカルで，間違いが最もよく見られるという領域の一つです．たとえフィードバック・ノードの容量の合計がとても小さくても，周波数応答と増幅器の安定性にかなり影響するでしょう．抵抗を内部に保持することで，抵抗が外部にあるときに比べて，ボード上のボンドワイヤの誘導と寄生リアクタンスがICの周波数応答を悪くすることはないでしょう．

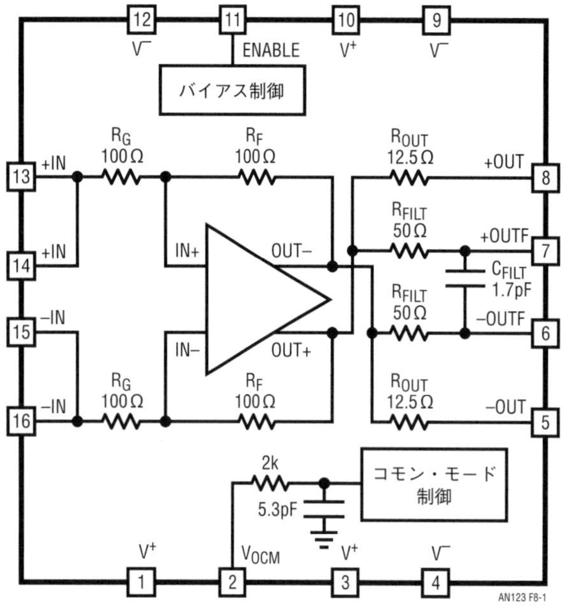

　二番目に，LTC6400はレイアウトしやすいように設計された“フロースルー”ピン配置となっていることです．入力と出力はチップの反対の位置に配置され，電源と制御ピンは残りの二つの側に配置されています．これは，チップの周りまたは内部層に何かを配線したりする必要なしにボード上で入力と出力の経路を作ることを簡単にします．

　すべての高速増幅器レイアウトの重要な項目の一つはバイパス・コンデンサの位置です．増幅器の電源ピンからボードのリターンにつながるコンデンサを経由して増幅器へ戻って帰る電流経路が重要で，この経路にある余分な誘導または抵抗が電圧の跳ね返りを引き起こすからです．LTC6400では，顧客がチップに極めて接近してバイパス・コンデンサを配置することを可能とするために，V^+とV^-ピンは戦略的に配置されており，その理由はこれらの部品は信号経路のレイアウトを邪魔したりしないからです．さらに，LTC6400ファミリはおよそ150pFのバイパス容量をオンチップで搭載しており，それがバイパス・コンデンサのレイアウトを若干簡単にしています．外部バイパス・コンデンサは，単純にオンチップ・バイパス容量のための電荷タンクとしての役割を果たします．0.1μFのバイパス・コンデンサは，その仕事をするための推奨値で，現在0402（1005）サイズまたはより小さいものが入手可能です．

　V_{OCM}ピンの入力にあるRCローパス・フィルタに注意が必要で，図25.8-1では2番ピンです．この内部フィルタは，推奨されたV_{OCM}バイパス・コンデンサのレイアウトの重要性を低減します．内部コモン・モード制御ループは300MHz以上のバンド幅がありますが，V_{OCM}ピン自体はこの15MHzローパス・フィルタのおかげで高い周波数干渉への感度がかなり低くなっています．V_{COM}バイパス・コンデンサは，さらに重要なV^+バイパス・コンデンサのためのスペースを空けるために，チップからかなり遠く離れたところに置くことができます．

　図25.8-2はLTC6400デモボードであるDC987Bのレイアウトを示しています．差動入力は左側に，差動出力は右側に配置しています．ユーザは，ボード上の抵抗を変えることによってフィルタありの出力かフィルタなしの出力を選択することができます．LTC6400の上側と下側にあるバイパス・コンデンサのグループに注意してください——それらは，コンデンサを通る

図25.8-1　LTC6400-20のブロック図

AN123 F8-1

全体的な電流ループを最小限にするために，コンデンサの近くのグラウンド・ビアにできるだけ近く配置されています．さらに，LTC6400のむき出しパッド（Exposed Pad）は4個のグラウンド・ビアを使ってしっかりしたグラウンドに直接接続されており，ボードのグラウンドに良好な熱と電気の経路を提供しています．

LTC6400には3個のV^+（正電圧源）ピンがあり，製品のデータ・シートに勧められているように，それらのそれぞれにそれ自体のバイパス・コンデンサがあります．部品の近くに配置された小さなコンデンサがあり，一般的には約1000 pFです．遠くに配置されているのはより大きい（0.1 μF～1.0 μF）バイパス・コンデンサです．また，通常ボードのグラウンドとむき出しパッド（Exposed Pad）に接続されている3個のV^-（負電圧源）ピンもあります．V^+ピンはすべてまったく同じ電源に接続され，V^-とむき出しパッド（Exposed Pad）はすべてまとめてボードのグラウンドに接続されていることが重要です．

8.1 熱的レイアウトの考察

LTC6400は250 mWを消費し，LTC6401は130 mWを消費するので，熱についての問題は，より高いパワー・デバイスほど普及していませんが，しかし，もし部品が高温環境で動作させられる場合，良い熱レイアウトはシリコンを加熱から保護します．良い熱レイアウトは，むき出しパッド（Exposed Pad）を取り付けるためのボード上の四角い銅を提供することと，熱をPCBに伝えるのに役立つ，むき出しパッドの下の4個のビアを使うことからなっています．LTC6400の内部のグラウンド層（最高の高周波性能のため層2はグラウンドであるべき）はICの近辺にできるだけ多くの途切れないグラウンド面をもつべきで，それは接地面の銅は標準のPCB誘電材料よりも効果的に熱を伝えることができるからです．

8.2 負の電圧源との動作

特定の状況では，LTC6400をボードのグラウンドでなくV^-電源によって動作させるほうが望ましいかもしれません．例えば，もし±1.5 V両電源によって動作させる場合，入力と出力はAC結合なしにボードのグラウンドで動作することができます．V^-ピンとむき出しパッドの両方が同じ電位に接続され，V^+からV^-までの絶対電圧がデータ・シートの最大を越えない限り，

図25.8-2　DC987Bデモボード，第1層．回路図は図25.5-10に示されている

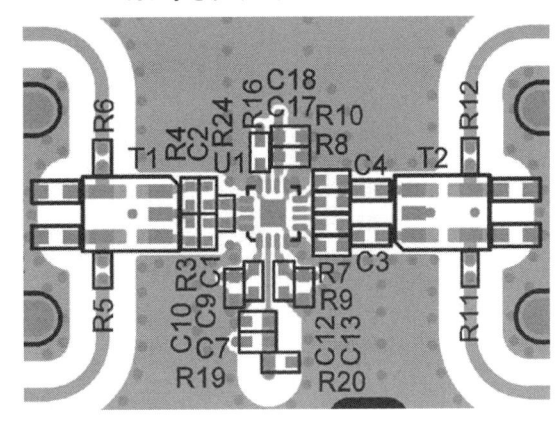

この構成での基本的な問題はありません．しかし，レイアウトの観点からすると，最善の性能を達成するにはより大きな課題があることを示しています．

V^+ピンをボードのグラウンドにバイパスすることに加えて，V^-ピンをボードのグラウンドにバイパスする（またはV^+をV^-にバイパスする）こともまた必要です．はじめの一歩としては，図25.8-2の上層のV^-用にバイパス・コンデンサを押し込むことです．表面に追加のコンデンサのための領域はありませんが，V^+ピンとV^-ピンを接近させることは，V^+からV^-に直接バイパス・コンデンサを置くことを可能にします．これは最も短い可能な電流経路を作り，レイアウトでは小さな値の0201（0603）または0402（1005）サイズのコンデンサ（1000 pF程度）が効果的にこの機能を果たすことができます．実際，V^+/GNDバイパス・コンデンサは，性能を犠牲にせずにV^+/V^-バイパス・コンデンサに代わることができます．V^-用の大きな値のバイパス・コンデンサはPCBの裏側に配置することができます．LTC6400のレイアウトは通常PCBの裏に多くの部品を必要としないので，LTC6400のエクスポーズドパッド領域の周囲あたりに4個以上のバイパス・コンデンサを置くのに十分な領域があるでしょう．図25.8-3にデュアル電圧源を用いたときの表面と裏面のレイアウト例を示します．

もうひとつの関心事は，エクスポーズドパッドがグラウンドにつながっていないときの熱レイアウトです．理想的には，部品によって生成される熱を広げるのに役立つ内部層の一つが大きなV^-の銅であることです．V^-がボードのグラウンドから切り離されていると，

図25.8-3 デュアル電圧源で使うときの表面 (8-3a) と裏面 (8-3b) のレイアウトの例. すべての電源バイパス・コンデンサには C_{BYP} のラベルが付いている

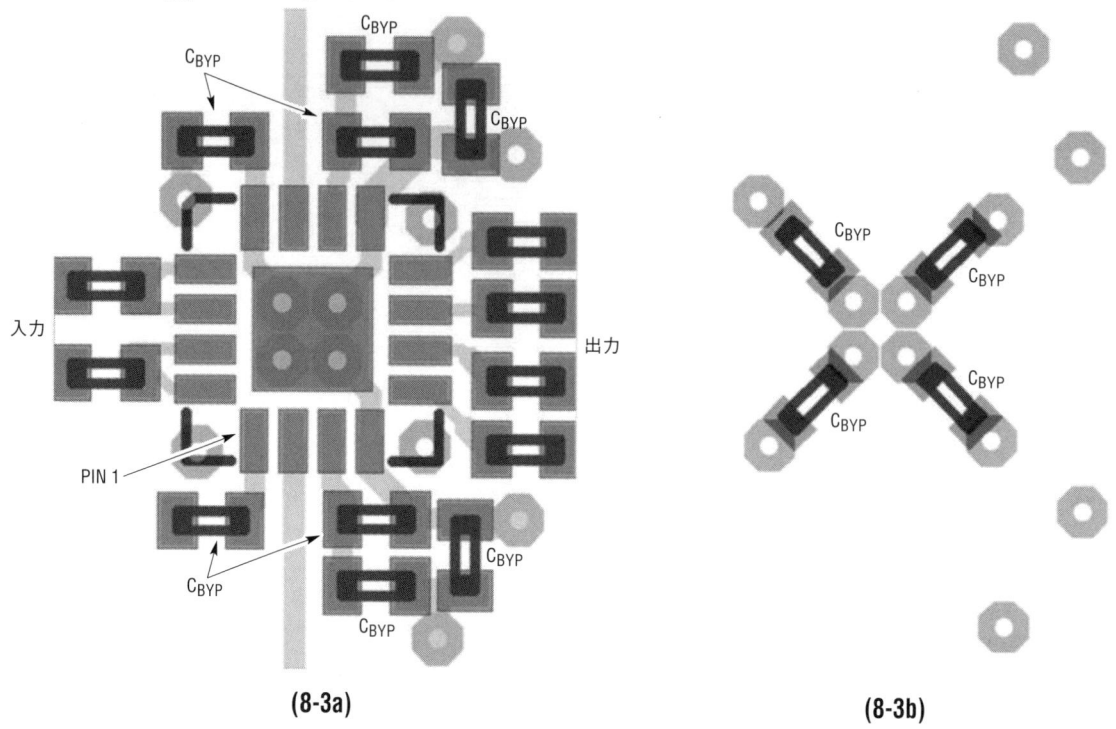

(8-3a)　　　　　　　　　　　　(8-3b)

PCBによって現れる熱抵抗はより大きく，LTC6400による250 mWの損失は，高温での動作時には熱問題を発症し始めるかもしれません.

9　結論

LTC6400はとても高速な半導体製造プロセスを活用して高速ADC駆動に必要なすべての特性である，低歪み，低ノイズと26 dBまでの数種のゲイン・オプションを達成しています. それに加えて，LTC6400はレイアウトと製造を手助けするために設計されたいろいろな使いやすい特徴を含んでおり，どのような入力および出力終端でも無条件の安定性，フロースルーなレイアウト，そして寄生要素のレイアウトへの感度を減らす内蔵抵抗からなります.

10　Appendix A：用語と定義

このセクションでは，LTC6400ファミリの仕様とアプリケーションについてのいくつかのより共通に使われる (または誤解されやすい) 用語について詳しく述べ

ます.

10.1　ノイズ指数 (*NF*)

ノイズ指数 (*NF*) とノイズ因子 (*F*) は，RFシステム設計に役に立つレシオメトリック計算です. 基本的な考え方は，電子システムにおいて所定の温度ではランダムな熱運動によるいくらかの量のノイズがあるということです. このノイズは，ある与えられたシステム・インピーダンス条件では一定で，室温では -174 dBm/Hzという結果になります. 増幅器または他の能動素子がシステム内に置かれたときはいつでも，熱雑音を超える追加のノイズ・パワーが上記に追加されます. ノイズ要因は，入力信号ノイズ比 (*SNR*) と出力信号ノイズ比の間の比として[注10]，または言い換えれば追加の増幅器の *SNR* とそれなしの *SNR* であると定義されています. ノイズ指数は，単純にノイズ要因をデシベルで表したものです.

注10：ノイズ指数解析についての議論は (Gilmore and Besser 2003) 中で見つけられる.

$$NF = 10 \log \frac{SNR_{IN}}{SNR_{OUT}} = 10 \log F \quad \cdots\cdots\cdots (10\text{-}1)$$

NFの背後にある概念は、あるデバイスをシステムに追加するときに導入される追加のノイズの総量を定量化するということです。入力SNRは、信号源インピーダンスZ_Sの抵抗性分からのノイズ貢献を考慮しただけで、理想コンデンサとインダクタはノイズがないとしていることに注意してください。それで、より一般的なZ_Sの代わりにR_Sを使うと、ノイズ指数は次のように定義されます[注11]。

$$NF = 10 \log \frac{e_{n(OUT)}^2}{e_{n(ZS)}^2 \cdot G^2} \quad \cdots\cdots\cdots\cdots (10\text{-}2)$$

ここで、$e_{n(ZS)}$は信号源抵抗の熱ノイズで、Gは与えられたZ_Sでの増幅器の電圧ゲインです。

$$e_{n(ZS)}^2 = 4kTR_S \quad \cdots\cdots\cdots\cdots (10\text{-}3)$$

ここで、kはボルツマン定数（$1.3806503 \cdot 10^{-23}$ J/K）です。

50 Ωで動作するRFシステムのような固定インピーダンス・システム用にNFを使うということは、デバイスのノイズ性能を比較し、新しいデバイスのノイズがシステム・レベルのノイズ性能にどれだけ影響を及ぼすかを計算する簡単な方法です。ADCのような電圧測定システムには、比の分母がインピーダンスによって変わるために、NFは必ずしも便利とは限りません。これは、ADCの相対的に一定の電圧ノイズ密度が異なる信号源インピーダンスでは結果として異なるNFになることを意味しています。もう一つの例として、LTC6400の増幅器入力は50 Ωから400 Ωまでインピーダンスが変化し、さらに出力はADCの高インピーダンス入力を駆動するかもしれません。そのため、システム・レベルのノイズの計算をすることは、ノイズ項を、データ・シートに仕様化されている電圧ノイズ密度（V/$\sqrt{\text{Hz}}$）からシステムを通して一貫性のある"等価"ノイズ指数に変換する必要があるかもしれません[注12]。二つのよく似たADCドライバを比較するとき、"生来の"ノイズ仕様で比較するほうが一般に容易であり、それは電圧ノイズ密度です。

注11：増幅器のノイズ指数の計算例は第11節、または（National Semiconductor 1974）中で見つけられる。

注12：等価NFの計算例については（Pei 2008）を参照のこと。

10.2　3次インターセプト・ポイント（IP_3）

信号歪みはすべての増幅器にある程度は現れますが、多くの増幅器のデータ・シートには高調波歪みとして仕様化されています。もし正弦波のシングル・トーンが増幅器の出力にて生成されるならば、正弦波の周波数のすべての倍数にて不要な歪みもある程度の量であるはずです。支配的なトーンは2次と3次の高調波でしょう。また、狭帯域システムでより役に立つ3次歪みを特性化するもう一つの方法があり、もし2つのサイン波が狭い周波数間隔で出力にて生成され、周波数の間隔が狭い場合、2つのトーンの両側に同じ間隔で追加のスプリアス・トーンが現れます。最も近い2つのトーンは3次相互変調歪み（IMD）で、それらは増幅器の非線形性から発生し、混合されたことによるものです。

3次インターセプト・ポイント（IP_3）は、増幅器でのIMD性能を測るための役に立つ測定基準です。ある与えられた周波数とバイアス条件の組み合わせと温度にて、IP_3は増幅器の出力が飽和していないパワー・レベルでの歪み性能と定義します（Sayre 2001）。IP_3は出力（OIP_3）または入力（IIP_3、出力IP_3から変換利得を差し引いたもの）のどちらでも参照することができます。増幅器の出力パワー対入力パワーをプロットして、3

図25.10-1　グラフを使って示された20dBゲイン増幅器の3次インターセプト・ポイント（IP_3）。出力パワー（dBm）のプロットされた曲線と3次相互変調歪みパワー（dBm）は、理論的にはIP_3と言われる出力パワーで交差する。このパワー・レベルは実際には達成不可能で、それは増幅器の出力はより低いパワー・レベルで飽和するからである

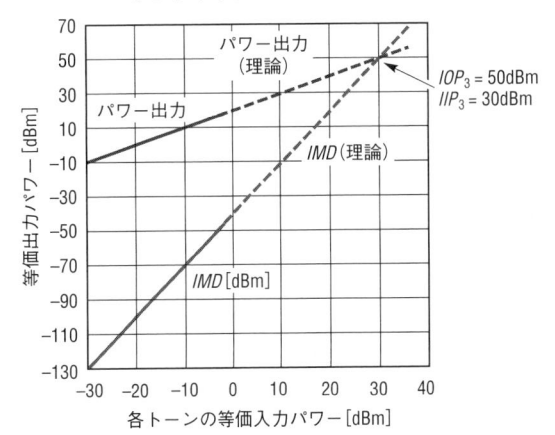

AN123 F10-1

次相互変調歪み（IMD）曲線対入力パワーを同じグラフに重ね描きした場合，**図25.10-1**に示すように，外挿曲線はIP_3点で重なります．IP_3は通常dBmで定められ，それは1mWのパワーを参照する対数デシベル単位です．

出力IP_3の計測基準をLTC6400のような電圧フィードバック増幅器に適用するためには，いくつかの専門用語を定義する必要があります．なぜなら，LTC6400は50Ω抵抗性負荷を駆動するようには設計されておらず，標準的な方法で入力と出力パワーを定義することは適切ではないからです．LTC6400は電圧を増幅し，電力ではないからで，デバイスを通過する電流ゲインは通常はとても小さいのです．高速ADCを駆動するときは，LTC6400ファミリは抵抗性負荷をまったくもちません．このことは，電圧の振れが架空の50Ω負荷と同等になることを使って，等価出力パワーを定義するよう示唆しています．例えば，1V_{P-P}の電圧の振れは50Ωでは4dBmのRMS出力パワーと同じになるので[注13]，OIP_3を計算する目的で1V_{P-P}を4dBmとして定義します．これは，OIP_3が（NFのように）縦列のシステム・レベル歪み解析に使うことができるので，LTC6400が他のデバイスと同じような信号チェーンの計算で使われることを許しています．

この等価パワーという専門用語を使って，50dBmのOIP_3をもつ20dB増幅器の理論的IMDと出力パワー・レベルを示している**図25.10-1**を再び参照すると，LTC6400-20の100MHzでの一般的な仕様に合っています．IMD曲線を4dBm等価パワー・レベルに外挿すると，それは1V_{P-P}（両側トーンとの合算では2V_{P-P}）として定義されていますが，IMDレベルは-88dBm，または-92dBcを示しています[注14]．

10.3 1dBコンプレッション・ポイント（P_{1dB}）

厳密に言えば，増幅器の"1dBコンプレッション・ポイント"は，理想の線形ゲインから1dB逸脱するゲインの原因となる入力パワー・レベルのことです

注13：2トーン試験では，個々のトーンが1V_{P-P}振幅の場合，二つの組み合わせで2V_{P-P}の合成振幅が生成され，それはLTC6400を評価するための標準振幅である．

注14：dBcは"キャリア参照デシベル"を意味し，キャリアのパワー・レベルを0dBとして参照して使う．この場合，歪みレベルは2トーン試験でシングル・トーンのパワー・レベルに対して測定される．

$$-92\,dBc = -88\,dBm - 4\,dBm$$

（Sayre 2001）．この教科書的な定義は，増幅器の種類やゲインの非理想性の根本原因についての制限を含んでいません．50ΩインピーダンスとなるRFゲイン・ブロックやミキサやその他の"典型的RFデバイス"では，高い出力パワー・レベルでのこのゲイン・コンプレッションの主要因は出力トランジスタの飽和です．この"ゆるやかな飽和"特性は，出力の信号の振れが増加の一途をたどる出力パワーを生み出す能力を制限するようにゲインのロールオフを引き起こします．その結果として，入力パワーが増加するとともに出力信号の歪みもまた予測できる方法で増加します．いくつかの場合，RFデバイスのP_{1dB}は，そのデバイスの3次インターセプト（IP_3）と直接の関係があり，その場合，P_{1dB}はあるデバイスともう一つのデバイスを比較するために使えます．

この状況は増幅器であるLTC6400ファミリには適用されません．増幅器の接続形態にて使われるフィードバックの総量が大きいので，LTC6400の線形性（すなわち歪みの総量）はRFデバイスと同じような傾向には正確には従いません．LTC6400回路のフィードバックとループ・ゲインは増幅器の出力を線形にし，増幅器の出力が実際に飽和するまで，ゲインは理想の値から大きくは逸脱しません．そのため，LTC6400の信号出力と信号入力は出力が制限に到達するまで非常に高い直線性を示し，その点を超えると歪みが劇的に増大します．LTC6400のP_{1dB}点を知ることは，歪み性能やIP_3についての何も推測的な知識を与えることはありません．

11 Appendix B：ノイズ計算の例

LTC6400ファミリのノイズやノイズ指数を計算する

図25.11-1 任意の信号源抵抗R_Sを含めたノイズ解析の構成図．この解析では出力の12.5Ωの抵抗のノイズは無視している

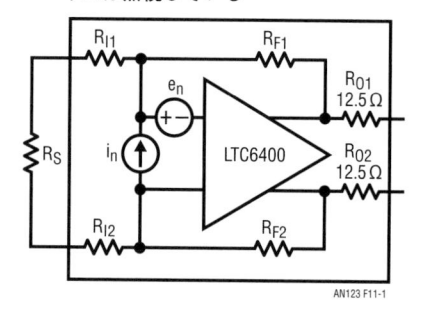

$$V_{N(OUT)} = \sqrt{\left[e_n \cdot \frac{1+2R_F}{2R_I+R_S}\right]^2 + (2R_F \cdot i_n)^2 + \beta\,(2R_I+R_S)\left(\frac{2R_F}{2R_I+R_S}\right)^2 + \beta \cdot 2R_F}\;[\text{nV}/\sqrt{\text{Hz}}] \quad \cdots\cdots\cdots\cdots\cdots (11\text{-}1)$$

ここで，

$$\beta = 4kT = 1.6008 \cdot 10^{-20}\,[\text{J}],\quad R_F = R_{F1} = R_{F2}\,[\Omega],\quad R_I = R_{I1} = R_{I2}\,[\Omega]$$

ことは困難で，このファミリのノイズ性能を完全に特性化することのできるデータ・シートの仕様はありません．パッケージ内に内蔵しているゲインとフィードバック抵抗のおかげで，ある構成（すなわち，入力短絡）での増幅器のノイズは，入力が抵抗性で終端されているときとは異なる結果となるでしょう．このセクションでは，この話題を明らかにするためのさらなる試みのなかで，いくつかのノイズ計算について簡単に触れます．

11.1　任意の信号源抵抗のノイズ解析

表25.3-1に示したノイズ・パラメータを使って，ゲイン・オプションと信号源抵抗が未知であっても，ほとんどの一般的なケースについてLTC6400の差動出力ノイズを計算することができます．この場合，信号源インピーダンスが純粋に抵抗性であると仮定し，式（11-1）で定義できます．

式（11-1）の中で，最初の項はLTC6400の内部増幅器の入力基準電圧ノイズ密度とノイズ・ゲインを乗算しています．2番目の項は，フィードバック抵抗に等しい入力基準電流ノイズのノイズ・ゲインです．3番目の項は，入力と信号源抵抗のノイズを扱い，それは増幅器の信号ゲインを掛けたものです．4番目の項は，ユニティ・ゲイン要因をもつフィードバック抵抗ノイズです．

数値例を使うために，**図25.4-3**の構成を分析しますが，そこでは実効電圧ゲインを低くするために外部に信号源抵抗を加えたLTC6400-8が示されています．ノイズ式の中の項は，$R_F = 500\,\Omega$，$R_I = 280\,\Omega$，$R_S = 602\,\Omega$です．式（11-1）と**表25.3-1**の値は100 MHzで見積もられた出力ノイズを計算するために使われます（式11-2）．

式（11-2）の結果は**図25.3-3**の曲線とよく合います．この結果を等価ノイズ指数に変換するために，602 Ω

抵抗が信号源抵抗であると仮定し，電圧ノイズが $\sqrt{X_N} \cdot 602\,\text{nV}/\sqrt{\text{Hz}}$ であること用いて式（10-2）に戻ってみると，

$$NF = 10\log\frac{(7.3 \cdot 10^{-9})^2}{(\beta \cdot 602)\cdot 1^2} = 7.4\,\text{dB} \quad \cdots\cdots\cdots (11\text{-}3)$$

結果となる NF は**図25.3-4**の曲線とよく合います．上記の式で使われるゲインはLTC6400-8の回路の信号ゲインで，それは直列抵抗によって1 V/Vに減らされました．

11.2　DC987Bデモボードのノイズ解析

この節では，ノイズの計算をLTC6400デモボードDC987Bに拡張します．良い例はLTC6400-20で，200 Ω差動入力インピーダンスと1 kフィードバック抵抗をもっています．**図25.11-2**はボード上のノイズを説明しています．伝送線路トランス（主にインピーダンス整合のために使われる）は，ここでは－1 dBの損失をもった理想1：4インピーダンス・トランスをモデル化したものです．これによって，理想的なふるまいからトランスの挿入損失の分離を可能としています．

このシステムのノイズ指数を計算するために，2つのチェーン状況，すなわち，単純なノイズなしゲイン・ブロックとなるノイズなしLTC6400-20と，実際のLTC6400-20のノイズを計算します．その方法では，チェーンを通る信号ゲインは同じであり，ノイズの違いは2つの状況における信号対雑音比を比べることで明らかになり，それがノイズ指数の定義です．**表25.11-1**に，**図25.11-2**に示される箇所に相当するステップごとのノイズ計算を示します．

これら2つのケースから全体の NF を計算するために式（10-2）を使います．

$$NF = 10\log\left(\frac{3.61^2}{1.78^2}\right) = 6.14\,\text{dB} \quad \cdots\cdots\cdots (11\text{-}4)$$

$$V_{N(OUT)} = \sqrt{(1.12 \cdot 2)^2 + [1000 \cdot (4.00 \cdot 10^{-3})]^2 + \beta \cdot 1000 \cdot 1^2 + \beta \cdot 1000} = 7.3\,\text{nV}/\sqrt{\text{Hz}} \quad \cdots\cdots\cdots\cdots\cdots (11\text{-}2)$$

これは, デモボードDC987Bの全体のノイズ指数です[注15]. しかし, LTC6400の入力でトランスからの-1dB損失がまだあります. このために, Friisの公式(Friis 1944)を使います.

$$F_{TOT} = F_1 + \frac{F_2 - 1}{G_1} \quad \cdots\cdots\cdots\cdots\cdots \text{(11-5)}$$

注15: この値は, LTC6400-20のデータ・シートに記載されたNFの値に近くなる. 混乱を避けるために, 測定されたデモボードのNFの値は, 式(11-9)にて計算されるように真の増幅器のNFの値の代わりに使われた.

公式を適用するために, デシベルでのNFを線形ノイズ要因(F)に変換します. この例では, 6.14 dBは4.113になり, -1 dB損失は0.7943になり, 1 dBノイズ指数は1.259になります(減衰器のNFはちょうど減衰の逆数).

$$F_{TOTAL} = F_{LOSS} + \frac{F_{AMP} - 1}{G_{LOSS}} \quad \cdots\cdots\cdots \text{(11-6)}$$

$$4.113 = 1.259 + \frac{F_{AMP} - 1}{0.7943} \quad \cdots\cdots\cdots\cdots \text{(11-7)}$$

$$F_{AMP} = 3.267 \quad \cdots\cdots\cdots\cdots\cdots\cdots\cdots \text{(11-8)}$$

$$NF_{AMP} = 10 \log(F_{AMP}) = 5.14 \text{ dB} \quad \cdots\cdots\cdots \text{(11-9)}$$

図25.11-2 ノイズ解析のための等価デモボードの図. この図はLTC6400のDCブロック・コンデンサとバイパス・コンデンサを無視しているが, それらはノイズ解析には重要ではない. LTC6400の出力にある88.6Ω抵抗は, およそ100Ω(差動で200Ω)の信号源抵抗となり, それはR_Lでの反射とインピーダンス整合する

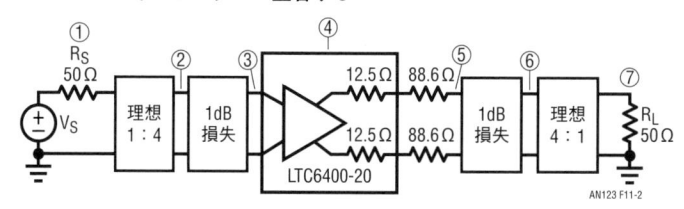

表25.11-1 図25.11-2による, DC987Bデモボードのノイズの計算. 最初の列は, 図中の番号の付いた位置に相当. 2番目の列はノイズなしLTC6400-20を仮定し, 3番目の列はLTC6400-20のノイズを含んでいる. 二つの列の最後の値は, LTC6400-20のノイズ指数を計算するために比較されている

位置 (図25.11-2)	ノイズのない LTC6400-20を 用いたときのノイズ [nV/√Hz]	実際の LTC6400-20を 用いたときのノイズ [nV/√Hz]	備考/説明
1	0.894	N/A	290K(17℃)での信号源抵抗のノイズ
2	0.894	N/A	1:4トランスを使うと電圧は2倍になるが, 200Ω入力インピーダンスによって形成される抵抗分圧器で再び電圧は半分になる
3	0.80	N/A	1dB損失を差し引いた後
4	8.0	16.2	20dBまたは10V/Vゲインの後. ノイズが大きい場合, 図25.11-2の整合している状況である200Ω信号源抵抗のLTC6400-20の合計出力ノイズについては図25.3-3を参照. 図のノイズ出力には信号源抵抗ノイズが含まれるが, それはトランスの1dB損失によって減少する
5	4.0	8.1	トランスを横切るR_Lによる反映は200Ωとなり, LTC6400出力にて抵抗で1:1電圧分圧器を形成する. 計算のために, この抵抗は101.1Ωの代わりに200Ωとして扱うこと
6	3.57	7.22	もう一つの1dB損失を減算
7	1.78	3.61	負荷での合計ノイズ(R_Lノイズを無視). トランスは2:1として電圧を反映するので, 電圧は半分になる

この新しい計算はLTC6400の入力から減衰の効果を差し引くのですが，それは増幅器の真のノイズ指数を与えてくれることになるでしょう．この結果は図25.3-4で示したデータと一致していることに注意してください．

11.3 SNR計算とエイリアシングの例

この例は，ADCエイリアシングの効果を含む，増幅器の帯域幅とSNRの間のトレードオフをはっきりさせようと試みています．表25.11-2は，この例の増幅器とADCの両方の重要な仕様を示しています．

最初のステップはADCのノイズ・フロアを計算することです．ADCは100 Mspsでサンプリングするので，そのノイズはナイキスト帯域幅であるDC〜50 MHzに拡張された一定のノイズ・フロアに相当しています．ADC仕様の業界標準は，フルスケールのサイン波トーンのSNRを示すことです．0.707 V_{RMS}の最大入力サイン波振幅と80 dBのSNRを使ってADC固有のノイズ・フロアを計算します．

$$SNR_{LIN} = 10^{80/20} = 10,000 \qquad \cdots\cdots\cdots\cdots \ (11\text{-}10)$$

$$NOISE_{ADC} = \frac{0.707\ \text{V}}{10,000} = 70.7\ \mu V_{RMS} \ \cdots\cdots \ (11\text{-}11)$$

表25.11-2　**SNR計算例の仕様**

増幅器仕様	出力ノイズ密度	8nV/√Hz
	実効ノイズ*BW*	100MHz
ADC仕様	信号対ノイズ比	80dB
	実効分解能	(80dB − 1.76)/6.02 = 13 bits
	サンプル・レート	100Msps
	入力スパン電圧	2V$_{P\text{-}P}$ (0.707V$_{RMS}$サイン波)

$$e_{n(ADC)} = \frac{70.7\ \mu V}{\sqrt{50\ \text{MHz}}} = 10\ \text{nV}/\sqrt{\text{Hz}} \ \cdots\cdots \ (11\text{-}12)$$

次のステップは，全体のノイズへの増幅器の関与について考察することです．増幅器の合計ノイズ帯域幅はADCのナイキスト帯域幅よりも広いので，エイリアシングが発生するでしょう．ADCが増幅器のノイズをサンプリングするときに何が起きるかを可視化した図25.11-3を参照してください．ADCにはそれ自身のノイズ・フロア（DC〜ナイキストで平坦）と，増幅器にはDC〜f_{SAMPLE}の平坦な広帯域ノイズがあり，ナイキスト帯域幅では二つのノイズがあります．増幅器ノイズはADCのノイズと相関がないので，増幅器の双方の帯域のノイズはADCのノイズ・フロアにRMS方式で加算されるべきです．

ADCの10 nV/√Hzを増幅器の8 nV/√Hz（エイリアシングによって2倍）を追加すると，結合された回路の最終ノイズ・フロアに到達します．

$$e_{n(TOTAL)} = \sqrt{10^2 + 8^2 + 8^2}$$
$$= 15.1\ \text{nV}/\sqrt{\text{Hz}} \quad \cdots\cdots\cdots\cdots \ (11\text{-}13)$$

前出の式に戻ると，システムの新しいSNRに到達します．

$$SNR_{NEW} = 20\log \frac{0.707}{15.1 \cdot 10^{-9} \cdot \sqrt{50\ \text{MHz}}}$$
$$= 76.4\ \text{dB} \quad \cdots\cdots\cdots\cdots\cdots \ (11\text{-}14)$$

増幅器にADCよりも小さいけれどより広い帯域幅のノイズを追加すると，ADCの能力よりも全体で3.6 dB，SNRが劣化するという結果になります．増幅器が，システムのSNRがおよそADCのSNRと同じくらいになるという意味あいで"透明"であるため，増幅器はより低い出力ノイズ密度と低い帯域幅をもつ必要があります．

前出の解析と図25.11-3は，エイリアス帯域はナイキスト帯域幅と同じ幅であると仮定しています．そう

図25.11-3　**典型的なADCと増幅器のノイズ・フロア．ADCのナイキスト帯域幅を上回るどんな増幅器ノイズでもナイキスト帯域の中にエイリアスされ，そのノイズに結合される．この例では，ADCのノイズに合計される増幅器ノイズに二つの全ナイキスト帯域がある．ノイズは相関がないので，RMS法（2乗の合計の平方根）をそれらを合計するのに使うことができる**

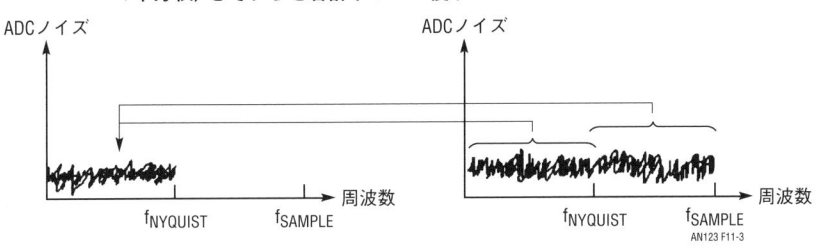

でない場合には，結果としてのノイズ・フロアは複層的な形となるでしょうし，周波数によって余分なエイリアス・ノイズによるノイズ・フロアの上昇を伴います．もし増幅器の帯域幅，またはアンチエイリアス・フィルタの帯域幅がナイキスト帯域より小さければ，ADCのナイキスト周波数より前に広帯域ノイズがロールオフする場合もあるでしょう．しかし，アンチエイリアス・フィルタは，増幅器の実効ノイズを変える以外は，上記の計算には影響しないでしょう．

　上記の視覚的解析は，いったんノイズが本来のナイキスト帯域幅の中に"エイリアス"されると，より低い周波数のノイズから区別できないということを示唆しています．今までのところで説明された二つの解法は，ADCの入力へ伝えられるノイズを減らすことに重点を置いています．もしディジタル・フィルタリングが可能ならば，ADCのサンプル・レートを増加させるという3番目の解法があります．もしナイキスト帯域幅が入力帯域幅を上回るようにサンプル・レートが増加された場合，ディジタル・フィルタを通して取り除かれる余分な帯域幅があります．また，与えられたアナログ帯域幅にとって，エイリアスされるノイズの帯域はほとんどないでしょうから，結果としてのノイズ・フロアはさらに下がるでしょう．

12 Appendix C：電圧と電流ノイズ相関の計算によるノイズ性能の最適化

　LTC6400の入力での電流ノイズと電圧ノイズの真の相互作用を理解するためには，2種類のノイズ間の相関を考える必要があります．LTC6400の電流と電圧ノイズ源の要素は大部分は同じなので，二つの間には同じレベルの相関があるはずです．もし重大な相関がある場合，部分的に電圧ノイズを打ち消す（または追加する）電流ノイズの原因となる信号源インピーダンスを見つけることが可能であるはずです．LTC6400の電流ノイズ源は二つの分離されたノイズに分けることができ，i_{nu}は相関のない電流ノイズで，i_{nc}は相関のある電流ノイズです．相関のない電流ノイズは，等価ノイズ・コンダクタンスで定義され，電圧ノイズとは無関係です．相関のある電流ノイズは，電圧ノイズとは複素数（ベクトル）の関係にあります．

$$i_{nu} = \sqrt{4kTG_U} \quad \cdots\cdots\cdots\cdots\cdots\cdots (12\text{-}1)$$

$$i_{nc} = Y_C \cdot e_n \quad \cdots\cdots\cdots\cdots\cdots\cdots\cdots (12\text{-}2)$$

G_Uは電圧を電流に変化するコンダクタンス，kはボルツマン定数，Y_Cは$Y_C = G_C + jB_C$として定義される複素アドミタンス，e_nはデータ・シートからの合計電圧ノイズ密度です．複素アドミタンス（Y）は複素インピーダンス$Z = R + jX$の逆数です．スミス・チャートと表25.3-2の値から，最適のノイズ要因と望まれる値の間には関連があります[注16]．

$$F_{MIN} = 1 + 2R_N(G_{OPT} + G_C) \quad \cdots\cdots\cdots (12\text{-}3)$$

$$B_C = -B_{OPT} \quad \cdots\cdots\cdots\cdots\cdots\cdots (12\text{-}4)$$

$$G_U = R_N \cdot G_{OPT}^2 - R_N \cdot G_C^2 \quad \cdots\cdots\cdots\cdots (12\text{-}5)$$

F_{MIN}はNF_{MIN}のリニア形式で，R_NはG_Nの逆数なので，G_Cは表25.3-2中の値で見つけられます．例として，LTC6400-8の値を電流ノイズ要素を解くために使います．

$$Y_{OPT} = 1/Z_{OPT} = 0.001414 - j0.0008147 \quad \cdots (12\text{-}6)$$

$$F_{MIN} = 5.152 = 1 + 2 \cdot 885 \cdot (0.001414 + G_C)$$
$$\cdots\cdots\cdots\cdots\cdots\cdots (12\text{-}7)$$

$$G_C = 0.0009318 \quad \cdots\cdots\cdots\cdots\cdots\cdots (12\text{-}8)$$

$$Y_C = G_C + B_C = 0.0009318 + j0.0008147 \quad \cdots\cdots (12\text{-}9)$$

$$G_U = 885 \cdot 0.0014142 - 885 \cdot 0.00093182$$
$$= 0.001 \quad \cdots\cdots\cdots\cdots\cdots\cdots (12\text{-}10)$$

$$i_{nc} = Y_C \cdot e_n = Y_C \cdot 3.7 \text{ nV}/\sqrt{\text{Hz}}$$
$$= 3.45 + j3.01 \text{ pA}/\sqrt{\text{Hz}} \quad \cdots\cdots\cdots\cdots (12\text{-}11)$$

$$i_{nu} = \sqrt{4 \cdot k \cdot 290 \cdot 0.001} = 4.00 \text{ pA}/\sqrt{\text{Hz}}$$
$$\cdots\cdots\cdots\cdots\cdots\cdots (12\text{-}12)$$

式（12-10）は，相関のある電流ノイズが重要なリアクタンス要素があることを示しています．もし電圧ノイズが無視されたならば，電流ノイズの合計は，単純にi_{nu}とi_{nc}の大きさのRMS合計（それらは互いに相関がない）となります．しかし，複素信号源インピーダンスZ_Sは，電圧ノイズを加える，または部分的にキャンセルする（$i_{nc} \cdot Z_S$の位相に依存する）電流ノイズという結果になり，ノイズの合計は信号源インピーダンスによって変化します．このことは，たとえZ_Sがリアクタンス要素ではない場合でも発生します．最適のノイズ指数のための信号源インピーダンスは，図25.3-7では$\Gamma_{S,\ OPT}$で，ノイズを最小にするためにi_{nc}の虚数部がキャンセルされます．

注16：F_{MIN}の数学的導出は（Ludwig, Bretchko and Bogdanov 2008）中に見つけることができる．ノイズ要因式の最小化に基づいて，B_Cもまた同じ公式から導かれる．

13　Appendix D：引用された業績

Bowick, Chris. RF Circuit Design. Burlington, MA: Elsevier, 1982.

Brisebois, Glen. Op Amp Selection Guide for Optimum Noise Performance. Design Note 355, Milpitas, CA: Linear Technology, 2005.

Friis, H.T. "Noise Figures in Radio Receivers". Proc. of IRE, July 1944.

Fukui, H. Low-Noise Microwave Transistors and Amplifiers. New York : IEEE Press, 1981.

Gilmore, Rowan, and Les Besser. Practical RF Circuit Design for Modern Wireless Systems Volume II : Active Circuits and Systems. Boston, MA : Artech House, 2003.

Linear Technology. LTC6400-20 : 1.8GHz Low Noise, Low Distortion Differential ADC Driver for 300MHz IF. Datasheet, Milpitas, CA : Linear Technology, 2007.

Ludwig, Reinhold, Pavel Bretchko, and Gene Bogdanov. RF Circuit Design: Theory and Applications. Pearson Prentice Hall, 2008.

National Semiconductor. Noise Specs Confusing? Application Note 104, Santa Clara, CA: National Semiconductor, 1974.

Pei, Cheng-Wei. Signal Chain Noise Analysis for RF-to-Digital Receivers. Design Note 439, Milpitas, CA: Linear Technology, 2008.

Rich, Alan. Noise Calculations in Op Amp Circuits. Design Note 15, Milpitas, CA: Linear Technology, 1988.

Sayre, Cotter W. Complete Wireless Design. New York: McGraw-Hill, 2001.

Seremeta, Dorin. Accurate Measurement of LT5514 Third Order Intermodulation Products. Application Note 97, Milpitas, CA: Linear Technology, 2006.

## 第 26 章

広帯域アンプのための2ns, 0.1%分解能でのセトリング時間測定

静止状態への急速な移行を定量化する　Jim Williams, 訳：松下 宏治

はじめに

　広帯域アンプは, 計測, 波形合成, データ収集, フィードバック制御系などの応用領域で利用されています. 現代の部品(次ページ「セトリング時間9nsの精密広帯域アンプ」参照)は, 高速な動作を維持しつつDC精度も良くなっています. 高速で精密な動作を確認することは非常に重要であり, かつ難易度が高い測定です.

セトリング時間の定義

　アンプのDC特性は比較的容易に確かめることができます. 測定テクニックはしばしば退屈ではあるものの, よく理解されています. AC特性の信用できる情報を得るにはさらに洗練されたアプローチが必要になります. 特に, アンプのセトリング時間は定義するのが非常に難しいのです. セトリング時間とは入力を印加してから出力が最終値を中心としたある特定の誤差範囲に到達して留まるまでに経過した時間です. 通常はフルスケールの遷移に対して定義します. 図26.1

図26.1　セトリング時間の構成要素にはディレイ時間, スルー時間, リング時間がある. 高速のアンプではスルー時間が短くなっているが, 結果としてリング時間が長くなっているのが通常である. ディレイ時間は普通は短かい

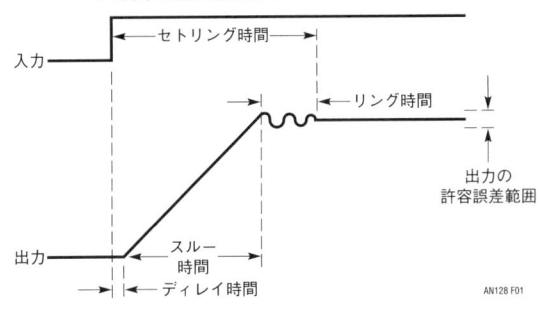

に示すようにセトリング時間は三つに区別できる要素から成り立っています. ディレイ時間は小さく, ほぼ完全にアンプの伝搬遅延によるものです. この期間は出力に動きはありません.

　スルー時間の間はアンプに可能な最高速度で出力が最終値に向かって変化します. リング時間はスルーから回復してアンプ出力の動きが一定の誤差範囲内に収まるまでの期間です. 通常はスルー時間とリング時間の間にはトレードオフがあります. スルーが速いアンプはリング時間が長くなるのが一般的で, アンプの選定と周波数の補償を複雑にします. 加えて, 非常に高速なアンプのアーキテクチャによってDC誤差が悪化するトレードオフも生じるのが通常です[注1].

　どのようなものをどのような速度で測定するかにも注意が必要です. 動的な測定は特に難しいものです. 信頼できるナノ秒領域でのセトリング時間の測定は高度な難問であり, アプローチと実験テクニックに特別な注意が必要となります[注2].

ナノ秒領域のセトリング時間を測定するための考慮

　従来, セトリング時間は図26.2に示すような回路で測定されてきました. この回路は"仮のサム・ノード"テクニックを使っています. 抵抗とアンプはブリッジ型の回路網を構成しています. 抵抗が理想的であると仮定すると, 入力が印加されたらアンプ出力は$-V_{IN}$にステップ変化します. スルー時間中, セトル・ノー

注1：この問題は本章の後半で詳細に扱う. Appendix B「アンプの補償についての実践上の配慮」も参照のこと.

注2：セトリング時間測定に使うアプローチとその説明は, 新しいものだが, 先行して出版されているものから借用した. 参考文献(1) ～ (5), (9)を参照のこと.

図26.2　よくある加算方式のセトリング時間測定では誤った結果を導くことがある．パルス・ジェネレータの遷移後に生じる誤差が出力に現れる．オシロスコープのオーバードライブも大きくなる．表示される情報は無意味となる

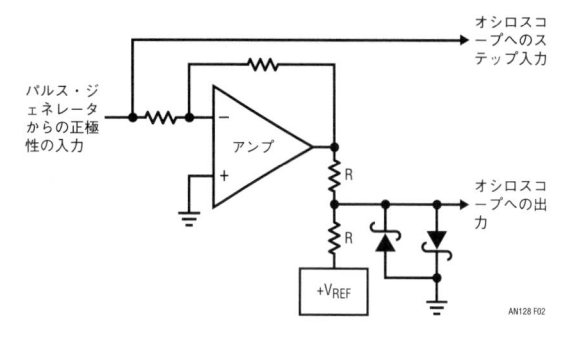

ドは過電圧をリミットするダイオードで制限されています．セトリングが生じる際，オシロスコープのプローブ電圧はゼロでなくてはなりません．抵抗分圧によって，プローブ出力が実際のセトリング電圧の1/2に減衰することに注意してください．

理論的には，この回路によってセトリングを小振幅で観察できます．実際には，有用な測定結果を得るのには信用できない回路です．欠陥がいくつか存在するのです．この回路では，必要な測定限度内で入力パルスの上部が平坦（フラット・トップ）である必要があります．典型的には，5 Vのステップに対してセトリングを5 mV以内かそれ以下にしたいのです．汎用のパルス・ジェネレータで，出力振幅とノイズがこの限度に収まるように作られているものはありません．ジェネレータ出力が要因となってオシロスコープのプローブ端に現れる誤差はアンプの出力変化と区別できないでしょうから，測定結果は信用できません．オシロスコープの接続もまた問題を引き起こします．プローブのキャパシタンスが大きくなるにつれ，抵抗接続点のAC負荷がセトリング波形の観測に影響します．1倍のプローブは入力キャパシタンスが大きすぎ，適切ではありません．10倍のプローブはその減衰率によってオシロスコープのゲインを犠牲にして，キャパシタンスは10 pFでもナノ秒のスピードでは無視できない遅れにつながります．1倍，1 pFのFETアクティブ・プローブだとこの問題はかなり軽減されますが，もう一つより深刻な問題が残ります．

セトル・ノードのクランプ・ダイオードはアンプのスルー動作中の行き過ぎを低減することを意図して接続されていて，オシロスコープの入力が過剰なオーバードライブになることを防いでいます．あいにく，オシロスコープのオーバードライブからのリカバリ特性は機種によって大きく異なり，通常は仕様化されていません．ショットキー・ダイオードによる400 mVのドロップでもオシロスコープの過負荷許容範囲を超えるでしょうから，表示される結果は疑わしくなります[注3]．

分解能0.1％（アンプ出力端5 mV——オシロスコープ入力端2.5 mV）では，オシロスコープは通常10 mV/DIVにて10倍のオーバードライブとなりますから，求められる2.5 mV基準には到達できません．ナノ秒のスピードにおいては，この方法で測定することは絶望的になります．測定を完全に行える見込みがないのは明らかです．

セトリング時間9nsの精密広帯域アンプ

従来，広帯域アンプはスピードを提供する代わりに，精度と，多くの場合セトリング時間を犠牲にしてきました．オペアンプLT1818はこの妥協を必要としません．0.1％の確度で十分なゲインが得られる低いオフセット電圧とバイアス電流を特徴としています．5 Vステップの0.1％へのセトリング時間は9 nsです．電源電圧±5 Vのとき出力は100 Ωの負荷を±3.75 Vまで駆動でき，ユニティ・ゲインで20 pFまでの容量性負荷を許容しています．以下の表に抜粋した仕様を示します．

LT1818の抜粋仕様

項　目	仕　様
オフセット電圧	0.2 mV
オフセット電圧対温度	10 μV/℃
バイアス電流	2 μA
DCゲイン	2500
雑音電圧	6 nV/$\sqrt{\text{Hz}}$
出力電流	70 mA
スルーレート	2500 V/μs
ゲイン帯域幅	400 MHz
遅れ	1 ns
セトリング時間	9 ns/0.1％
電源電流	9 mA

注3：オシロスコープのオーバードライブに関する考察と議論については，Appendix C「オシロスコープのオーバードライブ性能を評価する」を参照のこと．

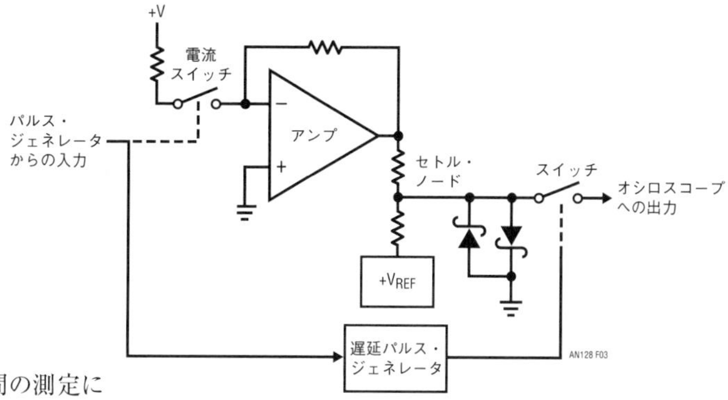

図26.3　パルス・ジェネレータの誤差に対する感度をなくしオシロスコープのオーバードライブを排除した回路構成の概念図．入力のスイッチは電流のステップ信号をコントロールする．2番目のスイッチはパルス・ジェネレータによってコントロールされ，セトリングがほぼ完了するまでオシロスコープがセトル・ノードをモニタするのを防いでいる

上述した議論は，アンプのセトリング時間の測定にはオーバードライブに対して何とか免疫のあるオシロスコープと"フラット・トップ"のパルス・ジェネレータが必要であることを示しています．これらのことは広帯域アンプのセトリング時間測定における中心的な問題になります．

本質的にオーバードライブ・イミュニティをもつ唯一のオシロスコープは，古典的なサンプリング・オシロスコープです(注4)．残念なことに，これらの測定器はもはや製造されていません（中古品市場ではまだ入手できますが）．しかしながら，古典的なサンプリング・オシロスコープの過負荷に強い利点を借りて回路を構築することは可能です．それに加えて，そのような回路にはナノ秒領域のセトリング時間を測定するのに特に適した特徴を授けることができます．

上部が平坦であるというパルス・ジェネレータに対する要求は，スイッチング電圧よりもむしろ電流によって回避することができます．セトリングが速い電流をアンプのサミング・ノードに流し込むほうが，電圧をコントロールするよりもずっと簡単です．こうすることによって入力のパルス・ジェネレータの負担がより軽くなりますが，それでもなお測定誤差を回避するためにパルス・ジェネレータの立ち上がり時間は約1 nsでなければなりません．

注4：古典的なサンプリング・オシロスコープを，オーバードライブの制約がある現代的なデジタル・サンプリング・オシロスコープと混同してはいけない．Appendix C「オシロスコープのオーバードライブ性能を評価する」を参照のこと．オーバードライブについて，さまざまな方式のオシロスコープを比較している．古典的なサンプリング・オシロスコープの詳細な議論については，参考文献(23)～(26)，(29)～(31)を参照のこと．参考文献(24)は特筆に値する．筆者が知る限り，もっとも明確に書かれた，古典的サンプリング計測器の簡潔な説明―珠玉の12ページ―である．

ナノ秒のセトリング時間測定の実際 ◉

図26.3はセトリング時間測定回路の概念図です．図26.2と属性は共通ですが，いくつか新しい特徴も出現しています．この場合，オシロスコープはセトル・ノードとスイッチで接続されています．このスイッチの状態は，入力パルスによってトリガされる遅延パルス・ジェネレータによって決まります．遅延パルス・ジェネレータのタイミングは，セトリングが完了状態にごく近づくまでこのスイッチが閉じないように調整されています．このようにして，入ってくる波形が適時にサンプリングされ，振幅もうまくサンプリングされます．オシロスコープがオーバードライブにさらされることは決してありません――画面外の動作は決して起こらないのです．

アンプのサミング接続点にあるスイッチは入力パルスによってコントロールされます．このスイッチは電圧ドライブされる抵抗を経てアンプに流れる電流をゲート制御します．このことによって"フラット・トップ（上部が平坦）"というパルス・ジェネレータに対する要求は排除されますが，それでもスイッチは高速でなければならず，それによってドライブパルスの影響を避けられます．

図26.4はセトリング時間の測定回路をさらに完全に表したものです．図26.3のブロックがより詳細になっているほか新しい工夫も示してあります．アンプのサミング領域に変更はありません．図26.3の遅延パルス・ジェネレータは二つのブロック…遅延とパルス幅に分けられていて，双方とも個別に設定できます．オシロスコープに入力されるステップ信号はセトリング時間を測定する信号経路の伝搬遅延を補償するセクションを通過しています．同様に，別の遅延がサンプ

図26.4　セトリング時間測定回路のブロック構成．ダイオード・ブリッジはアンプへの入力電流をクリーンにスイッチする．乗算器ベースのサンプリング"スイッチ"は信号パスのセトリング前のずれを排除し，オシロスコープのオーバードライブを防ぐ．入力ステップ信号の時間リファレンスとサンプル・ゲート・パルス・ジェネレータは測定回路の遅延に対して補償されている

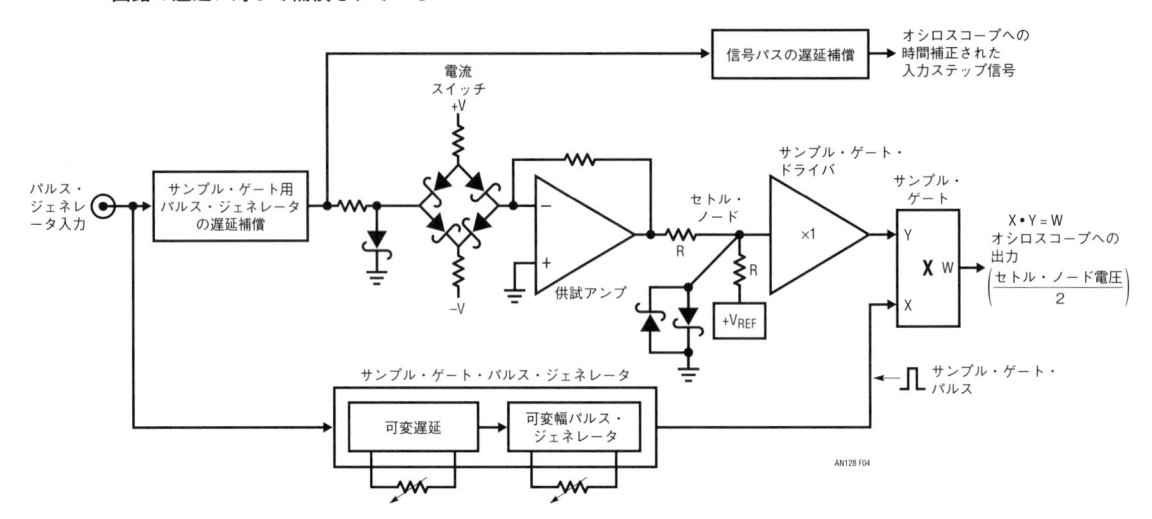

ル・ゲート・パルス・ジェネレータの伝搬遅延を補償します．この遅延によって，サンプル・ゲート・パルス・ジェネレータは，被測定アンプをトリガするパルスより進んだ位相によって駆動されることになります．このことでサンプル・ゲート・パルス・ジェネレータの伝搬遅延を無視でき，測定可能なセトリング時間の最小値が著しく改善します．

　この回路図の新しい点で最も目立つのは，ダイオード・ブリッジのスイッチと乗算器です．特性の揃ったダイオード・ブリッジのバランスと，低キャパシタンスのショットキー・ダイオードと高速ドライブが組み合わされ，クリーンなスイッチングが得られます．このブリッジはアンプのサミング・ポイントに流れ込む電流を非常に高速にスイッチし，セトリングは1 ns以内です．グラウンドへのダイオード・クランプが過剰なブリッジ駆動の振れを阻止し，入力パルスの理想的でない特性は無視できるようになります．

　図26.4のサンプル・ゲートに対する要求は厳格です．

広帯域の信号経路の情報を，特にスイッチの指令チャネル（"サンプル・ゲート・パルス"）からの望まない成分を取り込まずに，忠実に通過させなければなりません[注5]．

　サンプル・ゲートの乗算器は広帯域，高分解能，フィードスルーが極めて低いスイッチとして機能します．このアプローチの大きな利点はスイッチのコントロール・チャネルが帯域内に保たれること，すなわち，その遷移速度が乗算器の250 MHz通過帯域内に保持されることです．乗算器の帯域幅が広いということはスイッチ指令の遷移が全時間でコントロールされているということを意味します．帯域外の応答がないので，フィードスルーや寄生する副作用が大きく低減されます．

セトリング時間測定回路の詳細

　図26.5はセトリング時間測定の詳細な回路図です．入力パルスは遅延ネットワーク（"A"インバータ）とド

注5：サンプル・ゲートに使うスイッチとして，従来はFETとサンプリング・ダイオード・ブリッジが選ばれてきた．FETはゲート−チャネル間の寄生容量によってゲート・ドライブが大きくなり，信号経路へのフィードスルーが生じる．ほとんどすべてのFETで，多くの場合はこのフィードスルーは観測したい信号よりも大きく，オーバーロードを誘発してスイッチの目的を阻む．ダイオード・ブリッジは，小さい寄生容量が相殺する傾向があり，対称で差動の構造によってフィードスルーが非常に小さくなるので好ましい．実際は，このブリッジにはDCおよびACのトリミングと複雑なドライブ回路と補助回路が必要である．LTCのアプリケーション・ノート74「部品性能と測定技術の向上が16ビットDACのセトリングタイムを確定する」ではこのようなサンプリング・ブリッジが使われていて，本文で詳細に説明されている．参考文献(3)を参照のこと．参考文献(2)，(9)，(11)にも，類似のサンプリング・ブリッジに基づくアプローチが解説されている．

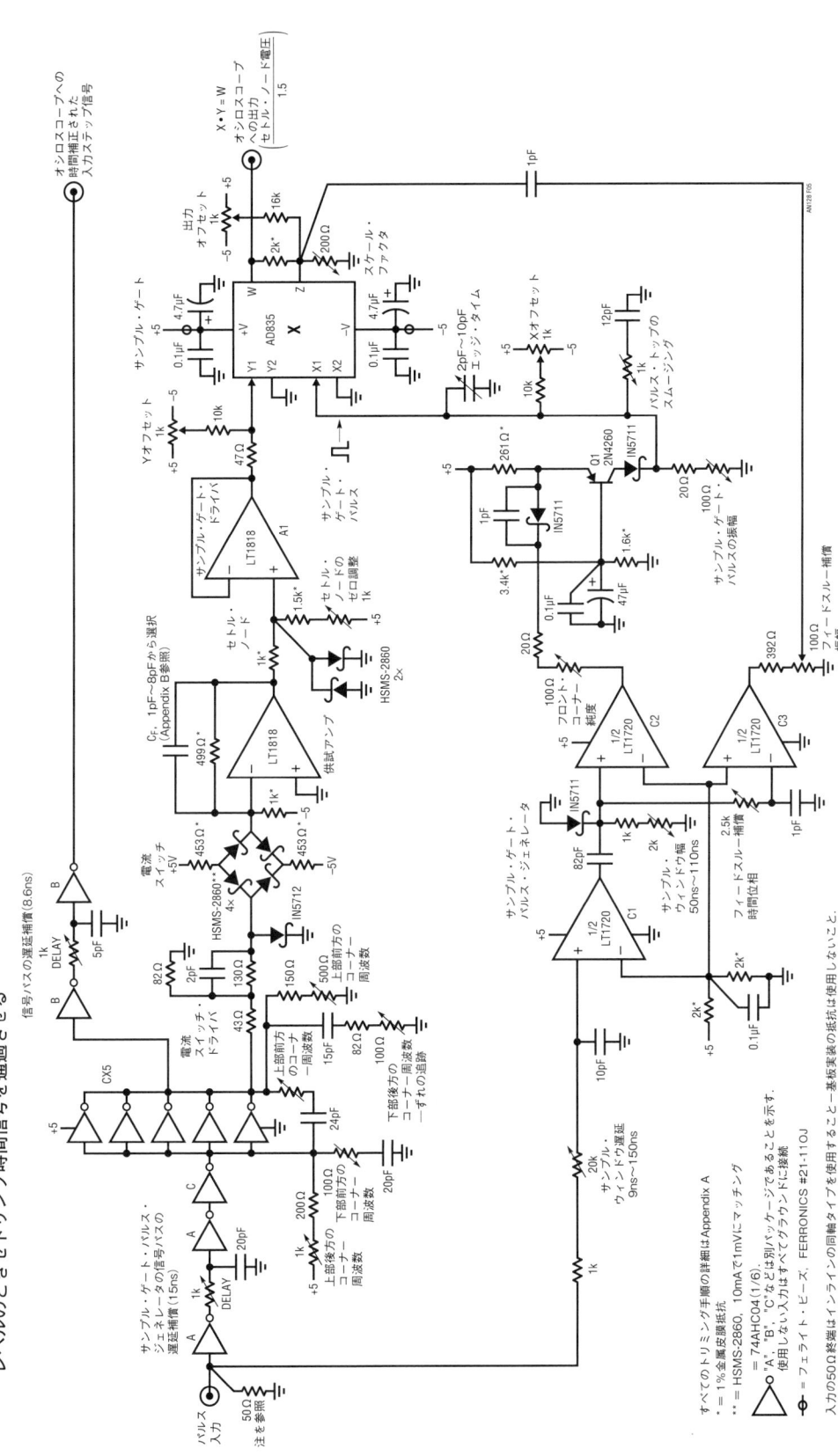

図26.5 ブロック図にしたがって構成したセトリング時間測定回路の詳細な回路図。調整し並列接続したロジック・インバータによって電流スイッチのブリッジを高速にドライブできる。その他のインバータは信号パスとサンプル・ゲート・パルス・ジェネレータの遅延を補償するネットワークを形成している。トランジスタのステージでは供給されるサンプル・ゲート・パルスのエッジと振幅が整形される。乗算器はサンプル・ゲートとして機能し、サンプル・ゲート・パルスがハイ・レベルのときセトリング時間信号を通過させる

ライバ・ステージ（"C"インバータ）を通って入力ブリッジをドライブします．遅延はサンプル・ゲート・パルス・ジェネレータのレスポンスの遅れを補償するもので，これによって確実に被測定アンプのスルー時間終了直後にサンプル・ゲート・パルスを発生させることができます．遅延時間の範囲はサンプル・ゲート・パルスがアンプのスルー時間の*前*に発生するように調整するために選ばれています．このような機能は通常動作では明らかに使用されませんが，セトリングの間隔が常にキャプチャできることを保証します．

"C"インバータはダイオード・ブリッジをスイッチする非反転ドライバを形成しています．さまざまな調整によってドライバの出力パルス形状を最適化し，クリーンで高速なインパルスをダイオード・ブリッジへ供給するようにします[注6]．非減衰成分をもたない，忠実度の高いパルスであれば，放射やグラウンド電流によって測定のノイズ・フロアを悪化させることもありません．このドライバは"B"インバータも駆動し，ステップ信号の時間を補正してオシロスコープへ入力されます．

ドライバの出力パルスはダイオード1N5712の電圧クランプをナノ秒以下で通過し，本質的に瞬時のダイオード・ブリッジのスイッチングをもたらします．その結果クリーンにセトリングする電流が被測定アンプのサミング・ポイントに入力され，比例したアンプ出力動作が得られます．アンプのサミング・ポイントでの負のバイアス電流とこの電流ステップによって，アンプ出力は＋2.5 Vから−2.5 Vへ遷移します．アンプの出力は5 V電源リファレンスからの電流が，抵抗により加算されます．クランプされた"セトル・ノード"はA_1によってバッファされ，A_1はサンプル・ゲート信号経路の情報を与えます．

このコンパレータ・ベースのサンプル・ゲート・パルス・ジェネレータは遅延（20 kのポテンショメータで制御できる）パルスを生成し，そのパルス幅（2 kのポテンショメータで制御できる）によって，サンプル・ゲートのオン時間を設定します．Q_1の段はサンプル・ゲート・パルスを高速に立ち上がる非常にクリーンなパルスに整形し，純度が高く調整された振幅をもつ"オン−オフ"スイッチング指令をサンプル・ゲート乗算器に供給します．サンプル・ゲート・パルスの遅延が適切に設定されれば，セトリングがほぼ完了するまでオシロスコープは入力をいっさい観測せず，オーバードライブが排除されます．サンプル・ウィンドウ幅は残るセトリング動作をすべて観測できるように調整されます．このようにすることで，オシロスコープの出力を信頼することができて，意味のあるデータが取得できるのです．

図26.6に回路の波形を示します．トレースAは時間を補正した入力パルス，トレースBはアンプの出力，トレースCはサンプル・ゲート・パルス，トレースDはセトリング時間の出力です[注7]．サンプル・ゲート・パルスがハイ・レベルになるとき，サンプル・ゲートはクリーンに切り換わり，スルーの最後の20 mVが容易に観測できます．リング時間もはっきりと見え，アンプの最終値への落ち着きかたも良好です．サンプル・ゲート・パルスがロー・レベルになるとき，サンプル・ゲートがオフに切り換わる際のフィードスルーはたった2 mVです．どの時間においても画面表示されない動作が一切ない──オシロスコープは一切オーバードライブにさらされていないことに注目してください．

図26.6　時間補正された入力パルス（トレースA）を含むセトリング時間測定回路の波形．供試アンプ出力（トレースB），サンプル・ゲート（トレースC），セトリング時間出力（トレースD）．サンプル・ゲート・ウィンドウの遅延と幅は可変．時間補正されたトレースAに対してトレースBは時間的にゆがんで見える

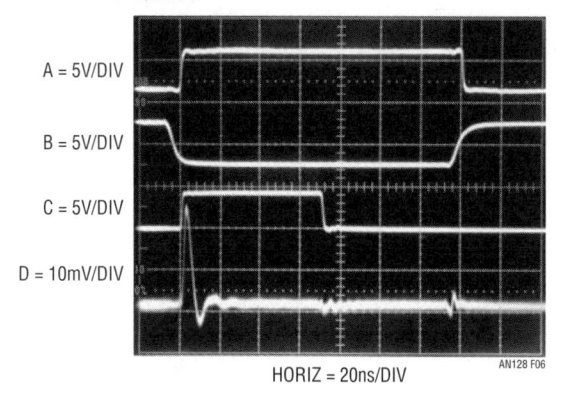

A = 5V/DIV

B = 5V/DIV

C = 5V/DIV

D = 10mV/DIV

HORIZ = 20ns/DIV　　AN128 F06

注6：本文の流れと焦点を保つため，調整の手順はここでは示していない．調整についての詳しい情報は，Appendix A「セトリング時間測定回路の遅延の測定と補償，および調整の手順」にある．

注7：トレースの配置を理解する際，トレースBは時間補正されたトレースAに対して時間的にゆがんで現れることに注意．トレースBは明らかにトレースAが上昇する前に動いているが，それは真実ではないということ．

図26.7　垂直と水平スケールを拡大．アンプの5mV以内
へのセトリングが9nsであることを示している
（トレースB）．トレースAは時間補正された入力
ステップ

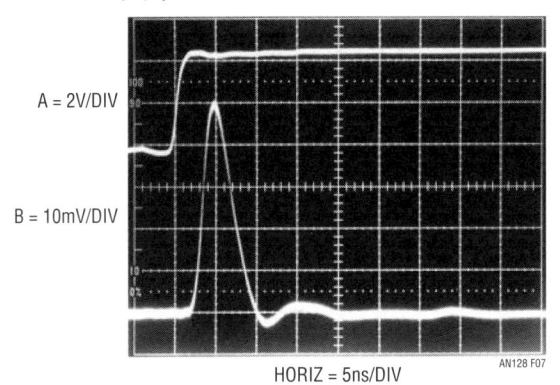

A = 2V/DIV

B = 10mV/DIV

HORIZ = 5ns/DIV

AN128 F07

　図26.7は垂直および水平スケールを拡大してセトリングの詳細をより見やすくしたものです[注8]．トレースAは時間補正された入力パルス，トレースBはアンプの出力です．スルーの最後の50 mVが容易に観測できており，C_F（図26.5を参照）が最適化されているとき[注9]，アンプの5 mV（0.1 %）以内へのセトリングが9 nsとなっています．

サンプリング・ベースのセトリング時間測定回路の使いかた

　一般に，アンプのスルー時間の最後の50 mVくらいまでサンプリング・ウィンドウを"後方に"ずらすことはオシロスコープがオーバードライブにならずにリング時間の開始を観測するためには実践的に良いことです．サンプリング・ベースのアプローチはこれをすることができるので非常に強力な測定ツールです．より低速なアンプは遅延時間またはサンプリング・ウィン

ドウの時間（あるいはそれら両方）の拡張が必要になるかもしれませんが，その場合は遅延パルス・ジェネレータのタイミング回路網にあるキャパシタの値を大きくする必要があります．

結果の検証 ── 別の方法

　サンプリング・ベースのセトリング時間回路は有用な測定方法のように思えます．その測定結果の信頼性を確実にするためにはどのようにテストすればよいでしょうか？ ひとつの良い方法は，同じ測定を別の手法で行って結果が一致するかどうかを確かめることです．古典的なサンプリング・オシロスコープは固有のオーバードライブ耐性をもつことを前述しました[注10]．もしそうなら，この特長を利用しない手はないので，クランプされたセトル・ノードで直接セトリング時間を測定してみてはどうでしょうか？ 図26.8がこれをしているものです．これらの条件では，サンプリング・オシロスコープ[注11]は激しくオーバードライブされますが，それに対しては明らかに耐性があります．図26.9はテストにサンプリング・オシロスコープを使用したものです．トレースAは時間補正された入力パルスでトレースBはセトリング信号です．ひどいオーバードライブにも関わらず，オシロのレスポンスはきれいで，非常にもっともらしいセトリング信号を表示しています．

結果と測定限界のまとめ

　異なる方法で得られた結果を要約する最も簡単な方法は視覚的な比較です．理想的には，両方のアプローチが測定技術として好ましく構成も適切であれば，それらの結果は一致するはずです．もしそうであれば，その二つの方法から得られるデータは高い確率で妥当性があります．図26.9と図26.10を評価すると，セトリング時間はほぼ等しく，セトリング波形の特徴もよく似ています．この種の一致は，測定結果が高度に信用できることを示します．
　セトリング時間測定回路の動作をよく観察すると，

注8：これ以降のすべての写真において，セトリング時間は
　　　時間補正された入力パルスの開始時点から測定してい
　　　る．さらに，セトリング信号の振幅は，セトル・ノー
　　　ドではなくアンプに対して校正している．こうするこ
　　　とによって，セトル・ノードの抵抗比による曖昧さを
　　　排除している．
注9：この部分はサンプリング・ベースのセトリング時間測
　　　定という文脈でのアンプの周波数補償について述べて
　　　いる．そのため，やむをえず説明が短くなっている．
　　　Appendix Bの「アンプの補償についての実践上の配
　　　慮」にさらに詳細な説明がある．

注10：詳細な議論はAppendix C「オシロスコープのオー
　　　　バードライブ性能を評価する」を参照のこと．
注11：Tektronix 661型．4S1（垂直軸），5T3（タイミング）
　　　　の各プラグイン付き．

図26.8　古典的な1GHzサンプリング・オシロスコープTektronix 661/4S1/5T3を使うために修正したセトリング時間測定回路．サンプリング・オシロ固有のオーバーロード耐性によって，画面外のずれが大きくても測定の正確さが悪化することはない

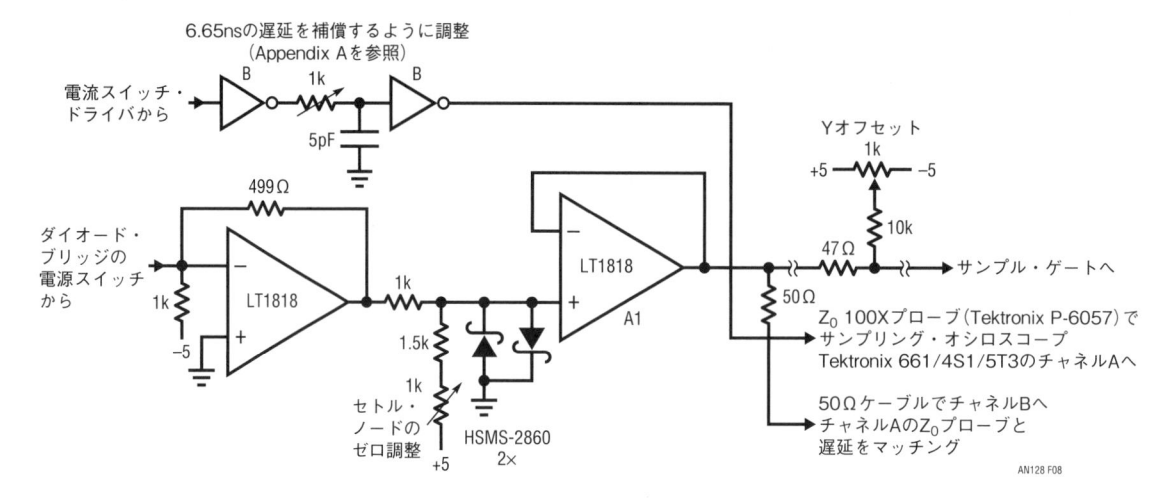

図26.9　古典的なサンプリング・オシロによるセトリング時間測定．オシロスコープのオーバーロード耐性により極度のオーバードライブにもかかわらず正確な測定ができる．セトリング時間9nsと波形のプロファイルは図26.7と一致している

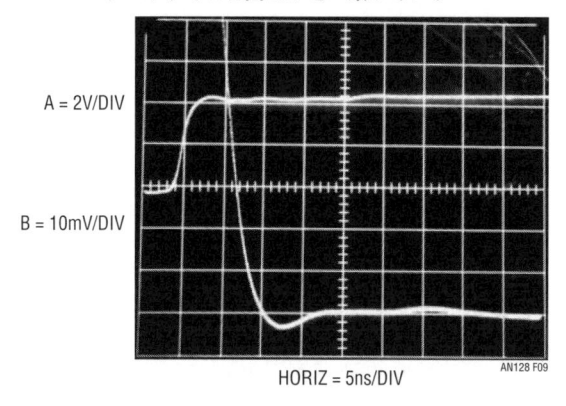

図26.10　図26.5の回路を使ったセトリング時間測定．$T_{SETTLE} = 9$ns．結果は図26.9と一致している

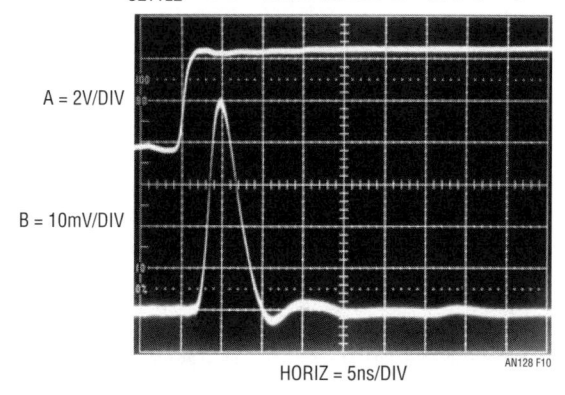

ノイズ・フロア／フィードスルーによって振幅分解能の限界が2mVになっていることがわかります．時間分解能の限界は5mVへのセトリングで約2nsです．詳細については，Appendix Aの「セトリング時間測定回路の遅延の測定と補償，および調整の手順」の「測定の限界と不確かさ」の節を参照してください．

◆ 参考文献 ◆

(1) Williams, Jim, "1ppm Settling Time Measurement for a Monolithic 18-Bit DAC," Linear Technology Corporation, Application Note 120, February 2010.

(2) Williams, Jim, "30 Nanosecond Settling Time Measurement for a Precision Wideband Amplifier," Linear Technology Corporation, Application Note 79, September 1999.

(3) Williams, Jim, "Component and Measurement Advances Ensure 16-Bit DAC Settling Time," Linear Technology Corporation, Application Note 74, July 1998.［本書の第12章］

(4) Williams, Jim, "Measuring 16-Bit Settling Times: The Art of Timely Accuracy," EDN, November 19, 1998.

(5) Williams, Jim, "Methods for Measuring Op Amp Settling Time," Linear Technology Corporation, Application Note 10, July 1985.［本書の第16章］

(6) LT1818 Data Sheet, Linear Technology Corporation.

(7) AD835 Data Sheet, Analog Devices, Inc.

(8) Elbert, Mark, and Gilbert, Barrie, "Using the AD834 in DC to 500MHz Applications: RMS-to-DC

Conversion, Voltage-Controlled Amplifiers, and Video Switches", p. 6-47. "The AD834 as a Video Switch", "Applications Reference Manual", Analog Devices, Inc., 1993.

(9) Kayabasi, Cezmi, "Settling Time Measurement Techniques Achieving High Precision at High Speeds," MS Thesis, Worcester Polytechnic Institute, 2005.

(10) Demerow, R., "Settling Time of Operational Amplifiers," Analog Dialogue, Volume 4-1, Analog Devices, Inc., 1970.

(11) Pease, R.A., "The Subtleties of Settling Time," The New Lightning Empiricist, Teledyne Philbrick, June 1971.

(12) Harvey, Barry, "Take the Guesswork Out of Settling Time Measurements," EDN, September 19, 1985.

(13) Williams, Jim, "Settling Time Measurement Demands Precise Test Circuitry," EDN, November 15, 1984.

(14) Schoenwetter, H.R., "High Accuracy Settling Time Measurements," IEEE Transactions on Instrumentation and Measurement, Vol. IM-32. No.1, March 1983.

(15) Sheingold, D.H., "DAC Settling Time Measurement," Analog-Digital Conversion Handbook, pp. 312-317. Prentice Hall, 1986.

(16) Orwiler, Bob, "Oscilloscope Vertical Amplifiers," Tektronix, Inc., Concept Series, 1969.

(17) Addis, John, "Fast Vertical Amplifiers and Good Engineering," Analog Circuit Design; Art, Science and Personalities, Butterworths, 1991.

(18) Travis, W., "Settling Time Measurement Using Delayed Switch," Private Communication, 1984.

(19) Hewlett-Packard, "Schottky Diodes for High Volume, Low Cost Applications," Application Note 942, Hewlett-Packard Company, 1973.

(20) Williams, Jim, "Signal Sources, Conditioners and Power Circuitry," Linear Technology Corporation, Application Note 98, November 2004, p. 26-27.

(21) Williams, Jim and Beebe, David, "Diode Turn-On Induced Failures in Switching Regulators", Linear Technology Corporation, Application Note 122, January 2009, p.14-19.

(22) Korn, G.A. and Korn, T.M., "Electronic Analog and Hybrid Computers," "Diode Switches," p. 223-226. McGraw-Hill, 1964.

(23) Carlson, R., "A Versatile New DC-500MHz Oscilloscope with High Sensitivity and Dual Channel Display," Hewlett-Packard Journal, Hewlett-Packard Company, January 1960.

(24) Tektronix, Inc. "Sampling Notes," Tektronix, Inc., 1964.

(25) Tektronix, Inc. "Type 1S1 Sampling Plug-In Operating and Service Manual," Tektronix, Inc. 1965.

(26) Mulvey, J. "Sampling Oscilloscope Circuits," Tektronix, Inc., Concept Series, 1970.

(27) Addis, John, "Sampling Oscilloscopes," Private Communication, February 1991.

(28) Williams, Jim, "Bridge Circuits − Marrying Gain and Balance," Linear Technology Corporation, Application Note 43, June 1990.

(29) Tektronix, Inc., "Type 661 Sampling Oscilloscope Operating and Service Manual," Tektronix, Inc., 1963.

(30) Tektronix, Inc., "Type 4S1 Sampling Plug-In Operating and Service Manual," Tektronix, Inc., 1963.

(31) Tektronix, Inc., "Type 5T3 Timing Unit Operating and Service Manual," Tektronix, Inc., 1965.

(32) Morrison, Ralph, "Grounding and Shielding Techniques in Instrumentation," 2nd Edition, Wiley Interscience, 1977.

(33) Ott, Henry W., "Noise Reduction Techniques in Electronic Systems," Wiley Interscience, 1976.

(34) Williams, Jim, "High Speed Amplifier Techniques," Linear Technology Corporation, Application Note 47, 1991.

(35) Weber, Joe, "Oscilloscope Probe Circuits," Tektronix, Inc., Concept Series, 1969.

(36) Ott, Henry, "Electromagnetic Compatibility Engineering," Wiley and Sons, 2009.

(37) Bogatin, Eric, "Signal and Power Integrity − Simplified," 2nd Edition, Prentice Hall, 2009.

Appendix A　セトリング時間測定回路の遅延の測定と補償，および調整の手順

セトリング時間測定回路は，本文で述べた性能を出すために調整が必要です．調整は大きく分けて以下の四つのカテゴリに分けられます．電流スイッチのブリッジ駆動パルス整形，回路の遅延，サンプル・ゲート・パルスの純度，サンプル・ゲートのフィードスルー／DC調整です[注1]．

ブリッジ駆動の調整

まずはじめに電流スイッチのブリッジを調整します．ブリッジ駆動に関連する五つのトリミング抵抗を切り離し，測定回路の入力に5 V，1 MHz，10〜15 ns幅のパルスを印加します．並列接続されたインバータ "C" の出力は，後方終端抵抗43 Ωの非駆動端において**図26.A1**に似た波形が観測されるはずです．波形のエッジ時間は高速ですが，寄生的なずれは抑制が不十分で測定のノイズ・フロアを悪化させるリスクがあるので排除しなければなりません．5個のトリミング抵抗をすべて再接続し，それらの名称にしたがって調整して**図26.A2**のような，より改善された見栄えになるように

図26.A1　調整されていない電流スイッチ・ドライバの応答を後方終端43 Ωにおいて1GHz実時間帯域幅で観測．エッジ時間は高速だが抑制が不十分．減衰されていない波形の乱れは放射やグラウンド電流が誘起する誤差によって信号経路のノイズ・フロアを悪化させるリスクがある

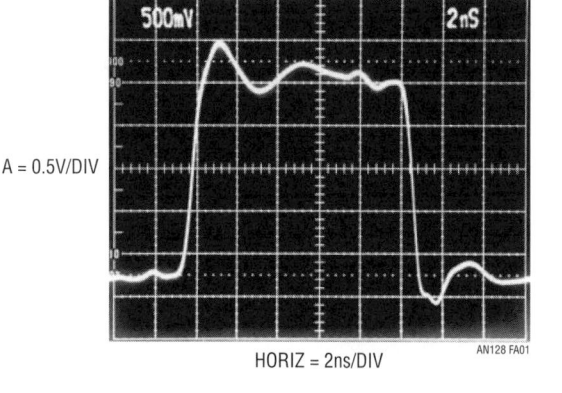

HORIZ = 2ns/DIV　　AN128 FA01

注1：調整には，広帯域プロービングとオシロスコープ測定技術に対する深い考察はもちろん，計測器の選定においても相当な注意が必要である．先に進む前に，Appendix D〜Hのチュートリアルを参照のこと．

します．これらの調整の間には多少の相互作用がありますが限定的であり，容易に望ましい結果にすることができます．**図26.A2**のエッジ時間は**図26.A1**よりもわずかに遅くなっていますが，それでもなお1N5712のクランプ・レベルを1 ns未満で通過します．

遅延の決定と補償

次に，回路の遅延に関連する調整を行います．これらの測定と調整の前に，プローブ／オシロスコープのチャネル-チャネル間の時間スキューを補正しなければなりません．**図26.A3**は，立ち上がり時間100 psのパ

図26.A2　調整された電流スイッチ・ドライバ出力は後方終端43 Ωにてダイオード・クランプ電圧0.6 Vを1ns未満で通過している．AC調整によってクリーンで，十分に抑制された波形になる

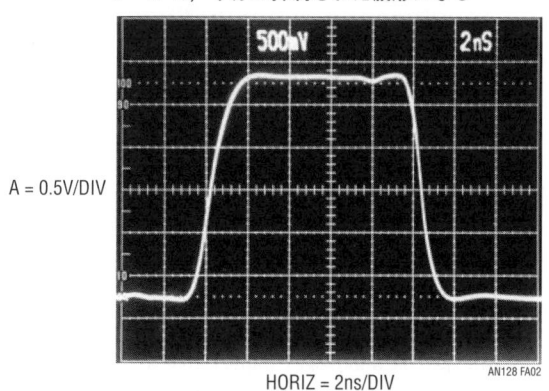

HORIZ = 2ns/DIV　　AN128 FA02

図26.A3　プローブ-オシロスコープ間のチャネル間タイミング・スキューは40psと測定される

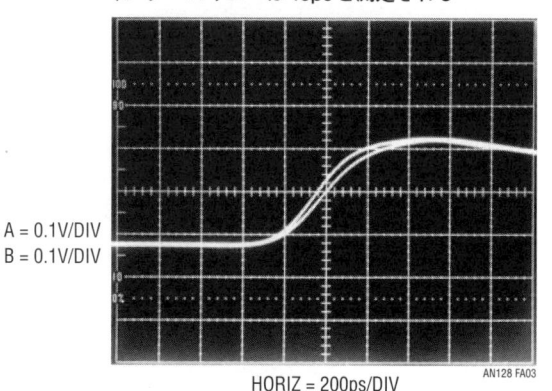

HORIZ = 200ps/DIV　　AN128 FA03

ルス源[注2]に両チャネル接続したプローブで40 psの時間スキュー誤差があることを示しています．**図26.A4**は，この誤差をオシロスコープの垂直軸アンプの可変遅延機能（Tektronix 7A29, オプション04，メインフレーム Tektronix 7104に装着）を使って補正したものです．この補正によって，遅延を高い確度で測定できるようになります[注3]．

セトリング時間測定回路は，調整可能な遅延ネットワークを使って入力パルスの信号処理経路における遅延に対して時間補正をしています．通常は，これらの遅延は10 ns程度の誤差を生じるため，正確な補正が必要となります．遅延のトリミング設定には，このネットワークの入出力間遅延の観測と適切な時間間隔への調整が含まれます．"適切な"時間間隔の決定は，さらに複雑です．

図26.5を参照すると，三つの遅延測定が重要であることは明白です．電流スイッチ・ドライバから供試アンプの負入力まで，供試アンプ出力から回路出力まで，そしてサンプル・ゲート乗算器の遅延です．**図26.A5**は電流スイッチ・ドライバから供試アンプの入力までの250psの遅延を示しています．**図26.A6**は供試アンプ出力から回路出力までの8.4 nsの遅延，そして**図26.A7**はサンプル・ゲート乗算器の2 nsの遅延を示しています．これらの測定結果から，電流スイッチ・ドライバから回路出力までの遅延が8.65 nsであることが

注2：高速パルス源の推薦品は，Appendix H「立ち上がり時間と遅延の測定における完全性の検証」を参照のこと．
注3：ここでは，オシロスコープの時間ベースは確度が検証済みであると仮定している．推薦品については，Appendix Hの「立ち上がり時間と遅延の測定における完全性の検証」を参照のこと．

図26.A4　補正されたプローブ／チャネル／スキューはほぼ理想的な時間および振幅応答を示している

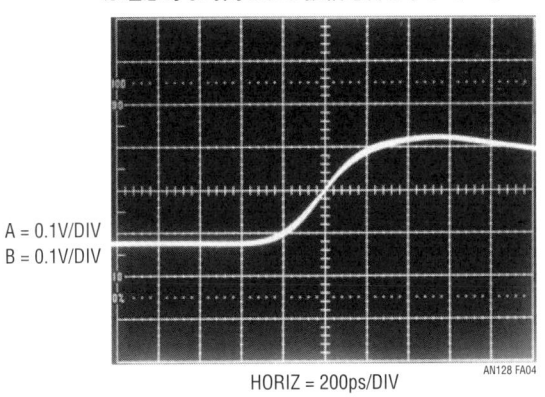

A = 0.1V/DIV
B = 0.1V/DIV

HORIZ = 200ps/DIV
AN128 FA04

図26.A5　電流スイッチ・ドライバ（トレースA）から供試アンプの負入力（トレースB）までの遅延は250ps

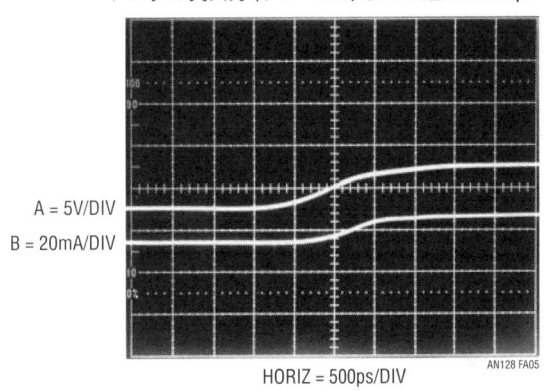

A = 5V/DIV
B = 20mA/DIV

HORIZ = 500ps/DIV
AN128 FA05

図26.A6　供試アンプ（トレースA）から測定回路出力（トレースB）までの遅延は8.4nsと測定されている．このテストでは乗算器Xの入力をDC 1Vに保っている

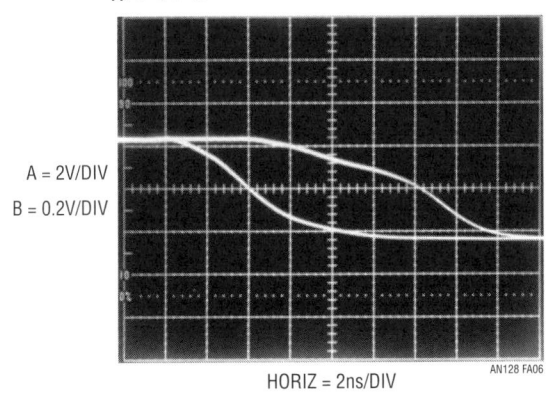

A = 2V/DIV
B = 0.2V/DIV

HORIZ = 2ns/DIV
AN128 FA06

図26.A7　乗算器の入力XをDC 1Vに保持したときの遅延は2nsと測定される

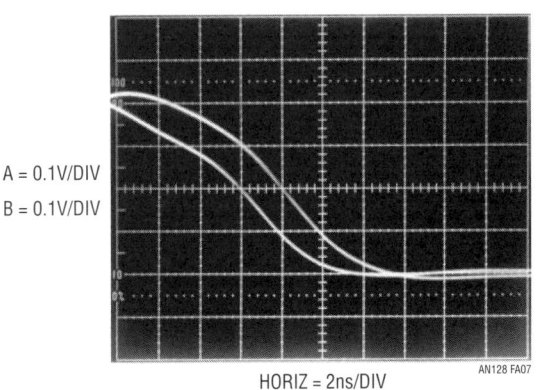

A = 0.1V/DIV
B = 0.1V/DIV

HORIZ = 2ns/DIV
AN128 FA07

わかり，この補正は"信号パスの遅延補償"ネットワークにある1kΩのトリム抵抗の値を調整することで行います．同様に，サンプリングオシロを使う場合，遅延としては図26.A5 + 図26.A6 − 図26.A7 = 6.65 ns が妥当です．サンプリングオシロを使った測定方法をとる場合，この因子は信号パス遅延補償ネットワークでの調整に組み込まれます．

"サンプル・ゲート・パルス・ジェネレータの信号パスの遅延補償"の調整はそれほどクリティカルではありません．ただ一つの要求は，サンプル・ゲート・パルス・ジェネレータの遅延と重なることです．インバータ・チェーン"A"にある1kΩのポテンショメータを15nsにセットすればこの基準を満足し，遅延に関係する調整は完了します．

サンプル・ゲート・パルス純度の調整

Q_1のサンプル・ゲート・パルス・エッジ整形ステージはフロントコーナーを最適にするために，立ち上がり時間が最小で，パルス上部が滑らかで，振幅が1Vになるように図示されたトリマで調整します．これらの軽く影響し合う調整を行った結果，サンプル・ゲート乗算器のX入力波形は図26.A8の画面のようになります．このパルスの立ち上がり時間2nsは高速なサンプル・ゲートの取り込みを促しますが，乗算器の帯域250 MHz（t_{RISE} = 1.4 ns）内に留まっており，帯域外の

寄生応答の影響は受けないようになっています．このクリーンな，振幅1Vのパルス上部によって，設定信号を作為的に見せかけるようなずれのない，校正された一貫性のある乗算器出力が得られます．パルスの立ち下がり時間は不適切ですが，それは測定には直接関係がなく，立ち下がりがクリーンであることにより乗算器の落ち着いたターンオフが得られ，画面外へのずれもありません．

サンプル・ゲート・パスの最適化

サンプル・ゲート・パスの調節が最後の調整です．最初に，パルス・ジェネレータ入力にDC 5Vを入力して供試アンプを−2.5V出力状態に固定します．"セトル・ノードのゼロ調整"のトリム抵抗を回してA_1出力を誤差1mV以内で0Vに調整します．次に，パルス・ジェネレータ入力を元に戻し，セトル・ノードから外してA_1の入力を750Ω抵抗でグラウンドに接続します．図26.A9は，これで得られる未調整時の応答の典型的な波形です．理想的には，回路出力（トレースB）はサンプル・ゲート（トレースA）がスイッチングしている間は静止していなければなりません．同図では明らかに誤差があり，DCオフセットと動的なフィードスルーの影響を調整して補正する必要があります．DC誤差は，"X"と"Y"オフセットのトリム抵抗を調整し，トレースBのベースラインがトレースAのサンプル・ゲー

図26.A8　サンプル・ゲート・パルスの特性．エッジ整形で制御され，回路構成とトランジスタを適切に選択した場合，乗算器の帯域250MHz（t_{RISE} = 1.4ns）内に収まっている．この結果，Y入力信号パスのスイッチングが，正確かつ低フィードスルーとなる

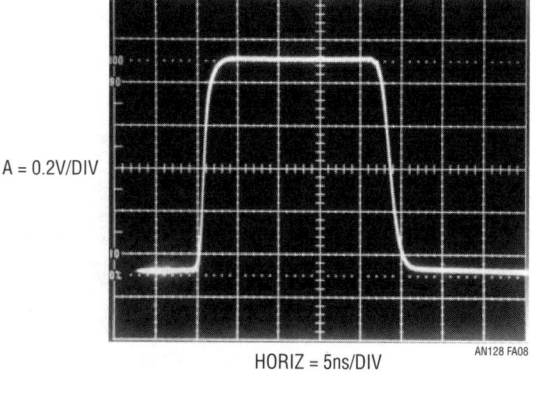

A = 0.2V/DIV

HORIZ = 5ns/DIV

AN128 FA08

図26.A9　サンプル・ゲートのフィードスルーとDCオフセットが調整されていないときのセトリング時間測定回路の出力（トレースB）．このテストではA_1の入力をグラウンドに接続している．スイッチ・ドライブの過剰なフィードスルーとベースラインのオフセットが現れている．トレースAはサンプル・ゲート・パルス

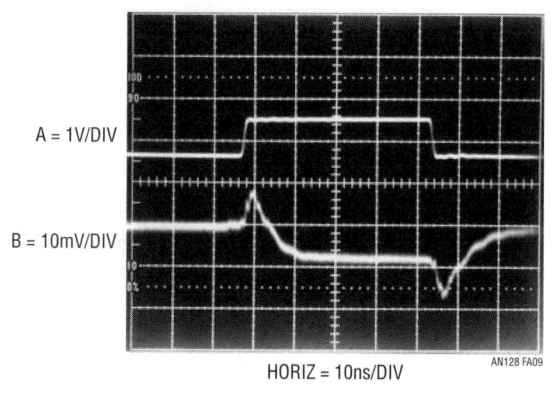

A = 1V/DIV

B = 10mV/DIV

HORIZ = 10ns/DIV

AN128 FA09

図26.A11　A_1の入力を強制的に20mVにしたときの測定
回路の応答．出力（トレースB）は2nsで5mV
以内になっており，3.6nsでベースライン・ノ
イズの2mV内に達する．この測定が回路の最
小時間分解能の限界を定義する．トレースAは
時間補正された入力パルス

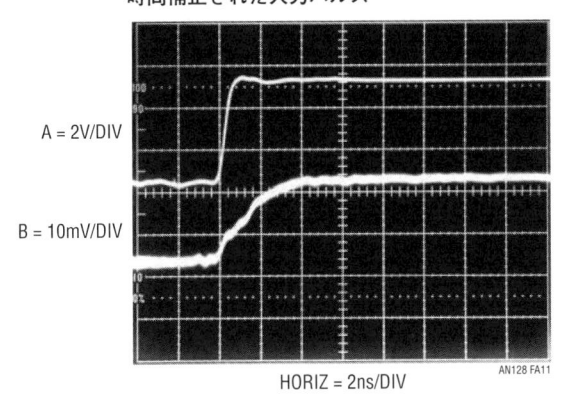

A = 2V/DIV

B = 10mV/DIV

HORIZ = 2ns/DIV

AN128 FA11

図26.A10　サンプル・ゲート信号を調整したときのセト
リング時間測定回路の出力（トレースB）．図
26.A9と同じく，このテストでもA_1入力はグ
ラウンドに接続している．スイッチ・ドライ
ブのフィードスルーとベースラインのオフ
セットが最小化されている．トレースAはサ
ンプル・ゲート・パルス．測定結果から最小
振幅分解能の限界は2mVと定義できる

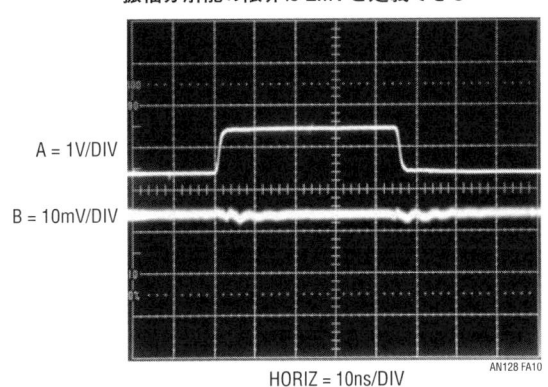

A = 1V/DIV

B = 10mV/DIV

HORIZ = 10ns/DIV

AN128 FA10

ト・パルスの状態にかかわらず連続的になるようにす
ることで取り除けます．加えて，出力オフセット調整
を乗算器出力のベースラインのオフセット電圧が最小
になるように設定します．パルス・ジェネレータ入力
を切り離し，C_2の"＋"入力にDC 5 Vを印加し，先ほ
ど挿入した750 Ω抵抗両端の電圧を強制的に1 Vにし
ます．これらの条件の下で，"スケール・ファクタ"を
調整して出力がDC 1 Vとなるようにします．このス
テップが完了したら，DCバイアス電圧と750 Ω抵抗を
取り除き，セトル・ノードを再接続してパルス入力を
元に戻します．

　フィードスルーの補償は"時間位相"と"振幅"のト
リム抵抗で行います．これらは，乗算器の"Z"入力に
印加されるフィードスルー補正信号のタイミングと振
幅を調整して設定するものです．最適な調整結果は**図
26.A10**のようになります．この写真はDCとフィード
スルー調整が**図26.A9**の調整前の誤差に対して劇的に
効果があることを示しています[注4]．

測定の限界と不確かさ

　図26.A10の調整後の応答を見ると，ベースラインが
フラットでフィードスルーも大いに減衰されています．

この測定から回路の最小振幅分解能を2 mVと定義で
きます．もう一つのテストとして，A_1入力をセトル・
ノードから外して750 Ω抵抗を介してDC 20 mVにバ
イアスすると，無限に高速にセトリングするアンプを
模擬できます．**図26.A11**に，2 nsで5 mV以内にセト
リングし，3.6 nsでベースラインのノイズ限界2 mV内
に達する回路出力（トレースB）を示します．このデー
タは，時間補正された入力（トレースA）の立ち上がり
直後に導通が開始するサンプル・ゲートによって取得
したものですが，これでこの回路の最小時間分解能の
限界が決まります．このようにして求められた時間と
振幅の分解能の限界における不確かさは，主に遅延補
償の限界，ノイズと残留フィードスルーによるもので
す．生じる遅延と測定誤差を考慮すると，時間の不
確かさは±500 ps，分解能の限界は2 mVというのがお
そらく現実的でしょう．ノイズのアベレージングに
よって振幅分解能の限界を改善することは，残留フィー
ドスルーがランダムではないため不可能でしょう．

注4：筆者はハリウッドのオファーはごめんだが，フィード
　　　スルーの調整にはドラマを見出す．

Appendix B アンプの補償についての実践上の配慮

アンプを補償して最速のセトリング時間を得るには、実践上の配慮点が数多くあります。本文の図26.1 (ここでは図26.B1に再掲) を再検討することから始めましょう。セトリング時間は、ディレイ、スルー、リング時間で構成されています。ディレイ時間はアンプの伝搬時間によるもので相対的に小さい要素です。スルー時間はアンプの最高速度で決まります。リング時間は、アンプがスルーから回復してある一定の誤差範囲内で動きを止める領域として定義されます。ひとたびアンプが選択されれば、リング時間だけが容易に調整できます。通常はスルー時間が支配的な遅れなので、最良のセトリングを得るためには入手可能なアンプのなかでスルーが最速のものを選びたくなります。あいにく、スルーが速いアンプはリング時間も長いのが通常で、強力なスピードという利点は打ち消されます。スピードを加工しなかった代償は、常に、長くなったリンギングであり、それは大きな補償コンデンサでしか減衰できません。そのような補償は機能しますが、セトリング時間が引き延ばされるという結果になります。良好なセトリング時間を得る鍵は、スルーレートとリカバリ特性のバランスが適切なアンプを選択し、適切に補償することです。これは想像以上に難しいことで、なぜならアンプのデータシートに載っている仕様をどのように組み合わせてもセトリング時間を予測あるいは推定することは不可能だからです。意図した構成において測定されなければなりません。数多くの要因が結合してセトリング時間に影響を与えます。それらはアンプのスルーレートとAC動特性、配置で決まるキャパシタンス、信号源の抵抗とキャパシタンス、補償コンデンサなどです。これらの要因は複雑に相互作用するので、予測は危険です[注1]。仮に寄生性のものが排除され純抵抗性の信号源に置き換わったとしても、まだアンプのセトリング時間を容易に予測することはできません。寄生インピーダンス項が困難な問題をさらに扱いにくくするのです。これらすべてに対処できる唯一の実在する手がかりはフィードバック補償コンデンサ C_F です。C_F の目的は最適な動的応答を与える周波数でアンプのゲインをロールオフさせることです。

上述のすべての要因を機能的に補償するように補償コンデンサが選ばれたときに、ベストなセトリング時間が得られます。図26.B2は帰還コンデンサが最適に選ばれた結果を示しています。トレースAは時間補正された入力パルスで、トレースBはアンプのセトル信号です。アンプはクリーンにスルーから抜け出し(サンプル・ゲートは2番目の垂直目盛線の直後に開く)、9 nsで5 mVにセトルしています。波形は引き締まった、臨界減衰に近い特徴を示しています。

図26.B3では、帰還コンデンサが大きすぎます。セトリングはスムースですが、過減衰であり、13 nsの代償で22 nsのセトリングという結果になっています。図26.B4は帰還コンデンサのないもので、著しい減衰不足の応答に陥ってリング時間の伸びが過剰になっています。セトリング時間は33 nsにまで広がっています。

注1：Spiceの愛好家は注意すること。

図26.B1 セトリング時間はディレイ時間、スルー時間、リング時間で構成される。これらのうち、容易に調整できるのはリング時間のみ

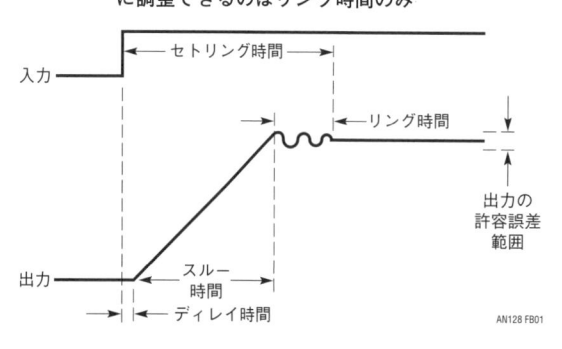

図26.B2 最適化された補償コンデンサは引き締まった波形、臨界減衰に近い応答、そして最速のセトリング時間を与える。$t_{SETTLE} = 9ns$。トレースAは時間補正されたステップ入力、トレースBがセトル信号

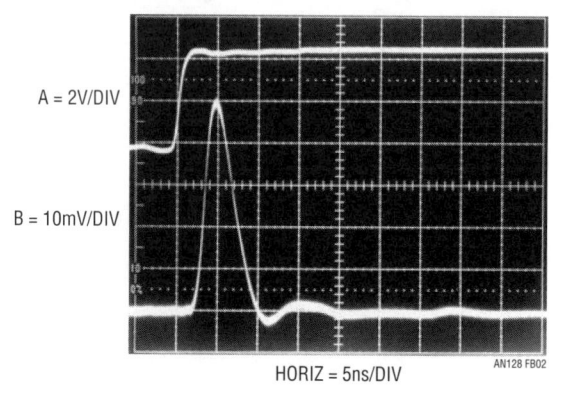

HORIZ = 5ns/DIV

図26.B3　量産時に部品のばらつきがあっても，過減衰応答はリンギングを確実になくしてくれる．代償としてセトリング時間が増大する．垂直目盛りが図26.B2に対して2倍になっていることに注意．t_{SETTLE} ＝ 22ns．トレースの割り当ては前図と同じ

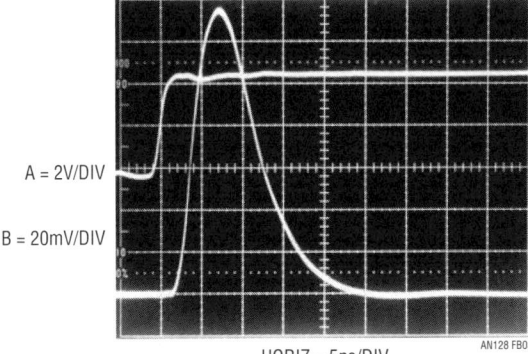

A = 2V/DIV

B = 20mV/DIV

HORIZ = 5ns/DIV

AN128 FB03

図26.B4　帰還コンデンサがないために著しい減衰不足となっている．垂直目盛りが図26.B2に対して5倍になっていることに注意．t_{SETTLE} ＝ 33ns．トレースの割り当ては図26.B2と同じ

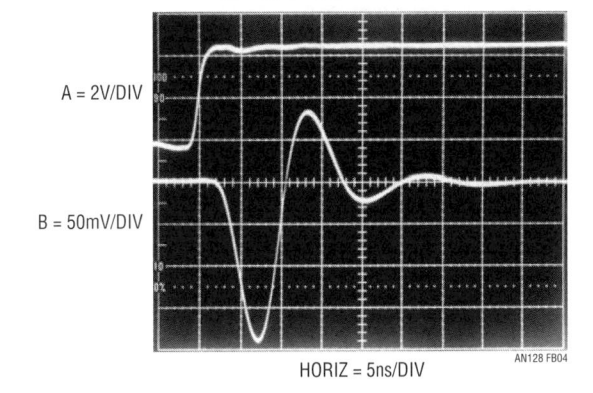

A = 2V/DIV

B = 50mV/DIV

HORIZ = 5ns/DIV

AN128 FB04

図26.B5は帰還コンデンサを元に戻したことで図26.B4より改善していますが，値が小さすぎて，セトリングに27 nsを要する減衰不足応答という結果になっています．ここで，図26.B3～図26.B5は最適でない応答を捉えるために垂直目盛りを縮小する必要があることに注意してください．

　最適な応答のために帰還コンデンサが個別にトリミングされれば，信号源，浮遊容量，アンプ，補償コンデンサの容量誤差は重要ではなくなります．もし個別のトリミングがされないのであれば，帰還コンデンサの量産値を決めるにはこれらの誤差が考慮されなければなりません．リング時間は帰還コンデンサの容量値だけでなく，浮遊容量と信号源の容量，および出力の負荷の影響を受けます．これらの関係は非線形ですが，いくつかのガイドラインを設けることは可能です．浮遊容量と信号源容量の変動しうる量は±10％で，帰還コンデンサは通常±5％の部品です[注2]．さらに，アンプのスルーレートにはかなりの誤差があり，それはデータシートに明記されています．帰還コンデンサの量産値を得るには，量産基板のレイアウトで個別にトリミングして最適値を決めなければなりません（基板レイアウトの寄生容量も考慮すること！）．そのあとで，浮遊容量，信号源インピーダンス，スルーレート，帰還コンデンサ容量の誤差を最悪条件のパーセント値で算出します．それらをトリミングしたコンデンサの測定値

図26.B5　帰還コンデンサ容量が小さいために減衰不足となっている．部品の誤差見積もりをすることでこのふるまいは予防できる．垂直目盛りが図26.B2に対して5倍になっていることに注意．t_{SETTLE} ＝ 27ns．トレースの割り当ては図26.B2と同じ

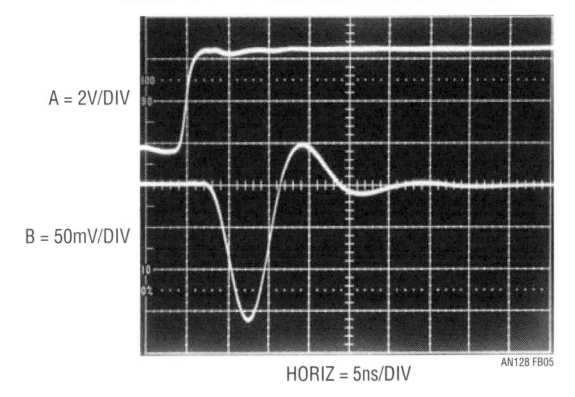

A = 2V/DIV

B = 50mV/DIV

HORIZ = 5ns/DIV

AN128 FB05

に加えて量産値を求めます．この誤差見積もりはおそらく過度に悲観的ですが（誤差伝搬を考えれば少し妥協できるが），そのおかげでトラブルとは無縁になるでしょう[注3]．

注2：ここでは信号源が抵抗性であると仮定している．寄生容量がかなり大きい信号源（フォトダイオード，DACなど）の場合，この値は軽く±50％まで広がる．

注3：誤差のRMS合計が潜在的にもっている問題は，吹雪の中を着陸する旅客機の中に座っていると明らかになる．

Appendix C　オシロスコープのオーバードライブ性能を評価する

サンプリングベースのセトリング時間測定回路は，モニタするオシロスコープのオーバードライブを防ぐことを大きな目的としたものです．これによってオシロスコープのオーバードライブは避けられます．オシロスコープのオーバードライブからのリカバリ特性はグレイな領域で，仕様化されることはまったくといってよいほどありません．オーバードライブが生じてから画面表示が信用できるようになるまでにどのくらいの時間を待たなければならないのでしょうか？ この問いに対する答えは実に複雑です．関連する要因には，オーバードライブの程度，そのデューティ・サイクル，時間と振幅の大きさなどがあり，他にも考慮すべきことがあります．オーバードライブに対するオシロスコープのレスポンスは型式によるばらつきが大きく，個体によっても観測されるふるまいが著しく異なります．例えば，0.005 V/DIVで100倍のオーバーロードに対するリカバリ時間は，0.1 V/DIVのときと大きく異なるでしょう．リカバリ特性は波形，DC成分，繰り返し率によっても変わるかもしれません．これほど多くの変数があるので，オシロスコープのオーバードライブが影響を及ぼす測定には注意をもって接しなければならないことは明らかです．

ほとんどのオシロスコープがオーバードライブからのリカバリにそれほど多くの問題を抱えているのはなぜでしょうか？ この問いに答えるには，3種類の基本的なオシロスコープの垂直軸の信号経路について勉強しておく必要があります．アナログ（**図26.C1A**），デジタル（**図26.C1B**），古典的サンプリング（**図26.C1C**）の3種類です．アナログとデジタルのスコープはオーバードライブの影響を受けます．古典的サンプリング・スコープがオーバードライブに対して本質的な耐性をもつ唯一のアーキテクチャです．

アナログ・オシロスコープ（**図26.C1A**）は，実時間の連続線形システムです[注1]．入力は広帯域バッファによって負荷から切り離されたアッテネータに印加されます．垂直軸プリアンプはゲインをもち，トリガ入力，ディレイ・ライン，および垂直軸の出力アンプをドライブします．アッテネータとディレイ・ラインはパッシブな要素で説明はいらないでしょうが，極限のスピードと分解能でリアクティブな動作をすることがあります．バッファ，プリアンプ，垂直出力アンプは複雑な線形ゲイン・ブロックであり，それぞれダイナミック動作の範囲に制約があります．さらに，各ブロックの動作点は固有の回路バランス，低周波の安定化回路，またはその両方によって設定されるでしょう．入力がオーバードライブされるとき，これらのステージのうちの一つ以上が飽和し，内部のノードや部品が異常な動作点や温度になる可能性があります．オーバードライブが終息したとしても，電気的および熱的時定数の完全なリカバリには驚くべき長さの時間が必要となる場合があります[注2]．

デジタル・サンプリング・オシロスコープ（**図26.C1B**）には垂直軸の出力アンプがありませんが，A/Dコンバータの前にアッテネータ・バッファとアンプがあります．このことにより，オーバードライブからのリカバリ問題の影響を同様に受けます．

古典的なサンプリング・オシロスコープは独特です．その動作の本質がオーバードライブに対する生来の耐性をもっています．**図26.C1C**が理由を示しています．システムで増幅される前にサンプリングが生じるからです．**図26.C1B**のデジタル的にサンプルされるスコープと異なり，入力はサンプリング・ポイントまで完全にパッシブです．そのうえ，出力がサンプリング・ブリッジまでフィードバックされており，非常に広い入力範囲にわたってその動作点が維持されます．ブリッジ出力を保持するダイナミック・スウィングは大きく，オシロスコープの入力に広範囲にわたって容易に適応します．これらすべての理由から，たとえ1000倍のオーバードライブであっても，この測定器内のアンプはオーバーロードにならず，リカバリの問題もないのです．さらに，この測定器のサンプル・レートが比較的に遅いことから追加の耐性が引き出されます—たとえアンプがオーバーロードされたとしても，サンプリング間に回復する時間がたっぷりあるのです[注3]．

注1：それゆえに本物である．絶望的に頑迷な，この場所に住む居住者たちは，アナログスコープの時代が過ぎ去ったことを嘆き，半狂乱になって，測定器を見つけたら全部蓄えている．

注2：参考文献(17)に，アナログ・オシロスコープにおける入力オーバードライブの影響が多少論じられている．

図26.C1　オシロスコープのタイプ別に見た垂直軸チャネルの簡易回路．古典的サンプリング・スコープ（C）のみが固有のオーバードライブ耐性をもつ．オフセット生成回路によって変化の大きい信号に乗った小信号を観測することができる

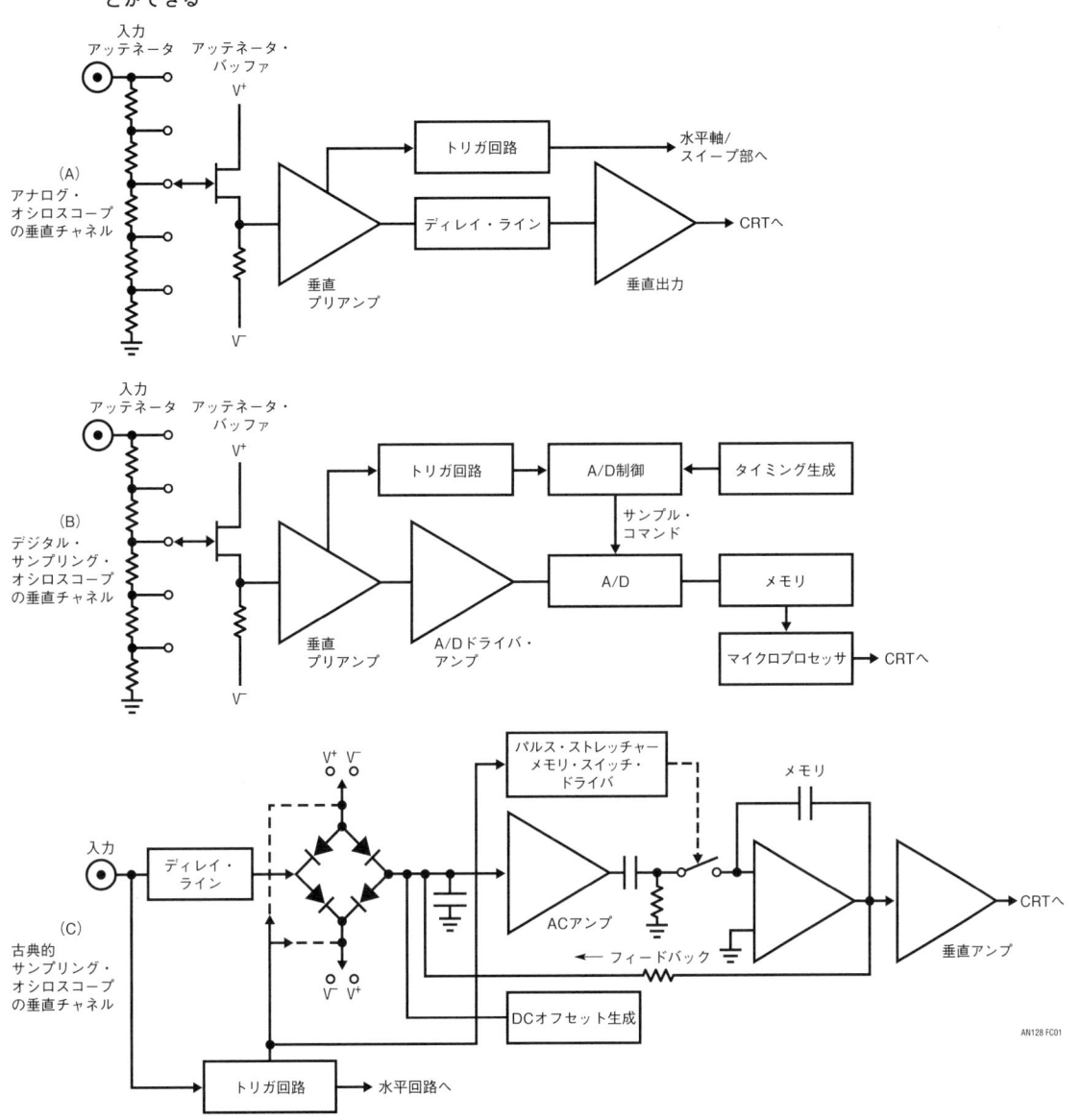

　古典的サンプリング・スコープの設計者たちは，帰還ループにバイアスを与えるための可変DCオフセット生成回路を含めることにより，このオーバードライブ耐性を活かしました（**図26.C1C**の右下を参照）．これがユーザに大きな入力をオフセットさせることを可能とし，それによって信号上部の小振幅動作を正確に観測することができます．セトリング時間測定にとって，このことはとりわけ理想的なことです．残念なことに，古典的サンプリング・オシロスコープはもう製造されていませんから[注4]，もし所有しているのであ

注3：古典的サンプリング・オシロスコープの動作に関する追加の情報と詳細な処理が参考文献（23）〜（26），（29）〜（31）にある．

注4：我々はまだ試していないが，古典的アーキテクチャの現代版（例：Tektronix 11801B）で類似のことができるかもしれない．

れば，大切にしてください！

　アナログ／デジタル・オシロスコープはオーバードライブの影響を受けやすいものの，多くの機種はある程度の酷使には耐えられます．このAppendixの始めのほうで，オシロスコープのオーバードライブが生じる測定には注意して接しなければならないと強調しました．とはいっても，オシロスコープがオーバードライブの悪影響を受けているときにそれを示すことができるシンプルなテストがひとつあります．

　拡大すべき波形が，画面からはみ出ることのないように垂直軸感度を調整して画面表示されています．図26.C2がその画面を表しています．右下の部分が拡大したいところです．垂直軸感度を2倍に拡大すると波形が画面からはみ出しますが（**図26.C3**），残っている表示はまともに見えます．振幅が2倍になり，波形はもとの表示と一貫性があります．気を付けて見ると，3番目の垂直軸付近の波形に窪みとして小振幅の情報が確認できます．また，いくつかの小さな乱れも見えます．このように観測されたオリジナル波形の拡大は信用できるものです．**図26.C4**では，さらにゲインが増加されており，それに応じて**図26.C3**の特徴がすべて増幅されています．基本波形はより鮮明になり，窪み

図26.C2 ～ 26.C7　オーバードライブの限界はオシロスコープのゲインを次第に上げながら波形に異常が生じることを観察して見極める

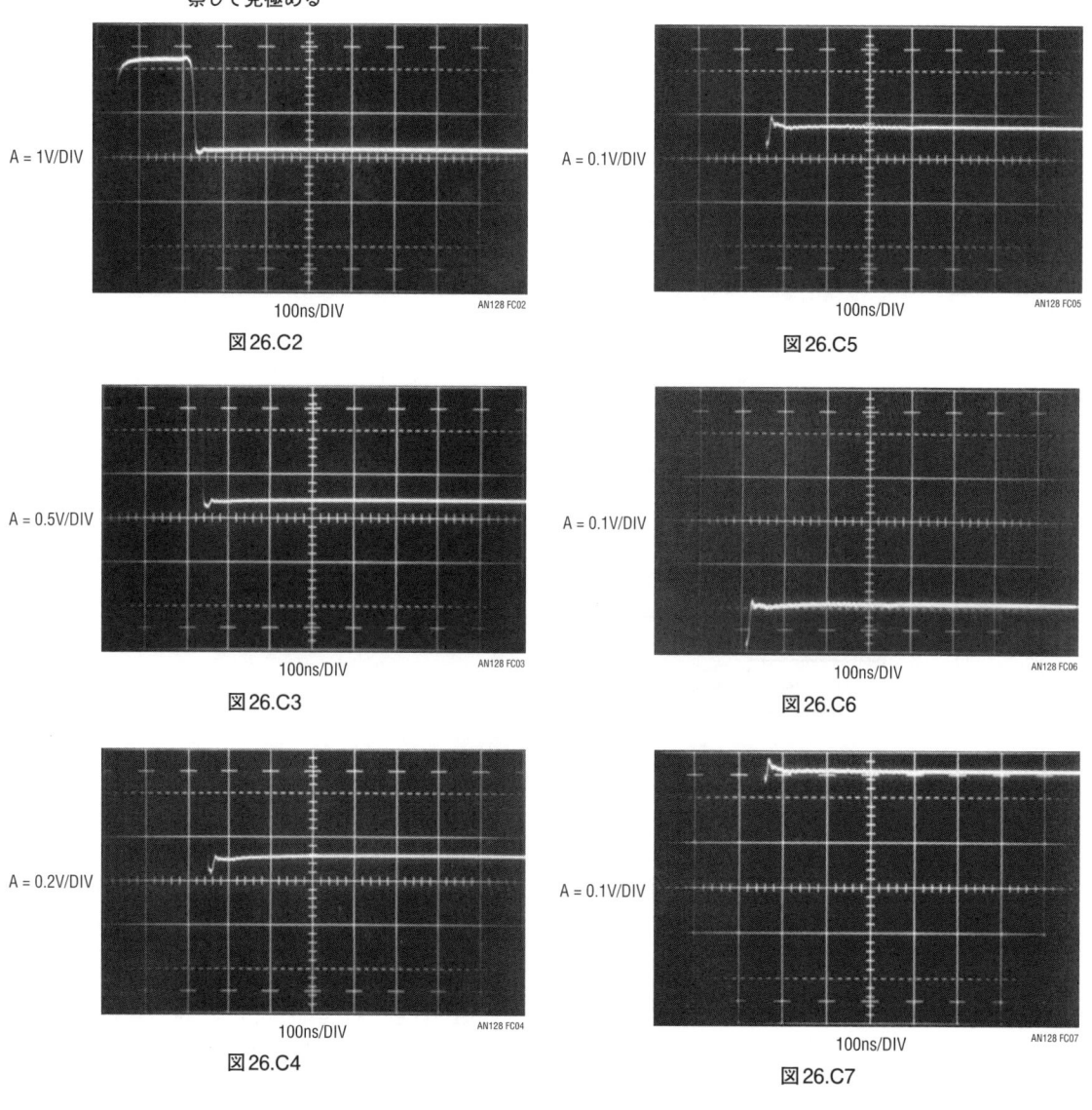

A = 1V/DIV　　　　　100ns/DIV　　AN128 FC02
図26.C2

A = 0.5V/DIV　　　　100ns/DIV　　AN128 FC03
図26.C3

A = 0.2V/DIV　　　　100ns/DIV　　AN128 FC04
図26.C4

A = 0.1V/DIV　　　　100ns/DIV　　AN128 FC05
図26.C5

A = 0.1V/DIV　　　　100ns/DIV　　AN128 FC06
図26.C6

A = 0.1V/DIV　　　　100ns/DIV　　AN128 FC07
図26.C7

と小さな乱れも見やすくなっています．波形の新しい特徴は観測されていません．**図26.C5**はいくぶん喜ばしくない驚きをもたらします．ここではゲインの増加が明確な歪みを引き起こしています．最初の負に向かうピークは，より大きくなっているのですが，形が異なります．その下部は**図26.C4**よりも幅が小さくなっているように見えます．さらに，そのピークの正方向へのリカバリもわずかに形が異なっています．画面の中央に新たなリプル状の乱れが見えます．この種の変化はオシロスコープに問題が発生していることを示すものです．さらにテストをすることで，この波形がオーバーロードの影響を受けていることを確かめることができます．**図26.C6**ではゲインは同じままですが，垂直ポジションのノブを回して表示位置を画面下部に変えたものです[注5]．これはオシロスコープのDC動作点をシフトさせますが，通常の状況では，表示される波形に影響を及ぼさないはずです．しかしそうならずに，波形の振幅と外形に著しい変化が発生しています．波形の表示位置を画面上部に変えると異なった歪み波形が現れます（**図26.C7**）．この特定の波形については，このゲインで正確な結果が得られないことは明らかです．

注5：ノブ（knob．中世英語の"knobbe"に由来し，中世低地ドイツ語の"knubbe"と同族語）は，円筒形をしていて，指で回して測定器の機能を操作できるパネル装置で，先人達によって実用化された．

Appendix D Z_0 プローブについて

自作すべきときと購入すべきとき

Z_0（例えば低インピーダンス）プローブは，低いインピーダンスの信号源に利用できる最も忠実で高速なプロービング機構を提供します．pF未満の入力インピーダンスと理想に近い伝送特性により，広帯域オシロスコープ測定にとって最初に選択されるものになっています．動作は一見シンプルなので"自分で製作"したくなりますが，多くの微妙なことがらが製作しようとする人に困難を与えます．約100MHz（t_{RISE} = 3.5 ns）を超えてスピードが上がるにつれて，不可解な寄生効果が誤差をもたらしてきます．高速での高い忠実度を得るためにはプローブ素材の選択と統合，およびプローブの物理的な具現化には最大限の注意が必要です．加えて，プローブには微小な残留寄生作用を補償するための調整機構が何らかの形で備わっていなければなりません．最後に，測定点にプローブを固定する際には真の同軸性が維持されなければならず，それは高品位で取り外しの容易な同軸接続が可能であることを意味しています．

図26.D1は，Z_0プローブが基本的には電圧分圧入力の50Ω伝送線路であることを示しています．R_1が450Ωであれば，10倍の減衰で500Ωの入力抵抗となります．R_1を4950Ωにすると100倍の減衰で5kΩの入力抵抗になります．50Ωの線路は理論的には歪みのない伝送

図26.D1 500Ω，"Z_0"，10倍オシロスコープ・プローブの概念図．R_1 = 4950Ωにすれば，入力抵抗5kΩで信号減衰率100倍となる．50Ωに終端されれば，理論的にはプローブは歪みのない伝送線路となる．"自分で製作"したプローブは補償されない寄生要素の影響を受け，約100MHz（t_{RISE} = 3.5ns）を超える領域で応答の忠実度が悪くなる

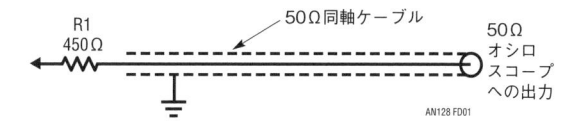

環境を構成します．このわかりやすいシンプルさのため一見すると"自分で製作"が可能に思えますが，本稿の以降の図で注意が必要なことを示していきます．

図26.D2は，クリーンな立ち上がり時間700 psのパルスを10倍の同軸アッテネータで終端した50Ωラインを使って測定して忠実度のリファレンスとしたものです─プローブは使っていません．波形は著しくクリーンで，振動のエッジと遷移後のずれも最小限です．**図26.D3**は，同じパルスを商用生産された10倍のZ_0プローブを使って描いたものです．プローブは忠実で，表示に誤差はほとんど認められません．**図26.D4**と**図26.D5**は別々に作られた"自分で製作"したZ_0プローブによる写真ですが，誤差があることがわかります．**図26.D4**はプローブ#1の場合で，パルスの前方の角が

図26.D2　50 Ω伝送線路と10倍の同軸アッテネータを用いて観測した立ち上がり時間700psのパルスはパルスエッジの忠実度は良好で遷移後の挙動も抑制されている

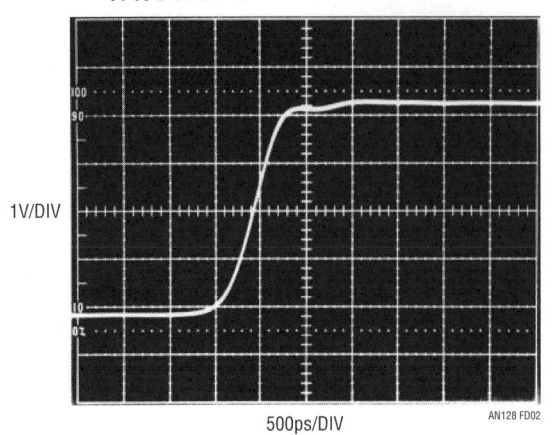

1V/DIV

500ps/DIV

AN128 FD02

図26.D3　図26.D2のパルスをTektronixの10倍，Z_0 500 Ωプローブ（P-6056）を用いて観測したもので誤差はほとんど認められない

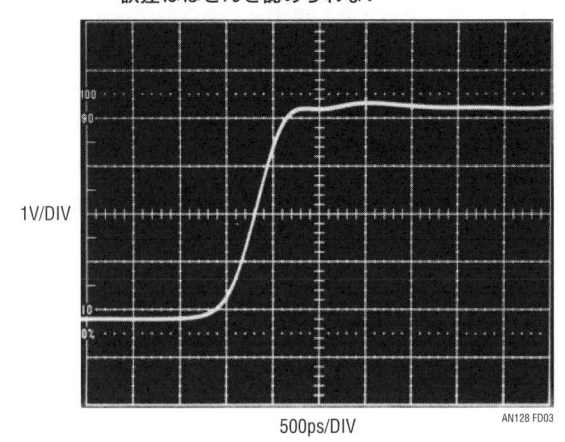

1V/DIV

500ps/DIV

AN128 FD03

図26.D4　"自分で製作"したZ_0プローブ＃1は，おそらく抵抗/ケーブルの寄生要素か不完全な同軸性が原因で，パルスの角が丸くなっている．"自分で製作"したプローブでは典型的にこの種の誤差が立ち上がり時間2ns以下において現れる

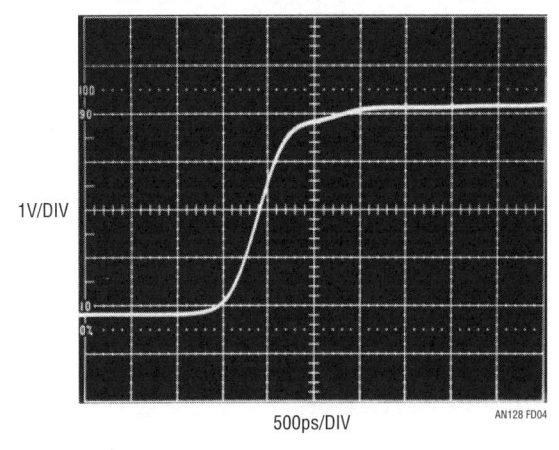

1V/DIV

500ps/DIV

AN128 FD04

図26.D5　"自分で製作"したZ_0プローブ＃2ではオーバーシュートが生じており，これもおそらく抵抗/ケーブルの寄生要素か不完全な同軸性が原因である．教訓：このような速度では，"自分で製作"しないこと

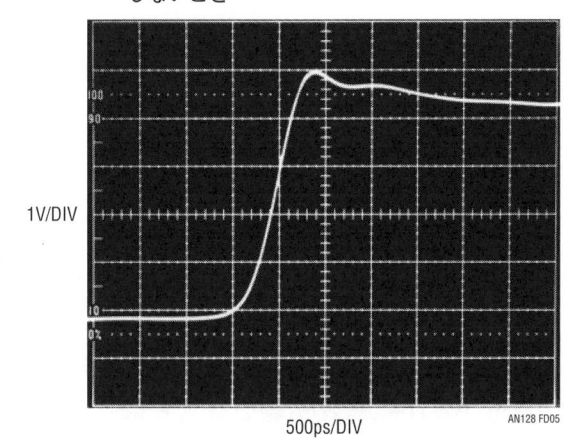

1V/DIV

500ps/DIV

AN128 FD05

丸くなっています．図26.D5のプローブ＃2の場合は，角に顕著なピークが現れています．それぞれの場合で，抵抗/ケーブルの寄生要素と不完全な同軸性がいくらか組み合わさって誤差の原因となっているようです．一般的に，"自分で製作"したZ_0プローブではこのタイプの誤差が約100 MHz（t_{RISE}が3.5 ns）超の帯域で生じます．高速の領域で，波形の忠実度が重要であれば，

お金を払うのがベストです．これらの線に沿ったさらなる恐怖と知恵については，参考文献（30）の2-4～2-8ページ，および参考文献（35）を参照してください．それでもくじけずに自分で製作しようとする人たちにとっては，どちらも秀逸で情報が多く，そしてうまくいけば目を覚まさせてくれるものです．

Appendix E　接続，ケーブル，アダプタ，アッテネータ，プローブそしてピコ秒 ●

　立ち上がり時間がナノ秒未満の信号パスは伝送線路として考慮されなければなりません．接続，ケーブル，アダプタ，アッテネータ，そしてプローブはこの伝送線路において不連続点となり，望ましい信号を忠実に伝送する能力に悪影響を与えます．ある要素によってもたらされる信号の崩壊の程度は，その要素の伝送線路の公称インピーダンスからのずれに伴って変化します．このようにして生じるずれは，パルスの立ち上がり時間，忠実度，またはその両方の悪化となって表れます．したがって，それらの要素や接続の信号パスへの導入は最小限にし，必要な接続と要素はハイグレードの部品を使うべきです．コネクタ，ケーブル，アッテネータ，あるいはプローブのどのような種類であれ，高周波での使用に十分な仕様でなければなりません．よく知られているBNCハードウェアは，立ち上がり時間が350psより速いときは損失が大きくなります．立ち上がり時間においてはSMA部品が好ましいと本文で述べました．それに加えて，ケーブルは50Ωの"リジットケーブル"か，少なくとも，高周波での動作仕様が十分なテフロン・ベースの同軸ケーブルにすべきです．最適な接続は，信号出力を*直接*測定入力に結合することによってケーブルを排除することです．

　アダプタ（例えばBNC/SMA）を介して信号パスのハードウェアを混在させるのは避けるべきです．アダプタは著しい寄生作用をもたらし，その結果，反射，立ち上がり時間の悪化，共振，その他の動作悪化が生じます．同様に，オシロスコープを接続する際もプローブを避け，測定器の50Ω入力に直接接続すべきです．もしプローブを使わなければならないのであれば，信号パスに挿入する際はその接続メカニズムと高周波の補償に注意を要します．パッシブのZ_0タイプは，インピーダンスが500Ω（10倍）と5kΩ（100倍）のものが市販品で入手でき，それらの入力容量は1pF未満です[注1]．そのようなプローブはどれも使う前に慎重に周波数補償をしなければならず，さもないと誤った測定結果が表示されてしまいます．信号パスにプローブを挿入するのであれば，信号伝送に影響を与えない信号抽出が何らかの形で必要になります．実際上は，ある程度の外乱には耐性があるはずで，それが測定結果に与える影響も見積もれるはずです．高品質な信号抽出は通常，挿入損失，劣化要因，プローブ出力のスケール・ファクタが仕様で規定されています．

　ここまでで，信号パスを設計および維持する際に注意すべきことを強調しました．啓発によって鍛えられた懐疑的な態度は，信号パスを構築するときに役立つツールのひとつであり，いくら願望を強くしても，準備と方向づけられた実験に勝るほど効果的ではありません．

注1：Appendix Dの「Z_0プローブについて」を参照のこと．

Appendix F　ブレッドボード実装，レイアウトおよび接続のテクニック

本章に出てくる測定結果を得るには，ブレッドボード実装，レイアウト，そして接続のテクニックに細心の注意が必要でした．ナノ秒の領域では，高分解能測定は傲慢な実験室的態度に耐え得るものではないのです．掲載したオシロスコープの画面写真は，リンギング，急変，スパイクやそれに類する異常はありませんでしたが，それはブレッドボード実装を慎重に行った結果なのです．ブレッドボードで測定に値するノイズ／不確かさのフロアレベルを得るまでには相当な実験が必要でした．

オームの法則

オームの法則がレイアウト成功への鍵のひとつだということは一考に値します[注1]．1 Ωを走り抜ける10 mAは10 mVを生成するということを考えてください――10 mVは測定限界の2倍です！いま，この電流を立ち上がり時間1 ns（≒ 350 MHz）で走らせてみなさい．そうすれば，レイアウトに注意が必要なことが明らかになります．最大の関心事は回路グラウンドのリターン電流の処理と，グラウンド・プレーンにおける電流の配置です．特にナノ秒のスピードでは，グラウンド・プレーンのどの2点間のインピーダンスもゼロではありません．このような理由で，入力ポイントと"汚れた"グラウンド・リターンの流れはグラウンド・システムの中で慎重に配置されなければならないのです．

グラウンド管理の重要性を示す良い例のひとつは，入力パルスをブレッドボードへ供給することです．パルス・ジェネレータの50 Ω終端はインラインの同軸タイプでなければなりません．これによって，パルス・ジェネレータのリターン電流は確実に終端器のところでタイトな局所ループを回り，信号プレーンの中には混じりません．ナノ秒のスピードなので，誘導性の寄生要素が抵抗性のものよりも大きな誤差をもたらすかもしれない，ということに言及しておく価値はあるでしょう．これにより，寄生誘導と表皮効果に基づく損失を最小限にするため，多くの場合，接続に平編銅線を使う必要があります．これらのことを考慮して，回路全体におけるすべてのグラウンド・リターンと信号

接続を評価しなければなりません．パラノイア的なものの見方をもっていると非常に役に立ちます．

シールド

放射による誤差に対処する最も明白な方法はシールドです．どこにシールドが必要かを決めるのは，どのようなレイアウトがシールドの必要性を最小限にするかをよく考えたあとでするべきです．しばしば，グラウンドに求められることは放射の影響を最小限にすることと対立し，敏感な点の間の距離を保つことが不可能になります．シールドは通常，そのような状況では効果的な妥協のひとつです．

グラウンド・パスの完全性へのアプローチも放射の管理とともに追求されるべきです．どこの点が放射を起こしやすいかを考慮し，それらの点を敏感なノードからある距離を置いて配置することを試みます．奇妙な影響の疑いがあるときには，シールドの配置を試して結果を記録し，好ましい性能に向かって繰り返します[注2]．*何よりも，出所が十分にわかっていない不要信号を"取り除く"ためにフィルタリングや測定帯域制限に頼ってはなりません*．それは知的なアプローチでないばかりでなく，オシロスコープ上できれいに見えるにもかかわらず，完全に無効な測定"結果"を生み出すかもしれません．

接続

ブレッドボードへの信号接続はすべて同軸でなければなりません．オシロスコープのプローブに使われるグラウンド線は禁止です．スコープのプローブに使われる1インチのグラウンド線は，大量に観測される"ノイズ"と見ただけでは説明がつかない波形を容易に生成するでしょう．同軸マウント式のプローブ先端アダプタを使うことです[注3]！

注1：ここでは私は知ったかぶりにはならない．このことにおける私の罪は重大である．
注2：うまく動作したあとで，なぜだったかがわかる．
注3：さらなるこの種の小言については参考文献(34)を参照のこと．

Appendix G　帯域幅はどれだけあれば十分か

正確な広帯域のオシロスコープによる測定には一定の帯域幅が必要です．良い質問は，どれだけ必要なのかということです．古典的なガイドラインは，測定系の"エンド・ツー・エンド"の立ち上がり時間がその測定系の個々の構成要素の立ち上がり時間の2乗和の平方根に等しいというものです．最もシンプルな場合は構成要素が二つ，すなわち信号源とオシロスコープです．図26.G1の$\sqrt{(信号源^2 + オシロスコープ^2)}$の立ち上がり時間対誤差のプロットによって明らかになっています．この図は，信号源からオシロスコープまでの立ち上がり時間の比と観測された立ち上がり時間をプロットしたものです（立ち上がり時間は時間領域で表した帯域幅で，

$$立ち上がり時間 [ns] = \frac{350}{帯域幅 [MHz]}$$

です）．

この曲線は，5％以内の測定確度を得るには入力信号より立ち上がり時間が3〜4倍速いオシロスコープが必要だということを示しています．それが理由で，立ち上がり時間1 nsのパルスを350 MHz（$t_{RISE} = 1\,ns$）のオシロスコープで測定しようとすると誤った結果となります．この曲線は恐ろしいことにオシロスコープの立ち上がり時間が信号源と同等だと誤差が41％になることを示しています．この曲線には，信号源とオシロスコープとを接続するパッシブ・プローブやケーブルの影響が含まれていないことに注意してください．プローブは必ずしも2乗和平方根則に従うわけではなく，与えられた測定に対しては注意深く選定，使用されなければなりません．詳細は Appendix D を参照してください．参考までに，1 MHz〜5 GHz間の主要な10点の立ち上がり時間／帯域幅の関係を図26.G2に示します．

図26.G1　立ち上がり時間の測定確度に対するオシロスコープの立ち上がり時間の影響．信号に対するオシロスコープの立ち上がり時間の比が1に近づくにつれて測定誤差が急速に大きくなる．測定データは2乗和平方根の関係に基づいており，それに従わないパッシブ・プローブはデータに含まれていない

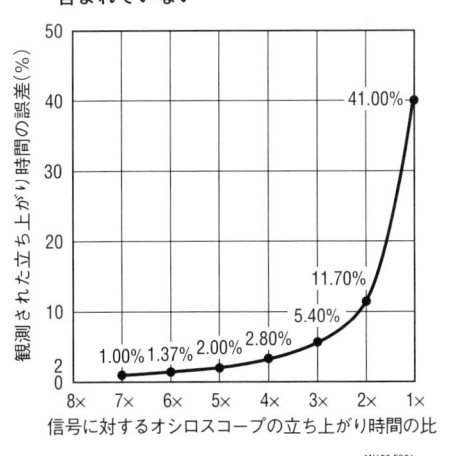

AN128 FG01

図26.G2　主要ポイントでの立ち上がり時間／帯域幅の関係．データは本文中の立ち上がり時間／帯域幅の計算式に基づく

立ち上がり時間	帯域幅
70ps	5GHz
350ps	1GHz
700ps	500MHz
1ns	350MHz
2.33ns	150MHz
3.5ns	100MHz
7ns	50MHz
35ns	10MHz
70ns	5MHz
350ns	1MHz

Appendix H　立ち上がり時間と遅延の測定における完全性の検証

どのような測定においても，試験者は測定の信頼性を保証することが求められます．通常は何らかの形のキャリブレーション・チェックが手順に入っています．高速の時間領域の測定は特に誤差を生じやすい傾向があり，測定の完全性を保つためさまざまなテクニックがあります．

図26.H1に示すバッテリ給電された200 MHzの水晶発振器は5 nsのマーカを生成し，これはオシロスコープの時間ベースの正確さを検証するために有用です．1.5 Vの単3電池1個からLTC3400ブースト・レギュレータに給電し，発振器を駆動する5 Vを生成します．発振器出力はピークをもつアッテネーション・ネットワークを通って50 Ω負荷に伝達されます．この構成によって良好な5 nsのマーカ（図26.H2）が得られるとともに，電圧レベルの低いサンプリング・オシロスコープ入力がオーバードライブになるのを防止できます．

時間ベースの正確さが確認されたら，立ち上がり時間をチェックする必要があります．アッテネータ，接続，ケーブル，プローブ，オシロスコープ，その他すべてを含めた信号パス一括の立ち上がり時間がこの測定に含まれるべきです．そのような"エンド・ツー・エンド"の立ち上がり時間チェックは，意味のある結果を得るために効果的な方法の一つです．正確さを保証するガイドラインは，測定したい立ち上がり時間の4倍以上の速さの測定パスになっていることです．このため，サンプル・ゲート乗算器の帯域250 MHz（立ち上がり時間1.4 ns）を検証するために必要なオシロスコープの帯域は1 GHz（t_{RISE} = 350 ps）です．同様に，オシロスコープの立ち上がり時間350 psを検証するためには，そのスコープが確実に立ち上がり時間の限界までドライブされるように90 psの立ち上がり時間ステップが必要になります．図26.H3に，立ち上がり時間のチェックに使える高速のエッジ発生器をいくつかリストアップします[注1]．今回，スコープの立ち上がり時間チェックには，立ち上がり時間の仕様が70 psのテクトロニクス284を使いました．図26.H4は立ち上がり時間350 psを示しており，測定の信頼性を高めています．

注1：これはかなり風変わりなグループだが，正にこのレベルの装置が立ち上がり時間の検証には必要となる．

図26.H1　電源1.5V，200MHzの水晶発振器で5nsの時間マーカが得られる．1.5Vから5Vへのスイッチング・レギュレータから発振器に給電する

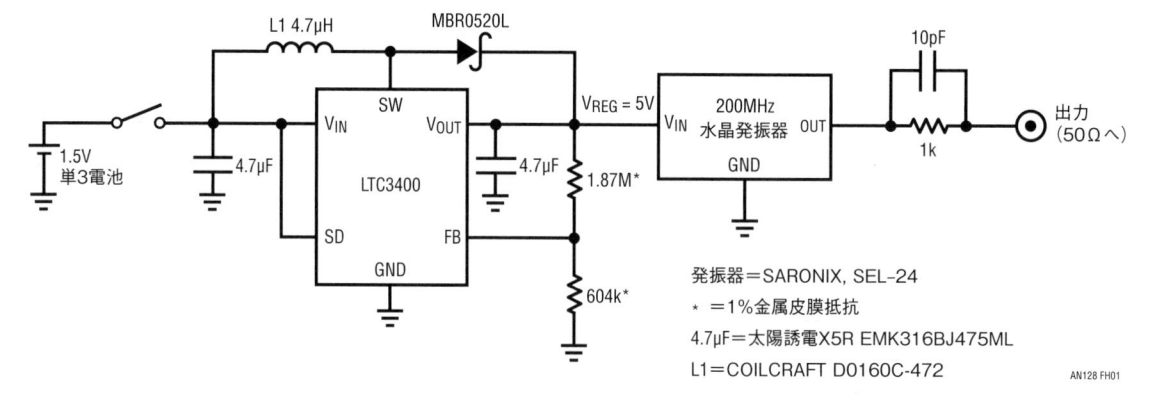

図26.H2　時間マーカ生成器の50Ωで終端された出力.
ピークのある波形は時間ベースのキャリブレー
ションに最適である

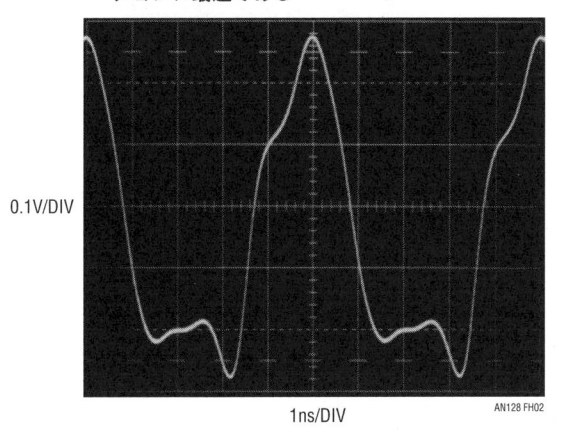

0.1V/DIV

1ns/DIV　　AN128 FH02

図26.H3　立ち上がり時間の検証に適するピコ秒エッジ発生器. 速さ, 特徴, 入手性を考慮した

メーカ	型　番	立ち上がり時間	振幅	入手性	備　考
Avtech	AVP2S	40ps	0V〜2V	現行機種	フリーランまたはトリガ動作, 0MHz〜1MHz
Hewlett-Packard	213B	100ps	約175mV	中古市場	フリーランまたはトリガ動作, 〜100kHz
Hewlett-Packard	1105A/1108A	60ps	約200mV	中古市場	フリーランまたはトリガ動作, 〜100kHz
Hewlett-Packard	1105A/1106A	20ps	約200mV	中古市場	フリーランまたはトリガ動作, 〜100kHz
Picosecond Pulse Labs	TD1110C/TD1107C	20ps	約230mV	現行機種	製造中止のHP1105/1106/8Aに類似. 上記参照
Stanford Research Systems	DG535 OPT 04A	100ps	0.5V〜2V	現行機種	スタンドアロンのパルス・ジェネレータで駆動しなければならない
Tektronix	284	70ps	約200mV	中古市場	繰り返しレート50kHz. 主出力の前のプリトリガは5ns, 75ns, 150ns. 校正された100MHzおよび1MHzの正弦波の補助出力あり
Tektronix	111	500ps	約±10V	中古市場	繰り返しレート10kHz〜100kHz. 正極性または負極性が選べる出力. プリトリガ出力30ns〜250ns. 外部トリガ入力. CHARGE LINE入力からパルス幅設定が可能
Tektronix	067-0513-00	30ps	約400mV	中古市場	プリトリガ出力60ns. 繰り返しレート100kHz
Tektronix	109	250ps	0V〜±55V	中古市場	繰り返しレート〜600Hz(ベースは高圧水銀リード・リレー). 正極性または負極性が選べる出力. CHARGE LINE入力からパルス幅設定が可能

図26.H4　70psのエッジがオシロスコープの立ち上がり時
間限界の350psまでドライブし, 帯域幅1GHz
を実証している

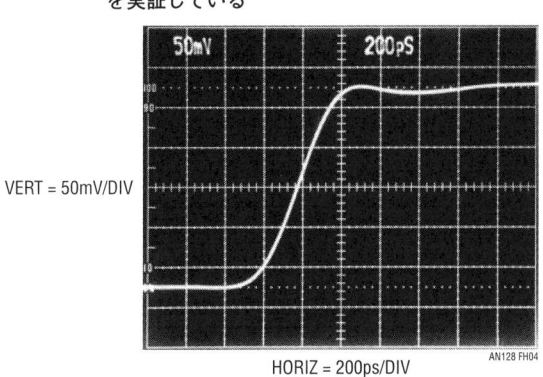

VERT = 50mV/DIV

HORIZ = 200ps/DIV　　AN128 FH04

Contemplating Nanosecond Settling Time Measurement at Punta Cana, Dominican Republic, where this Application Note was written

第 27 章

音響温度測定入門
空気の詰まったオリーブ瓶が教えるシグナル・コンディショニング

Jim Williams and Omar Sanchez-Felipe, 訳：松下 宏治

はじめに

我々はときどき大学の工学部の学生に講義をすることがあります．それらの講義の目標の一つは斬新で，あるいは魅力的とさえいえる方法でテクノロジーを披露することです．うまくいけば学生はそのトピックに惹きつけられ，刺激を受けた好奇心は教育にとって肥沃な土地となります．そのような講義の一つに，シグナル・コンディショニング技術の一例として音響温度測定を研究するというものがあります．このテーマは関心が高かったので，広く周知するため，また将来の音響温度測定講義の補助教材とするため，ここに示すことにします．

音響温度測定

音響温度測定は深遠で，洗練された温度測定技術です．それは，音が媒体を通過する時間に温度依存性があることを温度測定に利用するというものです．媒体としては固体，液体，気体などが考えられます．音響温度計は従来のセンサでは耐えられない環境でも機能します．例としては極端な温度条件，センサが物理的

に破壊するような使用条件および原子炉などが含まれます．気体を経路とした音響温度計は，本質的に熱質量あるいは遅れを持たないため，温度変化に対して非常に高速に応答します．音響温度計の“本体”が被測定物です．さらに，音響温度計が示す“温度”は，従来のセンサの測定ポイントが一点であるのとは対照的に，測定経路全体の通過時間を意味します．このため，音響温度計は測定経路内の温度のばらつきを検出できません．測定経路が等温かどうかにかかわらず，その経路の遅延をその“温度”として示すのです．

嬉しい驚きは，気体を経路とした音響温度計内の音波の通過時間は圧力と湿度にはほぼ完全に依存せず，温度が唯一の決定要素であるということです．それに加えて，空気中の音速の変化は温度の平方根として予測できます．

実施上の配慮点

実際の音響温度計の実地授業は音響トランスデューサと寸法的に安定な測定経路を選ぶことから始まります．広帯域の超音波トランスデューサには，高速，低ジッタで共振やその他の寄生作用の影響を受けない忠

図27.1 超音波トランスデューサは瓶に堅く取り付けられたキャップの内側に強固に据え付けられている．この構造により，物理的変数に本質的に依存しない固定長の測定経路が得られる．75°Fにおける音波の伝達時間は約900μs，変化率は約1μs/°F

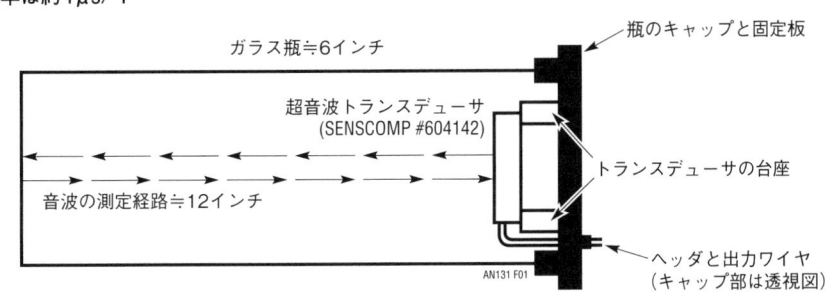

実度の高い応答を得られるものが望まれます．**図27.1**に示した静電気タイプはこれらの要求を満たします．1つのトランスデューサが送信器と受信器両方の役割をします．測定経路の寸法的安定性を得るため，このデバイスはガラス容器に堅く取り付けられた金属製キャップの内側に強固に据え付けられています．この容器とキャップは“Reese”ブランドの“Cannonball”オリーブの瓶（**図27.2**）を利用したものです．オリーブと残留物を取り除いたあと，瓶とキャップは結合するまえに100℃でベークしています．トランスデューサのリード線は同軸ヘッダを介してキャップを貫通しています．この構成と，ガラス容器の熱膨張係数が相対的に小さいことにより，経路の距離が温度，圧力とそれに伴う機械的な変化に対して安定になります．容器の底での跳ね返りとトランスデューサへの戻りも含めた経路長は約12インチです．この場合，往復時間は約900 μs となります（空気中の音速 ≒ 1.1 ft/ms）．75°Fでは，この経路の温度による変化率はおおよそ1 μs/°Fです．必要分解能が0.1°Fの場合，機械的，電気的に導かれる経路長の不確かさを100 ns 以内にする必要があり，これを経路長12インチに当てはめると，おおよ

そ0.001インチの寸法的安定性が必要ということとなります．生じうる誤差要因を考慮しても，これは目標値として現実的なものです．

概要

図27.3は音響温度計を単純化した概略図です．トランスデューサは，一種のコンデンサと考えることができ，150 V_{DC}にバイアスされています．開始パルス・クロックは短いインパルスでそれをドライブし，超音波を測定経路に発射します．同時に，パルス幅をデコードするフリップフロップがHighレベルにセットされます．音波のインパルスは容器の底で反射し，トランスデューサに戻り衝突します．その結果として極小の機械的変位が生じ，それによりトランスデューサは電荷を放棄し（$Q = \Delta C \cdot V$），その機械的変位は，受信器のアンプ入力に電圧として現れます．トリガはアンプ出力の変化をロジック・レベルに変換してフリップフロップをリセットします．フリップフロップ出力のパルス幅は測定経路を音波が伝達する時間（温度に依存）を表します．マイクロプロセッサは，測定経路の温度/遅延のキャリブレーション定数をもっていて，温度を計算してディスプレイにその情報を表示します[注1]．開始パルス発生器にはもう一つ出力があり，それは測定サイクルのほぼ全体にわたってトリガ出力を遮断します．トリガ出力はリターン・パルスが来ることが予期される近辺の期間中のみ通過します．これにより測定経路の外側で発生する不要な音響イベントを区別し，誤トリガを防ぎます．第二のゲート信号は，パルス幅をデコードするフリップフロップが発生し，150 Vバイアスを供給するスイッチング・レギュレータを測定期間中シャットダウンします．リターン・パルスの振幅はトランスデューサにて2 mV未満であり，高ゲイン，広帯域の受信器アンプは寄生的な入力に対して脆弱です．150 Vバイアスを測定期間にシャットダウンすることによって，スイッチングの高調波による受信アンプの誤動作を防ぎます．**図27.4**にこの測定システムのイベント・シーケンスを示します．測定サイクルは，開始パルス（A）がトランスデューサをドライブし，フ

**図27.2　** キャップ・アセンブリの詳細とガラスに囲われた測定経路が一部見える写真．超音波トランスデューサがキャップの内側に見える．固定板はキャップの上に接着されていて，薄い金属製のキャップが周囲の圧力や温度の変化によって変形するのを防ぎ，測定経路長の安定性を高めている．同軸ヘッダは変換器と接続するのに使う

注1：キャリブレーション定数の決定についての詳細は，Appendix Aの「測定経路のキャリブレーション」を参照のこと．

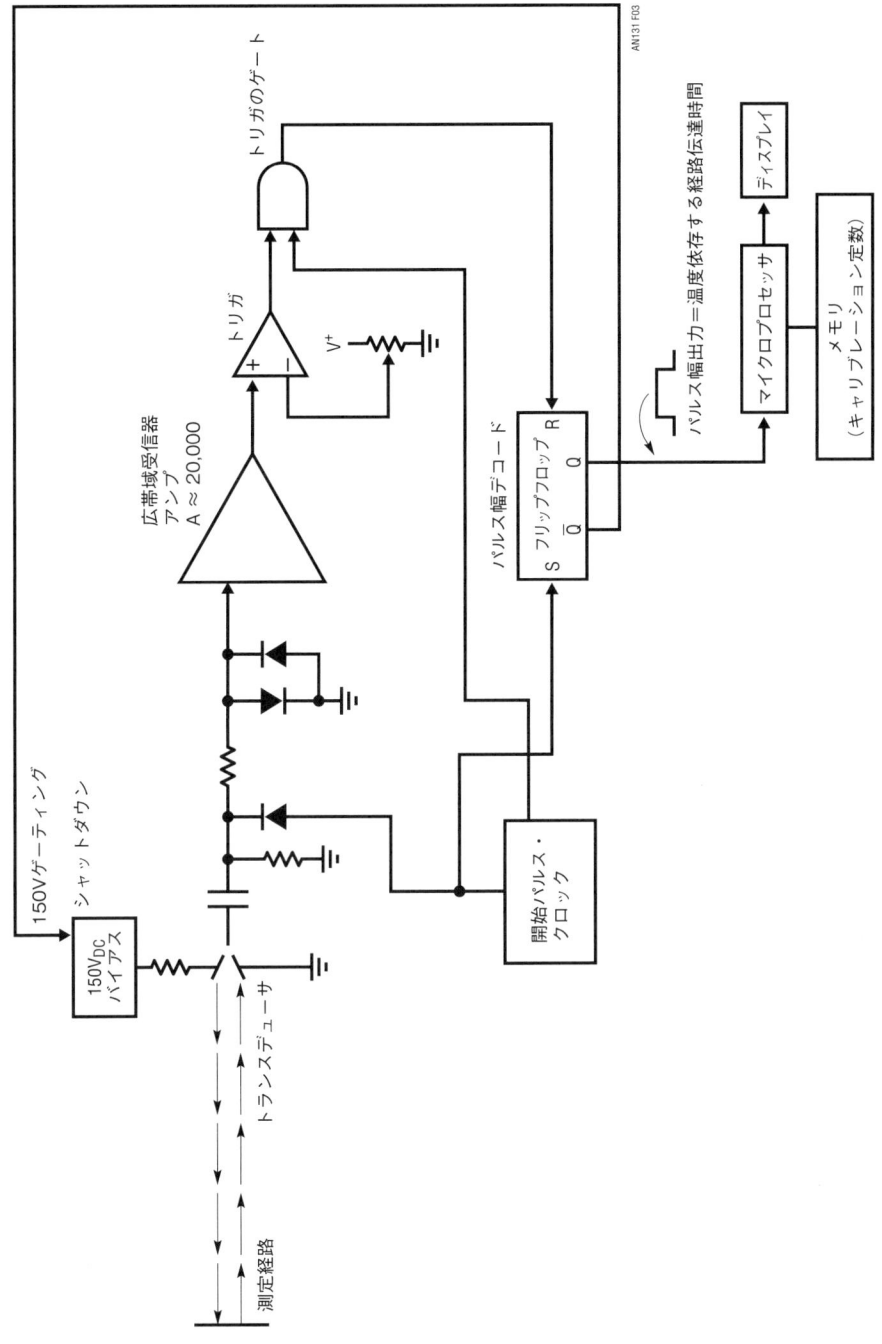

図27.3　音響温度計の信号処理回路の概念図. 開始クロックは測定経路の中へ音響パルスを発射し, パルス幅をデコードするフリップフロップをHighレベルにセットする. 経路を戻ってきた音響パルスは受信器で増幅され, トリガをトリップし, フリップフロップをリセットする. この結果得られる出力"Q"のパルス幅は, 温度に依存する経路伝達時間を表しており, マイクロプロセッサによって温度の読み取り値に変換される. 高電圧電源とトリガがをゲートすることにより不要な出力を防ぐ

図27.4　図27.3のイベント・シーケンス．開始パルス (A) はトランスデューサをドライブし，フリップフロップ (B) を
　　　　High レベルにセットする．戻ってきた音響パルスはアンプをアクティベートし (C，右端)，トリガ出力 (D) を発
　　　　生させてフリップフロップ (B) をリセットする．トリガ・ゲーティング (E) は，開始パルスによって生じるアン
　　　　プ出力 (C，左端) や外部の音響イベントに反応して誤トリガが発生するのを防ぐ．ゲーティング (F) は測定の間
　　　　150V スイッチング・コンバータをオフし，アンプの誤出力を防ぐ

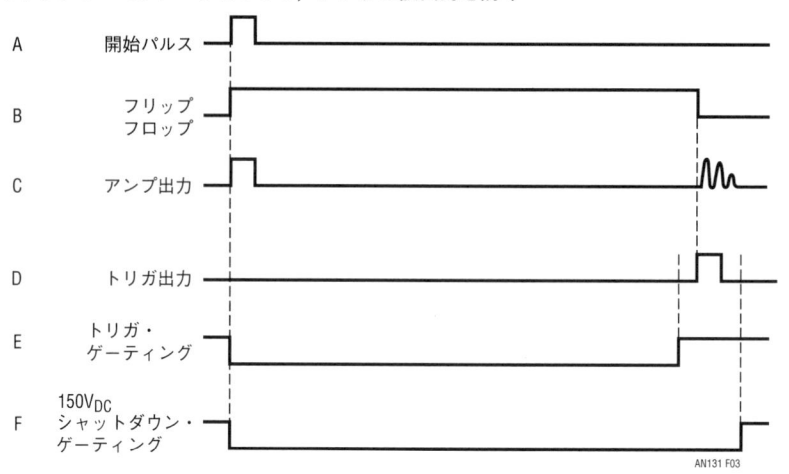

AN131 F03

リップフロップ (B) を High レベルにセットすることから開始します．音波インパルスの伝達時間が経過すると，アンプが応答し (C，図の右)，トリガがトリップして (D，図の右)，それがフリップフロップをリセットします．ゲート信号 (E，F) は不要な音波イベントと開始パルスの誤検出からトリガを保護し，高電圧レギュレータを測定の間シャットオフします．

詳細な回路図

　図27.5 の詳細回路図は，図27.3 のコンセプトに厳密に従ったものです．発振器 LTC6991 は 100 Hz のクロックを供給します．モノステーブル "A" の LTC6993-1 は 10 μs 幅の開始パルス (図27.6 の波形 A) を Q_1-Q_2 ドライバに与えます．Q_1-Q_2 ドライバは容量結合でトランスデューサをドライブします．このモノステーブルはそれと同時にフリップフロップ (E) を High レベルにセットします．このフリップフロップの High レベル出力は，バイアス用高電圧コンバータ LT1072 を測定の間シャットダウンします．モノステーブル "B" は，最も速いと予測される音波のリターンよりわずかに短い期間だけ C_1 のトリガ出力をゲートオフするパルス (B) を生成します．

　発射された音波パルスは測定経路を進行し，反射し，戻って，トランスデューサに衝突します．150 V_{DC} に

バイアスされているトランスデューサは，電荷 ($Q = \Delta C \cdot V$) を放出し，それは受信器アンプにおいて電圧として表れます．縦続接続されたアンプは，オーバーオールのゲインが約 17,600 あり，A_2 出力 (C) と，さらに増幅された A_3 出力を生成します．C_1 はその反転入力の閾値を超える最初のイベントでトリガされ (D)，フリップフロップをリセットします．結果として得られるフリップフロップの出力パルス幅は，温度に依存する伝達時間を表しており，温度を算出して表示するマイクロプロセッサに読み込まれます[注2]．

　図27.7 はリターン・インパルスのトリップ点における受信アンプの動作を詳細に示したものです．帰りの音波パルスは A_2 にて観測したものです (波形 A)．A_3(B) はゲインを加え，信号の主要なレスポンスを緩やかに飽和させています．C_1 のトリガ出力 (C) は複数のトリガに反応していますが，フリップフロップ出力 (D) は最初のトリガ以降は High レベルを保ち，伝達時間のデータを確実に保持します．

　ゲーティングは高電圧電源のスイッチング高調波によってアンプが誤トリガを出力するのを防ぎます．図27.8 にゲートオフの詳細を示します．測定開始時にフリップフロップ出力 (波形 A) が High レベルになり，

注2：プロセッサ・ソフトウェアの全コードを Appendix B
　　　の "ソフトウェア・コード" に収録している．

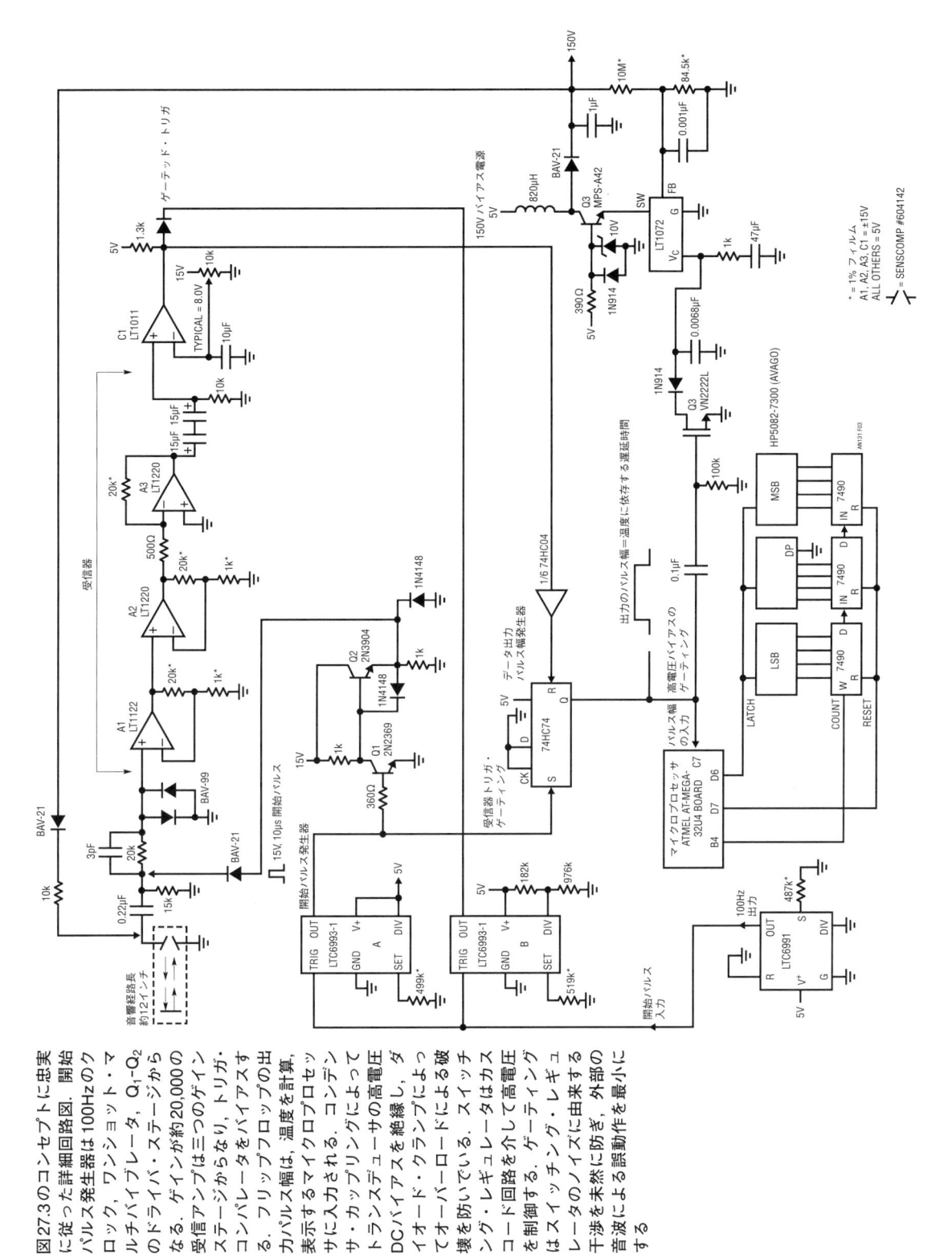

図27.5　図27.3のコンセプトに忠実に従った詳細回路図．開始パルス発生器は100Hzのクロック，ワンショット，マルチバイブレータ，Q_1-Q_2のドライバ・ステージからなる．ゲインが約20,000の受信アンプは三つのゲイン・ステージからなり，トリガ・コンパレータをバイアスする，フリップフロップの出力パルス幅は，温度を計算，表示するマイクロプロセッサに入力される．コンデンサ・カップリングによってトランスデューサの高電圧DCバイアスを絶縁し，ダイオード・クランプによってオーバーロードによる破壊を防いでいる．スイッチング・レギュレータはガスト・レギュレータを介して高電圧コード回路を制御する．ゲーティングはスイッチング・レギュレータのノイズに由来する干渉を未然に防ぎ，外部の音波による誤動作を最小にする

図27.6 図27.5の各部の波形. 開始パルス (A), トリガ・ゲート (B), A₂出力 (C), トリガ (D), フリップフロップQ出力パルス幅 (E). アンプ出力はトリガ遷移を複数発生させるが, フリップフロップが出力パルス幅の正確さを確保する. 写真右のA₂トリガ出力は, 音響パルスの2度目の跳ね返りによるものだが, 重要ではない

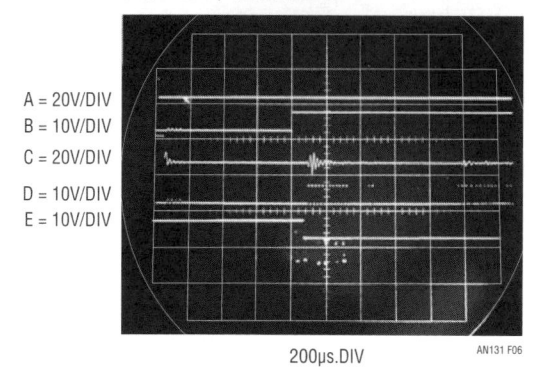

A = 20V/DIV
B = 10V/DIV
C = 20V/DIV
D = 10V/DIV
E = 10V/DIV

200μs.DIV　　　　AN131 F06

図27.7 受信アンプ-トリガ動作のトリップ・ポイントにおける詳細. 戻ってきた音波パルスは440倍に増幅されてA₂出力 (波形A) に現れる. A₃出力 (B) はさらに40倍され, 主要なレスポンスは緩やかに飽和する. C₁出力 (C) は複数のトリガに応答しているが, フリップフロップ出力 (D) は最初のトリガのあとはHighレベルを維持する

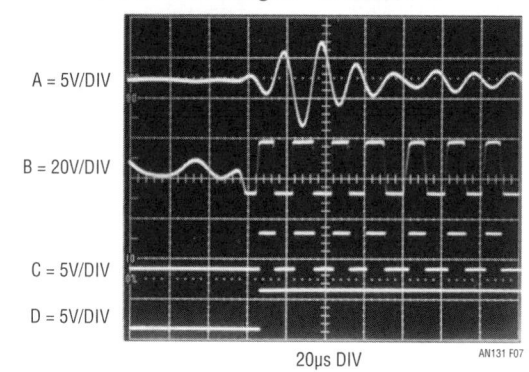

A = 5V/DIV

B = 20V/DIV

C = 5V/DIV
D = 5V/DIV

20μs DIV　　　　AN131 F07

図27.8 高電圧バイアス電源ゲートオフの詳細. フリップフロップ出力 (波形A) がHighレベルになるとスイッチング・レギュレータLT1072がシャットダウンし, 150Vフライバック・イベント (B) はオフする. オフ時間は測定期間中継続し, 受信アンプの誤動作を防ぐ

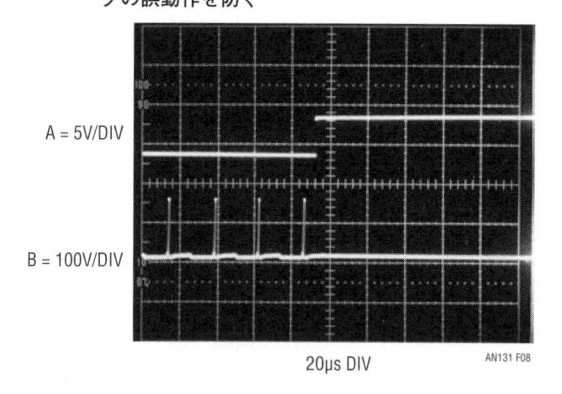

A = 5V/DIV

B = 100V/DIV

20μs DIV　　　　AN131 F08

図27.9 高電圧バイアス電源ゲートオンの詳細. フリップフロップ出力 (波形A) は音波パルスが戻った時点でLowレベルに落ちる. スイッチング・レギュレータLT1072のV_Cピンに接続された部品は, バイアス電源のターンオン (B) を遅らせる. このシーケンスにより, アンプ・トリガの脆弱な応答が生じる間, バイアス電源は確実にオフになる

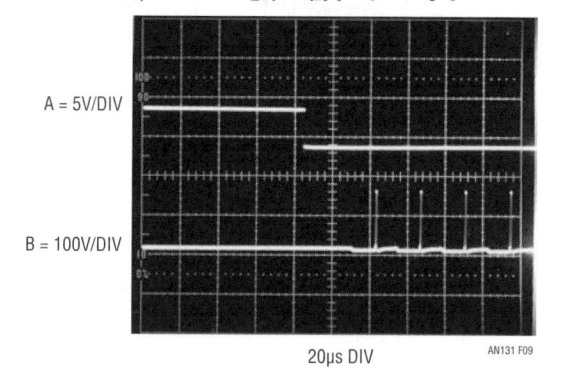

A = 5V/DIV

B = 100V/DIV

20μs DIV　　　　AN131 F09

高電圧スイッチング (B) をシャットダウンします. この状態は伝達時間の全区間で継続し, アンプが誤トリガを出力するのを防ぎます. 図27.9のフリップフロップの立ち下がり (波形A) は, LT1072のV_Cピンにいくつかの部品を介して入力されます. これらの部品は, 小振幅のリターン・パルスのトリップ点の後に高電圧電源がオンするように遅延を与えます. こうすることで, クリーンでノイズフリーなトリガを確実にしています.

　いくつかの回路特性が性能を補助しています. 先に述べたように, トリガ出力をゲーティングすることによって外部からの音波干渉を防いでいます. 同様に, 150Vのコンバータをゲーティングすることによってその高調波が高ゲイン, 広帯域の受信アンプを誤動作させることを防いでいます. 加えて, 150Vという電源電圧はゲイン項であるため, 測定中の電圧低下は潜在的な懸念事項になります. 実際には, 1μFの出力コンデンサは今回の場合, 30mV, すなわち約0.02%しか減衰しません. この小さな変動は一定であり, 重大ではないので無視できるかもしれません. トリガ・ト

図27.10　A₂出力で観測した音波の多重跳ね返り．ガラス容器の内部で音響が拡散することにより雑音が発生．後の方の跳ね返りでトリガをかけるとタイミングのマージンは拡大するが，信号対雑音特性は悪化する

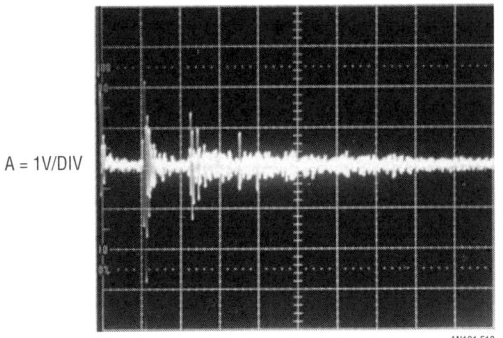

A = 1V/DIV

500μs DIV UNCALIBRATED　　AN131 F10

リップ点と開始パルスを同一の電源から引き出すことによってトリガ電圧が受信信号パルス振幅と比例して変化するため，安定性が向上します．最後に，使われているトランスデューサは広帯域，高感度で共振フリーのもので，それにより繰り返し動作・ジッタのない動作が可能となります[注3]．以上のすべてが直接的に貢献して，この回路は約 1 ms の経路長に対して 100 ns（0.1°F）未満の分解能，100 ppm 未満の不確かさという性

注3：年配の読者はこのトランスデューサが1970年代のオートフォーカス・カメラ Polaroid SX-70（ベビーブーム世代は誰もが 1 台必ず持っていたはず）の流れを汲むものであると気付くだろう．

能をもちます．Appendix Aのキャリブレーションを用いた場合，60°Fから90°Fまでの絶対精度は1°F以内になります．

後の方の跳ね返りでトリガをかけることはタイミング耐性を緩和する潜在的利点があり，考慮に値します．**図27.10**は，A₂出力で観測した音波の多重跳ね返りを示しています．ガラス容器の内部で音響が拡散することにより雑音が発生しています．後の方の跳ね返りでトリガをかけることはタイミングマージンを拡大しますが，信号対雑音特性に対しては不利になります．これは信号処理技術によって克服できるものでしょうが，分解能を増加して得られる効果がその努力を正当化しなければならなくなるでしょう．

◆ **参考文献** ◆

(1) Lynnworth, L.C. and Carnevale, E.H., "Ultrasonic Thermometry Using Pulse Techniques." *Temperature: Its Measurement and Control in Science and Industry*, Volume 4, p. 715-732, Instrument Society of America (1972).

(2) Mi, X.B. Zhang, S.Y. Zhang, J.J. and Yang, Y.T., "Automatic Ultrasonic Thermometry." Presented at Fifteenth Symposium on Thermophysical Properties, June 22-27, 2003, Boulder, Colorado, U.S.A.

(3) Williams, Jim, "Some Techniques For Direct Digitization of Transducer Outputs," Linear Technology Corporation, Application Note 7, p.4-6, Feb. 1985.

(4) Analog Devices Inc., "Multiplier Applications Guide," "Acoustic Thermometer," Analog Devices Inc., p. 11-13, 1978.

Appendix A　測定経路のキャリブレーション

　理論上は，温度のキャリブレーション定数は測定経路の長さから算出可能です．実際は，要求される正確さで経路長を定めるのは困難です．容器，トランスデューサ，マウントの寸法に不確かさがあるため，既知の温度に対するキャリブレーションが必要です．図27.A1 にキャリブレーションの構成を示します．容器を制御可能なサーマル・チャンバ内に置き，正確な温度計を容器と同じ温度になるように取り付けます．チャンバの設定値を段階的に変えて，60°F から90°F

までの間で均等に10点に分割した温度ポイントを設定します．0.25°F のセトリングまでの容器の時定数は30分なので，各ステップで読み取り値を得るまえに，安定するまでの十分な時間をみておかなければなりません．読み取りには，パルス幅を示すカウンタ値を読み，そのデータを記録することを含みます．この情報はその後マイクロプロセッサのメモリにロードされます．Appendix B の"ソフトウェア・コード"を参照してください．

図27.A1　キャリブレーションの構成．温度計，カウンタ，音響調整回路，容器を入れたチャンバで構成される．温度は60°F と90°F の間を3°F ごとに段階的に変える．各ポイントでは30分間の安定化時間が必要

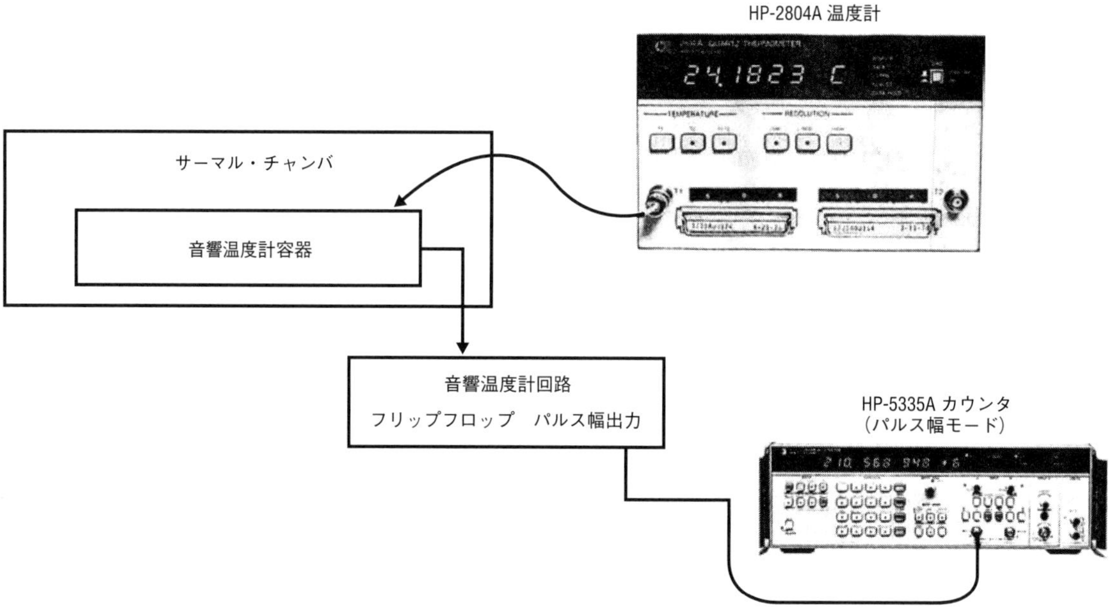

Appendix B

Atmel AT-Mega 32U4マイクロプロセッサのための のソフトウェア・コードは，キャリブレーション定数 がメモリに保存されており（Appendix A参照），検出 した温度を計算して表示することが可能です．この コードは，LTCのOmar Sanchez-Felipeによって書 かれたもので，以下に示します．

```
//       OLIVER.C:
//
//       Hot temps from a jar of olives.
//
//       The microprocessor is the Atmel ATmega32U4. See 'atmel.com' for its
//       datasheet. The code is compiled with the current version of the
//       'avr-gcc' compiler obtainable at 'winavr.sourceforge.net'.
//
//       Calibration data:
//           Pulse len (usecs)          Temp (deg)
//            877.40                      84.2
//            884.34                      76.0
//            887.40                      72.4
//            892.56                      66.4
//            897.60                      60.7
//
#include <avr/io.h>
#include <avr/wdt.h>

//      Some useful defs
#define BYTE            unsigned char
#define WORD            unsigned short
#define DWORD           unsigned long
#define BOOL            unsigned char
#define NULL            (void *)0
#define TRUE            1
#define FALSE           0

#define BSET(r, n)      r |= (1<<n)          // set/clr/tst nth bit of reg
#define BCLR(r, n)      r &= ~(1<<n)
#define BTST(r, n)      (r & (1<<n))
#define DDOUT(r, v)     (r |= (v))           // config (set) bits for OUT
#define DDIN(r, v)      (r &= ~(v))          // config (clear) bits for IN
#define SETBITS(r, v)   (r |= (v))           // set multiple bits on register
#define CLRBITS(r, v)   (r &= ~(v))          // clear ""

#define SYS_CLK         16000000L            // clock (Hz)
#define CLKPERIOD       625
#define POSEDGE         1                    // edge definitions for timerwait
#define NEGEDGE         0
#define TMRGATE         PORTC7                // I/O pins
#define BCDRSET         PORTD7
#define BCDPULS         PORTB4
#define DPYLATCH        PORTD6
```

```
//         Calibration table and entry.
//         Using small units of time and temp allows all calcs
//         to be done in fixed point.
struct    calpoint
{
        DWORD pulse;            // pulse duration, in tenths of nsecs
        WORD  temp;             // temperature, in tenths of degrees
        WORD  slope;            // slope (in tenths of nsecs/tenths of degree)
};

struct    calpoint caltab[] =    // the calibration table
{       {8774000L, 842, 0},
        {8843400L, 760, 0},
        {8874000L, 724, 0},
        {8925600L, 664, 0},
        {8976000L, 607, 0}
};
#define NCALS           (sizeof(caltab)/sizeof(struct calpoint))
#define TEMPERR         999

void      spin(WORD);
BOOL      timerwait(BYTE v, long tmo, WORD *p);
void      setdpy(WORD);
void      dobackgnd(void);
WORD      dotemp();

int       main()
{
        WORD   temp, i;

        // set master clock divisor
        CLKPR = (1<<CLKPCE); CLKPR = 0;

        // clear WDT
        MCUSR = 0;
        WDTCSR |= (1<<WDCE) | (1<<WDE);
        WDTCSR  = 0x00;

        // init the display I/O pins
        BCLR(PORTD, BCDRSET);
        BCLR(PORTD, DPYLATCH);
        DDOUT(DDRD, ((1<<BCDRSET) | (1<<DPYLATCH)));
        BCLR(PORTB, BCDPULS);
        DDOUT(DDRB, (1<<BCDPULS));

        // init pulse-width counter (timer #3)
        TCCR3A = 0x00;
        TCCR3B = 0x01;                  // no clk prescaling
        DDIN(DDRC, (1<<DDC7));          // PC7 is gate
        BSET(PORTC, PORTC7);            // enable pullup

        // compute the slope for each entry in the cal table
        // the first slope is never used, so we leave it at 0
        // note we're inverting the sign of the slope
        for (i = 1; i < NCALS; i++)
              caltab[i].slope =    (caltab[i].pulse - caltab[i-1].pulse) /
                                   (caltab[i-1].temp - caltab[i].temp);
        setdpy(0);
```

```c
for (;;)
        {
        temp = dotemp();      // compute temperature
        setdpy(temp);         // set the display
        spin(1000);           // spin a second and repeat
        }
} // main

//      Set the display LED's to specified count by brute-force
//      incrementing the BCD counter that feeds it.
//
void    setdpy(WORD cnt)
{
        // reset BCD counter
        BSET(PORTD, BCDRSET);
        asm("nop"); asm("nop");
        BCLR(PORTD, BCDRSET);

        while (cnt--)
                {
                BSET(PORTB, BCDPULS);
                asm("nop"); asm("nop");
                BCLR(PORTB, BCDPULS);
                asm("nop"); asm("nop");
                }
        // latch current val (to avoid flicker)
        BCLR(PORTD, DPYLATCH);
        asm("nop"); asm("nop");
        BSET(PORTD, DPYLATCH);
}

//      Set up the edge detector to trigger on either a positive or
//      negative edge, depending on the 'edge' flag, and then wait for
//      it to happen. See defines for POSEDGE/NEGEDGE above.
//      if param 'tmo' is TRUE, a timeout is set so that we dont wait
//      forever if no pulse materializes.  Returns the counter value
//      at which the edge occurs via pointer 'p'.
//
#define tcnTMO (SYS_CLK/20000L)          // approx 1 msecs
BOOL    timerwait(BYTE edge, long tmo, WORD *p)
{
        if (edge == NEGEDGE)
                BCLR(TCCR3B, ICES3);    // falling edge
        else  BSET(TCCR3B, ICES3);      // rising edge
        BSET(TIFR3, ICF3);
        tmo *= tcnTMO;
        while (!BTST(TIFR3, ICF3))
                {if (tmo-- < 0)
                        return FALSE;
                }
        *p = ICR3;   // return current counter
        return TRUE;
}
```

```
//        Measure the next POSITIVE pulse and map into temperature.
//
WORD    dotemp()
{
        WORD  strt, end, i;
        DWORD dur, temp;

        strt = end = dur = 0;
        // wait for any ongoing pulse to complete
        if (!timerwait(NEGEDGE, 5000, &strt))
              return 0;
        // now catch the first positive pulse
        if (!timerwait(POSEDGE, 5000, &strt))
              return 0;
        // and wait for it to complete
        if (!timerwait(NEGEDGE, 5000, &end))
              return 0;
        dur = (end - strt);
        dur *= CLKPERIOD;  // duration now in tenths of nsecs

        // compute temp. If warmer than highest calibrated temp
        // or cooler than lowest calibrated temp, return TEMPERR
        //
        if (dur < caltab[0].pulse || dur > caltab[NCALS-1].pulse)
              temp = TEMPERR;
        else  { // an entry will always be found, but we (re)init
                // temp to avoid complaints from the compiler
              temp = TEMPERR;
              for (i = 1; i < NCALS; i++)
                    {if (dur <= caltab[i].pulse)
                          {temp = caltab[i].temp +
                                (caltab[i].pulse - dur) /
                                      caltab[i].slope;
                           break;
                           }
                      }
                }
        return temp;
}

//        -------------------------------------------------------------
//        Spin for 'ms' millisecs. Spin constant is empirically determined.
//
#define SPINC   (SYS_CLK / 21600L)
volatile WORD   spinx;
void    spin(WORD ms)
{
        WORD    i;
        while (ms--)
                for (i = 0; i < SPINC; i++) spinx = i*i;
}

//        END
```

```
#       GCC MAKEFILE:
#
#       GMAKE file for the "oliver" code running on the ATmega32U4.
#
CC      = avr-gcc.exe
MCU     = atmega32u4

#       These are common to compile, link and assembly rules
#       The 'no-builtin' opt keeps gcc from assuming defs for putchar() and
#       others
#
COMMON  = -mmcu=$(MCU) -fno-builtin

CF      = $(COMMON)
CF      += -Wall -gdwarf-2
##CF     += -Wall -gdwarf-2 -O0

AF      = $(COMMON)
AF      += $(CF)
AF      += -x assembler-with-cpp -Wa,-gdwarf2

LF      = $(COMMON)
LF      += -Wl,-Map=$(TMP)$(APP).map

#       weird intel flags
#
HEX_FLASH_FLAGS  = -R .eeprom

HEX_EEPROM_FLAGS = -j .eeprom
HEX_EEPROM_FLAGS += --set-section-flags=.eeprom="alloc,load"
HEX_EEPROM_FLAGS += --change-section-lma .eeprom=0 --no-change-warnings

#       ----------------------------------------------------------------
#       MAKE DIRECTIVES
#
#       The "target directory" TMP is standard for the intermediate files
#       (.obj) and the final product.
#       ----------------------------------------------------------------
TMP     = ./tmp/

APP     = oliver
ELF     = $(TMP)$(APP).elf
OBJS    = $(TMP)oliver.o

all:    $(TMP) $(ELF) $(TMP)$(APP).hex $(TMP)$(APP).eep size

$(TMP):
        rm -rf .\tmp
        mkdir .\tmp

$(TMP)oliver.o: oliver.c
        $(CC) $(INCLUDES) $(CF) -O1 -c  $< -o $*.o

oliver.asm: oliver.c
        $(CC) $(INCLUDES) $(CF) -O1 -S  $< -o oliver.asm
```

```
#       Linker  ------------------------------------------------------------
$(ELF): $(OBJS)
        $(CC) $(LF) $(OBJS) $(LINKONLYOBJS) $(LIBDIRS) $(LIBS) -o $(ELF)

%.hex: $(ELF)
        avr-objcopy -O ihex $(HEX_FLASH_FLAGS)  $< $@

%.eep: $(ELF)
        -avr-objcopy $(HEX_EEPROM_FLAGS) -O ihex $< $@ || exit 0

%.lss: $(ELF)
        avr-objdump -h -S $< > $@

size:   $(ELF)
        @echo
        @avr-size -C --mcu=${MCU} $(ELF)

#       Misc  ------------------------------------------------------------
clean:
        -rm -rf $(OBJS) $(TMP)$(APP).elf ./dep/* $(TMP)$(APP).hex $(TMP)$(APP).
        eep $(TMP)$(APP).map $(TMP)$(APP).d

#       end
```

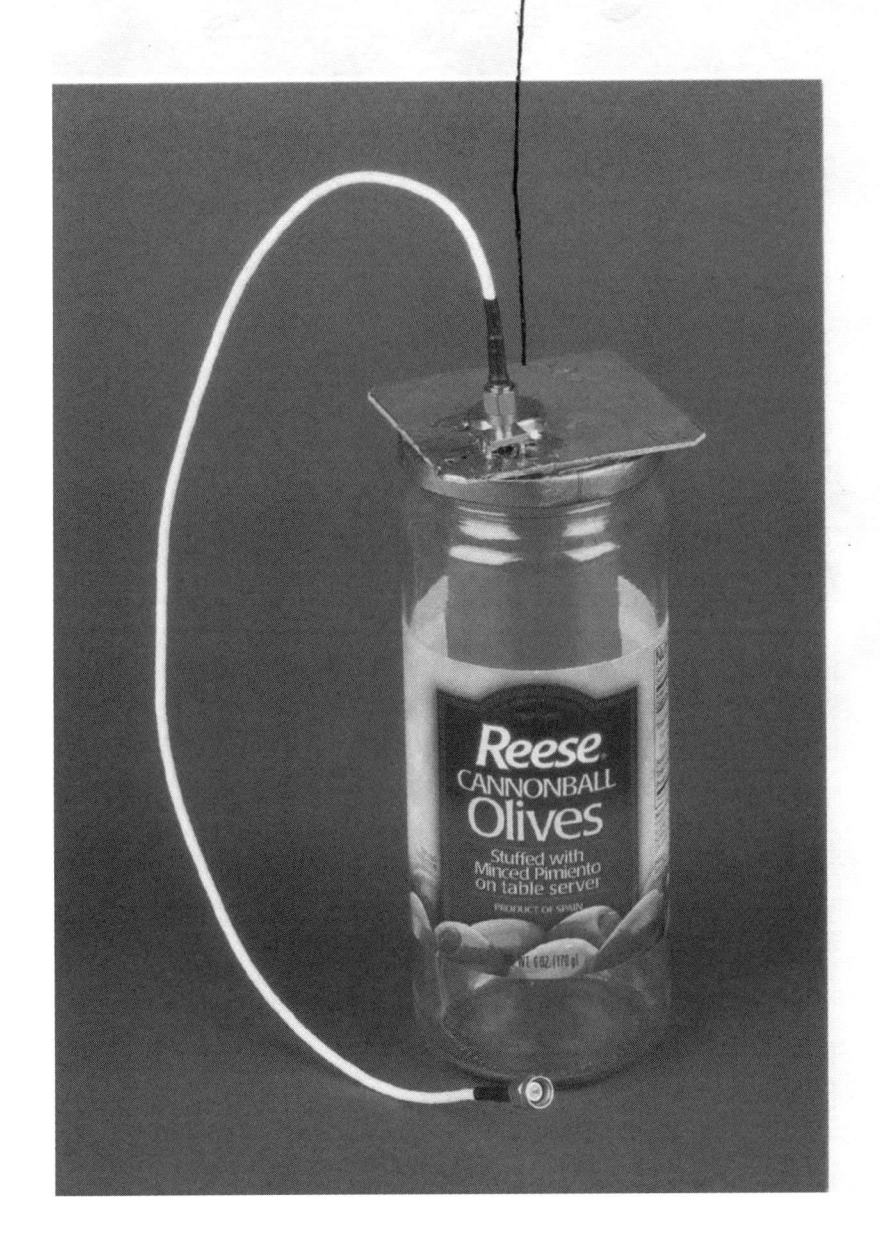

## 第 3 部

高周波／RFデザイン

第 28 章　スイッチング・レギュレータを使った低ノイズなバラクタ（バリキャップ）・バイアシング

遠距離通信，サテライト・リンク，セットトップ・ボックスなどはすべて，高周波発振器の同調（調整）が必要です．実際の同調素子であるバラクタ・ダイオードには，動作のために高電圧のバイアスが必要です．高電圧バイアスは，発振器の不要出力を避けるためノイズのないものでなければなりません．この章では，低電圧の入力からスイッチング・レギュレータを使用してノイズのない高電圧を生成する手法を解説します．発振器のスプリアス出力は－90 dBc以下です．推奨される回路とレイアウトの情報も含まれます．Appendixでは，バラクタ・ダイオードの理論，性能検証のテクニックを解説しています．

第 29 章　安価な結合方法でRFパワー検出器が方向性結合器を置き換える

この章では，方向性結合器を使用しないRFフィードバック結合の手法を解説しています．その代わりに，0.4 pF ± 0.05 pFのコンデンサと50 Ωの抵抗がRF信号をリニアテクノロジーのパワー・コントローラに供給するために使われます．この手法は，結合損失の変動，コスト，リードタイムを削減します．

第 30 章　RMSパワー検出器の出力精度の温度特性を向上させる

周辺温度は環境や場所によって大きく異なる可能性があり，基地局の設計において安定した温度特性は非常に重要です．周辺温度範囲で高い精度をもつRMS検出器は，基地局設計の電力効率の向上ができます．シングルチャネル版のLTC5582とデュアルチャネル版のLTC5583はそれぞれ最大10 GHzと6 GHzまでの周波数で優れた温度安定特性（－40℃から85℃まで）を提供するRMS検出器のファミリです．この章では，これらのデバイスの温度安定性を向上させるテクニックを紹介します．

第28章

スイッチング・レギュレータを使った低ノイズな
バラクタ(バリキャップ)・バイアシング

バラクタ制御(バリキャップ制御)の性能低下を防ぐ   Jim Williams and David Beebe, 訳：松下 宏治

はじめに

遠距離通信，サテライト・リンク，セットトップ・ボックスなどはすべて，高周波発振器の同調(調整)が必要です．実際に同調に使われる部品はバラクタ・ダイオード(バリキャップ，可変容量ダイオードのこと．以下，バラクタ)で，これはキャパシタンスが逆バイアス電圧の関数として変化する2端子デバイスです[注1]．発振器は，図28.1に詳細を示したように，周波数シンセサイザ・ループの一部です．位相同期回路(Phase Locked Loop；PLL)は，発振器の分周周波数と参照周波数を比較します．PLL出力はレベル・シフトされ，バラクタをバイアスするために必要な高電圧になり，発振器を電圧でチューニングするフィードバック・ループを形成します．このループは，電圧制御発振器(Voltage Controlled Oscillator；VCO)を参照周波数と分周器の分周比によって決まる周波数で動作させます．

バラクタ・バイアス方法の考察

この高電圧のバイアスは，バラクタをワイドレンジで動作させるために必要です．図28.2は，あるデバイス・ファミリについての，バラクタのキャパシタンス対逆電圧の特性曲線です．10：1のキャパシタンス・シフトが得られますが，0.1 V～30 Vを振る必要があります．示した曲線は，典型的な"超階段接合"デバイスの特性です．応答の修正も可能ですが，線形性と感度特性が犠牲になる場合があります[注2]．

バイアス電圧に対する要求には，既存の高電圧レールを利用して対応することが従来の方法でした．現在ではそのような高電圧が存在しないシステムが多く，

注1：バラクタ・ダイオードの理論的考察は，Appendix Aの「Zetexの可変容量ダイオード」で述べられている．ZetexのNeil Chaddertonがゲスト著者である．

注2：バラクタ・ダイオードの深い議論について，読者は再びAppendix Aを参照のこと．

図28.1　典型的な位相同期ループ(PLL)方式の周波数シンセサイザ．レベル・シフトは0V～30VのバイアスをVCOバラクタ・ダイオードに供給する．ただし32V電源が必要

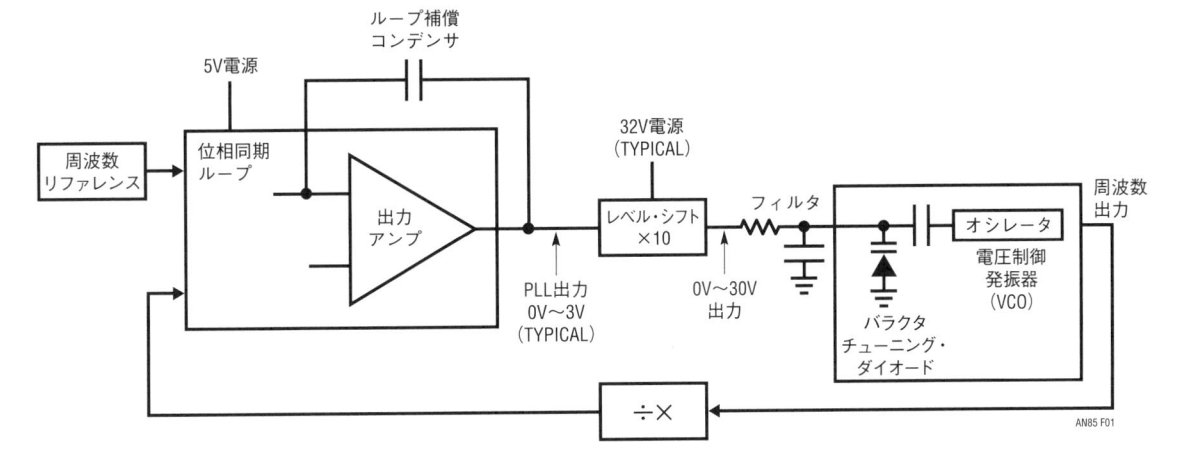

図28.2　Zetex ZC830-6のキャパシタンス-電圧特性（典型値）. 0.1V ～ 30Vの変化は約10倍のキャパシタンス・シフトをもたらす

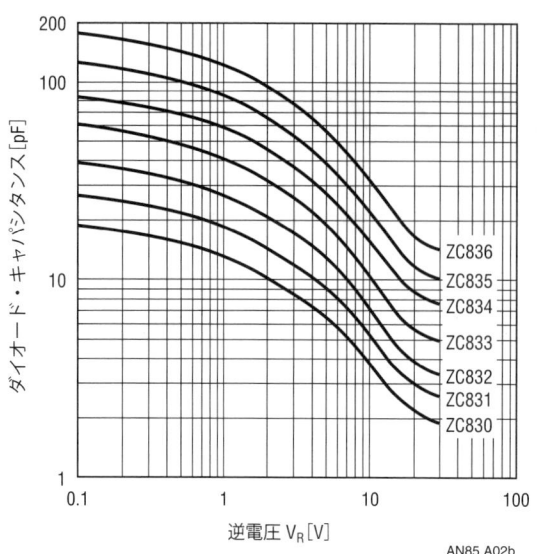

AN85 A02b

高電圧はローカルにて作らなければなりません. このため, 何らかの形で昇圧型スイッチング・レギュレータが必要になります. これはもちろん可能ではあるのですが, バラクタがノイズに対して敏感なため, 設計が複雑になります. 特に, バラクタはバイアスの振幅変動に反応して, 望ましくないキャパシタンス・シフトをもたらします. そのようなシフトによってVCO周波数が変動し, 発振器出力にスプリアスが生じます. DCと低周波のシフトはPLLのループ動作によって除去できますが, ループの通過帯域外の動作は望まない出力を生じます. 大部分のアプリケーションでは, 発振器出力に含まれるスプリアスは出力周波数規定値の80 dB以下であることが求められます[注3]. このため, 当然, 低ノイズな高電圧電源のスイッチング・レギュレータ設計に注意を要することになります. スイッチング・レギュレータは多くの場合でノイジーな動作を伴うため, バラクタのバイアスに使うのは危険に思えます. 慎重に準備すればこの懸念を取り去ることができ, バラクタのバイアスに対するスイッチング・レギュレータ・ベースの実用的なアプローチが可能になります.

低ノイズ・スイッチング・レギュレータの設計

理論的には, シンプルなフライバック・レギュレータでも動作するでしょう. しかし, 部品の選定とレイアウトへの配慮が低ノイズを実現できるかどうかを決定付けます. さらに, 部品の数量, サイズ, コストも, バラクタ・バイアスのアプリケーション設計時に考慮すべきです. 図28.3に示す昇圧型スイッチング・レギュレータは, これを適切に具現化したもので, 低ノイズなバラクタ・バイアスを可能とするものです. 回

注3：発振器出力のスプリアスはRFの専門用語で"spurs"と表記される.

図28.3　LT1613ベースの昇圧レギュレータ. 部品の選択とレイアウトが適切であればバラクタのバイアスに求められる低ノイズ性能が得られる

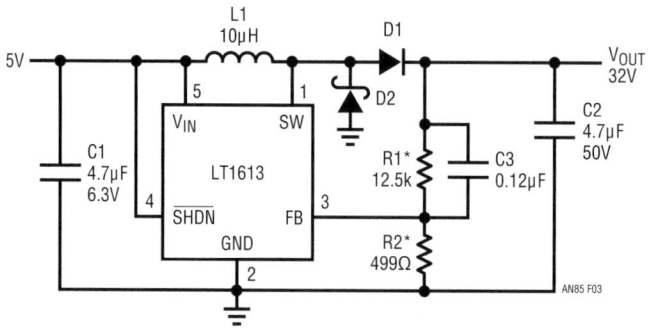

AN85 F03

*1%金属フィルム抵抗
C1: TAIYO YUDEN JMK212BJ475MG
C2: MURATA GRM235Y5V475Z50
D1: 1N4148
D2: ON SEMICONDUCTOR MBR0540 OR LITE ON/DIODES INC. B0540W
L1: MURATA LQH3C100

路はシンプルなブースト・レギュレータです．L_1は，グラウンドを基準としたSWピンのスイッチングと連動して，昇圧動作をもたらします．D_1とC_2は出力をDCにするフィルタ，D_2はL_1が負へ変位した場合にクリップするもので，フィードバック抵抗の分圧比によってループのサーボ・ポイント，すなわち出力電圧が定まります．C_3は，ループの周波数応答を調整するもので出力に現れるスイッチング周波数のリプル成分を最小になるようにします．C_1とC_2は低損失ダイナミック特性をもつものを選んでいます．LT1613はスイッチング周波数が1.7 MHzなので，値の小さな小型の部品を使うことができます．相対的に高いスイッチング周波数は，小型で値の小さい部品が使えるのと同様に，それに付随して"後段での"フィルタリングが容易になるということも意味します．

レイアウトの問題

　レイアウトは低ノイズを得るために設計面で最も決定的なものです．**図28.4**に推奨レイアウトを示します．グラウンド，V_{IN}，V_{OUT}は同一面に配置し，インピーダンスを最小にします．LT1613のグラウンド・ピン（2番ピン）には，高速にスイッチされた電流が流れます．その電流が回路の電源の出口に至る経路は直結にし，すべての周波数において導電性を高くします．R_2のリターン電流が，可能な限り，2番ピンの大きなダイナミック電流と混ざらないようにします．C_1とC_2は5番ピンとD_1の近くに，それぞれ配置します．それらのグラウンド側の端子はグラウンド・プレーンに直結します．L_1とV_{IN}との間の経路は低インピーダンスです．すなわち，L_1の駆動端はLT1613の1番ピンにダイレクトに戻っています．D_1とD_2はC_2と2番ピンに，短く，インダクタンスが小さくなるようにそれぞれ接続し，それらの共通接続点は1番ピンとL_1にしっかりと結合させます．1番ピンがある部分の面積は小さくし，放射を最小にします．このポイントはACグラウンドで動作するプレーンに囲まれていて，シールドを形成していることに注意してください．フィードバック点（3番ピン）はスイッチングの放射性ノイズの影響を受けないようにコンパクトにし，望ましくない相互作用を防ぎます．最後に，放射が回路に及ぼす悪影響が最小になるような向きにL_1を配置します．

図28.4　レイアウトでは部品配置とグラウンド電流の流れの管理に注意が必要．コンパクトなレイアウトは寄生インダクタンス，放射，クロストークを減少させる．体系的なグラウンド構成は戻り電流の混入を最小にする

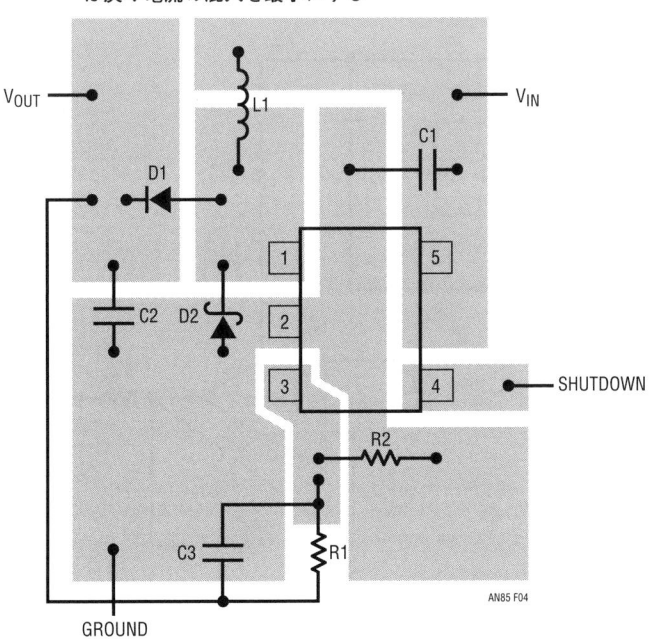

レベル・シフト

　低電圧のPLL出力（図28.1参照）は，バラクタをバイアスするため，アナログでレベル・シフトする必要があります．図28.5に選択肢をいくつか示します．図28.5aはLT1613の32 V出力から給電されるアンプです．フィードバックの比率によってゲインは10倍に設定されていて，入力0 V〜3 Vに対して出力は0 V〜30 Vとなります．図28.5bは非反転の共通ベース・ステー

ジです．図28.5aよりもゲインの制御性がよくありませんが，周波数シンセサイザ・ループ全体としての動作がこの懸念を取り去ります．図28.5cの共通エミッタ回路は，反転することを除けば同様です．

テスト回路

　図28.6は上述の考察を勘案して現実のテスト回路にしたものです．5 V系の設計は，LT1613レギュレータ，

図28.5　レベル・シフトのオプション．オペアンプ（5a），非反転共通ベース（5b），反転共通エミッタ（5c）．オペアンプの動作点は本質的に安定だが，5bと5cは追加のフィードバックを使わないとすればPLLの閉ループ動作に依存する

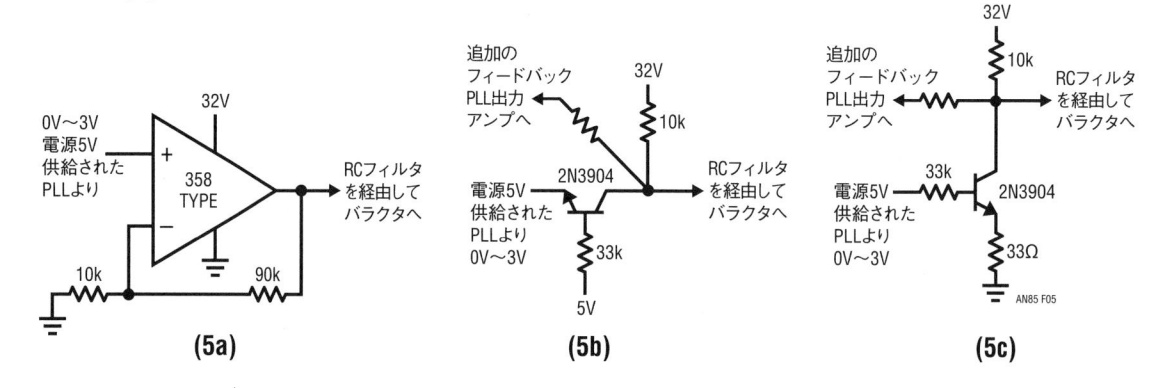

図28.6　ノイズ・テスト回路．昇圧スイッチング・レギュレータ，バイアスされたオペアンプによるレベル・シフト，フィルタ，GHz領域のVCOで構成される．スイッチング・レギュレータに接続されるL_1はインダクタのみでよい

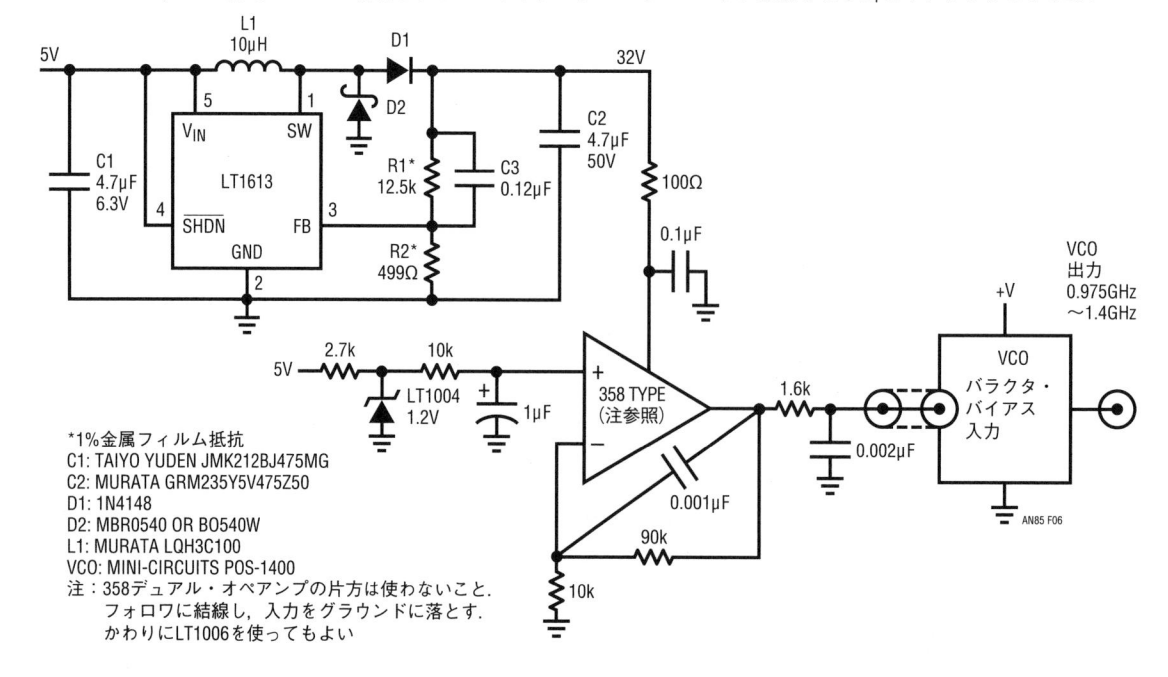

アンプ方式のレベル・シフト，そしてGHzレンジの
VCOで構成されています．アンプ出力はフィルタを通
したLT1004リファレンスによって12V出力にバイア
スされ，典型的なバラクタのバイアス・ポイントを模
擬しています．低ノイズ出力となるように構成した
LT1613は，アンプの電源ピンでの$100\,\Omega$-$0.1\,\mu F$ネッ
トワークを介して，さらにアンプの電源電圧除去比
($PSRR$)によって，追加のフィルタリングがされてい
ます．RCの組み合わせは，理論的には（無負荷で）20
kHzのカットオフをもっています．アンプの$PSRR$の
利点は図28.7から導かれます．このグラフは，ある典
型的なアンプの$PSRR$対周波数特性を示しています．
100Hzを越えたところに急なロールオフがあるものの，
MHz領域でもほぼ20dBのアッテネーションが得られ
ます．このことは，このアンプがLT1613の1.7MHz
の残留スイッチング成分をフィルタリングするのにい
くらか役立っていることを意味します．

　最終段のRCフィルタはVCOバラクタ・バイアス入
力に直接配置します．理想的には，リプルのアッテネー
ションを最大にするため，このフィルタのカットオフ
周波数は1.7MHzスイッチング・レートから遠く離れ
た値にします．実際は，このフィルタはPLLループの
中にあるため，そこでの遅れをどれくらいにできるか

で制約されます．PLLループの帯域幅は通常5kHzく
らいが望ましいので，閉ループの安定性を確保するた
めフィルタ・ポイントは約50kHzに決まります．この
ようにして，最終段のRCフィルタ（1.6k-$0.002\,\mu F$）は
この周波数に設定されています．バラクタの入力抵抗
が（特に逆バイアスされているときには）非常に高いの
で，バラクタをドライブするためにフィルタをバッファ
リングする必要がないことは注目に値します．

ノイズ性能

　慎重に測定すれば，回路のノイズ性能を検証するこ
とができます[注4]．図28.8はLT1613の32V出力で約
2mVのリプルがあることを示しています．図28.9は
アンプの電源ピンで採ったもので，$100\,\Omega$-$0.1\,\mu F$フィ
ルタの効果を示しています．リプルとノイズは約500
μVに減少しています．図28.10はアンプ出力で採った
もので，アンプの$PSRR$の影響を示しています．リプ
ルとノイズはさらに減少して約300μVになっていま
す．実際のリプル成分は約100μVです．最終段のRC
フィルタは，VCOバラクタ入力に直接付いており，約
20dBのさらなるアッテネーションを与えています．図
28.11に示すように，リプルとノイズが20μV以内，
リプル成分は約10μVになっています．

注4：本節で説明した高感度なオシロスコープ測定を行うた
　　めの推奨機器については，Appendix Bの「プリアン
　　プとオシロスコープの選定」を参照．また，Appendix
　　Cの「低レベル・広帯域信号のためのプロービングお
　　よび接続テクニック」も参照のこと．

図28.7　代表的なオペアンプの電源電圧除去比（$PSRR$）．周
　　　　波数が高くなるにつれて悪化するが，LT1613スイッ
　　　　チング周波数のMHz領域でも20dB近くはある

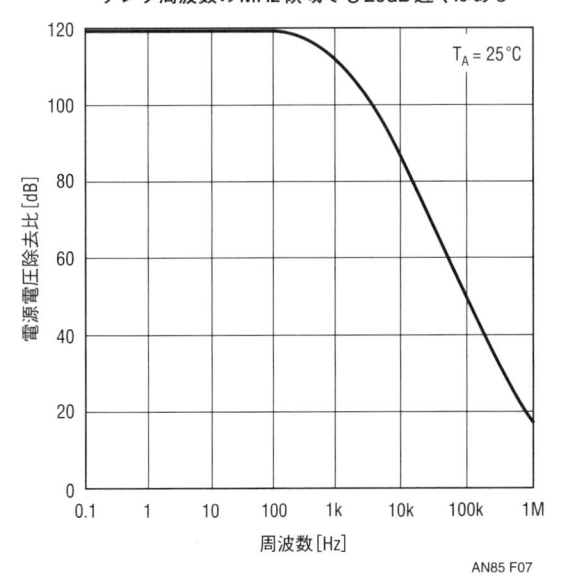

AN85 F07

図28.8　LT1613の出力には2mV$_{P-P}$のリプルとノイズがある

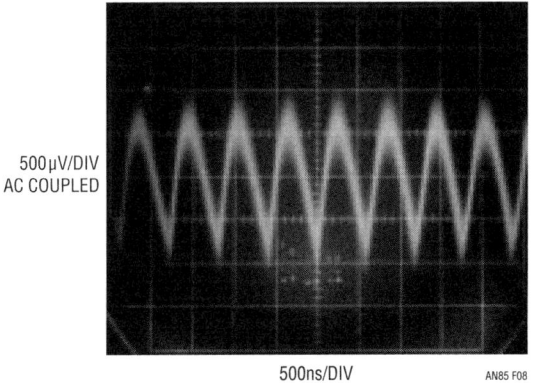

500ns/DIV　　　AN85 F08

図28.9 アンプの電源入力ピンにある*RC*フィルタによってリプルとノイズは500μV$_{P-P}$に減少する

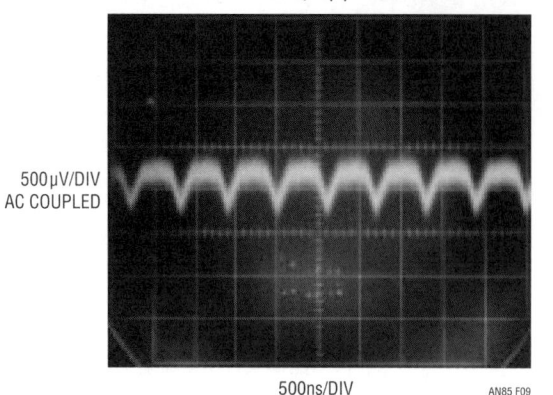

500μV/DIV
AC COUPLED

500ns/DIV   AN85 F09

図28.10 アンプ出力ではアンプの*PSRR*による追加のフィルタリング効果が現れる．変動は300μV以内である

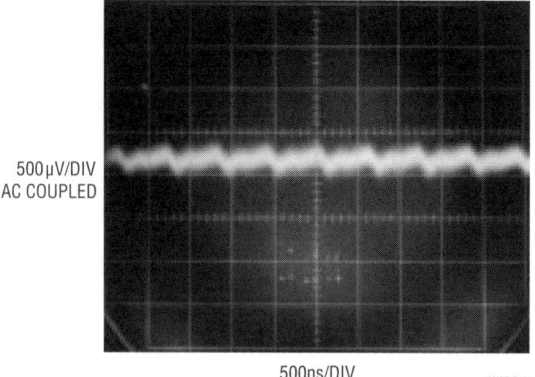

500μV/DIV
AC COUPLED

500ns/DIV   AN85 F10

図28.11 VCOバラクタのバイアス入力．50kHzの*RC*フィルタの後，リプルとノイズは20μV未満になっている．LT1613の1.7MHzスイッチングに同期した成分は10μV以内である

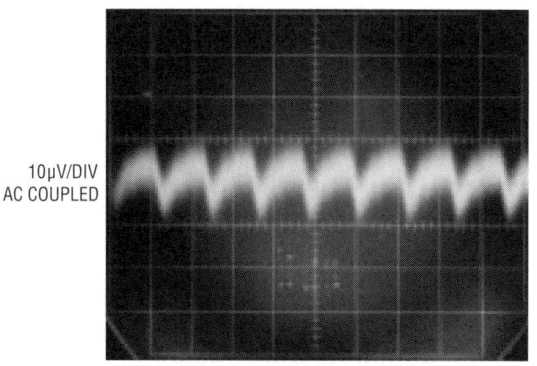

10μV/DIV
AC COUPLED

500ns/DIV   AN85 F11

図28.12 プロービング・テクニックが適切でない場合．3インチのグラウンド・リードによって，図28.8の純粋な同軸測定に対して50％の表示誤差が生じている

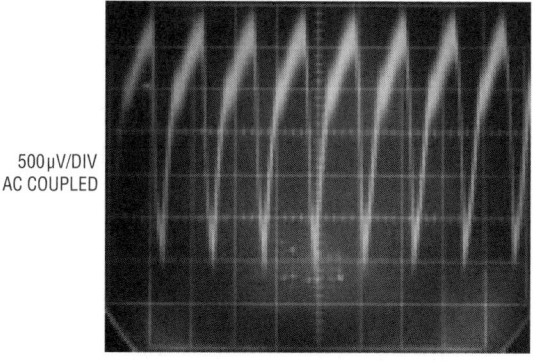

500μV/DIV
AC COUPLED

500ns/DIV   AN85 F12

不適切な測定テクニックの影響

　上述の結果は測定テクニックが良くないと得られません．これらは純粋な同軸プロービング環境を用いて得られたものです．このレジームから外れると，誤解を招くような，そして過度に悲観的な指示値になるでしょう[注5]．例えば，**図28.12**は**図28.8**と同じ点をモニタしているにもかかわらず，振幅誤差が50％も大きく見えてしまっています．違いは，**図28.12**では，**図28.8**で同軸グラウンド・チップ・アダプタではなく，プローブに付いている3インチのグラウンド・リードを使っているということです．同様に，**図28.9**のアンプの電源ピンでの測定値500μVは，3インチのグラウンド・ストラップを使うと，**図28.13**に示すように指

示値が2mVにまで悪化します．同じグラウンド・ストラップは，正しくは**図28.10**の300μVのアンプ出力変動に対し，**図28.14**のような見かけ上2mVになる明らかな誤差を引き起こします．**図28.15**は3インチのグラウンド・ストラップを使ったとき，VCOバラクタ入力にて70μVを示しています．これは同軸グラウンド・チップ・アダプタを使って採った，**図28.11**の20μVのデータと全然違います！[注6]

注5：この線に沿った追加の議論がAppendix Cの「低レベル・広帯域信号のためのプロービングと接続のテクニック」に示されている．参考文献(2)〜(5)も参照のこと．

注6：70μVが20μVに対して"全然違う"とは思わない方は，所得税が3.5分の1になることを想像してみてほしい．

図28.13　3インチのグラウンド・リードは**図28.9**の読み
値500μVを2mVまで悪化させる

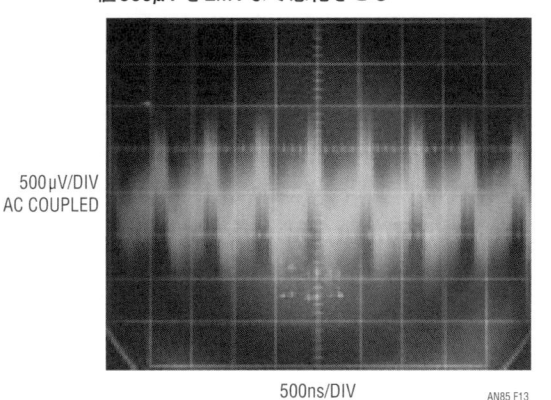

500μV/DIV
AC COUPLED

500ns/DIV

AN85 F13

図28.15　プローブのグラウンド・ストラップは，適切に
測定された**図28.11**の20μVに対して3.5倍の読
み取り誤差を生んでいる

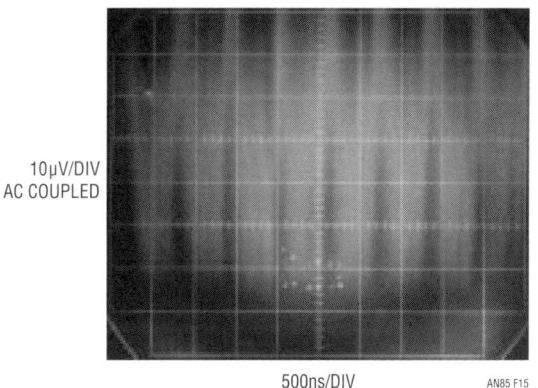

10μV/DIV
AC COUPLED

500ns/DIV

AN85 F15

図28.14　プローブのグラウンド・ストラップにより2mV
の誤表示が生じている．実際の読み値は**図28.10**
の300μVである

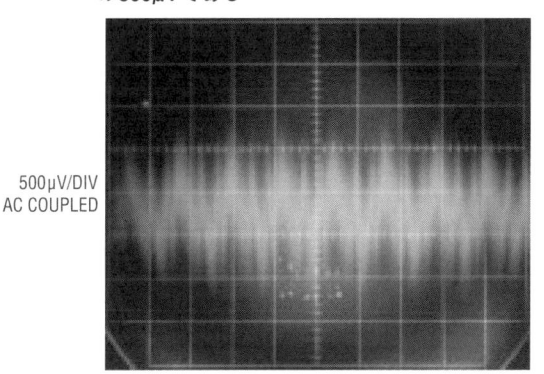

500μV/DIV
AC COUPLED

500ns/DIV

AN85 F14

図28.16　12インチの電圧計プローブをVCOバラクタ入
力につないだときの影響．オシロのプローブは
同軸接続を使用．**図28.11**の結果と比べて測定
誤差は2.5倍

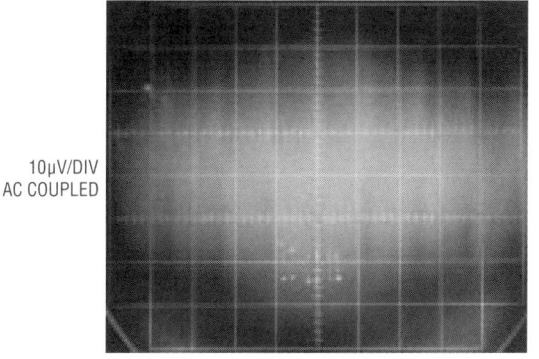

10μV/DIV
AC COUPLED

500ns/DIV

AN85 F16

　図28.16では，同軸グラウンド・チップ・アダプタ
を使っていますが，VCOバラクタ入力は**図28.11**の穏
やかな輝線に比べて，ノイズまみれになっていること
を示しています．この理由は，12インチの電圧計のリー
ドがそこに接続されたということです．浮遊している
無線周波数がノードの有限の出力インピーダンスに作
用し，測定を悪化させたのです．**図28.17**は，これも
VCO入力で採ったものですが，良くなってはいるもの
のまだなお50％以上の誤差が見えています．このとき
の要因は，LT1613のSWピンに接続した，オシロスコー
プのトリガをかけるのに使う二つ目のプローブです．
両方のプローブ・ポイントで同軸のものを用いたとし
ても，トリガ・プローブによってグラウンド・プレー
ンへ過渡的な電流が流れ込みます．これによって小さ

図28.17　オシロスコープのトリガ・チャネル・プローブ
をLT1613のSWピンに接続したとき．**図28.11**
に対して50％の測定誤差を生じる

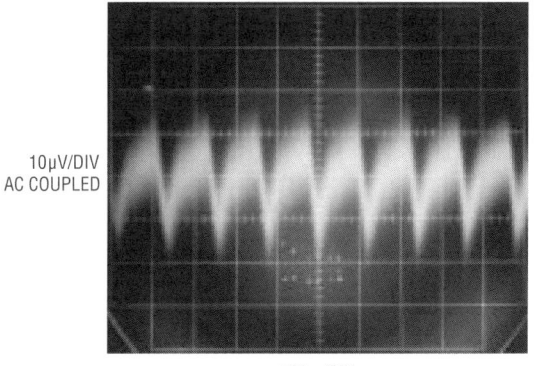

10μV/DIV
AC COUPLED

500ns/DIV

AN85 F16

図28.18　オシロスコープでGHz領域のVCO出力を観測することは可能だが，スプリアスの動きは検出できない．スペクトル測定が必要である

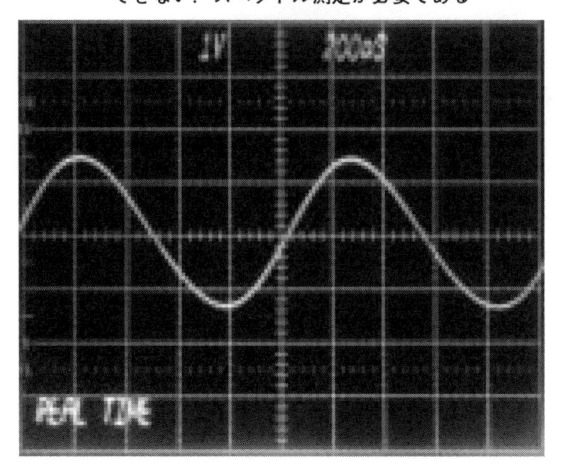

AN85 F18

なコモンモード電圧が生じ，見かけ上のノイズが増加することになります．この解決策は，非侵襲性プローブでオシロスコープのトリガをかけることです[注7]．

注7：読者は希望的観測にふけることを要求されているわけではない．そのようなプローブは想像以上に容易に実現できる．Appendix Cの「低レベル・広帯域信号のためのプロービングと接続のテクニック」を参照のこと．

周波数領域の性能

　バラクタ・バイアスのノイズ振幅測定は極めて重要ですが，それを周波数領域の性能と関連付けるのは難しいことです．バラクタ・バイアスのノイズ振幅はVCO出力のスプリアスへと変換されますが，それは究極の関心事となる測定です．GHzレンジのVCOをオシロスコープで観測することは可能ではあるものの（図28.18），このような時間領域の測定ではスプリアスのふるまいを検出するのに十分な感度がありません．スペクトラム・アナライザが必要です．図28.19はVCO出力のスペクトラムをプロットしたもので，中心周波数1.14 GHzを示しています．約90 dBの測定ノイズ・フロアの中にスプリアスの動きは見られません．マーカはLT1613のスイッチング周波数に相当する1.7 MHz（中心から3.5 div）に置いていました．およそ－90 dBcにおいて容易に区別できる動きは見られません．続く図は，システマチックに回路の性能を悪くして結果を記録することによってこの性能を"サニティ・チェック"したものです．図28.20では，VCOバラクタ入力のRCフィルタを取り除いて直結しています．こうすると1.7 MHzのスプリアス出力が容易に見られ，－62 dBcです．図28.21では，12インチの電圧計リードが測定ポイントに接続されています．4 dB悪化して約－58 dBcという結果になっています．図28.22はLT1613のレイアウト（電源グラウンド・ピンが直結で

図28.19　スペクトル・アナライザHP-4396Bの表示によると，VCO中心周波数1.14GHzに対してスプリアス出力は少なくとも－90dBcである

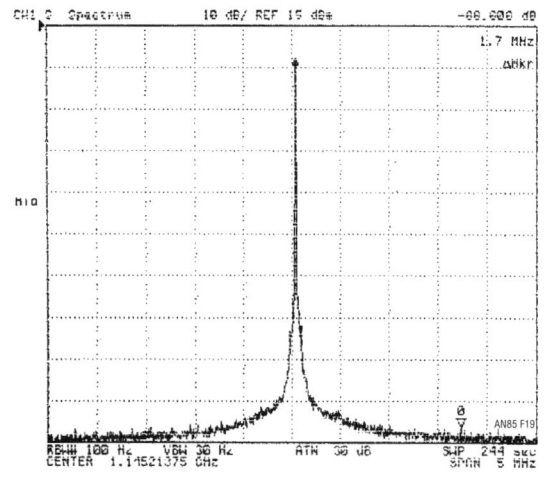

図28.20　図28.19の結果を"サニティ・チェック"したもの．VCOバラクタ入力のRCフィルタを外して直結した．LT1613の1.7MHzスイッチング周波数に関連する動きが－62dBcに現れている

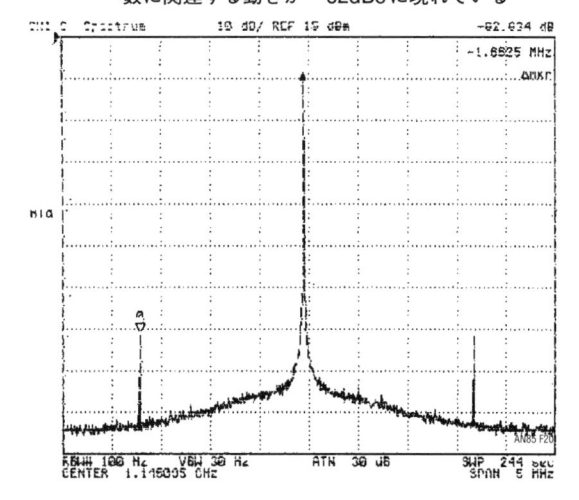

図28.21　前図と同条件で，12インチの電圧計プローブを
追加したとき，"Spurs"が4dB増加して－58dBc
になっている

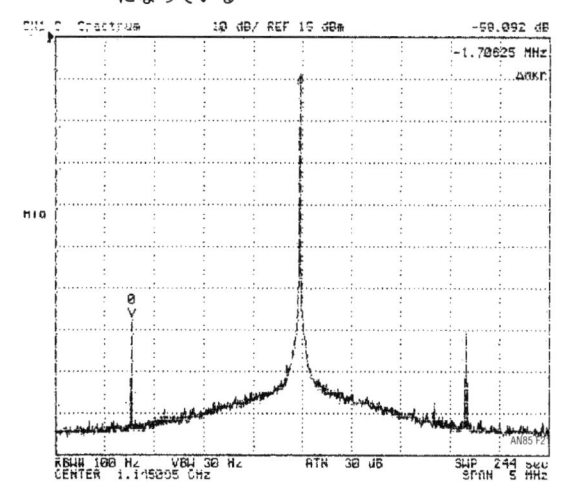

図28.22　LT1613のグラウンド構成と出力キャパシタを意
図的に悪化させると，スプリアス出力が持ち上
がって－48dBcになる

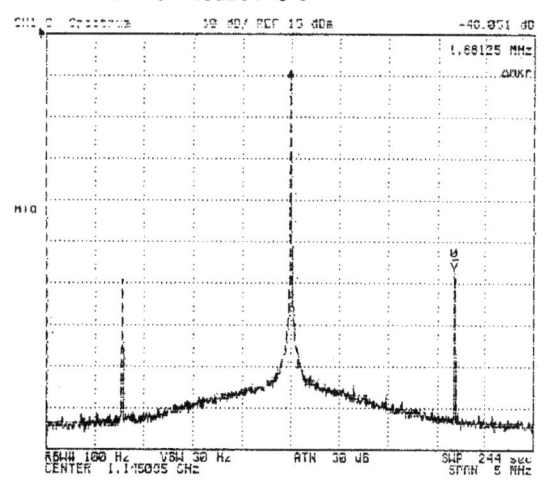

はなく引き回されて入力のコモンに戻されている）と部
品の選択（C_2が損失の大きなキャパシタに置き換えら
れている）がまずいために目立った影響が生じている状
況を示しています．スプリアスは－48dBcに跳ね上
がっています．図28.23では適切なレイアウトと部品
を使っていますが，バラクタのバイアス・ラインがス
イッチング・インダクタL_1に近接して配置されていま
す．加えて，バイアス・ラインとRCフィルタ部品が

グラウンド・プレーンから離れています．結果として
生じる電磁ピックアップと，バイアス・ラインの実効
インダクタンスの増加が，1.7MHz，－54dBcの"spurs"
を引き起こしています．さらに高調波成分も，深刻さ
は少ないものの，現れています．図28.24はバイアス・
ラインとRCフィルタがそれぞれ適切な向きに置かれた
ときに得られる望ましい結果を示しています．このプ
ロットは図28.19と本質的に同一です．ここでの教訓
は明らかです．レイアウトと実践的な測定は少なくと
も回路設計と同じくらい重要だということです．いつ

図28.23　バラクタのバイアス・ラインをわざとLT1613
のスイッチング・インダクタの近くに引き回し，
RCフィルタの構成部品をグラウンド・プレーン
から持ち上げたときの結果．1.7MHzの"Spurs"
は－54dBcとなり，他に高調波に関連する成分
も現れている

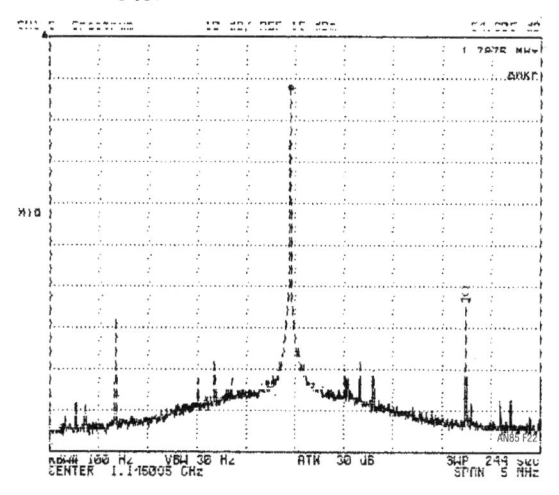

図28.24　バラクタのバイアス・ラインとRCフィルタを
適切な向きに戻した．図28.19の静けさが復元
されている

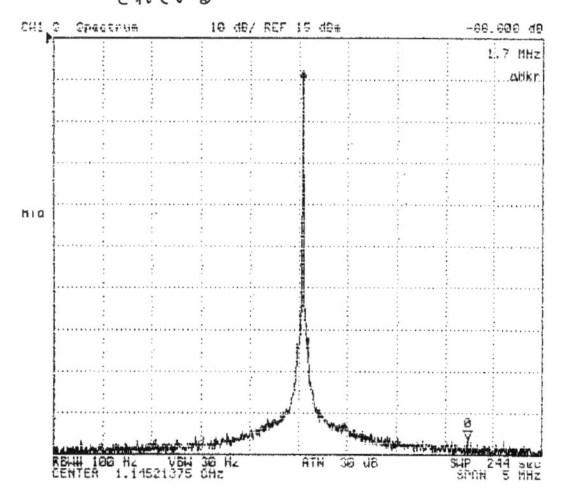

ものことですが，"隠れた回路図"が性能を支配しているのです[注8]．

注8：引用した記述はIntel社のCharly Gullettがオリジナルで，筆者のお気に入りの一つである．

◆ 参考文献 ◆

(1) Chadderton, Neil, "Zetex Variable Capacitance Diodes", Application Note 9, Issue 2, January 1996. Zetex Applications Handbook, 1998. Zetex plc. UK.

(2) Williams, Jim, "A Monolithic Switching Regulator with 100 mV Output Noise", Linear Technology Corporation, Application Note 70, October 1997.

(3) Williams, Jim, "High Speed Amplifier Techniques", Linear Technology Corporation, Application Note 47, August 1991.

(4) Hurlock, Les, "ABCs of Probes", Tektronix, Inc., 1990

(5) McAbel, W. E., "Probe Measurements", Tektronix, Inc., 1971.

Appendix A　Zetexの可変容量ダイオード

Neil Chadderton, Zetex plc

　以下のセクションは，許諾を得てZetexアプリケーション・ノート9［参考文献（1）を参照］から抜粋したもので，バラクタ・ダイオードの理論的考察の概説です．

背景

　バラクタ・ダイオードとは，P-Nダイオードの空乏層の特性を活用するように加工されたデバイスです．逆バイアスのもとでは，各領域のキャリア（P型の正孔，N型の電子）は接合から離れたところに移動し，キャリアの欠乏した領域が残されます．そうして本質的に絶縁物である領域が作られ，古典的な並行平板キャパシタ・モデルに対応させて考えることができます．この空乏層の実効幅は逆バイアスが大きくなるにつれて増加し，それによってキャパシタンスは減少します．こうして空乏層は，電圧依存の接合キャパシタンスを効率的に作ります．すなわち順方向の導通領域と逆方向のブレークダウン電圧との間を可変できます（ZC830およびZC740シリーズのダイオードでは＋0.7 V～－35 Vが代表値）．

　接合形状を変えれば，異なるキャパシタンス-電圧（C-V）特性を呈するものを作ることができます．例えば階段接合は，その拡散プロフィールによってキャパシタンスの範囲が狭くなります．この結果，Q値を高く，歪みを小さくすることが可能です．超階段接合タイプは，同じ範囲の逆バイアスに対してキャパシタンスはより広い範囲で変化できます．いわゆる超-超階段接合，すなわちオクターブ・チューニング可変キャパシタンス・ダイオードは，相対的に小さなバイアス電圧の変化に対して，大きなキャパシタンス変化を示します．これはバイアス電圧範囲が限られるバッテリ給電システムにおいて，特に有用です．

　バラクタは，抵抗（R_S）が直列接続された可変キャパシタンス（C_{jv}）としてモデリングできます（図28.A1を参照してください）．

　キャパシタンスC_{jv}は逆バイアス電圧，接合領域，半導体材料のドーピング密度に依存し，

$$C_{jv} = \frac{C_{j0}}{(1 + V_r / \phi)^N}$$

ここで，

C_{j0}＝0 Vでの接合キャパシタンス

C_{jv}＝印加バイアス電圧V_rでの接合キャパシタンス

V_r＝印加バイアス電圧

ϕ＝接合電位

N＝接合の指数則，すなわちスロープ・ファクタ

と表されます．

　直列抵抗は，空乏層にならずに残った半導体の抵抗，ダイ・サブストレートによるもの，ワイヤとパッケージが小型の部品であることの結果として存在し，RF条件下でのデバイス性能を最も左右するものです．このことから，クオリティ・ファクタQは，

$$Q = \frac{1}{2\pi C_{jv} R_S}$$

ここで，

図28.A1　バラクタ・ダイオードの一般的なモデル

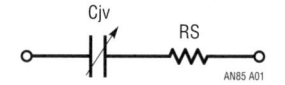

C_{jv} = 印加バイアス電圧 V_r での接合キャパシタンス

R_S = 直列抵抗

f = 周波数

と表されることになります．

　よって，Q を最大にするためには，R_S を最小にしなければなりません．これは，接合に直列になる高抵抗材料の量を最小にするような一種のエピタキシャル構造を利用することによって達成されます．

注：Zetexは一連のSPICEモデルをすでに作っており，これによって設計者はSPICE，PSPICEや類似のシミュレーション・パッケージにおいて回路をシミュレーションすることができます．これらのモデルは上記のキャパシタンスの式を使っているので，他のソフトウェア・パッケージへの適用を考えてモデル・パラメータに関心をもたれるかもしれません．また，モデルに寄生要素を含められるようにするための情報も提供されています．これらのモデルはZetexの営業所に請求すれば入手可能です．

重要なパラメータ

　本節では，Zetexの可変容量ダイオードの範囲を特に参照しながら，バラクタ・ダイオードの重要な特徴をレビューします．

　設計者にとって最大の関心事となる特性は，キャパシタンス-電圧関係です．これは C-V 曲線によって図示され，また特定の電圧において Cx と表されます．ここで，x はバイアス電圧です．C-V 曲線は，使えるキャパシタンスの範囲を集約したものであり，また，特定の応答が必要となる際に関連すると思われる関係の形状を示したものです．図28.A2a，A2b，A2cは，それぞれ，ZC740-54（階段接合），ZC830-6（超階段接合），

図28.A2b　ZC830-6のキャパシタンス-電圧特性（代表値）

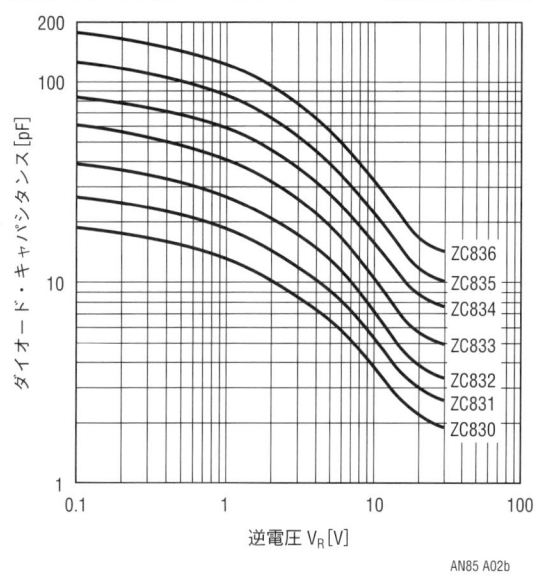

図28.A2a　ZC740-54のキャパシタンス-電圧特性（代表値）

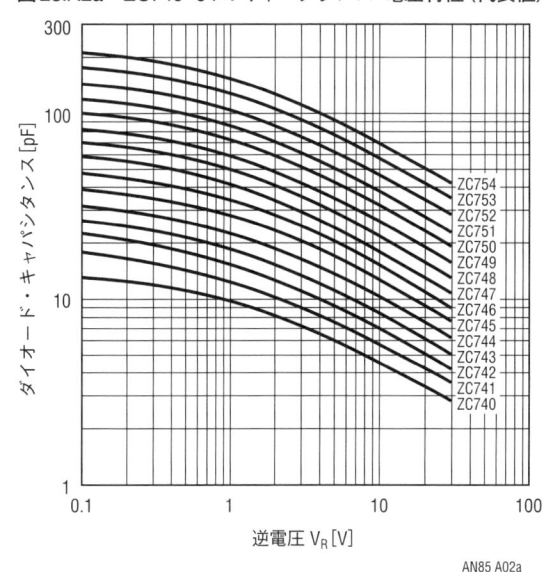

図28.A2c　ZC930-4のキャパシタンス-電圧特性（代表値）

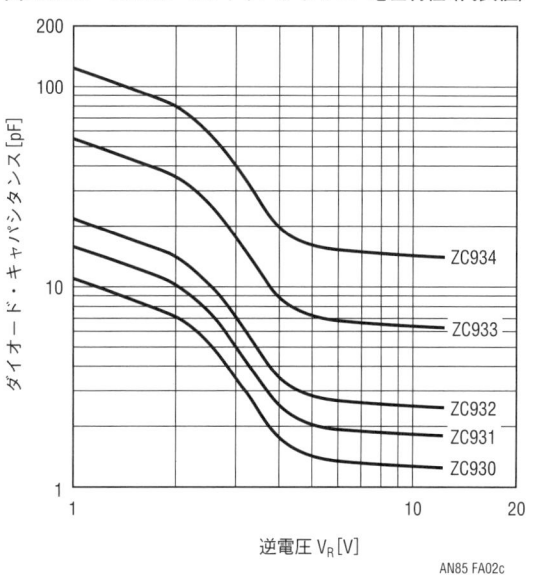

ZC930（超-超階段接合）の範囲のC-V曲線群を示しています．デバイス・タイプの選択がアプリケーションに依存するのは当然ですが，考慮すべき側面として，回路が動作しなければならない周波数範囲，そのための適切なキャパシタンスの範囲，得られるバイアス電圧，必要とされる応答があります．

キャパシタンス比は，一般にCx/Cy（x, yはバイアス電圧）と表されますが，印加されるバイアス電圧に応じてキャパシタンスがいかに速く変化するかを示す有用なパラメータです．ですから，階段接合のデバイスは$C2/C20$が2.8というのが代表的でしょうし，一方で$C2/C20$が6というのが超階段接合デバイスには期待されるでしょう．超階段接合のこの特性は，バイアス電圧の範囲が制限される可能性がある，バッテリ給電のアプリケーションに向けてデバイスを検討する際に特に重要になりうるものです．この例では，0～6Vのバイアスに対して2：1よりも良いチューニング範囲を特徴とするZC930シリーズが特に有力でしょう．

特定の条件におけるクオリティ・ファクタQは，同調回路におけるデバイス性能と結果としての負荷Qを検討する際に有用なパラメータです．

Zetexは50MHz，3ないし4Vの比較的低いV_Rという試験条件で，デバイス・タイプに応じて100～450の範囲で，最小のQ値を保証しています．

指定されたV_Rはこのパラメータを検討する際に非常に重要です．なぜなら先に詳述したC-V依存関係と同様に重要な部分である直列抵抗（R_S）は空乏層にならずに残っているエピタキシャル層によるものですが，これもまたV_Rに依存するからです．超階段接合デバイスのZC830，ZC833，ZC836についてこのR_S-V_R関係を示したものが**図28.A3**です．それぞれ，周波数470MHz，300MHz，150MHzにて測定したもので，同図もまたZetex可変容量ダイオードのVHFおよびUHFにおける優れた性能を示す一例となっています．

また，安定性の観点からは，キャパシタンスの温度係数も気になるでしょう．V_Rに対するキャパシタンスの変化を3通りの温度範囲それぞれについて示したものが，**図28.A4a**，**A4b**，**A4c**です．

逆方向ブレークダウン電圧$V(BR)$もまたデバイス選定に関係があります．このパラメータは，最小のキャパシタンスを得るためにバイアスをかけるときに使われるV_Rの最大値を制約するからです．Zetex可変容量ダイオードの$V(BR)$代表値は35Vです．

最大動作周波数は，要求されるキャパシタンスと直列抵抗（ゆえにQが有用）に依存するものです．それは特定のデバイス・タイプに存在するものですが，デバイスのパッケージが呈する寄生要素の結果でもあります．これらは大きさ，材質，パッケージ構造に依存し

図28.A3　ZC830シリーズ・ダイオードのR_S対V_R関係（代表値）

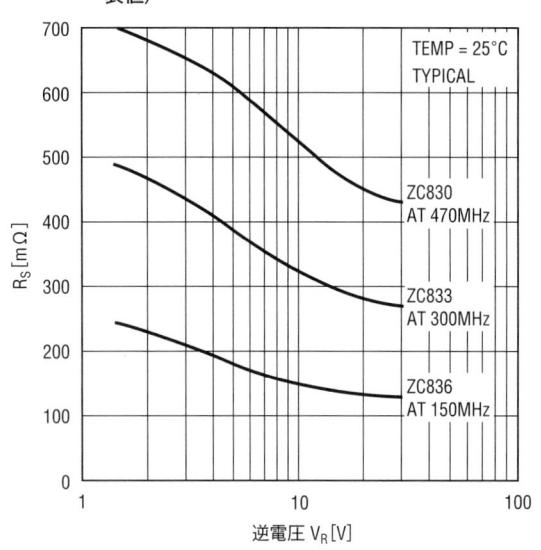

AN85 FA03

図28.A4a　ZC740シリーズのキャパシタンス対V_Rの温度係数

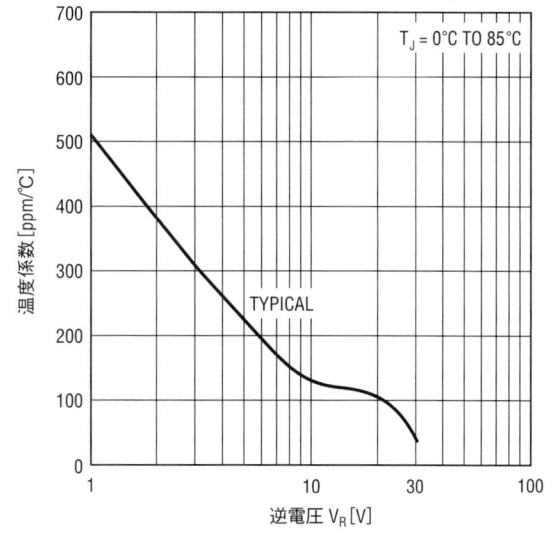

AN85 A04a

図28.A4b　ZC830シリーズのキャパシタンス対V_Rの温度
　　　　　係数

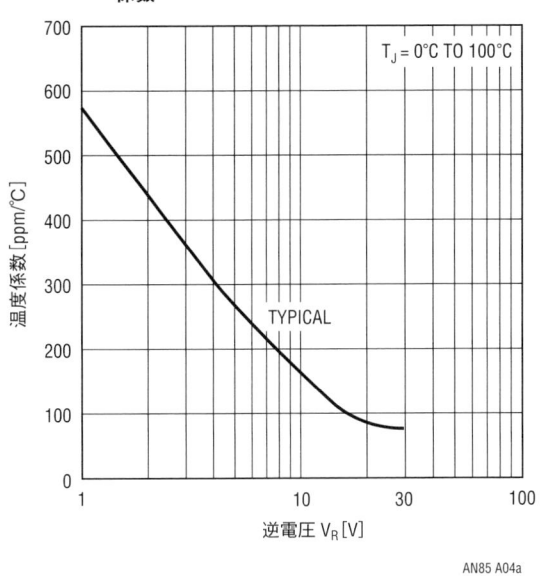

AN85 A04a

図28.A4c　ZC930シリーズのキャパシタンス対V_Rの温度
　　　　　係数

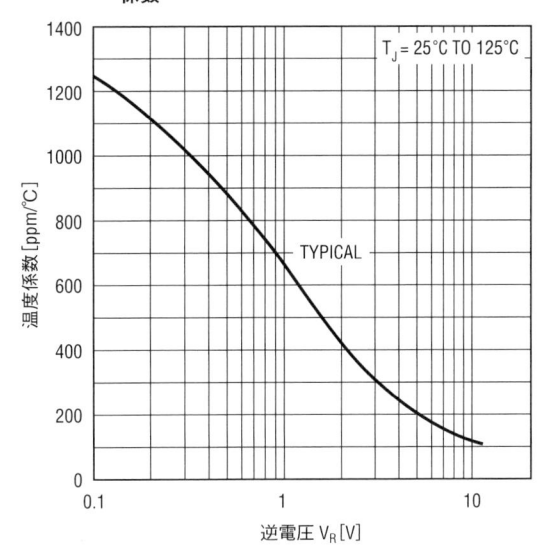

AN85 A04c

ます．例えば，Zetex SOT-23パッケージの浮遊容量
の代表値は0.08 pF，配線インダクタンスの合計は2.8
nHであるのに対し，E-lineパッケージは0.2 pF，5 nH
未満を示します．これくらい低い値であれば広帯域ア

プリケーションに使えます．例えば，ZC830および
ZC930シリーズは，直列ペアとして構成されると，2.5
GHz以上まで拡張した低コストなマイクロ波設計に理
想的です．

Appendix B プリアンプとオシロスコープの選定

先述した低レベルの測定ではオシロスコープにとって何らかのプリアンプが必要となります．古い計測器であれば可能なものの，現世代のオシロスコープは$2\,mV/DIV$を超える感度をもっていることはまれです．**図28.B1**はノイズ測定に適した，代表的なプリアンプとオシロスコープ・プラグインをリストアップしたものです．これらのユニットは，広帯域/低ノイズ性能を特徴としています．これらの計測器の多くはすでに製造されていないということが特に重要です．これは，アナログ測定能力ではなくディジタル信号の取得に重点をおくという現在の計測器トレンドに沿った流れです．

モニタリング用のオシロスコープは帯域が十分にあり輝線が特別に明瞭なものであるべきです．後者の点において，高品質アナログ・オシロスコープは当てはまりません．これらの計測器の特に小さいスポット・サイズは低レベルのノイズ測定に便利です[注1]．DSOはディジタル化の不確かさとラスタ・スキャンの制約により，ディスプレイの解像度が不利になります．多くのDSOディスプレイはレベルの小さいスイッチング・ノイズでさえ記録しないでしょう．

注1：我々が作業したときはTektronixの型式454，454A，547，556という秀逸なチョイスを見出せていた．これらの輝線表示は汚れがなく，ノイズ・フロアに制限されたバックグラウンドから目当ての小信号を見分けるのに理想的である．

図28.B1 適用可能な高感度/低ノイズ・アンプ．帯域，感度，入手性の間でトレードオフがある

計測器タイプ	メーカ	型番	帯域	最大感度/ゲイン	入手性	備考
アンプ	Hewlett-Packard	461A	150MHz	Gain = 100	中古市場	$50\,\Omega$入力，スタンドアロン
差動アンプ	Preamble	1855	100MHz	Gain = 10	現行製品	スタンドアロン，阻止帯域設定可
差動アンプ	Tektronix	1A7/1A7A	1MHz	10mV/DIV	中古市場	500シリーズ・メイン・フレームが必要，阻止帯域設定可
差動アンプ	Tektronix	7A22	1MHz	10mV/DIV	中古市場	7000シリーズ・メイン・フレームが必要，阻止帯域設定可
差動アンプ	Tektronix	5A22	1MHz	10mV/DIV	中古市場	5000シリーズ・メイン・フレームが必要，阻止帯域設定可
差動アンプ	Tektronix	ADA-400A	1MHz	10mV/DIV	現行製品	スタンドアロン（オプション電源要），阻止帯域設定可
差動アンプ	Preamble	1822	10MHz	Gain = 1000	現行製品	スタンドアロン，阻止帯域設定可
差動アンプ	Stanford Research Systems	SR-560	1MHz	Gain = 50000	現行製品	スタンドアロン，阻止帯域設定可，バッテリまたはAC電源で動作

Appendix C 低レベル・広帯域信号のためのプロービングと接続のテクニック[注1]

最も入念に準備されたブレッドボードでも，信号接続が歪みをもたらしてしまえばその役目を果たすことはできません．回路への接続は，正確な情報を抽出するために極めて重要です．低レベル，広帯域の測定には，試験機器への信号経路の取り方に注意が必要です．

グラウンド・ループ

図28.C1は，AC電源ラインから給電される試験機器間のグラウンド・ループの影響を示しています．試験機器の名目上接地された筐体間に流れる微小電流によって，測定される回路出力に$60\,Hz$の変調が生じま

注1：LTCアプリケーション・ノートのベテランや熟練者は，このAppendixがAN70［参考文献(2)］からもってきたものだと気付くでしょう．その版はもっと広帯域のノイズ測定を扱ったものですが，その題材は本Appendixの試みにも直接当てはまるものです．そういうわけで，読者の便宜のためここに再掲しています．

図28.C1 試験機器間のグラウンド・ループによって画面上に生じる60Hzの変調

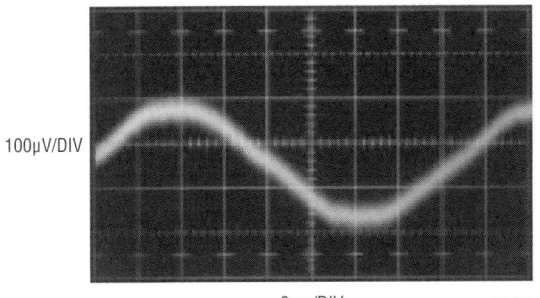

100µV/DIV

2ms/DIV AN85 C01

図28.C2 フィードバック点におけるプローブが長すぎるために生じる60Hzのピックアップ

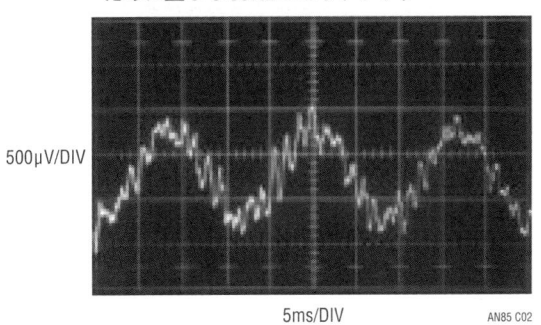

500µV/DIV

5ms/DIV AN85 C02

図28.C3 稚拙なプロービング・テクニック．トリガ・プローブのグラウンド・リードは，グラウンド・ループに誘発される影響が画面に現れる原因になりうる

す．この問題は，AC電源ラインから給電されるすべての試験機器を同一の電源タップで接地する，あるいはすべての筐体が同一の接地電位になるようにすることで回避できます．同様に，相互接続された筐体間に回路電流が流れることを許容するような試験配置は避けなければなりません．

ピックアップ

図28.C2もノイズ測定の60 Hz変調を示しています．この場合，フィードバック入力にあてた4インチの電圧計プローブが犯人です．回路へのテスト接続の数を最小にし，リードを短く保ちましょう．

貧弱なプロービング・テクニック

図28.C3の写真にはオシロのプローブに付属する短いグラウンド・ストラップが写っています．プローブはそのオシロスコープに対してトリガ信号を供給するポイントに接続しています．写真に写っている同軸ケーブルを介して，回路の出力ノイズをオシロスコープでモニタしています．

図28.C4に測定結果を示します．プローブのグラウンド・ストラップとグラウンドを参照するケーブル・シールドとの間の基板上のグラウンド・ループによって，画面上に見かけ上で過大なリプルが生じています．回路へのテスト接続の数を最小にし，グラウンド・ループを避けましょう．

図28.C4　図28.C3でのプローブ誤用の結果生じた見かけ上過大なリプル．基板上のグラウンド・ループは深刻な測定誤差を誘発する

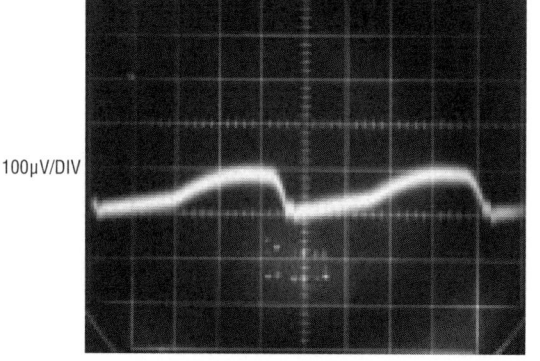

100μV/DIV

5μs/DIV

AN85 C04

同軸信号伝送の違反 —— 重罪のケース

図28.C5は，回路の出力ノイズをアンプ-オシロスコープに伝送するのに使っていた同軸ケーブルを，プローブに置き換えたものです．プローブのリターンとして，短いグラウンド・ストラップが採用されています．トリガ・チャネルのプローブが誘発していた誤差は排除されています．非侵襲性の，絶縁されたプローブ[注2]によってオシロをトリガするようにしたためです．図28.C6は，同軸信号環境が壊されたために画面上に過剰なノイズが生じていることを示しています．プローブのグラウンド・ストラップは同軸伝送に違反し，信号は無線周波数によって変形されてしまいます．ノイズ信号モニタリング経路の同軸接続を維持しましょう．

同軸信号伝送の違反 —— 軽罪のケース

図28.C7のプローブ接続も同軸信号の流れに違反していますが，その影響度の程度は少しましです．プローブのグラウンド・ストラップは排除され，グラウンド・チップ・アタッチメントに置き換わっています．図28.C8は，信号の変形はまだはっきりとわかりますが，一つ前のケースに比べて良好な結果を示しています．ノイズ信号モニタリング経路の同軸接続を維持しましょう．

適切な同軸接続の経路

図28.C9では，同軸ケーブルがノイズ信号をアンプ-オシロスコープ結合に伝送します．理論では，これによってケーブルによる信号伝送の完全性が最高になります．図28.C10の輝線がこれが本当であることを示しています．前出の例にあったずれや過剰なノイズは消え去りました．もはやスイッチング成分の残留物がアンプのノイズ・フロアの中にかすかに現れている程度です．ノイズ信号モニタリング経路の同軸接続を維持しましょう．

注2：後で議論する．読み進めていただきたい．

図28.C5 フローティング・トリガ・プローブによってグラウンド・ループは排除されたが, 出力に接続したプローブの グラウンド・リード (写真の右上) が同軸信号伝送に違反している

図28.C6 図28.C5の非同軸プローブ接続による信号の変形

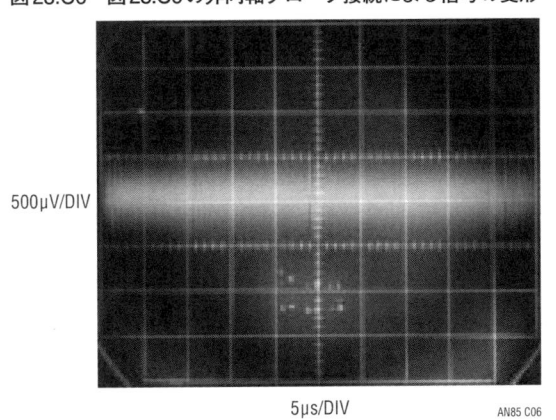

500μV/DIV

5μs/DIV AN85 C06

図28.C7　グラウンド・チップ・アタッチメントを取り付けたプローブによって近似的な同軸接続となる

図28.C8　プローブにグラウンド・チップ・アタッチメン
トを取り付けたことで結果が改善された．しか
しまだ多少の変形が明らかに残っている

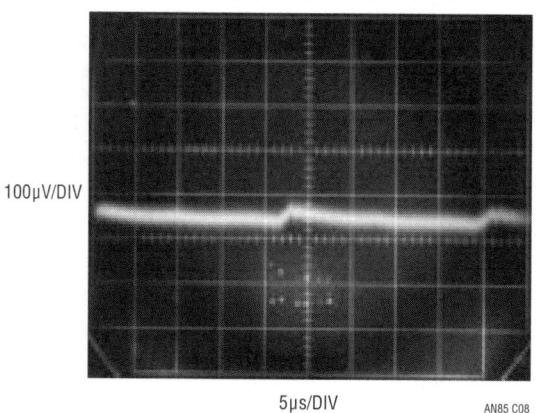

100μV/DIV

5μs/DIV　　　　AN85 C08

図28.C9　同軸接続によって忠実度が最高の信号伝送が理論的に得られる

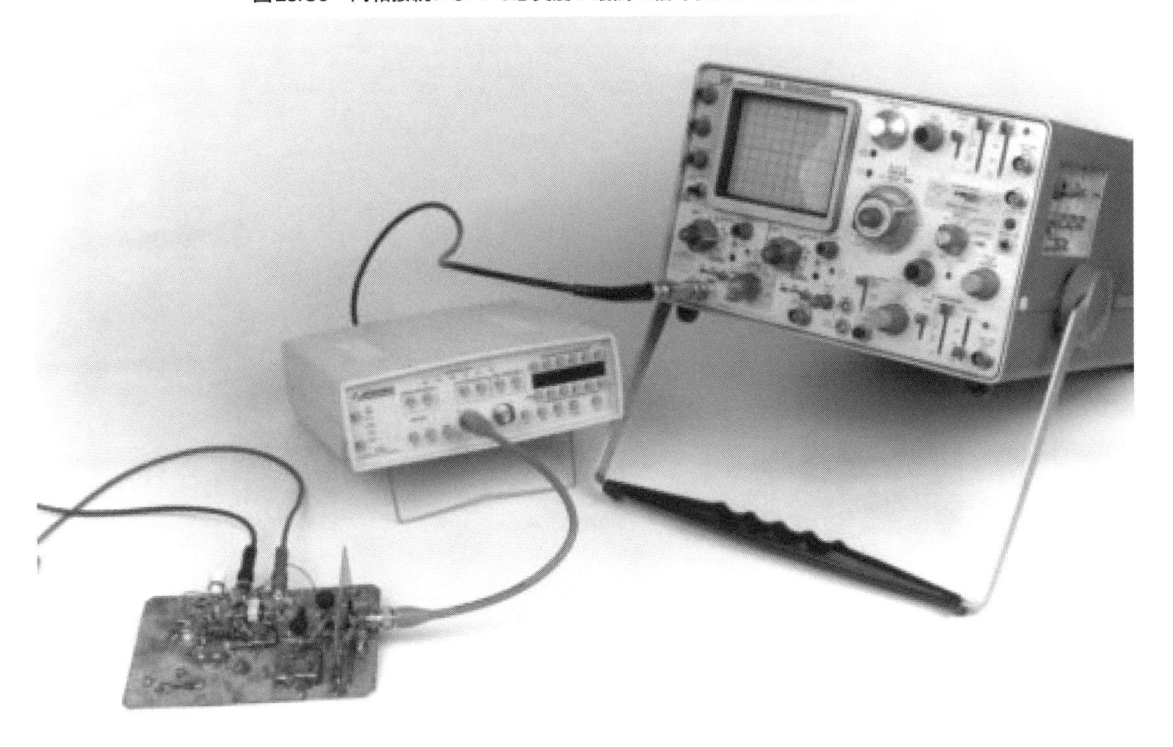

図28.C10　現実と理論が一致．同軸信号伝送によって信号の完全性が維持されている．スイッチングの残留物がアンプのノイズの中にかすかに現れている

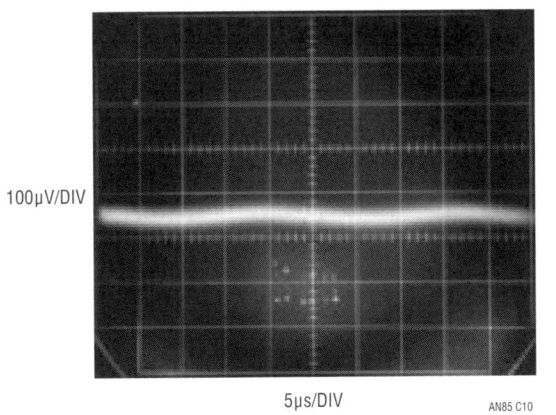

100μV/DIV

5μs/DIV

AN85 C10

図28.C11　機器へ直接接続すると，ケーブル-終端によって生じうる寄生作用は排除され，可能ななかでは最良の信号伝送が得られる

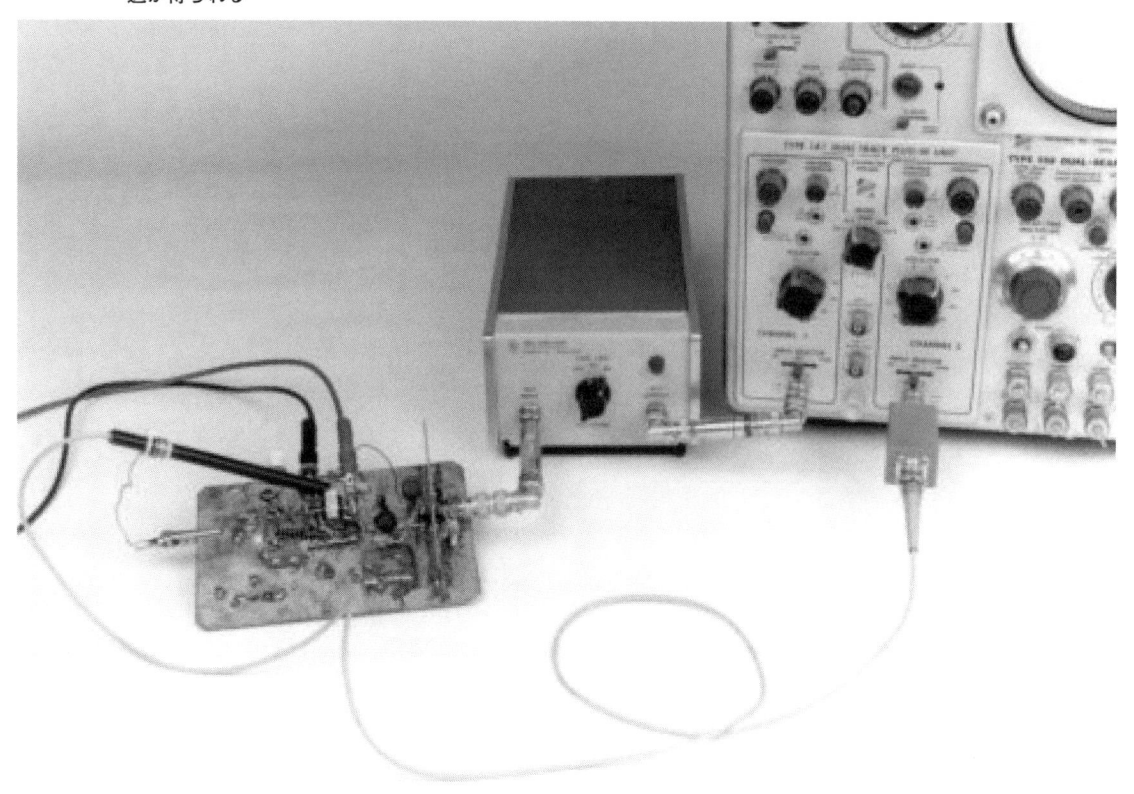

図28.C12　機器への直接接続はケーブル-終端アプローチと同一の結果となった．よって，ケーブル-終端は許容できる

100μV/DIV

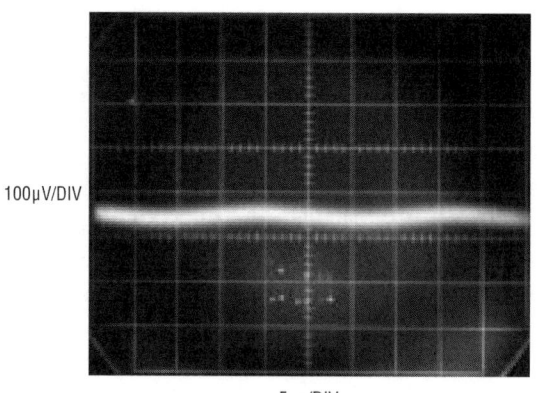

5μs/DIV

AN85 C12

直接接続の経路

　ケーブルに起因する誤差がないことを検証する良い方法の一つは，ケーブルを排除することです．図28.C11のアプローチは，ブレッドボード，アンプ，オシロスコープ間のケーブルをすべて排除しています．図28.C12の表示は図28.C10と区別がつかず，ケーブルがもたらす不正確さはないことを示しています．結果が最適に見えるときは，それを検証する計画をたてましょう．結果が好ましくなく見えるときも，それを検証する計画をたてましょう．そして結果が予期されたとおりであっても，それを検証する計画をたてましょう．結果が予期しなかったもののときも，それを検証する計画をたてましょう．

テスト・リードの接続

　理論上は，電圧計のリードをレギュレータ出力に取り付けることがノイズをもたらすことはないはずです．図28.C13の増大したノイズの読み値はこの理論に矛盾します．レギュレータの出力インピーダンスは，低いのですが，ゼロではなく，特に周波数が上がるにつれて増大します．テスト・リードによって注入される無線周波数のノイズはこの有限の出力インピーダンスに対して作用し，同図に示されている 200 μV のノイズを生じます．テスト中に電圧計のリードを出力に接続しておかなければならないのであれば，10 kΩ-10 μF のフィルタを通して接続するべきです．そのようなネットワークによって図28.C13の問題は排除され，モニタに使っているDVMにもたらされるノイズは最小限となります．ノイズをチェックしている間は回路へのテスト・リード接続数を最小にしましょう．試験している回路にテスト・リードから無線周波数が注入されるのを阻止しましょう．

絶縁トリガ・プローブ

　図28.C5に関する記述で，何やら謎めいた "絶縁トリガ・プローブ" のことをほのめかしました．図28.C14にその正体を明かしていて，それはリンギングが生じないように終端した単なるRFチョークです．このチョークは残留放射界をピックアップし，絶縁されたトリガ信号を生成します．この構成は，本質的に測定結果を悪化させることなく，オシロのトリガ信号を供給します．プローブの物理的形状が図28.C15に出ています．良い結果を得るためには，振幅出力が可能な限り最大になるようにしつつ，リンギングが最小になるように終端を調整すべきです．不適切なリンギングでは図28.C16の出力となり，オシロのトリガはうまくいきません．適切な調整をすれば，リンギングが最小でエッジがはっきりとした，より好ましい出力（図28.C17）が得られます．

トリガ・プローブ・アンプ

　スイッチング磁性体の周りに生じる磁界は小さく，オシロスコープによっては確実にトリガをかけるには不十分な場合があります．そのような場合には，図28.C18のトリガ・プローブ・アンプが有用です．これはプローブの出力振幅における変動を補償するという，

図28.C13　レギュレータ出力に取り付けた電圧計リードは無線周波数をピックアップし，見かけのノイズ・フロアに乗ずる

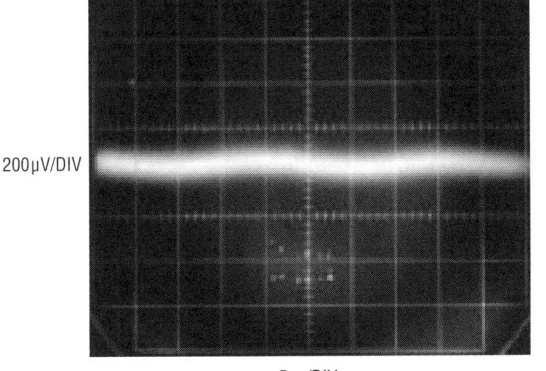

200μV/DIV

5μs/DIV　　　AN85 C13

図28.C14　シンプルなトリガ・プローブはボード・レベルのグラウンド・ループを排除する．終端ボックスの部品はL_1のリンギング応答をダンプする

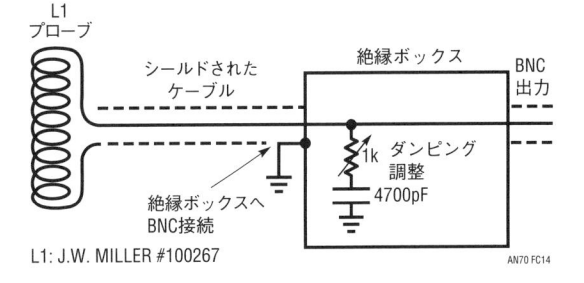

L1
プローブ

シールドされた
ケーブル

絶縁ボックス

BNC
出力

絶縁ボックスへ
BNC接続

1k　ダンピング
調整

4700pF

L1: J.W. MILLER #100267　　　AN70 FC14

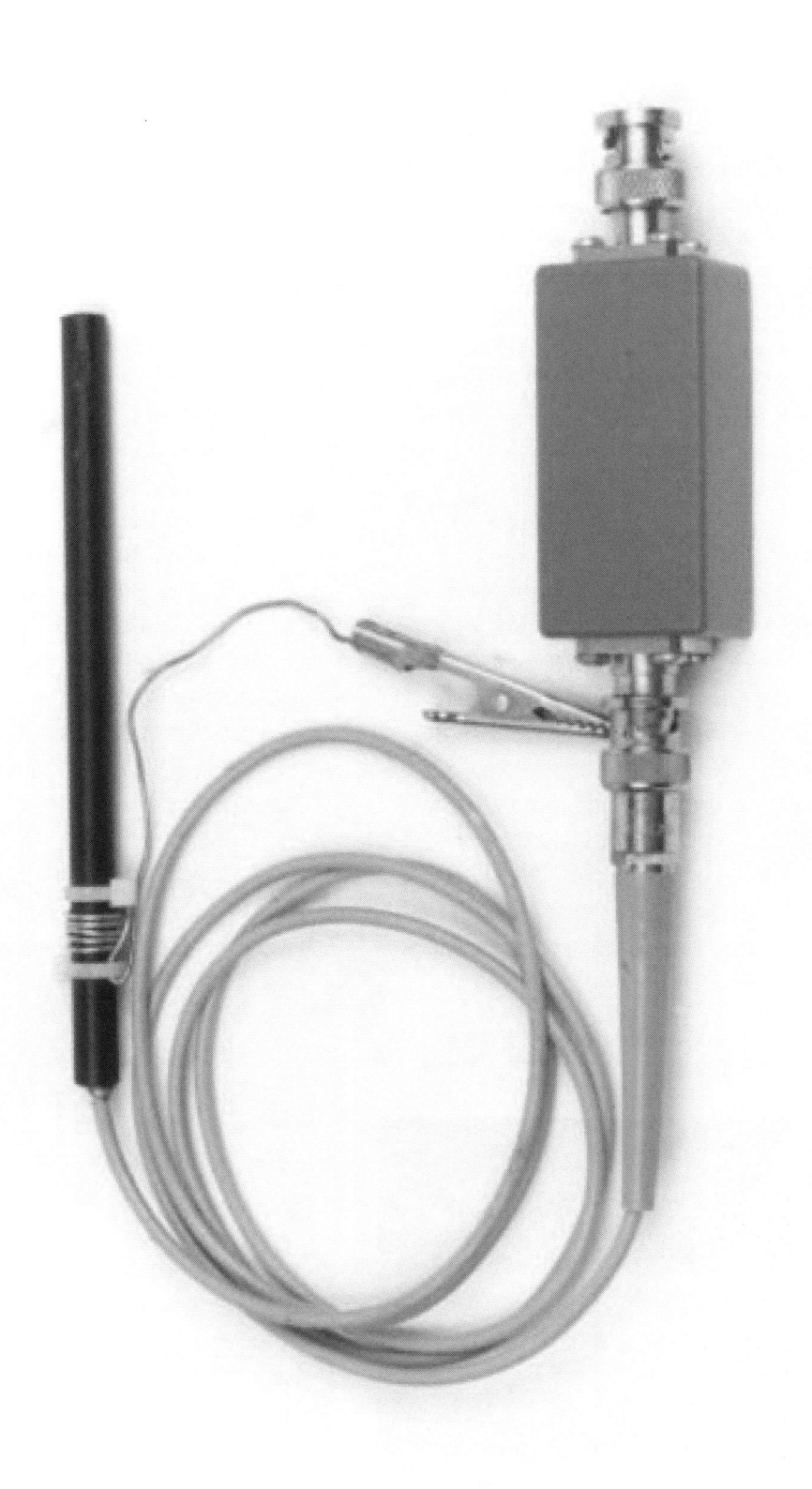

図28.C15 トリガ・プローブと終端ボックス．プローブの取り付けを容易にするクリップ・リードは電位的に中立

図28.C16　終端がうまく調整できていないとダンピングが不十分となる．その結果，オシロスコープのトリガが安定しない

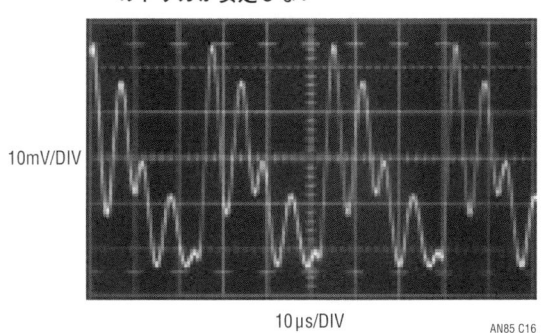

10mV/DIV

10μs/DIV

AN85 C16

図28.C17　終端が適切に調整されていると，少し振幅にペナルティはあるがリンギングが最小となる

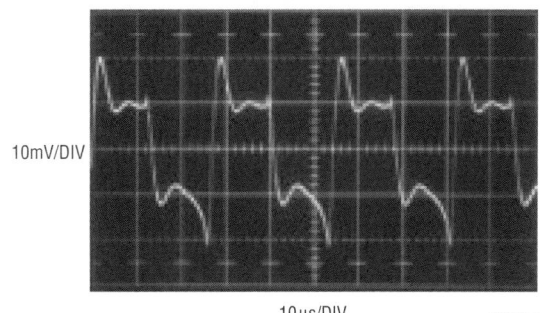

10mV/DIV

10μs/DIV

AN85 C17

適応トリガの考えかたを用いたものです．50：1のプローブ出力範囲にわたって，安定した5Vトリガ出力が保たれます．100倍のゲインで動作するA_1は広帯域のACゲインを供給します．このステージの出力は，2通りのピーク・ディテクタ（Q_1からQ_4）をバイアスします．最大ピーク値はQ_2エミッタのキャパシタに蓄えられ，一方，Q_4エミッタのキャパシタにはずれの最小値が蓄えられます．A_1の出力信号の中間点のDC値は500 pFキャパシタと3 MΩユニットの接続点に現れます．この点は振幅の絶対値によらず，常に信号のずれの中間に居座ります．信号に適応したこの電圧はA_2にバッファリングされ，LT1394の正入力においてトリガ電圧をセットします．LT1394の負入力はA_1出力から直接バイアスされます．LT1394の出力，すなわちこの回路のトリガ出力は，50：1を超える信号振幅の変動に対しても影響を受けません．また，100倍のアナログ出力がA_1から得られます．

図28.C19は，A_1における増幅されたプローブ信号

図28.C19　トリガ・プローブ・アンプのアナログ出力（波形A）およびディジタル出力（波形B）

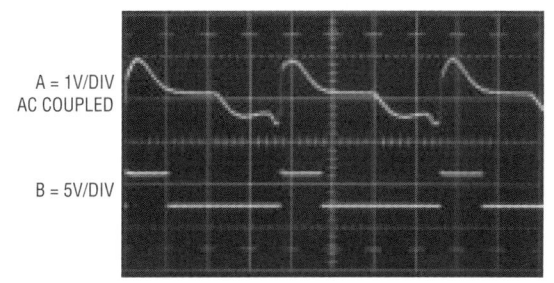

A = 1V/DIV
AC COUPLED

B = 5V/DIV

10μs/DIV (UNCALIB)

AN85 C19

（波形A）に対して応答している，この回路のディジタル出力（波形B）を示しています．

図28.C20はノイズ・テスト回路の代表的なセットアップです．ブレッドボード，トリガ・プローブ，アンプ，オシロスコープ，同軸のコンポーネントで構成されています．

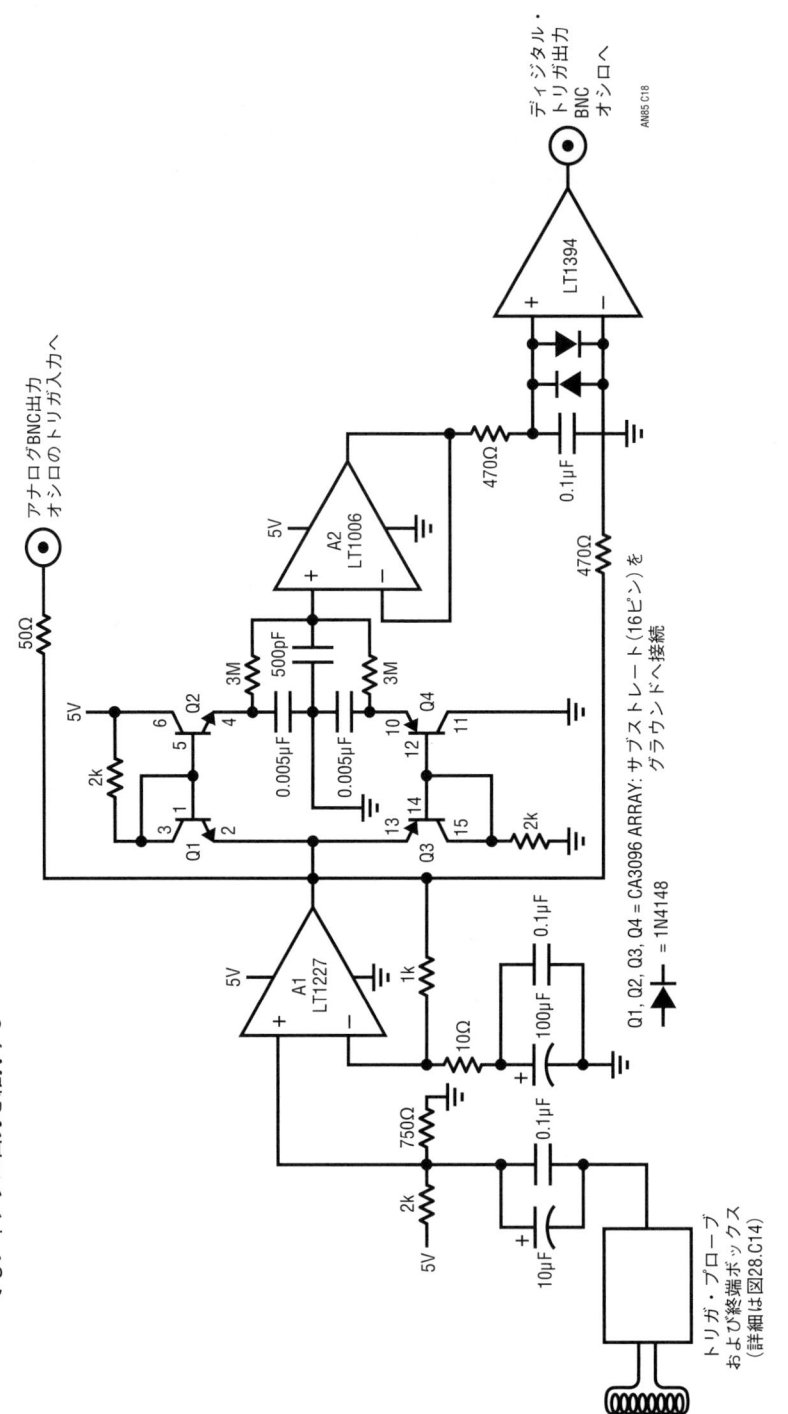

図28.C18　トリガ・プローブ・アンプにはアナログとディジタルの出力がある。適応型スレッショルドにより50：1を超えるプローブまで信号が変化してもディジタル出力を維持する

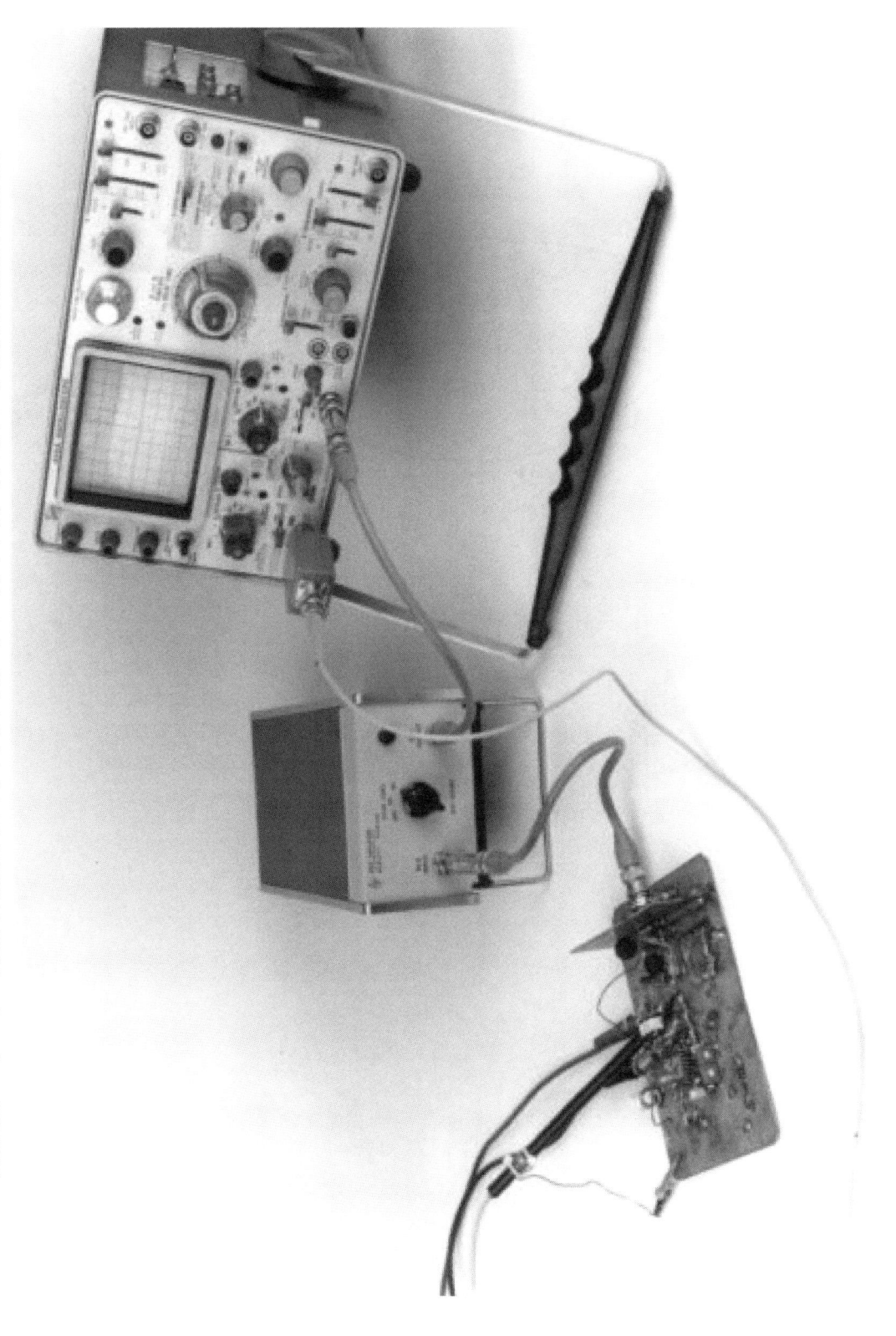

図28.C20　ノイズ・テスト回路の代表的なセットアップはトリガ・プローブ，アンプ，オシロスコープおよび同軸部品で構成される

第29章

安価な結合方法でRFパワー検出器が方向性結合器を置き換える

Shuley Nakamura, Vladimir Dvorkin, 訳：枝 一実

はじめに

サイズとコストを最小化することは携帯電話などの無線アプリケーションにとって極めて重要です．典型的なGSM携帯電話のRF送信チャネルに使われる主要部品は，RFパワー・アンプ，パワー・コントローラ，方向性結合器，そしてダイプレクサで構成されています．最近の一部のRFパワー・アンプにはモジュール内に方向性結合器を含んでいるものもあり，部品数とボード面積を削減しています．しかし多くのパワー・アンプは，外部に方向性結合器を必要とします．残念ながら，方向性結合器は，コスト面や，ときには性能面で損失をもたらします．コストは問題であるものの，長いリードタイムや結合損失が大きく変化することが，携帯電話の設計者が直面する別の懸念事項でもあります．

一般に使われる方向性結合器(村田製作所 LDC21897M190-078)は単方向（進行）でデュアル・バンドです．一つの入力は低い周波数の信号（897.6 MHz ± 17.5MHz）用で，結合係数が19 dB ± 1 dBです．二つ目の入力は高い周波数の信号（1747.5 MHz ± 37.5 MHz）用で，結合係数が14 dB ± 1.5 dBです．村田製作所 LDC21897M190-078方向性結合器は0805パッケージに収まっており，外部に50 Ω終端抵抗が必要です．

信号が一つの入力から入って通過するとき，P_{OUT}と結合係数との間の差分に等しいわずかなRF信号が結合出力に現れます．残りの信号は対応する信号出力に向かいます．典型的なRFフィードバック構成では，結合されたRF出力は33 pFの結合コンデンサと68 Ωのシャント抵抗を通過します（図29.1a）．

リニアテクノロジーでは，低コストで，より容易に利用可能で,耐性の高さを特徴とするLTC RFパワー・コントローラとRFパワー検出器のための結合手法を開発しました．この結合方法では，従来型の結合手法に使われていた50 Ω終端抵抗，68 Ωシャント抵抗および33 pF結合コンデンサを取り除きました．代わりに，方向性結合器とその外部部品を0.4 pFコンデンサと50 Ω直列抵抗が置き換えています（図29.1b）[注1]．

LTCパワー・コントローラとともに使用するための代替結合ソリューション

●方法1

DC401Bデモボードは，タップ・コンデンサ結合方法の性能を実証するために設計されました（図29.2）．図29.1bに示すように，RF信号は0.4 pFコンデンサと50 Ω直列抵抗を通ってLTC4401-1のRF入力に結合して戻されています．RF信号はパワー・アンプからダイプレクサへ直接供給されています．部品点数が2個減っています．

0.4 pF直列コンデンサは許容誤差が±0.05 pF以下でなければなりません．許容誤差は，どれだけのRF信号がパワー・コントローラのRF入力に結合して戻されるかに直接影響します．ATC社には，超低ESRで，求められる厳しい許容誤差の高Qマイクロ波コンデンサがあります．ATC 600S0R4AW250XTは，許容誤差±0.05 pFの0.4 pFコンデンサです．このコンデンサは小さな0603パッケージに収められています．直列抵抗は許容誤差1%の49.9 Ω（AAC CR16-49R9FM）です．

●方法2

2番目のソリューションでは4.7 nHのシャント・インダクタを実装しています．インダクタは，パワー・

注1：この方法はLTC4401-1と日立製作所パワー・アンプ PF08107B, PF08122B, PF08123Bでテストされている．

コントローラのRF入力に関連する寄生シャント容量を相殺しています．その結果として，パワー制御電圧範囲と感度が改善されます．デュアル・バンドに使う場合，インダクタの値は，一方の周波数帯の感度が他方よりも大きくなるように選択します．インダクタを使うときは，RF入力ピンとインダクタの間にコンデンサを配置する必要があります．このコンデンサは，RF信号には低インピーダンス経路を提供します．図29.1cに示されるように，33pFコンデンサを使います．テス

トされるそれぞれの周波数で33pFコンデンサのリアクタンスは，インダクタのリアクタンスよりも低くなっています．

この方法は，方法1で実装したものと同じ0.4pFコンデンサと50Ω抵抗を使います．村田製作所の薄膜インダクタLQP15MN4N7B00Dは0402パッケージに収められており，許容誤差は±1nHです．33pFコンデンサはAVX社06035A330JAT1Aで，0603パッケージに収められており，許容誤差は5%です．シャント・

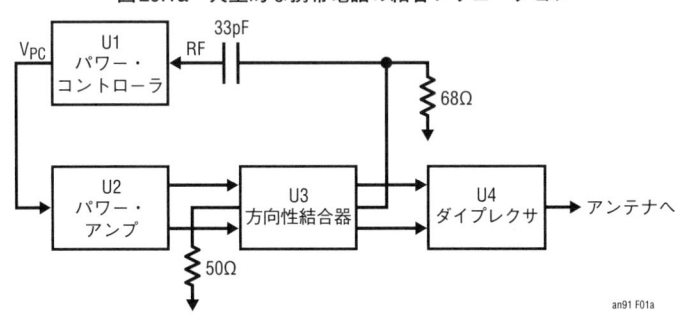

図29.1a　典型的な携帯電話の結合ソリューション

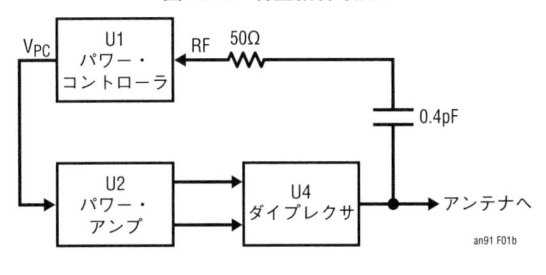

図29.1b　容量結合方法1

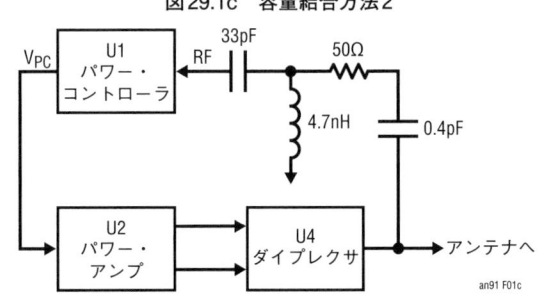

図29.1c　容量結合方法2

図29.2　DC401Bデモボード

表29.1　周波数ごとのリアクタンスの変化

周波数[MHz]		900	1800	1900
	0.3pF	590Ω	295Ω	279Ω
	0.4pF	442Ω	221Ω	210Ω
部品定数	0.5pF	354Ω	177Ω	167Ω
	33pF	5.4Ω	2.7Ω	2.5Ω
	4.7nH	27Ω	53Ω	55Ω

インダクタと 33 pF コンデンサへの許容誤差を厳しくする必要はありません.

動作理論

0.4 pF コンデンサと 50 Ω 抵抗は,LTC パワー・コントローラの入力インピーダンスとともに分圧器を形成します.分圧比は周波数によって変化します.コンデンサのリアクタンスは周波数に反比例します.そのため,周波数が上昇するに従って,固定容量ではリアクタンスは減少します.同様に,容量が減少するとリアクタンスは上昇します.結合コンデンサの値がとても小さいので,0.1 pF はリアクタンスにかなり大きな衝撃を与えます.これが厳しい許容誤差が絶対的に重要であるということの理由です.容量が少し変化するとリアクタンスは変化し,分圧比も変化します.

抵抗値は,直列コンデンサの値と追加のシャントや配置による寄生成分によって決められます.シャント・インダクタが用いられるときは,より小さなコンデンサを使うことができ,主伝送線路ではほとんど損失が発生しなくなります.シャント・インダクタ方法では,他の周波数帯を犠牲にして特定の周波数帯に調整します.例えば,2番目の結合方法で,DCS 帯周波数に調整します.この方法の結合損失は,方向性結合器の結合損失にかなり似ています(**図29.3b**).

考察

どちらの結合方法を使う場合でも,いくつかの考慮すべき要因,例えばボードのレイアウトや主線路での負荷などがあります.TX 出力 50 Ω 線路とパワー・コントローラの RF 入力ピンとの間の距離を最小にするために,慎重な部品配置が必要になります.寄生効果はフィードバック・ネットワーク特性を大きく変えてしまうことがあります.良いレイアウト技術と厳しい許容誤差の部品を使うことで,GSM, DCS, PCS 周波数帯において,方向性結合器の代用として使うことができます.

テスト・セットアップと測定

三つの異なる結合方法を DC401A と DC401B デモボードを使ってテストしました.DC401A RF デモボー

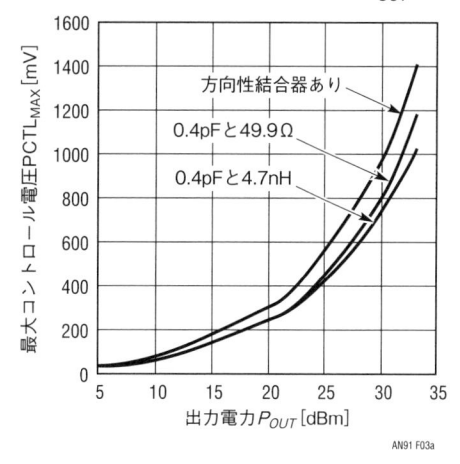

図29.3a GSM900 での PCTL と P_{OUT}

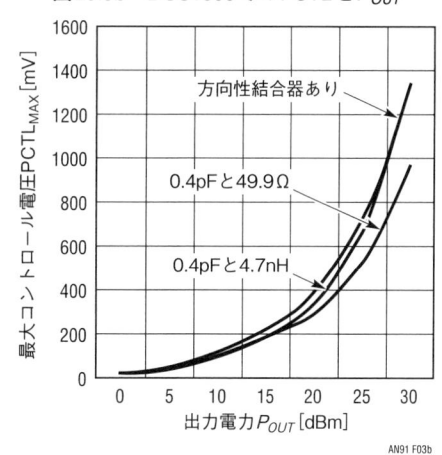

図29.3b DCS1800 での PCTL と P_{OUT}

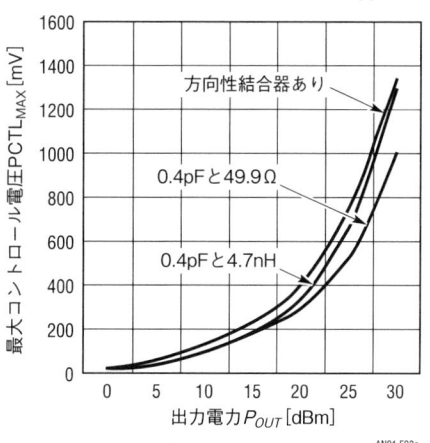

図29.3c PCS1900 での PCTL と P_{OUT}

ドにはトリプルバンド方向性結合器があり，コントロール・ボードとしての役割を果たしています．結合係数は900 MHzで19 dB，1800 MHzと1900 MHzで14 dBです．DC401Bは，前に記述した二つの容量結合方法をテストするために使いました．

　これらデモボードには，それぞれLTC4401-1パワー・コントローラと日立PF08123Bトリプルバンド・パワー・アンプが使われています．二つのボードの部品レイアウトは，結合手法を構成する部品以外はまったく同じです．

　興味ある主要な測定は結合損失です．結合されたRF信号を測定する一つの方法は，RF出力パワー・レベルを選択して，三つの結合方法のそれぞれでPCTLに提供される電圧を比較することです．図29.4に典型的なPCTL波形がどのようなものかを示します．最大レベルの増幅度（最大PCTL電圧）のところだけ，それぞれの方法で調整します．PCTL波形はリニアテクノロジーのランプ波形プログラムLTRSv2.vxeで生成され，DC314Aデモボード上にプログラムされます．DC314Aディジタル・デモボードは，安定化した電源，制御ロジックと$\overline{\text{SHDN}}$信号を作るための10ビットDAC，およびパワー制御PCTL信号を提供します．それぞれのパワー・アンプのチャネルに供給される入力パワーは0 dBmです．名目上のバッテリ電圧には3.6 Vを使い

ます．図29.7にテスト・セットアップを示します．

　PCTL電圧がより高いということは，結合損失がより小さいことを示しています（すなわち，より大きなRF信号が結合して戻されることになる）．PCTLの値がDACで出力できる最大値を超えてしまうかもしれないので，結合損失が小さすぎる場合は，より高いパワー・レベルで問題となります．結合損失が大きすぎる場合は，小さな出力パワー・レベルを達成することが難しくなります．RF出力が不安定になるので，18 mVより小さなPCTL電圧を使うことはお勧めしません．そこで，最小出力パワーP_{OUT}はPCTL = 18 mVに制限します．

　900 MHz帯（GSM900）では，PCTL電圧測定を次の出力パワー・レベルで行いました．5 dBm，10 dBm，13 dBm，20 dBm，23 dBm，30 dBm，33 dBm．1800MHz帯（DCS1800）と1900 MHz帯（PCS1900）では，PCTL測定を次の出力パワーで記録しました．0 dBm，5 dBm，10 dBm，15 dBm，20 dBm，25 dBm，30 dBm．図29.3a，図29.3b，図29.3cは，出力パワーとそれぞれの結合方法におけるPCTL電圧を関連付けています．一般的に容量結合ソリューションには方向性結合器よりも大きな結合損失があります．全出力範囲は両方の結合方法で達成されました．

図29.4　典型的なPCTLランプ波形

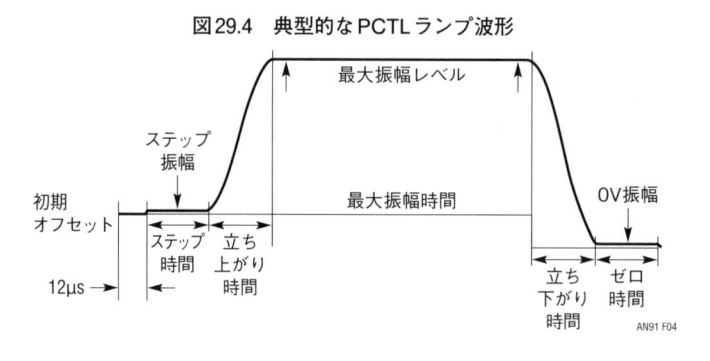

図29.5　シャント・インダクタを用いたLTC5505-2の応用ダイアグラム

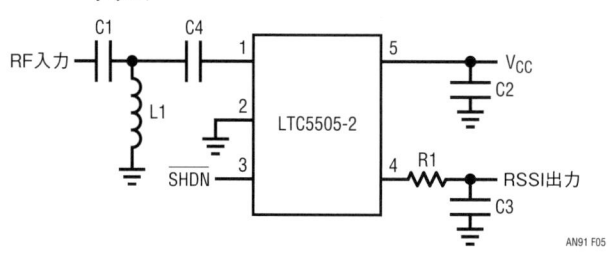

LTC5505パワー検出器用の結合ソリューション(注2)

タップ・コンデンサ方式は，LTC5505パワー検出器を使うシステムにも利用することができます．例えば，図29.5の回路では，実際の動作周波数におけるパワー検出器のパッケージ（5ピンThinSOT）とPCBの寄生シャント容量を調整するために，シャント・インダクタがRF入力ピンに実装されています．シャント・インダクタを使うことによって，LTC5505-2の感度を2dBから4dB改善します．3GHzから3.5GHzで動作する場合には，ボンド・ワイヤのインダクタンスが入力の寄生容量を相殺するので，シャント・インダクタはお勧めしません．LTC5505-2のピン1は内部でDC

バイアスされているので，DCブロック・コンデンサ（C_4）が必要です．

図29.6は，LTC5505-2と，方向性結合器の代わりに容量性タップを使ったデュアル・バンド携帯電話の送信機パワー制御の例を図示しています．0.3pFコンデンサ（C_1）に続く100Ω抵抗（R_1）が，LTC5505-2 RF入力ピンでセルラー帯（900MHz）では約20dBの損失，PCS（1900MHz）帯では18dBの損失となるタップ回路を形成しています．最高の結合精度を達成するには，C_1には厳しい許容誤差（±0.05pF）が必要です．

注2：LTCパワー検出器のもっと多くの応用情報についてはメーカに問い合わせること．

図29.6　容量性タップを用いたLTC5505-2 Txパワー制御の応用ダイアグラム

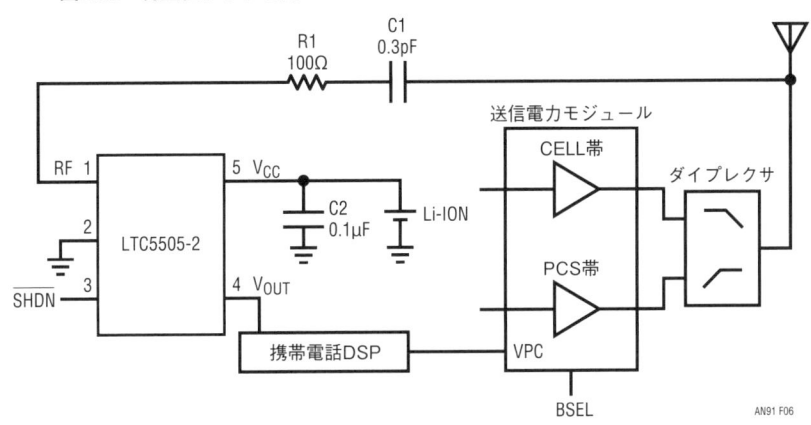

図29.7　PCTL測定テスト・セットアップ

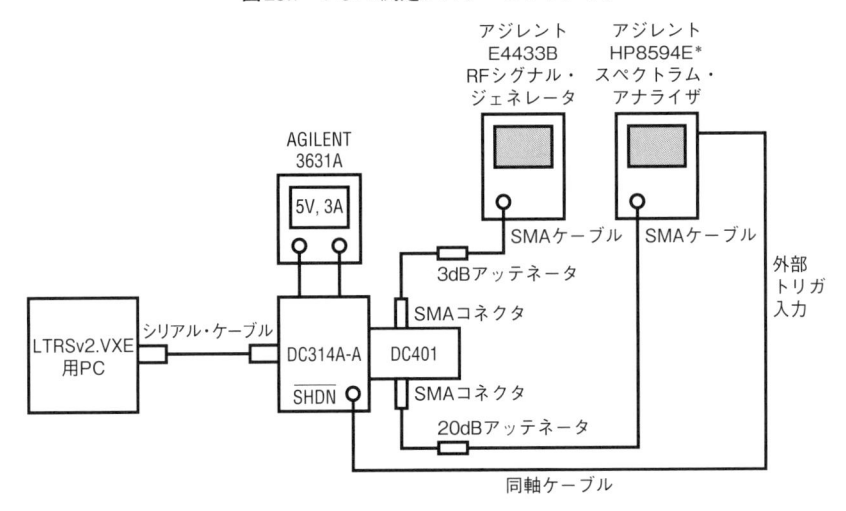

＊：DCSおよびGSM測定にはHP85722BとHP85715B

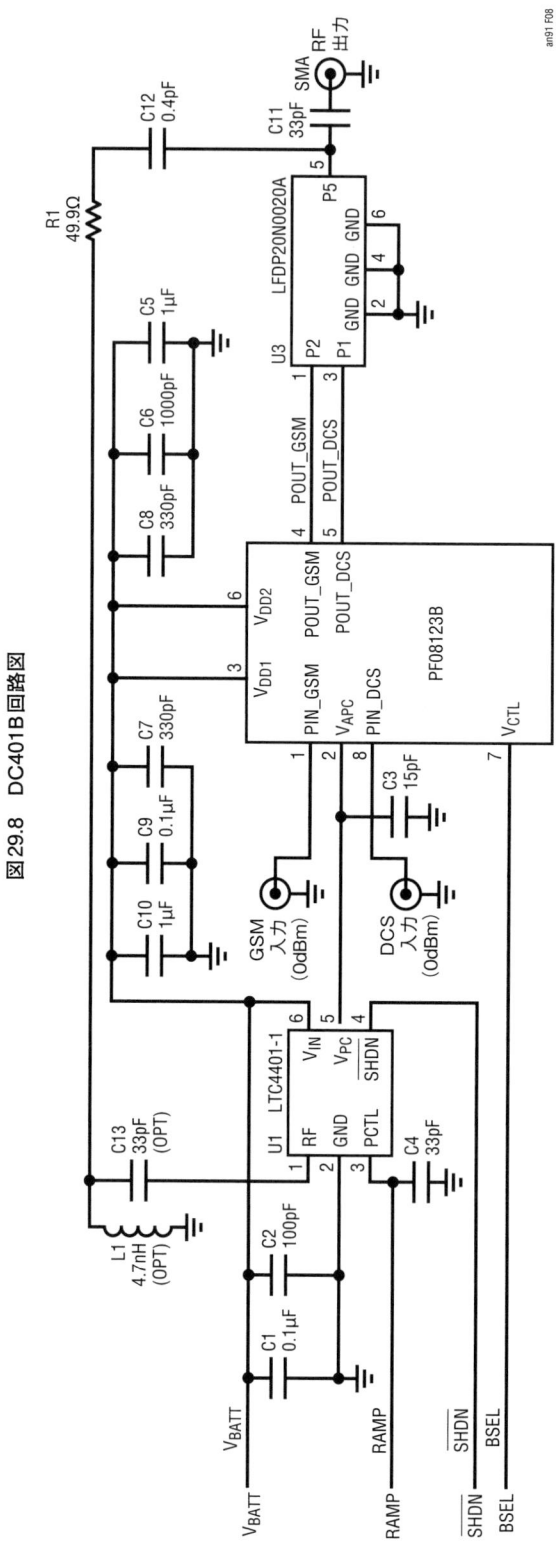

図29.8　DC401B回路図

結論

　実験室での測定で，容量結合手法がRF出力信号に結合する効果的な手段であることがわかりました．もし，厳しい許容範囲の結合コンデンサを用いれば，結合係数に一貫性が出てくるでしょう．一方，方向性結合器の結合係数は1.5 dBまで変化します．もし，直列抵抗とコンデンサが使われれば，部品点数の合計が削減します．また，コストも削減します．

　容量結合手法が，LTC4401-1パワー・コントローラと日立PF08123Bパワー・アンプで動作することが示されました．この手法は，すべてのLTCパワー・コントローラ（LTC1757A，LTC1758，LTC1957，LTC4400，LTC4401，LTC4402，LTC4403）とサポートされているパワー・アンプに適応することができ，LTCパワー検出器についても同様に適応することができます．異なるパワー・コントローラとパワー・アンプの組み合わせのときには，コンデンサと抵抗値の調整が必要になるかもしれません．結合コンデンサを下げるか，直列抵抗を上げると結合損失が増えるでしょう．リニアテクノロジーでは現在，アナデジクス，コネクサント，日立，フィリップス，RFMDのパワー・アンプをサポートしています．DC401Bデモボードは要求すれば入手可能です．

部品表（デモボードDC401B）

部品番号	個数	型番	内容	メーカ
C1, C9	2	0603YC104MAT1A	0.1μF 16V 20% X7R コンデンサ	AVX
C2	1	06035A101JAT1A	100pF 50V 5% NPO コンデンサ	AVX
C3	1	06035A150JAT1A	15pF 50V 5% NPO コンデンサ	AVX
C4, C11, C13 (OPT)	2	06035A330JAT1A	33pF 50V 5% NPO コンデンサ	AVX
C5, C10	2	EMK212BJ105MG-T	1μF 16V 20% X5R コンデンサ	Taiyo Yuden
C6	1	06033C102KAT1A	1000pF 25V 10% X7R コンデンサ	AVX
C7, C8	2	06035A331JAT1A	330pF 50V 5% NPO コンデンサ	AVX
C12	1	600S0R4AW 250 XT	0.4pF ±0.5pF NPO コンデンサ	ATC
L1 (OPT)	1	LQP15MN4N7B00	4.7nH 0402 ±0.1nH インダクタ	Murata
R1	1	CR16-49R9FM	49.9Ω 1/16W 1% Chip 抵抗	AAC
U1	1	LTC4401-1	SOT-23-6 RF パワー・コントロールIC	LTC
U2	1	PF08123B	パワー・アンプSMT IC	Hitachi
U3	1	LFDP21920MDP1A048	デュアル広帯域ダイプレクサSMT IC	Murata

第 30 章

RMSパワー検出器の出力精度の温度特性を向上させる

Andy Mo, 訳：黒木　翔

イントロダクション

周辺温度は環境や場所によって大きく異なる可能性があり、基地局の設計において安定した温度特性は非常に重要です。周辺温度範囲で高い精度をもつRMS検出器は、基地局設計の電力効率の向上ができます。シングルチャネル版のLTC5582とデュアルチャネル版のLTC5583はそれぞれ最大10 GHzと6 GHzまでの周波数で優れた温度安定特性（−40℃から85℃まで）を提供するRMS検出器のファミリです。しかし、これらの温度係数は周波数に依存し、温度補償なしでは周辺温度範囲に対する誤差が0.5 dBを超えてしまう事があります。よって、精度誤差を0.5 dB未満に高めるためには、周波数毎に温度補償の最適化が必要になる事があり、2個の外付け抵抗だけで温度補償が可能です。

出力電圧の変化は次の式によって決まります。

$$\Delta V_{OUT} = TC_1 \cdot (T_A - t_{NOM}) + TC_2 \cdot (T_A - t_{NOM})^2 + detV_1 + detV_2 \quad \cdots\cdots\cdots\cdots (1)$$

ここでのTC_1とTC_2はそれぞれ1次と2次の温度係数です。T_Aは実際の周囲温度、t_{NOM}は基準室温の25℃です。$detV_1$と$detV_2$はR_{T1}とR_{T2}がゼロに設定されていないときの出力電圧のばらつきです。

LTC5582とLTC5583の温度補償のための抵抗値の計算方法は同じです。TC_1（1次温度補償係数）を設定するR_{T1}とTC_2（2次温度補償係数）を設定するR_{T2}の2つの制御ピンがあります。温度補償が必要のないときは、R_{T1}とR_{T2}をグラウンドにショートします。

LTC5583の温度補償設計

LTC8853には追加で2つ端子があり、R_{P1}がTC_1の極性を設定し、R_{P2}がTC_2の極性を設定します。しかし、温度係数の大きさは固定のR_{T1}とR_{T2}の値によるもの

と同じで、極性だけが反転します。チャネルAとチャネルBは補償回路を共用するため、両チャネルが一緒に制御されます。

図30.1は1次温度補償による温度に対する出力電圧の変化を示しています。3つの抵抗値において、抵抗値の増加に伴う傾きの増加を図示します。傾きの極性はR_{P1}端子にて設定します。

図30.4は2次温度補償による出力電圧への効果を図示しています。曲線の極性はR_{P2}で設定します。曲率は抵抗値で設定します。総合的な効果は式(1)に示す1次と2次の温度補償の合計です。

例として900 MHz入力でのLTC5583を取り上げます。最初のステップは補償なしで温度に対する出力電圧を測定することです。**図30.5**が補償なしでの出力電圧を示します。傾きを基準に25℃をインターセプトポイントとした温度範囲での線形誤差を示します。温度

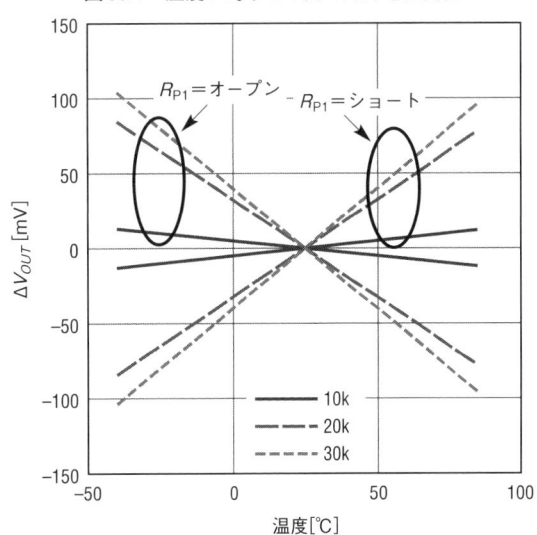

図30.1　温度に対する1次の出力電圧変化

an129 F01

図30.2　R_{P1}とR_{P2}ピンの簡略図

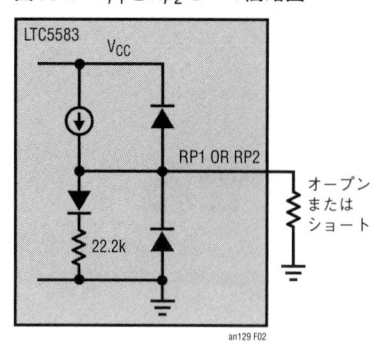

図30.3　R_{T1}とR_{T2}ピンの簡略図

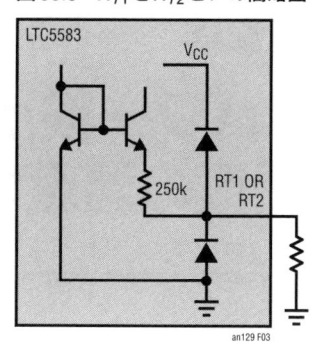

による出力電圧の変化を最小化するには，室温の25℃に整合するように85℃の線形誤差は下側に移動する必要があり，−40℃の線形誤差は上側に移動する必要があり，できるかぎり重ならなければなりません．以降で示すのはステップごとの設計手順です．

ステップ1. 図30.5から必要とされる温度補償をdBで見積もる．例として，ダイナミック・レンジの中心となる，入力電力が−25 dBmのところの値を読む．dBでの線形誤差に30 mV/dB（標準のV_{OUT}の傾き）を掛けてmVに変換する．

　　低温（−40℃）= 13 mV または 0.43 dB

　　高温（85℃）= −20 mV または −0.6 dB

　これは温度範囲で必要とされる出力電圧調整の合計値です．

ステップ2. R_{P1}とR_{P2}を決めて，1次と2次の補償を解決する．値の算出は，a = 1次項，b = 2次項とする．それらを−40℃と85℃での温度補償を満足するように設定する

$$a - b = 13\,\mathrm{mV} \quad \cdots\cdots\cdots\cdots\cdots\cdots (2)$$
$$-a - b = -20\,\mathrm{mV} \quad \cdots\cdots\cdots\cdots (3)$$
$$a = 16.5 \quad \cdots\cdots\cdots\cdots\cdots\cdots\cdots (1\mathrm{st})$$
$$b = 3.5 \quad \cdots\cdots\cdots\cdots\cdots\cdots\cdots (2\mathrm{nd})$$

　式（2）と式（3）のaとbの符号は1次項と2次項の極性によって決定し，それらの合計が低温（−40℃）で13 mV，高温（85℃）で−20 mVの調整を満足するようにします．図30.6を参照してください．1次項と2次項は正にも負にもなることができます．そのためトータルで4つの組み合わせがありえます．この場合は，両方の項が負のときだけに合計が必要とされる補償を

図30.4　温度に対する2次の出力電圧変化

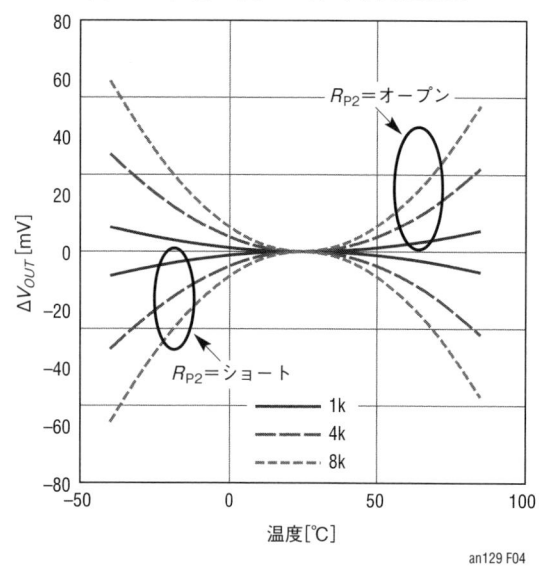

図30.5　900MHzにおける補償なしのLTC5583の特性

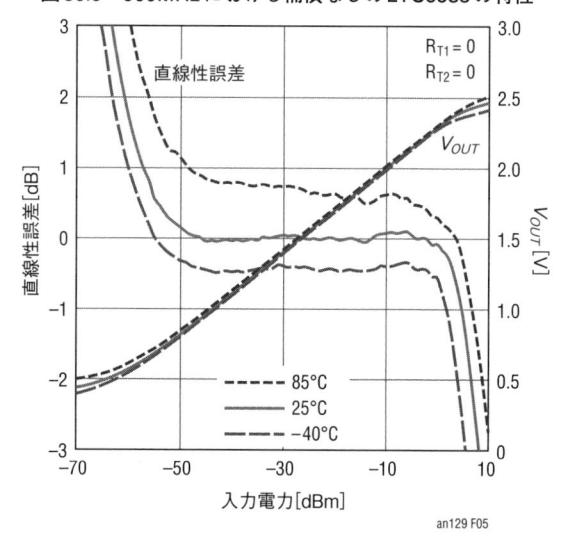

図30.6　1次と2次の補償の極性

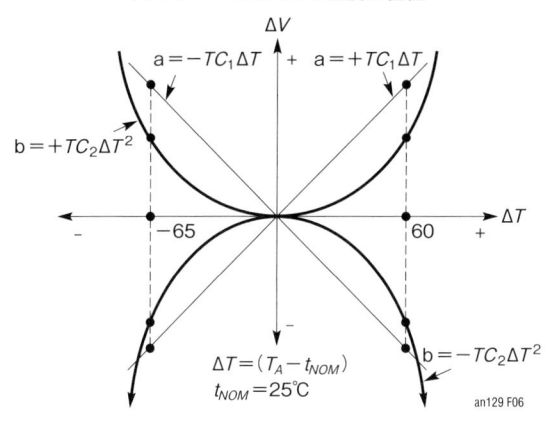

$a = -TC_1\Delta T$　　$a = +TC_1\Delta T$

$b = +TC_2\Delta T^2$

-65　　60

ΔV

ΔT

$b = -TC_2\Delta T^2$

$\Delta T = (T_A - t_{NOM})$
$t_{NOM} = 25℃$

an129 F06

図30.7　温度補償の結果

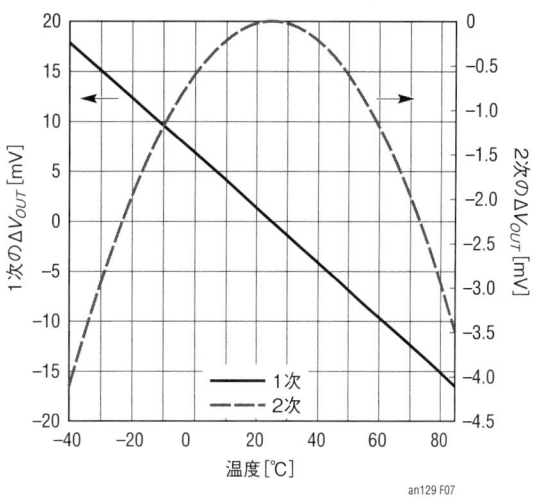

an129 F07

満足します.

　図30.7は−40℃と85℃で必要とされる補償を示しています. 1次と2次の補償の極性が負でありそれらが加算されたときに, それらの合計がV_{OUT}への調整値となることに注意してください. したがって, TC_1とTC_2は負であり, R_{P1}とR_{P2}は図30.8と図30.9から決定できます. 2つの答えの値は合計でおよそ−40℃で13 mV, 85℃で−20 mVになることに注意してください.

　　$R_{P1} =$オープン

　　$R_{P2} =$ショート

ステップ3. 図30.8と図30.9を使って, 両端の温度で温度係数を計算してR_{T1}とR_{T2}の抵抗値を決定する.

$a = 16.5 = TC_1 \cdot (85 - 25)$；$TC_1 = 0.275$ mV/℃
$R_{T1} = 11$ k（**図30.8**より）
$b = 3.5 = TC_2 \cdot (85 - 25)^2$；$TC_2 = 0.972\ \mu$V/℃^{2}
$R_{T2} = 499\ \Omega$　（**図30.9**より）

　図30.10はLTC5583の2つの出力チャネルのうちの1つの全温度範囲における特性を示しています. **図30.5**の補償なしのV_{OUT}から温度特性が改善されていることに注意してください. この特性はほとんどのアプリケーションで満足できるものでしょう. しかし, より高い正確さが必要とされるいくつかのアプリケーションのために, 温度特性をさらに改善させる2回目の反復が利用できます. 計算を簡単にするために, 温

図30.8　1次温度補償係数TC_1と外部のR_{T1}の値

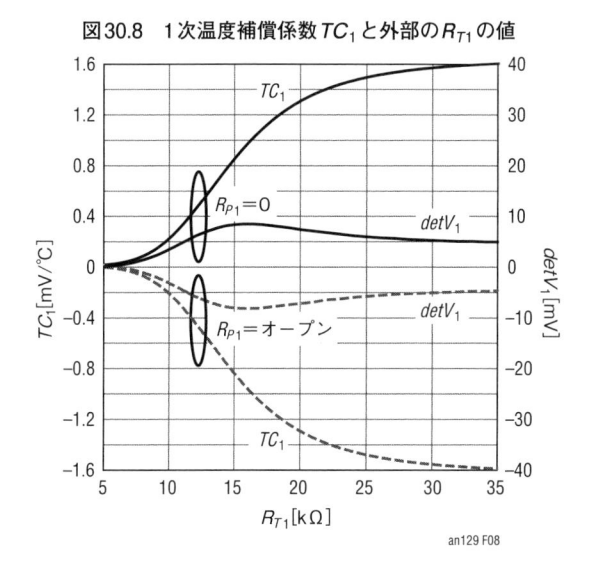

an129 F08

図30.9　2次温度補償係数TC_2と外部のR_{T2}の値

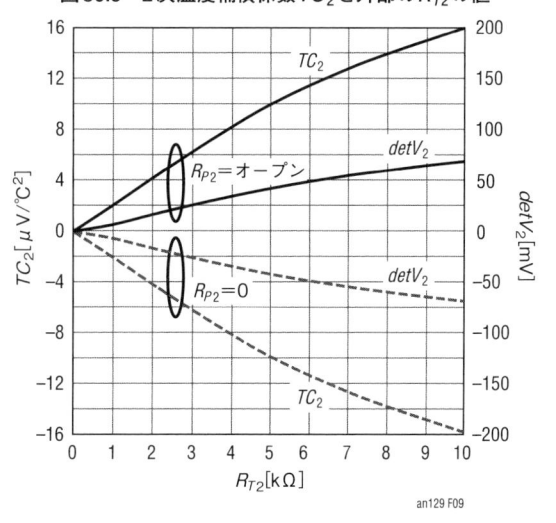

an129 F09

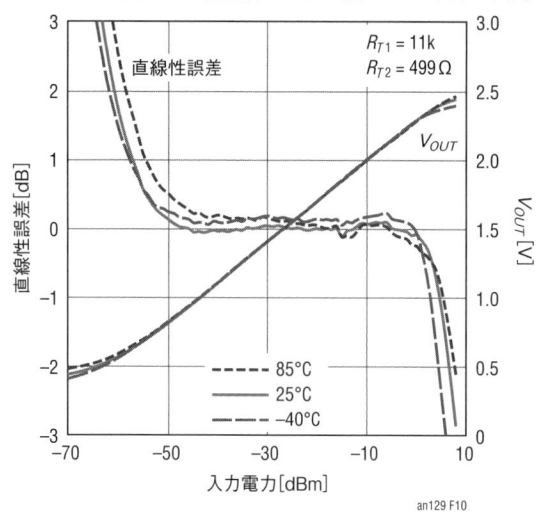

図30.10　1回目の温度補償がされた後のLTC5583の出力

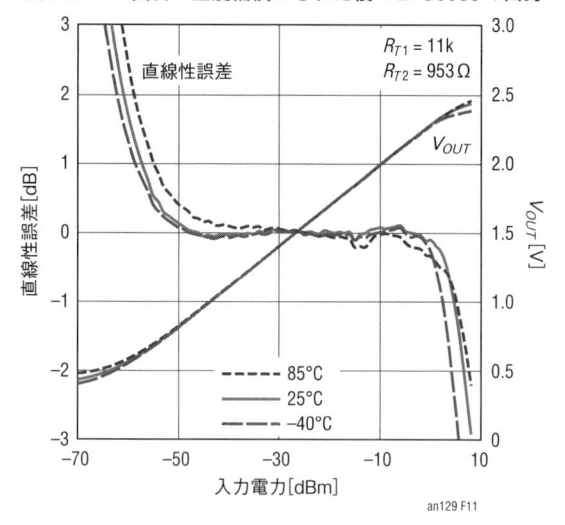

図30.11　2回目の温度補償がされた後のLTC5583の出力

度に依存しない$detV_1$と$detV_2$の項は無視されています．結果として，この解法は正確ではありません．しかし，次に示すように，温度範囲における正確さを向上させるために非常に有用です．

2回目の反復計算

ステップ1. 1回目と同じ方法を使って，必要とされる補償を**図30.10**から求める．

低温（－40℃）＝－3mV または －0.1dB
高温（85℃）＝－3mV または －0.1dB

1回目の値に新しい値を加える．

低温（－40℃）＝－3mV＋13mV＝10mV
高温（85℃）＝－3mV－20mV＝－23mV

表30.1　さまざまな周波数におけるLTC5583の最適な温度
特性のための推奨設定と抵抗値

周波数 [MHz]	R_{P1}	R_{P2}	R_{T1}[kΩ]	R_{T2}[kΩ]
450	オープン	0	11.5	1.13
880	オープン	0	11.5	1.13
900	オープン	0	11	0.953
1800	オープン	0	12.1	1.5
2140	オープン	0	9.76	1.1
2300	オープン	0	10.5	1.43
2500	オープン	0	10.5	1.43
2700	オープン	0	8.87	1.21

ステップ2と3を繰り返してR_{T1}とR_{T2}の値を計算する．

R_{T1}＝11k
R_{T2}＝953Ω
R_{P1}＝オープン
R_{P2}＝ショート

2回繰り返した後の特性の結果が**図30.11**に示されています．温度範囲にわたって，線形誤差が0.2dBのダイナミック・レンジは50dB，1.0dBの線形誤差でのダイナミック・レンジは56dBです．他の周波数での温度補償値は**表30.1**を参照してください．

この反復手順は正確さをさらに向上させるために何度でも繰り返して行うことができます．この方法はほとんどのアプリケーションに対して必要とされるかぎり正確に設計者が補償を追い込むことを可能にします．

LTC5582シングル検出器

LTC5582のR_{T1}とR_{T2}として補償値を計算する方法は同じですが，極性があらかじめ決められているだけにさらに容易です．TC_1とTC_2は両方とも負です．他の周波数でのR_{T1}とR_{T2}の値は**表30.2**を参照してください．**図30.8**と**図30.9**に示されている補償係数はLTC5582にとっては異なります．追加の情報についてはデータシートを参照してください．

おわりに

　LTC5582とLTC5583はたった2つの外付け補償抵抗で優れた温度特性を提供します．補償抵抗を計算する手順は単純で，特性をさらに向上させるために何度も繰り返すことができます．ここで示した例はLTC5583の900 MHzですが，この方法はLTC5582とLTC5583のIC許容範囲内であればどの周波数にも適用できるものです．温度範囲におけるデバイス個々の特性は一貫しているため，結果的に得られる温度範囲での特性は1%より優れた精度になります．

表30.2　さまざまな周波数におけるLTC5582の最適温度特性のための推奨設定と抵抗値

周波数[MHz]	R_{T1}[kΩ]	R_{T2}[kΩ]
450	12	2
800	12.4	1.4
880	12	2
2000	0	2
2140	0	2
2600	0	1.6
2700	0	1.6
3000	0	1.6
3600	0	1.6
5800	0	3
7000	10	1.43
8000	10	1.43
10000	10	3

索引

■N

■P

■Q

■R

MEMO

MEMO

MEMO

MEMO

MEMO

GHz時代の実用アナログ回路設計

2017年11月25日 初版発行

© Bob Dobkin/Jim Williams 2017
© アナログ・デバイセズ株式会社 2017
© 細田 梨恵 / 枝 一実 / 松下 宏治 / 黒木 翔 2017

編著者	Bob Dobkin/ Jim Williams
監 訳	アナログ・デバイセズ
訳 者	細田 梨恵/枝 一実/ 松下 宏治/黒木 翔
発行人	寺 前 裕 司
発行所	ＣＱ出版株式会社

〒112-8619 東京都文京区千石4-29-14

電話 編集 03-5395-2123
販売 03-5395-2141
振替 00100-7-10665

ISBN978-4-7898-4284-6

定価はカバーに表示してあります
無断転載を禁じます
乱丁, 落丁本はお取り替えします
Printed in Japan

編集担当	清水 当
印刷・製本	三晃印刷株式会社
表紙デザイン	クニメディア株式会社
DTP	西澤 賢一郎